中国地质调查局
CHINA GEOLOGICAL SURVEY

国家出版基金项目
NATIONAL PUBLICATION FOUNDATION

中国矿产地质志

吉中-延边卷

主　　编：陈　聪

副 主 编：吴涛涛

研编人员：陈　聪　吴涛涛　赵春强　沙德铭　寇林林
孙明璐　陈　江　于　城　鞠　楠　商青青
魏明辉　吕骏超　孙　雷　贾立国　韩仁萍

地质出版社

·北　京·

内 容 提 要

本书是我国第一部全面系统总结吉中-延边成矿带的科学著作，是《中国矿产地质志》的重要组成部分。全书以成矿系列理论为指导，在梳理吉中-延边成矿带（Ⅲ-55）全部矿产资源信息的基础上，结合18处典型矿床研究成果，系统总结成矿带矿床时空分布规律，划分出7个Ⅳ级成矿亚带和10个Ⅴ级矿田，厘定出8个矿床成矿系列、13个矿床成矿亚系列和23个矿床式，建立了区域成矿谱系和成矿模式；圈定了10处找矿远景区，并对找矿远景区进行了资源潜力评述。

本志书在矿床成矿系列厘定、区域成矿规律研究等方面具有创新性，可供从事自然资源工作的政府工作人员、生产科研和教学人员，特别是在吉中-延边成矿带及邻区从事矿产地质工作的相关人员参考。

图书在版编目（CIP）数据

中国矿产地质志·吉中-延边卷／陈聪主编. —北京：地质出版社，2024.5

ISBN 978-7-116-14094-3

Ⅰ.①中… Ⅱ.①陈… Ⅲ.①矿产地质—概况—中国②矿产地质—概况—吉林 Ⅳ.①P62

中国国家版本馆CIP数据核字（2024）第069928号

ZHONGGUO KUANGCHAN DIZHIZHI · JIZHONG-YANBIAN JUAN

责任编辑：刘秉翔　吕　静
责任校对：关风云
出版发行：地质出版社
社址邮编：北京市海淀区学院路31号，100083
电　　话：（010）66554528（邮购部）；（010）66554429（编辑室）
网　　址：https://www.gph.clmpg.com
传　　真：（010）66554686
印　　刷：北京地大彩印有限公司
开　　本：889 mm×1194 mm　1/16
印　　张：23
字　　数：1020千字
版　　次：2024年5月北京第1版
印　　次：2024年5月北京第1次印刷
审 图 号：吉S（2023）007号；吉S（2023）027号
定　　价：398.00元
书　　号：ISBN 978-7-116-14094-3

《中国矿产地质志》编委会

（第一届）

一、领导小组

二、专家委员会

胡瑞忠　侯增谦　施中爽　姜树叶　袁忠信　莫宣学
钱大都　倪　斌　徐水师　徐志刚　陶维屏　黄香定
黄崇轲　黄懋鸿　梅友松　盛继福　章少华　阎凤增
琚宜太　韩振新　裴荣富　潘行适

三、《中国矿产地质志》

总主编： 陈毓川　王登红

四、承担单位

中国地质科学院矿产资源研究所

五、项目办公室

主　任： 邢树文
副主任： 李　剑　龙宝林　傅旭杰
成　员： 朱明玉　黄　凡

《中国矿产地质志》

总责任编辑： 白　铁
副总责任编辑： 韩　博　吕　静
责任编辑组： 刘云龙　肖竣文　孙彦琪　刘秉翔　贺　文　闻　竹　谢玉淳
李　佳　吴宁魁　袁亚琴　宋永存　张琦玲　潘　懋　代世锋
邢瑞玲　郝梓国　章雨旭　沈　镭　佘宏全　于春林　李进文
戚学祥　李　华

《中国矿产地质志》编委会

（第二届）

黄香定　卢欣祥　艾宪森　李宏骥　周特先　杨明桂
陆　彦　任丰寿　张永山　石礼炎　陆瑞宝　韩振新
施中爽　王增护　陈一笠

三、《中国矿产地质志》

总主编： 陈毓川　王登红

四、承担单位

中国地质科学院矿产资源研究所

五、项目办公室

主　任： 邢树文　中国地质调查局资源评价部副主任
副主任： 黄　凡　中国地质科学院矿产资源研究所
王　岩　中国地质科学院矿产资源研究所
成　员： 蔺志永　中国地质调查局资源评价部矿产地质处处长
朱明玉　中国地质科学院
王成辉　中国地质科学院矿产资源研究所
孙　艳　中国地质科学院矿产资源研究所稀有稀土贵金属研究室副主任
曹瑞欣　中国地质科学院矿产资源研究所办公室副主任

《中国矿产地质志》

总责任编辑： 白　铁
副总责任编辑： 韩　博　吕　静
责任编辑组： 刘云龙　肖竣文　孙彦琪　刘秉翔　贺　文　闻　竹　谢玉淳
李　佳　吴宁魁　袁亚琴　宋永存　张琦玲　潘　懋　代世锋
邢瑞玲　郝梓国　章雨旭　沈　镭　佘宏全　于春林　李进文
戚学祥　李　华

《中国矿产地质志》编委会

（第三届）

一、领导小组

李金发　中国地质调查局党组成员、副局长，中国地质科学院常务副院长
于海峰　自然资源部地质勘查管理司司长
陈仁义　中国地质科学院矿产资源研究所所长
吴登定　中国地质调查局副总工程师、总工程师室主任
韩志军　中国地质调查局资源评价部副主任（主持工作）
施俊法　中国地质调查局发展研究中心主任（馆长）
王登红　中国地质科学院矿产资源研究所副所长
牛　力　自然资源部地质勘查管理司地质处处长

二、专家委员会

主　　任： 陈毓川
副 主 任： 常印佛　翟裕生　叶天竺　王瑞江　王登红（常务）
成　　员： 裴荣富　汤中立　赵文津　郑绵平　赵鹏大　於崇文
多　吉　莫宣学　侯增谦　毛景文　赵文智　康玉柱
王双明　胡瑞忠　邓　军　王世称　黄崇轲　刘秉光
陶维屏　王炳铨　张金带　姜树叶　陈建平　章少华
王京彬　徐水师　倪　斌　琚宜太　阎凤增　李文渊
王保良　朱裕生　王安建　肖克炎　梅友松　余中平
白万成　郑大瑜　钱大都　沈保丰　赵一鸣　盛继福
徐志刚　朱明玉　袁忠信　白　鸽　邹天人　宋学信
杨岳清　李纯杰　邓晋福　乔德武　李继江　陶士振
李裕伟　刘玉强　张作衡　文冬光　李文鹏　陈仁义
薛迎喜　龙宝林　谢国刚　邢树文　李子颖　蔡煜琦
刘家军　邓颂平　任天祥　马振东　陈郑辉　许建祥
梁　婷　闫升好　丁　俊　蔡克勤　华仁民　李文昌

唐菊兴　董连慧　严铁雄　邵厥年　郭坤一　潘仲芳
王永基　连　卫　田升平　杨　刚　刘增铁　陈华山
陈　平　邵和明　陈尔臻　刘德权　任家琪　宋小文
张翼飞　王砚耕　付德明　李均权　黄懋鸿　伍广宇
张忠伟　黄香定　卢欣祥　艾宪森　李宏骥　周特先
杨明桂　陆　彦　任丰寿　张永山　石礼炎　陆瑞宝
徐衍强　胡世华　施中爽　王增护　陈一笠

三、《中国矿产地质志》

总　主　编： 陈毓川　王登红

四、承担单位

中国地质科学院矿产资源研究所

五、项目办公室

主　　　任： 王登红　中国地质科学院矿产资源研究所副所长
常务副主任： 黄　凡　中国地质科学院矿产资源研究所
副　主　任： 王　岩　中国地质科学院矿产资源研究所
　　　　　　　耿　林　中国地质调查局资源评价部矿产地质处处长
成　　　员： 朱明玉　中国地质科学院
　　　　　　　王成辉　中国地质科学院矿产资源研究所三稀室副主任
　　　　　　　孙　艳　中国地质科学院矿产资源研究所三稀室副主任
　　　　　　　张　震　中国地质科学院矿产资源研究所办公室副主任
　　　　　　　杨雨涵　中国地质科学院矿产资源研究所
　　　　　　　杨　萌　中国地质科学院矿产资源研究所

《中国矿产地质志》

总责任编辑： 白　铁
副总责任编辑： 韩　博　吕　静
责任编辑组： 刘云龙　肖竣文　孙彦琪　刘秉翔　贺　文　闻　竹　谢玉淳
李　佳　吴宁魁　袁亚琴　宋永存　孙　琳　张琦玲　潘　懋
代世锋　邢瑞玲　魏秀菊　沈　镭　佘宏全　于春林　李进文
戚学祥　李　华

《中国矿产地质志》编委会
（第四届）

一、领导小组

组　　长：李金发　自然资源部党组成员，中国地质调查局党组书记、局长，中国地质科学院院长
常务副组长：徐学义　自然资源部中国地质调查局党组成员、副局长
副 组 长：熊自力　自然资源部地质勘查管理司司长
　　　　　王登红　中国地质科学院矿产资源研究所所长
成　　员：牛　力　自然资源部地质勘查管理司副司长
　　　　　任收麦　中国地质调查局总工程师室主任
　　　　　邱海俊　中国地质调查局资源评价部主任
　　　　　施俊法　中国地质调查局发展研究中心（全国地质资料馆、自然资源部矿产勘查技术指导中心）主任（馆长）
　　　　　顾晓华　中国大地出版传媒集团董事长，党委书记

二、办公室

主　　任：王登红　中国地质科学院矿产资源研究所
常务副主任：黄　凡　中国地质科学院矿产资源研究所
副 主 任：王　岩　中国地质科学院矿产资源研究所
　　　　　张　伟　中国地质调查局资源评价部
成　　员：朱明玉　中国地质科学院
　　　　　张　震　中国地质科学院矿产资源研究所
　　　　　马玉波　中国地质科学院矿产资源研究所
　　　　　王成辉　中国地质科学院矿产资源研究所
　　　　　江　彪　中国地质科学院矿产资源研究所
　　　　　秦锦华　中国地质科学院矿产资源研究所
　　　　　杨　萌　中国地质科学院矿产资源研究所
　　　　　高　佳　中国地质科学院矿产资源研究所

三、专家委员会

主　　任：陈毓川
副 主 任：常印佛　翟裕生　叶天竺　毛景文　唐菊兴　王瑞江
　　　　　王登红（常务）

成　　员：（排名不分先后）

李廷栋　裴荣富　汤中立　赵文津　郑绵平　多　吉
康玉柱　莫宣学　翟明国　王成善　赵文智　王双明
侯增谦　邓　军　胡瑞忠　黄崇轲　王保良　王小烈
朱立新　李裕伟　邵厥年　庄育勋　熊盛青　卢民杰
马振东　盛继福　朱裕生　徐志刚　朱明玉　宋学信
杨岳清　张德全　邹天人　李纯杰　陈仁义　张作衡
邢树文　谢国刚　陈建平　邓颂平　肖克炎　陈郑辉
蔡克勤　王安建　陈从喜　郑大瑜　张金带　李子颖
蔡煜琦　乔德武　陶士振　刘玉强　琚宜太　程爱国
严铁雄　余中平　薛春纪　阎凤增　王永基　周尚国
梅友松　王京彬　徐水师　倪　斌　龙宝林　薛迎喜
丰成友　白万成　钱大都　李文渊　李文昌　郭坤一
潘仲芳　董连慧　潘　彤　周　琦　战明国　陆　彦
施玉北　王润福　姜树叶　姚超美　陈正国　杨　刚
李继江　文冬光　李文鹏　刘增铁　刘家军　郑有业
王时麒　屈文俊　闫升好　丁　俊　华仁民　连　卫
田升平　许建祥　李厚民　梁　婷　杨自安　焦　森
陈军元　陈华山　邵和明　陈尔臻　刘德权　任家琪
宋小文　张翼飞　李均权　黄懋鸿　伍广宇　张忠伟
黄香定　卢欣祥　艾宪森　李宏骥　周特先　杨明桂
张永山　石礼炎　陆瑞宝　胡世华　施中爽　王增护
陈一笠

四、《中国矿产地质志》

总　主　编：陈毓川　王登红

五、承担单位

中国地质科学院矿产资源研究所

《中国矿产地质志》

总责任编辑：白　铁
副总责任编辑：韩　博　吕　静
责任编辑组：刘云龙　肖竣文　孙彦琪　刘秉翔　贺　文　闻　竹　谢玉淳
李　佳　吴宁魁　袁亚琴　宋永存　孙　琳　张琦玲　潘　懋
代世锋　邢瑞玲　魏秀菊　沈　镭　佘宏全　于春林　李进文
戚学祥　李　华

《东北地区区域成矿规律研究与总结项目成果系列丛书》

组织协调委员会

主　　任：贾伟光

副 主 任：藺志永　刘凤山　辛后田

成　　员：杨中柱　张艳飞　郜晓勇　张　楠　李永飞　陈　聪
吕骏超　寇林林　孙　雷

顾 问 组：沙德铭　陈树旺　舒广龙　王希今　鲍庆中　邢德和
孙中任　丁秋红　邵　军　李东涛　张立东　付俊彧

《中国矿产地质志·吉中-延边卷》
编委会

主　　编： 陈　聪

副 主 编： 吴涛涛

研编人员： 陈　聪　吴涛涛　赵春强　沙德铭　寇林林　孙明璐
陈　江　于　城　鞠　楠　商青青　魏明辉　吕骏超
孙　雷　贾立国　韩仁萍

总　序

矿产资源是国家经济社会发展的物质基础，我国处于工业化中后期发展阶段，矿产资源需求量处于增长时期，需求量大、矿种多。掌握全国的所有矿产的家底，是国家与人民十分需要的大事。新中国成立以来的60多年的历程中，地质工作者已为国家发现了172种矿产，其中159种矿产已获得资源储量，矿床、矿点等各类矿产地已达20多万处，积累了丰富的矿产地质资料，广大的矿产地质工作者为国家所需，迫切真诚地期望早日进行覆盖全国全部矿产信息的汇总，研编《中国矿产地质志》，今日终于得到国家的支持，得以实施，并且经过江西省的试点，在该省以杨明桂先生为首的研编组的共同努力下，《中国矿产地质志》省级第一卷《中国矿产地质志·江西卷》率先正式出版，供全国使用，这是《中国矿产地质志》研编工作史上的新起点。

新中国第一部《中国矿产地质志》，将汇总广大地质矿产工作者为国为民找矿的成果，汇集全国查获的全部矿产资源及其开采利用的状况，分析资源前景，并对找矿过程中获得的丰富的找矿经验和成矿规律认识进行阶段性的总结。这将是我国迄今为止矿产资源文集大全，将为全国及各省、自治区、直辖市政府矿产资源规划、部署、决策提供重要依据，为全国人民提供祖国矿产资源的现有家底及开发前景，为矿产资源勘查、开发、科学研究及地矿教育提供丰富的资料。

一百多年前，光绪年间，顾琅、周树人（鲁迅）先生合著《中国矿产志》于1906年出版，附《中国矿产一览表》《地质时代一览表》和《中国矿产全图》。清政府甚为重视，列为国民必读。这是我国第一本《中国矿产志》，由于历史条件所限，该书共列出10个金属矿产（金、银、铜、铁、锡、铅、水银、辰砂、锑、锰矿）和20个非金属矿产，全国共列出1203个矿产地。当时著名的地理学家马良先生为之作序，序言中说："顾、周两君学矿多年，颇有心得。慨祖国地大物博之无稽，爰著《中国矿产志》一册，罗列全国之所在，注之以图，陈之以说，使我国民深悉国产之所自有，以为后日开采之计，致富之源，强国之本，不致家藏货宝为他人所攘夺。"当时编写该志书是为国民知道国家的矿产，去开采致富，达到强国的目的。弹指一挥间，一百多年过去，天翻地覆，时代变了，祖国的盛世来临，现代化、和平民主的强大祖国就在面前。新中国第一部《中国矿产地质志》亦将面目一新，它与顾琅、周树人研编的目标是一致的，都是为民、为国，为民所知，为民致富，为国所知，为国强大。我们将继承前人事业，继续往前走！

本次研编处于天时、地利、人和的大好时机，国家经济社会发展与日俱增，欣欣向荣，需要矿产资源，需要摸清全国矿产资源家底。新中国成立60多年来矿产勘查与开发得到大发展，取得了丰硕的找矿成果和海量的矿产地质勘查、开发和科研资料。国土资源部近8年来组织完成了三大全国性矿情调查工作：矿业权核实、28个矿种资源现状利用调查和25个矿种资源潜力评价。开展中国矿产地质与区域成矿规律综合研究、研编《中国矿产地质志》得到了国土资源部、财政部、中国地质调查局等领导部门、各省（自治区、直辖市）政府部门及矿产地质领域专家、学者们的大力支持。社会需要，政府重视，研编条件具备，是本项工作得以进行的必要前提与重要保证。

研编工作的策划，充分吸取历来志书编纂的精髓，广泛听取并吸纳矿产资源领域各部门专家、领导的意见，并进行重要研编内容的工作试点，确定本矿产地质专业性志书采用“以述为主，述论结合”的原则，实现叙实性与学术性结合，矿产叙述必实，规律论述有据，做到资料真实、全面、最新、可查，文字论述简练易懂、图文并茂，研编技术统一要求，研编工作统一部署，研编组织有编纂专家队伍，亦广邀各方专家共同参与、集思广益。论述部分广纳有据论点，广迎百花，力争创新亮点，并为后人创新搭建平台。通过共同努力，使研编工作有序进行。

本次研编内容由3部分组成：各省（自治区、直辖市）矿产地质志、全国矿产总志、全国区域成矿规律研究。每一部分都有书、图、数据库及普及本。各省（自治区、直辖市）矿产地质志包含本地区所有矿产资源。全国矿产总志包含各主要矿产的矿产志及全国矿产汇总。全国区域成矿规律研究包含各主要成矿区带成矿规律研究及全国区域成矿规律研究汇总。整个研编工作自2014年开始至2020年完成。研编期间，研编成果实施边完成、边出版、边使用，使研编成果及时向社会提供，逐步积累，最终完成。

本项研编工作意义重大，任务繁重，涉及矿产资源勘查、开发、科研、教育领域各个部门各方专家。我们认为，只有共同参与、同心合作、政府支持才能胜利完成此项工作。我们衷心希望并坚信，参与工作的全体同仁为实现此国家重大目标，在政府与矿产资源工作有关部门与广大同仁专家的支持下，一定会坚定信心，同舟共济，共同奋斗，在2020年提交一份世纪性的矿产志书大成果。

2014年11月5日

前　言

本志书是中国地质调查局“中国矿产地质志”项目委托业务“东北地区区域成矿规律研究与总结”系列成果之一；同时，本志书也是我国地质行业Ⅲ级成矿带矿产勘查成果集成与综合研究的编著型志书。

“东北地区区域成矿规律研究与总结”项目总体目标、任务是开展东北地区区域成矿规律研究与综合，研编东北地区跨省区Ⅲ级成矿区带矿产地质志，系统总结成矿区带内现代矿产地质工作的科学成果，全面反映东北地区及各省矿产全貌及重要成矿规律，提升矿产地质科学水平，为新时期找矿工作提供科学理论支撑。吉中-延边成矿带（Ⅲ-55）为东北地区的重要跨省区Ⅲ级成矿区带之一，亦是“东北地区区域成矿规律研究与总结”项目重点研究成矿区带。

本志书以成果集成、创新认识、开拓思路、扩大找矿领域与发展区域地质科学为目标，针对吉中-延边成矿带存在的重大地质矿产问题，广泛学习汲取国内外先进成矿理论，与第二代《吉林省区域地质志》《辽宁省区域地质志》和《黑龙江省区域地质志》及三省系列地质矿产图件全面对接，对各时期找矿成果进行全覆盖集成。在此基础上，梳理成矿区带重要矿产地综合信息，系统归纳和总结成矿区带重要矿产的成矿地质条件和成矿特征，提炼区域成矿规律，为成矿区带的找矿勘查部署提供理论支持。

本志书全面梳理了吉中-延边成矿带共47个矿种、571处矿产地的分布、勘查和开发利用情况，分析了成矿带成矿地质背景，系统总结成矿构造环境、地层、岩浆作用、变质作用、区域构造与成矿的关系，并开展18处典型矿床研究；此外，明确了成矿带区域地球物理场和地球化学场与成矿的关系。在此基础上，重点对吉中-延边成矿带的成矿规律进行系统总结，认识到该成矿带是我国重要的金、银及多金属矿产基地之一，区域内金属、非金属等各类矿产具有成矿作用多样、成因类型复杂、成矿时代跨度大、矿产地相对集中、叠加成矿作用显著的特征；印支期—燕山期是成矿带的成岩成矿爆发期，是金、银、钼、镍、硅灰石等重要矿产的主要形成时期。

本志书在成矿系列理论指导下，在吉中-延边成矿带（Ⅲ-55）重新厘定出8个矿床成矿系列、13个矿床成矿亚系列和23个矿床式，并建立区域成矿谱系和区域成矿模式，为区域成矿作用研究和成矿规律总结提供了科学依据；将成矿带进一步划分为7个Ⅳ级成矿亚带和10个Ⅴ级矿田；圈定8处矿集区和10处找矿远景区，总结了各矿集区和找矿远景区的空间分布、成矿地质背景、赋存的各类矿床特征及其产出的时空分布规律，并对各矿集区和找矿远景区的成矿潜力进行了评述。

本志书是全体项目参与人员辛勤劳动和集体智慧的结晶，共分为七章。第一章由陈聪和于城执笔；第二章由陈聪、沙德铭、赵春强、吴涛涛等执笔；第三章由吴涛涛、于城、陈聪和贾立国等执笔；第四章由陈聪、于城和沙德铭等执笔；第五章由陈聪、于城、吴涛涛、赵春强和陈江等执笔；第六章由陈聪、于城和吴涛涛等执笔；第七章由陈聪、于城和沙德铭等执笔。于城、陈聪、吴涛涛、商青青、孙明璐、韩仁萍、鞠楠、魏明辉等完成了插图的制作。全书由陈聪、吴涛涛、于城、沙德铭、寇林林、吕骏超、孙雷等统稿完成。

项目实施和本志书编写过程中，《中国矿产地质志》总主编陈毓川院士、王登红研究员、项目办公室邢树文研究员、黄凡博士、王岩博士等给予热情的帮助和精心的指导。中国地质调查局沈阳地质调查中心张大权主任、朱群总工程师、沙德铭副总工程师为项目的顺利实施给予指导和关怀。中心管理部门包括王希今、丁秋红、张楠、赵东方、车继英、徐彩茹、马丽娜、苏建伟、孙宇、吴继红、吕如卉等为志书的编制提供了重要保障。本志书的编制过程中还得到了相关地勘单位的领导和专家的大力帮助。陈树旺、邵军、鲍庆中、杨中柱、邢德和、张森、付俊彧、陈尔臻、李德洪、王保良、朱裕生、施忠爽、孙鹏慧、于援帮、吕长禄及孙景贵等专家为吉中-延边成矿带成矿规律研究提出了宝贵意见和建议，在此一并表示衷心的感谢。

本志书的编写过程中，搜集和引用了吉林省、辽宁省和黑龙江省的地勘部门或单位数十年来找矿勘查和最新科研成果。本志书引用的文献属于可以检索到的专著或论文，而这些专著或论文的作者可能引用了地质勘查部门的地质矿产勘查报告，由于不能检索到直接的来源，对不能引用的原著作者表示诚挚歉意。此外，由于编者水平有限，书中还是存在一些疏漏，敬请读者批评指正。

《中国矿产地质志·吉中-延边卷》编委会

2024 年 5 月

目　录

第一章 概 述

第一节 地理位置与范围

吉中-延边（活动陆缘）Mo-Au-As-Cu-Ni-Zn-Fe 成矿带（Ⅲ-55）（以下简称吉中-延边成矿带）主要位于吉林省中东部的四平-吉林-延边一带，还包括辽宁省北部昌图-西丰、黑龙江省南部宁安市镜泊湖的部分地区，行政区划属吉林省四平市、长春市、吉林市和延边朝鲜族自治州，黑龙江省宁安市以及辽宁省铁岭市昌图县和西丰县。成矿带西部以长春-四平-昌图一线为界，北部以大屯镇-旺起镇-白山镇-大山嘴子镇-镜泊湖一线为界，东部以春阳镇-珲春一线为界，南部以西丰县-石驿镇-团林镇-二道甸子镇-两江镇-万宝镇-福洞镇一线为界，东南角与俄罗斯、朝鲜接壤（图 1-1，图 1-2）。成矿带面积约 40000 km^2。

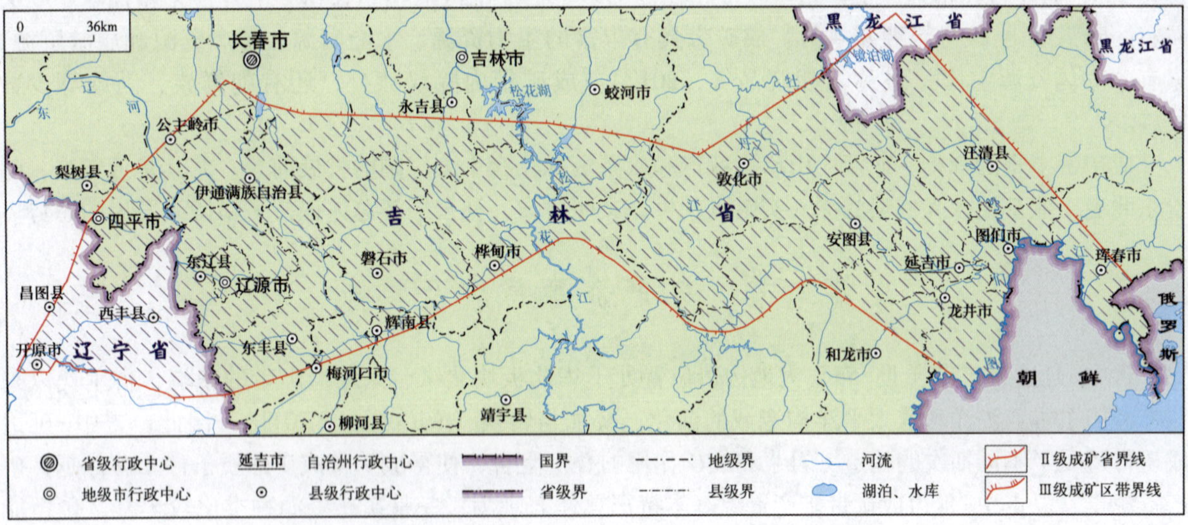

图 1-1　吉中-延边成矿带（Ⅲ-55）行政区范围

成矿带地势东高西低，西部为平原区，东部长白山区又分为长白中山、低山区和长白低山丘陵区，东部长白中山低山区（图 1-2），海拔在 800~1100 m 之间。西部低山区以大黑山西麓为界，东至蛟河-辉发河谷地，多由海拔 500 m 以下的缓坡宽谷的丘陵组成，沿河一带有成串的小盆地群。中部台地平原区，又称大黑山山前台地平原区。这一区域地势不够平坦，地面起伏较大，一般在海拔 200~250 m 之间（金正镐，2004）。

成矿带森林覆盖面积较大，动植物资源丰富，经济作物繁多，是饮誉世界的“东北三宝”（人参、貂皮和鹿茸）的主要产区（滕星均，2009），还有海内外闻名的“自然博物馆”——长白山（白头山）天池和中国六大林区之一的“长白林海”。成矿带内分部有松花江、鸭绿江和图们江等河流，可供开发的水资源丰富，是世界天然矿泉水资源富集区之一。旅游文化资源独特，拥有底蕴丰厚的历史文化、绚丽多姿的民族风情和神奇壮观的自然风光。成矿带交通十分便利，村村通公路，城市间通高速公路和高速铁路。

吉中-延边成矿带属北温带大陆性季风气候，四季分明，冬季漫长寒冷而干燥，夏季短促温热多

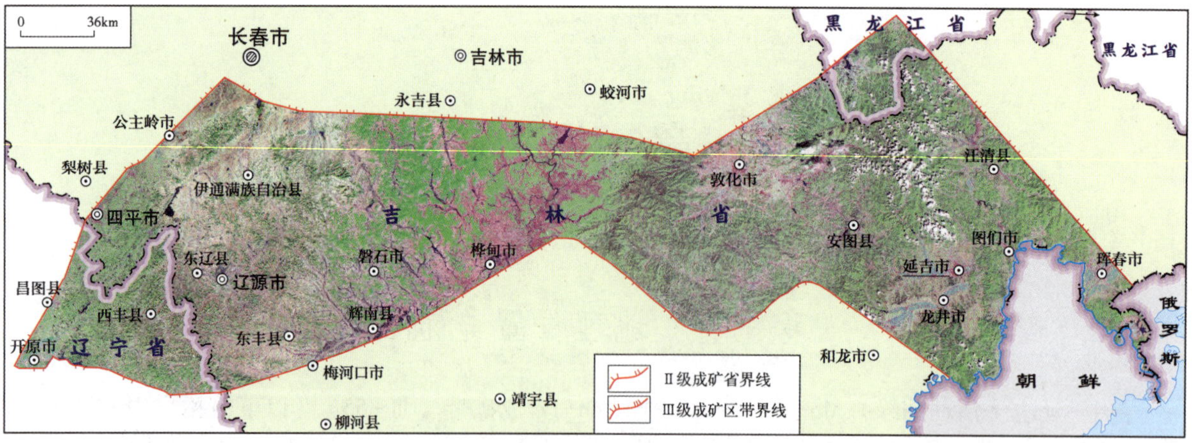

图 1-2　吉中-延边成矿带（Ⅲ-55）遥感影像图

雨，春秋季风较大，作物生长期短，年平均气温-3~7℃，1 月均温约-11℃，7 月均温 20℃以下。西部平均气温相对较高，东部平均气温相对较低，相差 7℃左右。全年日照 2200~3000 小时，年活动积温平均在 2700~3200℃之间（许静，2018），可以满足一季作物生长的需要。年平均降水量 400~1300 mm，其中以东部地区的降水量较多，比西部多一倍。山区的冬季长达 7 个月，无霜期在 150 天左右。降雪期由 10 月至翌年 4 月。成矿带具有丰富的生物资源、水能资源、矿产资源和旅游资源，素有“立体资源宝库”之称（胡晓晶等，2012）。成矿带内除汉族外，还有朝鲜族、满族等少数民族。

成矿带丰富的森林、矿产、山珍土特产和旅游资源具有十分广阔的发展前景，尤其是近年来，随着东北老工业基地振兴战略的深入实施以及生态文明建设，社会经济总体保持平稳持续发展的态势。

第二节　矿产资源总貌及特点

吉中-延边成矿带（Ⅲ-55）大地构造位置处于华北板块北缘、兴蒙造山带的东端，古生代以来该带经历了古亚洲洋和滨太平洋构造域的演化、叠加与转换（Wu et al.，2011）。因此，吉中-延边成矿带遭受了不同期次的构造、岩浆和成矿作用的叠加复合，使得成矿带成矿地质条件十分优越，矿产资源丰富。吉中-延边成矿带矿产资源基本特征总体表现为：一是矿产资源种类比较丰富，包括能源、金属、非金属及水气等矿产资源共 47 种（图 1-3）；二是成矿带面积虽然仅 40000 多平方千米，但矿产地数量多，截至 2018 年底已发现矿点及以上规模矿产地共 571 处，其中，超大型矿产地为 6 处、大型矿产地 21 处、中型矿产地 78 处以及小型矿产地 269 处（表 1-1）；三是具有重要矿产如镍、钼、金、银、硅灰石、石灰石、萤石等，多数矿产质量优良；四是多数重要矿产资源储量大，且矿产地分布相对集中；五是主要金属、非金属矿产的矿床成因类型丰富，如金矿有岩浆热液型、海相火山岩型、陆相火山岩型、砂矿型等；铅锌矿的成因类型包括海相火山岩型、接触交代型、岩浆热液型等；铁矿成因类型有受变质型、岩浆热液型、接触交代型等；六是尽管成矿带矿产地数量较多，但大型、超大型矿床数量仅约占总矿产地数量的 4%，进一步找矿潜力较大。同时，部分矿产资源储量较大，但是资源开采利用率低，采富弃贫的现象较普遍，比如硅灰石矿。

（1）能源矿产

能源矿产主要包括煤炭和油页岩以及少量的地热资源。截至 2018 年底，矿点及以上规模能源矿产地共 53 处。其中，煤矿产地 46 处，集中分布在辽源、桦甸、四平、双阳、西丰等地，多为长焰煤，还有少量褐煤和气煤。成煤特征多为陆相沉积成煤，以构造盆地控煤为主，煤层及煤系地层多呈单斜、复向斜构造；成矿时代主要为古近纪和白垩纪，侏罗纪和三叠纪次之，还有少部分形成于石炭

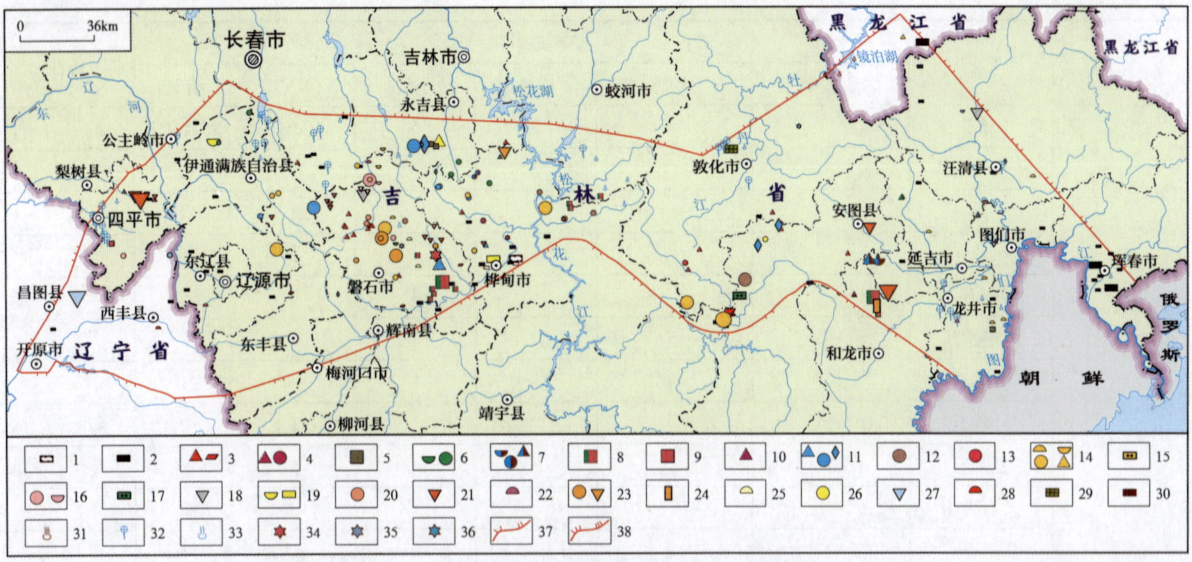

图 1-3 吉中-延边成矿带（Ⅲ-55）主要矿产地分布图

1—油页岩；2—煤炭；3—铁矿；4—锰矿；5—铬铁矿；6—铜矿；7—铅锌矿；8—铜镍矿；9—镍矿；10—钨矿；11—钼矿；12—锑矿；13—汞矿；14—金矿；15—砂金矿；16—银矿；17—独居石；18—石墨；19—硫铁矿；20—萤石；21—硅灰石；22—沸石；23—方解石；24—冰洲石；25—高岭土；26—粘土；27—大理岩；28—珍珠岩；29—硅藻土；30—泥炭；31—地热；32—矿泉水；33—地下水；34—宝石；35—玉石；36—观赏石；37—Ⅱ级成矿省界线；38—Ⅲ级成矿区带界线

表 1-1 吉中-延边成矿带矿产资源种类及数量表

矿产分类	矿种	矿产地数量/处						备注
		超大型	大型	中型	小型	矿点	合计	
能源矿产	油页岩			1	2	2	5	
	煤炭			3	43		46	
	地热			1	1		2	
黑色金属	铁矿			1	24	29	54	
	锰矿				2	3	5	
	铬铁矿					3	3	
	钛铁矿					2	2	
有色金属	铜矿				7	23	30	
	铅矿			2	8	16	26	
	锌矿							
	镍矿		1	1	8	2	12	
	钨矿				1	4	5	
	钼矿	1	1	5	10	7	24	
	锑矿			1	3	2	6	
	汞矿				1	2	3	
贵金属	金		2	4	28	28	62	
	银		1		2	7	10	
稀有金属	铌矿					4	4	
稀土金属	独居石			1		1	2	

续表

矿产分类	矿种	矿产地数量/处						备注
		超大型	大型	中型	小型	矿点	合计	
矿物类非金属	石墨			2	5	9	16	
	硫铁矿			3		3	6	
	砷					1	1	
	磷					5	5	
	萤石				3	2	5	
	压电水晶					9	9	
	蓝晶石				1		1	
	红柱石				1	1	2	
	硅灰石	3	2	3	10	5	23	
	石棉					2	2	
	滑石					1	1	
	长石					1	1	
	沸石				3	7	10	
	方解石	1	1	3	4	3	12	
	冰洲石			1		1	2	
岩石类非金属	石灰岩		2	1	5		5	
	硅藻土			1		2	3	
	高岭土		1		1	4	6	
	伊利石	1	1				2	
	泥炭				1		1	
	珍珠岩				1		1	
	火山灰			1			1	
	水泥用大理岩		6	11	14		31	
宝玉石类	宝石						1	宝石类矿产未有矿床规模划分标准
	玉石						4	
	砚石						1	
水气矿产	地下水		3	6	8		17	
	矿泉水			26	72		98	
合计	47种	6	21	78	269	191	571	包括6处宝玉石类矿产地

纪。油页岩矿产地共5处，集中产于吉林省桦甸、伊通等地，主要形成于古近纪，多赋存在古近系桦甸组内。

地热田共2处，主要分布在黑龙江省南部宁安地区，包括1处中型和1处小型地热田。

（2）金属矿产

成矿带内金属矿产有黑色金属、有色金属、贵金属等种类。截至2018年底，共发现249处金属矿产地，占成矿带矿产地总数的近一半；矿产地规模以小型和矿点为主，中型及以上规模矿产地仅21处，其中，超大型矿床1处、大型矿床5处。从矿产地数量看，以贵金属矿产——金矿数量最多（表1-1）。

黑色金属矿产主要为铁矿，其次为锰矿，共64处矿产地，以小型及矿点为主，仅1处中型，主要分布在磐石、桦甸、长春、永吉、安图等地。矿床类型以接触交代型、岩浆热液型和受变质型为主，成矿时代以燕山期为主，加里东期和华力西期次之，还有少量为兴凯期。

有色金属矿产有铜、铅、锌、镍、钼、钨、锑、汞矿等，共106处矿产地，包括超大型矿床1处（大黑山钼矿床）、大型矿床2处（红旗岭镍矿床和芹菜沟钼矿床）、中型矿床9处、小型矿床38处以及矿点56处。带内有色金属矿产地分布较为广泛，矿床类型以接触交代型、岩浆热液型、海相火山岩型、岩浆型为主，成矿时代以印支期—燕山期为主，华力西期次之，还有极少数为加里东期。

贵金属矿产包括金矿和银矿，共72处矿产地。金矿产地共62处，包括大型矿床2处（二道甸子和海沟金矿床）、中型矿床4处、小型28处以及矿点28处；银矿产地共10处，其中大型银矿1处（山门银矿）、小型银矿2处以及矿点7处。这些贵金属矿产主要分布在桦甸、磐石、安图、汪清、四平等地。矿床类型主要包括陆相火山岩型、海相火山岩型、岩浆热液型、砂矿型等，主要形成于燕山期，少数形成于华力西期、加里东期和喜马拉雅期。

稀有金属矿产在成矿带内不太发育，目前仅发现4处铌矿点，分布在蛟河和敦化地区，矿床类型主要为岩浆型和陆相火山岩型，形成于喜马拉雅期。

稀土金属矿产相对贫乏，仅发育2处矿产地，其中中型和矿点各1处，主要为独居石矿（磷钇矿），集中分布在安图地区，代表性矿床为东清中型独居石矿床。

（3）非金属矿产

非金属矿产共22种，包括矿物类的硅灰石、隐晶质石墨、硫（硫铁矿）、萤石、砷矿、压电水晶、沸石等；岩石类的水泥用大理岩、高岭石以及伊利石等。截至2018年底，共发现149处非金属矿产地，矿产地规模以中小型及矿点为主，其中，超大型矿产地5处，主要为硅灰石、方解石矿和伊利石粘土矿，大型矿产地13处，主要为硅灰石、方解石、石灰岩、大理岩和伊利石粘土矿。已发现石墨矿共16处，规模以小型和矿点居多，主要产出在磐石市烟筒山一带，以隐晶质石墨为主，矿床类型为变成型，多形成于燕山早期。硅灰石是成矿带的重要矿产，截至2018年底，共发现硅灰石矿产地23处，包括超大型3处和大型2处，主要分布在磐石、梨树、龙井、伊通等地，矿床类型为变成型，成矿时代为燕山期。硫铁矿多以伴生资源产出，如放牛沟铅锌硫铁矿床，独立硫铁矿仅1处，为桦甸市西台子硫铁矿，为生物化学沉积成因，形成于喜马拉雅期。砷矿仅产出1处矿点。滑石、长石、石棉及压电水晶等矿产地规模均较小，多为矿点，分布在磐石、双阳、汪清等地。萤石矿目前已发现包含小型和矿点共5处，主要分布在磐石烟筒山-明城一带，为岩浆热液成因，形成于华力西期。截至2018年底，已发现沸石矿产地共10处，包括小型3处和矿点7处，主要分布在双阳、磐石、东辽、汪清等地，为陆相火山岩型，形成于燕山期。目前已发现方解石矿产地共12处，主要分布在磐石地区，包括1处超大型方解石矿（磐石市中立方解石矿床），1处大型方解石矿（磐石市样子沟方解石矿床），成因包括变成型和岩浆热液型两类，成矿时代跨度大。成矿带内高岭土矿产地共6处，包括1处大型，1处小型和4处矿点，主要分布在磐石、安图、伊通等地，以陆相火山岩型和风化型为主，形成于华力西期、印支期、喜马拉雅期等时期。成矿带内发育1处超大型和1处大型伊利石粘土矿床，为风化型，分布于安图地区，形成于喜马拉雅期。成矿带内水泥用大理岩资源丰富，目前已发现矿产地31处，规模以大中型为主，主要分布在图们、磐石、东辽、四平、昌图和西丰等地，成因以变成型为主，成矿时代跨度大。

成矿带宝玉石矿产包括磐龙玉、敖东玉、透闪石玉、鸡血石玉、蓝宝石等。截至2018年底，发现宝玉石矿产地共6处，主要分布在磐石、桦甸、伊通等地，矿床成因以海相火山岩型、接触交代型和岩浆热液型为主，成矿时代以华力西期为主。

（4）水气矿产

成矿带内水气矿产资源主要为地下水和矿泉水。截至2018年底，已发现水气矿产地共115处。地下水主要分布在四平、敦化、伊通、辽源、蛟河等地，共17处，其中，大型3处、中型6处以及小型8处，水质优良，可供日常使用。天然矿泉水集中分布于双阳、吉林、四平、延吉等地，共98

处，其规模主要为中小型，其中，中型矿产地为26处、小型72处。这些矿泉水目前利用率不高，大部分未开采或已停采，仅有少部分正在开采利用。

第三节　地质勘查与矿业开发简史

一、地质矿产勘查简史

（一）古代

吉中-延边成矿带地质矿产勘查及利用始于周秦（公元前770年~前206年）以前，在虞舜时吉林称息慎或肃慎。《后汉书地理志》有“挹娄，古肃慎之国也。在夫馀东北千余里，东滨大海，南与北沃沮接，不知其北所极。土地多山险。人形似夫余，而言语各异。有五谷、麻布，出赤玉、好貂”的记载。《后汉书地理志》亦记载：“出赤玉，好貂，今所谓挹娄貂是也。”挹娄的活动区域在今辽宁省东北部和吉林、黑龙江两省东半部及黑龙江以北、乌苏里江以东的广大地区内。

南北朝时期（公元420~589年），《魏书·高句丽传》有“高句丽黄金出资夫余”及“勿吉亦有盐池”的记载。勿吉国也是旧肃慎国（即上文古肃慎）。此外，还相传珲春砂金矿发现于高句丽时代。

唐朝时期（公元618~907年），建于吉林省东北部和黑龙江省东南部的渤海国（其范围与吉中-延边成矿带范围有大部分重叠），有“渤海人长于炼铁”和“位城之铁”记载。

宋辽时期（公元907~1125年），铁岭一带的铅锌矿（提取银），已开发利用。据《辽史·地理志》中描述：“银州富国军下刺史，本渤海富州，太祖以银冶更名。”银州就是现在的辽宁省铁岭市。此外，《契丹国志》记有“女真土产金、银、玉”。《大明一统志》记有“宁古塔（今黑龙江省宁安市）出松花石，可作砚材”。

元朝时期（公元1271~1368年），《元史·食货志》记有“产金之所，在辽阳省曰开元（今开原）。”

明朝时期（公元1368~1644年），据《明史·食货志》，永乐时设辽东都司三万卫（今开原）铁冶，说明明朝永乐年间（公元1403~1424年）曾对成矿带西南缘铁矿进行过勘查开发。

清朝初期对矿产开发持封禁政策，矿业遂沉寂无闻。至乾隆二年（公元1737年）才解禁，但只准采铜，禁开金、银。私采不绝，尤以延吉县（今龙井市）天宝山盛采银铅矿，期间还开采永吉县缸窑的瓷土矿。至嘉庆年间（1796~1820年），禁采矿例全部解除，矿业开发逐渐兴起，矿种以金、煤为主，其次为铜、铅等。金矿山有桦甸市木齐河（今二道甸子）砂金矿、汪清县百草沟铜金矿、珲春河砂金矿、安图县大小沙河砂金矿等。

（二）近现代

中华人民共和国成立前，我国地质学家翁文灏、丁文江、谢家荣、侯德封等人先后到吉中-延边成矿带及邻区进行了地质调查，但多以煤炭调查为主，同时对该区地层、岩浆岩及构造进行了研究；1931~1945年日本侵占我国东北时，都留一雄、山口四郎、斋藤林茨、浅野五郎、坂口重雄、田彰一曾等日本人对磐石市吉昌铁矿、大汞洞铁矿、伊通县放牛沟硫铁矿、敦化市高松树硅藻土矿、桦甸市桦甸油页岩矿公郎头矿区进行了地质调查，掠夺开采了伊通县青堆子萤石矿、珲春煤田等矿床。1949年初，东北地质调查所在长春成立，调查了伊通县放牛沟硫铁矿；同年4月，南京资源委员会矿产勘测处工程师刘国昌调查了磐石县明城石灰岩矿；9月，东北有色金属管理局徐恩寿及日本人笹仓正夫调查了磐石县（现磐石市）石嘴子铜矿及龙井市天宝山铅锌矿，并编写调查报告。

中华人民共和国成立后，1949~1957年间，吉中-延边成矿带主要开展了以“点”为主的矿产普查与勘探，比如详查、勘探了先期发现的西半截河铁矿、三合屯锑矿、天宝山多金属矿等矿床。1952

年，地质部东北地质局对成矿带内铁、金、铜、铅锌等开展了普查，并对带内钼、铜、煤、石灰岩等矿产进行了勘探。这一时期发现并勘探了永吉县大黑山钼矿和桦甸市二道甸子金矿 2 处大型矿床。1955~1957 年，东北煤田勘探局在辽源等煤田及外围开展了普查勘探工作，同时还对桦甸地区油页岩矿进行了详查、勘探。同一时期，成矿带还发现了一批石墨矿，如仙人洞石墨矿床、磐石市烟筒山镇长崴子石墨矿床。1958~1966 年，随着国家对矿产资源需求增大，相继开展了以铁、金铜为主的综合矿产普查、勘探工作，成果显著。经 1∶20 万航磁异常查证，发现铁矿点 200 余处，发现并评价了头道沟铬铁矿点；发现并评价了海沟金矿，发现了闹枝金矿、刺猬沟金矿以及红旗岭镍矿和长仁铜镍矿；此外，还在成矿带西南部的辽宁省西丰地区发现了多处金属矿点。该时期非金属矿产的勘查也取得了一定进展，如吉林省地质局吉中地质大队对明城石灰岩矿进行了勘探。其间，成矿带及邻区的水资源调查开始起步。1961 年，成矿带东北部的黑龙江省宁安市及邻区启动了系统的地质矿产调查工作，至 1983 年，基本完成了 1∶20 万区域地质调查，发现了一大批矿点。

1966~1978 年，成矿带地质勘查工作减少，但贵金属、多金属矿产的找矿勘查仍取得了一定的进展，比如在前期工作基础上，发现并勘探红太平铜矿床；重新对刺猬沟金矿进行了详查评价；对海沟金矿进行勘探，评价为大型岩金矿床；对仙人洞石墨进行了普查与勘探工作；初步勘探了二道林子砷多金属矿等；在辽宁省西丰地区发现了多处铜、铁、铅锌和萤石矿化点，并编写了普查报告。此外，该时期成矿带及邻区还开启了第一轮区域水文地质普查和农田供水水文地质普查工作。

1979~1999 年，成矿带矿产勘查工作取得了显著的成果，发现并评价了 5 处大中型硅灰石矿床，如磐石市长崴子、南错草，梨树县大顶山，龙井市细鳞河等硅灰石矿床；在四平地区探明 2 处大、中型钠基膨润土矿床和沸石矿床。通过异常查证，发现并勘探了四平山门大型独立银矿床，评价了放牛沟中型铅锌矿床；1980~1982 年，对永吉县头道川金矿床开展了详查工作，1987 年发现并评价了磐石市官马金矿床。其间，成矿带西南部主要开展了银多金属矿产普查工作，编写了《辽宁省西丰县银及多金属矿产普查报告》。此外，还对长春、延吉、四平、永吉等地区开展了 1∶5 万供水水文地质勘查，并对长春市伊通河河谷水源地进行了勘探工作。

2000~2007 年，在国土资源地质大调查阶段，成矿带内发现了中型的松江河金矿床，同时发现了一批贵金属、有色金属和非金属矿床、矿点及矿化点。

2005 年开始实施危机矿山接替资源勘查，对海沟金矿、红旗岭镍矿等进行了深部勘查，提交了新增资源储量。同时，继续开展矿产普查和矿产地质调查工作。辽宁省地质矿产调查院在兴隆屯开展了金银多金属矿普查工作，发现了多处银、铅锌矿体；黑龙江省地质调查总院在牡丹江市等地进行了 1∶25 万区域地质填图。

截至 2019 年底，吉中-延边成矿带提交矿产勘查地质报告 1500 余份，从勘查工作程度上看，普查或低于普查的矿床（点）多，详查、勘探的矿床（点）少，勘查深度小于 300 m 的多，大于 500 m 的少。

二、矿业开发简史

吉中-延边成矿带的矿产开发历史悠久，可大体分为：初始阶段（1644~1930 年）、抗日战争时期（1931~1945 年）、新中国成立后（1949 年 10 月至 1977 年）及改革开放后（1978 年至今）4 个阶段。

（一）初始阶段（1644~1930 年）

自公元 1644 年（清朝开始）至 1930 年的近三百年间，吉中-延边成矿带的矿业活动以开采为主，但开采方法和手段极其原始和落后。

清代初期仅在少数地区允许民间从事煤、铁开采。1769 年以后，朝廷才逐渐开放并鼓励开发金矿，从而在边远地区以采金业为主的民间矿产开发业蓬勃兴起。自此，吉中-延边成矿带所在的吉林省、黑龙江省和辽宁省金、铁、煤等矿产开发一度兴旺。采金范围也由松花江上游逐渐扩展到辉发河两岸。

清代末期，吉中-延边成矿带所属地区矿业活动逐渐走向没落，到1911年清朝政府被推翻，以采金为主的矿业开发活动暂时停止。

1916年前后，成矿带及邻区的矿业再度复苏，且由民办逐步转为官办，仍以采金为主。此间尚有日本缸窑等煤矿开采权。

纵观清朝至民国时期的近300年的吉中-延边成矿带及邻区的矿业史，是一个以采金、铁、煤为主的“原始的矿产开发”阶段。采金业以采砂金为主，铁、煤等则以开采地表和浅部矿体为主。

（二）抗日战争时期（1931~1945年）

从1931年开始，日本全面侵占我国东北，日本侵略者对吉中-延边成矿带及邻区的矿产资源开始了疯狂的掠夺，直至1945年日本投降。日本以当时较先进的开发技术和机械设备，首先用于柳树河子、五凤等金矿的开发，建有150 kW混汞选矿厂及采金船。随后又对成矿带内铁、铜、铅锌、煤、油页岩、硅藻土等超过15种矿产进行了掠取性开发。以金矿为主的大量的矿产资源被日本所侵吞。据不完全统计，在此14年间，日本在吉中-延边成矿带及邻区夺走黄金为17.76 t，富铁矿500余万吨，煤及其他矿产更是不计其数。

（三）新中国成立后（1949年10月~1977年）

1949年10月1日，中华人民共和国成立。随着我国国民经济建设全面恢复和国民经济第一个五年计划的实施，吉中-延边成矿带及邻区步入迅速恢复矿山生产阶段。首先对已有的几处较大金、铁、铜、煤等矿山迅速恢复了生产，同时对国民经济建设所亟须的矿产开始有计划开发。

（四）改革开放后（1978年12月至今）

改革开放后，国民经济进入大发展和调整时期，社会对矿产品的需求日益增大，不仅对金属矿产的需求大幅提高，对非金属矿产的需求也与日俱增，矿业开发进入高速发展阶段。特别是2000年后，大量现代化大型工程机械的投入使用，矿石开采量大幅提高。

成矿带能源矿产的开发以煤炭和油页岩为主，煤炭的开发集中于双阳、珲春、辽源等地区的煤矿。其中双阳区八面石煤矿于1978年开发，长岭煤田矿建公司于1993年开发；珲春煤田的开发利用始于1977年，最早是开发了英安煤矿英安井、1991年开发了城西井，2004~2006年先后开发了八连城精查区、板石第一精查区以及依力矿区，2013年城西煤矿建成投产；此外，辽源煤矿（西安竖井）于1981年开发，图们市延边凉水煤矿亭岩井区为1986年开发。油页岩的开发利用集中于桦甸市的桦甸油页岩矿公郎头矿区，于1988年建井、建厂开采。

黑色金属矿产的开发以铁矿为主，如吉林省桦甸市常山铁矿、四岔子铁矿、梨树县太阳沟铁矿等先后于1999年、2007年、2009年被开采利用。

贵金属矿产的开发主要为金、银矿，其中安图县海沟金矿于1984年正式投产，目前仍在开采利用中；四平市山门银矿床于1989设计，1993年开始生产；延边矿业经济开发公司龙井石井金矿于1996年进行小规模开采，开采至2003年末因资源枯竭后停采、闭坑；东辽县椅山乡弯月东山金矿床于1996年开始矿山建设，并进行小规模开采；敦化市松江河金矿于2010年开始矿山生产建设。

有色金属矿产中，当前主要开发利用了钼、镍、铜和零星的铅锌、锑、汞等资源。钼矿的开采集中于永吉县、桦甸市和安图县一带，1987年吉林市钼矿（现大黑山钼矿）开始投产，1994年桦甸市八道河子钼矿开始生产，2008年安图县刘生店钼矿开始生产。铜镍矿开发集中于磐石市红旗岭地区红旗岭铜镍矿于1971年初开始投产；三道岗、二道岗、茶尖岭等矿区投入开采；和龙市长仁铜镍矿于2007年进行了矿山建设设计，桦甸市漂河川铜镍矿于2008年进行了矿山生产设计。桦甸市桦树乡锑矿于2007年开始生产，延边碧水铅锌矿于1999年开始采矿，东辽县弯月铅锌矿在2007年取得采矿证。

2000年以后，由于工农业生产、城市建设及路桥等大规模的建设，非金属矿产需求大量增加。带内水泥用灰岩、硅灰石、建筑用饰面石材开始了大规模的开发，一些萤石矿、硅藻土、隐晶质石墨、珍珠岩等矿种相继得到开采利用。

成矿带的地下水资源开采用量较大，主要用于农业灌溉。随着人民生活水平的提高和工农业经济的发展，工业用水量逐渐加大。此外，成矿带内矿泉水资源于20世纪80年代中后期开始开发，利用规模较小，至20世纪90年代中后期，天然矿泉水消费量与日俱增，矿泉水资源得到大规模的开发利用，大大改善了居民生活质量。

三、成矿规律研究历史

吉中-延边成矿带矿产资源丰富，其成矿规律研究最早可追溯至1958年。基于区域地质调查和大量矿产勘查资料和研究成果，成矿规律研究工作就此开展，而找矿部署由“就矿找矿”逐步转到运用成矿规律、预测成矿远景区的方向上来，并建立了“构造成矿带”和“矿化集中区”的概念。成矿带最早的成矿规律研究主要针对红旗岭铜镍硫化物矿床。1965年，由冶金工业部矿山研究院（北京地质研究所）提交了《红旗岭镍矿成矿规律、找矿方向及岩体评价报告》，此报告总结了镍矿地质成矿规律，丰富与发展了铜镍矿床的成矿理论。1978年，国外一些新的成矿理论，如斑岩型矿床成矿模式、层控矿床理论和板块构造理论等，不断融入中国地质矿产研究领域，但由于认识不够深入，未能广泛地应用到实际地质找矿工作中。1979年编写的《吉林省重要矿产总结报告》，系统研究并重点总结了吉中-延边成矿带及邻区产出的与中酸性岩有关矿产的成矿特征，比如铜、铅、锌、钨、锡、铋、钼、锑8种矿产具有多矿种组合、多来源、多种成矿作用叠加的特点；基于对吉中-延边成矿带及邻区有色金属矿产成矿地质背景、成矿条件等的全面分析，首次系统总结了含矿建造与成矿的关系；并对这些有色金属矿产进行了矿床成因类型的划分，明确了它们的成矿时代、成矿作用、成矿环境及成矿特征，厘定重要成矿期，阐明成矿的不可逆性，最终总结了成矿规律。

为了科学地部署矿产勘查工作，1980年以来相继开展了镍、金、铁、铅锌等矿种成矿区划和资源总量预测工作，同时对黑、吉、辽三省内重要成矿区带开展了专题研究。1980~1985年，吉林省地质科学研究所，吉林省地质矿产局第二、四地质调查所对吉中-延边成矿带及邻区重点铁矿田的成矿地质条件、控矿因素及分布规律等方面进行了专题研究，相继提交了《吉林省及西部邻区铁矿成矿规律和成矿远景预测报告》《吉林省及西部邻区构造体系与铁矿分布规律图说明书》及《吉林省铁矿资源总量预测报告》等。1981~1983年，刘兴汉、金逢诛等人开展了长仁铜镍矿床的研究工作，提出了三级成岩成矿构造，对长仁地区的基性-超基性岩体进行了深入的对比研究，初步划分了单期单相、单期多相、多相复合3种岩体类型和3种成矿类型，明确了后两种岩体类型是找矿评价的方向及岩体侧伏端为有利成矿部位，提出了新的找矿思路。1983年开展了华北板块北缘东段金、多金属矿远景区划、成矿规律及找矿方向研究。1987~1992年完成了包括吉中-延边成矿带大部分地区的吉林省东部山区金、银、铜、铅、锌、锑和锡7种矿产的1：20万成矿预测，该成果在收集、总结和研究大量地、物、化、遥资料的基础上，利用“活动论”的观点和多学科相结合的方法，对吉林省成矿地质背景、控矿条件和成矿规律进行了较深入的研究和总结，较合理地划分成矿区带和找矿远景区，为科学地部署找矿工作奠定了较扎实的基础。1987年，吉林省地质矿产局内部刊印了《吉林省区域矿产总结》，该报告在对各类典型矿床及其成因分类研究的基础上，分析了吉中-延边成矿带及邻区含矿建造、岩浆岩、构造等控矿因素，划分了区域成矿系列和成矿远景区（带），提出了下一步找矿方向。1992年，吉林省地质矿产局完成了《吉林省东部山区贵金属及有色金属矿产成矿预测报告》，为第二轮区划，进一步明确了与贵金属以及有色金属矿产成矿有关的地质体或初始矿源层，“边缘成矿理论”得到了验证，对吉林省成矿区带重新进行了划分。1997年，谢贵明通过对成矿带东部延边地区金矿成矿地质背景和不同类型金矿的成矿特征进行分析，总结了成矿带东部金矿成矿规律，并建立了主要矿床类型的找矿模式和区域成矿模式；1998年，张文博分析了吉林省大黑山条垒北东段金银矿的成矿地质条件，总结了成矿规律，并进行了成矿系列划分，包括北部区与变质热液有关的成矿系列，南部区与火山岛弧岩系有关的成矿系列以及中部区与岩浆热液有关的成矿系列。

2001年，陈尔臻主编了《中国主要成矿区（带）研究（吉林省部分）》，对吉林省部分典型矿床及重要成矿带的成矿规律进行了详细的研究与总结。2004年，刘浩等人对吉中-延边成矿带及邻区银矿进行了分析与总结，明确了区内银矿的成因类型和控矿因素，并进行了银矿的时空分布规律分析。2005年，关键通过对吉林东南部地质资料的重新研究，分析了研究区所处的大地构造背景和动力学环境，总结了区域地球物理场及岩石圈结构特征与研究区地质矿产特征，并进行了地体构造划分；在此基础上，结合典型矿床研究结果，开展了区域成矿地质条件分析，深入总结区域成矿规律，最终建立区域成矿模式，并指出下一步找矿方向。2006~2014年，为全国第三轮“矿产区划”工作阶段，中国地质调查局沈阳地质调查中心协同东北地区四省（区）相关院校、地勘单位完成了《东北地区重要矿产资源潜力预测评价及综合报告》，以成矿地质理论（矿床成矿系列）为指导，研究和总结了东北地区区域成矿规律，圈定成矿远景区和找矿靶区，逐个评价了成矿远景区的矿产资源潜力。2013~2016年，中国地质调查局沈阳地质调查中心依托“吉黑东部成矿预测与选区研究”项目，系统收集利用包含吉中-延边成矿带在内的吉黑东部地区已有地物化遥、科研和勘查资料、成果，应用成矿、预测新理论、新方法，开展资料的二次分析、处理和开发，择区开展了不同层次的调研和综合信息评价工作，总结了区域成矿条件和成矿规律；划分了矿产预测类型，圈定预测区范围，总结和建立了不同矿产预测类型的成矿要素和预测要素，建立成矿模式和预测模型；开展了成矿预测，圈定成矿远景区，为吉中-延边成矿带所在的吉林-黑龙江东部地区资源规划和资源开发、管理和工作部署提供依据。

此外，诸多学者和地质工作者对吉中-延边成矿带及其邻区或更大范围进行了区域成矿规律的总结。2007年陈毓川等编撰了《中国成矿体系与区域成矿评价》系列丛书，以时空为主线，对包含吉中-延边成矿带在内的全国主要成矿区（带）、主要时代成矿作用和成矿规律的研究，首次全面厘定了全国各时代的矿床成矿系列，完善了成矿系列学说，构筑了中国成矿体系的框架，提出了中国成矿体系四阶段演化模式和中新生代大规模成矿的4种动力学体制，进行了12种矿产的资源潜力评估及远景预测，发展了矿产资源评价系统。2012年，汪志刚基于对吉中-延边成矿带及邻区区域地质的总结以及成矿动力学背景和演化的分析，结合典型矿床研究，进行了区域中生代矿床成矿系列划分，并进行了吉林省东部中生代内生金属矿床成矿规律的总结。2014年，王硕开展了包含吉中-延边成矿带在内的吉黑东部显生宙岩浆演化与成矿作用研究，重点总结并阐述了区域成矿的控制因素，岩浆活动与内生金属成矿的关系，并建立了吉黑东部内生金属矿床成矿系列，最后进行了重要矿床类型的地质与成矿特征以及时空分布规律的研究成矿远景分析。同年，邢树文、孙景贵等专家编著了《中国东北部陆缘金、有色金属多期成矿作用和勘查选区研究》，书中对包括吉中-延边成矿带在内的中国东北部进行了金及有色金属成矿作用等方面研究，总结成矿规律并指出找矿方向，将吉中-延边成矿带（Ⅲ-55）划分成吉中Mo-Ag-As-Au-Fe-Ni-Cu-Zn-W以及延边Au-Cu-Pb-Zn-Fe-Ni-W等2个Ⅳ级成矿亚带，并进一步划分出13个Ⅴ级成矿远景区，建立了中国东北部陆缘内生金、有色金属成矿划分了六大成矿系列。2015年陈毓川、王登红等编撰了《中国重要矿产和区域成矿规律研究》一书，书中通过对全国重要矿种典型矿床和区域成矿规律的研究，提出了全国统一的重要矿产和区域成矿规律研究技术要求，重新划分了Ⅰ、Ⅱ、Ⅲ级成矿区带，首次实现Ⅰ、Ⅱ、Ⅲ、Ⅳ级成矿区带的全覆盖；首次划分了单矿种的成矿区带，完善了各成矿省的区域成矿模式及区域成矿谱系，分析了找矿潜力，为矿产预测和勘查工作部署提供了科学依据。2017年，齐成栋等人对吉中-延边成矿带及邻区成矿规律与矿产预测提出了新的认识，其一为以成矿时代为主坐标轴，吉中-延边成矿带经历了“克拉通化”“中亚造山带”“滨西太平洋陆缘火山弧和盆岭构造”三大成矿阶段；其二为构造控矿表现为“构造控盆、盆型控相、相态控藏”“构造控浆、浆型控相、相异矿别”“构造控式、式殊床特、床定体律”；其三为近年来不断有新成矿期、新矿种、新类型、新产地和新隐伏矿体的发现，表明吉林省存在巨大的找矿潜力。2019 年，沙德铭等人出版《东北地区重要矿产与区域成矿规律研究》，作为“东北地区矿产资源潜力评价及综合”项目的重要成果的总结，将吉中-延边成矿带划分为 7 个Ⅳ级成矿亚带，厘定出 7 个矿床成矿系列，并且构建了成矿带区域成矿模型，最后总结了区域成矿规律。

随着地球科学的飞速发展，基础地质学和成矿理论方面均取得了重大进展，但随着找矿勘探工作和地质科学研究的不断推进，新的矿床和矿种逐渐被发现，已有的有关地质作用和成矿作用的认识不断被更新。因此，有必要按新的地质-成矿理论对带内地质矿产开展深化研究，对区域成矿规律重新认识和总结，并指出科学明确的找矿方向。

第二章　成矿地质背景

第一节　成矿构造环境

据《中国成矿区带划分方案》（徐志刚等，2008），我国共分出 4 个成矿域、17 个成矿省和 94 个Ⅲ级成矿带。吉中-延边成矿带（活动陆缘）Mo-Au-As-Cu-Zn-Fe-Ni 成矿带（Ⅲ-55）地理位置包括吉林省中东部、辽宁省北部以及黑龙江省南部，隶属古亚洲成矿域和滨太平洋成矿域，是吉黑成矿省（Ⅱ-13）5 个Ⅲ级成矿带之一，其南部与华北陆块成矿省相接（图 2-1）。

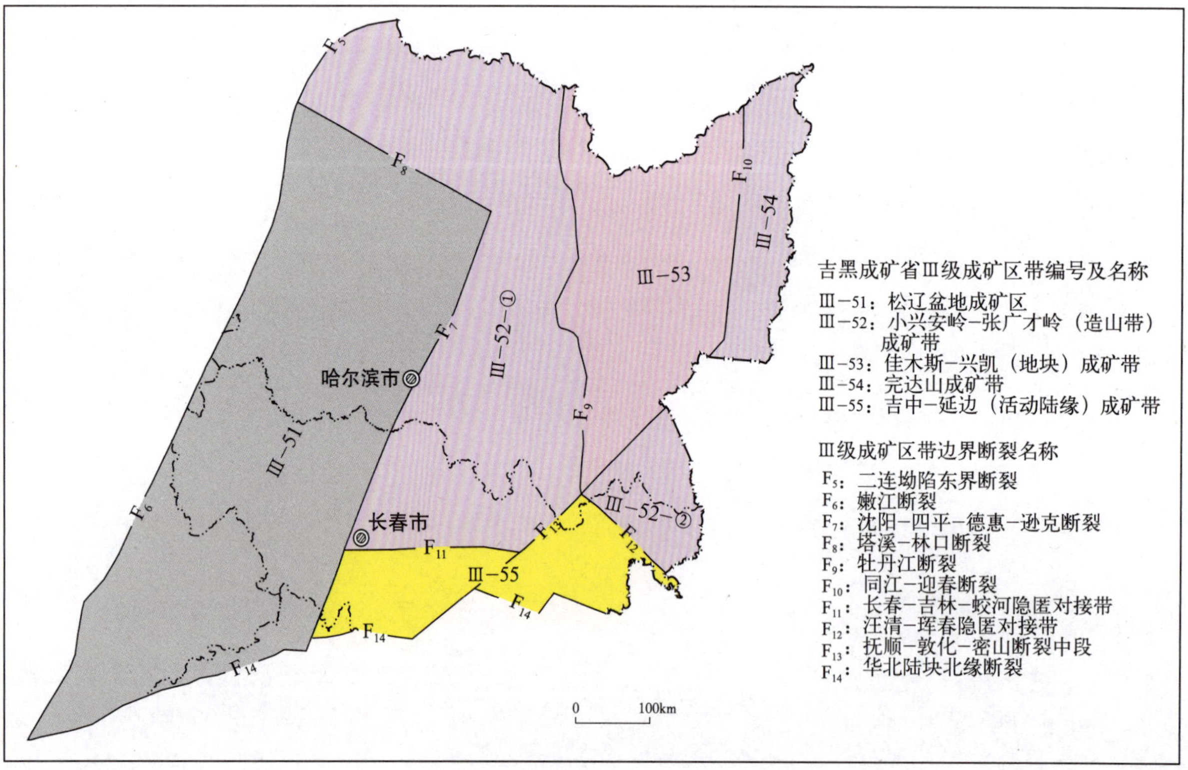

图 2-1　吉黑成矿省（Ⅱ-13）Ⅲ级成矿单元划分
（据徐志刚等，2008，有修改）

吉中-延边成矿带（Ⅲ-55）进一步划分为 7 个Ⅳ级成矿亚带，分别为：山门-乐山 Ag-Au-Cu-Fe-Pb-Zn-Ni 成矿亚带（Ⅲ-55-①），那丹伯-一座营 Au-Mo-Ag-Pb-Zn-Cu-Ni 成矿亚带（Ⅲ-55-②），山河-榆木桥子 Au-Ag-Mo-Ni-Cu-Fe-Pb-Zn 成矿亚带（Ⅲ-55-③），红旗岭-漂河川 Ni-Au-Cu 成矿亚带（Ⅲ-55-④），海沟-红太平 Au-Fe-Cu-Pb-Zn-Ag-Mo-Ni 成矿亚带（Ⅲ-55-⑤），五凤-百草沟 Au-Cu-Ag-Pb-Zn-Fe 成矿亚带（Ⅲ-55-⑥）以及天宝山-开山屯 Pb-Zn-Au-Ag-Ni-Mo-Cu-Fe 成矿亚带（Ⅲ-55-⑦）（划分原则及其成矿特征详见本志书第五章第一节）。

一、成矿带构造位置

吉中-延边（活动陆缘）Mo-Au-As-Cu-Zn-Fe-Ni 成矿带（Ⅲ-55）大地构造位置处于华北板块

北缘和中亚造山带的东段——兴蒙造山带的东南缘，南部以开原-海龙-富尔河-龙井市白金断裂为界，毗邻华北板块，东南部以图们江为界，与“狼林”地体（朝鲜）接壤，西部以沈阳-四平-德惠-逊克断裂为界，紧临松辽盆地，北部以长春-吉林-蛟河隐匿对接带、汪清-珲春隐匿对接带和敦化-密山断裂中段为界，与小兴安岭-张广才岭造山带和佳木斯-兴凯地块相邻（图2-2）。

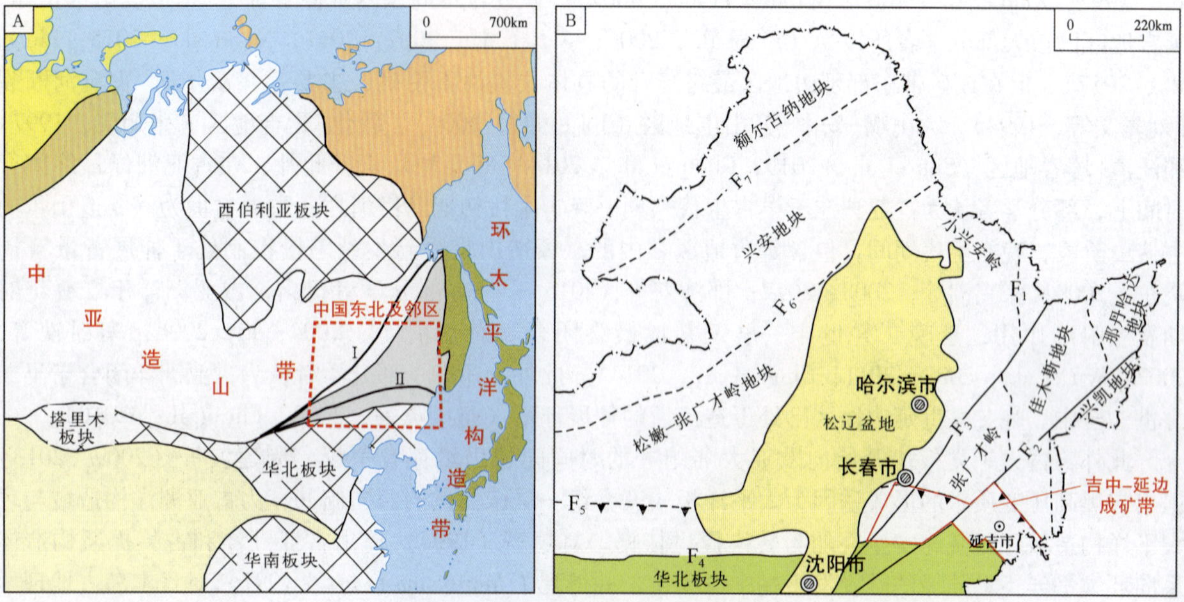

图2-2 吉中-延边成矿带构造位置图

（据Wu et al.，2007；徐志刚等，2008；陈聪，2017，有修改）

F_1—牡丹江断裂；F_2—敦化-密山断裂；F_3—伊通-依兰断裂；F_4—赤峰-开原-海龙-富尔河-龙井市白金断裂；F_5—西拉木伦-长春-汪清-珲春缝合带；F_6—贺根山-黑河断裂；F_7—塔源-喜桂图断裂。

Ⅰ—塔源-喜桂图断裂；Ⅱ—索伦-西拉木伦-长春-汪清-珲春缝合带

吉中-延边成矿带的构造属性是东北亚地质构造研究中的关键科学问题之一。20世纪80年代以前，基于黄汲清先生提出的“槽台”观点，吉中-延边成矿带先后被认为是东亚华力西地槽褶皱带（Huang，1945）和吉黑华力西地槽褶皱带（黄汲清等，1962）的一部分。而后，黄汲清等（1977，1980）根据延边地区发现的特提斯构造域暖水型动物化石，认为成矿带东部不属于吉黑华力西地槽褶皱带，应归为滨太平洋地槽褶皱系的一部分。1980年，黄汲清和任纪舜对整个东北地区进行了构造划分，成矿带东、西部分别被划分到吉黑和延边两个褶皱系内，当作不同的构造单元。

20世纪80~90年代，随着板块构造学说的兴起和发展，学者们开始以“板块构造”学术思想开展了包含吉中-延边成矿带在内的东北地区的构造属性及构造演化研究，而吉中-延边成矿带则被认为是中亚造山带（CAOB）东段——兴蒙造山带的一部分，属于夹持在华北板块、佳木斯-兴凯地块及松嫩地块之间的拼贴带，先后经历了古亚洲洋的演化以及环太平洋构造域的强烈叠加与改造（Jahn et al.，2000；Lin et al.，2008；Wu et al.，2011；Xu et al.，2013）。但是，成矿带东部的延边地区的构造属性仍存在争议。黄汲清等（1987）将成矿带东部归并为太平洋造山带；邵济安（1990）提出成矿带东部归属于欧亚大陆东部地体添加带。至1995年，贾大成和邵济安等人先后对延边地区的构造属性开展了研究，贾大成首次提出延边地区为移置地体，推测其于晚二叠世与周边地质体拼合；而邵济安等（1995）亦疑惑延边地区地质构造的复杂性及其是否为外来地体，因此对延边地区二叠纪不同环境下的沉积岩组合进行了分析，提出延边地区为兴凯地块的大陆边缘。张炯飞（1997）认为成矿带东部为渤海地块与兴凯地块之间的古板块缝合带，两板块最终缝合于现今的敦化-延吉一线。唐克东等（2004）进一步认为延边地区可分为兴凯地块的活动陆缘带、开山屯二叠纪增生杂岩带及色洛河-青龙村花岗变质岩带或逆冲推覆带3个构造带，并提出该增生缝合带形成于晚侏罗世，为东北亚中生代环太平洋构造带的一部分。

吉中-延边成矿带先后经历了漫长且复杂的古亚洲洋、古太平洋构造域的构造演化，并且保留有许多的关键性的构造、岩浆、变质及成矿等地质记录。因此，吉中-延边成矿带是研究两大构造域地质演化历史的天然实验室。尽管索伦-西拉木伦缝合带为古亚洲洋闭合的最终缝合位置（Sengör et al.，1993；Xiao et al.，2003；Windley et al.，2007），该缝合带的东侧延伸至吉中-延边成矿带长春-延吉地区已被大部分学者所接受（Li et al.，2006；Wu et al.，2007，2011；Xu et al.，2015；Liu et al.，2017），但在成矿带东部延边地区最终缝合的具体位置尚不明确，主要存在富尔河-古洞河断裂（刘先文等，1994）、大山嘴-安图-开山屯地区（Jia et al.，2004）、敦化-延吉地区（张炯飞，1997）和汪清-珲春地区（Sun et al.，2013；Chen et al.，2014）等几种认识。此外，在古亚洲洋最终闭合时间上，部分学者认为古亚洲洋于早古生代末期—晚古生代初期已经消亡，中泥盆世为兴蒙造山带的主造山阶段，晚古生代期间，包含延边地区在内的兴蒙造山带受新生裂陷槽控制处于伸展背景（周晓东，2009；张兴洲等，2008，2012；邵济安等，2015）；另有部分学者提出，古亚洲洋于二叠纪时期发生俯冲作用，至晚二叠世末—早三叠世最终闭合（孙德有等，2004；Li，2006；李锦轶等，2007；Wu et al.，2007，2011；Chen et al.，2014）。此外，还有少部分学者认为古亚洲洋闭合于早二叠世，至中、晚二叠世延边地区已处于造山后的伸展环境（赵庆英等，2008；Liu et al.，2010）。

此外，古太平洋板块开始向欧亚大陆俯冲的时间问题仍然存有争议。周建波等（2009，2013）提出吉黑高压变质带的形成诱因为太平洋板块三叠纪—早侏罗世的西向俯冲，为古亚洲洋构造域与环太平洋构造域于三叠纪发生叠加与转换提供依据。赵越等（1994）提出古亚洲洋和古特提斯构造体系向环太平洋主动陆缘的转变发生在中侏罗世，并得到了 Maruyama et al.（1997）对日本岛古地理学研究成果的支持，其研究结果认为滨太平洋构造域的作用始于中晚侏罗世，并促使东北亚及周缘的造山作用、中国东部滨太平洋陆缘活化带及西太平洋的沟-弧-盆体系的形成。根据吉黑东部火山岩的年代学及岩石地球化学研究，Xu et al.（2009）认为古亚洲洋于晚三叠世完全闭合，吉黑东部处于造山后伸展环境，而古太平洋板块的俯冲作用始于早中侏罗世。该观点与 Wu et al.（2002）对东北地区 A 型花岗岩的研究结果相一致，认为中国东北地区晚三叠世至早侏罗世的 A 型花岗岩形成于造山后的伸展背景。张雪锋等（2014）对黑龙江东部饶河三叠纪层状燧石古地磁学进行了研究，结果显示层状燧石遭受了晚侏罗世至早白垩世的重磁化，暗示该时期存在太平洋板块的俯冲作用。

二、构造单元划分及特征

构造单元划分是Ⅲ、Ⅳ级成矿单元划分的重要依据。吉中-延边成矿带（Ⅲ-55）构造单元划分是在第二代吉林省、辽宁省和黑龙江省区域地质志的基础上，结合“东北地区矿产资源潜力评价”的重要成果完成。Ⅰ、Ⅱ、Ⅲ、Ⅳ级构造单元划分详见表 2-1。

各构造单元特征描述如下：

以西拉木伦河-永吉-珲春晚华力西期—早印支期碰撞对接带为界，其北吉中-延边成矿带（Ⅲ-55）属西伯利亚板块（Ⅰ）、兴蒙古生代造山带（Ⅰ-8）、松嫩-佳木斯-兴凯联合地块南部陆缘新元古代—古生代叠覆造山亚带（Ⅰ-8_2）；其南吉中-延边成矿带（Ⅲ-55）属塔里木-华北板块（Ⅲ）、华北陆块北部陆缘造山带（Ⅲ-A）、哈兰达岭-英额岭新元古代—古生代叠覆造山亚带（Ⅲ-A_1）（图 2-3）。

（1）西伯利亚板块（Ⅰ）兴蒙古生代造山带（Ⅰ-8）松嫩-佳木斯-兴凯联合地块南部陆缘新元古代—古生代叠覆造山亚带（Ⅰ-8_2）及所属Ⅳ级构造单元

松嫩-佳木斯-兴凯联合地块南部陆缘新元古代—古生代叠覆造山亚带（Ⅰ-8_2）主要分布于西拉木伦河-永吉-珲春晚华力西期—早印支期陆陆碰撞对接带以北的吉林省永吉-桦甸漂河地区、汪清天桥岭地区以及黑龙江省宁安地区。该单元主要由中新元古界塔东岩群，寒武系漂河川组，志留系头道沟岩组，二叠系范家屯组、大河深组、土门岭组和庙岭组组成。此外，该单元经历了华力西末期—早印支期西伯利亚板块与华北板块碰撞造山，发育晚三叠世叠加板内造山构造组合，表现为晚三叠世—白垩纪火山断陷盆地，大量中酸性岩浆侵入，北西向、北东向断裂发育。

表 2-1　吉中-延边成矿带新元古代—新生代构造单元一览表

Ⅰ级	Ⅱ级	Ⅲ级	Ⅳ级
新元古代—中三叠世构造单元			
西伯利亚板块（Ⅰ）	兴蒙古生代造山带（Ⅰ-8）	松嫩-佳木斯-兴凯联合地块南部陆缘新元古代—古生代叠覆造山亚带（Ⅰ-8_2）	绥芬河-珲春古生代陆缘叠覆造山区（Ⅰ-8_2^1）
			塔东-黄松新元古代构造岩片（Ⅰ-8_2^2）
			黑水残留早古生代增生楔（Ⅰ-8_2^3）
			吉林市-汪清古生代弧盆系（Ⅰ-8_2^4）
西拉木伦河-永吉-珲春晚华力西期—早印支期陆陆碰撞对接带			
塔里木-华北板块（Ⅲ）	华北陆块北部陆缘造山带（Ⅲ-A）	哈兰达岭-英额岭新元古代—古生代叠覆造山亚带（Ⅲ-A_1）	放牛沟-下二台-呼兰镇早古生代弧盆系（Ⅲ-A_1^1）
			石嘴子-山秀岭-开原晚古生代弧盆系（Ⅲ-A_1^2）
			西保安-青龙村新元古代残留构造岩片（Ⅲ-A_1^3）
			江域残留早古生代增生楔（Ⅲ-A_1^4）
晚三叠世—全新世构造单元			
东北陆缘岩浆弧-盆岭系叠加构造带（MCⅠ）	长白山陆缘火山盆岭叠加构造带（MCⅠ-3）	大黑山条垒带（MCⅠ-3_1）	
		伊通-舒兰裂陷（MCⅠ-3_2）	叶赫盆地、伊通盆地
		张广才-哈达岭火山-沉积隆盆带（MCⅠ-3_3）	双阳盆地（MCⅠ-3_3^1）
			永吉（南楼山）火山穹盆（MCⅠ-3_3^2）
			蛟河盆地（MCⅠ-3_3^3）
			平岗-渭津盆地（MCⅠ-3_3^4）
		抚顺-密山（辉南-敦化）裂陷带（MCⅠ-3_4）	梅河盆地、五道沟盆地、桦甸盆地、楠家店盆地、敦化盆地
		太平岭-老岭火山-沉积隆盆带（MCⅠ-3_5）	安图盆地（MCⅠ-3_5^1）
			延吉盆地（MCⅠ-3_5^2）
			屯田营盆地（MCⅠ-3_5^4）
			珲春盆地（MCⅠ-3_5^6）
			汪清盆地（MCⅠ-3_5^8）

（据吉林省区域地质矿产调查所，2016；辽宁省地质勘查院，2017；黑龙江省区域地质调查所，2018，有修改）

该单元进一步划分为绥芬河-珲春古生代陆缘叠覆造山区（Ⅰ-8_2^1）、塔东-黄松新元古代构造岩片（Ⅰ-8_2^2）、黑水残留早古生代增生楔（Ⅰ-8_2^3）以及吉林市-汪清古生代弧盆系（Ⅰ-8_2^4）4个Ⅳ级构造单元。

a. 绥芬河-珲春古生代陆缘叠覆造山区（Ⅰ-8_2^1）

南以集安-松江河断裂为界，东至汪清-春阳断裂，位于汪清天桥岭-春阳一带。出露的地层主要为二叠系庙岭组、关门嘴子组和寺洞沟组，为海相陆源碎屑岩、碳酸盐岩夹火山（碎屑）岩建造。受燕山运动影响，以大量火山喷发和岩浆侵入为主要特征。

b. 塔东-黄松新元古代构造岩片（Ⅰ-8_2^2）

该单元位于敦化-密山断裂以南的黑龙江省宁安地区，主要出露有中新元古界塔东岩群，为海相火山-沉积建造，还叠加了新生代断陷盆地，沿敦化-密山断裂发育厚层新生代火山岩。

c. 黑水残留早古生代增生楔（Ⅰ-8_2^3）

该单元位于敦化-密山断裂以南的敦化官地地区，主要出露有二叠系解放村组碎屑岩夹火山碎屑岩建造，还叠加有中生代岩浆侵入和新生代断陷盆地，沿敦化-密山断裂发育厚层新生代火山岩。

d. 吉林市-汪清古生代弧盆系（Ⅰ-8_2^4）

南以敦化-密山断裂为界，北至长春-吉林-蛟河隐匿对接带，主要出露有下古生界漂河川组，志留系头道沟岩组，二叠系范家屯组、大河深组和双盛组。受印支运动影响，沿辉发河断裂发育晚三叠

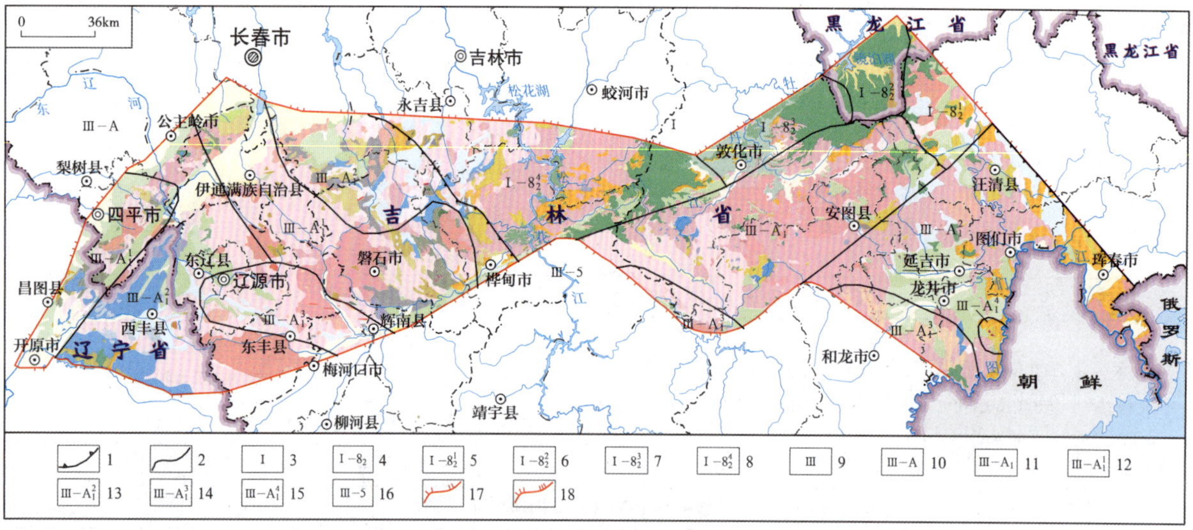

图 2-3 吉中-延边成矿带新元古代—中三叠世构造分区图

（据吉林省区域地质矿产调查所，2016；辽宁省地质勘查院，2017；黑龙江省区域地质调查所，2018，有修改）

1—缝合带；2—构造分区线；3—西伯利亚板块；4—松嫩-佳木斯-兴凯联合地块南部陆缘新元古代—古生代叠覆造山亚带；5—绥芬河-珲春古生代陆缘叠覆造山区；6—塔东-黄松新元古代构造岩片；7—黑水残留早古生代增生楔；8—吉林市-汪清古生代弧盆系；9—塔里木-华北板块；10—华北陆块北部陆缘造山带；11—哈兰达岭-英额岭新元古代—古生代叠覆造山亚带；12—放牛沟-下二台-呼兰镇早古生代弧盆系；13—石嘴子-山秀岭-开原晚古生代弧盆系；14—西保安-青龙村新元古代残留构造岩片；15—江域残留早古生代增生楔；16—华北陆块；17—Ⅱ级成矿省界线；18—Ⅲ级成矿区带界线

世基性-超基性侵入岩，并叠加有板内造山构造组合，表现为晚三叠世—新生代断陷盆地，大面积岩浆侵入。

（2）塔里木-华北板块（Ⅲ）华北陆块北部陆缘造山带（Ⅲ-A）哈兰达岭-英额岭新元古代—古生代叠覆造山亚带（Ⅲ-A_1）所属Ⅳ级构造单元

哈兰达岭-英额岭新元古代—古生代叠覆造山亚带（Ⅲ-A_1）主要分布于西拉木伦河-永吉-珲春晚华力西期—早印支期陆陆碰撞对接带以南的吉林省四平、长春、辽源、磐石及延吉等地，以及辽宁省昌图、开原地区。该单元主要由新元古界西保安岩组和青龙村岩群，寒武系江域岩组，奥陶系呼兰岩群（黄莺屯岩组、小三个顶子岩组）、下二台岩群（盘岭岩组、黄顶子岩组和烧锅屯岩组）和放牛沟组，志留系辽源群（石缝组、椅山组和弯月组）和桃山组，石炭系通气沟组、鹿圈屯组、余富屯组、天宝山组（群?），石炭系—二叠系磨盘山组、石嘴子组、山秀岭组等，二叠系寿山沟组、大河深组、范家屯组、双胜组、大蒜沟组、庙岭组等组成。该单元经历了华力西末期—早印支期西伯利亚板块与华北板块碰撞造山，发育近东西向同碰撞花岗岩带（Chen et al.，2017）；晚三叠世以来，叠加板内造山构造组合，表现为晚三叠世—白垩纪火山断陷盆地，大量中酸性岩浆侵入，北西向、北东向断裂发育。

该单元进一步划分出放牛沟-下二台-呼兰镇早古生代弧盆系（Ⅲ-A_1^1）、石嘴子-山秀岭-开原晚古生代弧盆系（Ⅲ-A_1^2）、西保安-青龙村新元古代残留构造岩片（Ⅲ-A_1^3）以及江域残留早古生代增生楔（Ⅲ-A_1^4）4个Ⅳ级构造单元。

a. 放牛沟-下二台-呼兰镇早古生代弧盆系（Ⅲ-A_1^1）

该单元主要位于长春-四平断裂以东，东延至敦化-密山断裂，包括伊通放牛沟-桦甸呼兰镇一带；此外，在长春-四平断裂与伊通-舒兰断裂夹持地带也残留有早古生代弧盆系，主要指吉林省梨树-四平地区，并南延至辽宁省开原市。出露地层主要有奥陶系呼兰岩群（黄莺屯岩组、小三个顶子岩组）、下二台岩群（盘岭岩组、黄顶子岩组和烧锅屯岩组）和放牛沟组，志留系辽源群（石缝组、椅山组和弯月组）和桃山组。受后期构造体制影响，中、新生代断陷盆地和隆起以及大量的侵入岩叠加于该构造单元。

b. 石嘴子-山秀岭-开原晚古生代弧盆系（Ⅲ-A_1^2）

南以华北板块北缘巨型断裂带为界，北以西拉木伦河-长春缝合带为界，西至长春-四平断裂，东至汪清-珲春隐匿对接带，该构造单元保留相对广泛。主要包括吉林省长春市双阳-磐石烟筒山地区，辽宁省西丰-威远堡地区以及延吉市天宝山一带也残留有晚古生代弧盆系。出露地层有石炭系通气沟组、余富屯组、鹿圈屯组、天宝山组（群?），石炭系—二叠系磨盘山岩组、石嘴子组、山秀岭组等，二叠系照北山岩组、佟家屯组、寿山沟组、大河深组、范家屯组、双胜组、大蒜沟组、庙岭组等。该单元经历了华力西末期—早印支期西伯利亚板块与华北板块碰撞造山，发育一系列的“同碰撞”花岗岩（Chen et al.，2017），如大玉山岩体；晚三叠世以来，还叠加有板内构造组合，表现为燕山期大量的岩浆侵入和火山喷发，以及北东向、北西向断裂等特征。

c. 西保安-青龙村新元古代残留构造岩片（Ⅲ-A_1^3）

该单元主要残留在华北板块北缘巨型断裂带边缘，包括辽源、松江河、和龙长仁地区，主要发育新元古代西保安岩组变质中基性海相火山岩-碎屑岩建造和青龙村岩群变质海相火山岩、碎屑岩、厚层碳酸盐岩建造，并以发育沉积变质型的铁矿为特征。此外，受晚三叠世以来板内造山作用的影响，侏罗纪—白垩纪火山-沉积建造和侵入岩较为发育。

d. 江域残留早古生代增生楔（Ⅲ-A_1^4）

该单元主要残留在成矿带东缘开山屯地区，出露有寒武系江域岩组、石炭系—二叠系山秀岭组和二叠系寺洞沟组，其中江域岩组为一套酸性火山岩-钙泥质沉积岩建造。受晚三叠世以来板内构造体制影响，白垩纪火山-沉积建造、侏罗纪—白垩纪侵入岩发育。

（3）东北陆缘岩浆弧-盆岭系叠加构造带（MCⅠ）长白山陆缘火山盆岭叠加构造带（MCⅠ-3）及所属Ⅲ级构造单元特征

晚三叠世—第四纪，受环太平洋构造域主导，在板内造山作用下，吉中-延边成矿带原来的构造面貌经历了强烈的改造，形成了一系列北东向断陷盆地和断裂，受其控制，发育大量的中新生代火山-沉积岩系，以及基性、中性、酸性岩浆岩的大规模侵入。该构造单元进一步划分为大黑山条垒带（MCⅠ-3_1）、伊通-舒兰裂陷（MCⅠ-3_2）、张广才-哈达岭火山-沉积隆盆带（MCⅠ-3_3）、抚顺-密山（辉南-敦化裂陷带）（MCⅠ-3_4）以及太平岭-老岭火山-沉积隆盆带（MCⅠ-3_5）（图2-4）。

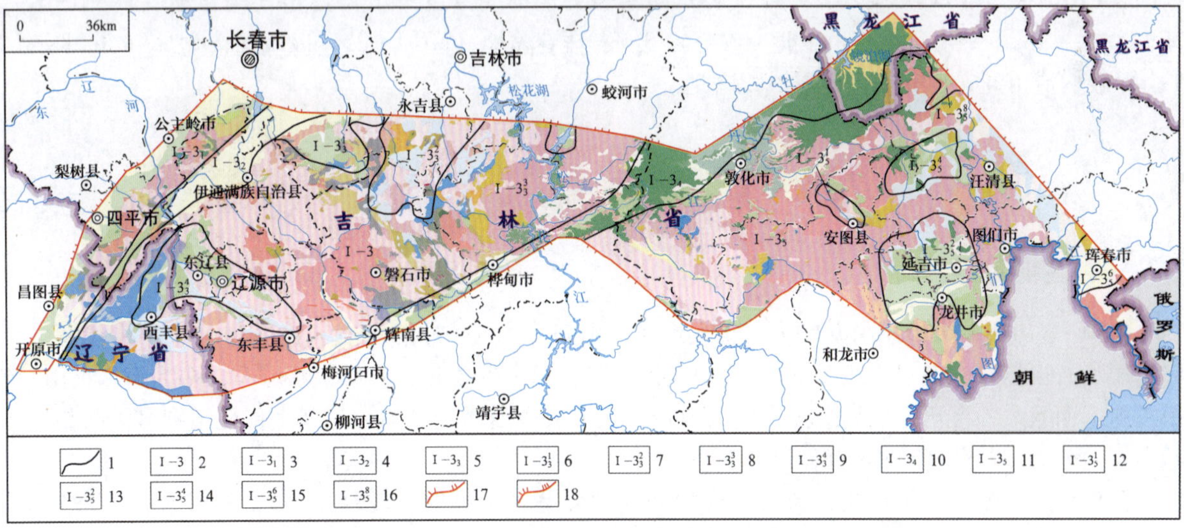

图2-4 吉中-延边成矿带中、新生代构造分区图

（据吉林省区域地质矿产调查所，2016；辽宁省地质勘查院，2017；黑龙江省区域地质调查所，2018，有修改）

1—构造分区线；2—长白山陆缘火山盆岭叠加构造带；3—大黑山条垒带；4—伊通-舒兰裂陷；5—张广才-哈达岭火山-沉积隆盆带；6—双阳盆地；7—永吉（南楼山）火山穹盆；8—蛟河盆地；9—平岗-渭津盆地；10—抚顺-密山（辉南-敦化裂陷带）；11—太平岭-老岭火山-沉积隆盆带；12—安图盆地；13—延吉盆地；14—屯田营盆地；15—珲春盆地；16—汪清盆地；17—Ⅱ级成矿省界线；18—Ⅲ级成矿区带界线

a. 大黑山条垒带（MCⅠ-3_1）

该单元夹持于四平-长春断裂和伊通-舒兰断裂带之间，呈北东向带状展布，包括伊通-公主岭-四平市-昌图地区。该构造单元叠加在兴蒙古生代造山带（Ⅰ-8）和华北陆块北部陆缘造山带（Ⅲ-A）之上。该单元发育早侏罗世—白垩纪火山-沉积建造（沙河子组、泉头组、营城组），侏罗纪—白垩纪大面积侵入岩，以及北东向、北北东向断裂。

b. 伊通-舒兰裂陷（MCⅠ-3_2）

该单元位于伊通-舒兰断裂带，夹持在两条近乎平行的断裂之间，自二龙山水库经伊通、双阳向舒兰方向延伸，其间堆积了巨厚的新生代陆源碎屑岩以及少量的白垩纪火山岩。该单元进一步划分为叶赫盆地和伊通盆地2个Ⅳ级构造单元。

c. 张广才-哈达岭火山-沉积隆盆带（MCⅠ-3_3）

该单元西以伊通-舒兰断裂带为界，南以华北板块北缘断裂带为界，东至辉发河断裂，北至长春-吉林-蛟河隐匿对接带，包括吉林省双阳、永吉、磐石、辽源等地，南至辽宁省西丰地区。该单元主要出露地层有三叠系大酱缸组和四合屯组，侏罗系南楼山组、玉兴屯组、太阳岭组和德仁组，白垩系久大组、安民组、泉头组和长安组等。此外，该单元还发育大面积的侏罗纪—白垩纪侵入岩，以及北西、北东向断裂。该单元进一步划分出双阳盆地（MCⅠ-3_3^1）、永吉（南楼山）火山穹盆（MCⅠ-3_3^2）、蛟河盆地（MCⅠ-3_3^3）以及平岗-渭津盆地（MCⅠ-3_3^4）4个Ⅳ级构造单元。

d. 抚顺-密山（辉南-敦化）裂陷带（MCⅠ-3_4）

该单元位于敦化-密山断裂带，呈北东向条带状，从吉林省梅河，经桦甸和敦化，北延至黑龙江省宁安地区。主要出露地层有侏罗系德仁组，白垩系久大组、安民组、泉头组和小南沟组，古近系桦甸组以及新生代玄武岩。该单元还发育大面积的侏罗纪—白垩纪侵入岩以及北东向断裂。该单元可进一步划分出梅河盆地、五道沟盆地、桦甸盆地、楠家店盆地、敦化盆地5个Ⅳ级构造单元。

e. 太平岭-老岭火山-沉积隆盆带（MCⅠ-3_5）

该单元位于敦化-密山断裂带以东的敦化、安图、延吉、汪清、图们、珲春等地。该单元主要叠加在哈兰达岭-英额岭新元古代—古生代叠覆造山亚带（Ⅲ-A_1）之上，主要出露地层有三叠系大兴沟群和柯岛群，侏罗系屯田营组，白垩系大砬子组、泉头组和龙井组，古近系珲春组等，同时还发育大面积的侏罗纪—白垩纪侵入岩，以及北东向断裂。该单元可进一步划分出安图盆地（MCⅠ-3_5^1）、延吉盆地（MCⅠ-3_5^2）、屯田营盆地（MCⅠ-3_5^4）、珲春盆地（MCⅠ-3_5^6）以及汪清盆地（MCⅠ-3_5^8）5个Ⅳ级构造单元，均为火山碎屑沉积盆地。

第二节　区域地层、主要赋矿地层与含矿沉积建造

一、区域地层

吉中-延边成矿带地层出露较全，新太古代、中新元古代、早古生代、晚古生代、中生代及新生代地层均有出露（表2-2，表2-3）。前中生代地层多呈不见顶和底的残块状分布，多为海相火山-沉积建造，而且岩石经历多期构造热事件的改造，大多发生变质变形。中、新生代地层则多沿断裂带和断陷盆地分布，以陆相火山-沉积建造为主。

西伯利亚板块与中朝板块在新元古代晚期开始裂解（王荃等，1991），吉中-延边成矿带进入华北板块的被动陆缘沉积阶段，沿渤海东陆块北部边缘出露以陆源碎屑岩-碳酸盐岩及火山岩建造（西保安岩组、青龙村岩群）。寒武纪沉积地层在本区不甚发育，仅在开山屯南部沉积一套酸性火山岩-钙泥质沉积岩建造（江域岩组）；在二道甸子-漂河一带发育一套中酸性火山岩-泥质沉积岩建造（漂河川组）。随着板块的扩张，自奥陶纪开始出现岛弧-弧后盆地系统，岛弧型火山沉积岩为英安质角砾凝灰熔岩、英安质凝灰岩、流纹质凝灰岩、凝灰质砂岩等。在岛弧火山岩与中朝板块之间发育有弧后盆地，形成一套粉砂岩-泥岩-碳酸盐岩组合，夹中酸性火山岩（下二台岩群）、基性火山岩-泥质

表 2-2　吉中-延边成矿带前中生代地层表

界	系	统	群组		岩石组合	相关矿产	代表性矿床（吉林省）
上古生界	二叠系	上统	红山组	P_3h	由砾岩、砂岩及粘土岩组成，具有明显韵律的一套河湖相碎屑岩沉积		
			开山屯组	P_3k	主要以砾岩、含砾砂岩、砂岩为基本层序。砾石成分以花岗岩居多，其次有火山岩、变质岩和下部岩层的砾石		
			解放村组	$P_{2-3}j$	以凝灰质的砂岩、粉砂岩为主夹有板岩和少许凝灰岩，偶夹泥粒屑灰岩		
		中统	庙岭组	P_2m	主要为一套石灰岩（大理岩），向两侧追索为一套灰色-灰黑色粉砂岩、板岩，其顶部被柯岛群砾岩覆盖	金、铅锌、铜钨、大理岩、硅灰石	汪清县红太平多金属矿床
			土门岭组	P_2t	主要为砂岩、板岩夹大理岩透镜体		
			暖木条子组	P_2n	为一套变质砂岩、粉砂岩、板岩夹大理岩，下部局部夹英安质凝灰岩	金、锑	桦甸市大秃顶子金锑矿床
			关门嘴子组	P_2g	主要为一套变中性火山熔岩、片理化角砾凝灰岩夹砂岩和灰岩透镜体	铅锌、大理岩	汪清县棉田铅锌矿床
			北安屯组	P_2b	主要由安山岩-英安质火山碎屑岩-流纹岩及其火山碎屑岩组成，夹陆源碎屑岩及碳酸盐岩透镜体		
			寺洞沟组	P_2sd	主要以灰黑色、灰色粗砂岩、长石砂岩、粉砂岩足夹板岩、灰岩为基本层序的旋回层	大理岩	图们市碧水水泥用大理岩矿床
			范家屯组	P_2f	下部为深灰色、灰黑色砂岩、粉砂岩、板岩夹厚层生物碎屑灰岩；中部为厚层生物碎屑灰岩，上部为板岩夹砂岩、粉砂岩	金、铜、钼、铅锌、大理岩	永吉县芹菜沟钼矿床
			大河深组	P_2d	以一套巨厚的流纹质凝灰岩类为主，夹有安山岩、安山质凝灰岩砂岩、板岩及灰岩	铅锌、宝玉石	磐石市小红石砬子铅锌(玉石)矿床
			寿山沟组	$P_{1-2}sh$	上部为银灰色千枚状砂岩、粉砂岩，下部为生物碎屑灰岩、粒屑灰岩	铅锌、铜、钼、硅灰石、高岭土	桦甸市常山镇下玉兴锌铜矿床；桦甸市火龙岭钼矿床
		下统	大蒜沟组	P_1ds	下部巨厚砾岩；上部以砂岩、粉砂岩为主，夹生物碎屑灰岩		
			佟家屯组	P_1^bt	主要为灰绿色变质安山岩，局部见石英黑云片岩和黑云阳起片岩		
			照北山岩组	$P_1^az.$	含石墨方解大理岩、角闪斜长变粒岩、石英岩、石英片岩、含墨变粒岩、浅粒岩、斜长角闪岩、绿泥滑石片岩等		
			双胜组	Pss	砂岩、粉砂岩		
	石炭系—二叠系		山秀岭组	C—Psx	以生物碎屑灰岩、含砂屑及燧石团块碎裂结晶灰岩和硅质条带结晶灰岩夹凝灰质砂岩	石灰石	汪清县庙岭北山石灰石矿床
			窝瓜地组	C—Pw	岩石组合为一套片理化流纹质-英安质火山熔岩及其碎屑岩夹变质砂板岩及灰岩透镜体		
			石嘴子组	C—Ps	下部主要岩石有黄褐色变质细砂岩、黄灰色页岩、浅灰色千枚状页岩；中部岩性包括灰色薄层状泥质生物碎屑灰岩、深灰色大理岩化灰岩、片理化页岩、块状含鑝生物碎屑灰岩等；上部是褐灰色凝灰质含砂质页岩、片理化凝灰质细砂岩、粗砂岩、灰黄色长石石英砂岩、粉砂岩夹少量页岩、灰岩组成	铜、石灰岩、硅灰石	磐石市石嘴子铜矿床；梨树县大顶山硅灰石矿床
			磨盘山组	C—Pm	主要为厚层、中厚层生物碎屑灰岩、含燧石结核（或条带）生物碎屑灰岩、砂屑灰岩、亮晶灰岩互层的一套地层，其中偶夹硅质岩、白云岩、生物礁灰岩	金、铅锌、硅灰石矿、大理岩、石灰岩	长春市双阳区山河金矿床；磐石市长崴子硅灰石矿床

续表

界	系	统	群组			岩石组合	相关矿产	代表性矿床（吉林省）
上古生界	石炭系	—	天宝山组（群?）		Ct	下部为角岩化钙质粉砂岩、角岩化页岩与结晶灰岩、燧石条带结晶灰岩互层；中部以板岩和灰岩为主，夹安山质凝灰熔岩，灰岩以燧石条带结晶灰岩、泥质粉屑岩、结晶灰岩；上部由钙质粉砂岩、燧石结核结晶灰岩、燧石条带灰岩等组成	铅锌、铜	龙井市天宝山多金属矿田
			石头口门组		Cs	硅质岩、变质火山岩以及杂砂岩		
			四道砾岩		Csd	由砾岩、粗砂岩、砂岩、灰岩等砾石组成		
		下统	本溪组		C_1b	以砂岩、含砾砂岩、粉砂岩为主，底部常有含赤铁矿紫色页岩，铝土岩或过渡为砾岩、巨砾岩夹砂岩透镜体		
			鹿圈屯组		C_1l	为一套灰色、灰褐色中粒砂岩、细砂岩、粉砂岩、页岩及生物碎屑灰岩组成的多个旋回沉积序列	铁、石灰岩、方解石、萤石	磐石市明城石灰岩矿床；长春市双阳区大青山铁矿床；磐石市明城镇萤石矿床
			余富屯组		C_1y	下部为黄色角斑岩、石英角斑岩、青灰色细碧岩、灰绿色角斑质凝灰岩互层；上部为灰白色条纹状石英角斑岩、凝灰岩互层夹细碧岩及多层大理岩、硅质岩（碧玉条带）	金、银、砷	永吉县头道川金矿床；磐石市民主屯银矿床
			通气沟组		C_1t	黄绿色、灰色中层、中厚层块状中粗粒砂岩、细砂岩、粉砂岩，偶夹泥岩		
	泥盆系	中统	王家街组		Dw	上段以黑色灰岩为主，下段以黄绿色、紫色、紫灰色泥质粉砂岩夹火山碎屑岩及少量灰岩为主		
下古生界	志留系	—	辽源群	椅山组	$S_{2-3}y$	以碎屑岩和碳酸盐岩为主的一套地层，下部为中粒砂岩、钙质砂岩、石英砂岩与结晶灰岩（大理岩）互层；上部为红柱石板岩、绢云千枚状板岩、粉砂质板岩为主，夹大量结晶灰岩	硅灰石和方解石	东辽县弯月铅锌矿床；东辽县弯月东山金矿床；东辽县盈隆金矿床
				弯月组	$S_{2-3}w$	以片理化流纹岩、片理化流纹凝灰熔岩、片理化安山岩及其中酸性熔岩为主，夹结晶灰岩（大理岩）	金	
				石缝组	S_2s	变质砂岩、粉砂岩及结晶灰岩（或大理岩）为基本层序，重复叠置的陆源碎屑岩-碳酸盐岩建造	重晶石、硅灰石、金、银、铜、铅锌、硫铁矿	
			桃山组		S_1t	灰色、灰黄色砂岩、薄层粉砂岩、深灰色厚层粉砂岩夹条带状泥灰岩	铜、大理岩	东辽县牛心水泥用大理岩矿床
			头道沟岩组		$St.$	上部为变质砂板岩，夹斜长阳起石岩；下部以斜长阳起石岩为主，夹变质砂岩、变质中性、中酸性岩及变质凝灰岩	硫铁矿	永吉县头道沟硫铁矿床
	奥陶系	上统—下统	放牛沟组		Of	中基性火山岩、火山碎屑岩及大理岩	铅锌、硫铁矿、铜	伊通县西大城号铜矿床
			下二台岩群	烧锅屯岩组	$Os.$	黑云变粒岩、角闪变粒岩、石英片岩、二云母石英片岩	金、大理岩、磷	梨树县团山子金矿点、四平市山门磷矿点
				黄顶子岩组	$Oh.$	石英大理岩、粉砂质大理岩、含燧石条带大理岩、碳质板岩、片岩夹变石英砂岩		
				盘岭岩组	$Op.$	钠长角闪片岩（原岩为玄武安山岩）、变质流纹岩、云母石英片岩和少量变质粉砂岩组成		
			呼兰岩群	小三个顶子岩组	$Ox.$	硅质条带大理岩、含石墨大理岩、厚层状大理岩夹薄层变粒岩、石英岩	铅锌、钼、硅灰石、方解石、大理岩	磐石市西错草硅灰石矿床
				黄莺屯岩组	$Ohy.$	下部斜长角闪片岩段；中部含电气石二云母片岩段；上部片麻岩及大理岩段		四平山门银金矿床

续表

界	系	统	群组		代号	岩石组合	相关矿产	代表性矿床（吉林省）
下古生界	寒武系	下统—始统	江域岩组		Єj.	主要由石英片岩、角闪片岩夹磁铁石榴矽卡岩（磁铁石英岩）、片麻岩及变粒岩组成	铁	龙井市江域铁矿点
			漂河川组		Єp	下段以黑云斜长片麻岩为主，间有少量二云斜长片麻岩、斜长角闪片麻岩及石榴绿帘斜长角闪岩；上段为绢云石英片岩、黑云石英片岩、绿泥石英片岩夹斜长角闪片岩	金	桦甸市二道甸子金矿床
新元古界			南芬组		Pt_3^1n	下段紫色页岩、黄绿色、蛋青色板岩、泥灰岩夹薄层石膏；上段紫色页岩夹粉砂岩		
			钓鱼台组		Pt_3^1d	由紫色、灰白色、白色长石砂岩、石英砂岩、海绿石石英砂岩夹含鲕状赤铁矿层组成		
			青龙村岩群	长仁大理岩	Pt_3c.	含墨硅质条带状大理岩、含燧石结核大理岩、条带状糜棱岩化硅质灰岩（结晶灰岩?）	硅灰石、铁	龙井市细鳞河硅灰石矿床；和龙市白石洞铁矿床
				新东村岩组	Pt_3xd.	石墨黑云角闪斜长片麻岩、混合岩化含石墨黑云斜长片麻岩、黑云斜长片麻岩及黑云变粒岩、浅粒岩夹斜长角闪岩等	铁、镍、金、冰洲石	和龙市长仁镍矿床
			西保安岩组		Pt_3xb.	斜长角闪片岩、斜长云母片岩为主夹数层磁铁石英岩和磁铁矿层	铁、锰、磷	东丰县西保安铁矿床
中-新元古界			塔东岩群		$Pt_{2-3}T$.	斜长角闪岩、黑云变粒岩、黑云角闪斜长片麻岩、绿泥石英片岩、绢云石英片岩及角闪磁铁石英岩		
新太古界			夹皮沟岩群	老牛沟岩组	Ar_3ln.	斜长角闪岩、黑云变粒岩、黑云角闪斜长片麻岩、绿泥石英片岩、绢云石英片岩、角闪磁铁石英岩等		

注：上表仅说明带内主要地层时代、岩石组合，不能反映地层层序；参考吉林省区域地质矿产调查所（2016）修改。

碎屑岩-碳酸盐岩（呼兰岩群），以及具有复理石建造特点的细砂岩、粉砂岩、粉砂质板岩夹火山岩（桃山组、辽源群）。

晚志留世西伯利亚板块与中朝板块碰撞拼合，形成一套晚志留世—早泥盆世海相磨拉石建造（张家屯组）。张家屯组磨拉石沉积的结束宣布该区从活动陆缘进入到被动陆缘的沉积发展阶段。泥盆纪台地边缘礁碳酸盐岩建造（碳酸盐岩陆架边缘）和粉砂岩-泥岩建造，构成了盆地碎屑岩陆架。到石炭纪，在准平原化的台地上形成陆源粉砂岩-泥岩建造、巨厚的碳酸盐岩建造，属于陆棚碳酸盐岩台地。

受古亚洲洋俯冲作用影响，二叠纪—早三叠世时期吉中-延边地区再次转化为活动陆缘演化阶段。该时期沉积盆地构造活动强烈，整体属于活动陆缘岛弧系构造环境，于早二叠世发育稳定型陆源浊积岩和内外源混沉的浊积岩组合、火山复理石组合以及滑塌、重力流等复理石组合，为深盆-斜坡峡谷扇和次深海槽沉积；晚二叠世则发育构造混杂岩、滑塌混杂岩组合（条垒波泥河子和珲春市密江一带）和磨拉石组合（延边开山屯、吉中地区）均为补偿型非稳定沉积系列。晚二叠世—早三叠世形成的山前或山间磨拉石建造，宣告岛弧系反转，至中三叠世古亚洲洋全面闭合，变为相对稳定的陆地。

晚二叠世—早三叠世在滨太平洋构造运动促使板内的造山运动继承和改造古生代构造格局，形成了中生代汪清-白山北东向火山-沉积盆地，以及一些规模较小的北西向火山-沉积盆地，如辽源-东丰火山-沉积盆地及闹枝沟-长白叠合火山沉积盆地等。此外，还形成了方向性不明显的方形或菱形火山-沉积盆地（或区），如延吉-和龙火山沉积盆地。在这些盆地内，沉积了一系列陆相含煤建造

表 2-3　吉中-延边成矿带中、新生代地层表

界	系	统	群组		岩石组合	相关矿产	代表性矿床
新生界	第四系	全新统	八卦庙组	Qh^{f-3f}	河床、河漫滩堆积	金、独居石、矿泉水	吉林省珲春市珲春矿金矿、安图县东清独居石矿床
			白云峰组		砂砾堆积		
			温河组、冰场组		Ⅰ级阶地堆积		
		上更新统		Qp_3^{fp-gp}	冲、洪积层		
		中-上更新统	顾乡屯组	$Qp_3^{f}g$	下部岩性为黄色、灰白色粉细砂、中粗砂层，局部底部有砂砾石层；上部为浅黄色亚砂土、粉砂质亚粘土，局部夹中、粗砂层，粉砂质亚粘土比较松散		
			荒山组	$Qp_2^{fp}h$	上部为褐红色-土黄色粉砂质粘土，含小米粒状、豆状和局部呈脉状的铁锰结核；下部为灰色、灰黄色、灰黑色亚粘土、亚砂土、淤泥质亚粘土与灰白色中细砂互层		
	新近系	中新统	水曲柳组	$N\hat{s}$	灰绿色砂砾岩、粉砂岩、泥岩偶夹不可采薄煤层及硅藻土		
			土门子组	N_1t	砾岩、砂岩、粘土岩等碎屑岩夹硅藻土及玄武岩	硅藻土	吉林省敦化市高松树硅藻土矿床
	古近系	始新统	吉舒组	$E_{2-3}j$	夹工业煤层的灰白或灰绿色砂岩、粉砂岩、砂质泥岩、泥岩	煤、油页岩	吉林省伊通县大孤山油页岩矿床
			珲春组	Eh	砾岩、砂岩、粉砂岩、泥岩、凝灰质砂岩及煤层	煤	吉林省珲春市珲春煤田
			桦甸组	Ehd	灰白色、灰色、灰绿色含砾粗砂岩、中细粒砂岩、粉砂岩、粉砂质泥岩夹油页岩及褐煤	油页岩、煤、硫铁矿	吉林省桦甸市西台子硫铁矿床；桦甸市北台子油页岩矿床
中生界	白垩系	上统	小南沟组	K_2x	下部以砾岩为主；上部为砂岩、粉砂岩夹砾岩		
			泉头组	K_2q	以紫色页岩、粉砂岩为主，夹紫、黄、灰绿、灰等杂色砂岩、含砾砂岩、砾岩及砂质灰岩等		
			龙井组	K_2l	紫红色砾岩、砂岩夹粉砂岩、泥岩		
		下统	金沟岭组	K_1j	安山岩、粗面安山岩等中性火山岩	金	吉林省汪清县闹枝金矿床
			登楼库组	K_1d	为河流相粗碎屑岩，以砂岩、含砾砂岩、砾岩为主，夹少量泥岩		
			金家屯组	K_1jj	下部为安山岩、安山质集块岩、安山玄武岩；上部为酸性凝灰岩、流纹岩、凝灰质砂岩夹煤层		
			长安组	$K_1\hat{c}$	下部为砾岩、砂岩；中部页岩夹砂岩；上部为砂岩、页岩夹煤层	煤	吉林省辽源市东辽县平岗煤矿床
			大砬子组	K_1dl	下部以砾岩、砂岩为主；上部为砂岩、粉砂岩、泥岩、页岩、油页岩		
			营城子组	K_1y	下部为灰紫色、灰绿色安山质凝灰岩和安山岩；中部为凝灰质砾岩、砂岩为主，夹安山岩；上部为流纹质凝灰岩、流纹岩为主，夹凝灰质砂岩、砾岩及煤层		
			安民组	K_1a	下部以中性火山岩为主，个别地区出现酸性火山岩；中部为凝灰质砂岩夹薄煤层；上部以中性火山岩为主	煤、沸石	吉林省长春市双阳区长岭煤矿区
			泉水村组	$K_1q\hat{s}$	安山岩、安山质集块岩、安山质角砾凝灰熔岩，少量英安质凝灰熔岩		

续表

界	系	统	群组		岩石组合	相关矿产	代表性矿床
中生界	白垩系	下统	久大组	K_1j	砂岩、页岩、粉砂岩及煤层夹少量中性火山碎屑岩及熔岩层	煤	吉林省辽源市东辽县辽河源煤矿区
			长财组	K_1c	下部为砾岩或凝灰质砾岩、砂岩互层夹数层煤；上部由砾岩、砂岩、粉砂岩组成，夹少量火山碎屑岩、熔岩及煤层	煤、沸石	吉林省延吉市三道煤矿区
			义县组	K_1^1y	灰紫色、灰绿色、灰褐色、灰黑色安山岩、玄武岩、粗安岩以及集块岩、角砾岩、凝灰岩等火山岩，间夹多层富含淡水动物及少量植物化石灰白色凝灰质砂页岩		
			沙河子组	$K_1\check{s}$	含砾粗砂岩夹薄层细砂岩、薄层细砂岩夹粉砂质页岩、粗砂岩及黑色页岩、灰黑色含砾凝灰质板岩、含砾粗砂岩，局部含煤层	煤、膨润土	吉林省公主岭市刘房子煤炭井田
	侏罗系	上统	德仁组	$J_{2-3}d$	下部砂砾岩段，由砾岩、砂岩、页岩夹劣质煤组成；上部安山岩段，以安山岩为主，夹少量凝灰质砂岩	珍珠岩	辽宁省西丰县更刻珍珠岩矿床
			屯田营组	$J_{2-3}t$	安山岩、集块岩、安山质凝灰岩，夹凝灰质砂岩	金、汞、钼	吉林省汪清县刺猬沟金矿床
		中统	太阳岭组	J_2t	砾岩、含砾砂岩、砂岩、粉砂岩及薄煤层	煤	吉林省磐石市黑石镇富有煤炭井田
		下统	南楼山组	$J_{1-2}n$	下部以安山岩、英安质凝灰角砾岩为主；上部以中酸性熔岩为主	金	吉林省磐石市官马金矿床
			玉兴屯组	J_1yx	下部以凝灰质砾岩、砂岩为主；上部为凝灰质砂岩、粉砂岩夹中酸性火山碎屑岩	锑	吉林省磐石市三合屯锑矿床
	三叠系	上统	四合屯组	T_3s	安山岩、英安质或流纹质角砾凝灰岩		
			大酱缸组	T_3d	砾岩、砂岩、粉砂岩、页岩或板岩	煤、石墨	吉林省磐石市仙人洞石墨矿床；长春市双阳区八面石煤炭井田
			大兴沟群	T_3D	一套中酸性火山岩夹沉积碎屑含煤地层，自下而上由托盘沟组、马鹿沟组、天桥岭组组成	煤、石墨	吉林省汪清县天桥岭鹿圈子石墨矿床
			小河口组	T_3x	由砾岩、砂岩、粉砂岩、页岩及煤层组成		
		下统	柯岛群	T_1k	其下部为灰色、灰紫色砾岩、含砾砂岩及砂岩；上部为紫红色、黄绿色、灰绿色及灰黑色粉砂质泥岩、粉砂岩夹杂砂岩	金	吉林省龙井市开山屯金谷山-后底洞金矿床

注：上表仅说明带内主要地层及其时代、岩石组合，不能反映地层层序。（据吉林省区域地质矿产调查所，2016，有修改）

（长财组）、偏碱性火山岩建造（泉水村组）及含油建造（大砬子组），同时伴生有碱性花岗岩侵入。这些火山沉积建造通常与火山岩型金矿的形成密切相关，如汪清火山沉积盆地内产出刺猬沟、闹枝及棉田等金矿床。

二、主要赋矿地层与含矿沉积建造

（一）主要赋矿地层

吉中-延边成矿带的地层对不同类型矿产的控制作用较为显著，主要的赋矿地层有：新元古界西保安岩组和青龙村岩群，下古生界寒武系漂河川组，奥陶系呼兰岩群、下二台岩群、放牛沟组和志留系头道沟岩组、桃山组和辽源群，上古生界石炭系余富屯组、鹿圈屯组、磨盘山组和石嘴子组以及二叠系范家屯组、庙岭组、大河深组、寿山沟组、寺洞沟组和关门嘴子组，中生界三叠系柯岛组、大兴沟群和大酱缸组，侏罗系南楼山组、屯田营组和太阳岭组，白垩系沙河子组、长财组、久大组、安民组和长安组，以及新生界古近系桦甸组、珲春组、吉舒组和土门子组。

新元古界西保安岩组：以斜长角闪片岩、斜长云母片岩为主，夹数层磁铁石英岩和磁铁矿层，分布于伊通南部和辽源南部。冯佐峰等（1992）将西保安岩组时代厘定为新元古代。该地层是带内重要的受变质型铁矿赋存层位，如东丰县西保安铁矿床。此外，该组岩石中的金、银等成矿元素相对富集，其中，金元素平均含量为 70×10^{-9}，银元素平均含量为 0.35×10^{-6}（李之彤等，1994）。

新元古界青龙村岩群长仁大理岩：主要由含石墨硅质条带状大理岩、含燧石结核大理岩、条带状糜棱岩化硅质灰岩（结晶灰岩?）组成。该地层是延边地区硅灰石矿的重要产出层位，如超大型的细鳞河硅灰石矿床；同时，该套碳酸盐岩建造与燕山期中酸性侵入岩的接触带构造又控制着接触交代型铁矿的产出，如和龙市白石洞铁矿床。该地层内发育大规模的韧性剪切带，常控制着金矿的形成，如敦化市松江河金矿床。

寒武系漂河川组：分为上下两段，下段以黑云斜长片麻岩为主，间有少量二云斜长片麻岩、斜长角闪片麻岩及石榴绿帘斜长角闪岩；上段为绢云石英片岩、黑云石英片岩、绿泥石英片岩夹斜长角闪片岩。该套地层是桦甸市二道甸子大型金矿的赋矿地层。

奥陶系呼兰岩群：主要由含电气石二云母斜长片麻岩、各类变粒岩、片岩及硅质条带或结核大理岩组成，主要出露于磐石市呼兰镇-红旗岭镇一带。呼兰岩群自下而上进一步划分为黄莺屯岩组和小三个顶子岩组。黄莺屯岩组：由含电气石石榴二云斜长片麻岩、黑云斜长变粒岩、角闪斜长变粒岩、蓝晶石片岩等为主，夹多层硅质条带大理岩组成，分布于红旗岭-桦甸一带。小三个顶子岩组：主要岩性为硅质条带大理岩、含石墨大理岩、厚层状大理岩夹薄层变粒岩、石英岩，出露于呼兰-红旗岭一带。呼兰岩群中片麻岩的 Ag 和 Zn 等成矿元素相对富集，元素含量分别为 0.09×10^{-6} 和 105.88×10^{-6}（李之彤等，1994）。呼兰岩群是成矿带金、银、铜镍、铅锌、大理岩等矿产的重要赋存层位，如大型的四平市山门银金矿床赋存于呼兰岩群黄莺屯岩组内，磐石市红旗岭镍矿床含矿镁铁-超镁铁质岩体赋存在呼兰岩群变质岩系内。

奥陶系放牛沟组：下部以灰绿色英安质角砾凝灰岩及其熔岩为主，夹英安质晶屑岩屑凝灰岩和凝灰质砂岩；上部以英安质凝灰岩、凝灰质砂岩为主夹有英安质凝灰熔岩，顶部有条带状结晶灰岩夹层。在灰岩中或接触带常见硫铁矿，如伊通满族自治县放牛沟硫多金属矿床。

志留系头道沟岩组：上部为变质砂板岩，夹斜长阳起石岩；下部以斜长阳起石岩为主，夹变质砂岩、变质中性、中酸性岩及变质凝灰岩，分布于永吉县南部。它是成矿带硫铁矿、钼、铬铁矿等矿产的赋存层位，代表性矿床为中型的永吉县头道沟硫铁矿床。

志留系桃山组：为一套灰色、灰黄色砂岩、薄层粉砂岩、深灰色厚层粉砂岩夹条带状泥灰岩，地层时代属志留纪。该组为成矿带水泥用大理岩矿的重要产出层位，如东辽县牛心水泥用大理岩矿床。此外，该组的 Au 元素相对富集，其元素丰度介于 $14\times10^{-9}\sim60\times10^{-9}$ 之间，作为弯月金矿床的赋矿围岩，可能为其提供了部分成矿物质（马俊孝等，1998）。

志留系辽源群：自下而上进一步划分为石缝组、弯月组和椅山组。其中，石缝组以变质砂岩、粉砂岩及结晶灰岩（或大理岩）为基本层序，重复叠置的陆源碎屑岩-碳酸盐岩建造，主要分布于伊通-一座营一带；弯月组为一套以片理化流纹岩、片理化流纹凝灰熔岩、片理化安山岩等中酸性熔岩为主，夹结晶灰岩（大理岩）的一套地层；椅山组是以碎屑岩和碳酸盐岩为主的一套地层，下部以中粒砂岩、钙质砂岩、石英砂岩与结晶灰岩（大理岩）互层，上部以红柱石板岩、绢云千枚状板岩、粉砂质板岩为主，夹大量结晶灰岩，分布于辽源安石东北部。石缝组中 Au 元素丰度 100×10^{-9}，局部高达 185×10^{-9}；Ag 元素丰度 0.1×10^{-6}，最高达 3×10^{-6}（马俊孝等，1998）。这些地层是成矿带内铅锌、金等矿产的重要产出层位，如东辽县弯月铅锌矿床和弯月东山金矿床，具有为带内金、银矿提供成矿物质的能力。

石炭系余富屯组：下部以黄色角斑岩、石英角斑岩、青灰色细碧岩、灰绿色角斑质凝灰岩互层；

上部为灰白色条纹状石英角斑岩、凝灰岩互层夹细碧岩及多层大理岩、硅质岩（碧玉条带），分布于山河街道-烟筒山一带。地层时代属早石炭世。该组中细碧岩的Au、Ag、Cu、Pb等成矿元素含量较高，分别为0.072×10^{-6}，0.312×10^{-6}，65.31×10^{-6}以及28.8×10^{-6}（李之彤等，1994）。它是成矿带内海相火山岩型金、银矿的重要产出层位，代表性矿床为永吉县头道川金矿床和磐石市民主屯银矿床。

石炭系鹿圈屯组：以碎屑岩为主，夹薄层、中层生物碎屑灰岩或灰岩透镜体，主要岩性为灰褐色中粒砂岩、细砂岩、粉砂岩、页岩及生物碎屑灰岩。该组内的碳酸盐岩及砂板岩的Au、Ag等成矿元素相对富集，其加权平均丰度分别为0.0028×10^{-6}和0.13×10^{-6}（李之彤等，1994）。该组地层为成矿带内金、铁、石灰岩、方解石、萤石矿产的产出层位。其中，铁矿主要产出在该组碳酸盐岩与侏罗纪中酸性侵入岩的接触带部位，以磐石市吉昌铁矿为代表；石灰岩和萤石矿的代表性矿床分别为磐石市明城石灰岩矿床和磐石市明城镇萤石矿床。此外，磐石市小锅盔金矿点亦产出在鹿圈屯组大理岩中。

石炭系—二叠系磨盘山组：主要由厚层、中厚层生物碎屑灰岩、含燧石结核（或条带）生物碎屑灰岩、砂屑灰岩、亮晶灰岩互层组成，其中偶夹硅质岩、白云岩、生物礁灰岩，主要分布于长春市双阳区太平-磐石市吉昌、牛心一带。磨盘山组碳酸盐岩中Pb的加权平均丰度为124.5×10^{-6}，浓度克拉克值达9.58，可以为成矿带内铅锌成矿提供部分矿质（李之彤等，1994）。它是成矿带内金、硅灰石、石灰岩、大理岩等矿产的产出层位，代表性矿床为长春市双阳区山河金矿床和磐石市明城石灰岩矿床。

石炭系—二叠系石嘴子组：下部砂岩和页岩互层，主要岩性有黄褐色变质细砂岩、黄灰色页岩、浅灰色千枚状页岩；中部为灰岩与页岩互层，岩性包括灰色薄层状泥质生物碎屑灰岩、深灰色大理岩化灰岩、片理化页岩、块状含䗴生物碎屑灰岩等；上部是凝灰质页岩、砂岩互层，由褐灰色凝灰质含砂质页岩、片理化凝灰质细砂岩、粗砂岩、灰黄色长石石英砂岩、粉砂岩夹少量页岩、灰岩组成，主要分布在磐石地区。该组是成矿带内铜矿、硅灰石矿、石灰岩矿的重要产出层位，代表性矿床为磐石市石嘴子铜矿。石嘴子组中喷气岩是金、银元素的高富集层，主要岩石类型中的Au元素含量达$14.8\times10^{-9}\sim28.6\times10^{-9}$，Ag元素含量达$0.49\times10^{-6}\sim1.11\times10^{-6}$，硅质岩中Au、Ag元素含量分别达$34.0\times10^{-9}$和$2.50\times10^{-6}$。此外，石嘴子组的片岩、凝灰岩、砂板岩、大理岩等岩石类型的Cu、Pb等成矿元素含量亦较高，对应的加权平均丰度分别为114.6×10^{-6}和70.27×10^{-6}（李之彤等，1994）。因此，该组岩石可以作为Au、Ag、Cu、Pb等矿床的矿源层。

二叠系庙岭组：为一套台地碳酸盐岩及浅海相火山碎屑岩组合，广泛分布于成矿带东部的延边地区。地层时代属中二叠世。它是成矿带内铅锌、银、铜等有色金属以及大理岩等非金属矿产的重要产出层位，代表性矿床为汪清县红太平铅锌矿床和延吉市三道沟铜钨矿床。该组岩石的Au、Ag、Cu、Pb、Zn等成矿元素含量较背景值高，尤其是砂岩和板岩，其Au元素平均含量为$1.37\times10^{-9}\sim1.43\times10^{-9}$，Ag元素平均含量为$0.15\times10^{-6}\sim0.40\times10^{-6}$（侯鹤楠，2020），Cu元素平均含量为$65.20\times10^{-6}\sim167.80\times10^{-6}$，Pb元素平均含量为$29.80\times10^{-6}\sim55.20\times10^{-6}$，Zn元素平均含量为$135.80\times10^{-6}\sim311.30\times10^{-6}$（张杨等，2012；侯鹤楠，2020）。因此，该组岩石既是成矿带多金属矿床的赋矿围岩，又可作为Au、Ag、Cu、Pb、Zn等矿床的物质来源。

二叠系寿山沟组：其上部为银灰色千枚状砂岩、粉砂岩，下部为生物碎屑灰岩、粒屑灰岩。地层时代属早、中二叠世。该组的砂岩、板岩以及灰岩中的Ag、Pb、Zn等成矿元素含量较高，分别为0.17×10^{-6}、35.06×10^{-6}以及121.90×10^{-6}（李之彤等，1994）。它是成矿带内铅锌、铜、钼、硅灰石、高岭土等矿产的重要赋存层位，如桦甸市常山镇下玉兴锌铜矿床以及桦甸市火龙岭钼矿床。

二叠系大河深组：为一套流纹岩、英安岩、安山岩及其碎屑岩、流纹质火山碎屑岩夹少量陆源碎屑岩及灰岩，分布于桦甸市常山-横道河子一带。该组中火山岩和板岩的Ag、Pb、Zn等成矿元素含量相对较高，分别为0.156×10^{-6}、23.65×10^{-6}以及77.04×10^{-6}（李之彤等，1994）。该组火山岩既是成矿带内铅、锌、银等有色金属矿产资源的赋存层位，如小红石砬子多金属（玉石）矿，又是成矿带铅锌矿重要的矿源层之一（吉林省地质矿产局第二地质调查所，1988）。

二叠系范家屯组：下部为深灰色、灰黑色砂岩、粉砂岩、板岩夹厚层生物碎屑灰岩；中部为厚层生物碎屑灰岩，上部为黑色、灰色板岩夹砂岩、粉砂岩，广泛分布于桦甸市常山-敦化市大蒲柴河-安图县万宝地区。地层时代为中二叠世。该组中火山岩和板岩的 Ag、Pb、Zn 等成矿元素含量相对较高，分别为 0.105×10^{-6}、30.56×10^{-6} 以及 160×10^{-6}（李之彤等，1994）。该组地层是成矿带内铜、铅锌、砷等矿产的重要产出层位，如桦甸市二道林子铜矿床。

三叠系柯岛群：下部为灰色、灰紫色砾岩、含砾砂岩及砂岩，上部为紫红色、黄绿色、灰绿色及灰黑色粉砂质泥岩、粉砂岩夹杂砂岩。地层时代为晚三叠世。柯岛群的 Au、Ag、As 等元素含量明显偏高，可作为成矿带金矿的矿源层。它也是成矿带金矿的重要赋存层位，代表性矿床为龙井市开山屯金谷山-后底洞金矿床。

三叠系大酱缸组：为一套砾岩、砂岩、粉砂岩、页岩或板岩组成的含煤地层，分布于双阳太平-磐石烟筒山一带。孙革（1983）在大酱缸组发现的植物化石鉴定为晚三叠世。它是成矿带内重要的石墨矿赋存层位，代表性矿床为磐石市仙人洞石墨矿。

三叠系大兴沟群：一套中酸性火山岩夹沉积碎屑含煤地层。自下而上由托盘沟组、马鹿沟组、天桥岭组组成，分布于太平岭-英额岭岩浆带边部。大兴沟群是成矿带重要的含煤地层，其中马鹿沟组还是重要的石墨矿赋存层位，产出有汪清县天桥岭鹿圈子石墨矿床。

侏罗系南楼山组：下部以安山岩、英安质凝灰角砾岩为主，上部以中酸性熔岩为主，分布在永吉南部、桦甸北部、磐石北部的交界地带。孙罡等（2011）获得该组流纹岩、辉石安山岩的锆石 U-Pb 年龄分别为 176 Ma、179 Ma，印证了南楼山组沉积时代为早侏罗世。南楼山组中安山岩及凝灰岩的 Au、Ag、Cu、Pb、Zn 等成矿元素相对富集，含量分别为 0.028×10^{-6}、4.86×10^{-6}、118×10^{-6}、54.57×10^{-6} 以及 100.52×10^{-6}（李之彤等，1994）。南楼山组是成矿带内陆相火山岩型金矿的重要赋矿地层，如磐石市官马金矿床。

侏罗系玉兴屯组：为一套火山碎屑沉积岩夹中酸性火山岩，主要分布在吉中地区，地层时代为早-中侏罗世。该套火山岩富含 Ag、Cu、Pb、Zn 等成矿元素，其中 Ag 的加权平均丰度为 0.3×10^{-6}，Pb 的加权平均丰度为 97×10^{-6}，Zn 的加权平均丰度为 28×10^{-6}（李之彤等，1994）。目前已在玉兴屯组火山岩内发现三合屯锑矿床，并伴有 Au、Ag、As 等矿化，因此，该组火山岩可能成为成矿带内 Au、Ag 等矿化的矿源层。

侏罗系屯田营组：由安山岩、集块岩、安山质凝灰岩、夹凝灰质砂岩组成。砂岩中产少量植物化石，广泛分布于延边东部地区。地层时代为中-晚侏罗世。屯田营组火山岩 Au、Ag 元素较为富集，浓集系数和变异系数均大于 1（赵宏光，2007）。该组是成矿带内陆相火山岩型金矿的重要产出层位，如汪清县刺猬沟金矿床。

侏罗系太阳岭组：主要由砾岩、含砾砂岩、砂岩、粉砂岩及薄煤层组成，产丰富的植物化石，主要分布于长春市双阳区太平地区。地层时代为中侏罗世。太阳岭组是成矿带内重要的含煤层，产出有磐石市黑石镇富有煤炭井田。

白垩系沙河子组：主要岩石类型包括含砾粗砂岩夹薄层细砂岩、薄层细砂岩夹粉砂质页岩、粗砂岩及黑色页岩、灰黑色含砾凝灰岩质板岩和含砾粗砂岩，局部含煤层。该组是成矿带内煤和膨润土矿床的重要产出层位，如公主岭市刘房子煤炭井田。

白垩系长财组：下部为砾岩或凝灰质砾岩、砂岩互层夹数层煤；上部由砾岩、砂岩、粉砂岩组成，夹少量火山碎屑岩、熔岩及煤层，产植物化石，在延边地区零星分布。地层时代为早白垩世。长财组是成矿带煤矿的重要产出层位之一，代表性煤矿为延吉市三道煤矿区。

白垩系久大组：主要由砂岩、页岩、粉砂岩及煤层组成，夹少量中性火山碎屑岩及熔岩层，产动植物化石，分布于辽源市南部、磐石市南部，长春市双阳区南部也有零星分布。地层时代为早白垩世。久大组是成矿带煤矿的重要产出层位之一，代表性煤矿为辽源市东辽县辽河源煤矿区。

白垩系安民组：下部以中性火山岩为主，个别地区出现酸性火山岩；中部为凝灰质砂岩夹薄煤层；上部以中性火山岩为主。广泛分布于吉中地区。地层时代为早白垩世。安民组是成矿带煤矿的重要产出层位之一，代表性煤矿为长春市双阳区长岭煤矿区。

白垩系长安组：下部为砾岩、砂岩；中部页岩夹砂岩；上部由砂岩、页岩夹煤层组成。产动植物化石。主要分布于辽源市，桦甸中部有零星分布。地层时代为早白垩世。长安组是成矿带煤矿的重要产出层位之一，代表性煤矿为辽源市东辽县平岗煤矿区。

古近系桦甸组：由灰白色、灰色、灰绿色含砾粗砂岩、中细砂岩、粉砂岩、粉砂质泥岩夹油页岩及褐煤组成的岩石序列。该组分布于红旗岭-桦甸一带、蛟河东南部-敦化秋梨沟一带，时代为始新世。桦甸组是成矿带内油页岩、硫铁矿等资源的主要产出层位，如桦甸市公郎头油页岩矿和西台子硫铁矿，均赋存在该组内。

古近系珲春组：主要由砾岩、砂岩、粉砂岩、泥岩、凝灰质砂岩及煤层组成，分布于珲春盆地。地层时代为始新世。珲春组是成矿带煤矿的重要产出层位，如珲春市珲春煤田。

古近系吉舒组：主要由夹工业煤层的灰白色或灰绿色砂岩、粉砂岩、砂质泥岩、泥岩组成，分布于大孤山一带。地层时代为中-晚古近纪。它是成矿带油页岩的重要赋存层位之一，产出有小型的伊通县大孤山油页岩矿床。

第四系：主要为一套冲、洪积松散堆积物，是成矿带内砂岩型金矿和独居石矿的赋存层位，代表性矿床为安图县东清独居石矿床。

（二）含矿沉积建造

自新元古代至新生代，吉中-延边成矿带形成了海相-海陆交互-陆相沉积地层及一系列以非金属矿为主的含矿沉积建造，有新元古代含硅灰石矿的沉积建造，奥陶纪含石灰岩、大理岩等的沉积建造，志留纪石灰岩、大理岩等含矿沉积建造，石炭纪—二叠纪的石灰岩、大理岩、硅灰石等含矿沉积建造，中、新生代的含煤、油页岩、石墨、金、独居石等沉积建造。

1. 新元古代含硅灰石海相碳酸盐岩建造

新元古代含硅灰石的海相碳酸盐岩建造集中分布在吉中-延边成矿带东南缘的延吉地区，主要岩石组合为含硅质条带、硅质结核及泥质条带的大理岩。赋存于该建造中的硅灰石矿主要呈层状，产出于硅质碳酸盐岩建造与华力西晚期黑云斜长花岗岩的接触带附近，代表性矿床为细鳞河硅灰石矿床，受地层及接触带构造共同控制。

2. 奥陶纪含石灰岩/大理岩碳酸盐岩建造

该建造主要出露于成矿带中部的呼兰-红旗岭一带，其相应层位为奥陶系呼兰岩群小三个顶子岩组、下二台岩群黄顶子岩组，主要岩石组合为硅质条带大理岩、含石墨大理岩、厚层状大理岩，其形成的古地理环境为弧后碳酸盐岩盆地，形成于新元古代拼贴古陆的陆缘环境。产出于该碳酸盐建造的代表性矿床为磐石市三合屯石灰石矿床和西丰县白石屯大理岩矿床。

3. 志留纪含大理岩陆源碎屑岩-碳酸盐岩建造

该建造主要出露于成矿带西部的东辽-伊通一带，其对应层位为志留系石缝组，主要岩石组合为变质砂岩、粉砂岩、粉砂质页岩、粒屑生物屑灰岩、结晶灰岩（或大理岩），产出有伊通县土门岭大理岩矿床和东辽县牛心大理岩矿床。该建造属低能的弧后盆地沉积建造。

4. 石炭纪含石灰岩、大理岩、硅灰石碳酸盐岩-硅质岩建造

该建造在成矿带中部的吉中地区出露广泛，主要分布于烟筒山-磐石、双阳将军岭、永吉常家街、黄榆一带，其相应层位为石炭系磨盘山组、石嘴子组，主要岩石组合为厚层、中厚层生物碎屑灰岩、含燧石结核（或条带）生物碎屑灰岩、砂屑灰岩、亮晶灰岩互层、偶夹硅质岩、白云岩、生物礁灰岩等，在不同的地区出露的岩石类型及其形成环境有一定差异。

在磐石市近郊孤顶子、仙人洞一带，介于缓斜坡相生物屑灰岩-燧石结核灰岩建造与潮坪相砂岩粉砂岩夹灰岩建造之间；在烟筒山-磐石一带，为深水相硅质条带灰岩-硅质岩建造与生物骨架灰岩-

生物屑灰岩建造的过渡；而在烟筒山-吉昌以北，双阳将军岭、永吉常家街、黄榆一带，为深水盆地相的硅质条带灰岩-硅质岩建造。在灰岩层位中，常产出水泥用或制灰用石灰岩矿，以梨树县颜家粉房石灰石矿床为代表；在深水沉积相的硅质条带灰岩-硅质岩层位内，产出有硅灰石矿，如磐石市长崴子、梨树县大顶山硅灰石矿床。

5. 二叠纪含大理岩碳酸盐岩建造

该建造广泛发育在成矿带东部的延边地区，具体分布在大兴沟、百草沟、蜜江、图们等地；其相应层位为二叠系庙岭组和关门嘴子组，主要的岩石类型包括厚层块状含生物灰岩、生屑粒泥灰岩、亮晶灰岩和海百合茎颗粒灰岩，为火山弧间（或后）碳酸盐岩斜坡相沉积。该建造内产出有图们市碧水大理岩矿床和珲春市关门嘴子矿床。

6. 中、新生代含矿沉积建造

（1）中、新生代含煤建造

上三叠统大酱缸组、小河口组和下侏罗统义和组、红旗组，岩性为砾岩-砂岩-粉砂岩-泥岩夹煤，岩石组合为冲积扇砾岩组合、河流砂砾岩-粉砂岩泥岩组合及河湖相含煤碎屑岩组合。其中河湖相含煤碎屑岩组合中发育有工业煤层，常形成工业矿床，如长春市双阳区太阳岭煤矿石溪井田、长春市双阳区八面石煤井田。

下白垩统长财组、沙河子组、长安组、久大组，岩性为砾岩-砂岩-粉砂岩-泥岩夹煤，岩石组合为冲积扇砾岩组合、河流砂砾岩-粉砂岩泥岩组合、河湖相含煤碎屑岩组合。其中河湖相含煤碎屑岩组合中发育有工业煤层，形成的代表性煤矿床为辽源市东辽县辽河源煤矿。

古近系桦甸组和珲春组岩性为砾岩-砂岩-粉砂岩-泥岩夹煤，岩石组合为河流砂砾岩-粉砂岩泥岩组合、河湖相含煤碎屑岩组合。其中河湖相含煤碎屑岩组合中发育有工业煤层，形成的代表性煤矿床为珲春市珲春煤田。

（2）晚三叠世含石墨火山-沉积建造

晚三叠世火山碎屑岩、陆源碎屑岩建造（马鹿沟组和大酱缸组）是石墨矿的主要产出层位，主要分布在汪清县天桥岭一带和磐石市烟筒山一带。主要岩石类型有：凝灰质板岩、碳质板岩、凝灰质砂岩、细砂岩、粉砂岩等，属内陆山间湖泊-沼泽相沉积。产出的石墨矿以汪清县天桥岭鹿圈子石墨矿和磐石市仙人洞石墨矿为代表，属变成型矿床，是不同时期的侵入岩侵位到这些含煤碎屑岩建造内，改造发生石墨矿化，进而成矿，其矿石类型为隐晶质石墨。

（3）古近纪含油页岩/硫铁矿沉积建造

古近系桦甸组中部含油页岩，以灰色页岩为主，夹有薄层砂岩，属河流沼泽相、湖泊相沉积，产出有工业矿床，代表性矿床为桦甸北台子、公郎头、庙岭、大城子等油页岩矿床。此外，古近系桦甸组顶部灰色-灰绿色粘土层内含硫铁矿，产出有化学沉积型的桦甸市西台子硫铁矿床。

（4）新生代含金、独居石沉积建造

新近纪、第四纪河流冲积砾石层局部地区发现有砂金矿床，如安图县古洞河砂金矿床。东清、西清沟河及其支流所塑造的狭窄弯曲的河流谷地发现有独居石矿，如安图县东清独居石矿床。

（5）新近纪含硅藻土沉积建造

新近系土门子组上部的淡水湖泊相沉积岩建造是成矿带重要的产硅藻土层位，产出有敦化市高松树硅藻土矿床。该建造主要由砾岩、砂岩、粉砂岩、粘土岩、硅藻土等组成，底部为玄武岩。

第三节　岩浆活动与成矿

吉中-延边成矿带在前中生代受控于近东西向的古亚洲洋构造域的演化，至三叠纪逐渐叠加并转化为北东—北北东向的（古）太平洋构造域的演化，因而成矿带内不同期次的岩浆活动频繁且强烈，形成了岩石类型齐全、分布广泛的侵入岩或火山岩，并控制着成矿带内生矿产的形成。

一、侵入岩与成矿

（一）构造侵入岩浆岩带划分

吉中-延边成矿带前中生代侵入岩与中-新生代侵入岩，无论在时间演化还是构造控制机理等方面呈现迥然不同的特征。现以不同侵入岩的岩石组合特征、空间分布、岩石地球化学特征及成因为依据，对成矿带前中生代侵入岩和中-新生代侵入岩进行构造岩浆岩区（带）划分，见表 2-4。

表 2-4　吉中-延边成矿带侵入岩区（带）划分

侵入岩时代	一级侵入岩区（带）	二级侵入岩分区（带）	三级侵入岩分区（带）
前中生代	天山-兴安构造岩浆省	西拉木伦河-图们结合带构造岩浆分区	大黑山南段构造岩浆亚带
			康大营-牛心构造岩浆亚带
中-新生代	天山-兴安构造岩浆省	大黑山条垒构造岩浆分区	大黑山条垒南段构造岩浆亚带
		张广才岭-吉林哈达岭构造岩浆分区	辽源-磐石构造岩浆亚带
			取柴河-二道甸子岩浆亚带
			大蒲柴-百草沟构造岩浆亚带

（据邵建波，2013；吉林省区域地质矿产调查所，2016；辽宁省地质勘查院，2017；黑龙江省区域地质调查所，2018）

（二）侵入岩浆活动期次与控矿特征

1. 侵入岩浆活动期次与主要特征

吉中-延边成矿带发育加里东期—燕山期侵入岩。受区域构造活动影响，成矿带内岩浆侵入活动的强度波动较大，加里东期岩浆侵位活动相对薄弱，分布较为局限，华力西期岩浆侵位活动逐渐增强，至燕山期达到最高峰。在《中国区域地质志 · 吉林志》（吉林省区域地质矿产调查所，2016）基础上，结合近年来已发表的同位素年代学数据（Wu et al.，2002，2011；孙德有等，2004；任云生等，2009；王枫等，2009；曹花花，2013；鞠楠，2013；张勇等，2014；王超等，2016；付俊彧等，2018；杨群等，2018；陈博，2021），建立了吉中-延边成矿带侵入岩表（表 2-5）。

（1）加里东期侵入岩

吉中-延边成矿带内加里东期侵入岩出露较少，主要集中在志留纪，呈岩株状零星分布在敦化-汪清和四平-公主岭一带，岩石类型主要为二长花岗岩、花岗闪长岩和石英闪长岩。该时期侵入岩地质年代学、地球化学等方面研究程度较低，有待进一步工作。成矿带暂未发现与该期侵入岩有关的成矿作用。

（2）华力西期侵入岩

华力西期岩浆侵入活动大体包括泥盆纪—石炭纪和二叠纪（278～255 Ma）两个阶段，二叠纪侵入岩浆活动更为强烈，分布更为广泛。其中，泥盆纪—石炭纪仅出露极少量的辉长岩、石英闪长岩和花岗闪长岩，常发育片麻状构造；代表性岩体为寇家沟片麻状花岗闪长岩，其锆石 U-Pb 年龄为 354.4±4 Ma，具有钙碱性 I 型花岗岩的特征，形成于火山弧构造背景。成矿带暂未发现与泥盆纪—石炭纪侵入岩有关的成矿作用。

二叠纪侵入岩主要分布在敦化市大蒲柴河-亮兵、图们市长安镇、龙井市老头沟镇，以及辽源市康大营-寿山一带。岩石类型较为丰富，基性-超基性、中性、酸性侵入岩都较为发育，主要的岩石组合为：辉长岩-（石英）闪长岩-石英正长岩-花岗闪长岩-二长花岗岩，此外还发育有蛇绿混杂岩、碱性花岗岩等。红旗岭矿区 2 号矿带发育二叠纪的镁铁-超镁铁质岩石，岩石类型以辉长岩和角闪辉石岩为主，其锆石 U-Pb 年龄介于 272～255 Ma 之间，这些镁铁-超镁铁质岩石可能形成于造山后的拉伸构造环境下软流圈地幔的上涌引起的受俯冲流体交代的岩石圈地幔的部分熔融（魏俏巧，2015）。此外，该期中酸性侵入岩与天宝山地区接触交代型铅锌多金属矿化密切相关，比如与矿化相

表 2-5 吉中–延边成矿带代表性岩体及侵入岩特征一览表

地质时代				岩石组合	典型岩体	锆石 U-Pb 年龄	岩石系列	主要岩浆源区	相关矿产	代表性矿床
中生代	白垩纪	K_2	基性	辉绿岩			钙碱性	幔源		
		K_1	酸性	二长花岗岩、正长花岗岩、碱长花岗岩、花岗斑岩	仙人洞岩体、娄山岩体	124±4 Ma；108±1 Ma；123±3 Ma；125±4 Ma	碱性、钙碱性	壳源	金、银、铜、铅锌	吉林省安图县海沟金矿床
			中性	闪长岩、石英闪长岩、辉长闪长岩	烟筒山岩体、仲平岩体	129±2 Ma；122±1 Ma	钙碱性	壳源		
			基性	辉长岩		129±1 Ma	–	幔源		
	侏罗纪	J_3	酸性	二长花岗岩、花岗闪长岩、正长花岗岩	桦甸毛山岩体	158±3 Ma；158±4 Ma；159±3 Ma；162±3 Ma；163±1 Ma	钾玄质系列	壳源		
			中性	闪长岩			钙碱性	壳源		
		J_2	碱性	碱长花岗岩			碱性	壳源		
			酸性	二长花岗岩、花岗闪长岩、正长花岗岩	前撮落岩体、孟家岭岩体、八道河子岩体、迷魂阵岩体	167±3 Ma；170±1 Ma；171±6 Ma；172±2 Ma；176±3 Ma	钙碱性	壳源	钼、金、钨、铁	吉林省永吉县大黑山钼矿床；吉林省四平市三家子钨矿床；吉林省磐石市吉昌铁矿床
			中性	闪长岩、石英闪长岩、石英二长岩		175±6 Ma	钙碱性	壳幔混源		
		J_1	碱性	碱长花岗岩	榆树川岩体		钙碱性	壳源		
			酸性	二长花岗岩、花岗闪长岩、正长花岗岩、花岗斑岩、黑云母花岗岩	二道甸子岩体、大兴沟岩体、棉田岩体	179±1 Ma；178±3 Ma；184±3 Ma；196±3 Ma；175±2 Ma；184±2 Ma；189±1 Ma；178±2 Ma；182±3 Ma；185±2 Ma	钙碱性	壳源	钼、金、锑、铅锌、铁	吉林省汪清县夹皮沟钼矿床；吉林省桦甸市二道甸子金矿床
			中性	石英二长岩、石英闪长岩、闪长岩	开山屯岩体、大肚川岩体	178±3 Ma；182±1 Ma；184±2 Ma；198±1 Ma	钙碱性	壳源		
			基性	辉长岩			钙碱性	幔源		
	三叠纪	T_3	碱性	碱长花岗岩、碱性辉长岩、角闪碱长正长岩、石英正长岩和角闪碱长花岗岩	安图和平营子岩体、青林子岩体	226. 2 Ma（K–Ar）；223±1 Ma；229±3 Ma	碱性、钙碱性	幔源		
			酸性	二长花岗岩、花岗闪长岩、英云闪长岩、正长花岗岩、花岗斑岩	青林子岩体	205±1 Ma；215±5 Ma；214~201 Ma；203±3 Ma；216±4 Ma；203±2 Ma；223±1 Ma	钙碱性	壳源		

续表

地质时代				岩石组合	典型岩体	锆石 U-Pb 年龄	岩石系列	主要岩浆源区	相关矿产	代表性矿床
中生代	三叠纪	T_3	中性	石英闪长岩、石英正长岩、石英二长闪长岩、闪长岩、正长岩	天宝山东南沟岩体	201±10 Ma；223~229 Ma	钙碱性	壳源		
			基性	辉长岩、角闪辉长岩	智新岩体	251±1 Ma	拉斑-钙碱性	幔源		
			超基性	橄榄岩、橄榄辉石岩、辉石岩	红旗岭岩体、漂河川岩体、长仁岩体	216~217 Ma	拉斑-钙碱性	幔源	铜镍、钒钛、磁铁矿、磷	吉林省磐石市红旗岭镍矿床
		T_2	酸性	花岗闪长岩、片麻状花岗岩、二长花岗岩	勇新岩体、木箕河岩体	242±7 Ma；240±2 Ma	钙碱性	壳源		
		T_1	酸性	二长花岗岩、斑状花岗闪长岩、碱长花岗岩	大玉山岩体、建平镇岩体、椅山岩体、亮兵岩体	247±1 Ma；252±2 Ma；251±2 Ma	钙碱性	壳源	铜	吉林省永吉县向阳铜矿床
			中性	闪长岩、石英闪长岩	永吉头道沟岩体	247±1 Ma；251±2 Ma；250±2. 5 Ma	钙碱性	幔源		
古生代	二叠纪	P_3	碱性	碱性花岗岩、碱长花岗岩	大红石砬子岩体	251±2 Ma	碱性	壳幔混源		
			酸性	正长花岗岩、二长花岗岩、花岗闪长岩	友谊岩体、三家莫门岩体、后庙岭岩体、石门岩体、勇新岩体	253±2 Ma；255±2 Ma；260±3 Ma	钙碱性	壳源		
			中性	闪长岩、石英闪长岩、辉长闪长岩	八家子岩体、柳树河岩体、龙岩洞岩体	253±2 Ma；256 Ma	钙碱性	壳源		
			基性	辉长岩、橄榄辉长岩、苏长岩	双凤山岩体、双城子岩体、房身顶子岩体、智新岩体	258±2 Ma；260±5 Ma；	拉斑-钙碱性	幔源		
			超基性	橄榄岩、辉橄岩、橄榄辉石岩		Rb-Sr 等时线 245 Ma；锆石 U-Pb 251 Ma	拉斑-钙碱性	幔源	铬铁矿	吉林省龙井市开山屯铬铁矿床
		P_2	酸性	碱性花岗岩、花岗闪长岩、二长花岗岩、正长花岗岩	山门水库岩体、小梨河岩体	255~264 Ma；270±1 Ma；266±3 Ma	碱性、钙碱性	壳源	铜、铅锌、银	
			中性	石英闪长岩、石英正长岩、闪长岩	立山岩体、小埠屯岩体	278. 4±1. 8 Ma；260±2 Ma；264~267 Ma	钙碱性	壳源		吉林省龙井市天宝山立山铅锌矿床
			基性	角闪辉长岩、辉长岩、辉绿岩	头道沟岩体、六颗松岩体	262±1 Ma；270±5 Ma	拉斑-钙碱性	幔源		
		P_1	中性	石英闪长岩			钙碱性	壳源		
			酸性	二长花岗岩	石嘴岩体	280. 3±2. 3 Ma				
	石炭纪	C_1	酸性	二长花岗岩、花岗闪长岩	海沟岩体、寇家沟岩体	327. 8±2. 2 Ma；354. 4±4 Ma	钙碱性	壳源		
			中性	二长岩		329. 4±2. 0 Ma				
	泥盆纪	D	中性	石英闪长岩			钙碱性	壳源		
			基性	辉长岩	红光岩体	323. 5 Ma	拉斑-钙碱性	幔源		

关的立山（石英）闪长岩的形成时代为268 Ma，具有中等的硅含量（SiO_2 59.08%~63.19%），富钠（Na_2O 3.82%~4.68%）以及低镁（MgO 1.21%~1.77%）的主量元素特征，属于钙碱性的I型花岗岩（鞠楠，2013）；此外，立山闪长岩呈现出富集轻稀土元素和大离子亲石元素（Rb、Sr、Ba等），亏损重稀土元素和高场强元素（Nb、Ta、Hf）的特征；其Nb/Ta和Zr/Hf值分别与对应的地幔和地壳平均值接近，表明其物源为壳幔混源（鞠楠，2013）。

（3）印支期侵入岩

印支期侵入岩浆活动主要包括早、中三叠世和晚三叠世两阶段岩浆侵入。早、中三叠世侵入岩主要分布在四平市建平、石岭子、小孤山，辽源市、伊通县大孤山等地，多呈岩基或岩株状产出，以四平建平镇二长花岗岩（249 Ma）、辽源地区椅山二长花岗岩（247 Ma）、安义二长花岗岩（252 Ma）、桦甸地区二道甸子片麻状花岗岩（242 Ma）、大玉山花岗岩（248 Ma）等岩体为代表（孙德有等，2004；Wu et al.，2011；汪志刚，2012；曹花花，2013）。岩石类型相对单一，以二长花岗岩和花岗闪长岩为主。这些早、中三叠世花岗岩常表现出准铝质-弱过铝质、高钾钙碱性的I型花岗岩，具有类似加厚镁铁质下地壳部分熔融的埃达克质岩石的地球化学特征，形成于华北板块北缘碰撞造山的构造背景（曹花花，2013）。该期侵入岩与成矿带内斑岩型铜矿的形成密切相关，如永吉县向阳铜矿床。

晚三叠世侵入岩岩石类型复杂，基性-超基性、中性、酸性及碱性岩类均有出露，其中以花岗岩类出露最为广泛，具体的岩石类型包括：碱长花岗岩、二长花岗岩、花岗闪长岩等，形成时代大体介于216~203 Ma之间（张艳斌等，2002；孙德有等，2005）；碱性-偏碱性侵入岩出露在敦化-安图一带，主要为碱性辉长岩、角闪碱长正长岩、石英正长岩和角闪碱长花岗岩等，呈岩株状产出，形成时代为223~229 Ma（Wu et al.，2011），由上地幔物质部分熔融形成（齐成栋等，2009），常发育钒钛磁铁矿化；而基性-超基性侵入岩主要分布在红旗岭、漂河川、长仁等地，主要的岩石类型为方辉橄榄岩、橄榄辉石岩、含长辉石橄榄岩、含长辉石岩等，是成矿带内铜镍硫化物矿床的含矿岩体，形成时代为238~212 Ma（Wu et al.，2004；魏俏巧，2015）。这些与铜镍矿密切相关的镁铁-超镁铁质岩石常表现出极其低的硅、贫钠和钾，富镁和铁的主量元素特征，且大多数岩体属于中钾钙碱性系列岩石，个别岩石样品落入高钾钙碱性和低钾拉斑区域（图2-5）；此外，这些岩石常表现出轻稀土元素和大离子亲石元素相对富集，重稀土元素和高场强元素Nb、Ta、Zr等亏损的稀土和微量元素特征（图2-6；冯光英等，2011）。此外，红旗岭超基性岩具有较低的（$^{87}Sr/^{86}Sr)_i$（0.70394~0.70408），正的$\varepsilon_{Nd}(t)$值（3.5~4.0）和$\varepsilon_{Hf}(t)$值（9.6~14.4）（冯光英等，2011）。上述地球化学特征表明，这些含铜镍的基性-超基性岩来自亏损的岩石圈地幔，并受到俯冲大洋沉积物流体的交代作用（冯光英等，2011），同时岩浆上升过程中可能受到少量地壳物质的混染以及软流圈物质的加入（魏俏巧，2015）。

（4）燕山期侵入岩

燕山期岩浆侵位活动频繁，早、中侏罗世岩浆活动极强，晚侏罗世岩浆活动减弱，到早白垩世再度强烈。

早侏罗世侵入岩分布面积广泛，岩石类型复杂，主要包括辉长岩、（石英）闪长岩、石英二长岩、花岗闪长岩、二长花岗岩、正长花岗岩、碱长花岗岩、花岗斑岩等，呈岩基或岩株状产出，形成时代为196~182 Ma，花岗岩成因常为高钾钙碱性的I型花岗岩，形成于古太平洋板块俯冲的构造背景（孙德有等，2005）。部分早侏罗世花岗岩类与岩浆热液型金、钼、铅锌等矿化密切相关，比如桦甸市四方甸子热液脉型钼矿与二长花岗岩具有密切的成因联系（张勇等，2014）。与四方甸子钼矿相关的二长花岗岩侵位年龄为179±1 Ma，与四方甸子辉钼矿Re-Os等时线年龄（176±4.2 Ma）一致；该二长花岗岩体为高硅、富碱，弱过铝质的高钾钙碱性系列岩石，同时具有轻稀土元素和Rb、Ba、Th、U等大离子亲石元素（LILE）相对富集，重稀土元素和Nb、Ta、P、Ti相对亏损的稀土、微量元素特征，属弱过铝质I型花岗岩，形成于岛弧或活动大陆边缘环境，与古太平洋板块的俯冲作用有关（张勇等，2014）。

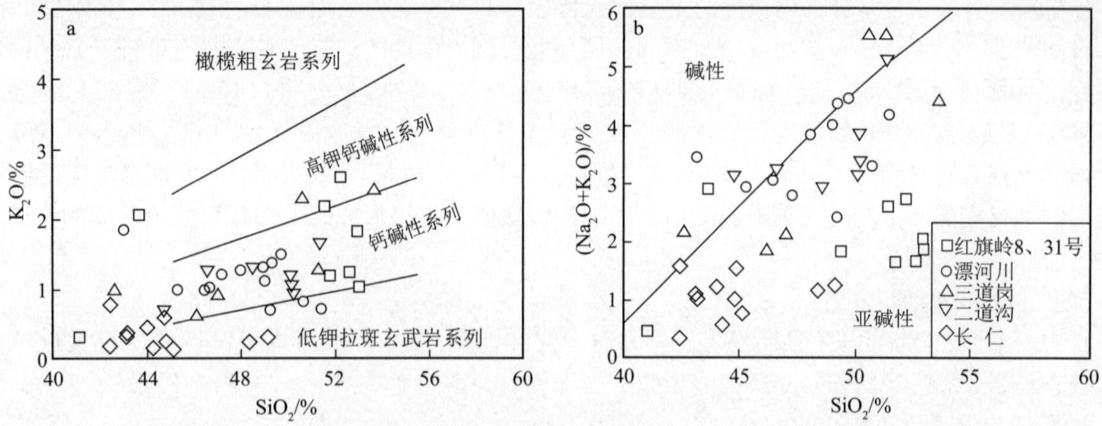

图 2-5 吉中-延边成矿带含铜镍矿的镁铁-超镁铁质岩石 K_2O-SiO_2（a）和 $Na_2O+K_2O-SiO_2$（b）图解

（据魏俏巧，2015）

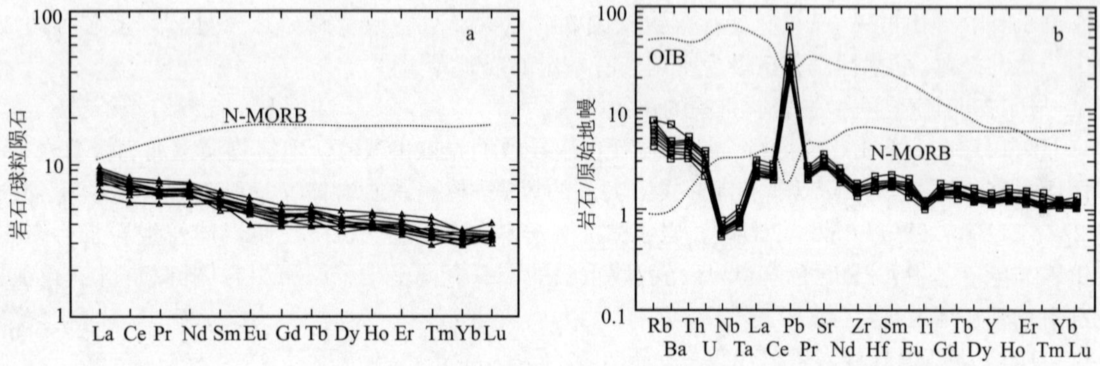

图 2-6 红旗岭超基性岩稀土元素配分图（a）和微量元素蛛网图（b）

（据冯光英等，2011）

中侏罗世侵入岩分布广泛，岩石类型丰富，具体的岩石类型包括：二长花岗岩、正长花岗岩、花岗闪长岩、花岗闪长斑岩、（石英）闪长岩、石英二长岩、碱长花岗岩等，呈岩株或岩基状产出，侵位时代主要集中 170~165 Ma（孙德有等，2005；Wu et al.，2011；张勇，2013）。中侏罗世中酸性侵入岩的侵位常伴随着不同类型、不同规模的铜、铅锌、铁、钼、锰等矿化作用，如成矿带内主要的斑岩型钼矿的形成主要与该期岩浆活动有关。以大黑山钼矿为代表的斑岩型钼矿化相关的花岗岩主要为高硅（SiO_2 69.6%~71%）、富钾（K_2O 3.66%~5.74%）、准铝质/弱过铝质的高钾（-钾玄质）钙碱性的I型花岗岩，并且具有富集轻稀土元素和 Rb、Ba、Th、K 等大离子亲石元素，亏损重稀土元素和 Nb、Ta、P 等高场强元素的特征；花岗闪长斑岩具有较低的 $\varepsilon_{Hf}(t)$ 值（7.87±0.24），对应的 Hf 二阶段模式年龄介于 551~834 Ma 之间（陈井胜等，2015），表明该岩体起源于新元古代增生镁铁质下地壳的部分熔融，对应于古太平洋板块俯冲的构造背景（汪志刚，2012；张勇，2013）。

晚侏罗世侵入岩不甚发育，且岩石类型单一，包括闪长岩、碱长花岗岩和二长花岗岩，主要分布在四平孟家岭一带。

白垩纪侵入岩以花岗岩类为主，岩石类型包括花岗斑岩、碱长花岗岩、正长花岗岩、二长花岗岩和石英闪长岩等，分布在靠山、双阳、双河、百草沟、百里坪等地，烟筒山地区还出露辉长闪长岩（122±1 Ma；王枫等，2009）。这些花岗岩侵位时代集中于 135~110 Ma（汪志刚，2012），这些中酸性侵入岩的侵位常伴随着不同类型、不同规模的金、银、铜、铅锌等矿化作用，如大型的安图县海沟金矿。成因上分为I型和A型两类，A型花岗岩以辽源地区的娄山碱长花岗岩、忠信花岗斑岩较为典型，呈岩株状产出，侵位年龄为 127~123 Ma；其岩石学及地球化学研究结果表明，这些早白垩世的

A 型花岗岩具有高硅、富钾、钙碱性的主量元素特征，同时呈现为强烈负 Eu 异常的“海鸥型”的稀土元素配分曲线，形成于非造山或造山后的伸展环境。烟筒山地区辉长闪长岩具有低硅、富钠、高铝的特征，其稀土元素球粒陨石标准化曲线显示其具有富含轻稀土元素（LREE）、贫重稀土元素（HREE）以及微弱的 Eu 的正或负异常的特点。岩体具富含大离子亲石元素（Rb、Ba、Th 等），明显亏损高场强元素（Nb、Ta、Zr、Hf 和 Ti）等特点。烟筒山辉长闪长岩的原始岩浆起源于受俯冲流体交代的地幔楔的部分熔融，其形成应与古太平洋板块俯冲作用形成的类似弧后盆地性质的伸展环境有关（王枫等，2009）。

（5）喜马拉雅期侵入岩

吉中-延边成矿带喜马拉雅期侵入岩不发育，仅在敦化-密山断裂带内及其两侧发育古近纪霓辉石碱长正长岩、新近纪辉长岩和辉绿岩岩脉或岩株侵入到不同地质体中。

2. 侵入岩浆活动对成矿的控制

（1）基性-超基性侵入岩浆活动及其对成矿作用的制约

成矿带已知与基性、超基性岩有关的矿产主要有铜镍、钒、铁、磷矿。铜镍矿床（点）共 14 处，其中，大型 1 处（红旗岭）、中型 3 处、小型 9 处以及矿点 1 处；铬铁矿床（点）共 3 处，其中，小型 1 处（开山屯）、矿点 2 处；含钒钛磁铁矿点共 2 处；以及磷矿点 4 处。以上矿种的成矿，在成因上均与超基性-基性岩关系极为密切，有一定的成矿专属性。

A. 与印支期超基性-基性岩墙有关的铜镍矿

华北板块和兴蒙造山带碰撞拼合后的伸展作用导致地壳拉张减薄，地幔物质上涌和幔源岩浆的底侵作用，在红旗岭-漂河川-獐项一带形成了大量的镁铁-超镁铁质岩体（周晓东，2009），其形成年龄为 237~212 Ma（Wu et al.，2004）。岩浆结晶分异较好的镁铁-超镁铁质岩体发生岩浆熔离作用，形成铜镍矿床，其中磐石市红旗岭地区是我国重要的铜镍资源基地；漂河川岩体群和长仁-獐项岩体群也都有铜镍矿床发现。

B. 与印支期双峰式侵入岩组合有关的钒、铁、磷矿

岩石圈地幔伸展减薄作用促使敦化青林子-汪清南土城子镁铁质岩带的形成，带内发育有镁铁质岩体近 10 个，岩石类型以碱性辉长岩为主，个别分异较强的岩体见有石英二长闪长岩、碱长花岗岩。这些岩石以富含 V、Ti、P 等元素为特点，同位素年龄 224 Ma，其中个别岩体发育岩浆熔离钒钛磁铁矿矿体，磷灰石含量亦较高，可以作为伴生矿产，代表性矿产地如安图县青林子、南土城子铁钒矿点（鲁媛等，2016）。

（2）中-酸性侵入岩浆活动与成矿作用

吉中-延边成矿带与中酸性侵入岩有关的内生矿产数量多且类型较为全面，主要包括斑岩型、接触交代型、岩浆热液型、变成型等。岩浆岩是重要控矿因素之一，主要表现在为成矿提供部分成矿物质和热源（包括热液）。壳源岩浆在上侵过程中，发生分离或结晶分异作用，释放的热液流体富含矿质、碱质以及矿化剂，在运移过程中溶解岩石中的成矿物质，使其更加富含成矿物质，在有利的空间沉淀成矿，如大黑山斑岩型钼矿。岩浆演化过程中分异出来的热液流体以及受热的古大气降水形成的环流体系运移过程中萃取围岩中的一部分成矿物质，在有利的部位汇集成矿（王振华等，2011），所以岩浆岩为成矿提供热源，是成矿不可缺少的因素。成矿带大部分矿床具有后期改造和叠加特征，就是岩浆热液或由其加热的古大气降水的改造作用。

A. 中酸性侵入岩在时空上与成矿的耦合关系

吉中-延边成矿带与内生矿床密切相关的中酸性侵入岩浆活动主要发生于华力西期、印支期及燕山期三个时期。

a. 华力西期侵入岩与成矿

龙井市老头沟镇一带出露有一系列中酸性侵入岩，岩石类型以闪长岩、花岗闪长岩为主，其 LA-ICP-MS 锆石 U-Pb 年龄为 264~255 Ma，与天宝山多金属矿集区内矽卡岩型铅锌矿化（立山矿床）以及爆破角砾型铅锌银矿床（新兴矿床）和铜铅锌矿化（东风南山矿床）密切相关（鞠楠，2013；

杨群等，2014），其中新兴矿床角砾岩型矿石金属硫化物的 Rb-Sr 等时线年龄为 259±3 Ma（MSWD=1.05）（杨群等，2018），作为吉中-延边成矿带华力西期多金属成矿作用的典型代表。

b. 印支期侵入岩与成矿

在永吉一带产出有斑状花岗闪长岩体，其 LA-ICP-MS 锆石 U-Pb 年龄为 264~255 Ma，内部发育细脉浸染状铜矿化，即小型的斑岩型铜矿-向阳铜矿床（杨群，2020）。此外，磐石地区出露花岗闪长岩和闪长玢岩等中酸性侵入岩，其 LA-ICP-MS 锆石 U-Pb 年龄为 225~203 Ma，与小红石砬子脉状铅锌矿化密切相关，脉状矿石金属硫化物的 Rb-Sr 等时线年龄为 195±17 Ma（Yang et al.，2019）。

c. 燕山期侵入岩与成矿

成矿带广泛发育早侏罗世—早白垩世中酸性侵入岩，这些侵入岩与区内斑岩型、接触交代型、岩浆热液型、变成型等类型的贵金属（金、银）、黑色金属（铁、锰）、有色金属（铜、铅锌、钼、钨等）和非金属（石墨、硅灰石）等矿床的形成具有密切的时空及成因联系。其中，斑岩型钼矿的形成年龄集中在 192~168 之间，比如大黑山钼矿的辉钼矿 Re-Os 等时线年龄为 168.3±3.2 Ma（王成辉等，2009），天宝山矿集区东风北山钼多金属矿辉钼矿 Re-Os 等时线年龄为 192.0±3.1 Ma（孙振明等，2014）。这些斑岩型钼矿主要与区内早、中侏罗世的花岗闪长（斑）岩和二长花岗（斑）岩有关，多为高钾钙碱性 I 型花岗岩。岩浆热液型金矿以大型的二道甸子、海沟和松江河金矿为代表，其中二道甸子金矿成矿岩体黑云母花岗岩的锆石 U-Pb 年龄为 199~184 Ma（汪志刚，2012）；海沟金矿成矿时代目前存有争议，含矿的海沟岩体侵位时代为 181~167 Ma（吉林省第五地质调查所，2007），主成矿阶段石英的流体包裹体的 $^{40}Ar/^{39}Ar$ 正、反等时线年龄介于 172~170 Ma 之间（于介江等，2010），成矿期脉岩的锆石 U-Pb 年龄为 132~128 Ma（李绪俊等，2012）。接触交代型钨矿主要形成于中侏罗世，代表性的三家子钨矿的成矿花岗斑岩侵位于 172.4±1.8 Ma（任云生等，2009）。

B. 中酸性侵入岩地质特征及其与成矿的关系

a. 岩体规模、产状和形态与成矿

岩体规模、产状和形态对成矿具有一定的影响。与成矿有关的岩体多数为小岩株、岩脉，这些小岩体往往成矿元素丰度较高，不但为成矿提供热源，而且提供部分成矿物质，有的小岩体本身就成矿。比如大黑山钼矿主要赋存于岩株状的前撮落花岗闪长斑岩体内，岩体即矿体。大面积分布的大岩基的成矿元素丰度往往很低。从提供热源对矿源层改造角度分析，大岩体易使成矿物质分散，不利于成矿元素富集。

与中酸性岩有关的矿化作用绝大部分发育在岩体上盘与围岩接触带中，尤以岩体走向和倾向突变部位、舌状突出体前端及岩体两侧表现明显；部分成矿岩体属于多次活动的杂岩体，尤其是侏罗纪的中酸性侵入岩侵位活动频繁，这对有用元素的富集、扩大和叠加具有明显的促进作用（吉林省区域地质矿产调查所，2016）。此外，在变成型硅灰石矿床中，岩体大多仅提供热能，矿体与围岩无明显交代现象，含硅质碳酸盐岩被中酸性岩浆侵入受热，在新的物理化学条件下形成新的稳定组合，构成硅灰石矿，如磐石市三泉西硅灰石矿床（付洋等，2023）。

b. 岩体侵入深度、剥蚀深度和与成矿

岩体的侵入深度对不同的矿产及成因类型起到一定的控制作用。带内的成矿岩体以中深成相为主，与其相关的矿床类型主要为矽卡岩型铁矿、岩浆热液型钼矿及多金属矿等；其次为浅成-超浅成相，与其有关的矿产有斑岩型铜矿、钼矿、多金属矿。

各种内生矿产大多产于侵入岩体的一定部位，因此，岩体的剥蚀深度直接影响着已形成矿床的保存及出露。成矿带内已识别的成矿岩体，大多为中、浅剥蚀，与其有关的矿产主要有斑岩型和矽卡岩型的有色金属、多金属（吉林省区域地质矿产调查所，2016）。

C. 中酸性侵入岩岩石学、岩石化学及微量元素特征与成矿的关系

a. 岩石类型与成矿关系

对于成矿岩体，由于其岩性的差别，所形成的矿种也有明显的差异，即岩石成矿作用的专属性（孟宪刚，2001）。通过分析，中性花岗岩类（闪长岩、石英闪长岩）与铜、铜铁、钼、多金属铅锌

矿成矿有密切关系，比如天宝山立山多金属矿主要产出在石英闪长岩体与碳酸盐岩地层的接触带附近；中酸性花岗岩类（花岗闪长岩和花岗闪长斑岩）与钼、铜、铜铁及多金属成矿关系密切，如大黑山钼矿床；酸性花岗岩类（花岗岩和二长花岗岩）与铁、铜、多金属、铅、锌、钼、金、银等金属矿种关系密切，如四平三家子钨矿与黑云母二长花岗岩密切相关；碱性花岗岩类（碱性正长岩、钾长花岗岩）与钒钛磁铁矿及稀有金属成矿关系密切，如青林子铁钒矿点与该类型岩体密切相关。

岩石中某些矿物含量及种类变化与成矿也有一定关系，如闪长岩类中随着斜长石的含量和牌号的增加，其成矿种类有由铜→多金属→铁→铅锌的演化趋势（孟宪刚，2001）。

岩石中副矿物含量及种类变化与成矿类型有一定关系，比如形成多金属矿的闪长岩，常富含磁铁矿和磷灰石，锆石、钛铁矿及褐铁矿相对较高，并含方铅矿而贫黄铁矿和榍石，属磷灰石-磁铁矿组合。与多金属成矿有关的酸性岩，常发育磁铁矿、锆石及榍石等副矿物，属黄铁矿-榍石-锆石型；与金有关的酸性岩最富含钛铁矿，磁铁矿含量也较高，其他均低，属钛铁矿-磁铁矿组合（吉林省区域地质矿产调查所，2016）。

在吉林中部地区，中酸性侵入岩的副矿物为锆石-磷灰石型组合，与铁、钼有关；锆石-磷灰石-榍石型组合，与铜、金有关；锆石-磷灰石-钛铁矿型组合，与水晶矿有关。

在延边地区，中酸性侵入岩的副矿物锆石-磷灰石-褐铁矿和锆石-磷灰石-磁铁矿-黄铁矿型组合与铜、金矿有关（吉林省区域地质矿产调查所，2016）。

b. 侵入岩岩石化学成分与成矿

SiO_2 含量变化与成矿关系：在吉林-磐石地区，与铁铜矿有关岩体的 SiO_2 含量为 66%~67%；与铁金矿有关岩体的 SiO_2 含量为 66%~67%；与铁矿有关岩体的 SiO_2 含量为 71%~75%；与铁、多金属矿有关岩体的 SiO_2 含量为 73%~74%；与钨、多金属矿有关岩体的 SiO_2 含量为 75%~76%；与铜矿有关岩体的 SiO_2 含量为 71%。在延边地区，与铜金矿有关岩体的 SiO_2 含量为 56%~66%；与铜为主的多金属矿有关岩体的 SiO_2 含量为 61%~66%；与金、铜、铅、锌矿有关岩体的 SiO_2 含量为 61%~63%。

Fe_2O_3+FeO 含量变化与成矿关系：凡属于与铁有关的侵入岩，其 Fe_2O_3+FeO 的含量在 13%~14%之间。与其他矿种有关的岩体其含量显著偏高。

Al_2O_3 的含量变化与成矿关系：凡是与 Au、Cu，Au、Fe 有关的岩体，Al_2O_3 含量在 15%~18%之间，与其他矿种有关的含矿岩体含量都低于上述数值（吉林省区域地质矿产调查所，2016）。

D. 不同成因侵入岩与成矿关系

吉中-延边成矿带内，乃至东北地区，S 型花岗岩极为少见（Wu et al.，2005）；A 型花岗岩也鲜有报道，叶希青等（2023）在吉林中部靠山地区识别出一处早侏罗世非造山 A 型正长花岗岩，但与成矿关系并不紧密。成矿带内已知与中酸性岩浆有关的内生矿床的成矿岩体或含矿岩体多为 I 型，尤其是燕山期小岩体，这些岩体不但为成矿供给热源，而且还提供一定的成矿物质。另外，中生代陆相火山岩型金矿，受中生代构造-岩浆演化序列中晚期属中、高钾钙碱性安山岩及其密切成因关系的辉石闪长石、石英闪长岩、斜长花岗岩或花岗斑岩构成的 I_{N-M} 火山侵入杂岩系列控制。

E. 微量元素丰度与内生矿产关系

成矿岩体的有关成矿元素丰度一般高于同类岩石的平均值的数倍至数十倍（孟宪刚，2001），并且可以形成矿床。因此，地质体微量元素丰度值可以作为一种重要的找矿线索。

二、火山岩与成矿

（一）火山岩区带划分

吉中-延边成矿带火山喷发作用强烈且频繁，火山岩极其发育，出露面积甚广。火山岩浆活动形式、火山作用类型、形成的各类火山岩及火山岩带严格受规模较大的构造控制。依据火山岩的形成时代、岩石类型、岩石组合和岩浆演化规律，以及火山岩在区域上的分布特征，结合大地构造单元划分，并参考吉林省、辽宁省和黑龙江省区域地质志，对成矿带火山岩区带进行如下划分（表2-6）。

表2-6 吉中-延边成矿带火山岩区带划分

时代	Ⅰ级	Ⅱ级	Ⅲ级
新太古代—新元古代	中-朝火山构造岩浆岩省	华北北缘火山构造岩浆岩区	华北北缘火山岩带
古生代	中国北方火山构造岩浆岩省	内蒙古-兴安-松辽火山构造岩浆岩区	开原火山岩带
			双河镇-头道沟火山岩带
			黑石-烟筒山火山岩带
			桦甸-大顶子火山岩带
	华北-塔里木火山构造岩浆岩省	华北火山构造岩浆岩区	机房沟-放牛沟火山岩带
			东辽-弯月火山岩带
	滨太平洋火山构造岩浆岩省	那丹哈达岭火山构造岩浆岩区	汪清-珲春火山岩带
			青龙村-天宝山火山岩带
中生代	中国东部滨太平洋中生代火山岩省	张广才岭-南楼山火山岩区	南楼山-四合屯-烟筒山火山盆地
		汪清-延吉-珲春火山岩区	大兴沟-屯田营火山盆地
			珲春-十里坪-地荫沟-罗子沟火山盆地
		松辽火山岩区	九台-营城火山盆地
		辽东火山岩带	铁岭-西丰火山喷发带
新生代	中国东部滨太平洋新生代火山岩省	松辽火山群集结带	逊克-长春火山群带
		长白山火山群集结带	依兰-伊通火山群带
			敦化-密山火山群带

（据吉林省区域地质矿产调查所，2016；辽宁省地质勘查院，2017；黑龙江省区域地质调查所，2018，有修改）

1. 新太古代—新元古代（阜平期、晋宁期—兴凯期）火山岩区带

吉中-延边成矿带在晋宁-兴凯期（新太古代—新元古代），火山活动主要以海底火山喷发为主。在中-新太古代，形成了一套基性火山岩，以变质表壳岩形式赋存在太古宙变质深成侵入体（TTG）之中；中-新元古代，吉中地区形成中基性海相火山岩（新元古界西保安岩组），敦化地区形成塔东岩群（拉拉沟岩组、朱敦店岩组）火山岩，延吉地区形成新东村岩组火山岩。火山岩区带划分为Ⅰ级为中-朝火山构造岩浆岩省；Ⅱ级属华北北缘火山构造岩浆岩区；Ⅲ级为华北北缘火山岩带。

2. 古生代（加里东期—华力西期）火山岩区带

吉中-延边成矿带古生代火山活动异常强烈，受构造控制，大体呈带状分布。根据大地构造分区，古生代火山岩可划分为：中国北方火山构造岩浆岩省、华北-柴达木火山构造岩浆岩省和滨太平洋火山构造岩浆岩省3个Ⅰ级构造岩浆岩省；相对应分属3个Ⅱ级构造岩浆岩区：内蒙古-兴安-松辽火山构造岩浆岩区、华北火山构造岩浆岩区和那丹哈达岭火山构造岩浆岩区；并进一步划分为7个Ⅲ级火山岩带，分别为开原火山岩带、双河镇-头道沟火山岩带、黑石-烟筒山火山岩带、桦甸-大顶子火山岩带、机房沟-放牛沟火山岩带、东辽-弯月火山岩带、汪清-珲春火山岩带和青龙村-天宝山火山岩带。

1）双河镇-头道沟火山岩带：分布于吉林中部永吉一带，形成了早古生代奥陶纪黄莺屯期变质火山岩和志留纪头道沟期变质基性火山岩。

2）黑石-烟筒山火山岩带：分布于吉林中部磐石一带，形成晚古生代石炭纪余富屯期海底火山喷发的石英角斑岩、细碧岩；石炭纪—二叠纪窝瓜地期英安岩及流纹岩夹火山碎屑岩等火山岩。

3）桦甸-大顶子火山岩带：分布于桦甸-常山一带，形成二叠纪大河深期酸性流纹质为主的火山岩。

4）机房沟-放牛沟火山岩带：分布于九台-放牛沟一带，形成早古生代奥陶纪放牛沟期中酸性火山熔岩；志留纪弯月期中酸性火山熔岩；晚古生代石炭纪石头口门期火山岩。

5）东辽-弯月火山岩带：分布于辽源地区，形成早古生代奥陶纪下二台岩群盘岭期火山岩（为辽宁省盘岭期火山岩北延部分）。

6）汪清-珲春火山岩带：分布于汪清十里坪一带，形成晚古生代二叠纪红太平期中酸性火山岩。

7）青龙村-天宝山火山岩带：分布于延边青龙村一带，形成奥陶纪青龙村岩群新东村岩组火山岩。

8）开原火山岩带：分布在辽宁省开原市东北部的西丰地区，产于奥陶纪下二台岩群中的火山岩，以中酸性英安岩为主；产于二叠纪佟家屯岩组中的火山岩，主要为中性-酸性火山岩。

3. 中生代（印支期—燕山期）火山岩区带

吉中-延边成矿带中生代火山岩隶属环太平洋火山岩带，火山活动频繁而强烈，火山岩分布面积大，在空间展布上明显呈北东—北北东向延伸。依据带内中生代火山岩所处大地构造位置、岩石类型分布特征、区域地质构造背景等因素，火山岩带被划分为：中国东部滨太平洋中生代火山岩省（Ⅰ级）；下辖张广才岭-南楼山火山岩区、汪清-延吉-珲春火山岩区、松辽火山岩区3个Ⅱ级火山岩区；共包含4个Ⅲ级火山盆地，分别为南楼山-四合屯-烟筒山火山盆地、大兴沟-屯田营火山盆地、珲春-十里坪-地荫沟火山盆地和九台-营城火山盆地。

1）南楼山-四合屯-烟筒山火山盆地：分布于吉林省中部的南楼山、四合屯、烟筒山镇一带，发育晚三叠世四合屯期中酸性火山岩；早侏罗世玉兴屯期中酸性火山岩夹层；中侏罗世南楼山期中性-中酸性火山熔岩；晚侏罗世德仁期中性火山熔岩；早白垩世安民期中性-中酸性火山熔岩夹层；金家屯期中酸性火山熔岩。

2）大兴沟-屯田营火山盆地：分布于吉林省东部延边地区的大兴沟镇、屯田营一带。发育晚三叠世托盘沟期中酸性火山熔岩及火山碎屑岩；天桥岭期酸性火山熔岩为主夹酸性凝灰岩；晚侏罗世屯田营期中性火山熔岩等。

3）珲春-十里坪-地荫沟火山盆地：分布于吉林省东部延边地区的罗子沟、珲春-地荫沟一带，发育晚侏罗世屯田营期中性火山熔岩地层；早白垩世泉水村期中性火山熔岩和罗子沟期基性玄武岩等。

4）九台-营城火山盆地：分布于吉林省中部长春地区的九台-营城一带，形成晚侏罗世火石岭期中性火山熔岩；早白垩世营城子期中酸性火山熔岩和金家屯期中酸性火山熔岩。

5）铁岭-西丰火山喷发带：为中侏罗世—早白垩世，带内发育德仁火山喷发旋回和安民火山喷发旋回，岩性以安山质熔岩为主，少量流纹质熔岩及中酸性火山碎屑岩。

4. 新生代（喜马拉雅期）火山岩区带

吉中-延边成矿带新生代（喜马拉雅期）火山岩隶属环太平洋火山岩带。成矿带新生代时期火山活动频繁强烈，是又一个火山喷发活动的高峰期，火山岩分布面积广泛。据《中国东北晚白垩纪—新生代火山、资源、环境》（彭玉鲸等，2007），新生代火山岩区带划分为Ⅰ级火山岩省，即中国东部滨太平洋新生代火山岩省（中国东部东北段的中部）；包含有两个Ⅱ级火山群集结带，为松辽火山群集结带和长白山火山群集结带；3个Ⅲ级火山群带，分别为逊克-长春火山群带、依兰-伊通火山群带和敦化-密山火山群带，并进一步划分出3个Ⅳ级火山群或熔岩台地群，分别为大屯（范家屯）火山群、伊通火山群和老爷岭（敦化）火山（熔岩台地）群。

1）逊克-长春火山群带：以大屯（范家屯）火山群为代表，分布于长春地区的大屯一带，形成新近纪上新世船底山组，岩石类型组合为拉斑玄武岩-高铝玄武岩-碱性（橄榄）玄武岩。

2）依兰-伊通火山群带：以伊通火山群为代表，分布于吉林省中部的四平地区伊通一带，是由早期橄榄拉斑玄武岩-碱性橄榄玄武岩组合，向晚期碱性橄榄玄武岩-碧玄岩组合转化的一套基性火山岩组合。

3）敦化-密山火山群带：以老爷岭（敦化）火山（熔岩台地）群为代表，分布于桦甸二道甸子东部-敦化-黑龙江镜泊一带，总体呈北东向面状展布。以发育熔岩台地为其特色，形成新近纪中新世土门子期、上新世船底山期、早更新世军舰山期和晚更新世南坪期基性火山熔岩-玄武岩。

（二）火山岩浆构造旋回与控矿特征

1. 火山岩浆构造旋回的确定

按照火山岩浆喷发活动时代、火山喷发类型、火山喷发形成的产物以及所处火山构造环境等特征，将吉中-延边成矿带火山构造岩浆旋回由老至新可划分为：太古宙（阜平期）、中-新元古代（晋宁、兴凯期）、早古生代（加里东期）、晚古生代（华力西期）、中生代（印支期—燕山期）、新生代（喜马拉雅期）6个Ⅰ级火山构造岩浆旋回（表2-7）。

（1）太古宙（阜平期）火山构造岩浆旋回

该岩浆旋回是太古宙克拉通结晶基底演化阶段形成的一套古老的变质岩系，由于洋壳的扩张，形成规模巨大的洋底裂隙式火山喷发，火山喷发产物为超基性、基性火山熔岩，原岩为拉斑玄武岩。经过区域变质作用后形成一套角闪岩相的中级变质岩石，以表壳岩的形式存在于太古宙变质深成侵入岩体（TTG岩系）中。吉中-延边成矿带保留的太古宙火山构造岩浆旋回主要包含新太古代亚旋回，形成了夹皮沟岩群（老牛沟岩组）变质火山岩。

（2）中-新元古代（晋宁期、兴凯期）火山构造岩浆旋回

中-新元古代（晋宁期、兴凯期）火山构造岩浆旋回，在成矿带内新元古代相当于震旦纪亚旋回。这一时期处于大陆边缘活动带环境下的海底中心-裂隙式火山活动较强烈，火山喷发产物为钙碱性系列的玄武岩-安山岩-流纹岩组合，在遭受区域变质后形成斜长角闪岩、蚀变安山岩、片理化流纹岩等。在佳木斯地块南缘陆缘活动带形成塔东岩群（拉拉沟岩组、朱敦店岩组）火山岩；在华北板块北缘造山带形成震旦纪亚旋回西保安岩组和青龙村岩群火山岩。

（3）早古生代（加里东期）火山构造岩浆旋回

早古生代（加里东期）火山构造岩浆旋回，处于古大陆与古大洋结合部位的海沟地带（区域展布方向大致呈近东西向），在接受快速沉积的早期阶段，同时伴随有少量海底火山喷发活动，火山喷发产物为钙碱性系列的超基性-基性-中性-中酸性火山岩。岩石普遍发生变质作用，经过区域变质作用后形成低角闪岩相-绿片岩相的变质岩。早古生代（加里东期）火山构造岩浆旋回，包括寒武纪、奥陶纪和志留纪3个亚旋回。在华北地块北缘活动带形成有寒武纪亚旋回江域期和漂河川期、奥陶纪亚旋回黄莺屯期变质火山岩；在大黑山条垒区形成有奥陶纪亚旋回下二台岩群盘岭期变质火山岩（为辽宁省盘岭期火山岩北延部分）和放牛沟期中酸性火山岩，以及志留纪亚旋回弯月期和头道沟期火山岩。

（4）晚古生代（华力西期）火山构造岩浆旋回

晚古生代（华力西期）火山构造岩浆旋回，是继早古生代的构造格架上继续发展起来的，火山构造岩浆旋回包含有石炭纪和二叠纪两个亚旋回。吉中-延边成矿带在石炭纪时期火山活动开始逐渐加强，伴随有海底中基性-中性火山喷发活动；到二叠纪时期，火山活动较前更为强烈，以中心式-裂隙式火山喷发为特点，形成一套以玄武安山岩-安山岩-流纹岩为组合的钙碱性火山岩。在大黑山条垒区形成石炭纪亚旋回石头口门期火山岩；在华北地块北缘陆缘活动带形成石炭纪亚旋回余富屯期火山岩、石炭纪—二叠纪亚旋回窝瓜地期和二叠纪亚旋回大河深期火山岩；在汪清地区形成二叠纪亚旋回红太平期火山岩。

（5）中生代（印支期—燕山期）火山构造岩浆旋回

自中生代开始，吉中-延边成矿带及邻区已全部上升为陆地，成为欧亚大陆板块东缘的一部分，开始进入滨太平洋构造域的发展演化阶段。受古太平洋板块北西向俯冲作用的影响，成矿带产生了一系列北东向平行分布的断陷-褶皱带。伴随着古太平洋板块的俯冲作用，成矿带内形成了以裂隙式、中心式火山喷发为主要特点的火山活动，是中国东部濒太平洋构造-岩浆-成矿带的重要组成部分。成矿带在晚中生代时期，又进入新的火山喷发活动时期，主要为陆内叠加造山阶段，以陆相火山喷发

表 2-7 吉中-延边成矿带火山事件及特征表

火山岩浆旋回	火山岩浆亚旋回	火山期次	所属地层	火山岩组合	形成年龄	相关矿产	代表性矿床（吉林省）
新生代（喜马拉雅期）	新近纪	南坪期	南坪组	基性火山岩			
		军舰山期	军舰山组	基性火山岩			
		船底山期	船底山组	基性火山岩			
		土门子期	土门子组	基性火山岩		膨润土	敦化市高松树膨润土矿床
中生代（印支期—燕山期）	白垩纪	营城期	营城组	中性、中酸性火山岩夹火山碎屑岩	LA-ICP-MS 锆石 102~112 Ma（刘玮，2014）		
		金沟岭期	金沟岭组	中性火山岩、火山碎屑岩	LA-ICP-MS 锆石 130±2 Ma（刘金龙等，2015）	金、沸石、珍珠岩	汪清县闹枝金矿床
		金家屯期	金家屯组	中性、中酸性火山岩夹火山碎屑岩			
		安民期	安民组	中性、中酸性火山岩、火山碎屑岩			
		泉水村期	泉水村组	中酸性火山岩、火山碎屑岩			
	侏罗纪	德仁期	德仁组	中性火山岩、火山碎屑岩	LA-ICP-MS 锆石 117. 0±1. 2 Ma（豆世勇等，2017）		
		屯田营期	屯田营组	中性火山岩、火山碎屑岩		铜、铅、锌、铜金、珍珠岩	汪清县刺猬沟金矿床
		南楼山期	南楼山组	中酸性火山岩、火山碎屑岩	LA-ICP-MS 锆石 179~176 Ma（孙罡等，2011）	铁、铜、金、银、铬、镍、砷等	磐石市官马金矿床
			玉兴屯组	中酸性火山岩、火山碎屑岩	Rb-Sr 等时线年龄 180. 47±6. 47 Ma（李之彤等，1994）	锑	磐石市三合锑矿床
	三叠纪	四合屯期	四合屯组	中性、中酸性火山岩、火山碎屑岩			
		大兴沟期	天桥岭组	中性、中酸性火山岩、火山碎屑岩	220~200 Ma（裴福萍等，2004）		
			托盘沟组	中性、中酸性火山岩、火山碎屑岩			
晚古生代（华力西期）	二叠纪	红太平期	庙岭组	中酸性火山岩、火山碎屑岩系	LA-ICP-MS 锆石 257~285 Ma(任云生等,2019)	铅锌、铜	汪清县红太平铅锌矿床
		佟家屯期	佟家屯组	中性火山岩	SHRIMP 锆石 267. 3±2. 7 Ma（刘杰等，2016）		
		大河深期	大河深组	中性、中酸性火山岩、火山碎屑岩	LA-ICP-MS 锆石 302~299 Ma（李勇，2017）；293~279 Ma（曹花花，2013）	铅锌、铜、宝玉石	磐石市小红石砬子铅锌（玉石）矿床

续表

火山岩浆旋回	火山岩浆亚旋回	火山期次	所属地层	火山岩组合	形成年龄	相关矿产	代表性矿床（吉林省）
晚古生代（华力西期）	石炭纪—二叠纪	窝瓜地期	窝瓜地组	中酸性火山岩、火山碎屑岩	LA-ICP-MS 锆石 259~268 Ma（郎嘉彬和张彦龙，2014）		
	石炭纪	余富屯期	余富屯组	基性火山岩、中酸性火山岩、火山碎屑岩	301±27 Ma（罗琛等，2016）	金、银、铜、砷	永吉县头道川金矿床
		石头口门期	石头口门组	基性火山岩、中酸性火山岩、火山碎屑岩			
早古生代（加里东期）	志留纪	弯月期	弯月组	中性、中酸性火山岩、火山碎屑岩		金、铅锌	东辽县弯月金矿床
		头道沟期	头道沟岩组	中酸性火山岩		硫铁矿、钼	永吉县头道沟硫铁矿床
	奥陶纪	放牛沟期	放牛沟组	中酸性火山岩、火山碎屑岩	Rb-Sr 等时线年龄 455±10 Ma（周晓东，2009）	硫铁矿、铅锌	伊通县放牛沟铅锌矿床
		黄莺屯期	黄莺屯岩组	中基性-中酸性火山岩		金、铜、银、铅锌、钼、硫铁矿、锑	
		盘岭期	盘岭岩组	中酸性火山岩	456±36 Ma（王东方，1987）		
	寒武纪	江域期	江域岩组	酸性火山岩			
		漂河川期	漂河川组	中酸性火山岩			
新太古代—新元古代（阜平期、晋宁期、兴凯期）	中-新元古代	青龙村期	青龙村岩群	中酸性-中基性火山、火山碎屑岩			
		西保安期	西保安组	中基性火山岩夹碎屑岩	634.7 Ma（赵春荆等，1996）	铁、锰、磷	东丰县西保安铁矿床
	新太古代	老牛沟期	老牛沟岩组	中基性（部分超基性）-酸性火山岩-火山碎屑岩		金	敦化市松江河金矿床

为主，形成众多的火山盆地及一系列陆相火山岩。因在不同时期各个火山盆地发育程度不同，所形成的火山岩也有区别。中生代火山构造岩浆旋回包括三叠纪、侏罗纪和白垩纪 3 个火山构造岩浆亚旋回。

在成矿带东部延边地区的天桥岭盆地发育三叠纪亚旋回托盘沟期中性火山岩、天桥岭期酸性火山岩；屯田营盆地、地荫沟盆地发育侏罗纪亚旋回屯田营期中性火山岩。刺猬沟-罗子沟盆地发育白垩纪亚旋回泉水村期和罗子沟期中基性火山岩。

在成矿带西部吉林中部地区四合屯盆地和南楼山盆地发育有三叠纪亚旋回四合屯期中酸性火山岩；侏罗纪亚旋回玉兴屯期中性、中酸性火山岩；南楼山期中酸性火山岩；平岗盆地德仁期中性火山岩。白垩纪亚旋回安民期、金家屯期中性、中酸性火山岩。

在辽源-长春地区（平岗-辽源、东丰-渭津、双阳等盆地），发育白垩纪亚旋回营城期中酸性火山岩和金家屯期中性、中酸性火山岩。

（6）新生代（喜马拉雅期）火山构造岩浆旋回

新生代（喜马拉雅期）时期，继中生代构造格架进一步活化，成矿带及邻区形成一系列近北东向平行分布的深大断裂以及相伴发生的火山喷发活动。这个时期的火山活动进入了又一次高峰期，为陆内叠加造山阶段。无论是从火山喷发强度、还是火山活动的频率都是前所未有的，形成环太平洋闻名省内乃至全国的长白山火山（熔岩台地）群和龙岗火山群等众多的火山群。成矿带新生代火山构造岩浆旋回只包含新近纪火山构造岩浆亚旋回，古近纪火山构造岩浆亚旋回不发育。新近纪火山构造岩浆亚旋回主要指在逊克-长春火山群带、依兰-伊通火山群带以及敦化-密山火山群带发育上新世构造岩系船底山期火山熔岩台地，中新世构造岩系土门子期和早更新世构造岩系军舰山期、晚更新世构造岩系南坪期基性火山熔岩。

2. 火山岩对成矿的控制作用

成矿带与贵金属、黑色金属、有色金属及非金属等矿产资源密切相关的火山岩浆活动主要为兴凯期（西保安岩组）、加里东期（黄莺屯岩组、放牛沟组、头道沟岩组和弯月组）、华力西期（余富屯组、大河深组和红太平组）、燕山期（屯田营组、南楼山组和金沟岭组）和喜马拉雅期 5 期火山活动。与这些火山岩密切相关的矿床类型主要为沉积变质型、陆相火山岩型、海相火山岩型、岩浆热液型等。

（1）兴凯期火山岩

西保安岩组火山岩分布较为局限，主要呈孤岛状分布在辽源地区，主要为一套中基性火山岩，并伴随碎屑岩和碳酸盐岩沉积。该期火山岩经历了低绿片岩相-高绿片岩相，局部可出现低角闪岩相的中、低级区域变质作用，变质成为绢云石英片岩、斜长角闪岩、斜长角闪片岩、斜长云母片岩、变粒岩、大理岩等。锆石单点 U-Pb 同位素年龄值为 634.7 Ma（赵春荆等，1996），限定该时期火山岩形成于新元古代，其形成环境为新元古代裂陷槽。与这套变质火山岩-碎屑岩-碳酸盐岩建造相关的矿产主要为沉积变质型的铁、锰、磷矿，代表性矿床为东丰县西保安铁矿床。

（2）加里东期火山岩

成矿带与成矿有关的加里东期火山岩主要为奥陶系黄莺屯岩组、奥陶系放牛沟组、志留系弯月组和头道沟岩组火山岩。

黄莺屯岩组火山岩主要分布在吉中的桦甸、磐石一带，呈带状或残块状分布在大面积的花岗岩内。主要体现为岛弧海底火山喷发，形成一套中基性-中酸性火山岩，并伴随少量碎屑岩和碳酸盐岩沉积。这些岩石经历了角闪岩相-绿片岩相低压区域变质作用后变质成为斜长角闪片岩、电气石二云母片岩、片麻岩及大理岩。与这套变质火山岩-碎屑岩-碳酸盐岩建造相关的矿产主要为金、铜、银、铅锌、钼、硫铁矿及锑等，是区内海相火山岩型、岩浆热液型等内生矿床的重要控矿层或矿源层，如四平山门银矿床。此外，该组火山岩还是红旗岭镁铁-超镁铁质岩体的直接赋存层位。已有 S 及 Re-Os 等同位素研究结果显示，红旗岭镍矿床的成矿物质来源存在一定的壳源物质加入（李爱，2019）。因此，呼兰岩群黄莺屯岩组也可能是控制红旗岭镍矿床形成的重要因素。

放牛沟组火山岩隶属于西拉木伦构造岩浆岩带大黑山条垒火山岩亚带，主要分布在四平地区，连同本区古生代地层呈孤岛状、残块状、带状分布在大面积的花岗岩中。岩性主要为英安质角砾凝灰熔岩、英安质凝灰岩、流纹质凝灰岩等中酸性火山岩、火山碎屑岩，放牛沟组火山岩全岩 Rb-Sr 等时线年龄为 455±10 Ma（周晓东，2009），属于岛弧盆地火山岩。与这套岛弧型火山岩有关的多金属矿床，主要为放牛沟、新立屯等数处硫、多金属矿床，具有块状硫化物矿床的成矿特征。

弯月组火山岩主要分布在吉中桦甸、磐石一带，呈孤岛状、残块状或带状分布在大面积的花岗岩，是弧背盆地区海相火山活动的产物，主要为一套经历了绿片岩相低压区域变质作用的中性、中酸性火山岩、火山碎屑岩。根据微量元素分析结果，在弯月期火山岩局部地段的金、铜含量较高，其中铜元素在中性熔岩中的含量超出其他地段不同岩性含量的 10 倍，而金的含量在 $0.05\times10^{-6}\sim0.15\times10^{-6}$ 之间，特别是在西大城号-下大门一带，发育金含量 $0.8\times10^{-6}\sim7.3\times10^{-6}$ 的金矿点和铜矿点出现，说明弯月期火山岩与成矿带金、铜矿产的形成有直接的关系。椅山金矿方铅矿铅同位素数据

“R-F-C” 法计算出的年龄为410.23 Ma，与辽源群的地质时代相吻合。

头道沟岩组火山岩，分布较为局限，主要呈孤岛状分布在吉中地区的北大湖、烟筒山一带，为一套浅变质的中酸性火山岩，是岛弧海底火山喷发作用的产物，与带内硫铁矿、钼矿等矿产的形成密切相关，代表性矿床为永吉县头道沟硫铁矿床。

（3）华力西期火山岩

成矿带内石炭系余富屯组、石炭系—二叠系大河深组及二叠系红太平组等华力西期火山岩与成矿密切相关。

余富屯组火山岩主要分布在吉中地区的双河、烟筒山、磐石市一带，隶属于小梨河-石嘴火山岩亚带，构成余富屯组陆缘活动带海底火山岩建造，主要由细碧岩、细碧玢岩、角斑岩、石英角斑岩、细碧质凝灰岩、凝灰熔岩及中酸性火山岩组成，夹有硅质岩（碧玉条带）、泥质硅质岩、千枚岩、碳质板岩和大理岩透镜体（周晓东，2009）。该组火山岩为海相火山岩型矿床的控矿层位，普遍富含铜、金、铁等成矿元素，各种岩石的Au、Ag元素加权平均含量分别为72×10^{-9}和132×10^{-9}，其中细碧岩Au、Ag元素平均含量分别高达287×10^{-9}和230×10^{-9}（李之彤等，1994），为海相火山岩型矿床的重要控矿层或矿源层。带内的永吉头道川金矿床、民主屯银矿床即产于该层中，还与矽卡岩型铁矿床关系密切。

红太平组火山岩主要分布在汪清县红太平一带，为一套浅变质的中酸性火山岩、火山碎屑岩系，是活动陆缘浅海相火山活动的产物。该期火山岩普遍含有较高的银、金、铅锌、铜等成矿元素，是成矿带重要的矿源层之一，汪清县红太平多金属矿床就赋存在该期火山岩内。

大河深组火山岩主要分布在吉中磐石一带，为一套浅变质的中性、中酸性火山岩、火山碎屑岩，是活动陆缘浅海相火山活动的产物。曹花花（2013）对桦甸地区出露的大河深组中酸性火山岩进行了系统的岩石学、地质年代学及岩石地球化学等研究。其岩石地球化学研究结果表明，大河深组火山岩具有中等-高的SiO_2含量（64.93%~75.38%），低镁和钛，富碱（5.89%~9.13%）的主量元素特征，为一套中钾-高钾钙碱性的中酸性火山岩；大河深组火山岩样品稀土元素总量介于109×10^{-6}~178×10^{-6}之间，轻、重稀土元素分馏作用显著，明显富集轻稀土元素、亏损重稀土元素，总体表现为右倾的稀土元素配分型式，并存在弱的负δEu异常；在微量元素蛛网图上，这套火山岩总体呈现出相对富集Ba、Rb、Th、U、K等大离子亲石元素，亏损Nb、Ta、P、Ti等高场强元素，同时还存在Sr元素的亏损。上述特征与活动大陆边缘火山岩的地球化学特征一致（Gill，1987）。大河深组火山岩的锆石原位Hf同位素分析结果表明，流纹岩的锆石$\varepsilon_{Hf}(t)$值介于+5.34~+10.37之间，对应的二阶段模式年龄介于1240~785 Ma（曹花花，2013）。上述研究表明，大河深组火山岩起源于中-新元古代增生的亏损玄武质下地壳的部分熔融，形成于活动大陆边缘环境。该期火山岩普遍含有较高的铅锌、铜等成矿元素，有利于海相火山岩型多金属的形成，晚期叠加有岩浆热液脉型矿化，如磐石市小红石砬子铅锌（玉石）矿床。

（4）燕山期火山岩

燕山期成矿带主要表现为强烈的陆相火山活动，与带内金及有色金属矿产关系密切。火山岩浆期后热液及次火山-侵入活动为矿液的运移提供先决条件，火山构造则为矿液的储存提供良好的空间。成矿带内与成矿有关的燕山期火山岩主要包括侏罗系南楼山组、屯田营组，白垩系营城组和金沟岭组。

侏罗系南楼山组火山岩大面积出露在烟筒山盆地南茗条顶子和东大荒顶子、四合屯-南楼山盆地的悬羊砬子、一面城、果园水库、新房东山、倒木沟、南楼山等地，以及吉林大绥河镇、一拉溪镇、双河镇、取柴河镇以东一带。南楼山期火山岩在区域上为一套中酸性火山岩，其下部以安山岩、英安质凝灰角砾岩为主；上部以中酸性熔岩为主，由英安岩及少量流纹岩组成。其地球化学分析结果显示，该期火山岩为钙碱性火山岩，形成于活动陆缘环境。该期火山岩与区内铁、铜、金、银、砷、多金属矿关系密切，磐石市官马金矿床产在南楼山组火山岩内。

侏罗系屯田营组火山岩主要分布在吉林省东部安图盆地的明月镇、五峰，地荫沟盆地的城墙砬子、亲和屯、沙金沟、刺猬沟，以及海沟、泉阳、大马鹿沟、马鞍山林场、吉林松江镇、敦化南东、延吉东、图们东等地，总体呈北东向展布，局部呈北西向展布。该组火山岩主要岩石类型有少斑安山岩、蚀变安山岩、火山角砾岩、安山岩、含辉石安山岩、含辉石橄榄石玄武安山岩、安山质含角砾晶屑岩屑凝灰岩、安山质凝灰角砾岩等。在岩石地球化学方面常表现为中等的 SiO_2 含量（58.48%~65.09%），高铝（16.08%~18.33%），低钾的特征，属于高钾-中钾钙碱性系列岩石；具有较高的稀土元素总量（平均值为 146.23×10^{-6}），轻、重稀土元素分馏作用显著，呈现显著右倾型的配分模式，Eu 异常特征不明显；屯田营组火山岩还呈现出相对富集 Rb、Ba、Sr 等大离子亲石元素，相对亏损 Nb、Ta 等高场强元素等的微量元素特征（逢伟，2009）。以上特征反映出屯田营组火山岩与活动大陆边缘火山岩的地球化学特征相似（Gill，1987）。该组火山岩与带内金、银等贵金属矿化密切相关，龙井市石井金银矿床和五凤-五星山金矿床便赋存在该层位中。此外，珍珠岩产于中生代屯田营期火山岩的上部层位，仅见于大马鹿沟上游二林场附近，珍珠岩粒度为 0.5 mm，可用做建筑材料及防寒材料。

白垩系营城组火山岩主要分布在松辽盆地东南侧的怀德刘房子，长春的新立城东、三道镇、放牛沟孟家岭镇、营城子、石碑岭、刘家油房以及四平山门镇等地，总体呈北东向狭长带状断续展布。该期火山岩岩石类型多样，基本上为酸性熔岩和火山碎屑岩，局部有安山岩、流纹岩、球状流纹岩、珍珠岩等火山熔岩以及火山碎屑岩，但总体上还是以酸性岩类为主。该组火山岩是珍珠岩、沸石等矿产的主要产出层位，为早白垩世火山喷发的酸性熔岩迅速冷却下形成。

白垩系金沟岭组火山岩主要分布在汪清县刺猬沟、百草沟一带，主要为一套中性火山岩、火山碎屑岩，属于火山弧火山岩。金沟岭组火山岩具有中等的 SiO_2 含量（52.49%~57.87%），高铝（Al_2O_3=16.14%~17.90%）、钛（TiO_2=1.09%~1.28%）、铁（FeO^T=7.44%~8.40%）和钙（CaO=7.88%~10.50%），低钾（K_2O=0.38%~0.90%）和磷（P_2O_5=0.25%~0.29%）的特征，属于中钾钙碱性-低钾拉斑系列岩石；具有较低的稀土元素总量（平均值为 114.49×10^{-6}），轻、重稀土元素分馏强烈，具有显著右倾型的配分模式，Eu 和 Ce 异常特征不明显；此外，金沟岭组火山岩呈现出相对富集 Ba、Sr、La 等大离子亲石元素，相对亏损 Nb、Ta 等高场强元素的微量元素特征（逄伟，2009）。

燕山期大规模火山喷发作用常伴生成群成组的次火山岩（超浅成侵入岩）脉，在刺猬沟金矿、五凤-五星山金矿、闹枝金矿等矿区较为普遍，岩石类型主要为闪长玢岩、次安山岩（黄圭成，1997）；脉体数量多，规模大小不一，走向以北东向、北西向和近东西向为主，与区域断裂构造格架基本一致。这些超浅成侵入岩产状变化大，部分脉岩与矿体产状一致，还有部分脉岩被矿体所穿切，如闹枝金矿的 1 号矿体穿插至近东西向的次安山岩脉中（林博磊，2013）。普遍认为这些火山岩和次火山岩脉与延边地区陆相火山岩型金（银）矿具有密切的成因及时空联系。

（5）喜马拉雅期火山岩

成矿带内的喜马拉雅期火山作用主要沿着依兰-伊通、敦化-密山为主的大断裂活动，具有从西到东，时代越新，火山岩石类型逐渐复杂，火山活动持续时间逐渐加长，火山喷发物逐渐增多的递变规律，显示大陆边缘断裂活动加剧的特征。与该期火山活动有关的矿产主要为建筑材料等非金属矿产类。

第四节　变质作用与成矿

吉中-延边成矿带变质岩比较发育，包括区域变质、接触变质和动力变质作用形成的各种变质岩类。以区域变质作用及其形成的各种变质岩为主体，接触变质和动力变质作用形成的变质岩石分布有限，同时各类变质作用互相叠加现象较为普遍。成矿带内的变质作用期次包括新太古代、新元古代、早古生代、晚古生代和中生代，动力变质作用和接触变质作用则主要发生于晚古生代和中生代。这些不同时期、不同类型的变质作用控制着成矿带内不同类型矿产的形成。

一、变质相带划分

按照吉林省变质岩分布区所处的大地构造位置以及原岩建造、变质建造、岩石变质程度、空间分布等特征，将吉林省变质岩划分为两个变质大区，即南部的华北陆块变质岩大区，北部的兴蒙造山带变质大区，二者界线以开原断裂-敦密断裂及古洞河断裂为界（吉林省区域地质矿产调查所，2016）。吉中-延边成矿带变质岩主要位于兴蒙造山带变质大区，又将吉中-延边成矿带划分为华北陆块北缘变质岩区和松-佳-兴南缘变质岩区，其中华北陆块北缘变质岩区又划分为西保安-獐项变质地带和山门-呼兰-江域变质地带。此外，成矿带还有少部分孤岛状新太古代变质岩隶属于华北陆块变质岩大区下的龙岗-和龙变质岩区，进一步归属于龙岗变质地带夹皮沟新太古代变质岩带（表 2-8）。

表 2-8 吉中-延边成矿带变质岩区带划分

变质大区	变质区	变质地带	变质岩带
Ⅰ华北陆块变质岩大区	I_1 龙岗-和龙变质岩区	I_1^1 龙岗变质地带	I_1^{1-1} 夹皮沟新太古代变质岩带
Ⅱ兴蒙造山带变质岩大区	II_1 华北北缘变质岩区	II_1^1 西保安-獐项变质地带	II_1^{1-1} 西保安新元古代变质岩带
			II_1^{1-2} 獐项新元古代变质岩带
		II_1^2 山门-呼兰-江域变质地带	II_1^{2-1} 山门-呼兰-江域古生代变质岩带
	II_2 松-佳-兴南缘变质岩区	II_2^1 松-佳-兴南缘变质地带	II_2^{1-1} 松-佳-兴南缘古生代变质岩带
		II_2^2 塔东变质地带	II_2^{2-1} 塔东新元古代变质岩带

（据吉林省区域地质矿产调查所，2016；辽宁省地质勘查院，2017；黑龙江省区域地质调查所，2018）

二、区域变质作用与控矿特征

成矿带内区域变质作用主要发生于新太古代、新元古代和早古生代，不同期次的区域变质作用以低压区域变质作用为主，新太古代至早古生代变质相由高角闪岩相向低角闪岩相或低角闪岩相-绿片岩相变化（表 2-9）。这些区域变质作用形成的变质岩局部还叠加接触变质作用和动力变质作用。

（一）新太古代区域变质作用与成矿

新太古代变质作用范围小，主要在成矿带南缘的富尔河断裂北侧发育一套新太古界老牛沟岩组表壳岩和 TTG 片麻岩，受中生代韧性变形作用改造，糜棱岩化强烈。老牛沟岩组表壳岩变质相为高角闪岩相，TTG 片麻岩为低角闪岩相，因此，成矿带新太古代变质作用为低压高角闪岩相-低角闪岩相区域变质作用，并有绿片岩相退变质作用发生。老牛沟岩组表壳岩原岩为一套含铁的火山碎屑-沉积岩建造，经区域变质后形成受变质型铁矿床，是吉林省铁矿的重要开采层位；另外，该套变质岩还富含金元素，是吉林省金矿的重要赋存层位之一。新太古代区域变质作用使金在该套变质岩中初始富集，后经燕山期岩浆热液叠加进一步富集成矿。虽然成矿带内出露的老牛沟岩组中暂未发现金和铁矿床，但该期区域变质作用及其形成的变质岩对成矿的控制不容忽视。

（二）新元古代区域变质作用与成矿

新元古代变质作用主要体现为在华北板块北缘形成了西保安岩组和青龙村岩群，敦化地区发育塔东岩群。该期变质作用以低压区域变质作用为主，变质岩相以低角闪岩相变质为主，塔东岩群经历了高角闪岩相变质作用。该期区域变质作用对成矿带内受变质型铁矿的控制作用显著，新元古代含铁、锰、磷的火山-沉积建造（西保安岩组）经区域变质作用后，铁等成矿元素进一步富集、成矿，如西保安铁矿床。

表 2-9　吉中-延边成矿带主要区域变质作用特征表

变质期次	变质作用类型	主要变质岩单元		变质相	变质岩组合
新太古代	低压区域变质作用	老牛沟岩组		高角闪岩相	斜长角闪岩、黑云变粒岩、黑云角闪斜长片麻岩、绿泥石英片岩、绢云石英片岩、角闪磁铁石英岩
中-新元古代	低压区域变质作用	塔东岩群		高角闪岩相	云英绿泥质片岩类、磁铁透辉斜长变粒岩、磁铁角闪石英岩、大理岩、片麻岩类及变质中性火山岩等
	低压区域变质作用（局部接触变质）	西保安岩组		低角闪岩相	斜长角闪片岩、斜长云母片岩为主，夹数层磁铁石英岩和磁铁矿层
		青龙村岩群	新东村岩组	低角闪岩相-绿片岩相	石墨黑云角闪斜长片麻岩、混合岩化含石墨黑云斜长片麻岩、黑云斜长片麻岩及黑云变粒岩、浅粒岩夹斜长角闪岩等
			长仁大理岩		含墨硅质条带状大理岩、含燧石结核大理岩、条带状糜棱岩化硅质灰岩
早古生代	低压区域变质作用	江域岩组		低角闪岩相-绿片岩相	石英片岩、角闪片岩夹磁铁石榴矽卡岩（磁铁石英岩）、片麻岩及变粒岩
	低压区域变质作用	漂河川组		角闪岩相-绿片岩相	下段以黑云斜长片麻岩为主，间有少量二云斜长片麻岩，斜长角闪片麻岩及石榴绿帘斜长角闪岩；上段为绢云石英片岩、黑云石英片岩、绿泥石英片岩夹斜长角闪片岩
	低-中压区域变质作用	呼兰岩群	黄莺屯岩组	角闪岩相-绿片岩相	下部斜长角闪片岩段；中部含电气石二云母片岩段；上部片麻岩及大理岩段
			小三个顶子岩组	角闪岩相-绿片岩相	硅质条带大理岩、含石墨大理岩、厚层状大理岩夹薄层变粒岩、石英岩
	低压区域变质作用	头道沟岩组		绿片岩相	斜长阳起石岩夹变质安山质-英安质-流纹质凝灰岩；变质砂岩、板岩夹斜长阳起石岩、千枚状板岩及大理岩
	低压区域变质作用	下二台岩群	盘岭岩组	低角闪岩相	钠长角闪片岩（原岩为玄武安山岩）、变质流纹岩、云母石英片岩和少量变质粉砂岩
			黄顶子岩组	低角闪岩相	石英大理岩、粉砂质大理岩、含燧石条带大理岩、碳质板岩、片岩夹变石英砂岩
			烧锅屯岩组	低角闪岩相	黑云变粒岩、角闪变粒岩、石英片岩、二云母石英片岩
	低压区域变质作用为主	桃山组		绿片岩相	泥质板岩、粉砂质板岩、变质粉砂岩、变质酸性凝灰岩
	低压区域变质作用	辽源群	石缝组	低绿片岩相为主，局部达低角闪岩相	变质砂岩、粉砂岩及结晶灰岩（或大理岩）
			椅山组	绿片岩相	红柱石泥质板岩、千枚状板岩、变质粉砂岩、变质细砂岩、大理岩等
			弯月组	绿片岩相	片理化流纹岩、片理化流纹凝灰熔岩、片理化安山岩及其中酸性熔岩为主，夹结晶灰岩（大理岩）

（据吉林省区域地质矿产调查所，2016；辽宁省地质勘查院，2017；黑龙江省区域地质调查所，2018）

此外，局部地区还发育低温绿片岩相动力变质作用，主要发生在青龙村岩群，表现为构造片岩和糜棱岩，推测变质作用发生时代在新元古代末期（吉林省区域地质矿产调查所，2016）。该期变质作用常被燕山期接触热变质或接触交代变质以及低温动力变质作用叠加和改造，形成各类角岩、矽卡岩以及糜棱岩。

（三）早古生代区域变质作用与成矿

早古生代区域变质作用主要发生于成矿带西部的吉中地区，形成的主要地质单元为呼兰岩群、下二台岩群、辽源群、头道沟岩组以及漂河川组，成矿带东部的延边地区形成了江域岩组。该期变质作用主要为绿片岩相的低压区域变质作用，局部表现为角闪岩相的低-中压区域变质作用，整体变质程度低。该期区域变质作用主要控制了成矿带内变成型大理岩矿的形成，早期浅海相化学沉积形成的碳酸盐岩经该期区域变质作用后，碳酸盐矿物进一步结晶，形成纯白色大理岩（矿体）。此外，形成的这些变质岩常被中生代接触热变质作用或接触交代变质作用所叠加改造，形成接触交代型、变成型的矿床，代表性矿床为头道沟硫铁矿床。

三、低温动力变质作用与控矿特征

吉中-延边成矿带低温动力变质岩主要分为两大类，一类是糜棱岩，包括超糜棱岩、糜棱岩、初糜棱岩和糜棱岩化岩石；另一类是脆性构造带上的碎裂岩类，包括碎裂岩、碎斑岩和压碎岩。低温动力变质作用及形成的变质岩主要发生在韧性剪切作用或断裂作用的活动中，其中韧性剪切活动及其产物中常常富含 Au、Ag 等成矿元素，也常发育金银矿化。如头道川金矿床、民主屯银矿床便产出在头道川-烟筒山北东向的韧性剪切构造带中，含金石英脉呈北东向沿韧性剪切带主界面两侧的小褶皱轴成群成带分布；而在伊通新家一带的大黑顶子地区，胡米含银石英脉产在华力西期黑云母花岗岩的北西向糜棱岩化带中。因此，韧性剪切带或韧性断裂是一种关键的控矿因素或直接的找矿标志。

（一）糜棱岩

糜棱岩以新元古代糜棱岩和中生代糜棱岩为主，为低温绿片岩相动力变质作用的产物。

新元古代糜棱岩：主要分布于延吉至八家子一带的新元古界青龙村岩群中，主要岩石类型为构造片岩和糜棱岩，岩石可见沿片理而产生出云母类的片状新生矿物，矿物单晶较大，与围岩细小的鳞片差异较明显，并见岩石中有多世代的变质矿物组合，由于受动力进变质作用，岩石具鳞片变晶结构，片状构造，角闪石则分解为绿泥石、石英和方解石，岩石明显发生退变质作用，推测岩石变质作用为低温绿片岩相动力变质作用。糜棱岩糜棱页理被晚二叠世闪长岩截断，推测变质作用发生时代在新元古代末期。

中生代糜棱岩：分布于华北板块北缘，变质作用发生在太古宙变质岩及中生代花岗岩中，主要岩石类型为糜棱岩类，在太古宙变质岩原岩中，存在绿片岩相退化变质作用，在中生代花岗岩中见有不同强度的糜棱岩，变质作用为低温绿片岩相动力变质作用。张艳斌等（2002）对中生代花岗岩为原岩的糜棱岩进行定年，获得其同位素年龄为 160 Ma。太古宙变质岩（花岗岩）强糜棱岩带中锆石 U-Pb 年龄为 25 亿年，而其变质成因的云母 Ar-Ar 年龄为 150 Ma（据孙景贵，未发表），可以认定该糜棱岩形成时代为中生代，在 150 Ma 左右。

（二）碎裂岩

成矿带内的碎裂岩主要分布于中新生代脆性断层、挤压破碎带中，多呈条带状产出，在伊通、双阳等地均有分布。受低温动力变质作用，形成构造角砾岩、碎斑岩、压碎岩类等。总体表现为由于动力作用，矿物被压碎，局部碾压成粉末状，部分矿物成碎斑，被压碎部分包围。岩石压碎、粒化、裂纹发育，部分有双晶弯曲错位现象及矿物边缘不整齐，矿物颗粒多见有次生长大或重结晶现象，大部分有绢云母化、绿泥石化、绿帘石化、高岭土化等蚀变现象，局部发育铜、铅锌或黄铁矿等矿化。

四、接触变质作用与控矿特征

成矿带内接触变质作用形成的接触变质岩十分发育，类型齐全，主要分布在晚古生代及中生代中酸性侵入岩与地层的接触带附近，主要包括热接触变质岩和接触交代变质岩两类（表2-10）。晚古生代和中生代的接触变质作用及形成的热接触变质岩和接触交代变质岩与成矿带内变成型的硅灰石、石墨等非金属矿以及接触交代型的铁、锰、铅锌、硫铁矿等金属矿的形成密切相关。

表2-10　吉中-延边成矿带典型接触变质岩分布及特征表

<table>
<tr><th>变质岩带</th><th>分布地点</th><th>岩浆岩单位</th><th>地层单位</th><th>岩石类型</th><th>变质相</th><th>变质作用</th><th>相关矿产</th></tr>
<tr><td>和龙新太古代变质岩带</td><td>和龙忠清沟西南</td><td>中生代花岗闪长岩</td><td>青龙村岩群长仁大理岩</td><td>各类矽卡岩</td><td>低角闪岩相</td><td>低温热接触交代变质作用</td><td rowspan="3">铁、锰、铅锌、硅灰石</td></tr>
<tr><td>西保安新元古代变质岩带</td><td>辽源西保安、东丰等地</td><td>中生代花岗闪长岩</td><td>新元古代碳酸盐岩</td><td>透辉石矽卡岩，石榴石透辉石矽卡岩</td><td>低角闪岩相</td><td>低温热接触交代变质作用</td></tr>
<tr><td>獐项新元古代变质岩带</td><td>延边獐项到西城一带</td><td>中生代花岗岩</td><td>青龙村岩群长仁大理岩</td><td>帘石透闪矽卡岩</td><td>低角闪岩相</td><td>低温热接触交代变质作用</td></tr>
<tr><td rowspan="2">山门-呼兰-江域古生代变质岩带</td><td>分布面积广，全区域</td><td>中生代花岗岩</td><td>古生代地层</td><td>各类角岩</td><td>低角闪岩相-绿片岩相</td><td>低温热接触变质作用</td><td>—</td></tr>
<tr><td>分布面积广，古生代地层分布区</td><td>中生代花岗岩</td><td>古生代地层</td><td>矽卡岩</td><td>低角闪岩相</td><td>低温热接触交代变质作用</td><td rowspan="2">铁、锰、铅锌、铜、钼、钨、大理岩、硅灰石、石墨、硫铁矿等</td></tr>
<tr><td rowspan="2">松-佳-兴南缘古生代变质岩带</td><td>分布面积广，古生代地层分布区</td><td>中生代花岗岩</td><td>古生代地层</td><td>矽卡岩</td><td>低角闪岩相</td><td>低温热接触交代变质作用</td></tr>
<tr><td>分布面积广，全区域</td><td>中生代花岗岩</td><td>古生代地层</td><td>各类角岩</td><td>低角闪岩相-绿片岩相</td><td>低温热接触变质作用</td><td>—</td></tr>
</table>

（据吉林省区域地质矿产调查所，2016）

（一）热接触变质岩

成矿带内的热接触变质岩主要为一套角岩类岩石，分布广泛，普遍发生在中生代花岗岩与古生代地层接触带上，主要的岩石类型包括硅灰石角岩、透闪石角岩、长英质角岩、角闪石角岩等。这些热接触变质岩的变质程度与围岩距离有着密切的关系，外接触带内侧变质程度达到角闪石角岩相，局部可达到辉石角岩相，而外接触带外侧变质程度低，为绿泥角岩相。热接触变质作用时代主要为中生代。

热接触变质作用控制着成矿带的重要矿产硅灰石矿和石墨矿的形成。燕山期中酸性侵入岩的就位，使不同类型的围岩受到热作用影响而发生矿物的重结晶作用，进而富集成矿，如长崴子硅灰石矿床和铁汞山硅灰石矿床主要分布在燕山期花岗岩与富含硅质的碳酸盐岩的接触带中。原煤系地层（大酱缸组）在燕山期侵入岩的热作用下，煤层经热接触变质形成石墨，原岩层则出现了石榴子石、红柱石等热接触变质矿物，如磐石市仙人洞中型石墨矿床。

（二）接触交代变质岩

成矿带的接触交代变质作用主要发生于晚古生代和中生代中酸性侵入岩与新元古代、古生代碳酸盐岩地层的接触带部位，形成了石榴石绿帘矽卡岩、石榴石透辉石矽卡岩、阳起石矽卡岩等各类矽卡岩，局部地区还出现混染岩、矽卡岩化花岗岩等。岩石矿物组合分析结果显示，成矿带内的接触交代变质作用主要为低压中温接触变质作用，变质相为绿帘角闪岩相。变质作用时代以中生代为主，还有晚古生代。

接触交代变质作用控制着成矿带内接触交代型铁、铅锌、锰、硫铁矿等矿床的形成。在晚古生代或中生代中酸性侵入岩结晶分异的晚期，形成富含铅、锌等成矿元素的含矿热液，在侵入岩与碳酸盐岩围岩的接触带附近通过交代方式，形成各类矽卡岩；随着交代作用的发生，在有利部位发生铅锌等成矿元素的富集和沉淀，进而成矿，如天宝山立山铅锌矿床产出在中二叠世（石英）闪长岩与庙岭组大理岩的接触带附近。

第五节 区域构造与成矿

吉中-延边成矿带新元古代—古生代以古亚洲洋的演化与多期俯冲-碰撞造山作用为主要特点，中、新生代以大规模的陆内伸展作用与现今盆-岭构造的形成、演化为特征（孙大中等，1985；Wu et al.，2011）。不同阶段之间地壳活动、形变-建造特点、岩浆活动与区域构造格局均有不同程度的差异性（崔盛芹等，1999）。吉中-延边成矿带区域构造分区往往具有分带性，虽然各阶段均表现出一定的东西分段、南北分带的特点，但古生代以前各阶段均以南北向分带性居主导地位，印支期南北向分带性与东西向分段性均较明显，至燕山期以来东西向分段性渐居主导地位。

不同时期构造变形有着相互叠加和影响，燕山期地壳运动与构造演化具有极为显著的重要性，燕山运动及其构造变形既强烈叠加、改造了前燕山各期构造格局，又对后燕山期地壳运动与构造格局有十分重要的制约作用（孙大中等，1985；伍家善等，1991）；前中生代区域构造格局中的东西向分段性在很大程度上都与燕山期地壳运动及构造的叠加、改造分不开。构造线展布方向与其发展演化有着密切的关系，印支期北东向构造带与近东西向构造带均具有一定活动性，两者的密度与活动强度相近；自燕山期开始，北东—北北东向构造渐居主导地位，相比之下东西向构造带则逐步退居次要地位，至喜马拉雅山期，北西向构造活动性增强，区域构造以北东—北北东向和北西向为主。

一、主要构造类型及特征

吉中-延边成矿带各类构造均较为发育，尤其是在几个巨型和大型构造（断裂）带的控制下，各方向的次一级断裂、褶皱及韧性剪切带构造较为发育（图 2-7）。部分断裂、褶皱和韧性剪切带的附近或交汇部位常发育不同规模的矿床。现按构造带规模、类型介绍成矿带主要构造特征及其对成矿的控制作用。

1. 巨型断裂带与成矿

华北板块北缘巨型断裂带：又称“中朝准地台北缘超岩石圈断裂”。该断裂带横贯吉林省南部，由辽宁省西丰县进入，经海龙、桦甸、安图、和龙，向东延伸至朝鲜境内。由于受后期断裂干扰、错动，使其走向在不同地段发生北东、北西向偏转和位移，敦化-密山岩石圈断裂带使其南东盘向北东位移约 120 km，并使该断裂带变为北西西向；集安-松江岩石圈断裂使其南东盘向北东位移约 20 km，并使该断裂带变为北西向。因此，该断裂带在吉林省内大体分为 3 段，分别为小四平-海龙段（西段）、柳树河子-大蒲柴河段（中段）、古洞河-白金段（东段）。

小四平-海龙段（F_1）：向西由东丰县小四平伸向辽宁省，向东被敦化-密山断裂带切割，呈近东西向南突起的较大弧型。断裂南侧为太古宇集安群、古元古界集安群及中元古界老岭群，北侧（本区）主要出露早古生代变质沉积岩系。

柳树河子-大蒲柴河段（F_2）：位于敦化市柳树河子至敦化市大蒲柴河一带，北西至敦化-密山断裂，南东止集安-松江断裂，由四段组成北西西向宽缓的反“S”形断裂带。断裂带的主要特征是以强烈挤压逆冲为主，伴有古生代的中酸性、基性岩浆侵入，中生代的中酸性岩浆侵入和喜马拉雅期玄武岩浆喷发。该断裂的活动，和以燕山期为主的中酸性岩浆侵入活动共同控制了区内以海沟和松江河

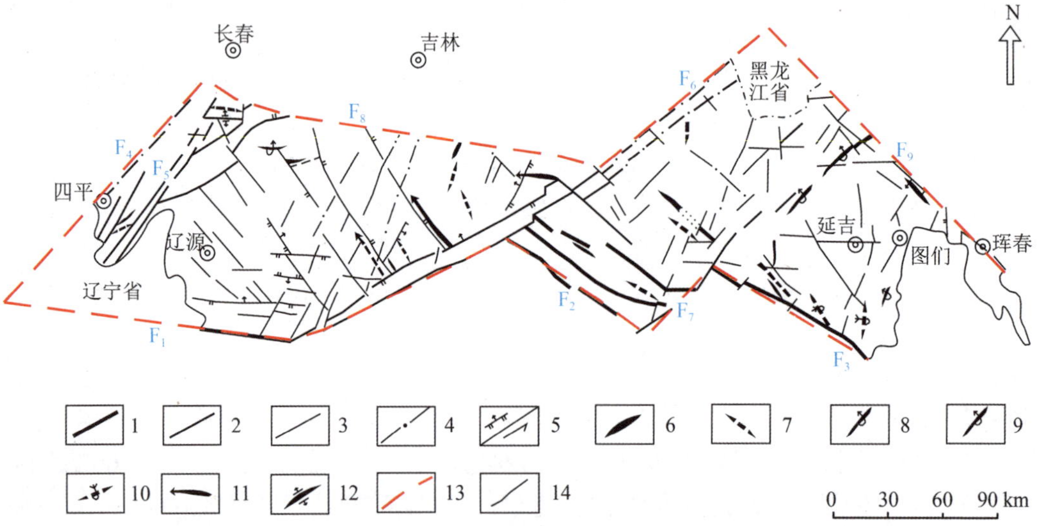

图 2-7 吉中-延边成矿带主要褶皱带和断裂分布示意图

（据吉林省地质矿产局，1988，有修改）

1—超岩石圈断裂；2—岩石圈断裂；3—壳断裂及一般断裂；4—物探、遥感解译断裂；5—逆断层及平移断层；6—背斜；7—向斜；8—倒转背斜；9—倒转向斜；10—倾没背斜；11—复式背斜；12—复式褶皱；13—成矿带边界；14—地质界线

金矿为代表的岩浆热液型金矿的形成。

古洞河-白金段（F_3）：位于和龙市卧龙至龙井市白金，向东南进入朝鲜境内，与朝鲜清津断裂连为一体，向北西至集安-松江断裂带。该段为一挤压强烈的逆俯冲断层带，太古宙地层仰冲在下古生界和华力西晚期花岗岩之上。沿断裂带华力西晚期、燕山期岩浆活动强烈，有大规模的花岗岩体展布，局部地段有基性、超基性岩体分布，并伴随着不同期次、不同类型的多金属矿化作用的发生，比如天宝山矿田。

长春-吉林-蛟河隐匿对接带（断裂带）（F_8）：横贯吉林省中部，呈近东西向由长春经吉林、蛟河，东延至汪清、珲春地区。它被认为是古亚洲洋最终闭合的位置，为索伦-西拉木伦河缝合带的东延位置。沿断裂带华力西晚期、燕山期岩浆活动强烈，有大规模的花岗岩体展布，局部地段有基性、超基性岩体分布，并伴随着不同期次、不同类型的多金属矿化作用的发生，如头道沟铬铁矿、头道沟硫铁矿等。

2. 大型断裂与成矿

四平-德惠断裂带（F_4）：分布于吉林省中部四平-长春-德惠-榆树西一线，总体走向北东 25°~30°，向北进入黑龙江省，向南进入辽宁省，成矿带内延长约 95 km。为松辽平原与大黑山条垒分界线，即“松辽盆地东缘断裂”，沿此断裂古新世早期玄武岩浆喷发活动强烈，形成如范家屯平顶山、尖山和大屯富峰山、小南山等火山锥。

依兰-伊通断裂带（F_5）：或称依舒断裂带，位于二龙山水库-伊通-双阳-舒兰呈北东向延伸，向北进入黑龙江省，向南进入辽宁省，成矿带内延长约 85 km。该断裂带在成矿带由东、西两支近于平行的断裂构成，两断裂之间为一狭长槽地，西侧断裂位于伊通-乌拉街槽地西缘与大黑山条垒交界，东侧断裂为伊通-乌拉街槽地东缘，两条断裂间的狭长槽地中堆积巨厚的新生代陆相碎屑岩。断裂带两侧的地层和侵入岩向新生代槽地仰冲，槽地下降而接受新生代沉积物。

据吉林省区域地质矿产调查所（2016），依兰-伊通断裂带的活动可分为以下几个阶段：①170~174 Ma，古依兰-伊通断裂带为一以白云母/二云母花岗岩构造岩浆岩带为代表的陆内俯冲断裂带；②170（160 或 156）~145（140 或 135）Ma 古依兰-伊通断裂带转化为一左行走滑断裂带，形成一系列拉分-张裂型火山沉积盆地；③135~130 Ma 古依兰-伊通断裂带再次表现为一陆内俯冲带；④130~

120 Ma 依兰-伊通断裂带成为松嫩盆地东缘的张裂区，形成了营城子期非造山型的火山喷发作用，伴随非造山型碱性花岗岩的侵位，以及含煤层系的沉积；⑤120~90 Ma（85 Ma）依兰-伊通断裂带成为拉分-张裂复合盆地，接受了泉头组、叶赫组的沉积；⑥85~73 Ma 伊舒带出现第一次对冲构造模式；⑦73（67）~34 Ma 伊舒带成为古近纪的裂谷，接受巨厚（7000 m）的陆屑沉积，伴随大陆拉斑玄武岩的喷发；⑧34~32 Ma 伊舒带出现第二期对冲构造模式，此后进入新近纪裂谷发育时期，伴随着多期的碱性橄榄玄武岩和碧玄岩的潜火山活动。

敦化-密山断裂带（F_6）：由辽宁省清源进入吉林省，越海龙县山城镇-辉南-桦甸-敦化一线呈北东方向延入黑龙江省（李波，2014）。由两条近于平行的高角度逆断层构成，并相向对冲。该断裂控制着区内中、新生代断裂盆地的形成。在磐石-桦甸地区，习称辉发河断裂或浑河-辉发河断裂，断裂活动控制了该区中新生代火山、沉积作用的发生，以及含煤和油页岩盆地的形成。另外，辉发河深大断裂长期、继承性活动还控制着带内镁铁-超镁铁质的侵位及岩浆型镍矿床的形成，而该断裂派生的北西向断裂控制铜镍硫化物矿体的定位，代表性矿床为大型红旗岭镍矿床。在敦化地区，出露大面积的古近纪和新近纪的玄武岩，附近有基性、超基性岩体、岩脉分布，反映了断裂深达上地幔，属深源性质。该断裂带除具逆冲特点外，还有左旋特点，东盘向北东移动约 120 km。敦化-密山断裂中生代大规模左旋平移对包括成矿带在内的中国北东部中生代构造-岩浆活动及金矿床的形成起控制作用（李碧乐等，2002）。

集安-松江断裂带（F_7）：由辽宁省沿鸭绿江进入吉林省通化地区的集安，向北东经延边地区的松江-明月镇，越天桥岭伸向省外进入黑龙江省，成矿带内延长约 165 km，总体走向 45°~50°（李吉焱等，2013）。该断裂带以松江一带为界分西南和东北两段，成矿带处于该断裂带东北段，由松江向北东经明月镇、庙岭、达天桥岭，以压剪性断裂为主，局部控制侏罗纪—白垩纪地层的堆积和火山活动及脉岩的侵入，它切割了华北地台北缘断裂带，发生逆时针扭错，使其南东盘向北东位移约 30 km。该断裂带附近的次级断裂是重要的金-多金属矿产的容矿构造（李吉焱等，2013）。

3. 中、小型断裂与成矿

吉中-延边成矿带构造活动强烈且复杂，区域构造格架较为清晰，除上述深大断裂外，中、小型断裂也较为发育。

在四平-长春断裂、依兰-伊通断裂和辉发河断裂三大骨干断裂控制之下，成矿带西部还发育一系列中、小型断裂，主要包括北西向的辽源-东丰断裂带、伊通-辉南断裂带、烟筒山-黑石镇断裂带、桦甸-双河镇断裂带、丰满-桦树林子断裂带和吉昌-土顶子断裂带，北北东向的柳河-吉林断裂带和红土崖-蛟河断裂带，以及近东西向的辽源-磐石断裂。它们的宽度可由几千米到数十千米。上述断裂带及其次一级的断裂与成矿带内生金属矿产的形成密切相关，控制着岩体的产出以及余富屯组和石嘴子组等矿源层的分布。比如沿北西向烟筒山-黑石镇断裂带分布有石嘴子铜矿床、粗榆金矿床、官马金矿床等矿床。而北东—北北东向断裂与北西向断裂的交汇部位是成矿的有利部位（李之彤等，1994）。

受北东向敦化-密山断裂、近东西向富尔河-古洞河断裂以及北西向汪清-珲春隐匿对接带控制，成矿带东部也发育一系列中、小型断裂，比如东西向的敦化-汪清断裂带和东清-新合-图们断裂带，北东向和北北东向的两江-天桥岭断裂带和图们江-罗子沟断裂带，南北向的延吉-柳菜-百草沟断裂带和图们-汪清-响水河子断裂带，以及北西向的永昌-闹枝-安田断裂带和密江-汪清断裂带。这些不同方向的断裂构造及其次级构造的交汇部位，控制着区内金、铜、铅锌等矿床的产出，比如闹枝金矿床处于东西向大北城-大石头断裂与北西向嘎呀河断裂带的交汇部位；刺猬沟金矿床处于敦化-杜荒岭东西向断裂带、春阳-密江北西向断裂带与图们-罗子沟北东向断裂的交汇部位。两江断裂构造带还控制着含钒钛的基性-超基性岩体的分布，如安图县青林子岩体群、宣羊砬子岩体群等。

4. 褶皱构造与成矿

受强烈的构造运动影响，成矿带内的地层部分受挤压而产生了褶皱变形，尤其在古生代地层内。

受后期构造岩浆活动改造和破坏作用，成矿带内的褶皱构造大多残缺不全。

成矿带西部的早古生代地层中发育的褶皱构造主要为紧闭线型，如四平南瓦房沟复背斜、伊通县景家台一带五台子街-孙家粉房复式背斜、磐石市呼兰镇复式背斜、样子沟向斜和桦甸市二道甸子背斜等，其轴向主要为北东向和北西向。晚古生代地层中仍以发育复式褶皱为特征，主要有常家沟-河北屯复式倒转背斜、明城-石嘴子向斜、吉林-大河深复式褶皱以及永吉县夹板岭复式褶皱。部分褶皱构造控制了成矿带的金、银、多金属矿床的形成，比如二道甸子金矿床处于漂河川-二道甸子复背斜的南西倾没端。

成矿带东部的褶皱变形构造主要形成于加里东晚期—早华力西期、晚华力西期—早印支期以及中生代 3 个阶段。其中，加里东晚期—早华力西期褶皱构造主要发育在青龙村岩群内，分布在长仁-青龙村一带，多呈背斜和复式向斜产出，褶皱轴向北西和北西西向。晚华力西期—早印支期褶皱构造主要发育在晚古生代—二叠纪地层中，主要包括明月镇-庙岭-大兴沟-天桥岭一带的北东向褶皱，主要包括庙岭背斜、大兴沟向斜、天桥岭倒转向斜等褶皱，以及延边东部的南北向褶皱。成矿带东部的褶皱构造对成矿的控制作用不明显。

5. 韧性剪切带与成矿

成矿带内韧性剪切带也较为发育，对带内的金、多金属等成矿控制作用较为显著。如成矿带西部的北东向的头道川-烟筒山韧性剪切带控制着头道川金矿床含金石英脉的产出。在成矿带东部地区，青龙村岩群内发育北西向为主的大规模的韧性剪切带，属于大阳-夹皮沟-古洞河逆冲型韧性剪切带的一部分，松江河金矿体严格受此韧性剪切带控制。另外，天桥岭地区的庙岭组和柯岛群内也发育大规模的韧性剪切带，红太平多金属矿床的主矿体赋存于该韧性剪切带下盘的庙岭组内，产状与构造面理基本一致，局部可见与构造变形带相似的构造变形特点，因此，红太平多金属矿床受该韧性剪切带的次级构造控制（姚常东等，2010）。

6. 构造混杂岩带与成矿

永吉县头道沟地区出现数十处构造岩块，由超镁铁质岩块为主的镁铁、超镁铁质岩组成，残留在以阳起片岩为主的头道沟岩组绿片岩系中；在龙井草坪-彩秀洞一带也发育有超镁铁质-镁铁质岩体群。这些岩体常常见豆荚状铬铁矿。

7. 弧盆系构造与成矿

在辽源弯月地区和磐石市呼兰镇地区残留有早古生代弧盆系构造岩片，呈现较为显著的控矿作用，两地区是成矿带贵金属、多金属、重晶石、硅灰石矿化集中区，所形成的金、银、铜、铅、锌矿受弧火山盆地相所控制（吉林省区域地质矿产调查所，2016）。

二、不同构造类型的控矿作用

1. 褶皱构造的控矿作用

褶皱构造有明显的控矿作用，尤其体现在部分金矿、铅锌矿床的空间产出及矿体的产状方面，褶皱构造的脆弱部位，如褶皱构造的轴部及陡倾斜岩层的弯曲部位等，往往是矿体的赋存场所（王振华等，2011）。

2. 断裂构造的控矿作用

大多数矿床都受断裂构造控制，不同规模的断裂，其控矿作用有所不同。超壳层、壳层断裂控制了矿源层和岩浆岩的展布，是重要的导岩、导矿构造。区内北东向的超壳断裂与活化的东向断裂及北西向断裂交汇控制了火山构造盆地和火山口的分布，形成了含成矿物质丰度高的火山岩、次火山岩及小侵体，进而控制了火山岩型矿床的展布。沿大断裂带往往有岩体和火山岩分布，如北东西向超壳断裂，有中生代的侵入岩和次火山岩出露，这些岩体对成矿有利。

两组大断裂交汇处易成矿，往往是矿田、矿化集中出露部位。例如古洞河断裂与两江断裂交汇处发育海沟金矿。浅成次级的小断裂或（层间）裂隙构造控制是重要的容矿构造，本区以北东向、北北东向为主，其次是北西向、南北向、东西向断裂。

3. 韧性剪切带的控矿作用

很多矿床与韧性剪切带关系密切，其控矿作用首先主要表现在控制矿田（床）的展布，如松江河金矿、海沟金矿都分布在大阳-夹皮沟-古洞河逆冲型韧性剪切带中；其次在韧性变形和退化变质过程中，有大量的流体注入（变质水、岩浆水、天水）加剧了退化作用，产生了以 SiO_2 为主体的流体，并从围岩中淋滤出一些成矿物质，使其在合适的位置沉淀、富集成矿；同时，韧性剪切带本身是低压、低化学位的低扩容带，高压高化学位的围岩中的成矿物质可以向低扩容带扩散和渗透，使之富集。另外，韧性剪切带本身是构造脆弱带，后期构造作用最易叠加，形成构造破碎带，这种叠加在剪切带上的脆性构造是矿体的容矿构造。

4. 火山构造的控矿作用

火山构造往往受区域性的古构造控制，几乎都由北东向及北西向或东西向断裂交叉处，或与主干断裂相平行的断裂带控制。中生代火山岩、次火山岩型矿床主要产于火山构造盆地、破火山口中或其周围，仅个别产于小隆起上。矿体多数受破火山口周围的辐射状、环状、火山通道等火山机制的控制（王振华等，2011）。

第六节　成矿带地壳构造演化与成矿地质事件

吉中-延边成矿带受古亚洲洋和滨太平洋两大构造体制的双重影响，先后经历了古亚洲洋和滨太平洋两大构造域、兴凯旋回、加里东旋回等六个构造-岩浆旋回的成矿构造演化（表 2-11）。

一、兴凯旋回大陆裂解阶段

罗迪尼亚大陆裂解后，古亚洲洋构造域演化正式拉开帷幕（图 2-8；臧兴运等，2018）。吉中-延边成矿带沿华北板块北部边缘出露陆源碎屑岩-碳酸盐岩及碱性火山岩建造（周晓东，2009），在吉林省中部地区称为西保安岩组。西保安岩组出露面积较小，层序不完整，斜长云母片岩、云母石英片岩、黑云斜长片麻岩、大理岩夹斜长角闪岩、锰磷磁铁矿等不同岩石类型呈大小不等的包体残存在晚古生代和中生代花岗岩中，以含锰、磷、铁矿为特征。向东至敦化地区为塔东岩群，安图地区和和龙地区为青龙村岩群，原岩均为一套陆源碎屑岩夹碳酸盐岩及基性火山岩，区域上可与内蒙古中部的白云鄂博群对比，这套地层被认为是“可能的早期裂谷系和被动陆缘沉积”（王友勤等，1997）。寒武纪成矿带主要处于陆缘海盆环境，延边地区小面积出露酸性火山岩-钙泥质、泥质沉积岩建造（江域岩组），吉中地区发育一套中酸性火山岩-泥质沉积岩建造（漂河川组）。

在兴凯旋回中形成了陆缘裂谷系沉积建造，即陆源碎屑岩-碳酸盐岩及碱性火山岩建造，裂谷型碱性火山岩喷发强烈，产生与之有关的沉积变质型铁-钒-磷矿床。但不同地块的陆缘活动带的含矿变质火山岩有用成矿元素组合亦不同，华北板块北缘为铁、锰、磷组合，以西保安铁矿为代表的同类型矿产地已发现数处，并伴有磷、锰矿化。

二、加里东旋回活动大陆边缘形成阶段

兴凯运动后随着古亚洲洋板块的扩张，成矿带自奥陶纪开始出现岛弧-弧后盆地系统，岛弧型火山沉积岩系主要残留在吉林省伊通放牛沟地区，被称为放牛沟火山岩，岩性为英安质角砾凝灰熔岩、英安质凝灰岩、流纹质凝灰岩、凝灰质砂岩等，全岩 Rb-Sr 等时线年龄 455±10 Ma（周晓东，2009）。此外，磐石地区还沉积一套泥质碎屑岩-碳酸盐岩，即呼兰岩群，进一步分为黄莺屯岩组和小三个顶子岩组，具陆表海沉积建造特点。在岛弧火山岩与华北板块之间发育有弧后盆地，弧后盆地出露在磐石-四平一线，沉积地质体为下二台岩群盘岭岩组、黄顶子岩组和烧锅屯岩组，出露于四平地区，原岩为一套碎屑岩为主夹碳酸盐岩建造。

表 2-11 吉中-延边成矿带及邻区地壳构造演化事件表

地质时代					造山与构造运动		超大陆旋回	巨阶段(Wang and Mo,1995)	地壳构造演化阶段	
宙	代	纪	世	年龄/Ma	(任纪舜等，1999)					
显生宙	新生代	第四纪	Qh				现代陆洋体制逐步形成	V 陆内发展	滨太平洋构造域演化阶段	大陆地壳伸展减薄
			Qp	2.6						
		新近纪	N_2	3.0 5.3	晚喜马拉雅运动	喜马拉雅旋回				
			N_1	15 23.3	中喜马拉雅运动					
		古近纪	E_3							
			E_2	40~50	早喜马拉雅运动					
			E_1	65						
	中生代	白垩纪	K_2 / K_3	80	晚燕山运动					
			K_2	96 110	中燕山运动Ⅱ幕	燕山旋回				大陆边缘挤压造山
			K_1 / K_1	137						
		侏罗纪	J_3	145±	中燕山运动Ⅰ幕					
			J_2	154 175	早燕山运动Ⅱ幕 早燕山运动Ⅰ幕					
			J_1							后造山伸展
		三叠纪	T_3	205	晚印支运动	印支旋回		Ⅳ 欧亚超大陆形成	古亚洲洋构造域演化阶段	古大陆沉降	山间盆地沉积
			T_2	230	早印支运动					
			T_1	240						
	晚古生代	二叠纪	P_3 / P_2	250						
			P_2 / P_1	260 277	晚华力西运动	华力西旋回	潘吉亚大陆			前陆盆地沉积，陆缘深成岩浆带形成
			P_1							
		石炭纪	C_2 / C_3	295	中华力西运动					
			C_2							
			C_1 / C_1	320 354	早华力西运动					古大陆隆升	前陆盆地形成，古陆隆升剥蚀
		泥盆纪	D_3							
			D_2							
			D_1	410						
	早古生代	志留纪	S_4 / S_3	417	晚加里东运动	加里东旋回				
			S_3							
			S_2 / S_2							
			S_1 / S_1	438						
		奥陶纪	O_3		早加里东运动					
			O_2							
			O_1	490						克拉通盖层形成	古大陆沉降，陆表碳酸盐岩及碎屑岩沉积
		寒武纪	$Є_3$		兴凯运动					
			$Є_2$		泛非运动					
			$Є_1$	543						
元古宙	新元古代	震旦纪	Z_2			兴凯(萨拉尔、泛非)旋回	冈瓦纳大陆			陆内裂陷
			Z_1	680	澄江运动					
		南华纪	Nh_2							
			Nh_1	800	雪峰运动					
		青白口纪	Qb_2		(晋宁运动)	扬子(晋宁)旋回	罗迪尼亚大陆	Ⅲ 地台形成	古陆块形成阶段	
			Qb_1	1000	武陵运动					古大陆微弱上升
	中元古代	蓟县纪	Jx_2							古大陆伸展裂陷
			Jx_1	1400						
		长城纪	Ch_2							
			Ch_1	1800	中条(吕梁)运动					
	古元古代	滹沱纪	Ht	2300		中条旋回	古元古代大陆	Ⅱ 原地台形成		克拉通基底形成与演化	古陆块裂陷、折返及再次克拉通化
		?		2500	五台运动					
太古宙	新太古代		Ar_3^2	2600	阜平运动	五台旋回	新太古代大陆	Ⅰ 陆核形成			古陆核汇聚克拉通化
			Ar_3^3	2800		阜平旋回					
	中太古代		Ar_2	3000 3200	迁西(铁架山)运动	迁西(铁架山)旋回	中太古代大陆				陆核形成
	古太古代		Ar_1	3350 3600	陈台沟运动	陈台沟旋回					
	始太古代		Ar_0	3800	白家坟运动	白家坟旋回					

（据徐志刚等，2006，2008；付俊彧等，2019，有修改）

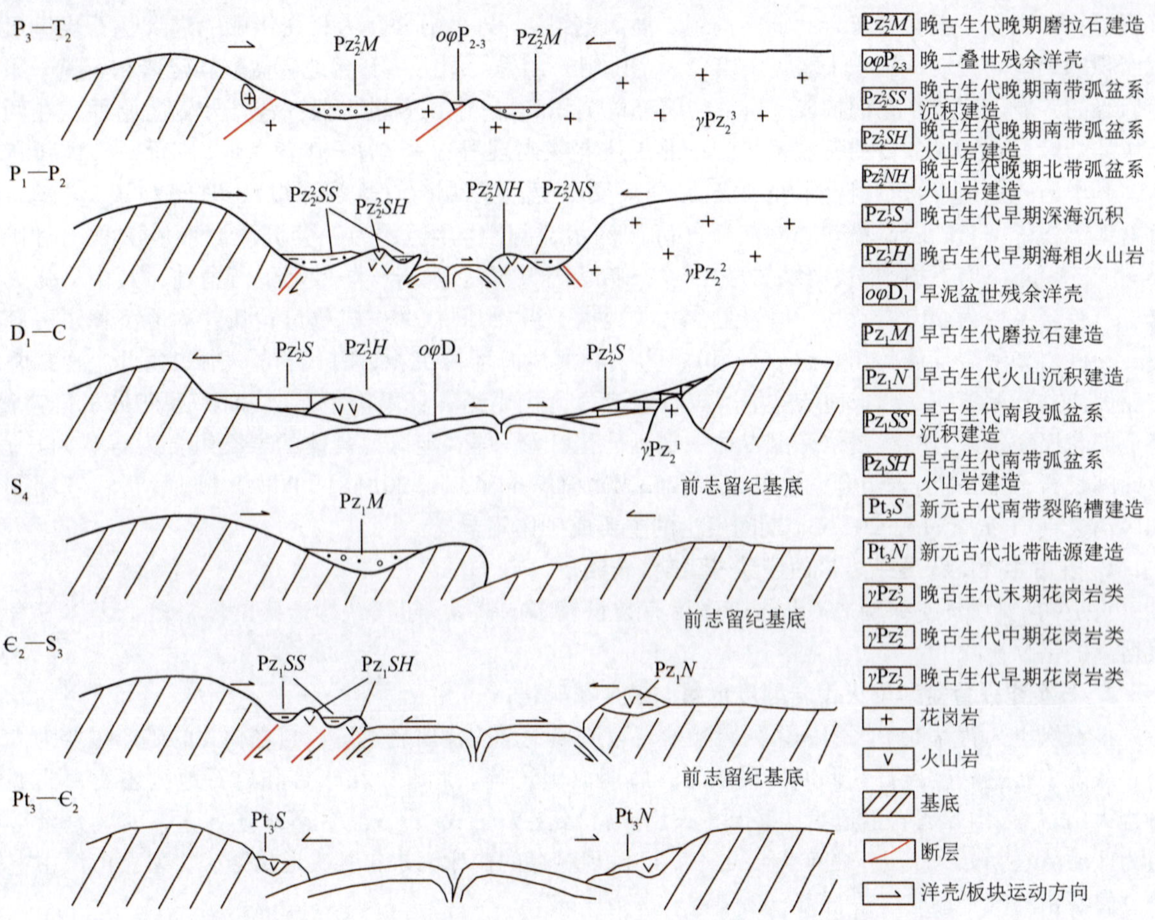

图 2-8　吉中-延边成矿带及邻区新元古代—中三叠世地壳构造演化模式图

（据吉林省地质调查院，2023，有修改）

早志留世时期，成矿带原奥陶纪岛弧区沉积了一套具有复理石建造特点的含笔石的细砂岩、粉砂岩、粉砂质板岩，偶夹含砾细砂岩（桃山组），而在原奥陶纪弧后盆地区沉积一套陆源碎屑岩-碳酸盐岩建造（石缝组和椅山组）及中酸性火山岩、火山碎屑岩建造夹碳酸盐岩建造（弯月组）。

晚（末）志留世西伯利亚和华北板块碰撞拼合，发育晚志留世中酸性岩浆侵入活动，成矿带邻区发育晚志留世—早泥盆世海相磨拉石建造（张家屯组），标志着加里东运动基本结束。志留纪还发育中酸性岩浆侵入活动，形成与洋壳俯冲有关的陆缘弧型中酸性岩体。该期构造-岩浆活动使成矿带绝大部分地区隆升为陆地，致使中志留世—晚志留世地层缺失。

早加里东运动使成矿带所在地区开始出现火山岛弧-弧后盆地系统，岛弧区钙碱性火山喷发强烈，这些岛弧型火山岩常作为热液型矿床的矿源层，在后期构造岩浆热液活动下，形成岩浆热液型金、银、铅锌矿床；同时，这些岛弧型海相火山活动中又形成了海相火山岩型的金矿或硫铁矿多金属矿。此外，弧间（前、后）盆地沉积建造，比如碳酸盐建造夹少量陆源碎屑岩建造，与大理岩、蓝晶石和硅灰石（形成硅质灰岩，后期热变质成矿）矿的形成密切相关。

三、华力西旋回活动大陆边缘形成阶段

随着加里东运动结束，华北与西伯利亚两大板块初步拼合在一起，至早泥盆世晚期再次裂解，早期表现为裂陷槽沉积，于早泥盆世晚期—中泥盆世早期在永吉县黄榆出露一套长石砂岩、粉砂岩、灰岩夹火山碎屑岩（王家街组）。中晚泥盆世—早石炭世裂解进一步加强，裂解中心区火山活动强烈，在吉林中部头道川-烟筒山一带发育一套早石炭世海底火山岩建造（余富屯组），主要为细碧岩、细

碧玢岩、角斑岩、石英角斑岩和细碧质凝灰岩，并伴有镁铁质-超镁铁质岩侵入。华北板块北缘一侧沉积了一套海相砂板岩夹灰岩（通气沟组、鹿圈屯组），与火山岩互为相变接触。进入晚石炭世形成大面积的碳酸岩台地，沉积了磨盘山组、天宝山组、山秀岭组等一套台地碳盐酸岩建造和石嘴子组台地后缘的碎屑岩建造，它们构成了所谓的超补偿沉积。早-中二叠世古亚洲洋开始双向俯冲，在两大板块的陆缘分别形成各自的弧盆系统。华北板块北缘出现磐石-石嘴子弧背盆地、安图-头道弧背盆地，其中岛弧火山岩岩石组合主要为安山岩-英安岩-流纹岩组合（大河深组），时代为早二叠世；弧背盆地沉积了一套砂岩、粉砂岩夹灰岩（寺洞沟组、寿山沟组），为一套滨浅海环境沉积，时代为早-中二叠世。西伯利亚板块南缘发育有庙岭-哈达门弧背盆地、吉林-蛟河弧背盆地，其中岛弧火山岩岩石组合主要为安山岩及其碎屑岩组合（关门嘴子组），时代为中二叠世；弧背盆地沉积了一套砂岩、粉砂岩夹灰岩（庙岭组、解放村组），为一套滨浅海环境沉积，时代为早-中二叠世。晚二叠世古亚洲洋盆开始萎缩，形成前陆盆地磨拉石建造（开山屯组、杨家沟组），同时一系列具“同碰撞”特征的花岗质侵入岩陆续侵位，由吉林中部延伸至汪清-珲春地区，具体的岩石组合为石英闪长岩-花岗闪长岩-二长花岗岩组合，时限262~242 Ma（Chen et al.，2014）；于早、中三叠世古亚洲洋盆彻底消失（Chen et al.，2017）。期间发生的主要成矿作用包括：

1. 晚古生代蛇绿混杂岩带内镁铁-超镁铁岩铬矿

头道沟-机房沟蛇绿构造混杂岩带残留有数量较多的镁铁-超镁铁构造残留体，多个岩体发育岩浆熔离的铬铁矿化。

2. 石炭纪弧背盆地内火山岩型贵金属、多金属矿化

早石炭世弧背盆地中沉积一系列碳酸盐岩建造和少量的碎屑岩建造，与之相关的矿产主要为大理岩、灰岩、石墨和硅灰石（形成硅质灰岩，后期成矿）等。此外，在永吉和磐石地区还发育典型的海相火山岩-火山碎屑岩建造，这些海相火山岩常富含Au、Ag、Cu、As等成矿元素，尤其是余富屯组为区域Au、Ag、Cu、As的矿源层之一，已发现赋存的矿床为永吉县头道川金矿、磐石市民主屯银矿、磐石市石嘴子铜矿、磐石市石棚腰银、多金属矿等。

3. 石炭纪台地碳酸盐岩内的接触交代型多金属矿化

天宝山组（山秀岭组）台地碳酸盐岩建造与二叠纪中酸性花岗岩的接触带附近产出有接触交代型多金属矿床，比如天宝山立山铅锌矿床。

4. 二叠纪岛弧火山岩及弧背盆地内的多金属矿化

大河深组岛弧火山岩系及庙岭组滨浅海相碎屑岩夹灰岩中均产出有海相火山岩型的多金属矿床，比如小红石砬子多金属（宝玉石）矿床和红太平多金属矿床。

5. 二叠纪花岗岩内隐爆角砾岩筒型多金属矿化

中二叠世花岗闪长岩内发现隐爆角砾岩筒型多金属矿化，比如天宝山新兴多金属矿床。

经晚华力西期（早印支期）造山运动大变革后，盘古超大陆也已形成，吉林省的龙岗陆块区与其北部造山系已经完全拼合在一起，进入了统一的构造演化过程。自晚三叠世起，由于古太平洋板块的俯冲作用进入滨西太平洋构造域强烈陆内叠加造山发展时期（图2-9），发生了由近东西向构造线方向向转变为北东—北北东向构造线方向的重大转变。特别是晚三叠世—晚白垩世经历了多次不同类型的构造转换，致使本区发生了强烈的陆内叠加造山运动，出现了陆内断（坳）陷盆地与岩浆弧新的构造格局，可称之为新吉黑造山阶段。这一阶段是吉中-延边成矿带成岩成矿的主要时期，形成丰富的有色、贵金属及能源矿产（鲁媛等，2016）。

四、印支旋回构造域转化阶段

印支运动期间，吉中-延边成矿带进入古亚洲洋闭合-造山后的伸展垮塌环境，幔源物质上涌，大量镁铁-超镁铁岩沿辉发河深大断裂侵入（周晓东，2009）。由于地幔上隆、地壳拉分，形成一系列陆相（火山）断陷盆地，在陆相火山喷发间歇期沉积了一套杂色复成分砾岩、含砾砂岩、黑色板岩的含煤碎屑岩建造；在吉林中部称大酱缸组，代表性盆地有双阳大酱缸盆地、东辽小四平盆地；汪

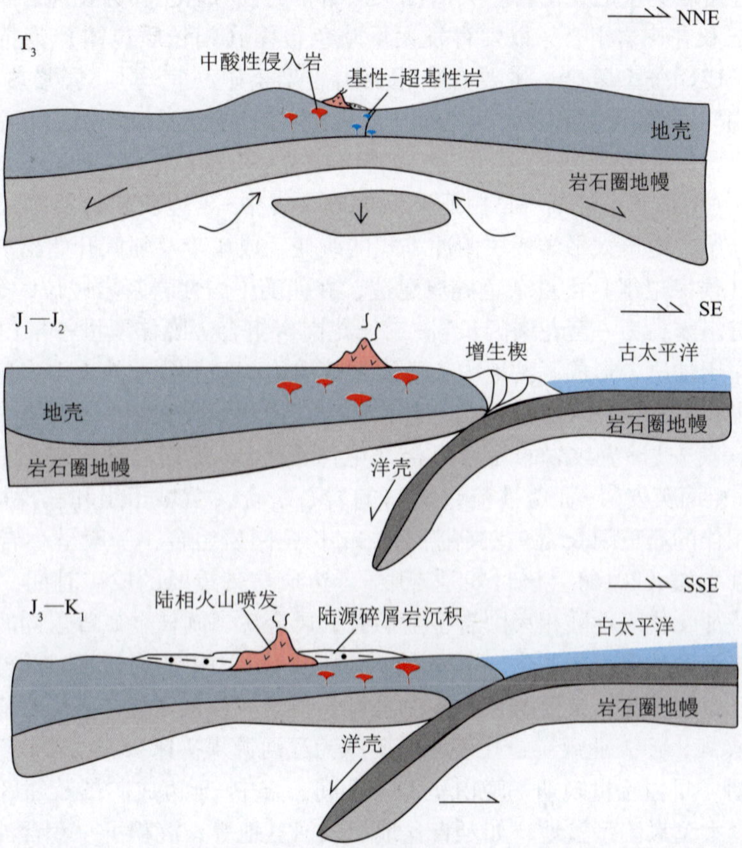

图 2-9　吉中-延边成矿带及邻区晚三叠世—早白垩世构造演化示意图
（据王硕，2014，有修改）

清地区的火山沉积岩系为托盘沟组、马鹿沟组和天桥岭组；桦甸地区为四合屯组。相伴生的一系列成矿作用包括：

1. 镁铁-超镁铁质岩内铜镍矿

晚三叠世后造山镁铁-超镁铁岩以富含铜镍为特点，岩浆结晶分异较好的岩体发生岩浆熔离作用，形成具有工业价值铜镍矿床。成矿带主要的镁铁-超镁铁质岩群包括红旗岭岩群、漂河川岩群、长仁-獐项岩群等，赋存有大型红旗岭镍矿、中型长仁镍矿、小型漂河川镍矿等，构成我国重要的铜镍资源基地。

2. 碱性杂岩内钒、铁、磷矿

晚三叠世敦化青林子-汪清南土城子碱性辉长岩-石英二长闪长岩-碱长花岗岩带的个别岩体发育岩浆熔离型钒钛磁铁矿矿体，磷灰石含量也较高，可以作为伴生矿产，代表性矿产地如安图县青林子、南土城子铁钒矿点。

3. 断陷盆地内煤矿

受晚三叠世后造山崩塌作用的控制，在崩塌带附近形成一系列陆相断陷盆地，沉积了一套含煤碎屑岩建造，产出的煤矿规模较小，代表性矿床如大酱缸煤矿床。这些含煤层系受燕山期侵入岩影响而发生接触热变质，形成石墨矿，代表性矿床为磐石市仙人洞石墨矿床。

五、燕山旋回大陆边缘活动与大规模成岩成矿阶段

随着岩石圈拆沉加剧，地幔物质上涌，下部地壳重熔，混合岩浆大量上侵，在汪清、桦甸等地形成了燕山早期火山侵入杂岩带。其中早、中侏罗世地层为玉兴屯组、南楼山组，前者为深灰色凝灰质砾岩和砂岩及火山爆发相的深灰色安山质含角砾凝灰岩和火山角砾岩；后者下部以中性熔岩及其碎屑

岩为主，上部以酸性熔岩为主的火山岩。火山侵入杂岩带的侵入岩主要为花岗岩，岩石组合为石英闪长岩-花岗闪长岩-二长花岗岩组合，以发育发大量暗色包体（闪长质包体）为特征。早、中侏罗世成矿作用较为强烈，成因类型复杂，主要有陆相火山岩型金矿（官马）、岩浆热液型锑矿（三合）、斑岩型钼矿（大黑山）、接触交代型铁矿（吉昌）、海相火山岩型铅锌矿（红太平）及岩浆热液型金矿（二道甸子）等。

早-中燕山运动（中侏罗世晚期—早白垩世）期间，吉中-延边成矿带及邻区进入盆山构造演化阶段。早燕山运动开始，由于太平洋板块俯冲方式的改变，成矿带及邻区开始出现盆山构造，成矿带邻区出露小东沟组（侯家屯组）的红杂色碎屑建造，并伴随中酸性岩浆岩侵位，分布在辽源-吉林市一线，其他地区偶有出露，为一套花岗闪长岩-二长花岗岩组合。晚侏罗世—早白垩世早期盆山构造进一步发展，火山作用加剧，形成了盆地内火山岩与碎屑岩相间、盆地外火山岩遍布的格局，其中盆地内晚期发育有含煤碎屑岩建造（太阳岭组、德仁组、久大组、安民组、长财组等）。火山岩主要为玄武安山岩-安山岩-英安岩-流纹岩的岩石组合（屯田营组），晚期局部出现粗面玄武岩-玄武粗安岩-粗安岩-粗面岩-粗面英安岩-（碱性流纹岩）的岩石组合（营城子组和三棵榆树组）。侵入岩主要为与前述火山岩相伴的石英闪长岩-花岗闪长岩-二长花岗岩组合，一般呈小岩株出现，另有少量富碱质花岗岩侵入（鲁媛，2016）。该时期是吉中-延边成矿带重要的成矿时期，以发育大量的陆相火山岩型金矿床为特征，代表性陆相火山岩型金矿有五凤金矿、闹枝金矿等。同时，中酸性侵入岩浆活动还诱发了岩浆热液型的贵金属矿化，以海沟金矿和四平山门银矿为代表。此外，晚侏罗世—早白垩世沉积盆地内煤矿资源丰富，主要赋存于早白垩世长财组、沙河子组、长安组内，其岩性为砾岩-砂岩-粉砂岩-泥岩夹煤，产工业煤层，代表性煤矿床为辽河源煤矿床。

中、晚燕山运动（早白垩世晚期—晚白垩世）期间，吉中-延边成矿带及邻区进入叠加坳陷盆地演化阶段，开始发育大型坳陷型盆地，如延吉盆地、蛟河盆地等，沉积了一套含油碎屑岩建造。延吉盆地、罗子沟盆地及蛟河盆地发育有下白垩统大砬子组，其下部为砾岩、砂岩、粉砂岩、泥岩、页岩。上白垩统青山口组为一套灰色、青灰色、灰黑色、黑色泥岩、页岩、砂质泥岩夹数层油页岩。上白垩统嫩江组以灰黑色泥岩为主，夹灰白色、灰绿色细砂岩、粉砂岩夹油页岩，上部夹有红色泥岩。

六、喜马拉雅旋回小型断陷-火山台地演化阶段

晚燕山运动结束后，敦化、伊舒、梅河、珲春等地发育一系列小型断陷盆地，沉积了一套陆相含油、含煤碎屑岩建造；其他地区火山活动也较强烈，火山岩具有从拉斑玄武岩-碱性玄武岩-碱流岩演化的特点。古近系梅河组、桦甸组、珲春组岩性为砾岩、砂岩、粉砂岩、泥岩夹煤，产出的煤矿床有梅河煤矿、珲春煤田、舒兰煤矿等。桦甸组蕴含油页岩，并形成工业矿体，代表性矿床有桦甸北台子油页岩矿；梅河组、珲春组也有油页岩的找矿线索。新近系土门子组砾岩、第四系河流冲积砾石层局部地区发现有砂金矿床，如珲春砂金矿。

第三章 成矿带地球物理地球化学场特征

根据东北地区矿产资源潜力评价成果，吉中-延边成矿带区域地球物理场隶属于天山-兴蒙造山系重磁场区（Ⅰ）、吉中-延边重磁异常区（Ⅰ-7）。成矿带重力异常以近东西向重力低异常带为总体特征，局部重力高、重力低异常，北东、北北东及近东西走向均有分布。成矿带航磁异常在敦化-密山断裂以西，以北东向、北北东向及近东西向为主，而敦化-密山断裂以东，以北东向、北西向为主，反映了华力西期、印支期、燕山期酸性侵入岩体及中生代火山岩的磁异常特征。吉中-延边成矿带各成矿亚带重磁异常特征详见下文。

第一节 区域地球物理场特征

一、山门-乐山 Ag-Au-Cu-Fe-Pb-Zn-Ni 成矿亚带（Ⅲ-55-①）重磁异常特征

1. 山门-乐山 Ag-Au-Cu-Fe-Pb-Zn-Ni 成矿亚带（Ⅲ-55-①）重力异常特征

山门-乐山 Ag-Au-Cu-Fe-Pb-Zn-Ni 成矿亚带（Ⅲ-55-①）南以开原断裂与华北陆块为界，西以昌图-四平断裂为界，东以开原-威远堡断裂（郯庐断裂带）为界，北至吉林四平境内。

成矿亚带出露奥陶系黄顶子岩组石英大理岩、粉砂质大理岩、含燧石条带大理岩、碳质板岩、片岩夹变石英砂岩；烧锅屯岩组黑云变粒岩、角闪变粒岩、石英片岩、二云母石英片岩、云母片岩；早二叠世四合顺基性-超基性杂岩；以及早二叠世中细粒二长花岗岩、花岗闪长岩、中粒似斑状二长花岗岩。

Ⅲ-55-①成矿亚带区域重力异常沿北东向展布，与郯庐断裂构造线一致，呈西北高、东南低的特点。结合岩石物性及地质资料，推断开原-威远堡镇一带重力低异常为中生代盆地引起，为煤矿找矿远景区；昌图-泉头镇一带重力高异常与出露的奥陶纪、二叠纪大理岩、变粒岩、花岗闪长岩等岩石相吻合，具备多金属成矿潜力。

Ⅲ-55-①成矿亚带西北部有规模较大的北东走向长轴状布格重力高异常，为带内强度最高异常，与东侧依-舒盆地南段狭长重力低异常带以笔直的线性梯度带相隔。西南部经过蔡家-石岭低缓重力高异常区，到西南端进入山门-叶赫升高重力异常区。

西北部长轴状布格重力高异常，北东走向，规模大，强度高，最大值为 $16.2\times10^{-5}\ m/s^2$，东南侧梯度陡，北西侧缓。伊通县放牛沟中型多金属矿床、马鞍乡王家油房小型铜矿床、大城号小型铜矿床及多金属矿点主要分布在异常边部等值线扭曲处和顶端位置。地表出露有大面积奥陶系变质岩，规模较小志留系变质岩，加里东期、华力西早期中性侵入岩体，华力西期、印支期、燕山期酸性侵入岩体。推断该重力高异常为下古生界基底隆起及华力西晚期以前的中性侵入岩体引起。

蔡家-石岭重力高异常带，近南北走向，强度不高，最大值为 $-9.3\times10^{-5}\ m/s^2$。异常区内主要矿产有梨树县大顶子小型多金属矿床，中马家油房铅锌矿点。由于奥陶系、志留系分布规模较小，而华力西期、印支期、燕山期酸性侵入岩体分布较为广泛，并未引起较强重力高异常。

西南部重力高异常，走向北东，位于吉林、辽宁两省交界处，最大强度为 $-1.0\times10^{-5}\ m/s^2$。主要出露有断续分布的小规模奥陶系和规模较大的加里东期、燕山期中性侵入岩体，为引起重力高异常的主要因素。高异常区分布有吉林省四平市山门大型银矿床、山门小型镍矿床等。

在 14 km×14 km 滑动平均剩余重力异常图上，西北部长轴状布格重力高异常分解为两个短轴状局

部重力高异常，放牛沟中型多金属矿床、马鞍乡王家油房小型铜矿床等位于两个局部重力高异常之间的低缓异常上，中部由南北走向条带状异常构成，西南部呈北东走向条带状。依-舒断裂石岭-叶赫异常梯度带得到突出，与大南-靠山段陡梯度带连接一起组成依-舒断裂的西南段，该断裂具有导矿和控矿作用。

2. 山门-乐山 Ag-Au-Cu-Fe-Pb-Zn-Ni 成矿亚带（Ⅲ-55-①）区域磁异常特征

Ⅲ-55-①成矿亚带内出现多个封闭的高磁异常，异常呈长椭圆状，沿北东向展布。带内异常按走向及异常强度可以分为两类，昌图县北侧区域航磁异常呈封闭的带状，异常长轴 25 km，短轴 8 km，异常中心极值 450 nT，形态规则，异常中心两侧近对称变化，异常长轴走向近北东东向，无负磁异常伴生；昌图县南侧出现 3 个近长椭圆状封闭的异常中心，异常长轴长 14 km 左右，短轴长 5 km 左右，异常中心两侧均近对称分布，形态规则，赵家台镇附近出现异常极值 275 nT，异常长轴走向近北北东向，并伴生微弱负磁异常。

Ⅲ-55-①成矿亚带位于大黑山条垒南段，表现为正负磁异常变化区，为四平-榆树深大断裂与伊通-舒兰深大断裂所挟持区域，中部叶赫-乐山线性正磁异常带沿北东向贯穿本区，两侧有负磁异常区相伴，在正磁异常带北端响水附近有另一条带状正异常平行分布。东侧北东向展布的负磁异常带为中新生代伊通-舒兰断陷盆地的反映。西侧负磁异常区为中新生代松辽断坳盆地的反映。响水附近的条带状正磁异常与古近系富峰山组玄武岩有关。

成矿亚带矿产资源丰富，发育四平市山门银（金）大型矿床，伊通县放牛沟多金属矿床、四平市山门小型镍矿床。矿床类型主要为岩浆热液型、海相火山岩型、岩浆型等。

奥陶系放牛沟组火山岩、砂岩、灰岩互层，为放牛沟多金属矿赋矿层位，表现为航磁负异常，重力高异常。四平市山门镍矿产于基性-超基性岩体中，附近有奥陶系盘岭岩组出露，由于岩体规模小，不足以产生航磁异常，但表现出重力高异常。热液型及接触交代型矿床大部分处在正磁异常带边部梯度带或低缓正磁异常上，反映了与接触带、断裂构造有关。

二、那丹伯—一座营 Au-Mo-Ag-Pb-Zn-Cu-Ni 成矿亚带（Ⅲ-55-②）重磁异常特征

1. 那丹伯—一座营 Au-Mo-Ag-Pb-Zn-Cu-Ni 成矿亚带（Ⅲ-55-②）区域重力异常特征

Ⅲ-55-②成矿亚带东西向展布于开原地区，南以开原断裂与华北陆块分界，向东进入吉林境内。西以郯庐断裂带分界。

成矿亚带出露有奥陶系下二台岩群盘岭岩组海相中性及中酸性火山岩夹碎屑岩建造，黄顶子岩组变质碳酸盐岩夹碎屑岩建造，烧锅屯岩组变质碎屑岩建造，下二叠统佟家屯组变质中性火山岩建造，照北山岩组变质碳酸盐岩夹碎屑岩建造。此外，沿陆块边缘出露新太古代变质深成岩基底残块及发育前造山基性-超基性岩、俯冲型花岗闪长岩-二长花岗岩建造。

成矿亚带区域重力呈北西向展布，中间低、两侧高。二叠纪中细粒二长花岗分布广泛，引起部家店镇-凉泉镇-和平镇一带重力低异常，成矿亚带沈家堡子、西丰县一带布格重力异常呈升高趋势，地表有大理岩、变粒岩、浅粒岩、石英片岩，推测该区重力高异常为老地层引起。

成矿亚带区域布格异常图反映，在西北部有北东向条带状重力高异常带，西南部为规模较大的片状低缓重力高异常区，东北部为北西西展布的宽大重力低异常带。3 处不同异常区以等值线线性梯度带、不同场态分界线，反映了 3 条主要断裂的分布位置。

西北部北东向重力高异常带，由两处条带状局部重力高异常组成，最大值分别为 -2.6×10^{-5} m/s^2、-8.6×10^{-5} m/s^2。伊通附近局部重力高异常，主要出露有华力西期、印支期酸性侵入岩体，下古生界石缝组零星出露，推断重力高异常为下古生界基底隆起的反映；大孤山东侧局部重力高异常，主要出露有加里东期、华力西期、燕山期酸性侵入岩体，新元古界西保安岩组稀疏分布，推断重力高异常为元古宇基底隆起的反映。重力高异常带西北侧线性梯度带梯度陡，沿东西向产生较大错动，显示出依-舒断裂带东支被近东西向断裂错断；该东西向断裂向东错断重力高异常带，与东南侧北东向梯度带交叉位置，分布有 7 处热液型小型金矿床及金矿点，反映出北东向、北西向交叉断裂对

金矿床产出具有控制作用。

西南部规模较大的片状低缓重力高异常区，最大强度值为$-2.6\times10^{-5}\ m/s^2$，华力西期酸性侵入岩体广泛发育，燕山期、印支期酸性侵入岩体少量分布。在辽源以西，侏罗系、白垩系沉积地层分布面积较大，辽源东南方向侏罗系呈狭长带状分布。下古生界石缝组在异常区星罗棋布，新元古界西保安岩组仅在辽河源以东和石驿以东零星分布。由此推断片状重力高异常区为下古生界及元古宇基底隆起所致。重力高异常区北东侧北西向线性梯度带规模大，梯度较陡，东丰县西保安小型沉积-变质型铁锰矿床位于梯度带的东南段，推断辽河源东南方北西走向条带状局部重力高异常为半隐伏新元古界西保安岩组引起，异常强度为$-8.6\times10^{-5}\ m/s^2$，具有找沉积-变质型铁锰矿床潜力。

东北部为北西西向展布的宽大重力低异常带，异常最低值为$-26.1\times10^{-5}\ m/s^2$，无明显异常中心。在中部出现两处弱小局部重力高异常，辽源市弯月东山金矿床、弯月铅锌矿床所在局部重力高异常，强度为$-15.3\times10^{-5}\ m/s^2$，与出露的石缝组范围比较吻合，其北部局部重力高异常，强度为$-19.5\times10^{-5}\ m/s^2$，地表出露华力西期、印支期酸性侵入岩体，推断为隐伏石缝组引起。

在14 km×14 km滑动平均剩余重力异常图上，局部重力高、低异常以北西向、东西向为主，北东向、南北向数量少，反映了构造活动受近东西向的华北陆块北缘东段断裂带和北西向磐双断裂带双重影响。

2. 那丹伯—座营 Au-Mo-Ag-Pb-Zn-Cu-Ni 成矿亚带（Ⅲ-55-②）区域航磁异常特征

Ⅲ-55-②成矿亚带位于南部石岭隆起区。南邻华北陆块北缘东段，北靠磐双接触带。

成矿亚带区域航磁异常呈现平静的磁场特征，磁场值在-200~100 nT之间变化，异常值梯度变化较小，异常总体上呈北东向展布。振兴镇-凉泉镇一线东侧至成矿亚带边界区域航磁异常呈平静的低磁特征，异常值在-75~-200 nT之间，梯度变化较小；振兴镇-凉泉镇一线西侧至成矿带边界区域航磁异常呈北东走向的高磁异常特征，异常呈带状沿北东向展布，异常中心处异常值在100 nT左右，异常值梯度变化较小。

成矿亚带西南部的建安-大兴一带以大面积低缓正磁异常区为主，异常多数呈条带状分布，以北西、北西西走向为主，梯度缓，仅在大兴附近异常略陡，出现本区最大值338 nT。异常与广泛分布的晚二叠世斜长花岗岩、黑云母花岗岩、花岗闪长岩有关，反映了华力西晚期岩浆活动受近东西向的华北陆块北缘东段断裂带和北西向磐双断裂带双重控制。异常周围新元古界西保安岩组，志留系石缝组、弯月组等变质岩地层零星出露，与西保安沉积变质型锰磷铁矿床、弯月热液型铅锌、金矿床关系密切。

成矿亚带东部沙河附近低缓正磁异常，与东部Ⅲ-55-③成矿亚带异常构成东西走向磁异常带，推断为晚三叠世二长花岗岩、早侏罗世正长岩引起。康大营东侧有一处东西走向规模较小的正磁异常，南北两翼梯度较陡，最大值为263 nT，北侧伴有负异常，在异常边部零星出露6处早二叠世辉长岩，有镍矿化点分布，异常与半隐伏辉长岩有关，对寻找岩浆熔离型镍矿较为有利。

成矿亚带北部大面积负磁场背景区中有2条负磁异常带交叉分布，大孤山-营城负磁异常带呈北西西走向，向西与伊通-舒兰断陷盆地负磁异常区相通，与已知伊通-营城断裂带基本吻合；在中部与北东向营城-山河负磁异常带相连。

负磁场区以北，依次有一小、一大两处北东走向椭圆形正磁异常分布，正磁异常南端与大孤山-营城负磁异常带交汇部位分布有7处热液型小型金矿床及金矿点。推断异常与晚二叠世斜长花岗岩、早三叠世二长花岗岩、早白垩世正长花岗岩、中侏罗世花岗闪长岩及接触带有关。华力西期、印支期及燕山期酸性侵入岩体与志留系石缝组、弯月组变质岩接触带是热液型金矿找矿有利区。

三、山河-榆木桥子 Au-Ag-Mo-Ni-Cu-Fe-Pb-Zn 成矿亚带（Ⅲ-55-③）区域重磁异常特征

1. 山河-榆木桥子 Au-Ag-Mo-Ni-Cu-Fe-Pb-Zn 成矿亚带（Ⅲ-55-③）重力异常特征

Ⅲ-55-③成矿亚带布格重力异常呈现西部重力高、东部重力低的特征。吉昌-驿马近东西向梯度

带与榆木桥子-旺起近南北向梯度带，反映了亚带内两条规模较大的断裂构造。双河-取柴河-南楼山-旺起环形重力梯级带反映了南楼山火山盆地周边环形断裂构造。

双阳中新生代沉积盆地反映出南北向短轴状重力低异常，异常最低值为$-18.8\times10^{-5}\ m/s^2$。双阳盆地西南部和东北部重力高异常在盆地东南合为一体，向东南方向延伸至榆木桥子附近，异常宽度逐渐变窄，强度逐渐降低，幅度变化达$18.9\times10^{-5}\ m/s^2$。地表下石炭统鹿圈屯组、余富屯组、磨盘山组发育；奥陶系黄莺屯岩组、小三个顶子岩组，志留系石缝组、弯月组，中石炭统石嘴子组，下二叠统寿山沟组、大河深组、范家屯组，华力西期基性岩体，燕山期中性岩体等零星分布。这些古生界及基底隆起，与具有一定规模的基性-中性侵入岩体可以共同产生重力高异常。重力高异常区内及边缘梯度带、扭曲部位，分布有近10处小型金矿床、矿点，还有几处小型铜、锑、银矿床、矿点。

取柴河-南楼山-旺起-永吉-黄榆-取柴河环形重力梯级带所围成的似圆状形态复杂的重力低异常区，与上三叠统四合屯组中性火山岩、下侏罗统南楼山组中性、中-酸性火山岩，以及燕山期酸性岩类关系密切；区内局部重力高异常多半是下古生界头道沟岩组，中二叠统范家屯组等，华力西期、燕山期中性岩体及隐伏基底的反映。环形断裂构造控制了大黑山和南楼山两处火山活动中心，为基本控矿构造。永吉县大黑山超大型斑岩型钼矿床及两处小型多金属硫铁矿床处于中心部位，另有十余处小型铜、铅锌矿床、矿点分布在环形断裂构造附近。

东部榆木桥子-旺起重力低异常区，局部重力异常以东西、南北走向为主。局部重力低异常呈团块状、条带状、椭圆状，面积较大，数量较多，最低值为$-42.0\times10^{-5}\ m/s^2$，主要与华力西期、燕山期中酸性侵入岩体关系密切；局部重力高异常，呈条带状、椭圆状、等轴状，规模较小，最高值为$-23.9\times10^{-5}\ m/s^2$，为奥陶系黄莺屯岩组、志留系石缝组及隐伏基底的反映。几处小型铁、铅锌矿床分布在重力低异常上，一处小型锑矿床分布在重力高异常边缘。

吉昌-驿马一线以南，整体上显示出重力低异常区，局部重力高、低异常以北西走向为主，两者规模相近，相间分布，强度最低值为$-28.6\times10^{-5}\ m/s^2$，最高值为$-11.7\times10^{-5}\ m/s^2$。重力低异常为华力西期、印支期、燕山期酸性侵入岩体的反映；重力高异常为奥陶系黄莺屯岩组、小三个顶子岩组，志留系石缝组，下石炭统鹿圈屯组、磨盘山组，中石炭统石嘴子组等地层及隐伏基底的反映。局部重力高、低异常过渡带上分布有吉昌铁矿床、石嘴子铜矿床等小型矿床。

2. 山河-榆木桥子 Au-Ag-Mo-Ni-Cu-Fe-Pb-Zn 成矿亚带（Ⅲ-55-③）磁异常特征

成矿亚带西部为起伏变化的负磁异常区，中部为大面积波动升高的正磁异常区，东部为低缓正负磁异常区。各异常区内局部正、负磁异常走向绝大部分为北北东向、北东向。反映了晚三叠纪以来滨太平洋构造活动的强烈影响。亚带内分布铁、铜、铅、锌、银、钨、金、钼、锑、镍、萤石、硫铁矿床、矿点49处。成因类型以热液型为主，其次为接触交代型、斑岩型、火山岩型，岩浆型和沉积型较少。超大型斑岩型钼矿床1处，中型热液充填交代型萤石矿床1处。

西部负磁异常区在双阳-吉昌一带，负磁异常带呈北东走向，沿北西方向呈高低起伏排列，异常值在74~-208 nT间变化，仅有几处孤立正磁异常零散分布；在吉昌-官马一带，负磁异常呈片区及带状分布。负磁异常区主要为石炭系鹿圈屯组、磨盘山组，上三叠统大酱缸组，侏罗系太阳岭组沉积地层及双阳中新生代沉积盆地引起。铁、铜、金、锑、镍、萤石矿矿床、矿点处在低缓负磁异常及边部线性梯度带上。

中部正磁异常区由东西两部分组成，西侧永吉-烟筒山一带较大规模正磁异常为南楼山火山沉积盆地上三叠统四合屯组、下侏罗统南楼山组中酸性火山岩及侏罗纪花岗岩、花岗闪长岩所引起，异常整体低缓，呈片状分布；大黑山超大型钼矿床、长岗岭小型钼矿床、头道沟小型多金属矿床、倒木河小型多金属矿床均处在低缓正磁异常区上，几处铜矿点、银矿点处在低缓正磁异常边部。仅在烟筒山附近出现北北东走向条带状强磁异常，最大值达535 nT，为石炭系余富屯组细碧角斑岩引起，其边部有民主屯海相火山岩型银矿床。东侧呼兰-旺起北北东向异常带由多处局部正磁异常构成，与西侧相比，异常梯度变陡，强度升高，最大值出现在八道河子北东侧，为537 nT。地表出露的与异常带有关的岩石有：早志留世二长花岗岩，中志留世花岗闪长岩，早二叠世石英闪长岩，晚二叠世黑云母花岗岩，晚三叠世花岗闪长岩，早侏罗世石英闪长岩、闪长岩、花岗闪长岩，中侏罗世闪长岩、花岗岩，晚侏罗世花岗闪长岩、花岗岩、花岗斑岩、二长花岗岩、黑云母花岗岩，上三叠统四合屯组中酸性火山岩，下侏罗统南楼山组中酸性火山岩；其中侏罗纪中酸性岩体规模较大，与四合屯组火山岩、南楼山组火山岩共同作为引起异常的主体。异常区分布矿产有铁、铜、铅、锌、金、钼矿床及矿点，以热液脉型、热液充填交代型为主，多分布在局部正磁异常边部及线性梯度带上。

东部磁异常区，正负异常低缓平稳，异常值一般为-150~100 nT，地表出露有晚二叠世花岗闪长岩、黑云母花岗岩、二长花岗岩，奥陶系黄莺屯岩组变质岩，下二叠统寿山沟组、大河深组、范家屯组沉积地层，侏罗系屯田营组、长财组火山-沉积地层。分布矿产有热液型暖木条子小型锰矿、桦树乡小型锑矿，分别处于平稳的正、负磁场中。

四、红旗岭-漂河川 Ni-Au-Cu 成矿亚带（Ⅲ-55-④）区域航重磁异常特征

1. 红旗岭-漂河川 Ni-Au-Cu 成矿亚带（Ⅲ-55-④）重力异常特征

Ⅲ-55-④成矿亚带布格重力异常以桦甸为界，西南部为重力高异常区，中部、东北部重力低异常区，异常多呈北东、北西走向。东侧北东向线性梯度带及负磁异常带为敦化-密山断陷盆地的反映。

西南部重力高异常分布区，红旗岭重力高异常呈等轴状，最高值为-23.6×10^{-5} m/s^2，与奥陶系黄莺屯岩组、早泥盆世橄榄岩关系密切，红旗岭大型铜镍矿床分布在异常南部；其他几处重力高异常则为Ⅲ-55-③、Ⅲ-55-②成矿亚带向东南方向延伸的异常末端，最高值为-19.6×10^{-5} m/s^2，是下石炭统鹿圈屯组、下二叠统寿山沟组及隐伏基底的反映，异常上有小型金矿床、铁矿床分布；另外，细林附近椭圆状重力低异常北西走向，最低值为-33.3×10^{-5} m/s^2，为华力西期、燕山期酸性岩体的反映。

中部、东北部重力低异常区，几处局部重力低异常呈条带状及不规则状，面积较大，最低值为-45.3×10^{-5} m/s^2，为华力西期、燕山期酸性岩体的反映，分布有火龙岭小型钼矿床；两处局部重力高异常，呈北东东向蝌蚪状、北东向条带状，规模不大，最高值分别为-24.2×10^{-5} m/s^2，-26.2×10^{-5} m/s^2，为奥陶系黄莺屯岩组、志留系石缝组、中泥盆世辉长岩及隐伏基底的反映，重力高异常边部分布有二道甸子大型金矿床、漂河川小型铜镍矿床和幸福小型锑矿床。

2. 红旗岭-漂河川 Ni-Au-Cu 成矿亚带（Ⅲ-55-④）磁异常特征

该成矿亚带位于毗邻敦化-密山断裂西侧的狭长区域，正、负磁异常区沿北东向相间分布。北东端分布有 3 处局部正磁异常，其规模及强度接近，强度为 219~265 nT，梯度不陡。漂河镇南侧磁异常近东西走向，最大值为 219 nT，中部分布有中型铜镍矿床；异常西南的一处微弱正磁异常边部有小型铜镍矿床分布。异常为印支期含铜镍基性-超基性岩体引起。另两处局部正异常呈北东走向并延入相邻成矿亚带，分别为基性岩体及火山岩（玄武岩）引起的异常。二道甸子及其西部负磁异常区呈向西南凸出的弧形，弧形的两翼出现明显负磁异常中心，最小值为 277 nT。异常主要与地表出露的奥陶系黄莺屯岩组、志留系石缝组变质岩及下白垩统青山口组、大砬子组沉积地层有关。弧形负磁异常顶部分布有小型砂金矿床 1 处，内侧有二道甸子大型金矿床，两端分别有幸福小型锑矿床、桦树乡小型锑矿。弧形负磁异常西南侧的椭圆状局部正异常，近东西走向，西宽东窄，南北两侧梯度较陡，强度为 283 nT，为第四系军舰山组玄武岩引起。

桦甸附近较大区域，在桦甸以西为大面积平稳正磁异常区，强度一般为 50 nT，最大为 159 nT；桦甸东南为北东走向的负磁异常区，梯度变化略陡，并出现负磁异常中心，最低强度为-271 nT。经化极处理后，全部为负磁异常区，异常值由北西向南东逐渐降低，在桦甸南侧降低较快，形成局部负磁异常中心。桦甸以西主要分布有奥陶系黄莺屯岩组变质岩，下二叠统寿山沟组、大河深组、范家屯组沉积岩，晚二叠世花岗闪长岩、石英闪长岩，晚三叠世花岗闪长岩，早侏罗世二长花岗岩，晚侏罗世花岗斑岩。桦甸东南主要分布有中侏罗世黑云母花岗岩，下二叠统大河深组、古近系桦甸组及第四

系，后两者构成桦甸新生代沉积盆地。亚带内火龙岭小型钼矿床，属矽卡岩型，处于平稳正磁异常区，无明显特征。桦甸西台子中型硫铁矿床，分为东、西两个矿段，属湖相沉积型，两个矿段处于平稳磁异常区与较强局部负磁异常区过渡的北东东向线性梯度带上，东部矿段还同时处在北东向梯度带的延长线上，两条线性梯度带分别与已知断裂位置大致吻合，后者为敦化-密山断裂的西支，可以看出，桦甸断陷盆地边缘构造对硫铁矿床具有控制作用。

红旗岭北西侧有一处近北西西走向局部正磁异常，最大值为266 nT，南侧梯度陡，红旗岭硫化铜镍硫化物矿床位于该梯度带上，北侧与Ⅲ-55-③成矿亚带内呼兰-旺起北北东向异常带相连。异常为早志留世闪长岩、早泥盆世基性超基性岩体、中侏罗世黑云母花岗岩、晚侏罗世花岗岩引起。

团林-细林一带为大面积低缓负磁异常区，仅在边部零星分布几处规模较小微弱正磁异常，强度一般在-85~63 nT之间。这些微弱磁异常由石炭系鹿圈屯组、下二叠统寿山沟组、大河深组沉积地层，晚二叠世正长花岗岩、二长花岗岩、花岗闪长岩，晚侏罗世花岗岩引起，其中，微弱正磁异常与岩体有关，负磁异常与地层有关。该带产出有茶条小型铁矿床、帽山小型金矿床。

五、海沟-红太平 Au-Fe-Cu-Pb-Zn-Ag-Mo-Ni 成矿亚带（Ⅲ-55-⑤）区域航重磁异常特征

1. 海沟-红太平 Au-Fe-Cu-Pb-Zn-Ag-Mo-Ni 成矿亚带（Ⅲ-55-⑤）重力异常特征

该成矿亚带位于敦化-密山断裂东侧，布格重力异常宏观上呈现西部低、南部低、中部高、东北部高的分布特征。西部重力低异常带沿北东向展布，异常低缓，最低强度为-60.2×10^{-5} m/s^2，为敦化-密山断陷盆地的反映。

南部重力低异常带位于华北陆块北缘断裂带上，整体上呈北西走向起伏状，宽度较大，梯度缓；异常带内局部重力低异常呈北西、东西走向，多为椭圆状、条带状，最低强度为-67×10^{-5} m/s^2，主要与沿断裂带侵入的加里东早期、华力西晚期及燕山期酸性花岗岩带有关。重力低异常带内，分布有小蒲柴河小型铁矿、马圈子小型锰矿、刘生店中型钼矿床、东清中型独居石砂矿床，北侧近东西向梯度带上分布有双山中型钼矿床及三岔子北山金矿点；海沟大型金矿床位于低异常带与东南新元古界重力高异常接触带重力高一侧，接触带呈“S”形，梯度陡。

中部江源-亮兵重力高异常带，北东东向展布，南侧梯度带较陡，北侧较缓。西段有明显异常中心，最高值为-36.7×10^{-5} m/s^2，推断为新元古界青龙村岩群隐伏基底引起。东段没有明显异常中心，最高值为-37.0×10^{-5} m/s^2，地表有多处古生界五道沟岩群出露，推断为半隐伏下古生界引起。

官地南侧的北东东向局部重力高异常，规模不大，最高值为-33.5×10^{-5} m/s^2，位于敦化-密山断陷盆地之上，有多处规模较小的中新元古界塔东岩群及下二叠统庙岭组分布，推断异常为新元古界、古生界及隐伏基底的反映。

亮兵-春阳重力高异常带，主要由数量较多、规模不大、梯度较陡的北东向、北北东向分布的条带状、椭圆状局部重力高、低异常组成，最高强度为-24.9×10^{-5} m/s^2。在天桥岭西南“人”字形局部重力高异常上分布有汪清县红太平小型多金属矿床。

在14 km×14 km滑动平均剩余重力异常图上，东北部局部重力高、低异常带平行排列，强度高、梯度陡，北东走向线性特征明显；中部异常强度低、梯度缓，走向规律不明显；南部重力低异常比重力高异常规模大，以北西、东西走向为主。西部同样重力低异常比重力高异常规模大，但是以北东、东西走向为主。

2. 海沟-红太平 Au-Fe-Cu-Pb-Zn-Ag-Mo-Ni 成矿亚带（Ⅲ-55-⑤）磁异常特征

该成矿亚带从南西到北东，主要表现为“两正夹一负”的磁场特征。

大蒲柴河-江源-大石头-亮兵弧形异常带向北凸出，规模较大，外侧梯度陡，内侧梯度缓，由走向近东西的4处较强局部正磁异常组成，异常最大值为413 nT。弧形异常带主要为早三叠世二长花岗岩、晚侏罗世碱长花岗岩、花岗岩引起；大蒲柴河北侧局部正磁异常，与零星出露的晚泥盆世石英闪

长岩、白垩纪闪长岩关系密切。江源镇附近局部正磁异常同时与零星出露的晚侏罗世花岗岩关系密切。弧形异常带所包围的低缓正负异常区上，分布有刘生店中型钼矿床、双山中型钼矿床及三岔子北山金矿点；低缓正负异常区主要为青龙村岩群变质岩和大面积晚侏罗世花岗岩矿化蚀变退磁的反映，是寻找钼铜等多金属矿床的重要远景区。

上述弧形异常带北西侧正、负变化磁异常带，呈北东走向，位于敦化-密山断裂带及附近，正磁异常主要为第四系船底山组玄武岩、白垩系泉水村组安山岩及早白垩世花岗岩引起。

弧形异常带南侧之正、负磁异常带，呈北西西走向，其中段低缓，强度一般为-49～100 nT，北西端有一处短轴状局部负磁异常，北西西走向，最低强度为-130 nT。南东端海沟大型金矿附近有一处椭圆状正磁异常，呈东西走向，梯度北陡南缓，最大强度为332 nT，金矿床处在正磁异常西半部低缓的次一级异常上，局部正磁异常北侧大蒲柴河附近有一楔形负磁异常，北西西走向，最低强度为-221 nT。北西西向低缓正、负磁异常带及两处局部负磁异常为华北陆块北缘断裂寒武纪花岗闪长岩破碎带的反映，海沟大型金矿附近椭圆状正磁异常主体部分为上侏罗统屯田营组、长财组火山岩地层引起，金矿床所处低缓正磁异常为早侏罗世二长花岗岩引起。

官地以东宽大负异常区呈北西走向，向两端延出区外，其上分布众多沿北东走向的条带状、线状负磁异常，规模大小及强度不等，形态波动变化，最低强度为-342 nT。地表出露有新元古界五道沟岩群变质岩、下二叠统庙岭组沉积地层、上三叠统大兴沟群中酸性火山岩系、上侏罗统屯田营组火山岩、下白垩统大砬子组沉积地层、第四系船底山组玄武岩，晚二叠世花岗闪长岩、早三叠世斜长花岗岩、晚三叠世二长花岗岩、晚侏罗世碱长花岗岩。北东走向的条带状、线状负磁异常，反映了北东向展布的地质体及断裂构造分布特点，但异常大面积为负值却解释不清，有待进一步研究探讨。

该成矿亚带东北部为一处规模不大的单斜变化正磁异常区，从春阳-天桥岭一线向西南方向，正磁异常宽度快速变窄，强度明显变低，从288 nT降为60 nT，局部异常以北东走向为主。地表出露地层、岩体与官地以东宽大负异常区基本一致。正磁异常区上有红太平小型多金属矿床，成因类型为海相火山岩型，从磁异常形态看，矿床受北东向和北西西向断裂构造交叉控制，含矿地层具有中等磁性，可以引起中等强度磁异常。

六、五凤-百草沟 Au-Cu-Ag-Pb-Zn-Fe 成矿亚带（Ⅲ-55-⑥）区域航重磁异常特征

1. 五凤-百草沟 Au-Cu-Ag-Pb-Zn-Fe 成矿亚带（Ⅲ-55-⑥）重力异常特征

Ⅲ-55-⑥成矿亚带的布格重力异常宏观上呈现东南部高、西北部低的分布特征。

东南部石岘-敬信一带，以重力高异常为背景，叠加的局部重力高异常多为短轴状、不规则形状，走向以北东向为主，北西向、东西向数量少，强度高，梯度陡，最高值为-8.2×10^{-5} m/s^2，在板石-敬信一带重力高异常向东北方向延入佳木斯-兴凯成矿带（Ⅲ-53）内。几处局部重力低异常分布在不同重力高异常之间，呈条带状、椭圆状、等轴状，规模不大，走向为北东向、北西向。局部重力高异常主要为下二叠统庙岭组、满河组，上二叠统解放村组引起。珲春东部Ⅲ-53内，局部有下古生界五道沟岩群出露，推断板石-敬信一带局部重力高异常与下古生界五道沟岩群、下二叠统庙岭组、上二叠统解放村组关系密切，推断重力高背景异常为日本海周边上地幔凸起的反映。局部重力低异常主要为珲春、敬信新生代沉积盆地及华力西期酸性侵入岩体等引起。重力高异常及边部分布有陆相火山岩型刺猬沟小型金矿、闹枝小型金矿及棉田小型铅锌矿等矿床。

西北部石门-百草沟一带，局部重力高、低异常交错分布，异常多为条带状，走向有北东向、北北东向、北北西向、近东西向，低缓，强度不大，最高值为-25.2×10^{-5} m/s^2，最低值为-42.7×10^{-5} m/s^2。重力高异常为下二叠统庙岭组、满河组引起，重力低异常为加里东期、华力西期及燕山期酸性花岗岩及中生代火山-沉积地层引起。该区分布矿产有五凤-五星山小型金矿床、吉青岭热液型金矿化点。

2. 五凤-百草沟 Au-Cu-Ag-Pb-Zn-Fe 成矿亚带（Ⅲ-55-⑥）磁异常特征

该成矿亚带在东光镇东侧有一较强磁异常带，总体呈北西走向，梯度较陡，最大强度为 516 nT，在本区未封闭向东延出区外。陆相火山岩型刺猬沟小型金矿床分布在两处异常峰值中间，明星屯热液型金矿化点也处在两处局部正异常间过渡部位外侧，金矿床和金矿化点处的低磁异常带呈北东走向，向北东延伸至临区，并有小型金矿床、多金属矿点、金矿化点分布，反映出矿床受北东向断裂构造控制。较强磁异常带与下二叠统满河组火山岩、上三叠统大兴沟群中酸性火山岩系、上侏罗统屯田营组火山岩、下白垩统大泉水村组安山岩有关。

三道湾-石岘一带，正、负线性磁异常带，呈北东走向，沿北西向相间排列，由北西到南东，异常变化幅度逐渐减弱。地表出露有下二叠统庙岭组、解放村组沉积地层，下二叠统满河组火山岩夹灰岩，上三叠统大兴沟群中酸性火山岩系，上侏罗统屯田营组火山岩，下白垩统大砬子组、上白垩统龙井组沉积地层，侵入岩有早石炭世闪长岩，晚石炭世花岗闪长岩，晚二叠世花岗闪长岩，早三叠世斜长花岗岩、花岗岩，晚三叠世二长花岗岩、花岗岩，早侏罗世二长花岗岩、花岗岩。但异常呈现出大面积低值或负值，与西北部Ⅲ-55-⑤海沟-红太平成矿亚带中负磁异常带相连，异常起因有待进一步研究。五凤-五星山小型陆相火山岩型金矿床及矿化点、闹枝小型陆相火山岩型金矿床及棉田小型矽卡岩型铅锌矿床主要分布在磁异常梯度带或扭曲带上。

石岘-珲春一带，为低缓正磁异常区，异常值一般为 0~100 nT。地表出露有下二叠统满河组火山岩夹灰岩、上侏罗统屯田营组火山岩、古近系珲春组及第四系沉积地层、晚石炭世花岗闪长岩、晚二叠世花岗闪长岩以及晚侏罗世花岗斑岩，分布有前安山村热液型铜矿化点。

珲春西侧呈椭圆状负磁异常，最低强度为-133 nT，对应珲春新生代沉积盆地。珲春东侧呈块状局部正磁异常，最大强度为 226 nT。异常为下二叠统满河组火山岩、下侏罗统屯田营组火山岩及晚二叠世花岗闪长岩引起。

板石镇以南为航测空白区，没有航磁异常数据。

七、天宝山-开山屯 Pb-Zn-Au-Ag-Ni-Mo-Cu-Fe 成矿亚带（Ⅲ-55-⑦）区域航重磁异常特征

1. 天宝山-开山屯 Pb-Zn-Au-Ag-Ni-Mo-Cu-Fe 成矿亚带（Ⅲ-55-⑦）重力异常特征

成矿亚带（Ⅲ-55-⑦）布格重力异常宏观上呈现东部高，西部低的分布特征。

延吉-东城一线以东为重力高异常区，整体上呈南北向展布，局部重力高异常呈北东向、北西向、近东西向条带状，开山屯以北出现最高值 $-9.7\times10^{-5}\ m/s^2$，开山屯以南局部重力高异常上分布有后底洞-金谷山小型金矿床、开山屯小型岩浆型铬铁矿床。重力高异常区中间有延吉-智新近南北向线状重力低异常带通过，重力低异常带北段为中生代断陷盆地引起，智新以南与已知断裂带位置吻合，推断其与断裂破碎带及燕山期酸性侵入岩体通道有关，其东侧近南北向线性梯度带，反映了中生代沉积盆地与东部古生界隆起的断层接触关系。重力低异常带西侧龙井附近局部重力高异常呈北西走向，梯度较陡，最高值为 $-17.3\times10^{-5}\ m/s^2$，为新元古界青龙村岩群引起。东城-依兰北北东向重力异常梯度带，在朝阳川沿北西向发生错动，反映了北北东向断裂被北西向断裂错断。

西南部天宝山-西城重力低异常区，由西南到北东方向强度升高，天宝山-西城一线西南侧重力低异常带，北西走向，位于古洞河断裂带上，异常宽度大，最低值为 $-60.6\times10^{-5}\ m/s^2$，为沿断裂带侵入的加里东早期、华力西晚期及燕山期酸性花岗岩带的反映。天宝山-西城一线东北侧重力低异常区异常平缓，强度较西南有所升高，为大面积分布的延吉中生代火山-沉积盆地引起。天宝山-西城梯度带较陡，反映了古洞河断裂带的北界位置。

长仁中型基性-超基性岩型铜镍矿床位于弱小重力高异常上，天宝山-西城断裂是重要的控矿断裂。天宝山中型多金属矿田位于条带状局部重力低异常向北东东方向伸出的尖端部位，也是与重力高异常的过渡部位，矿床受天宝山-西城北西向断裂与北东东向断裂交叉控制。獐项小型铜镍矿床位于

重力高异常与重力低异常间南北向梯度带上，还有两处小型铁矿床分布在新元古界青龙村岩群产生的重力高异常的边部。在 14 km×14 km 滑动平均剩余重力异常图上，除金谷山-后底洞小型金矿床、开山屯小型铬铁矿床位于剩余重力高异常上外，其余多金属矿床、铜镍矿床、铁矿床都处在剩余重力高异常边部零值线附近。

2. 天宝山-开山屯 Pb-Zn-Au-Ag-Ni-Mo-Cu-Fe 成矿亚带（Ⅲ-55-⑦）磁异常特征

该成矿亚带为大面积低缓正磁场区，仅在三合镇以西出现稍具规模的负磁异常区，异常以北东走向为主，北西和东西走向较少，异常强度一般为 250～400 nT。在天宝山、铜佛镇-太阳镇、龙水镇-延吉分别有北东东向、北东向线性低磁异常带通过，为北东东向、北东向线性构造的反映。

天宝山以西局部正磁异常，呈条带状，北东东走向，异常强度为 293 nT，为晚二叠世花岗闪长岩引起；有安图神仙洞小型海相火山岩型铁矿床存在，元古宇青龙村岩群沿北北西呈带状分布，发育北缘古洞河深大断裂，岩浆活动频繁，为海相火山岩型铁矿成矿的有利场所。

天宝山以东局部正磁异常，呈条带状，总体北东走向。老头沟附近的北半部异常狭窄，北东走向，两侧梯度较陡，强度为 400 nT，主要为上侏罗统屯田营组、长财组及晚白垩世火山岩地层引起。南半部异常宽大，有北西向、东西向两处局部异常，梯度缓，强度分别为 378 nT、332 nT；前者推断为晚二叠世花岗闪长岩、早侏罗世花岗岩、早二叠世花辉长岩引起，异常上有长仁 11 号含铜镍超基性岩体分布，岩体规模小，铜镍矿规模为中型；后者处于花岗闪长岩与青龙村岩群接触带上，推断为白石洞矽卡岩型铁矿床所引起的异常。

天宝山中型多金属矿床位于北东东走向线性低磁异常带上，同时处于北东向梯度带与东西向梯度带的交汇部位，表明多金属矿床在区域上受北东东向断裂构造控制，矿体受东西向和北东向断裂联合控制。

延吉东部、东南部的两处椭圆状磁异常，走向北东，均具有北西侧陡南东侧缓特征，最大强度分别为 280 nT、255 nT，为晚二叠世花岗闪长岩引起。

智新镇附近北东走向椭圆状正磁异常，强度为 311 nT，为半隐伏晚二叠世闪长岩引起。智新镇东部北西西走向椭圆状正磁异常，梯度陡，强度为 702 nT，规模较小，为早二叠世超基性岩体引起，该超基性岩体中赋存铬铁矿。金谷山小型金矿床位于超基性岩体异常北侧边缘，后底洞小型金矿床位于异常北侧低磁异常区内。在重力异常图上，铬铁矿床与两处金矿床都位于同一重力高异常之上，反映出两处超基性岩体在深部同源。

龙井附近北东向展布的低缓正磁异常带，与龙井中新生代沉积盆地范围大致吻合。

开山屯附近低缓正磁异常区，主要为下二叠统满河组火山岩夹灰岩地层及开山屯中新生代沉积盆地出露区。

第二节　区域地球化学场特征

吉中-延边成矿带地势东高西低，西部为平原区，东部为长白中山低山区，海拔多在 800～1100 m 之间，西部低山区多为海拔 500 m 以下的缓坡宽谷的丘陵组成，中部台地平原区地势不太平坦，地面起伏较大，一般海拔在 200～250 m 之间。成矿带属温湿润-半干旱大陆性季风气候，年平均气温在 3～5℃之间，全年无霜期 120～150 天，年平均降雨量一般在 550～1000 mm 之间，降雪期从 10 月至翌年 4 月。成矿带在区域自然地理景观区划上东部属森林沼泽区，西部属中低山丘陵区，区内水系沉积物发育。成矿带 1∶20 万区域化探扫面工作已全部完成，积累了完整丰富的地球化学资料。

一、区域岩石中元素的丰度

为讨论吉中-延边成矿带区域岩石中的元素丰度，本次搜集了该区区域化探扫面测试元素数据共 38 种（包括 7 种氧化物），包括 Au、Ag、Al_2O_3、As、B、Ba、Be、Bi、CaO、Cd、Cu、Cr、Co、F、

Fe_2O_3、Hg、La、Li、K_2O、MgO、Mo、Mn、Nb、Na_2O、Ni、P、Pb、Sb、SiO_2、Sn、Sr、Ti、Th、V、W、Y、Zn、Zr。成矿带工作方法及元素分析依照《区域地球化学勘查规范（1：200000）》DZ/T 0167-2006 的要求执行。采样方法以水系沉积物测量为主，在水系不发育地区辅以土壤测量。

表 3-1 列出了成矿带内水系沉积物的 38 种元素及氧化物地球化学特征值统计结果及地壳丰度值（黎彤，1985）。从表 3-1 和图 3-1 可以看出，成矿带水系沉积物中元素含量与地壳元素丰度相比有如下特征：①部分造岩元素（氧化物）SiO_2、Al_2O_3 和 As、Sb、Ag、B、Zr、Pb 呈富集状态，较地壳元素丰度相对富集；②Cd、Mn、K_2O、Cr、Fe_2O_3、La、Ba、V、Y、Zn、Na_2O、Sn 等元素（氧化物）含量与地壳元素丰度基本一致；③W、Ti、Hg、Li、MgO、Th、Be、Mo、Cu、Nb、P、CaO、Au、F、Ni、Co、Sr、Bi 等元素（氧化物）比地壳元素丰度有所贫化。此外，Au、Ag、Cd、Zn、Sb、Bi、Cu、Hg、Pb、As、Ni 等元素的标准离差和变异系数都较大，是成矿带内离散程度较大的元素，表明这些元素在各类地质体中分配呈规律性变化，在成矿带易富集成矿。事实也是如此，成矿带内有多处 Cu、Ni、Au、Pb、Zn、Ag 等矿床的产出。

表 3-1　吉中-延边成矿带水系沉积物特征值统计表

成分	水系沉积物			地壳丰度	浓集系数
	X	*S*	*CV*	（黎彤，1985）	
SiO_2	61.35	5.92	0.10	27.00	2.27
Al_2O_3	14.22	1.29	0.09	7.45	1.91
Fe_2O_3	4.98	1.25	0.25	5.08	0.98
CaO	1.87	0.73	0.39	4.32	0.43
MgO	1.43	0.54	0.38	2.15	0.67
K_2O	2.42	0.37	0.15	2.34	1.03
Na_2O	2.08	0.51	0.25	2.36	0.88
Au	1.72	11.70	6.79	4.1	0.42
Ag	127.08	547.34	4.31	50	2.54
Cu	19.88	25.36	1.28	38	0.52
Pb	22.59	24.92	1.10	15	1.51
Zn	76.96	136.24	1.77	86	0.90
Cd	121.56	375.34	3.09	100（维氏，1962）	1.22
Sn	3.43	1.80	0.53	4.1	0.84
W	1.74	1.07	0.61	2.4	0.73
Mo	1.06	0.99	0.93	2.0	0.53
Hg	57.06	65.86	1.15	80	0.71
As	10.64	10.64	1.00	1.9	5.60
Sb	0.57	0.89	1.57	0.15	3.79
Bi	0.32	0.45	1.44	9（维氏，1962）	0.04
Mn	867.34	262.30	0.30	780	1.11
V	90.18	22.17	0.25	99	0.91
Ti	4838.53	1124.66	0.23	6600	0.73
Cr	64.48	44.98	0.70	63	1.02
Ni	23.56	22.75	0.97	57	0.41
Co	12.44	3.99	0.32	32	0.39

续表

成分	水系沉积物			地壳丰度	浓集系数
	X	*S*	*CV*	（黎彤，1985）	
Li	30.48	7.11	0.23	44	0.69
Be	2.45	0.71	0.29	4.4	0.56
La	41.20	10.82	0.26	42	0.98
Zr	289.25	72.27	0.25	160	1.81
Nb	16.99	4.03	0.24	34	0.50
Y	24.66	3.93	0.16	27	0.91
Th	10.35	3.08	0.30	17	0.61
Sr	229.06	78.87	0.34	690	0.33
Ba	558.23	88.16	0.16	610	0.92
B	29.00	14.20	0.49	15	1.93
F	418.74	86.60	0.21	990	0.42
P	932.72	357.05	0.38	1900	0.49

注：*X*—元素平均含量（氧化物为%，Au、Ag、Hg 为 10^{-9}，其余元素为 10^{-6}）；*S*—标准离差；*CV*—变异系数。此表数据根据吉中-延边成矿带 1：20 万水系沉积物测量样品分析数据统计而成。

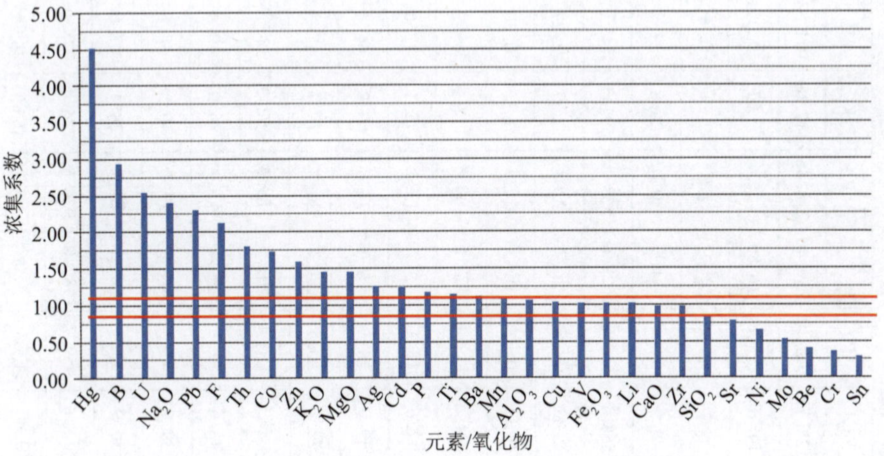

图 3-1　吉中-延边成矿带水系沉积物浓集系数排序图

二、主要岩石单元中地球化学元素分布特征

吉中-延边成矿带各主要地质单元地球化学元素丰度见表 3-2。

1. 地层中元素地球化学分布特征

1）太古宇：该地层 As、Sb、SiO_2、Al_2O_3、Zr、Ag、Pb、Hg、B、Cr、Na_2O 等元素（氧化物）相对富集，Cu、W、Ti、Li、P、Ni、Mo、CaO、Be、F、Nb、Sr、Th、Sn、Au、Co、Bi 等元素（氧化物）相对贫化，其他元素（氧化物）为背景含量。太古宇主要有老牛沟岩组，岩性主要为斜长角闪岩、黑云变粒岩、黑云角闪斜长片麻岩、绿泥石英片岩、绢云石英片岩、角闪磁铁石英岩。该地层是成矿带及邻区重要的铁矿赋存层位。SiO_2、Al_2O_3、Na_2O 等成分的相对富集，反映了该地层单元富铝、富钠矿物含量较高的特点，As、Sb、Ag、Pb、Hg 等低温成矿元素组合相对富集，为这类矿种成矿提供了较好的物质基础（图 3-2）。

表 3-2　吉中-延边成矿带各时代地质单元元素丰度

元素	地层														侵入岩							平均值
	太古宙	元古宙	早古生代			晚古生代			中生代			新生代			加里东期	华力西期		印支期	燕山期		脉岩	
	Ar	Pt	Є	O	S	D	C	P	T	J	K	E	βN—Qp	Q	γS	γD	γP	γT	γJ	γK		
Ag	85.24	97.28	83.43	118.42	122.84	131.28	128.77	202.10	239.40	228.46	112.09	103.58	109.00	102.19	116.26	110.33	114.80	111.00	116.28	122.99	112.80	127.08
As	8.79	13.01	20.50	10.20	14.50	27.40	14.10	17.08	16.89	12.74	9.07	9.05	8.01	8.52	10.75	8.60	10.99	9.38	10.29	9.29	11.16	10.64
Au	1.9	2.1	0.9	1.1	2.7	1.8	6.2	2.3	1.7	2.0	1.8	1.4	1.2	1.4	1.3	1.0	1.6	1.4	1.5	1.7	1.3	1.7
B	20.2	26.2	47.5	30.7	34.5	59.8	42.9	34.9	34.5	30.0	26.8	27.8	26.3	30.5	30.9	28.9	30.4	27.9	27.9	28.6	36.4	29.0
Ba	731.0	507.6	377.4	572.0	590.6	501.0	568.1	530.3	529.6	558.8	591.1	545.3	529.4	593.8	579.7	572.1	566.0	556.8	553.6	574.5	600.0	558.2
Be	2.49	2.38	2.49	2.30	2.21	2.14	2.33	2.28	2.27	2.08	2.37	2.27	2.45	2.38	2.21	2.93	2.70	2.40	2.54	2.37	2.56	2.45
Bi	0.25	0.29	0.41	0.35	0.40	0.36	0.37	0.33	0.33	0.29	0.32	0.30	0.26	0.30	0.30	0.38	0.30	0.32	0.33	0.34	0.29	0.32
Cd	113.8	105.0	80.0	156.2	123.6	105.0	121.8	139.1	177.6	180.5	118.6	83.9	106.8	81.2	111.3	96.3	108.2	122.2	121.3	119.0	88.7	121.6
Co	10.8	12.1	14.1	11.7	12.6	14.5	11.6	13.1	13.2	13.3	12.1	12.6	17.6	11.1	11.8	14.4	12.5	12.3	11.5	12.5	11.0	12.4
Cr	79.6	52.7	45.5	62.5	87.6	119.9	59.9	76.5	76.0	74.6	60.8	66.4	109.1	60.6	62.5	98.0	62.9	62.5	54.7	59.4	68.3	64.5
Cu	26.2	18.3	16.0	25.0	20.9	23.2	22.1	20.5	24.3	20.2	19.7	18.3	23.7	19.0	19.9	19.7	18.7	18.3	18.7	26.0	19.9	19.9
F	544.7	446.9	520.0	437.0	407.2	408.0	410.1	416.4	407.3	389.6	402.3	350.7	387.8	393.0	392.8	513.3	433.8	409.9	436.1	426.7	367.2	418.7
Hg	109.9	61.9	31.7	40.9	35.2	31.0	45.6	52.1	58.4	47.4	46.0	40.4	71.0	48.0	44.9	82.7	60.6	45.5	62.6	44.8	48.1	57.1
La	43.0	42.3	48.0	40.0	36.7	36.5	39.7	41.3	41.5	39.1	40.5	38.5	41.6	40.6	37.4	37.6	42.5	39.2	41.9	40.3	34.5	41.2
Li	29.3	29.2	44.0	27.0	28.9	29.0	30.9	32.1	32.0	28.0	28.4	27.6	27.2	29.1	29.2	34.3	34.0	27.7	31.9	28.8	28.7	30.5
Mn	679.5	855.6	924.5	858.2	950.0	1006.8	868.6	959.7	982.0	926.8	775.4	775.0	993.3	704.2	777.9	1300.0	879.0	827.4	865.8	908.9	756.1	867.3
Mo	1.20	1.06	0.85	0.93	1.08	0.84	0.90	1.05	1.06	1.03	0.86	0.94	1.09	0.84	0.89	1.58	1.05	0.96	1.17	1.27	0.95	1.06
Nb	17.97	16.90	24.17	15.14	15.49	17.50	16.53	15.89	16.03	14.54	16.35	17.37	22.60	16.92	16.91	16.70	16.62	15.80	16.77	16.68	17.70	16.99
Ni	34.53	25.24	16.73	38.06	34.22	40.30	23.64	28.65	27.23	24.19	22.93	23.58	43.70	21.41	20.24	27.60	21.57	21.80	19.02	21.94	33.99	23.56
P	1162	957	906	850	660	755	705	975	1004	1040	755	704	1281	667	793	993	973	865	948	902	595	933

续表

元素	地层														侵入岩							平均值
	太古宙	元古宙	早古生代			晚古生代			中生代			新生代			加里东期	华力西期		印支期	燕山期		脉岩	
	Ar	Pt	Є	O	S	D	C	P	T	J	K	E	βN—Qp	Q	γS	γD	γP	γT	γJ	γK		
Pb	24.7	20.6	22.1	23.1	24.2	17.7	24.2	21.1	27.7	21.0	22.9	22.8	20.3	21.8	20.3	26.4	23.4	22.1	23.0	20.9	21.8	22.6
Sb	0.37	0.64	1.79	0.57	0.64	1.77	0.87	0.92	1.18	0.67	0.55	0.47	0.46	0.47	0.57	0.45	0.51	0.48	0.52	0.50	0.57	0.57
Sn	1.91	2.94	2.93	3.07	3.27	2.40	3.49	3.61	3.38	3.85	3.23	2.99	3.04	3.38	3.47	2.04	3.47	2.99	3.54	3.95	3.33	3.43
Sr	363.9	258.1	165.1	256.6	198.2	184.7	175.5	192.8	194.6	259.9	249.6	190.6	229.1	208.6	221.6	198.1	212.1	260.9	231.4	230.9	206.5	229.1
Th	8.25	10.19	19.00	9.41	8.10	7.45	9.81	9.58	9.18	8.92	9.63	10.13	9.28	10.55	9.17	11.63	10.58	9.68	11.24	9.98	9.01	10.35
Ti	4507	4514	4426	4563	4706	4459	4630	4662	4867	4887	4551	4676	6793	4422	4615	5015	4783	4605	4654	4837	4529	4839
V	103.0	85.1	93.6	85.2	93.1	76.1	89.3	94.1	92.8	97.5	83.9	90.6	117.5	84.3	84.9	98.7	89.1	86.5	86.3	92.1	77.8	90.2
W	1.66	1.64	1.33	1.45	2.56	1.51	1.92	2.00	1.78	1.66	1.90	2.01	1.38	1.80	1.66	1.44	1.71	1.66	1.72	2.06	2.28	1.74
Y	21.5	25.0	30.1	23.8	24.4	25.5	25.2	25.5	25.4	24.0	23.1	24.1	24.0	24.7	24.6	23.3	24.7	23.9	25.2	24.9	22.3	24.7
Zn	85.2	77.4	95.6	71.4	66.6	77.1	68.1	77.9	125.8	76.5	65.4	64.5	90.9	62.0	68.9	85.3	79.0	73.2	77.4	70.7	64.1	77.0
Zr	277.9	289.0	408.0	289.9	325.8	290.6	310.3	256.9	250.8	248.7	279.9	286.4	243.3	303.2	289.2	257.5	286.4	295.2	308.1	304.9	301.4	289.3
Al_2O_3	14.1	14.0	15.2	13.5	14.0	14.5	13.6	14.3	14.1	14.4	14.6	14.6	14.2	14.4	14.5	13.3	14.1	13.8	14.2	14.1	13.6	14.2
CaO	2.5	2.5	2.3	2.3	1.5	1.9	1.4	1.9	1.8	2.1	1.7	1.5	1.9	1.5	1.7	1.8	1.6	2.0	1.9	1.8	1.3	1.9
Fe_2O_3	5.1	4.9	5.9	4.5	4.8	5.7	4.5	5.2	5.4	5.3	4.6	4.8	6.9	4.4	4.7	5.2	4.8	4.8	4.8	5.0	4.0	5.0
K_2O	2.3	2.3	2.7	2.2	2.5	2.2	2.4	2.4	2.3	2.2	2.5	2.4	2.1	2.6	2.5	2.3	2.5	2.4	2.5	2.5	2.7	2.4
MgO	1.9	1.4	1.7	1.5	1.5	1.7	1.2	1.6	1.7	1.7	1.4	1.3	1.7	1.3	1.4	1.6	1.3	1.4	1.4	1.5	1.0	1.4
Na_2O	2.9	2.3	2.5	1.9	2.0	2.0	1.8	1.9	1.9	2.0	2.1	1.9	1.5	1.9	1.9	1.9	2.1	2.3	2.3	2.0	2.1	2.1
SiO_2	57.7	59.7	62.6	62.4	66.8	63.8	64.6	61.6	60.8	61.0	64.1	62.9	54.8	65.6	63.5	56.5	61.2	61.3	61.1	61.9	64.3	61.3

注：氧化物单位为%；Au、Ag、Hg 为 10^{-9}；其余元素为 10^{-6}。

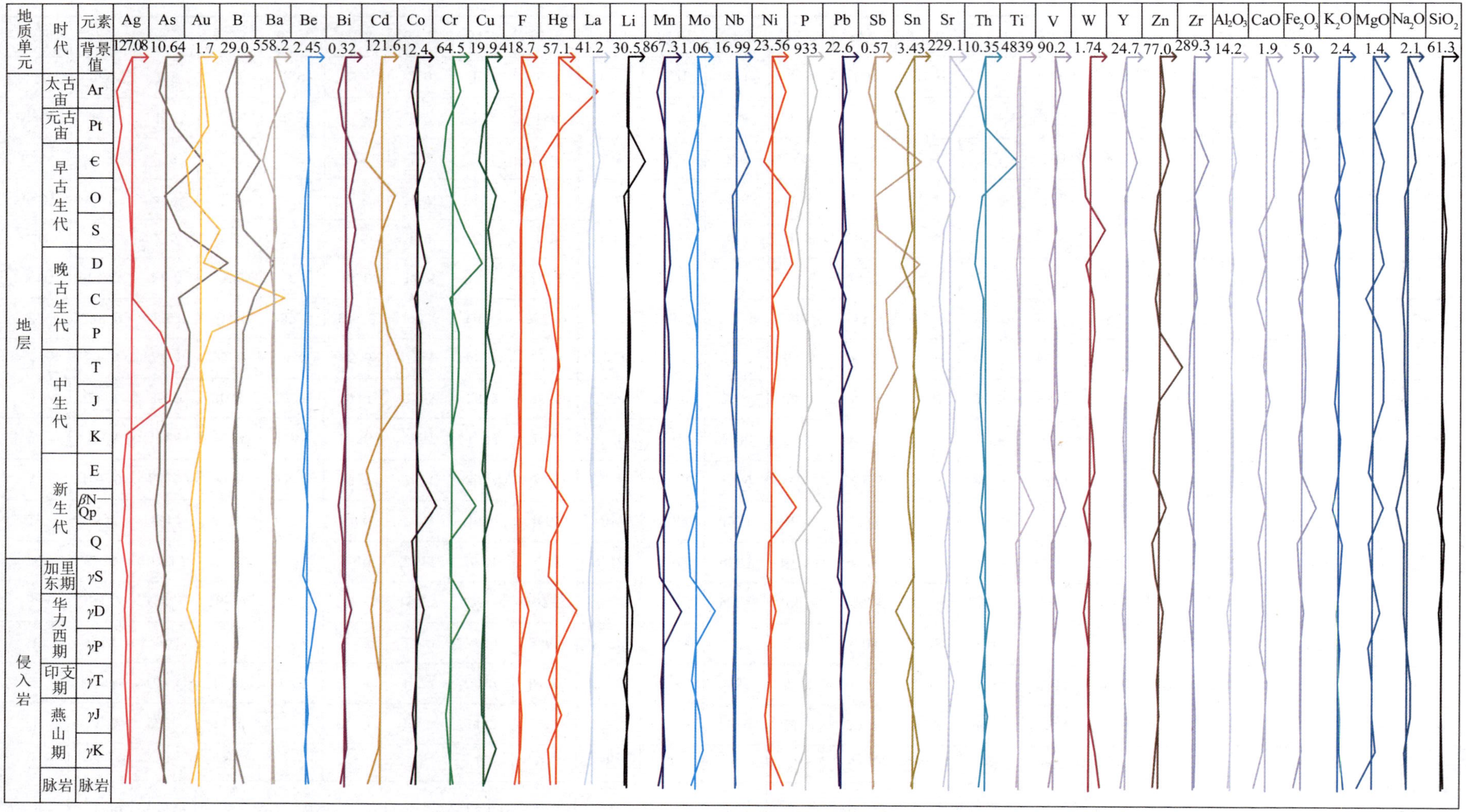

图3-2 吉中—延边成矿带各地质单元元素（氧化物）含量对比图

图内折线为不同地质体中元素含量平均值，直线为吉中—延边成矿带元素含量平均值；单位同表3-2

2）元古宇：该地层As、Sb、SiO_2、Ag、Al_2O_3、Zr、B、Pb元素（氧化物）相对富集，Hg、Sn、Ti、W、Li、MgO、Th、CaO、Be、Mo、Au、P、Nb、Cu、F、Ni、Co、Sr、Bi元素（氧化物）相对贫化，其他元素（氧化物）为背景含量。新元古界主要由青龙村岩群新东村岩组组成，岩性主要为石墨黑云角闪斜长片麻岩、混合岩化含石墨黑云斜长片麻岩、黑云斜长片麻岩及黑云变粒岩、浅粒岩夹斜长角闪岩等。该地层的元素富集分异规律与太古宇相似。

3）下古生界：主要包括奥陶系和志留系，寒武系出露范围较小。其中奥陶系Al_2O_3、Zr、Cd、Pb元素（氧化物）相对富集，Sn、Ti、MgO、Ni、Cu、Li、W、Th、CaO、Be、Hg、Mo、P、Nb、F、Sr、Co、Au、Bi元素（氧化物）相对贫化，其他元素（氧化物）为背景含量，其岩性主要为黄莺屯岩组含电气石石榴二云斜长片麻岩、黑云斜长变粒岩、角闪斜长变粒岩、蓝晶石片岩，小三个顶子岩组硅质条带大理岩、含石墨大理岩、厚层状大理岩夹薄层变粒岩、石英岩，和放牛沟组中酸性火山岩，与之相关的矿产有铜镍、金、铜、银、铅锌、钼、硫铁矿、锑、硅灰石、蓝晶石等。志留系相对富集As、Sb、SiO_2、Ag、B、Zr、Al_2O_3、Pb、Cr、Mn等元素（氧化物），贫化Zn、Ti、MgO、Au、Li、Ni、Cu、Mo、Be、Th、Nb、Hg、F、Co、CaO、P、Sr、Bi等元素（氧化物）。该地层中头道沟岩组与硫铁矿有关，桃山组与铁成矿关系密切，石缝组内发育大量重晶石、硅灰石、金、银、铜、铅锌等矿产。由此可见，在上述矿产中除了Pb元素在该地层呈相对富集外，其他与地层相关的成矿元素均呈相对贫化状态，地层能否为成矿提供物质来源还值得深入探讨。

4）上古生界：主要包括石炭系和二叠系，泥盆系出露范围较小。其中石炭系As、Sb、B、Ag、SiO_2、Zr、Al_2O_3、Pb、Au等元素（氧化物）相对富集，Na_2O、Li、Ti、Cu、MgO、Th、Hg、Be、Nb、Mo、Ni、F、P、Co、CaO、Sr、Bi元素（氧化物）相对贫化，其他元素为背景含量，该套地层主要为一套海相火山碎屑沉积岩，已发现钼、铁、钨、铜、铅锌等矿产。二叠系相对富集As、Sb、Ag、B、SiO_2、Al_2O_3、Zr、Pb、Cd、Mn等元素（氧化物），MgO、Li、Ti、Hg、Au、Th、Cu、Mo、Be、P、Ni、Nb、CaO、F、Co、Sr、Bi元素（氧化物）相对贫化，该套地层主要由海相沉积岩和陆相火山沉积岩组成，已发现铅锌、金、铜镍、钼等矿产。可以看出，上古生界各地层中元素富集贫化规律相似，且除Pb外，其他已知成矿元素在其所处地质单元内均发生了贫化。

5）中生界：包括三叠系、侏罗系和白垩系。整个中生界各组地层元素（氧化物）富集贫化规律相似，均以相对富集As、Sb、Ag、B、SiO_2、Al_2O_3、Pb、Zr（个别地层还富集Cd、Zn、Mn等）等元素（氧化物），贫化W、Ti、Hg、Li、Cu、Th、Mo、P、Be、Ni、Nb、CaO、Au、Co、F、Sr、Bi等元素（氧化物）为特征。中生界主要由陆相火山碎屑沉积岩组成，与之关系密切的矿种有铁、铜、金、银、铬、镍、砷、铅锌银等金属矿产和煤、珍珠岩、沸石、油页岩、石墨等非金属矿产。可以看出，除Pb、Zn、Ag外，其他与地层相关的成矿元素均发生不同程度的贫化。

6）新生界：包括古近系、新近系和第四系。其中古近系和第四系元素富集贫化规律相似，均以相对富集As、Sb、SiO_2、Ag、B、Al_2O_3、Zr、Pb，贫化Ti、Li、Th、MgO、Hg、Be、Cu、Nb、Mo、F、Ni、P、CaO、Co、Au、Sr、Bi等元素（氧化物）为特征，这与二者岩性相近有关。而新近系除了分布有砾岩、砂岩等沉积岩外，还广泛发育一套玄武岩，导致新近系元素富集贫化特征与古近系和第四系有明显的差异，该地层相对富集As、Sb、Ag、SiO_2、Al_2O_3、B、Cr、Zr、Pb、Fe_2O_3、Mn等元素（氧化物），贫化Ni、Sn、P、Nb、Na_2O、Cu、Li、W、Be、Co、Th、Mo、CaO、F、Sr、Au、Bi等元素（氧化物）。

2. 侵入岩中元素地球化学分布特征

1）加里东期侵入岩：该期侵入岩主要包括志留纪石英闪长岩、二长花岗岩和花岗闪长岩。岩体中As、Sb、SiO_2、Ag、B、Al_2O_3、Zr、Pb呈富集状态，Ti、W、Li、MgO、Hg、Th、Cu、Be、Nb、Mo、P、F、CaO、Co、Ni、Au、Sr、Bi表现为贫化，其他元素（氧化物）为背景含量。

2）华力西期侵入岩：该期侵入岩以二叠纪闪长岩、花岗闪长岩、石英正长岩和二长花岗岩为主，泥盆纪石英闪长岩出露范围较小。二叠纪花岗岩中As、Sb、Ag、SiO_2、B、Al_2O_3、Zr、Pb呈富集状态，Li、Hg、Ti、W、Th、Be、MgO、Mo、P、Cu、Nb、F、Au、Co、CaO、Ni、Sr、Bi表现为贫化，其他元素（氧化物）为背景含量，与加里东期侵入岩地球化学分布特征相似。

3）印支期侵入岩：该期侵入岩主要岩性有碱长花岗岩、花岗闪长岩、二长花岗岩、石英正长岩、碱性花岗岩等，还有岩株状的基性-超基性岩。岩石中 As、Sb、SiO_2、Ag、B、Al_2O_3、Zr、Pb、Cd 呈富集状态，Ti、W、MgO、Li、Hg、Th、Be、Cu、Mo、CaO、Nb、P、F、Co、Ni、Sr、Au、Bi 表现为贫化，其他元素（氧化物）为背景含量。

4）燕山期侵入岩：包括侏罗纪花岗闪长岩、二长花岗岩、正长花岗岩、石英闪长岩和白垩纪碱长花岗岩、石英闪长岩、长花岗岩、正长花岗岩、次火山岩等。整个燕山期侵入岩具有相似的地球化学分布特征，均以相对富集 As、Sb、Ag、SiO_2、Zr、Al_2O_3、B、Pb，相对贫化 Ti、MgO、Li、Th、Be、Cu、Mo、CaO、Nb、P、F、Co、Ni、Sr、Au、Bi 为特征。

三、主要成矿元素的区域分布趋势

1. 钼

钼元素区域分布规律与钨钼族元素类中的 W 和 F 较为相似，但与 B、Bi、Sn 等元素明显不同。Mo 高背景区主要分布于成矿带的中部永吉县以南和敦化市-安图县西南地区，其他地区也有零星的高背景区，对应的地质单元主要为侏罗纪—白垩纪二长花岗岩、花岗闪长岩、石英闪长岩等，这些岩体大多与钼成矿密切相关（图 3-3）。此外，高背景区与钼矿床的空间关系吻合较好，如永吉地区和安图地区的高背景区分别与超大型大黑山钼矿床、中型的双山钼矿床和刘生店钼矿床的空间位置吻合。

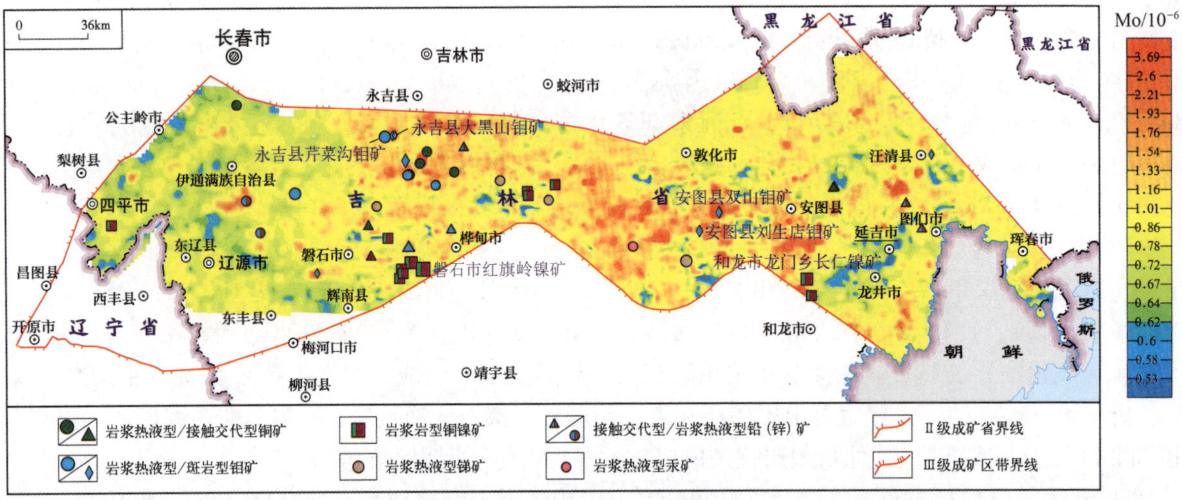

图 3-3　吉中-延边成矿带（吉林省境内）Mo 地球化学及有色金属矿产分布图

低背景区主要分布于成矿带西部的公主岭市-四平市-辽源市一带，在延吉市-和龙市一带也有小范围分布，对应地质单元主要为白垩系、古近系、新近系和第四系的砾岩、砂岩等沉积岩和松散堆积物，说明地表风化淋滤作用对 Mo 元素的贫化具有强烈的影响。

2. 金

以敦化-密山断裂为界，可将 Au 元素背景区分为东、西两个子区，断裂以西的 Au 元素背景值明显高于东部，常作为指示性元素的 As、Sb 也具有相似的展布规律（图 3-4）。整体上看，Au 高背景区除了西部子区外，东部高背景区主要集中分布于海沟-夹皮沟一带和百草沟-汪清一带，在和龙、敦化、珲春等地也有零星分布，这些高背景区与成矿带内重要的金矿空间位置吻合，如汪清地区的刺猬沟金矿床和闹枝金矿床，磐石地区的官马金矿床等。与高背景区关系密切的地质单元主要有寒武系漂河川组、中二叠统庙岭组和范家屯组、上侏罗统屯田营组、上白垩统泉头组等以及早白垩世石英闪长岩等侵入岩。

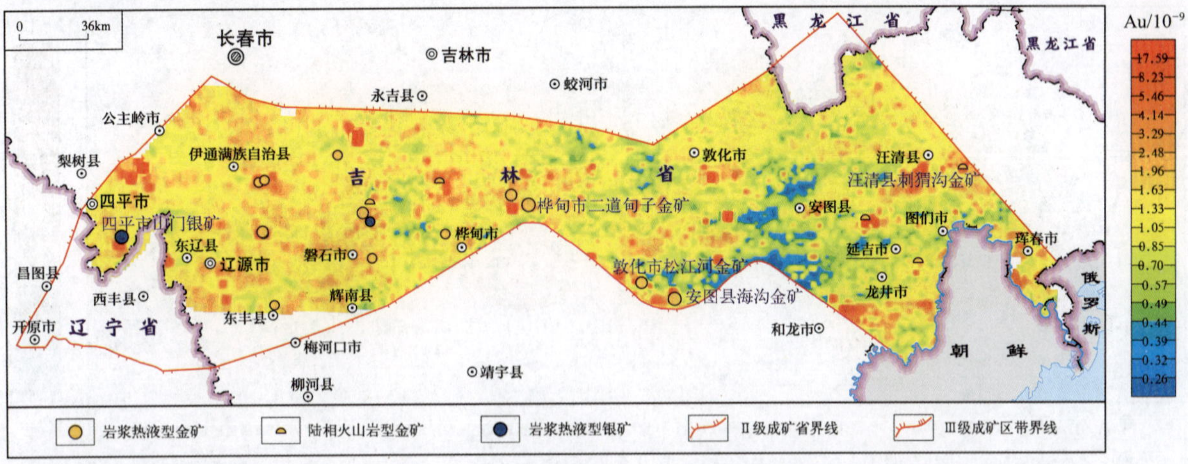

图 3-4 吉中-延边成矿带（吉林省境内）Au 地球化学及贵金属矿产分布图

低背景区主要集中分布于安图-和龙以西地区，与下白垩统泉水村组和安民组、上白垩统龙井组等以及早侏罗世二长花岗岩等侵入岩关系密切。此外，在中新统船底山组玄武岩分布区也普遍具有较低的金地球化学背景值。

3. 铜

铜元素高背景区分布规律十分明显，主要沿着北东向敦化-密山断裂带两侧展布，对应的地质单元主要为中新统船底山组、始新统军舰山组和中-晚更新世南坪组玄武岩（图 3-5）。其他地区 Cu 高背景区大多呈孤岛状或带状零星分布，主要与上三叠统大酱缸组、下白垩统泉水村组有关。同时，与成矿带内岩浆热液型的铜矿或岩浆型的铜镍矿的空间位置吻合，比如红旗岭镍矿床。

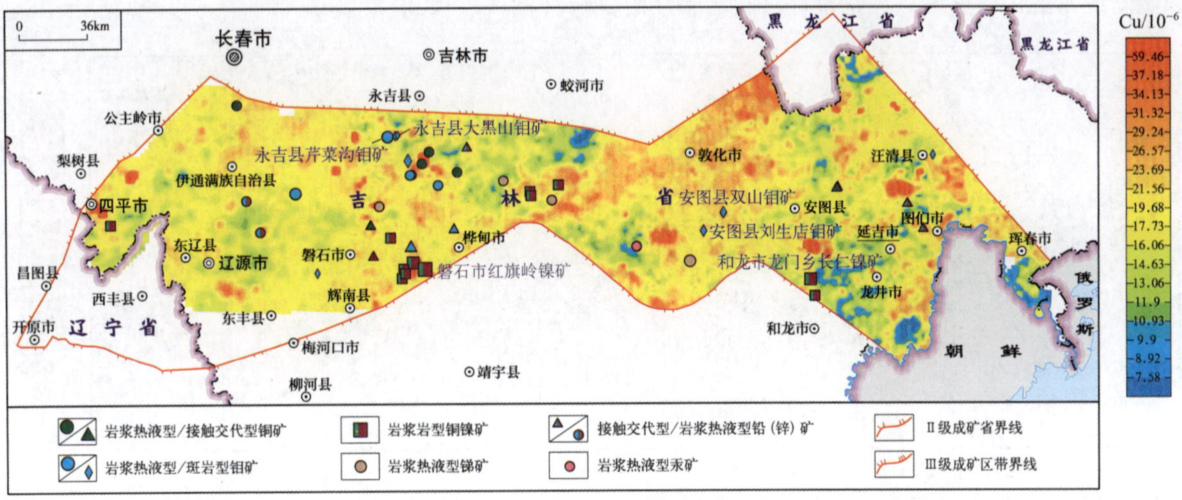

图 3-5 吉中-延边成矿带（吉林省境内）Cu 地球化学及有色金属矿产分布图

铜低背景区主要分布于永吉县东南、延吉-和龙一带和四平-辽源一带，与青龙村岩群新东村岩组、上白垩统龙井组等以及晚二叠世、晚三叠世—早侏罗世花岗闪长岩等侵入岩关系密切。

4. 锌

锌元素高背景区集中连片分布于成矿带中部和东北部地区，在成矿带东南部和龙-会宁一带也有零星分布，与之相关的地质单元主要为上三叠统大酱缸组和中新统船底山组（图 3-6）。此外，晚二叠世二长花岗岩中也具有较高的 Zn 背景值。这些高背景区与成矿带内的铅锌矿床的空间产出位置吻合较好，如天宝山多金属矿田位于龙井地区的 Zn 高背景区。

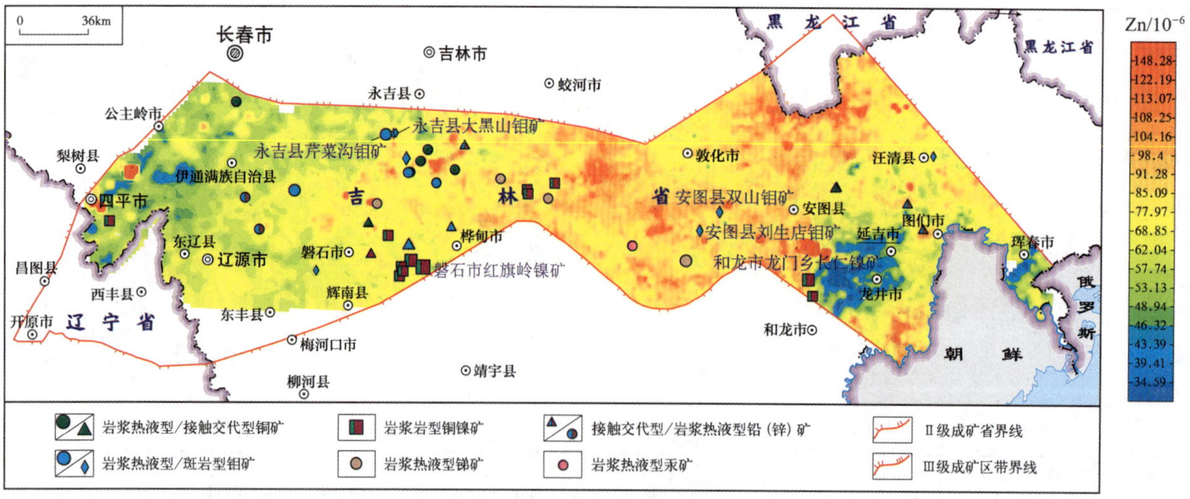

图 3-6　吉中-延边成矿带（吉林省境内）Zn 地球化学及有色金属矿产分布图

锌低背景值与 Mo 的低背景值相似，主要分布于成矿带西部的公主岭市-四平市-辽源市一带，在延吉市-和龙市一带也有小范围分布，对应地质单元主要为白垩系、古近系、新近系和第四系的砾岩、砂岩等沉积岩和松散堆积物，说明地表风化淋滤作用对 Zn 元素的贫化具有强烈的影响。

5. 铁

作为铁族元素的代表，Fe_2O_3 与 Co、Cr、Ni、P、Ti、V 等铁族元素具有十分相似的分布规律，并与 Cu 元素的分布规律较为相似。Fe_2O_3 高背景区主要呈北东向沿着敦化-密山断裂两侧分布，在成矿带东北部拥有该区面积最大、强度最高的 Fe_2O_3 高背景区，与之相关的地质单元为中新统船底山组和始新统军舰山组玄武岩，是基性玄武岩岩性的反映（图 3-7）。

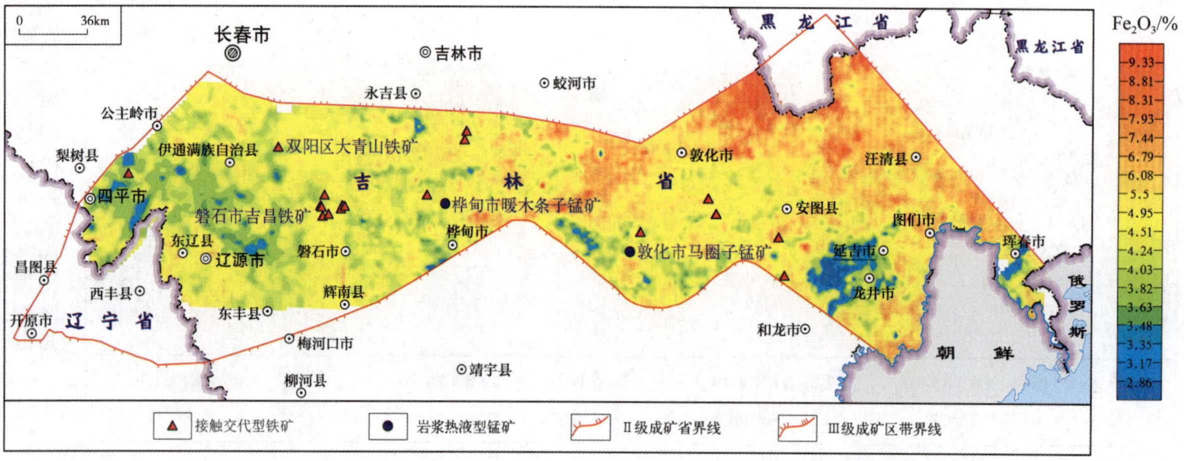

图 3-7　吉中-延边成矿带（吉林省境内）Fe_2O_3 地球化学及黑色金属矿产分布图

铁低背景区主要分布于四平-辽源、延吉-和龙一带，与下白垩统登楼库组、上白垩统泉头组和龙井组的砾岩、砂岩以及第四纪松散堆积物有关，是砂岩等岩性的反映。此外，早三叠世二长花岗岩、晚三叠世花岗闪长岩等侵入岩也具有较低的背景值。

6. 镍

镍元素分布规律与铁相似，高背景区主要呈北东向沿着敦化-密山断裂两侧分布，与成矿带内的岩浆型的铜镍矿的空间产出吻合较好，如红旗岭镍矿床。与之相关的地质单元为中新统船底山组和始新统军舰山组玄武岩，反映了基性玄武岩的岩石化学特征（图 3-8）。

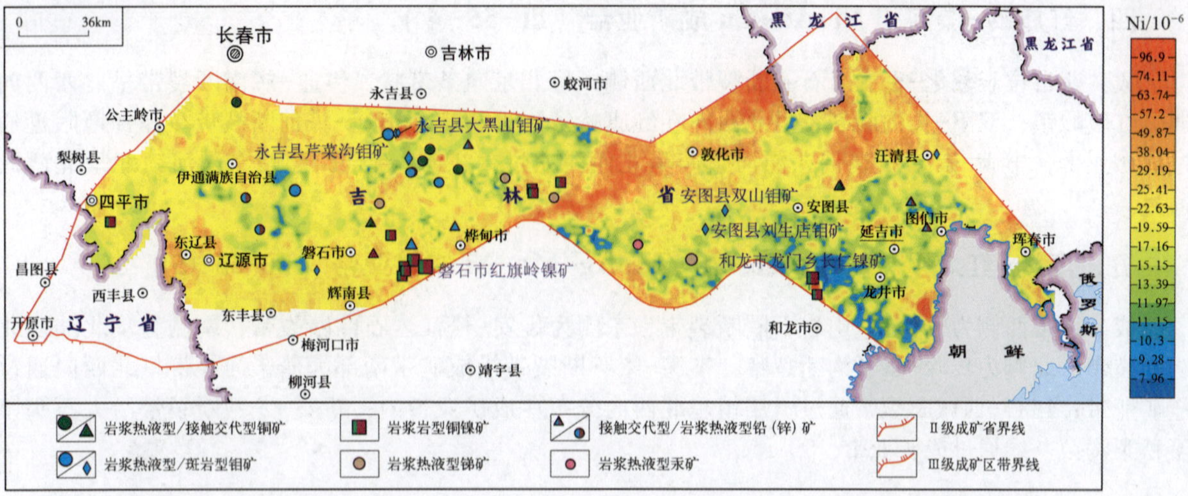

图 3-8 吉中-延边成矿带（吉林省境内）Ni 地球化学及有色金属矿产分布图

镍低背景区主要分布于安图-延吉-和龙一带，在伊通、珲春等地也有零星分布，与早侏罗世花岗闪长岩、晚白垩世石英闪长岩等侵入岩关系密切。

第三节 区域遥感特征

吉中-延边（活动陆缘）Mo-Au-As-Cu-Zn-Fe-Ni 成矿带南侧边缘为华北陆块北缘断裂带，在断裂带内及其两侧有自太古宙至新生代的碱性、酸性、中性、基性、超基性岩浆侵入和喷发；西侧边缘为四平-德惠岩石圈断裂，依兰-伊通断裂带沿小孤山-双阳一线呈北东向展布，并构成北东向槽形谷地；敦化-密山岩石圈断裂，沿辉南-敦化一线呈北东向通过成矿带，并使成矿带东侧向北向位移上百千米；集安-松江岩石圈断裂通过安图县呈北东向斜穿成矿带。

一、山门-乐山 Ag-Au-Cu-Fe-Pb-Zn-Ni 成矿亚带（Ⅲ-55-①）

成矿亚带严格受四平-德惠岩石圈断裂和依兰-伊通断裂带控制，位于两条断裂带所夹的北东向条垒中，伊通-辉南断裂带呈北西向通过成矿带东北部；在依兰-伊通断裂带北西侧，发育与该断裂带相平行的脆韧性变形构造以及由两组断裂围限的菱形块体。成矿带内的小型断裂比较发育，不同方向断裂交叉部位，环形构造成群分部，并为金、多金属矿产集中分布区。

二、那丹伯——座营 Au-Mo-Ag-Pb-Zn-Cu-Ni 成矿亚带（Ⅲ-55-②）

成矿亚带西侧边缘为依兰-伊通断裂带，伊通-辉南断裂带通过成矿带北侧呈北西向展布，沿断裂有花岗斑岩、流纹斑岩等次火山岩侵入和石英脉填充，老母猪山-团山子基性岩体群沿断裂走向展布，断裂带内或边部的次级断裂集中区，为金、铅锌矿成矿的有利地区。辽源-东丰断裂带在成矿带中南北呈北西西向展布，沿断裂带有成群的燕山期花岗岩株侵入。

三、山河-榆木桥子 Au-Ag-Mo-Ni-Cu-Fe-Pb-Zn 成矿亚带（Ⅲ-55-③）

依兰-伊通断裂带控制该成矿亚带西北侧边缘，南侧边缘为伊通-辉南断裂带，双阳-长白断裂带沿石嘴镇-山河镇一线呈北西向通过，柳河-吉林断裂带分布在磐石市-官马镇一带，桦甸-双河镇断裂带沿榆木桥子镇-五里河镇一线呈北西向通过成矿亚带。

四、红旗岭-漂河川 Ni-Au-Cu 成矿亚带（Ⅲ-55-④）

成矿亚带位于敦化-密山岩石圈断裂带北西侧，呈北东向条带状，伊通-辉南断裂带呈北西西向通过红旗岭镇，双阳-长白断裂带呈北西向在红旗岭镇附近相交，东辽-桦甸断裂带在桦甸市附近通过成矿亚带，丰满-崇善断裂带在漂河镇南呈北西向通过，江源-新合断裂带在漂河镇北呈北西向通过。

五、海沟-红太平 Au-Fe-Cu-Pb-Zn-Ag-Mo-Ni 成矿亚带（Ⅲ-55-⑤）

成矿亚带西侧为敦化-密山岩石圈断裂带，东侧为集安-松江岩石圈断裂带，南侧为华北陆块北缘断裂带，北侧为长岭-罗子沟断裂带，丰满-崇善断裂带沿成矿带南部大蒲柴河一带呈北西向通过成矿亚带；红石-西城断裂带通过贤儒镇呈北西向分布在成矿亚带内；新安-龙井断裂带沿大石头镇至秋梨沟镇一线通过成矿亚带。

六、五凤-百草沟 Au-Cu-Ag-Pb-Zn-Fe 成矿亚带（Ⅲ-55-⑥）

成矿亚带东侧为汪清-珲春断裂带，西侧为集安-松江岩石圈断裂带，新安-龙井断裂带途经本成矿亚带延伸至天宝山-开山屯成矿亚带内。

七、天宝山-开山屯 Pb-Zn-Au-Ag-Ni-Mo-Cu-Fe 成矿亚带（Ⅲ-55-⑦）

成矿亚带南侧为华北陆块北缘断裂带的古洞河段，西侧为集安-松江岩石圈断裂带，红石-西城断裂带和新安-龙井断裂带呈北西向延伸至成矿亚带。

第四节　自然重砂特征

一、山门-乐山 Ag-Au-Cu-Fe-Pb-Zn-Ni 成矿亚带（Ⅲ-55-①）

成矿亚带重砂矿物自然金、白钨矿、锡石、辰砂、铜族异常表现突出，其次为指示基性-超基性岩体的橄榄石、辉石重砂异常；黄铁矿重砂异常亦有较好的展示，它是评价硫铁矿的标型矿物。该重砂异常区带以预测火山热液型银矿（脉状）、铅锌矿为主。

二、那丹伯—一座营 Au-Mo-Ag-Pb-Zn-Cu-Ni 成矿亚带（Ⅲ-55-②）

成矿亚带分布自然金、白钨矿异常，圈定 5 个综合异常场（1 个乙级，4 个丙级）。其中乙级综合异常对弯月金矿积极支撑，是指示找矿的重要靶区。在重砂异常分布水域，控矿因素为下古生界的沉积-变质建造以及燕山期花岗岩类侵入体和发育的北东、北西向的断裂裂隙。这表明矿化岩浆系统中的岩浆热液活动和控矿构造体系对成矿的重要作用。该重砂异常区带是金矿、钼矿的重要找矿远景区，有弯月金矿床、西苇钼矿床响应。

三、山河-榆木桥子 Au-Ag-Mo-Ni-Cu-Fe-Pb-Zn 成矿亚带（Ⅲ-55-③）

成矿亚带重砂矿物以自然金、白钨矿、铜族重砂为主，其次为辰砂、磁铁矿、黄铁矿等，含量分级较低，空间上有叠加现象。圈定 13 个综合异常场（甲级 3 个、乙级 3 个、丙级 7 个）。从源头到下游水系重砂组合面积较大，对成矿系统积极支撑。

根据重砂异常形态可知，矿体处于剥蚀初期，有一定矿物剥蚀量，在搬运范围内重砂异常有重要的找矿指示意义。重砂异常矿物为辉钼矿和白钨矿。

四、红旗岭-漂河川 Ni-Au-Cu 成矿亚带（Ⅲ-55-④）

成矿亚带重砂矿物不发育，圈出的铜族异常对铜镍矿没有指示意义（与燕山期花岗岩类侵入体有关，异常源于火龙岭钼矿，对预测斑岩型钼矿有一定意义）。而由磁铁矿-橄榄石-辉石构成的组合异常对追索控矿的基性-超基性岩体有一定的指示意义。

五、海沟-红太平 Au-Fe-Cu-Pb-Zn-Ag-Mo-Ni 成矿亚带（Ⅲ-55-⑤）

海沟地区重砂矿物为自然金、白钨矿、辰砂、泡铋矿、黄铁矿等，具有含量分级较高、异常发育、空间套合紧密的特征，形成的综合异常场对海沟金矿有重要的指示意义。

红太平地区主要重砂矿物有黄铜矿、自然金、白钨矿、黄铁矿，其中黄铜矿为点异常，含量分级1级；自然金、白钨矿、黄铁矿分级较低，最高达2~3级，呈带状分布。这些重砂矿物分布在红太平多金属矿致系统中，具有矿致特征，是重要的标志性矿物。

刘生店地区重砂矿物自然金、白钨矿、独居石、泡铋矿、辰砂异常都有较好显示。

六、五凤-百草沟 Au-Cu-Ag-Pb-Zn-Fe 成矿亚带（Ⅲ-55-⑥）

成矿亚带主要分布自然金、辰砂、毒砂、泡铋矿等重砂矿物，综合异常圈出6个（甲级3个、乙级2个、丙级1个），呈东西向展布。其中3个甲级综合异常场反映了火山岩型金矿岩浆系统，可为预测提供重要的重砂信息。

七、天宝山-开山屯 Pb-Zn-Au-Ag-Ni-Mo-Cu-Fe 成矿亚带（Ⅲ-55-⑦）

成矿亚带重砂矿物有自然金、白钨矿、铜族、铅族、铬铁矿，圈定的甲乙级综合异常场主要反映矿致系统边缘的重砂异常模式，与分布的矿产存在一定的响应关系，找矿指示效果较明显。

第四章　成矿地质特征

第一节　矿产资源特征

一、矿产资源种类及分布

吉中-延边成矿带发育的矿产资源有能源矿产、黑色金属矿产、有色金属矿产、贵金属矿产、稀土金属矿产、非金属矿产、宝玉石矿产、水气矿产等类别，矿种达47种。截至2018年底，成矿带内共查明超大型、大型、中型、小型及矿点共571处，其中，中型及以上规模矿产地为105处（表1-1）。

吉中-延边成矿带能源类矿产包含煤炭、油页岩、地热（水）等；黑色金属矿产主要为铁矿，其次为锰矿；有色金属矿产有铜、铅、锌、镍、钼、锑和汞矿；贵金属矿产有金、银矿；稀土金属矿产有独居石矿（磷钇矿）；非金属矿产包含工业矿物类和工业岩石类，其中工业矿物类矿产为硅灰石、石墨、自然硫、硫铁矿、砷、萤石等；工业岩石类矿产为多用途灰岩、高岭土、伊利石粘土、泥炭、火山灰、硅藻土矿、花岗岩饰面石材；宝玉石类有敖东玉、透闪石玉、鸡血石玉、磐龙玉、松花石等；水气矿产类的主要为地下水、矿泉水等。成矿带内主要矿产地分布见图1-3。

（一）能源矿产

能源类矿产主要包括煤炭、油页岩、地热三类，主要能源矿产特征分别见附表1、附表2和附表3。

1. 油页岩

油页岩主要分布于桦甸盆地，包括公郎头-大城子、北台子、庙岭、桦甸南部（小城子矿和西台子矿）、金沟子矿床5处，赋矿层位为白垩纪和古近纪陆相大型湖泊相含油层系。此外，在早白垩世汪清断陷盆地内也发育内陆河湖相含油层位。

2. 煤炭

煤炭资源以分布广泛、小煤矿多、煤层薄、煤质一般为特点。本区共产出包括中型（3处）、小型和矿点在内的共46处煤矿，主要分布于双阳盆地、珲春盆地。含煤地层的分布、形成时代和沉积类型具有多样性和复杂性，含煤地层主要为中生界和新生界；成煤时代主要为晚三叠世、早中侏罗世、早白垩世和古近纪，以古近纪为主。

3. 地热

地热资源分布较为局限，仅在成矿带北部黑龙江省牡丹江市出露，包括中型1处、小型1处，共2处地热田。

（二）金属矿产

金属矿产以黑色金属、有色金属及贵金属为主，还有少量的稀有和稀土金属，主要黑色金属、贵金属有色金属矿产特征分别见附表4、附表5和附表6。

1. 黑色金属矿产

主要为铁矿，包括1处中型铁矿在内共54处铁矿床，其次为锰矿，包括2处小型锰矿在内的5处锰矿。其中，铁矿床（点）遍布全区，相对集中分布于吉中与延边和龙地区，矿产地规模以矿点为主，以接触交代型、岩浆热液型和受变质型铁矿为主要矿床类型；锰矿分布在梨树县马家油房、东辽县椅山乡和东丰县西保安、桦甸市暖木条子、敦化市大蒲柴河马圈子地区，成矿类型主要为接触交代型。此外，还发育少量的铬铁矿（3处）和含钒钛磁铁矿矿床（2处），规模较小，矿产地以矿点为主，分布在永吉、龙井和安图等地，矿床类型均为岩浆型。

2. 有色金属矿产

已有资源储量的有色金属矿产有铜、铅、锌、镍、钼、钨、锑、汞矿，其中镍、钼、铜、铅、锌等有色金属矿产是吉中-延边成矿带的重要矿种。

（1）铜矿

铜矿主要分布吉中地区的磐石市-永吉县一带以及延边地区的延吉-汪清一带，包括小型矿床及矿点在内共30处铜矿产地，成矿时代自老到新各时代都有成矿，成因类型比较丰富，以接触交代型、岩浆热液型、海相火山岩型为主要类型。成矿带内独立铜矿床数量不多且规模相对小，常与镍、铅锌、银、钼等共、伴生。其中，与镍矿相伴生的铜矿资源主要分布在红旗岭-漂河川及和龙地区，以基性-超基性岩浆熔离-贯入型为主要矿床类型。

（2）铅锌矿

带内共产出铅锌矿（包含矿点）26处，主要分布在吉林省辽源弯月、桦甸、龙井天宝山、汪清棉田等地区，成矿时代由加里东期到燕山期都有成矿，成因类型比较丰富，以接触交代型、海相火山岩型和岩浆热液型为主要成因类型。总体来看，铅锌矿都具有早期沉积形成初始矿源层或矿源岩，经后期岩浆热液叠加改造的特征，因此，常具有层控内生的特点。

（3）镍矿

镍矿资源主要集中分布在吉林省四平、磐石、桦甸及和龙等地区，共产出12处镍矿床（点），以大型红旗岭镍矿床和中型的长仁镍矿床最为著名。这些镍矿床成因上属于基性-超基性岩有关的岩浆熔离-贯入型镍矿为主要类型，形成时代集中于晚三叠世。

（4）钼矿

带内共产出24处钼矿床（点），其中包括1处超大型钼矿（大黑山）、1处大型钼矿（双杨树）。这些钼矿资源主要集中分布在吉林省永吉、伊通、磐石、桦甸、安图及龙井等地区，主要有3种成因类型：斑岩型、接触交代型和岩浆热液型，以斑岩型为最为重要。不同成因类型的钼矿床均与燕山期中酸性花岗岩侵入活动有关，严格受构造带或相对隆起和坳陷两种构造单元衔接部位控制，成矿时代为中生代（燕山期）。其矿化特点为钼或钼（铜）及多金属，一般伴有铁或含少量钨。

（5）锑矿

带内共产出锑矿床（点）6处，其中，中型锑矿1处（矿山屯）。锑矿资源主要分布在吉林省磐石、桦甸地区，成矿时代主要为中生代（燕山期），以岩浆热液型为主要成矿类型。

（6）钨矿和汞矿

带内钨矿和汞矿资源较少，矿产地规模以小型矿床或矿点为主，主要分布在吉林省四平、和龙、梨树、敦化等地，成矿时代集中于燕山期，成矿类型以岩浆热液型和接触交代型为主。

3. 贵金属矿产

已有资源储量的贵金属矿产以金、银矿为主。其中，金矿和银矿均是吉中-延边成矿带的优势矿产资源。主要贵金属矿产资源特征见附表5。

（1）金矿

成矿带内金矿资源丰富，包含不同规模、不同成因类型的金矿床（点）共62处，以岩金矿为主，还有少量为砂金矿。岩金矿主要分布在吉林省磐石、桦甸、松江河、海沟、五凤、刺猬沟、闹枝等地区；矿床类型以岩浆热液型、海相火山岩型和陆相火山岩型为主，还有少量叠加型；成矿时代自古生代至中生代均有成矿，以印支期—燕山期金成矿作用最为强烈。砂岩型金矿主要分布在吉林省桦甸、蛟河、磐石、安图、汪清等地，主要形成于第四纪。

（2）银矿

带内产出银矿床（点）共10处，包括1处大型银矿（四平山门）。银矿资源分布广泛，主要分布在吉林省四平地区，吉林、敦化地区以伴生银矿为主，成矿时代主要为古生代至中生代，包括岩浆热液型和海相火山岩型两种类型，且以岩浆热液型为主。

（3）铂族金属

铂族元素主要作为伴生矿产赋存在铜镍矿床中，且铂、钯、铑、铱、钌、锇均有资源储量。

4. 稀有金属

带内稀有金属矿产资源较少，以铌矿为主，仅发现4处铌矿点，主要位于吉林省蛟河市，矿床类型为岩浆型，形成于渐新世。

5. 稀土金属

带内稀土金属矿产资源较少，主要指分布于安图地区的中型东清独居石矿床，矿床类型为砂矿型，形成于第四纪。

（三）非金属矿产

吉中-延边成矿带发育的非金属矿产种类丰富，既包含矿物类非金属矿产，又发育岩石类非金属矿产，主要的非金属矿产特征见附表7。

1. 矿物类非金属

吉中-延边成矿带已有查明资源储量的工业矿物类非金属矿产包括硅灰石、隐晶质石墨、硫、萤石、砷、磷、方解石、冰洲石、沸石、蓝晶石、红柱石、石棉、滑石、长石等。其中，石墨、硅灰石、萤石为重要矿产资源。

石墨：带内产出共16处石墨矿产地，其中，中型矿产地2处、小型5处、矿点9处。石墨资源主要分布在吉林省烟筒山地区，矿体赋存于烟筒山盆地含煤系地层中，矿床类型为变成型，大部分形成于中侏罗世。

自然硫：仅发现1处自然硫矿点，分布在吉林省梅河口市后褡裢沟，矿床类型属岩浆型，时代为晚二叠世。

硫（硒碲）砷化物：主要包括硫铁矿和砷矿两类。其中，硫铁矿产地共有6处，分别为3处中型和3处矿点，以头道沟硫铁矿、放牛沟多金属硫铁矿、西台子硫铁矿为代表，主要分布在吉林省永吉、伊通、桦甸、双阳等地，矿床类型为海相火山岩型、接触交代型、岩浆热液型和化学沉积型，成矿时代以华力西期、燕山期和喜马拉雅期为主。成矿带砷矿资源较少，独立砷矿仅1处，其余砷矿常作为金、银矿的伴生资源。砷矿资源主要产出在吉林省磐石、桦甸等地。成矿时代为燕山期。矿床类型以岩浆热液型为主。

磷：带内磷矿资源较少，共5处磷矿点，主要分布在吉林省四平、安图、双阳、桦甸等地，矿床类型包括岩浆型和化学沉积型，成矿时代跨度大，包括加里东期、华力西期和印支期。

萤石：带内发育萤石矿共5处，其中3处小型萤石矿、2处矿点。这些萤石矿主要分布在吉林省磐石、双阳、伊通等地，主要赋存在石炭系磨盘山组、鹿圈屯组碳酸盐岩层系和白垩系营城子组酸性火山岩中。成因类型为岩浆热液型。成矿时代为石炭纪、二叠纪和早侏罗世。

水晶：主要为压电水晶，共9处矿产地，部分水晶矿伴生钾长石。水晶矿床主要分布在吉林省汪清、延吉、磐石、永吉等地，矿床类型为岩浆热液型和伟晶岩型两类，成矿时代以印支期和燕山期为主。

蓝晶石：带内仅发现1处小型的蓝晶石矿，为磐石市乱泥屯蓝晶石矿床，成因类型为变成型，形成于奥陶纪。

红柱石：带内仅发现2处红柱石矿，主要分布在吉林省桦甸和双阳地区，矿床类型为变成型，形成于中二叠世。

硅灰石：带内硅灰石矿产资源丰富，共产出硅灰石矿产地23处，其中，超大型3处、大型2处、中型3处、小型10处以及矿点5处。这些硅灰石矿集中分布在吉林省磐石、桦甸、梨树、龙井、安图、东丰、伊通等地，赋矿层系为石炭系磨盘山组碳酸盐岩，矿床类型为变成型，成矿时代集中于燕山早期。

滑石：带内滑石资源较少，目前仅发现1处滑石矿点，位于吉林省磐石市兴隆屯，矿床类型为陆相火山岩型，形成于二叠纪。

石棉：目前仅发现2处石棉矿点，分布在吉林省磐石和长春地区，矿床类型为受变质型，形成于奥陶纪和中三叠世。

长石：目前仅发现1处独立钾长石矿点，为吉林省梅河口市朝阳堡钾长石矿点，还有1处与水晶矿伴生。该钾长石矿点为伟晶岩型，形成于晚二叠世。

沸石：带内沸石矿产地共10处，其中小型矿床3处、矿点7处。它们主要分布在吉林省双阳、磐石、东辽、四平、梨树、汪清等地，矿床类型包括陆相火山岩型、伟晶岩型、接触交代型、岩浆热液型等，形成时代以燕山期为主，少量形成于印支期。

方解石：带内方解石矿产地共12处，其中超大型1处、大型1处、中型3处、小型4处以及矿点3处，主要分布在吉林省桦甸和磐石地区，矿床类型包括岩浆热液型和变成型，形成时代跨度大，奥陶纪至早侏罗世均有产出。

冰洲石：目前仅发现2处冰洲石矿产地，包括中型1处（青龙村冰洲石矿床）、矿点1处（和龙风照冰洲石矿点），集中分布在吉林省和龙地区，矿床类型为岩浆热液型，集中形成于早侏罗世。

2. 岩石类非金属

成矿带已有查明资源储量的非金属工业岩石有多用途石灰岩、硅藻土、高岭土、伊利石粘土、泥炭、火山灰及水泥用大理岩。

多用途石灰岩：带内多用途灰岩矿床地共5处，主要的工业用途为水泥用和建筑石料用两类，主要分布在辽宁省铁岭市昌图一带，矿床类型为化学沉积型。

高岭土：带内高岭土矿共6处，其中，大型1处、小型1处、矿点4处。这些高岭土矿床分布在吉林省安图、伊通、磐石、珲春等地。矿床类型为风化型和陆相火山岩型，形成时代包括二叠纪、三叠纪和第四纪。

伊利石：带内伊利石粘土矿共2处，均为超大型，分布在吉林省安图地区，包括安图县双桥沟伊利石粘土矿床和安图县万宝镇伊利石粘土矿床，矿床类型为风化型，形成于第四纪。

泥炭：带内泥炭矿产地仅1处，为黑龙江省宁安市金家屯泥炭矿床，小型规模，系生物化学沉积形成，成矿时代为早二叠世—早三叠世。

火山灰：成矿带火山灰资源匮乏，仅产出1处黑龙江省宁安市鹿道火山灰矿床，中型规模，为陆相火山岩型，形成于新近纪。

珍珠岩：珍珠岩矿产地仅1处，位于辽宁省西丰县，即更刻镇珍珠岩矿，为小型矿床，成因类型为陆相火山岩型，形成于燕山期。

水泥用大理岩：共产出31处，主要分布在吉林省梨树、东辽、伊通、图们及辽宁省昌图等地，包括大型6处、中型11处、小型14处，矿床类型为变成型，形成时代以燕山期为主。

硅藻土：矿产地3处，以中型的吉林省敦化市高松树硅藻土矿为代表，均为生物化学沉积成因，成矿时代为新近纪。

3. 宝玉石类

成矿带内宝玉石类矿产分为宝石、玉石以及砚石3类，具体包括蓝宝石（桦甸市辉发河蓝宝石矿床）、白玉、鸡血石玉（敦化市迎风沟汞矿点伴生鸡血玉）、磐龙玉（小红石砬子磐龙玉矿床）、透闪石玉、松花石等矿种，矿床类型包括海相火山岩型、接触交代型、岩浆热液型和砂矿型，成矿时代包括二叠纪、中侏罗世、石炭纪和全新世。成矿带内宝石和玉石矿产尚未被开采利用，但质量上乘（齐成栋等，2017）。各矿产地位置、规模、储量信息等详见附表8。

（四）水气矿产

截至2018年底，区内共发现17处地下水水源地和98处天然矿矿泉水水源地，主要的矿泉水水源地及地下水水源地特征分别见附表9和附表10。

地下水水源地主要分布在吉林省四平市、珲春、敦化、伊通等地，水源地规模以中、小型为主，仅3处大型地下水水源地。根据地层岩石结构及其水理性质、水力特征，成矿带内地下水类型主要为碎屑岩类孔隙裂隙水和松散岩类孔隙潜水，其含水介质形成时代以第四纪和白垩纪为主，还有少部分形成于古近纪。这些地下水目前已基本集中利用。

矿泉水水源地主要分布于吉林省双阳、吉林、四平、延吉等地，以中、小型为主。含水介质以灰岩、砂岩、花岗岩、大理岩、玄武岩为主，容矿岩石的形成时代跨度大，以白垩纪为主，侏罗纪次之，还有少量为第四纪、新近纪、二叠纪、三叠纪；区内矿泉水矿床类型主要包括锶型、锶偏硅酸复合型、偏硅酸型和偏硅酸锶复合型等四类，以复合型为主。区内大部分矿泉水未开采或已停采，仅有少部分偏硅酸型矿泉水被开采利用。

二、重要矿产资源概况

吉中-延边成矿带重要矿产资源共12种，具体包括能源矿产煤矿，铜、铅锌、镍、钼等有色金属类矿产，金和银等贵金属类矿产，石墨、萤石和硅灰石等矿物类非金属矿产，多用途大理岩等岩石类非金属矿产，以及矿泉水等水气矿产。

1. 煤矿

成矿带煤矿资源丰富，空间分布较为广泛，主要集中在吉林省双阳、辽源、西丰、桦甸、珲春等地，以珲春煤田煤矿资源储量最大。煤矿床类型为生物化学沉积型，包括第四纪、晚侏罗世—早白垩世、晚三叠世—早侏罗世等成煤期。成矿带内煤炭矿产地有46处，以小型煤矿为主，已探明资源储量 16×10^{8} t，保有资源储量 11×10^{8} t。

2. 铜矿

成矿带铜矿资源较为丰富，铜矿类型较为丰富，如斑岩型铜矿（永吉县向阳铜矿床）、海相火山岩型铜矿（磐石市石嘴铜矿床）、岩浆热液型铜矿（伊通县西大城号铜矿床）。此外，还常作为伴生有用组分产出在基性-超基性岩浆熔离-贯入型镍矿（红旗岭镍矿）或海相火山岩型铅锌多金属矿（红太平多金属矿床）内。这些铜矿床分布较为分散，成矿时代跨度较大，华力西期、印支期和燕山早、晚期都有铜矿的产出，以伴生铜矿为主，已探明资源储量为 28×10^{4} t，保有资源储量 15×10^{4} t。

3. 铅锌矿

成矿带铅锌矿产资源主要分布在吉林省辽源弯月、磐石、桦甸、龙井天宝山、汪清棉田等地，可形成独立铅矿、锌矿，但以铅锌矿共生为特点，而且常常伴生有铜、钼、金、银等有用元素。这些铅锌矿矿床类型比较复杂，包括海相火山岩型（红太平、小红石砬子、天宝山东风南山多金属矿）、接触交代型（天宝山立山）、岩浆热液型（新立屯）和隐爆角砾岩型（天宝山新兴）等，主要包括华力西期和燕山期两期成矿。铅锌矿已探明资源储量 108×10^{4} t，保有资源储量 44×10^{4} t，其中铅已探明资源储量 34×10^{4} t，保有资源储量 17×10^{4} t，锌已探明资源储量 74×10^{4} t，保有资源储量 27×10^{4} t。

4. 镍矿

成矿带镍矿资源较为丰富，分布在吉林省磐石红旗岭、蛟河漂河川以及和龙长仁地区，产出有红旗岭镍矿、漂河川镍矿、三道岗镍矿和长仁镍矿等。这些镍矿床均为岩浆熔离-贯入型镍矿，成矿时代集中在晚三叠世，形成于古亚洲洋闭合后的岩石圈伸展背景。带内镍矿有12处，已探明资源储量 28.5×10^{4} t，保有资源储量 8.45×10^{4} t。

5. 钼矿

成矿带钼矿资源主要集中分布在吉林省永吉、桦甸、安图、龙井等地，产出有超大型的大黑山钼矿床、中型的刘生店和双山钼矿床、小型的四方甸子钼矿床等。这些钼矿床主要有3种成因类型：斑岩型、接触交代型及岩浆热液型（石英脉型），以斑岩型最为重要。本区钼矿床大多形成于燕山期，尤其集中在中侏罗世，与古太平洋板块俯冲作用下形成的高钾钙碱性的I型花岗岩类有关。本区钼矿化作用特点为钼或钼（铜）及多金属，一般伴有铁或含少量钨。

成矿带钼矿资源丰富，已发现24处矿产地，其中，超大型1处、大型1处、中型5处，已探明资源储量204×10^4 t，保有资源储量198×10^4 t。

6. 金矿

成矿带金矿资源丰富，不同规模的金矿产地共有62处，包括大型的海沟金矿、松江河金矿、二道甸子金矿等，主要分布于吉林省磐石、桦甸、松江河、海沟、五凤、刺猬沟、闹枝等地区，其他地区也有零星分布。这些金矿床分为岩金和砂金两类，其中岩金矿主要包括岩浆热液型、海相火山岩型和陆相火山岩型3种类型，成矿时代跨度大，加里东期、华力西期和燕山期均有金矿的形成。砂金矿集中分布在吉林省桦甸、磐石、汪清、安图等地，矿产地规模小，多形成小型矿床或矿点，如小型的汪清县春坪砂金矿和桦甸市沙金屯砂金矿，成矿时代均为第四纪。除独立型金矿外，金常与银、铜矿等伴生，如岩浆热液型的四平山门银金矿床。成矿带内金矿已探明资源储量约130 t，保有资源储量约77 t。

7. 银矿

成矿带银矿资源分布广泛，不同规模的银矿产地共有10处，主要分布在吉林省四平、磐石、吉林、敦化等地，形成的代表性银矿床有大型的四平山门银（金）矿、小型的磐石市老爷岭银矿、小型的磐石市民主屯银矿等。银矿除形成独立银矿外，还常作为部分金、铅锌等矿床的伴生有用资源。这些银矿床的矿床类型以岩浆热液型为主，还有少量的浅成中-低温热液型。成矿时代以燕山期为主，部分形成于华力西期。银矿已探明资源储量2100 t，保有资源储量1324 t。

8. 石墨矿

成矿带石墨资源丰富，目前已发现16处石墨矿，以隐晶质石墨矿为主，主要分布在吉林省烟筒山地区，矿床类型为变成型，大部分石墨矿形成于晚三叠世，还有少部分石墨矿点形成于晚石炭世，截至2018年底，成矿带石墨资源储量达678×10^4 t。

9. 萤石矿

成矿带萤石矿产地共5处，主要分布在吉林省磐石、双阳、伊通等地。石炭系磨盘山组、鹿圈屯组碳酸盐岩和白垩系营城子组酸性火山岩是重要的含萤石矿层位。矿床类型为岩浆热液型，主要形成于石炭纪、二叠纪和早侏罗世。萤石矿已探明资源储量20×10^4 t，保有资源储量16×10^4 t。

10. 硅灰石矿

成矿带硅灰石矿产资源丰富，已发现硅灰石矿23处，集中分布在吉林省磐石、桦甸、梨树、龙井、安图、东丰、伊通等地。这些硅灰石矿主要赋存在石炭系磨盘山组碳酸盐岩中，矿床类型为变成型，成矿时代集中于燕山早期。已探明资源储量2138×10^4 t，保有资源储量1951×10^4 t。

11. 多用途灰岩、大理岩矿

主要分布于吉林省四平、伊通、磐石地区，赋存在石炭系磨盘山组碳酸盐岩层系中，属变成型矿产，资源储量达74989×10^4 t。

12. 矿泉水

成矿带矿泉水资源丰富，共产出规模不等的矿泉水水源地98处，集中分布于吉林省双阳、吉林、延吉地区，达到中型的矿产地有27处，允许开采量33038 m^3/d。

三、矿产资源开发利用现状

1. 能源矿产

带内煤炭资源开发利用较早，开采时间较长，资源禀赋较好的双阳煤田、公主岭煤田、辽源煤田、珲春煤田、龙井煤田都已开采。目前，多数井田已处于残采或已闭坑阶段，资源储量无法满足生产能力需要，剩余的资源储量主要是煤柱量和边角地段的残余量，后备资源储量严重不足。油页岩矿只有桦甸市北台子油页岩矿床、桦甸市大城子油页岩矿床目前进行开采，利用常规划方法进行开采，环境污染较大，应加大地下原位裂解技术研发，尽快实现环保的大规模开采，将资源优势转化为经济优势。

2. 黑色金属矿产

带内铁矿主要为矽卡岩型小铁矿，品位低，无法规模性开采。目前安图县四岔子铁矿床、吉林市丰满区胜利铁矿床、桦甸市常山铁矿床、磐石市吉昌铁矿床在小规模开采，其余铁矿处于未利用或停采状态。锰矿资源现在都未开采。

3. 有色金属矿产

带内钼矿资源丰富，有永吉县大黑山钼矿床、桦甸市火龙岭钼矿床、桦甸市四方甸子钼矿床等，钼矿开采利用就已超过社会需求，需限制开发规模；镍矿资源的蛟河市漂河川镍矿床、磐石市红旗岭镍矿床、三道岗镍矿床、茶尖岭 1、6、新 6、10 号岩体镍矿床、桦甸市漂河川 115 号岩体镍铜矿床正在开采；铜矿资源只有磐石市石嘴子铜矿床进行开采，其余并未开发利用，主要利用的是镍矿伴生的铜资源；锑矿资源的桦甸市桦树乡锑矿床、桦甸市晓辉锑矿床正在开采；铅锌矿资源只有龙井市天宝山铅锌矿床开发利用，其余尚未利用。

4. 贵金属矿产

带内金、银资源开发利用较早，部分未开采或已停采，如汪清县刺猬沟金矿床于 21 世纪初期短时期开采利用，目前已停采。安图县海沟金矿床、四平市山门银金矿床、汪清县闹枝金矿床等几处矿床已开采。

5. 非金属矿产

成矿带内非金属矿产中的萤石矿大多数已经闭坑，目前只有磐石市明城镇南梨树萤石矿床现在开采。对硅灰石矿的开发主要集中在吉林省磐石市和梨树县的硅灰石矿床，如梨树县大顶山硅灰石矿、磐石市驿马镇硅灰石矿等。方解石矿产大部分未开采或已停采，仅有磐石市的石嘴、呼兰镇宏峰-孤山等方解石矿床在开采。沸石矿数量少，仅闹枝沸石矿在开采。石墨资源开采利用较早，但部分矿床已经闭坑，目前仅有烟筒山镇的石墨矿床在开采利用。大理岩矿产大多未开采，或已停采或闭坑，少部分正在开采，如东辽县牛心大理岩矿床。宝玉石类资源仅吉林省磐石地区的小红石砬子石英质玉石正在开采。

6. 矿泉水矿产

成矿带内矿泉水资源仅石泉洞矿泉、玉泉矿泉、明川泉等 8 处矿泉水矿产地正在开采，整体矿泉水资源利用程度较低。

第二节　主要矿床类型及典型矿床特征

吉中-延边成矿带矿产资源丰富，矿床类型复杂多样，既有内生矿床，也有外生矿床。按《中国矿产地质志·省级矿产地质志研编技术要求》（中国矿产地质志项目办公室，2016），成矿带内生矿床包括岩浆型、伟晶岩型、斑岩型、接触交代型、岩浆热液型、海相火山岩型、陆相火山岩型、受变质型和变成型 9 种类型。外生矿床类型相对单一，主要存在砂矿型、风化型和生物化学沉积型 3 种类型（表 4-1）。

一、主要矿床成因类型

（一）内生矿床

基于成矿带产出不同类型的矿床数量及重要矿产特征分析，认为成矿带内生矿床以岩浆型、斑岩型、接触交代型、岩浆热液型、海相火山岩型、陆相火山岩型、受变质型和变成型为主。

表4-1 吉中-延边成矿带矿床（成因/工业）类型（以下简称“成因类型”）划分及代表性矿床

<table>
<tr><th>一级分类</th><th>二级分类</th><th>三级分类</th><th>代表性矿床</th></tr>
<tr><td rowspan="10">内生矿床</td><td rowspan="7">岩浆作用矿床</td><td>岩浆型矿床</td><td>吉林省磐石市红旗岭镍矿床、龙井市开山屯铬铁矿床</td></tr>
<tr><td>伟晶岩型矿床</td><td>吉林省汪清县闹枝沟水晶矿点</td></tr>
<tr><td>接触交代型（矽卡岩型）矿床</td><td>吉林省磐石市吉昌铁矿床、
龙井市天宝山多金属矿田</td></tr>
<tr><td>斑岩型矿床</td><td>吉林省永吉县大黑山钼矿床</td></tr>
<tr><td>岩浆热液型矿床</td><td>吉林省安图县海沟金矿床、
桦甸市二道甸子金矿床</td></tr>
<tr><td>陆相火山岩型矿床</td><td>吉林省汪清县刺猬沟金矿床、闹枝金矿床</td></tr>
<tr><td>海相火山岩型矿床</td><td>吉林省伊通县放牛沟多金属矿床、
磐石市小红石砬子铅锌（玉石）矿床</td></tr>
<tr><td rowspan="2">变质作用矿床</td><td>受变质型矿床</td><td>吉林省东丰县西保安铁矿床</td></tr>
<tr><td>变成型矿床</td><td>吉林省大顶山硅灰石矿床、磐石市仙人洞石墨矿床</td></tr>
<tr><td>非岩浆-非变质流体作用矿床</td><td>地下流体型矿床</td><td>吉林省敦化市稀有类型矿泉水</td></tr>
<tr><td rowspan="4">外生矿床</td><td>表生作用矿床</td><td>风化型矿床</td><td>吉林省安图县万宝河子高岭土矿点</td></tr>
<tr><td rowspan="3">沉积作用矿床</td><td>砂矿型矿床</td><td>吉林省汪清县春坪砂金矿床、东清独居石矿床</td></tr>
<tr><td>化学沉积型矿床</td><td>辽宁省昌图县泉头镇护林于亮石灰岩矿床</td></tr>
<tr><td>生物化学沉积型矿床</td><td>吉林省珲春煤田、桦甸市公郎头油页岩矿床</td></tr>
</table>

岩浆型矿床：岩浆型是成矿带（铜）镍矿的主要矿床类型，以形成基性-超基性岩有关的铜镍硫化物矿床为特征，形成有红旗岭、漂河川、长仁等大、中型镍矿床。此外，还发育小规模的岩浆型的铬铁矿矿床（开山屯）、含钒钛磁铁矿矿床（宣羊砬子、青林）及磷矿点（青林子）等。成矿作用集中于印支期。

斑岩型矿床：斑岩型是成矿带钼矿的主要矿床类型，形成有超大型的大黑山钼矿床，中型的刘生店、双山钼矿床等，成矿作用集中于燕山早期（早、中侏罗世）。

接触交代型矿床：成矿带内接触交代型矿床数量众多，以铁、铜、铅锌等矿床为主。大多数的接触交代型矿床规模较小，多为小型和矿点，多产出在中酸性侵入体与碳酸盐岩的接触带内及附近，成矿作用集中于燕山期。

岩浆热液型矿床：岩浆热液型是金、银、铜、铅锌、钼等金属矿，也是方解石、压电水晶、萤石等非金属矿的主要矿床类型。其中，金矿以大型的海沟、二道甸子金矿床为代表，银矿以大型的山门银矿床为代表，铜矿以小型的西大城号铜矿床为代表，铅锌矿以小型的新立屯和地局子铅锌矿床为代表，钼矿以小型的四方甸子钼矿床为代表。

海相火山岩型矿床：海相火山岩型是成矿带铅锌矿、金、银、硫铁矿等的主要矿床类型，形成有大型的小红石砬子铅锌（玉石）矿、小型的红太平铜多金属矿床和天宝山东风南山多金属矿床和中型的放牛沟铅锌硫铁矿矿床。

陆相火山岩型矿床：陆相火山岩型是成矿带金矿的主要成矿类型，形成有小型的刺猬沟金矿床、闹枝金矿床、五凤-五星山金矿床、石井金银矿床等。此外，该类型也是沸石、珍珠岩矿的主要矿床类型。

受变质型矿床：受变质型是成矿带内铁矿的主要矿床类型之一，代表性矿床为中型的四岔子铁矿床、小型的西半截河铁矿床和西保安铁矿床。

变成型矿床：变成型是成矿带重要矿产硅灰石、石墨矿的主要矿床类型。硅灰石矿以超大型的铁汞山和细鳞河硅灰石矿床为代表，石墨以中型的天桥岭鹿圈子石墨矿床和小型的烟筒山镇仙人洞石墨矿床为代表。

（二）外生矿床

成矿带外生矿床以砂矿型和生物化学沉积型为主。

砂矿型矿床：砂矿型是成矿带金矿和独居石矿的主要矿床类型，其中金矿以小型的汪清县春坪砂金矿床为代表，独居石矿以中型的东清独居石矿床为代表。

化学沉积型矿床：化学沉积型是成矿带内建筑用灰岩和水泥用灰岩矿的矿床类型，主要分布在辽宁昌图地区，代表性矿床为昌图县泉头镇护林于亮水泥用大理岩矿床。

生物化学沉积型矿床：生物化学沉积型是成矿带内煤和油页岩矿的主要矿床类型，其中煤矿以珲春煤田为代表，油页岩矿的代表性矿床为中型的大城子-公郎头油页岩矿床。

二、主要矿床成因类型的地质成矿特征

（一）岩浆型矿床

以基性-超基性岩浆熔离-贯入型的铜镍硫化物矿床为主，还有岩浆型铬铁矿矿床（点）和含钒钛磁铁矿矿床。这些矿床主要形成于华力西晚期—印支期，与古亚洲洋俯冲闭合后的岩石圈伸展作用有关。

岩浆熔离-贯入型的铜镍矿以红旗岭镍矿床、漂河川镍矿床和长仁镍矿床为代表。这些镍矿床的形成与印支期镁铁-超镁铁质岩体密切相关。带内的超岩石圈断裂-华北板块北缘巨型断裂带及其次级断裂控制了这些镁铁-超镁铁质岩浆的运移和侵位。成矿相关的镁铁-超镁铁质岩体多为辉长岩类（山门镍矿床）、橄榄岩和辉石岩类（红旗岭镍矿床、长仁镍矿床）及辉石岩类（三道岗镍矿床）等。矿体以层状、似层状、透镜状和贯入式脉状为主，矿石常具有浸染状、斑点状、致密块状等构造，他形粒状、海绵陨铁、交代残余等结构；常见的矿石矿物组合为磁黄铁矿、黄铜矿、黄铁矿、镍黄铁矿、辉砷镍矿等。

岩浆型铬铁矿以开山屯铬铁矿床为代表，该矿床位于华力西晚期的超基性岩体的橄榄岩相内，北东至北北东向断裂构造对含矿的超基性岩体及铬铁矿的形成起了重要的控制作用。矿石矿物以铬尖晶石为主，还有磁铁矿、黄铁矿、磁黄铁矿等，脉石矿物有蛇纹石、绿泥石、滑石和碳酸盐类等。

（二）斑岩型矿床

成矿带斑岩型矿床主要为斑岩型钼矿，以超大型的大黑山钼矿、中型的刘生店和双山钼矿等为代表。这些斑岩型钼矿集中形成于早、中侏罗世，形成于古太平洋板块俯冲的构造背景。

斑岩型钼矿床的矿体主要呈不规则状（大黑山）、透镜状、板状（刘生店）、似层状（后倒木），产出于二长花岗（斑）岩或花岗闪长（斑）岩体内，部分钼矿体延伸至外接触带。与钼矿相关的岩体多为复式岩体，成矿多发生在岩浆演化期后，而且这些含钼花岗岩常具有高硅、高铝、富碱、准铝质/弱过铝质的高钾钙碱性的地球化学属性（张勇，2013）。

钼矿床的主要矿石矿物为辉钼矿和黄铁矿，还有少量的黄铜矿、磁黄铁矿、磁铁矿等，脉石矿物主要为石英、绢云母、钾长石、方解石等。矿石常具有半自形-他形粒状、鳞片状、交代残余、乳滴状等结构，脉状、细脉浸染状和浸染状等构造。斑岩型钼矿围岩蚀变常具有明显的面型分带特征，但不同矿床蚀变分带特征略有差异。大黑山钼矿的蚀变分带表现由内而外为石英-钾长石化带、石英-石英网脉带、石英-绢云母化带、黄铁绢英岩化带及青磐岩化带（汪志刚，2012）。大石河钼矿和后倒木钼矿的蚀变分带相对单一，大石河钼矿表现为由中心的石英-绢云母化带向外过渡到泥化带，后倒木钼矿则表现为由内到外大致为硅化-绢云母化带、高岭土-绿泥石化带（张勇，2013）。斑岩型钼矿床的矿化大体经历了石英-黄铁矿阶段（Ⅰ）、石英-磁黄铁矿-黄铁矿阶段（Ⅱ）、石英-辉钼矿阶段（Ⅲ）、石英-多金属硫化物阶段（Ⅳ）和石英-碳酸盐阶段（Ⅴ）等五个阶段（张勇，2013）。

（三）接触交代型矿床

接触交代型矿床以铁矿数量最多，此外还发育铜、铅锌、钼、硫铁矿等。这些接触交代型矿床大多形成于燕山期，与燕山期不同阶段的中酸性侵入岩密切相关，形成于古太平洋板块俯冲的构造背景。矿床主要产出在中酸性侵入岩与古生代碳酸盐岩、钙质泥岩的接触带内及附近。

接触交代型铅锌矿以天宝山立山铅锌多金属矿为代表。立山铅锌矿体呈透镜状、板状、脉状赋存在中二叠世头道沟花岗闪长岩、英安斑岩与碳酸盐岩的接触带及浅变质岩系的层间构造带内（鞠楠，2013）。矿石类型为矽卡岩型，矿石矿物主要包括黄铜矿、方铅矿、闪锌矿、磁黄铁矿等。矿石常具有块状、脉状和浸染状构造，以及自形-半自形结晶结构、交代结构、固溶体分离结构等。围岩蚀变类型复杂，主要有石榴子石化、透辉石化、绿泥石化、绿帘石化、方柱石化、绢云母化等。

（四）岩浆热液型矿床

岩浆热液型矿床以金矿数量最多，铜矿和铅锌矿次之，此外还有铁矿、钼矿、钨矿等。这些岩浆热液型矿床大多数形成于燕山期，少部分形成于华力西期和印支期，与不同时期的岩浆热液活动密切相关。

岩浆热液型金矿以大型的海沟金矿为代表。海沟金矿的金矿体呈脉状、扁豆状产出于燕山期中酸性花岗杂岩体（海沟岩体）内，部分矿体延伸至色洛河变质岩系内。这些含金石英脉的空间产出受控于北东向断裂构造。矿石矿物以黄铁矿、方铅矿、闪锌矿、黄铜矿、自然金为主，还有少量的白铁矿、赤铁矿、磁铁矿、磁黄铁矿、斑铜矿等。脉石矿物包括石英、方解石、绢云母、重晶石等。矿石以自形、他形粒状结构和浸染状、细脉浸染状构造为主。围岩蚀变较为强烈，类型以硅化、绢云母化、绿泥石化、钾长石化、绿帘石化等为主，其中硅化、绢云母化与金矿化关系最为密切。金主要形成于石英-多金属硫化物阶段。

（五）海相火山岩型矿床

海相火山岩型矿床以金矿、银矿、铅锌矿、硫铁矿为主，与加里东期、华力西期海相火山-沉积作用密切相关。其中，海相火山岩型金矿以头道川金矿为代表，银矿以民主屯银矿为代表，铅锌矿以小红石砬子铅锌矿为代表。下面以头道川金矿为典型矿床介绍本区海相火山岩型矿床的地质与成矿特征。

头道川金矿以含金石英脉赋存于石炭系余富屯组变质海相火山-沉积岩系内，受细碧岩、细碧玢岩层位和韧性剪切褶皱构造控制。矿石矿物主要包括自然金、碲金矿、碲金银矿、碲银矿、辉银矿、硫锑银矿、黄铜矿、斑铜矿、铜蓝、方铅矿、含银碲铅矿、六方碲银矿、闪锌矿、毒砂、黄铁矿、磁铁矿等；脉石矿物包括石英、绿泥石、绿帘石、绢云母、长石及碳酸盐矿物等。矿石常具有他形粒状、交代残余、溶蚀、包含等结构，块状、脉状、网脉状、团块状和斑点状等构造。围岩蚀变以硅化、绿帘石化、绿泥石化、碳酸盐化等蚀变为主，其中硅化与金矿化最为紧密。

（六）陆相火山岩型矿床

陆相火山岩型矿床以金（银）矿等贵金属矿产为主，还有铌矿、滑石矿、沸石矿、高岭土矿等。其中，陆相火山岩型金（银）矿主要发育在中生代陆相火山盆地内，与金沟岭组和屯田营组等陆相火山岩和次火山岩密切相关，代表性矿床为延边地区的刺猬沟金矿、五凤-五星山金矿、石井金银矿等。此外，吉中地区南楼山火山岩内还发育陆相火山岩型的官马金矿。

陆相火山岩型金矿体主要呈含金石英（五凤）或含金石英-方解石（刺猬沟）脉状产出在中酸性火山岩内，受不同方向的断裂构造交汇部位及火山机构控制。矿石矿物以黄铁矿为主，还有少量的黄铜矿、闪锌矿、磁铁矿、方铅矿以及自然金，脉石矿物主要为石英、冰长石、方解石和铁白云石等。矿石具有浸染状、角砾状、脉状和块状等构造，以及半自形粒状、他形粒状、交代残余和碎裂等结构。该类型金矿床的围岩蚀变较为强烈，主要为冰长石化、碳酸盐化、绢云母化、硅化、绿泥石化和钠黝帘石化、沸石化、高岭土化等。部分矿床的围岩蚀变呈现分带现象，比如五凤矿区由矿脉内部向外部划分为石英-玉髓-冰长石-方解石化带→石英-玉髓-水云母-沸石-方解石化带→绿泥石-沸石-方解石化带；五星山矿区蚀变带由矿化体内部向外依次为黄铁-绢英岩化带→中度泥英岩化带→青磐岩化带。不同矿床的成矿阶段划分方案不同，但金普遍发育在方解石-石英阶段（汪志刚，2012；邹欣桐，2015）。

（七）受变质型矿床

受变质型矿床以铁矿为主，常伴有磷、锰等矿化，代表性矿床为小型的西保安铁矿。西保安铁矿赋存在新元古界西保安岩组内。该地层主要由斜长角闪片岩、斜长云母片岩、云母石英片岩夹磁铁石英岩、锰磷磁铁石英岩及大理岩组成，其原岩为一套海相基性-酸性火山岩夹碎屑岩-碳酸盐岩。

（八）变成型矿床

变成型矿床以硅灰石、石墨和水泥用大理岩矿为主，其中硅灰石矿代表性矿床为磐石市长崴子硅灰石矿和梨树县铁汞山硅灰石矿，石墨矿代表性矿床为汪清县天桥岭鹿圈子石墨矿，水泥用大理岩矿代表性矿床为图们碧水大理岩矿床。

硅灰石矿主要赋存在海相碎屑岩-碳酸盐岩建造内，尤其与石炭系磨盘山组和石嘴子组硅质大理岩层位较为密切。矿体主要呈层状、似层状、透镜状产出在岩体与地层的接触带附近，分支和复合现象较为常见。矿石类型主要为纤维状硅灰石矿、致密块状硅灰石矿、团块状硅灰石矿，矿石矿物主要包括硅灰石、石英、方解石、透辉石，呈柱状变晶、纤维状变晶、包含变晶等结构，致密块状、条带状、团块状等构造。围岩蚀变类型相对简单，主要为硅化、黄铁矿化、矽卡岩化、角岩化、滑石化、透辉石化等，其中矽卡岩化与硅灰石矿化较为密切。

石墨矿受成矿带内中生界含煤沉积地层控制，岩石以碎屑沉积岩（泥质岩、细粒砂岩及粉砂岩等）为主，煤系沉积地层中的有机质受到岩浆热作用发生变质形成隐晶质石墨。

水泥用大理岩矿主要受古生代碳酸盐岩地层控制，这些碳酸盐岩经后期侵入岩浆热事件改造后，方解石等碳酸盐矿物重结晶而成矿。

（九）砂矿型矿床

砂矿型矿床主要为金矿和独居石矿。其中，砂金矿代表性矿床为吉林省汪清县春坪砂金矿和磐石市陈家屯砂金矿床等，独居石矿床代表性矿床为吉林省汪清县东清独居石矿床。

砂岩型金矿的形成受第四纪区域地貌，尤其是河谷地貌的控制，一般富集在冲积层的下部或底部；砂金矿一般分布在Ⅰ—Ⅱ级水系的中上游，砂金矿的物质来源主要为岩金矿。第四纪时期，气候冷暖交替频繁，寒冷期物理风化作用强烈，对已剥蚀到地表的岩金矿进行机械破碎；气候转暖期，充沛的降雨有利于含金地质体的分解和金粒的解离，最后在雨水的冲刷下进入河流，经沉积富集成矿（柴雨等，2016）。

砂岩型独居石矿与华力西期花岗岩密切相关，尤其是东清花岗岩体，富含独居石等有益副矿物，经风化剥蚀作用，在东清花岗岩体上部风化壳及其附近河谷中形成具有工业意义的残坡积及冲积型砂矿床。矿石矿物以独居石、磷钇矿、铁铝石榴石、锆石、磷灰石等为主，脉石矿物有铁镁尖晶石、透辉石、角闪石、绿帘石等。

（十）生物化学沉积型矿床

生物化学沉积型矿床主要为油页岩和煤矿。其中，油页岩矿受新生代构造盆地影响，主要分布于吉林省桦甸地区，代表性矿床为中型的大城子-公郎头油页岩矿，矿床受新近系桦甸组控制，另在吉林省伊通县大孤山子地区也有分布；煤矿受中生代河湖相含煤碎屑岩控制，代表性矿床为珲春煤田。

三、典型矿床

在吉中-延边成矿带主要矿床类型以及重要矿产矿床类型研究的基础上，本志书选择岩浆型、斑岩型等9类，红旗岭镍矿床、大黑山钼矿床等18处典型矿床进行系统研究（表4-2）。

表4-2　吉中-延边成矿带典型矿床一览表

主要矿床类型	典型矿床数量	典型矿床名称	典型矿床规模
岩浆型	1处	吉林省磐石市红旗岭镍矿床	大型
斑岩型	1处	吉林省永吉县大黑山钼矿床	超大型
接触交代型	3处	吉林省磐石市吉昌铁矿床、吉林省龙井市天宝山多金属矿田、吉林省永吉县头道沟硫铁矿床	均为小型
岩浆热液型	3处	吉林省安图县海沟金矿床、吉林省桦甸市二道甸子金矿床、吉林省四平市山门银矿床	均为大型
海相火山岩型	3处	吉林省磐石市石嘴铜矿床、吉林省磐石市小红石砬子铅锌（玉石）矿床、吉林省伊通县放牛沟多金属矿床	小型、小型、中型
陆相火山岩型	2处	吉林省汪清县刺猬沟金矿床、吉林省汪清县闹枝金矿床	均为小型
变成型	3处	吉林省磐石市烟筒山仙人洞石墨矿床、吉林省梨树县铁汞山硅灰石矿床、吉林省磐石市梓子沟方解石矿床	小型、超大型、大型
生物化学沉积型	1处	吉林省珲春市珲春煤田	中型
非岩浆-非变质作用	1处	吉林省敦化市稀有类型矿泉水	小型

（一）吉林省珲春市珲春煤田

珲春煤田位于吉林省东部珲春市境内。西起图们江，东至庙岭，北起骆驼河子，南和东南与俄罗斯毗连；煤田向西越图们江延入朝鲜。在中国境内部分东西长23 km，南北宽20 km，面积约460 km^2。行政区划属珲春市河南街道、近海街道、三家子满族乡、英安镇、哈达门乡、杨泡满族乡和板石镇所辖。珲春煤田发现于1914年，目前珲春矿区8个煤矿（区）中7个已经开发利用，国有煤矿自1977年开始由吉林省煤矿设计院设计并建井，三道岭煤矿、英安煤矿和城西煤矿目前已闭坑。

1. 区域地质背景及矿区地质

珲春煤田所处大地构造位置位于长白山陆缘火山盆岭叠加构造带（MCⅠ-3）、太平岭-老岭火山-沉积隆盆带（MCⅠ-3_5）、珲春盆地（MCⅠ-3_5^6）之内。

区内发育的地层为古生界上二叠统开山屯组（P_3k）和中生界中上侏罗统屯田营组（$J_{2-3}t$），含煤地层为新生界古近系珲春组（Eh），第四系全新统（Qh）沉积在相对低洼的河谷及冲积平原区（图4-1）。上二叠统开山屯组（P_3k）由片岩、板岩等组成。中上侏罗统屯田营组（$J_{2-3}t$）由凝灰岩、安山集块岩等火山碎屑岩组成。

古近系珲春组（Eh）：自下而上划分为6个岩性段，即砾岩段（Eh^1）：由灰色、灰黑色砂质泥岩、粉砂岩、含砾砂岩、粗砂岩及砾岩组成，夹局部可采煤层；下含煤段（Eh^2）：由灰色、浅灰色粉砂岩、泥质粉砂岩、泥岩、含砾粗砂岩、中砂岩及少量细砂岩组成，含煤13~25层，可采或局部可采10余层。主要可采煤层均赋存于下含煤段，为主含矿段，其主要沉积环境为冲积扇和三角洲；下褐色层段（Eh^3）：灰色、褐色泥岩、粉砂岩、砂岩、含砾砂岩，偶见泥灰岩，以多层褐色泥岩层重复出现为特征；中含煤段（Eh^4）：灰色粉砂岩、泥岩、细砂岩、中砂岩夹薄层粗砂岩及含砾粗砂岩，含煤20~30层，局部可采0~2层，其主要沉积环境为湖泊；中褐色层段（Eh^5）：灰色、褐色粉砂岩、泥岩、夹薄层含砾粗砂岩，以发育多层褐色层为特征；上含煤段（Eh^6）：以浅灰色、灰色粉

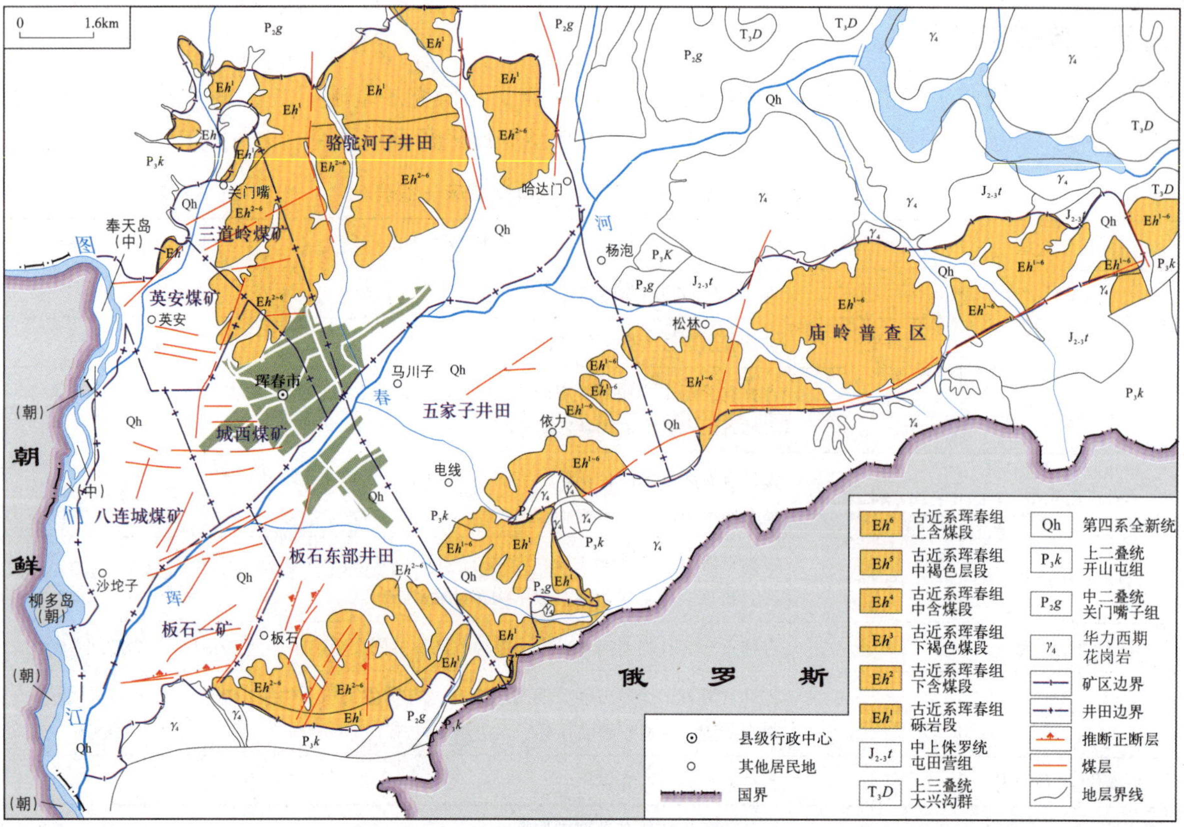

图 4-1　吉林省珲春市珲春煤田地质简图

（据吉林省地质调查院，2023，有修改）

砂岩、泥岩、细砂岩为主，夹少量中、粗粒砂岩，含煤 0~15 层，可采或局部可采 0~3 层，其主要沉积环境过渡为河流。

珲春含煤盆地总体构造方向为 NE45°，盆地充填序列为古近纪古-始新世粗碎屑岩含煤建造及渐新世较细碎屑含煤建造，地层倾角小于 15°。新生代沉积盆地基底为中生代晚侏罗世火山岩系及石炭纪—二叠纪浅变质岩系，呈北北东向构造方向，对盆地低序次构造有控制作用。珲春煤田为一宽缓稍有起伏的向斜构造，向斜由北东向南西倾伏，岩层倾角一般小于 15°。煤田内断层较少，有北北东向、北东东向和北东向 3 组，多为正断层，落差 30~60 m，大者落差百米以上。

珲春煤田周边有华力西期花岗岩、侏罗系屯田营组安山岩类出现，并在局部地带构成煤系的基底。珲春煤田西部边界附近有辉绿岩岩脉侵入到古近系含煤地层之中，形成岩墙，破坏了其周边煤层的连续性，同时提高了煤层的变质程度，与岩墙接触部位的煤层甚至变质为天然焦，辉绿岩岩脉侵入带附近煤层瓦斯含量明显增高。

古近系是典型的陆相环境沉积，煤层在层序地层格架中的位置主要是湖侵体系域中上部及高位体系域，总体上在最大湖泛面附近有利于厚煤层的形成，低位体系域也可见煤层发育，但成煤环境总体较差。

2. 矿床地质特征

（1）煤层特征

珲春煤田主要含煤地层为古近系珲春组。岩性变化规律为垂向上由下向上粒度逐渐变细，颜色逐渐变浅；横向上由西向东粒度逐渐变粗，煤层厚度逐渐变薄，煤层灰分逐渐增高（一般为 40%~50%），甚至相变为炭质泥岩。珲春组含煤 33~70 余层，总厚度约 25 m；可采煤层 10~15 层，总厚度约 12 m。煤层产状与地层相同，煤层倾角一般为 5°~8°，最大倾角 12°。珲春组主含矿段主要煤层特征详见表 4-3。

表 4-3　珲春煤田主要煤层特征一览表

煤层编号	平均厚度/m 最小~最大/平均	层间距/m	煤层结构	煤层稳定性	煤类	$S_{t,d}$/%	A_d/%	$Q_{net,d}$/(MJ·kg^{-1})
19	0~3.17/0.92	15	简单	较稳定	长焰煤	0.46	33.52	21.59
19b	0~2.50/0.99	17	简单	较稳定	长焰煤	0.53	33.64	21.56
20	0~4.20/0.86	14	复杂	较稳定	长焰煤	0.47	34.68	20.96
21	0~3.35/0.80	19	简单	不稳定	长焰煤	0.41	35.94	19.81
22	0~3.79/0.65	17	复杂	不稳定	长焰煤	0.44	35.85	19.95
23	0~5.00/0.93	16	复杂	较稳定	长焰煤	0.41	36.63	19.37
23a	0~3.30/0.67	20	复杂	不稳定	长焰煤	0.47	36.95	19.43
26	0~3.85/1.00	23	复杂	较稳定	长焰煤	0.46	37.56	19.78
28	0~5.05/0.77	27	复杂	不稳定	长焰煤	0.46	36.78	21.86
30	0~2.80/0.64		简单	不稳定	长焰煤	0.48	39.12	19.40

（据吉林省地质调查院，2023）

（2）煤质特征

a. 煤的物理性质和煤岩特征

煤的颜色为黑色，条痕为褐色-棕色，沥青光泽。上部煤层的宏观煤岩类型为半亮-光亮型，结构为中-细条带状，块状-层状构造，贝壳、阶梯、棱角状断口。下部煤层的宏观煤岩类型以半亮型为主，半暗型次之，结构为线理状、细条带状，构造以水平波状层理为主，断口为平坦状、参差状、阶梯状，也见贝壳状。煤层的容重 1.30~1.45。

煤层显微煤岩组分以镜质组为主，平均含量 81.76%；半镜质组平均含量 5.85%；壳质组平均含量 1.96%；惰质组平均含量 1.45%。煤层无机显微组分以粘土类为主，平均含量 7.42%。煤层镜煤最大反射率平均值为 0.568%，煤层赋存深度每增加 100 m，其镜煤最大反射率值增 0.05%。

b. 煤的化学性质

工业分析上，煤层平均水分 9.31%、平均灰分 36.07%、挥发分 49.85%。元素分析上，煤层平均碳含量 77.41%、平均氢含量 5.89%、平均氮含量为 1.74%。有害元素方面，煤层全硫平均含量 0.46%，均属特低硫煤；磷平均含量 0.0285%，属低磷煤；砷平均含量 8.64×10^{-6}。

c. 煤的工艺性能

煤层平均干燥基低位发热量为 20.37 MJ/kg，平均干燥基高位发热量为 21.56 MJ/kg；恒湿无灰基高位发热量平均为 24.56 MJ/kg。煤灰分中，以 SiO_2 及 Al_2O_3 为主，SiO_2 平均含量 55.97%，Al_2O_3 平均含量为 29.68%，Fe_2O_3+CaO 平均含量 6.08%。灰熔融性上，煤层软化温度（*ST*）平均值为 1368~1435℃，属较高软化温度灰。煤层平均焦油产率为 15.18%，均属高油煤。煤的平均透光率 65%（>50%）。煤层属于易选-极难选煤。煤层镜煤最大反射率平均值为 0.568%，煤层透光率平均值为 65%，煤层的煤类为长焰煤。煤的变质因素为区域变质作用。

因此，煤层属特低硫、中磷、中高灰、中发热量、高挥发分、高熔灰分、高焦油产率长焰煤。是良好的动力用煤和炼油用煤，适用于火力发电（煤粉锅炉用煤）和各种工业锅炉用煤及炼油用煤（低温干馏法）。

3. 资源储量

截至 2018 年底，珲春煤田累计查明资源储量 11.67×10^8 t，其中储量 2.25×10^8 t，基础储量 2.81×10^8 t，推断的资源量 8.86×10^8 t；保有资源储量 10.31×10^8 t，其中储量 1.61×10^8 t、基础储量 1.98×10^8 t，推断的资源量 8.33×10^8 t。珲春各煤矿区资源储量详见表 4-4。

珲春煤田煤层平均灰分 35.37%，平均发热量 18.07 MJ/kg。

表 4-4　珲春煤田资源储量统计表

煤矿（或井田）名称	矿产规模	累计查明量 $/10^8$ t	保有量 $/10^8$ t	A_d/%	$Q_{net,d}$ /(MJ·kg^{-1})	勘查程度	开发程度
三道岭煤矿	小型	0.1049	0.1006	32.60	18.87	详查	已利用
英安煤矿	大型	2.1168	1.7137	30.65	20.07	勘探	已利用
城西煤矿	大型	1.5876	1.2144	37.24	17.39	勘探	已利用
八连城煤矿	大型	2.2054	1.9393	31.78	19.54	勘探	已利用
板石一矿	大型	1.0608	0.8349	34.44	18.00	勘探	已利用
板石东部井田	中型	0.5570	0.4915	32.66	18.56	详查	已利用
五家子井田	大型	1.6508	1.6280	42.46	15.74	勘探	已利用
骆驼河子井田	大型	2.3906	2.3906	41.10	16.36	详查	未利用
（珲春煤田）合计	中型	11.6740	10.3130	35.37	18.07		

（据吉林省地质调查院，2023）

4. 矿床类型

矿床成因类型属外生矿床，生物化学沉积型矿床。工业类型属层状煤矿。

5. 成矿机制和成矿模式

1）成矿时代：根据孢粉组合分析，珲春煤田含煤地层为古新统—渐新统珲春组，成矿时代为新生代古新世—渐新世。

2）成矿机制及成矿模式：珲春含煤盆地总体构造方向为北东45°，盆地充填序列为古新世—始新世粗碎屑岩含煤建造及渐新世较细碎屑含煤建造。盆地大致显示向南西倾伏的向斜构造，低序次构造表现为一系列北北东和北东东向的断层，前者多表现为与基底构造方向耦合，在一定意义上有控矿意义。成矿物质来源为陆源高等植物遗体，原地水下堆积或经水介质搬运后水下堆积，经地壳沉降、陆源碎屑物覆盖、压实，形成相对封闭的还原环境，在厌氧细菌的作用下，高等植物中的有机物还原为以碳元素为主的煤矿床（表4-5）。

表 4-5　吉林省珲春市珲春煤田找矿模型

名称	珲春矿田
区域地质背景	珲春煤田位于长白山陆缘火山盆岭叠加构造带（MCⅠ-3）、太平岭-老岭火山-沉积隆盆带（MCⅠ-3_5）、珲春盆地（MCⅠ-3_5^6）之内
矿床类型	生物化学沉积型
控矿地质因素	含煤地层为新生界古近系珲春组。珲春煤田为一宽缓稍有起伏的向斜构造；煤田西部边界附近局部有辉绿岩岩脉侵入到古近系含煤地层之中，形成岩墙，破坏了其周边煤层的连续性，辉绿岩侵入范围很小，对整个矿区基本没有影响
矿床特征	煤层产状与地层相同，其围岩为砂岩、泥岩，剖面上呈层状产出，平面上总体呈由北东向南西倾伏的向斜，向斜北西翼煤层向南东倾斜、南东翼煤层向北西倾斜，倾角5°~12°；下部煤层比上部煤层变质程度高，煤层赋存深度每增加百米，其镜煤最大反射率值增加0.05%，透光率值增加4.87%；辉绿岩侵入提高了煤层的变质程度，与岩脉接触部位的煤层变质为天然焦，岩脉附近煤层瓦斯含量明显增高
找矿标志	直接找矿标志：古近系珲春组 间接找矿标志： ①褐色（粉砂岩、泥岩）层段标志，该层段以下均有可采煤层赋存； ②物性标志，地面地震反射波明显反映含煤地层构造（主要是断层）、辅助煤层群组对比；钻孔测井视电阻率、人工放射性参数幅值对煤层反映均为高异常，天然放射性参数幅值对煤层反映为低异常

6. 找矿模型

根据珲春煤田沉积特征与聚煤规律，主含矿段主要特征为：在横向上岩性由西向东逐渐变粗，煤层变薄，灰分增高，甚至相变为碳质泥岩；下含煤段经历了冲积扇相、河流相和湖沼相、湖滨三角洲相的沉积过程；沉积构造控制了盆地内的沉积环境，而沉积环境直接控制盆地的聚煤作用；富煤带位于盆地的中西部，富煤中心位于向斜（凹陷）核部，厚煤带位于两种环境的过渡地带。

（二）吉林省磐石市吉昌铁矿床

吉昌铁矿床位于吉林省磐石市，距吉昌镇南 9 km。矿床地理坐标为：东经 125°51′25″~125°51′43″，北纬 43°08′13″~43°08′15″。该矿床在清代已经开采，1931~1945 年曾有小规模开采；1959~1966 年、1985~1988 年有过多次小规模开采，目前已经闭坑。

1. 区域地质背景

吉昌铁矿大地构造分区属于东北陆缘岩浆弧-盆岭系叠加构造带（MCⅠ）、长白山陆缘火山盆岭叠加构造带（MCⅠ-3）所属的张广才-哈达岭火山-沉积隆盆带（MCⅠ-3_3）。

除第四系外，区内出露的地层主要为古生界石炭系鹿圈屯组和磨盘山组，前者主要由砂岩、粉砂岩、板岩夹薄层灰岩及灰岩透镜体组成，后者主要岩性为泥晶灰岩、泥晶生物碎屑灰岩、含燧石结核及燧石条带灰岩、白云岩等。区内岩浆岩出露广泛，以侏罗纪岩浆岩分布最为广泛，主要为仙人洞序列和吉昌序列侵入岩，岩石类型主要包括二长花岗斑岩、花岗斑岩、中细粒花岗岩、石英碱长正长岩、闪长岩、碱长花岗岩等。本区构造发育，主要为区域北西向饮马河断裂、吉昌-土顶子断裂及其次一级构造，以及与区域构造运动成因有关的中深层次褶皱构造（图 4-2）。

2. 矿区地质

吉昌铁矿区内地层除第四系外，主要为石炭系磨盘山组大理岩，呈透镜状或不规则捕虏体分布在中侏罗世吉昌序列碱长花岗岩中。矿区内岩浆岩主要为吉昌序列老头沟碱长花岗岩，呈岩基状分布。此外，还发育一些闪长玢岩。矿区内构造不发育，主要以断裂构造为主，除矿区吉昌-明城断裂规模较大外，一般的规模都较小，对矿体无大的破坏作用，吉昌-明城断裂对矿体也无影响。铁矿体即产于碱长花岗岩与大理岩接触带矽卡岩及花岗岩中构造裂隙带内。

3. 矿体特征

吉昌铁矿床目前被工程控制的铁矿体共 31 条，主要赋存在中侏罗世花岗岩基与磨盘山组大理岩捕虏体之间的矽卡岩中。铁矿体一般呈透镜状，少数为条带状和脉状，分枝、复合、膨胀、收缩、尖灭等现象常见。矿体一般走向北北东，倾向南东，倾角 45°~85°，以Ⅰ、Ⅱ、Ⅲ号矿体最大（图 4-3）。Ⅰ号矿体呈透镜状，平均厚度为 36 m，延深分别为 60 m、110 m；矿体呈 NW330°方向延长，北东倾，倾角 70°。Ⅱ号矿体呈透镜状，矿体呈 NW335°方向延长，北东倾，倾角 85°。

4. 矿石特征

按组成矿石的主要铁矿物和脉石矿物的种类，矿石的自然类型分为辉石磁铁矿石和石榴石磁铁矿石。矿石矿物为磁铁矿、赤铁矿、黄铁矿、磁黄铁矿、辉钼矿、方铅矿、闪锌矿等；脉石矿物包括石榴子石、透辉石、矽线石、角闪石、绿帘石、阳起石、石英和方解石等。

矿石结构以自形-半自形，他形粒状结构为主，还有包含结构、交代残余结构及压碎结构等；矿石构造以块状构造和稠密浸染状构造为主，局部还发育稀疏浸染状、斑点状和脉状构造。

5. 围岩蚀变

吉昌铁矿体的围岩除少数矿体上盘围岩为石英岩及下盘大理岩外，其余为花岗岩。围岩蚀变现象显著，主要发育矽卡岩化、绿泥石化、绢云母化、碳酸盐化、透辉石化等，分带现象不明显。其中，矽卡岩化分布广泛，主要分布在花岗岩与大理岩的接触部位以及花岗岩裂隙发育地段。矽卡岩矿物主要包括钙铁辉石、钙铁石榴石，还有少量绿帘石、阳起石、矽线石、角闪石、单斜辉石等。矽卡岩中存在着大量的磁铁矿等金属矿物，构成具有工业价值的铁矿体。

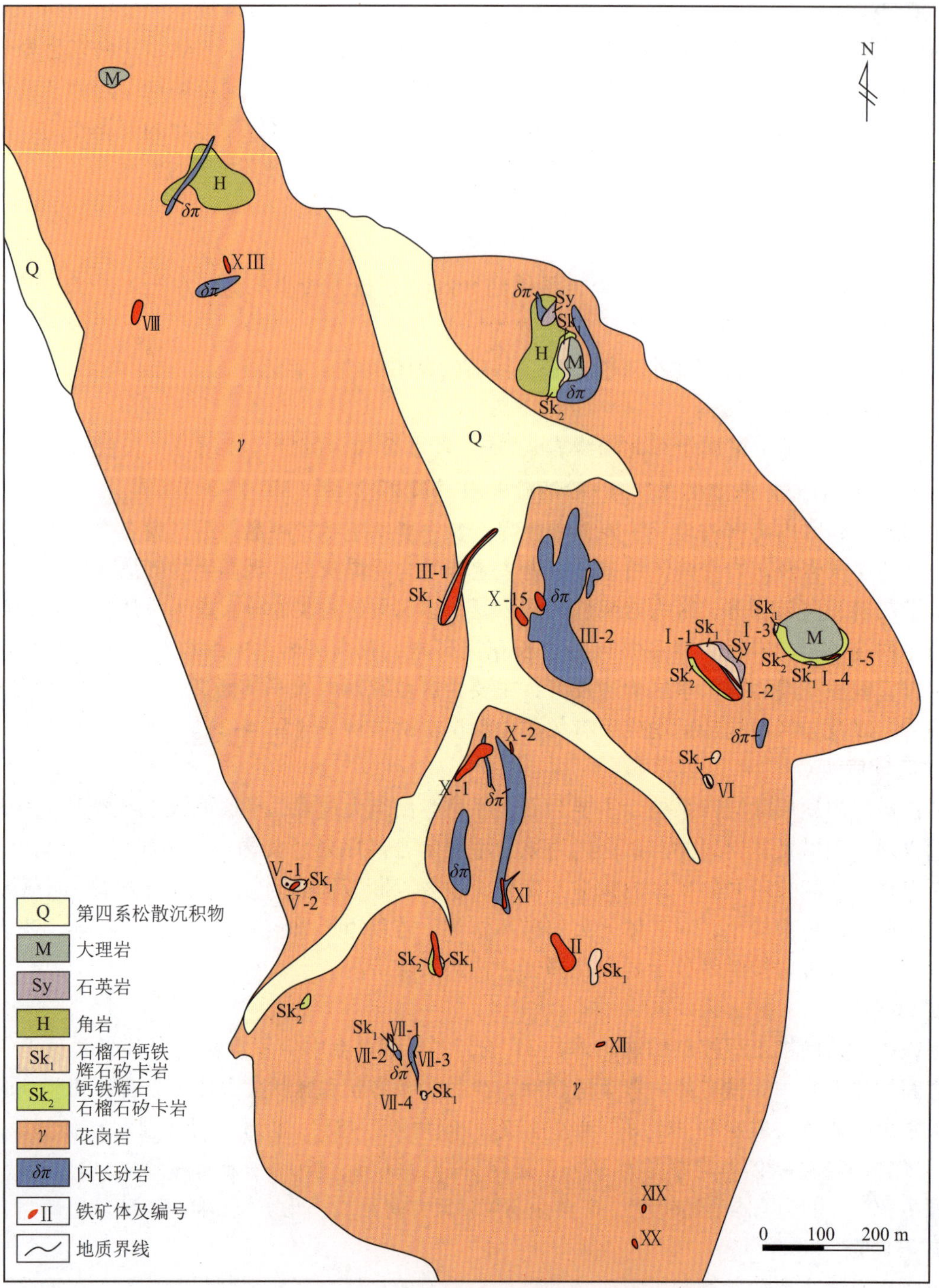

图 4-2　吉林省磐石市吉昌铁矿床地质图

（据吉林省地质局吉中地质大队第一普查分队，1966，有修改）

6. 资源储量

截至 2018 年底，吉林省磐石市吉昌铁矿床的查明资源储量为 268. 10×10^4 t，保有资源储量为 117 ×10^4 t，全铁平均品位为 35%。

7. 成矿阶段划分

按矿物组合和共生关系可将吉昌铁矿划分为矽卡岩期和热液期两个成矿期。其中矽卡岩期主要形成钙铁辉石和钙铁石榴石，还有金云母、符山石、角闪石、透辉石、绿帘石等矽卡岩矿物，至晚期磁铁矿大量出现，是最重要的矿化阶段。热液期主要形成了萤石、石英、阳起石-透闪石、钠长石和碳

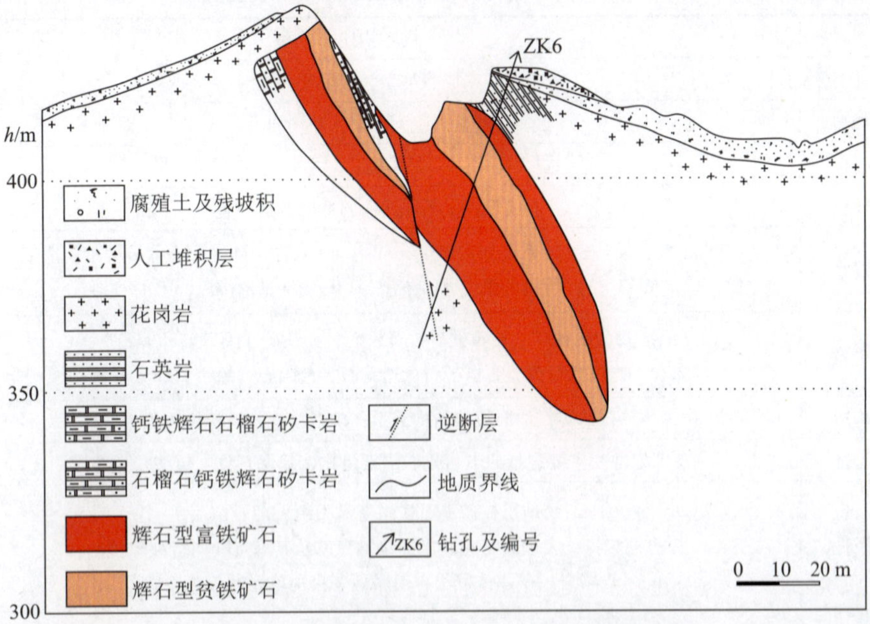

图 4-3 吉林省磐石市吉昌铁矿 1 号矿体剖面图
（据吉林省地质局吉中地质大队第一普查分队，1966，有修改）

酸盐矿物，并伴生有少量磁铁矿以及大量的金属硫化物，如黄铁矿、磁黄铁矿、方铅矿、闪锌矿等。

8. 矿床类型

吉昌铁矿床产出于侏罗纪花岗岩与大理岩的接触部位，矽卡岩化普遍存在，而且铁矿体的规模、产状均受矽卡岩带控制，为接触交代型铁矿。

9. 成因机制及成矿模式

侏罗纪古太平洋板块俯冲到欧亚大陆之下，吉昌序列老头沟单元碱长花岗岩岩浆演化晚期形成初始的含矿热液，热液沿着大理岩边界或构造裂隙发生交代作用，形成矽卡岩化带，并伴随着磁铁矿以及黄铁矿、磁黄铁矿等金属硫化物的沉淀，形成透镜状、脉状铁矿体。

10. 找矿模型

基于对吉昌铁矿床的成矿地质条件、矿床地质特征以及地球物理特征等方面的研究，建立了如表 4-6 所示的找矿模型。

（三）吉林省磐石市石嘴铜矿床

石嘴铜矿床位于吉林省磐石市石嘴子镇，距磐石火车站北东 18 km；矿床中心坐标为：东经 126°08′48″，北纬 43°04′01″。该矿于 1877 年由姚品山发现后，先后经过几十年断续普查、勘探及开采，于 1965 年闭坑（《中国矿床发现史 · 吉林卷》编委会，1996）；目前对石嘴铜矿山 330 m 中段至 995 m 中段重新勘查开发利用（王岩和田广明，2015）。

1. 区域地质背景

石嘴铜矿大地构造位置属于新元古代—中三叠世华北陆块北部陆缘造山带（Ⅲ-A）、哈兰达岭-英额岭新元古代—古生代叠覆造山亚带（Ⅲ-A_1）、石嘴子-山秀岭-开原晚古生代弧盆系（Ⅲ-A_1^2）。矿床位于明于-石嘴子向斜东翼，地质构造复杂。

区内出露的地层较为齐全，主要为奥陶系呼兰岩群小三个顶子岩组和黄莺屯岩组，下石炭系鹿圈屯组，石炭系—二叠系石嘴子组和磨盘山组，二叠系寿山沟组和窝瓜地组，上三叠统大酱缸组和四合屯组，以及下侏罗统玉兴屯组和南楼山组等（图 4-4）。其中，奥陶系呼兰岩群小三个顶子岩组主要为一套碳酸盐岩建造；黄莺屯岩组主要由斜长角闪片岩、含电气石二云母片岩及片麻岩及大理岩组

表 4-6　吉林省磐石市吉昌铁矿床找矿模型表

成矿要素		内容描述	权重
特征描述		矿床成因类型为接触交代型	
地质环境	岩石类型	磨盘山组大理岩，花岗岩	必要
	成矿时代	侏罗纪	必要
	成矿环境	形成于古太平洋西向俯冲的构造环境	必要
	构造背景	东北陆缘岩浆弧-盆岭系叠加构造带（MCⅠ）、长白山陆缘火山盆岭叠加构造带（MCⅠ-3）所属的张广才-哈达岭火山-沉积隆盆带（MCⅠ-3_3）	重要
矿床特征	矿物组合	矿石矿物为磁铁矿、磁黄铁矿、黄铁矿、赤铁矿、闪锌矿和方铅矿等；脉石矿物包括石英、石榴子石、透辉石、透闪石、绿帘石和方解石等	重要
	结构构造	矿石结构：他形粒状结构为主；矿石构造：块状构造为主	次要
	蚀变特征	围岩蚀变主要包括矽卡岩化、绢云母化、绿泥石化、碳酸盐化等	重要
	控矿条件	地层控矿：石炭系磨盘山组大理岩； 构造控矿：受大理岩与花岗岩的接触带以及其附近的构造裂隙控制； 岩浆岩控矿：侏罗纪吉昌序列老头沟单元碱长花岗岩	必要
地球物理特征	地磁异常特征	铁矿区为大面积分布的花岗岩区，其地磁场强度一般为 200 nT，地磁异常强度大于 1000 nT 者多数由磁铁矿体引起，据此地磁异常强度大于 1000 nT 为吉昌铁矿区找矿的重要标志之一	重要

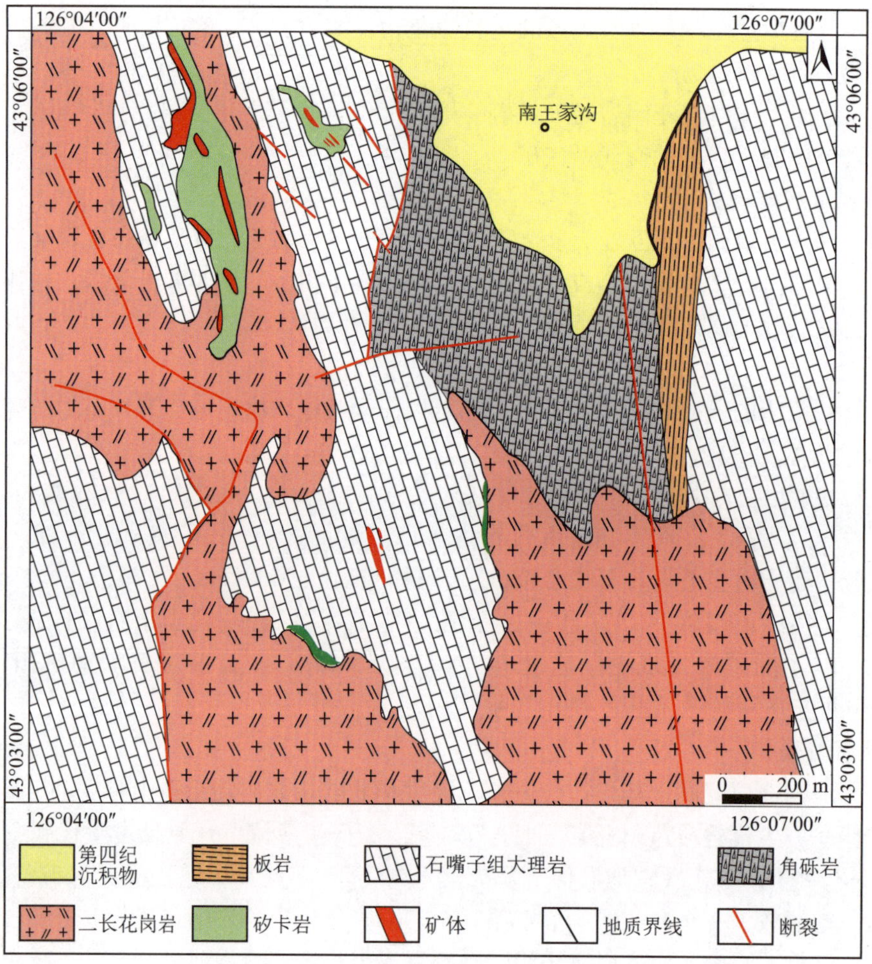

图 4-4　吉林省磐石市石嘴铜多金属矿区地质图

（据杨群，2020，有修改）

成。石炭系鹿圈屯组为一套碎屑岩-碳酸盐岩建造。石炭系—二叠系石嘴子组为砂岩与页岩互层夹灰岩夹海相火山岩建造，是石嘴铜矿的含矿层位。石炭系—二叠系磨盘山组主要为一套厚层的碳酸盐岩建造。二叠系寿山沟组为砂岩夹灰岩建造，窝瓜地组为酸性火山熔岩夹灰岩建造。

该区位于伊通-舒兰和敦化-密山断裂之间，同时处于磐石-明城背斜的东翼，主体向东倾斜，局部向西倾斜，为一陡倾的背斜，背斜轴部与北西向上鹿-六间房断裂交汇部位，常发育互层带；此外，还发育一系列北东向和近东西向断裂，不同方向的断裂的交汇部位是成矿的有利部位。

区内岩浆岩较为发育，主要分为侵入岩和喷出岩。其中，侵入岩以印支期花岗闪长岩和黑云母花岗岩为主，此外还有一系列脉岩，如石英斑岩、正长斑岩、二长岩、闪长玢岩等；喷出岩主要为中生代流纹质-安山质火山岩。

2. 矿区地质

石嘴矿区内地质条件较为复杂，出露的地层除第四系外，主要为石炭系—二叠系石嘴子组。石嘴子组由老至新分为3层，底部由砂岩、板岩、条带大理岩和大理岩组成，以大理岩为主；中部由薄层大理岩、千枚状板岩、绢云母石英片岩的互层带以及燧石大理岩，该层位是石嘴铜矿体的主要产出层位；上部为厚层碳质板岩夹薄层大理岩扁豆体。

矿区内褶皱和断裂构造均较为发育，其中褶皱构造为磐石-明城背斜的东翼，为陡倾背斜；断裂构造主要为近南北向、北东向和近东西向断裂，矿区位于北西向与南北向、北东向断裂的交汇区域。成矿前与成矿期断裂为近南北向断裂，几乎被石英斑岩、正长斑岩等岩石及矿化充填，蚀变强烈；成矿后断裂包括北东向、近东西向及北西向断裂，错断矿体。

矿区内侵入岩以大面积分布的二叠纪黑云母二长花岗岩（锆石 U-Pb 年龄为 280. 3±2. 3 Ma；杨群，2020）为主，还有少量的石英闪长岩和花岗闪长岩，侵入到石嘴子组中。此外，还有一系列的燕山期石英斑岩和闪长玢岩小岩体和岩墙侵入到二叠纪二长花岗岩内。

3. 矿体特征

石嘴铜矿床矿体主要有3个，分别为本坑主矿体、二号脉及三号脉。矿体形态主要为脉状、扁豆状、似层状（图4-5），主要产于上石炭统石嘴子组中间的互层带中近南北向挤压带与北西向断裂交汇部位，受石嘴子组层位和岩性控制。

本坑主矿体规模大，出露地表，总体走向近南北，矿体上部局部呈北西向，倾向西，倾角约80°。在330 m以下显著向北倾伏，倾角77°~86°。主矿体长度约120 m，延伸1010 m，厚度约10 m，呈柱状产出，膨缩现象不显著，仅在150 m和390 m中段呈膨大部位（《中国矿床发现史·吉林卷》编委会，1996）。

2号矿体位于主矿体北侧，出露于390 m中段，尖灭于710 m中段。在530~590 m与主矿体相连，为盲矿体。产状与主矿体一致，沿走向最大延长180 m，平均厚度1 m，延深400 m（钟汉等，1981）。

3号矿体位于主矿体南部，分布在590~890 m中段，亦为盲矿体。在890 m中段以下分成细脉，延深至950 m中段尖灭。延长最大为70 m，平均厚度1. 45 m，延深300 m（钟汉等，1981；李之彤等，1994）。

4. 矿石特征

已开采3个矿体的矿石大体包括石英-辉钼矿、黄铜矿-斑铜矿，黄铁矿-黄铜矿及黄铁矿-毒砂4类，不同类型的矿物组成、矿石结构和构造见表4-7。

5. 围岩蚀变

石嘴铜矿床围岩蚀变较为发育，主要体现为大理岩发育矽卡岩化，但矽卡岩矿物组合相对单一，主要为石榴子石，还有少量的透辉石和绿帘石；酸性岩墙（主要为正长斑岩）遭受硅化、绢云母化、绿泥石化及碳酸盐化。

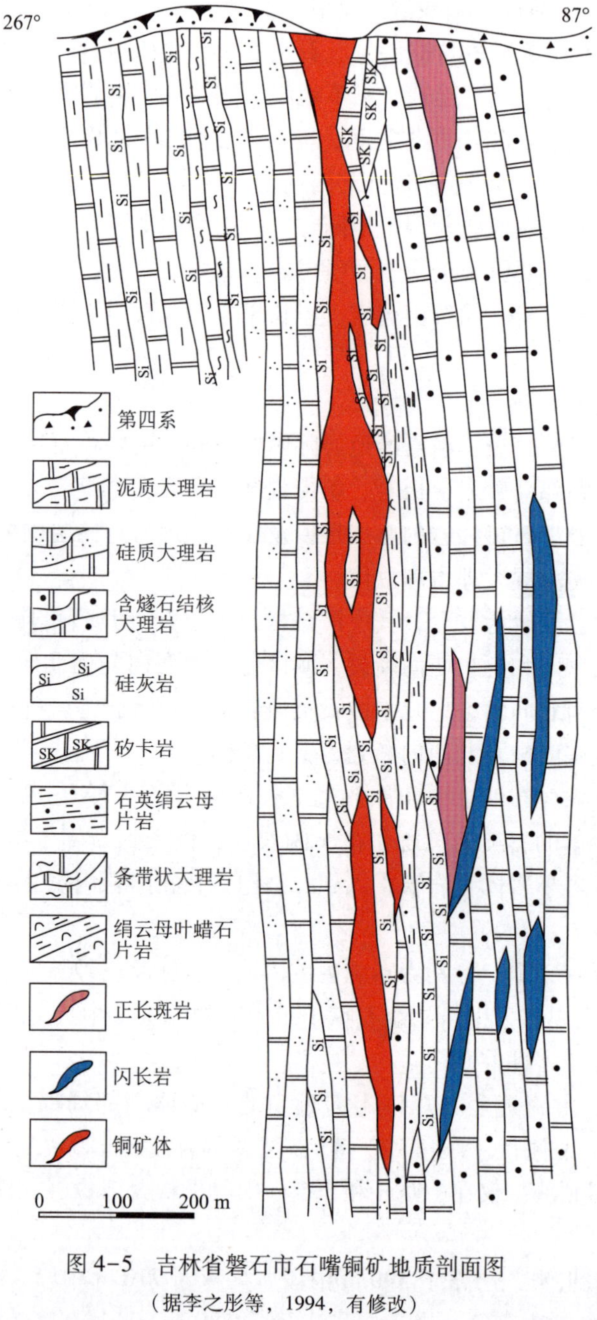

图 4-5　吉林省磐石市石嘴铜矿地质剖面图

（据李之彤等，1994，有修改）

表 4-7　吉林省磐石市石嘴铜矿矿石类型、矿物组合及结构构造表

矿石类型	矿物组合	矿石结构	矿石构造
石英-辉钼矿	辉钼矿+白钨矿+黄铜矿	叶片状，他形粒状	浸染状、细脉状
黄铜矿-斑铜矿	黄铜矿+斑铜矿+砷黝铜矿+辉铋矿+毒砂+白钨矿	他形粒状、乳滴状、交代残余、文象、斑状、格子状、固溶体分离	致密块状、条带状、角砾状
黄铁矿-黄铜矿	黄铁矿+黄铜矿+辉铋矿+闪锌矿+方铅矿+毒砂	他形粒状、交代残余、文象、斑状	致密块状、条带状、角砾状、浸染状
黄铁矿-毒砂	黄铁矿+毒砂+黄铜矿+辉铋矿+方铅矿+方铅矿	半自形粒状、他形粒状、斑状、嵌晶状	块状、浸染状、细脉状、晶洞状

（据吉林省地质矿产局第二地质调查所，1988）

6. 成矿阶段划分

石嘴铜矿的成矿期包括沉积成矿期（海底喷气成矿期）、热液+叠加改造成矿期以及表生氧化期，其中热液+叠加改造成矿期可进一步划分为热液矽卡岩、石英-硫化物和石英-碳酸盐等几个成矿阶段。其中，沉积成矿期主要形成一系列条带状、似层状矿石；热液+叠加改造成矿期的矽卡岩阶段主要形成白钨矿和辉钼矿等高温矿物，石英硫化物期形成了一系列含铜矿物，以及其他的金属硫化物，如方铅矿、闪锌矿和辉铋矿等；石英-碳酸盐阶段以形成一些低温矿物为特征，如雄黄、雌黄等（吉林省地质矿产局第二地质调查所，1988）。表生氧化期形成了褐铁矿、孔雀石、蓝铜矿等（李之彤等，1994）。

7. 资源储量

截至 2018 年底，石嘴铜矿的查明资源储量为 5.4735×10^4 t，保有资源储量为 0.2995×10^4 t，Cu 平均品位为 1.5266%，属于小型铜矿床。此外还伴生铅、锌等有用资源。

8. 成矿物理化学条件

通过对石嘴铜矿热液+叠加改造成矿期中的石英-铜多金属硫化物阶段的脉石矿物石英中发育的原生流体包裹体进行的岩相学观察、显微测温和激光拉曼气相成分分析，明确了石嘴铜矿的石英-铜多金属硫化物阶段成矿流体属于高中温、中低盐度的 $NaCl-H_2O-CO_2$ 流体体系，成矿流体来源以岩浆水为主，还有部分大气降水的加入（图 4-6；杨群，2020）。

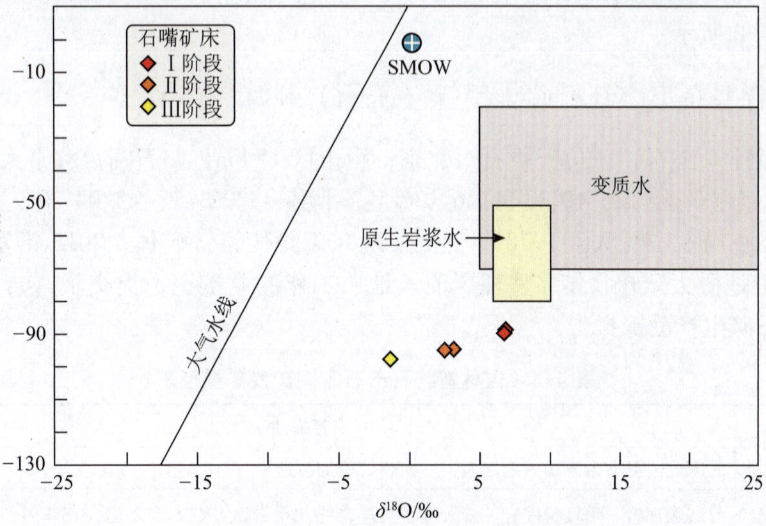

图 4-6 吉林省磐石市石嘴铜矿石英 H-O 同位素组成

（据杨群，2020）

石嘴铜矿块状矿石内金属硫化物的 $\delta^{34}S$ 值为-3.8‰～-1.3‰，接近陨石 $\delta^{34}S$ 值的变化范围，表明石嘴矿床的硫源整体显示出深源岩浆硫或者地幔硫的特征（杨群，2020），同时混有细菌还原轻硫（李之彤等，1994）。这与吉林省地质矿产局第二地质调查所（1988）测试的石嘴铜矿石中黄铜矿和闪锌矿的 $\delta^{34}S$ 值介于-1.2‰～+5.5‰的结果大体一致。

在 $^{207}Pb/^{204}Pb-^{206}Pb/^{204}Pb$ 和 $^{208}Pb/^{204}Pb-^{206}Pb/^{204}Pb$ 增长曲线图上，石嘴矿床矿石硫化物样品点均落在造山带演化线附近，并向上地壳靠近；此外，石嘴矿床 Re 含量介于 6.33×10^{-6}～4.07×10^{-5} 之间。综合分析表明，矿石中的 Pb 具有壳幔混合来源的特征（杨群，2020）。

9. 矿床类型

关于石嘴铜矿的成因类型一直存有争议，主要包括矽卡岩型矿床（杨群，2020）、块状硫化物矿床（《中国矿床发现史·吉林卷》编委会，1996）、介于火山热液矿床和斑岩型矿床之间的过渡类型（钟汉等，1981）、浅成斑岩型铜矿（吉林省地质矿产局第二地质调查所，1988）以及海底喷气沉积-

后期改造型铜矿（李之彤等，1994）等观点。石嘴铜矿产出于晚石炭世海相火山-碎屑岩-碳酸盐岩建造（石嘴子组）中，受地层层位和喷气岩岩性控制显著，矿体呈层状、似层状和扁豆状。因此，本书认为石嘴铜矿为海相火山岩型铜矿，受后期热液叠加改造。

10. 成矿机制及成矿模式

石嘴铜矿与晚古生代海相火山-沉积建造有关，尤其严格受建造中部的互层带控制，矿体呈脉状、扁豆状及似层状，且部分矿石发育条带状构造，因此石嘴铜矿应为与晚古生代海相火山喷气作用有关的铜矿，形成时代为晚石炭世—早二叠世。

晚古生代晚石炭世—二叠纪，在古亚洲洋俯冲作用的控制下，磐石地区发生海底喷气作用，形成含矿层喷气岩。硫、铅同位素组成说明，成矿物质应来源于地壳与上地幔。氢氧同位素组成说明石英硫化物阶段成矿流体以岩浆水为主，且不同程度的混有大气降水。矿体与喷气岩的界线为渐变过渡，矿体呈层状、似层状或扁豆状产出，矿石呈条带状、层纹状，与层理产状相一致表明层状、条带状矿石为沉积形成。沉积矿石形成后经历了变形变质作用，致使局部矿层与岩层发生同步褶曲。在后期热液作用下原矿层两侧围岩发生矽卡岩化，有些矽卡岩呈层状、似层状，矿体与矽卡岩共同呈现明显的层控性。在矽卡岩化阶段伴有铜的金属矿化，形成矽卡岩型铜矿石，最晚一期石英硫化物矿脉明显切穿条带状沉积型和矽卡岩型矿石，3 种类型矿石构成的铜矿体总体上仍呈层状、似层状（李楠等，2012）。

11. 找矿模型

根据石嘴铜矿的成矿地质条件、矿床地质特征及物化遥异常特征等方面研究，建立了石嘴铜矿的找矿模型，如表 4-8 所示。

（四）吉林省磐石市小红石砬子铅锌（玉石）矿床

小红石砬子铅锌（玉石）矿位于磐石市北东，距市区 17 km，归石嘴镇和富太镇管辖。矿区勘查登记范围地理坐标为：东经 126°10′30″~126°13′15″，北纬 43°02′45″~43°04′30″，面积约 12.08 km^2。吉林省有色地质勘查局六〇八队于 1978 年首次发现 8 条隐伏铅锌矿体；2015 年发现了石英质玉石，2016 年辽宁省第七地质大队在收集并整理了前人地质工作的基础上，提交了《吉林省磐石市小红石砬子铅锌矿区玉石矿生产勘探报告》。

表 4-8 吉林省磐石市石嘴铜矿找矿模型表

成矿要素		内容描述	备注
特征描述		矿床成因类型为海相火山岩型，后期热液叠加改造	
地质环境	岩石类型	薄层大理岩、千枚状板岩、绢云母石英片岩的互层带以及燧石大理岩；花岗闪长岩、花岗岩和花岗斑岩，以及石英斑岩脉	必要
	成矿时代	晚石炭世—早二叠世，后有燕山期热液叠加	必要
	成矿环境	矿床位于华北陆块北缘活动陆缘带，伊通-舒兰和辉发河两深大断裂之间，同时处于磐石-明城背斜的东翼，次一级的北西向与南北向、北东向断裂的交汇部位是成矿的最佳部位	必要
	构造背景	矿床位于新元古代—中三叠世华北陆块北部陆缘造山带（Ⅲ-A）、哈兰达岭-英额岭新元古代—古生代叠覆造山亚带（Ⅲ-A_1）、石嘴子-山秀岭-开原晚古生代弧盆系（Ⅲ-A_1^2）	重要
矿床特征	矿物组合	矿石矿物：辉钼矿、白钨矿、黄铜矿、斑铜矿、砷黝铜矿、辉铋矿、毒砂、黄铁矿、闪锌矿、方铅矿等 脉石矿物：主要有石英、方解石、绢云母等	重要
	结构构造	矿石结构：主要有叶片状、他形粒状、乳滴状、交代残余、文象、斑状、格子状、固溶体分离等结构 矿石构造：浸染状、细脉状、致密块状、条带状、角砾状、晶洞状构造	次要
	控矿条件	地层控矿：石炭系石嘴子组海底火山喷气岩 构造控矿：接触带构造、北西向韧性剪切带及层间裂隙	必要

续表

成矿要素		内容描述	备注
特征描述		矿床成因类型为海相火山岩型，后期热液叠加改造	
物化遥异常特征	重力	区域重力异常整体上显示出重力低异常区，局部重力高，低异常以北西走向为主，两者规模相近，相间分布，强度最低值为-28.6×10^{-5} m/s^2，最高值为-11.7×10^{-5} m/s^2；石嘴铜矿处于局部重力高、低异常过渡带	重要
	航磁	负磁异常带呈北东走向，沿北西方向呈高低起伏排列，异常值在74~208 nT间变化，仅有几处孤立正磁异常零散分布；在吉昌-官马一带，负磁异常呈片区及带状分布。石嘴铜矿处在低缓负磁异常及边部线性梯度带上	重要
	化探	区域元素异常具有清晰三级分带和明显的浓集中心，Cu异常强度较高。与Cu空间套合紧密的元素有Pb、Ag、Au、As、Sb、Hg、W、Sn、Bi、Mo，构成较复杂元素组分富集的叠生地球化学场	重要
	遥感	遥感解译环形与线性构造系统	重要

1. 区域地质背景

小红石砬子矿区所处大地构造单元为华北陆块北部陆缘造山带（Ⅲ-A）、兰达岭-英额岭-西丰新元古代—古生代叠覆造山亚带（Ⅲ-A_1）、石嘴子-山秀岭-开原晚古生代弧盆系（Ⅲ-A_1^2）。

区域地层主要为上古生界二叠系的寿山沟组、大河深组，为一套海相火山-沉积建造，其岩性有泥岩、板岩、凝灰质粉砂岩、流纹岩、流纹质凝灰岩、英安质凝灰岩、火山角砾岩夹灰岩透镜体等；此外，还有中生界下侏罗统南楼山组，岩石类型为安山岩和安山质火山碎屑岩。

区域内褶皱构造、断裂构造和火山机构均有所发育。褶皱构造为明城-黑石镇北西向复式向斜，位于蛤蟆塘-柳阳的南北向向斜中。断裂构造发育，以北西向、南北向为主，其次为北东向，东西向相对较小。北西向、南北向断裂构成了区域上的构造格架，并控制了中生代沉积盆地和燕山早期岩浆侵入活动的展布方向。晚古生代海相火山喷发-沉积作用，表现为有火山角砾、火山碎屑物和正常沉积形成的沉积岩建造。中生代强烈喷发为主，形成北西向展布的火山盆地。区域岩浆侵入活动主要为晚古生代和早中生代两个旋回，岩石类型主要有石英闪长岩、花岗闪长岩、黑云母花岗岩、次流纹岩、辉绿玢岩、二长花岗岩、石英正长岩、花岗斑岩等，其次为脉岩，常见闪斜煌斑岩、闪长玢岩、花岗闪长斑岩、花岗斑岩、花岗细晶岩及石英脉等脉岩侵入。

2. 矿区地质

矿区主要以二叠系大河深组为主，沟谷零星见有第四系覆盖。大河深组为一套海相中-酸性火山碎屑岩、火山熔岩夹少量陆源碎屑的正常沉积岩建造，主要岩性有安山岩、流纹岩、流纹质凝灰岩、英安质凝灰岩、安山质凝灰岩、流纹质凝灰角砾岩、英安质凝灰角砾岩、安山质火山角砾岩、凝灰岩和灰岩等，是小红石砬子矿体的主要赋存层位（图4-7）。

矿区处于蛤蟆塘南北向向斜褶皱带上，断裂构造发育，总体可分为成矿前构造、成矿期构造和成矿后构造。其中，成矿前构造主要为北东向和东西向断裂，断裂性质均为压性，这两组断裂被北西向和北北西向断裂切割；成矿期构造主要为南北向断裂，为压性断裂，断层内常见有含锌磁铁矿体。矿区还发育近南北向断裂、断层接触带附近的层间裂隙中，是本区重要的铅锌储矿构造，石英质玉矿体亦同期受热液蚀变作用影响，多为铅锌矿化带接触围岩。成矿后构造主要为北西向断裂，多以片理化带和破碎带形式产出，属于压扭性断裂，常见切割近东西向、南北向断裂。在许多银、铅锌矿（化）体上及其附近，均清晰可见该组构造的叠加形迹，常形成宽0.2~3.0 m的挤压片理化带，对矿体有切割但没有产生平移错断现象。

矿区侵入岩分布较少，主要为印支晚期—燕山早期的各类脉岩，包括云斜煌斑岩、辉长岩、辉绿岩、闪长玢岩、石英斑岩、花岗斑岩、二长斑岩、花岗闪长斑岩、闪长岩等。

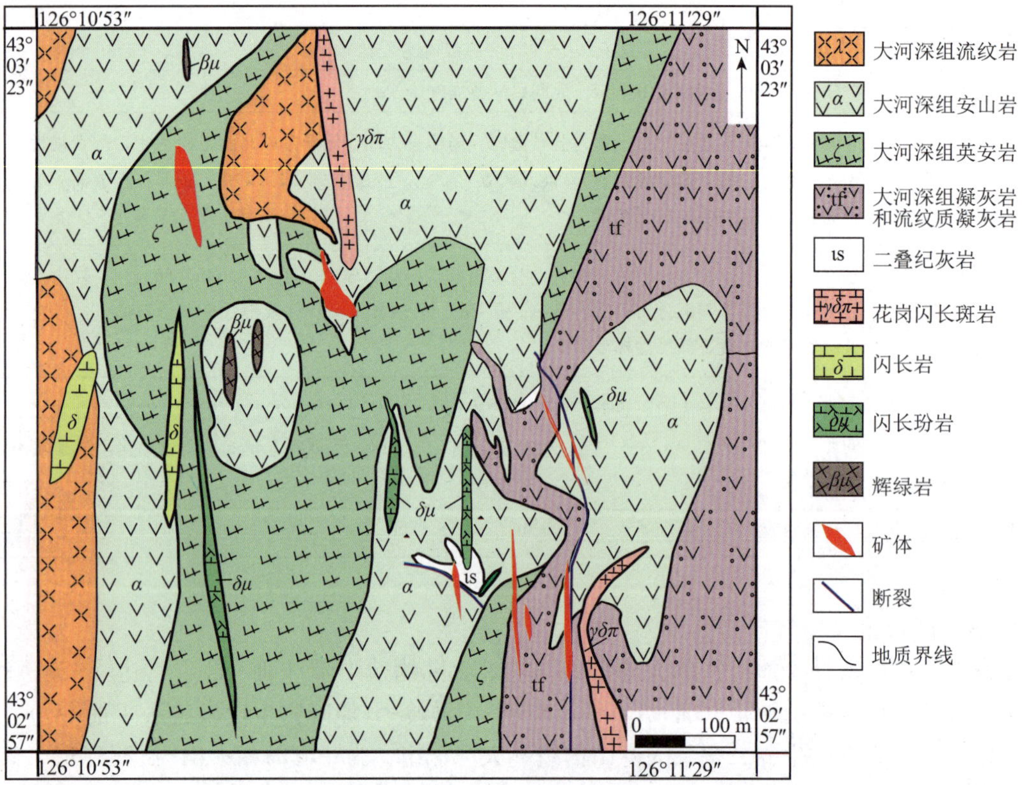

图 4-7　吉林省磐石市小红石砬子铅锌（玉石）矿区地质图

（据吉林省有色金属地质勘查局六〇八队，2010，有修改）

3. 矿体特征

小红石砬子矿区共评价 41 条铅锌工业矿体，分别赋存于Ⅰ、Ⅱ号两个矿化蚀变带中（图 4-8）。Ⅰ号矿化蚀变带中有 14 条矿体，编号分别为Ⅰ-2~Ⅰ-4、Ⅰ-6~Ⅰ-8、Ⅰ-10~Ⅰ-15、Ⅰ-17、Ⅰ-18 号，其中呈似层状 7 条、透镜状 7 条，矿体延长一般为 100~500 m，延深在 100~280 m 之间，赋存标高在 80~455 m 之间；Ⅱ号矿化蚀变带中有 27 条矿体，编号分别为Ⅱ-2~Ⅱ-12、Ⅱ-14~Ⅱ-28、Ⅱ-32 号，其中呈似层状 12 条、透镜状 15 条，矿体延长一般为 100~600 m，延深在 90~290 m 之间，赋存标高在-100~500 m 之间。上述矿体中规模较大的主矿体为Ⅰ-6、Ⅰ-7、Ⅰ-10、Ⅰ-14、Ⅰ-15、Ⅱ-5、Ⅱ-12、Ⅱ-16，Ⅱ-19。

Ⅰ-6 号矿体：分布在 0 线~15 线之间，在 5 线~9 线之间出露地表，埋深 0~250 m，赋存标高 210~460 m。围岩主要为英安质凝灰岩，局部见流纹岩。矿体呈似层状，走向北西，倾向北东，倾角 55°左右，由 11 个钻孔、2 个探槽控制，走向控制长 400 m，倾斜延深 80~240 m。矿体向南东有倾伏现象，厚度 1. 05~3. 82 m，平均厚度 1. 81 m，厚度变化系数 63. 73%，厚度稳定。矿体 Zn 平均品位为 1. 28%，Pb 平均品位为 0. 51%，Ag 平均品位为 42. 39 g/t。

Ⅱ-5 号矿体：分布在 6 线~9 线之间，为盲矿体，埋深 20~220m，赋存标高 220~430 m。围岩主要为英安质凝灰岩，其次为安山质凝灰岩，局部泥质板岩和灰岩。矿体呈似层状，走向北西，倾向北东，倾角 58°~60°，由 15 个钻孔控制，走向控制长 400 m，倾斜延深 75~200 m。矿体沿走向呈舒缓波状有分支现象，厚度 0. 92~4. 60 m，平均厚度 2. 18 m，厚度变化系数 64. 23%，厚度较稳定。矿体 Zn 平均品位为 1. 84%，Pb 平均品位为 0. 27%，Ag 平均品位为 9. 42 g/t。

此外，小红石砬子矿区还圈定出 10 条石英质玉矿体（表 4-9），其中 6 条位于Ⅰ号矿化蚀变带中，4 条位于Ⅱ号矿化蚀变带内。这些石英质玉矿体均为隐伏矿体，其中①、②号矿体为主矿体。②号矿体为黄绿色，是 10 条矿体中规模最大、品质最好的石英质玉矿体，埋深 15~410 m，赋存标高

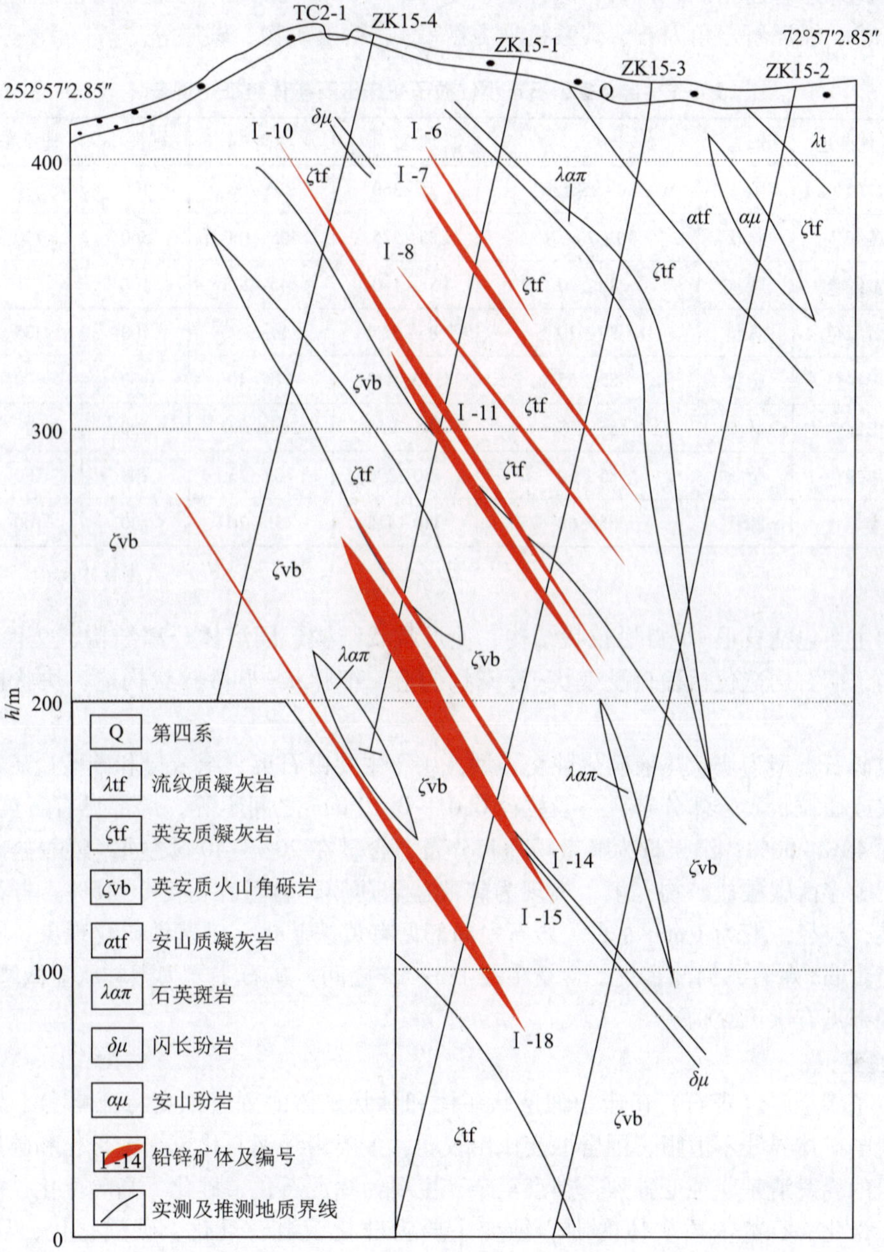

图 4-8　吉林省磐石市小红石砬子多金属（玉石）Ⅰ号矿化蚀变带第五勘探线剖面图

（据李勇，2017）

430~15 m，为隐伏矿体，围岩为英安质/安山质凝灰岩，连续性较好。矿体呈脉状、舒缓波状，总体倾向近东西，倾角 65°~80°之间。走向延长控制约 360 m，倾向控制最大延深 320 m，矿体厚度在 4.34~43.04 m 之间，平均厚度约 14.83 m。矿体资源储量占总资源储量的 35.98%。

4. 矿石特征

小红石砬子铅锌矿主要为原生矿石，按氧化程度和金属矿物的自然存在形式划分，属于硫化物矿石；按矿石的结构、构造划分为浸染状矿石、细脉浸染状矿石。

矿石金属矿物组合以黄铁矿、磁铁矿、赤铁矿、磁黄铁矿、方铅矿、闪锌矿为主，其次为黄铜矿、辉银矿、脆硫锑铅矿、毒砂等。根据金属矿物的组合特点及工业上可回收利用的金属矿物特点，该矿床矿石工业类型为硫化物型铅锌银矿石。

矿石矿物主要有闪锌矿、方铅矿、黄铁矿、磁黄铁矿，其次为磁铁矿、白铁矿、辉银矿、深红银、淡红银，此外还有白铅矿、铅矾、硅锌矿、菱锌矿、锌铁尖晶石、红锌矿等。脉石矿物主要有石英、长石、云母、绿泥石、角闪石、碳酸盐（方解石）、粘土矿物、碳质等。

表 4-9 吉林省磐石市小红砬子矿床玉石矿体特征一览表

矿体编号	矿体颜色	形态	产状/(°)	埋深/m	标高/m	延长/m	延深/m	厚度/m
③	黄绿色	脉状	80~85∠75	25~360	395~60	100	270	5.5
④	黄绿色	脉状	90∠70~76	25~375	405~180	360	110	17.48
⑤	黄绿色	脉状	80∠70	55~140	345~225	100	50	10.2
⑥	黄绿色	脉状	80∠70	85~525	340~-90	100	435	8.33
(1)	墨绿色	脉状	85∠65	130~430	370~40	100	300	16.3
(2)	墨绿色	脉状	85∠56	145~250	305~180	100	85	15.56
(3)	墨绿色	脉状	85∠60	180~390	305~75	200	190	8.56
(4)	墨绿色	脉状	85∠68	340~415	155~70	100	100	18.06

（据吉林省地质调查院，2023）

矿石结构主要包括自形-半自形粒状结构、他形粒状结构、固溶体分离结构、交代-交代残余结构、包含结构，矿石构造包括稀疏浸染状-浸染状构造、细脉状-显微脉状构造、块状构造、条纹状构造等。

石英玉质矿石类型为块状热液硅化蚀变岩型，矿石主要由石英、绢云母和碳酸盐矿物构成。石英多数为微粒状或微粒状集合体分布，一般粒径 0.01~0.10 mm 之间不等，局部见有石英细脉状产出，含量占岩石的 40%~60%；绢云母为显微鳞片状分布，含量在 20%~40%之间；碳酸盐矿物分布不均匀，岩石中裂隙多由碳酸盐矿物充填，表现为碳酸盐岩薄膜，含量在占 5%~15%。岩石中局部见有重熔球状石英，粒径一般为 1 mm 左右。岩石中局部见有黄铁矿化、磁黄铁矿化现象，多成粒状集合体分布，粒径 1 mm 左右，局部富集，含量多在 1%~5%之间。矿石主要为微粒状显微鳞片变晶结构，块状构造，局部见有次流纹构造。

5. 围岩蚀变

小红石砬子多金属（玉石）矿床中似层状矿体和脉状矿体的围岩蚀变特征略有不同，其中似层状矿体的围岩与矿体界线不清晰，围岩蚀变作用较弱，主要为绿泥石化、绢云母化和碳酸盐化；而脉状矿体与围岩的界线清楚，蚀变强烈，类型复杂，主要为绿泥石化、硅化、高岭土化、碳酸盐化、绿帘石化和绢云母化。石英玉质矿体的围岩蚀变主要为硅化、绢云母化、碳酸盐化，局部可见绿帘石化。

6. 资源储量

截至 2018 年底，小红石砬子多金属（玉石）矿床的锌查明资源储量为 10.03×10^4 t，保有资源储量为 9.65×10^4 t，平均品位 1.47%；共生铅查明资源储量为 3.50×10^4 t，保有资源储量为 3.44×10^4 t，平均品位 0.57%；伴生银查明资源储量为 157.01 t，保有资源储量为 154.03×10^4 t，平均品位 24.03 g/t；伴生金查明资源储量为 0.748 t，保有资源储量为 0.748 t，平均品位 0.10 g/t；石英质玉石矿累计查明资源储量（122b+333）1134.8×10^4 t，其中查明基础储量（122b）359.5×10^4 t，查明资源量（333）775.3×10^4 t；保有资源储量（122b+333）1134.8×10^4 t，其中保有基础储量（122b）359.5×10^4 t，保有资源量（333）775.3×10^4 t。

7. 成矿阶段划分

根据矿体、矿脉之间的穿切关系、矿物组合以及矿物之间的交生关系等，可以大致将小红石砬子多金属（玉石）矿床的成矿过程划分为 3 期，即热水喷流期、热液期和表生期（李勇，2017；Yang et al.，2019）。具体的成矿期、成矿阶段及矿物生成顺序见表 4-10。

表 4-10　吉林省磐石市小红石砬子矿床成矿期与成矿阶段划分表

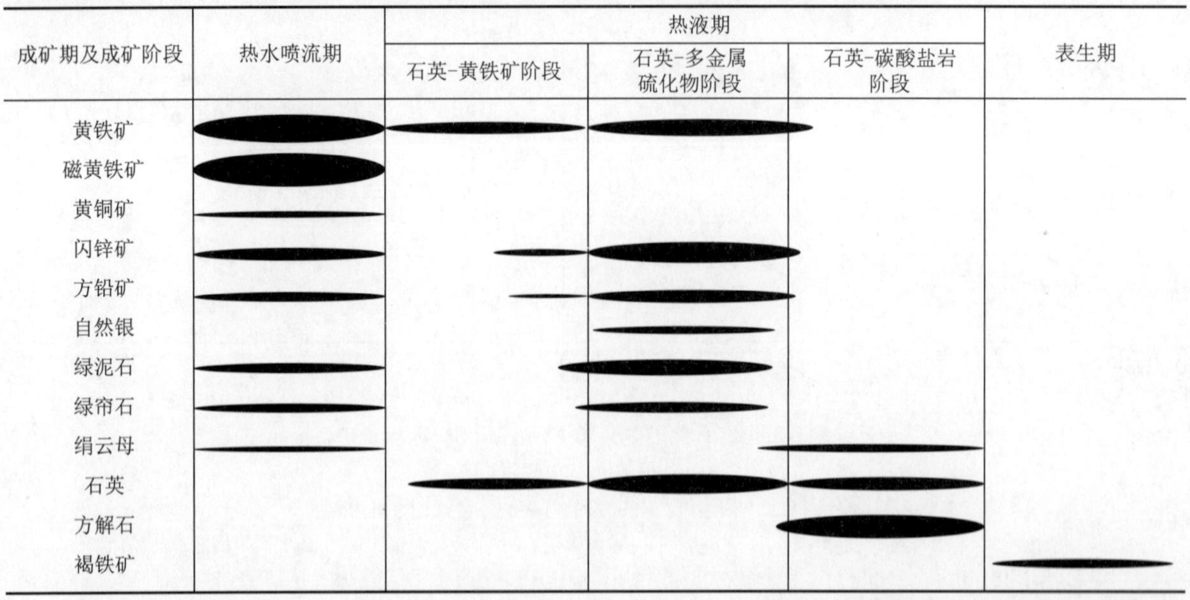

（据李勇，2017；Yang et al.，2019）

8. 成矿物理化学条件

李勇（2017）对小红石砬子多金属（玉石）矿床的成矿物理化学条件进行研究，获得了小红石砬子矿的热液期含硫化物石英脉内气液两相包裹体的均一温度集中在 260～300℃之间，盐度介于 2.4%～12.9%之间，密度介于 0.57～0.98 g/cm³。由此可见，小红石砬子多金属（玉石）矿的热液期成矿流体为（低）中温、低盐度、低密度的 $NaCl-H_2O±CO_2$ 流体体系。

含矿石英脉的氢氧同位素研究结果表明，石英中流体的 $\delta D_{V-SMOW}=-97.0‰$，$\delta^{18}O_{V-SMOW}=10.2‰$，且在成矿流体 $\delta D-\delta^{18}O_{H_2O}$ 判别图解上，石英样品点落于岩浆水区域附近，暗示了小红石砬子多金属（玉石）矿的热液期成矿流体主要为岩浆水，还可能存在大气降水的混合（常景娟，2016）。

脉状矿石 S 同位素分析结果表明，方铅矿、闪锌矿和黄铁矿等金属硫化物的 $\delta^{34}S$ 值介于-9.9‰～-5.7‰之间，均为负值，在热液黄铁矿、生物成因黄铁矿和沉积岩的范围之内，因此，小红石砬子多金属（磐龙玉）矿的硫源为地层硫或生物硫（李勇，2017）。

小红石砬子铅锌矿床脉状矿石硫化物样品的 $^{208}Pb/^{204}Pb$ 值为 38.32～38.793，平均值为 38.577；$^{207}Pb/^{204}Pb$ 值为 15.601～15.742，平均值为 15.677；$^{206}Pb/^{204}Pb$ 值为 17.81～18.731，平均值为 18.367。μ 值为 9.55～9.74，平均值为 9.62，表明 Pb 源主要为上地壳 Pb，并有少量地幔 Pb 的贡献（韩风彬等，2012）；ω 值为 35.66～39.53，平均值为 38.10；Th/U 值为 3.61～4.01，平均值为 3.83；$\Delta\beta$ 值为 20.45～28.04；$\Delta\gamma$ 值为 28.07～49.40。在 $^{207}Pb/^{204}Pb-^{206}Pb/^{204}Pb$ 增长线图解上（图 4-9a），样品点主要集中在上地壳演化线附近；在 $\Delta\gamma-\Delta\beta$ 成因分类图（图 4-9b）上，样品点也主要分布在上地壳区域内，并有少量样品点分布在上地壳与地幔混合的俯冲带铅（岩浆作用）的范围内，进一步说明了小红石砬子铅锌矿床脉状矿体的 Pb 源主要来源于上地壳，并有少量地幔物质的参与（李勇，2017）。

9. 矿床类型

小红石砬子铅锌矿床属于海相火山岩型，后有晚三叠世岩浆热液的改造；磐龙玉矿体为岩浆热液型。

10. 成矿机制及成矿模式

小红石砬子多金属（玉石）矿床先后经历了热水喷流期和岩浆热液期两期成矿，其中热水喷流期形成了层状、似层状矿体和条带状矿石，与大河深组海相火山岩-火山碎屑岩喷发时代相当，曹花花（2013）对大河深组火山岩进行了 LA-ICP-MS 锆石 U-Pb 定年，获得了早二叠世期的锆石年龄

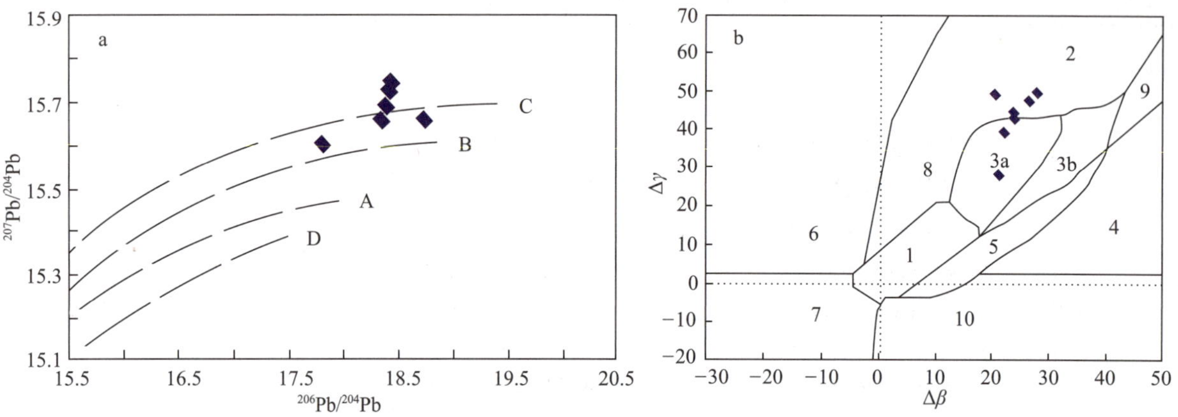

图 4-9　吉林省磐石市小红石砬子多金属（磐龙玉）矿床脉状矿石金属硫化物

（据李勇，2017）

a—$^{207}Pb/^{204}Pb$-$^{206}Pb/^{204}Pb$ 图解；b—$\Delta\gamma$-$\Delta\beta$ 成因分类图解

A—地幔；B—造山带；C—上地壳；D—下地壳。1—地幔源铅；2—上地壳源铅；3—上地壳与地幔混合的俯冲铅（3a—岩浆作用；3b—沉积作用）；4—化学沉积型铅；5—海底热水作用铅；6—中深变质作用铅；7—深变质下地壳铅；8—造山带铅；9—古老页岩上地壳铅；10—退变质铅

293~279 Ma，由此限定小红石砬子热水喷流期成矿作用形成于早二叠世。晚期脉状矿体切穿早期层状、似层状矿体，与矿区花岗闪长斑岩脉展布方向一致，且与铅锌矿化具有密切的伴生关系，由此暗示可能该脉岩的侵入导致了后期岩浆热液脉型矿化的发育，脉岩的侵位年龄与脉状矿体形成时代大体一致。Yang et al.（2019）进行了花岗闪长斑岩脉 LA-ICP-MS 锆石 U-Pb 和多金属硫化物 Rb-Sr 定年，获得的花岗闪长斑岩锆石加权平均年龄为 203.6±1.8 Ma，硫化物 Rb-Sr 等时线年龄为 195±17 Ma，由此限定岩浆热液期脉状铅锌矿化发生于晚三叠世末期。

早二叠世，古亚洲洋持续俯冲于华北板块之下，吉林中东部的磐石地区处于活动大陆边缘的环境。区域内爆发强烈的火山作用，形成大量的海相火山岩；在火山喷发的间歇期，发生热水喷流作用，火山热液喷出喷流口以后，与海水发生作用，并萃取其中的成矿物质，最终富集成矿，沉淀于（大河深组）火山岩之中，形成小红石砬子铅锌矿床层状矿体（图 4-10a）。

晚三叠世末—早侏罗世时期，古太平洋俯冲于欧亚板块之下，区域内发育广泛的岩浆活动。深部

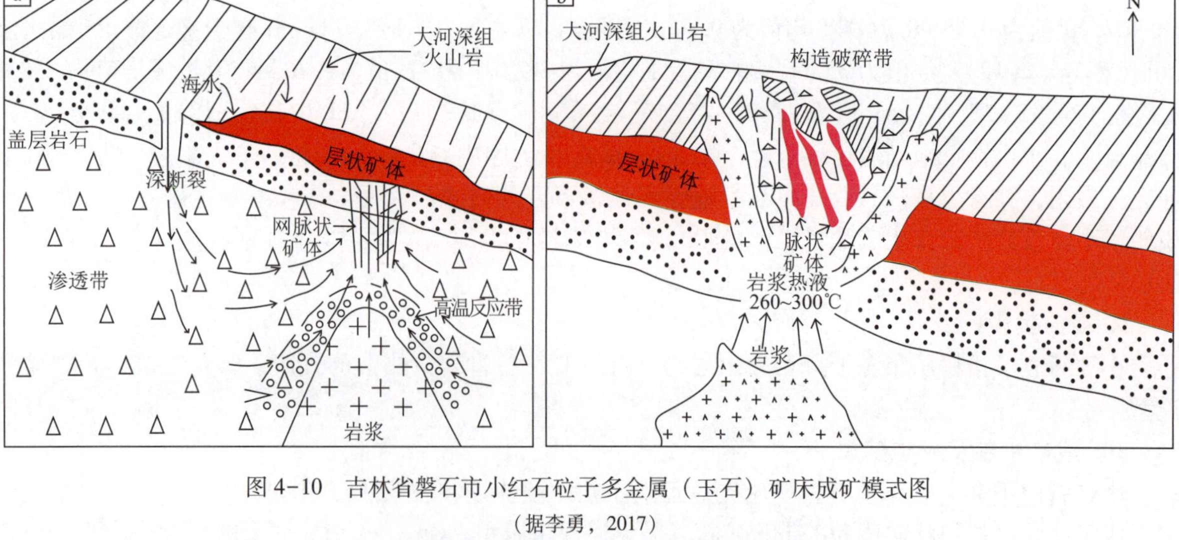

图 4-10　吉林省磐石市小红石砬子多金属（玉石）矿床成矿模式图

（据李勇，2017）

a—热水喷流期成矿模式；b—岩浆热液期成矿模式

岩浆沿断裂迅速侵位到地壳浅部，形成大量的钙碱性岩浆岩（如矿区花岗闪长斑岩），含矿热液在上升过程中，随着温度、压力、盐度以及酸碱度 pH 值的改变，打破了含矿热液的平衡状态，成矿物质开始沿断裂裂隙或破碎带沉淀，最终形成小红石砬子铅锌矿床的脉状矿体（图 4-10b）以及石英质玉石矿体。

11. 找矿模型

基于对小红石砬子多金属（玉石）矿床的成矿地质条件、矿床地质特征及区域、矿区地球物理异常特征等方面研究，建立了矿床找矿模型（表 4-11）。

表 4-11　吉林省磐石市小红石砬子多金属（磐龙玉）矿床找矿模型表

成矿要素		内容描述	备注
特征描述		矿床类型为海相火山岩型，并叠加岩浆热液型	
地质环境	岩石类型	大河深组海相火山沉积建造，岩石类型为英安质凝灰岩、英安岩、泥质板岩、英安质角砾岩、安山质凝灰岩、安山质角砾岩、闪长玢岩、花岗闪长斑岩	必要
	成矿时代	早二叠世，叠加晚三叠世—早侏罗世	必要
	成矿环境	矿床位于华北陆块北缘活动陆缘带，伊通-舒兰和辉发河两深大断裂之间，同时处于蛤蟆塘-柳阳南北向向斜中，北西向、南北向断裂构成了区域上的构造格架，并控制了中生代沉积盆地和燕山早期岩浆侵入活动的展布方向以及多金属矿床的产出	必要
	构造背景	矿床位于华北陆块北部陆缘造山带（Ⅲ-A）、哈兰达岭-英额岭新元古代—古生代叠覆造山亚带（Ⅲ-A_1）下属江域残留早古生代增生楔（Ⅲ-A_1^3）	重要
矿床特征	矿物组合	矿石矿物：主要有闪锌矿、方铅矿、黄铁矿、磁黄铁矿，其次为磁铁矿、白铁矿、辉银矿、深红银、淡红银，此外还有白铅矿、铅矾、硅锌矿、菱锌矿、锌铁尖晶石、红锌矿等。脉石矿物：石英、长石、云母、绿泥石、角闪石、碳酸盐矿物（方解石）、粘土矿物、碳质等	重要
	结构构造	矿石结构：自形-半自形粒状结构、他形粒状结构、固溶体分离结构、交代-交代残余结构、包含结构；矿石构造：稀疏浸染状-浸染状构造、细脉状-显微脉状构造、块状构造、条纹状构造等	次要
	蚀变特征	似层状矿体的围岩与矿体界限不清晰，围岩蚀变强度较弱，主要为绿泥石化、绢云母化和碳酸盐化；而脉状矿体与围岩的界限清楚，蚀变强烈，类型复杂，主要为绿泥石化、硅化、高岭土化、碳酸盐化、绿帘石化和绢云母化	重要
	控矿条件	地层控矿：下二叠统大河深组海相火山沉积岩系； 构造控矿：近南北向和北西向压性断裂以及层间破碎带； 岩浆岩控矿：晚三叠世中酸性脉岩	必要
地球物理异常特征	重力	区域重力异常整体上显示出重力低异常区，局部重力高，低异常以北西走向为主，两者规模相近，相间分布，强度最低值为 $-28.6\times10^{-5}\ m/s^2$，最高值为 $-11.7\times10^{-5}\ m/s^2$。小红石砬子矿床处于局部重力高、低异常过渡带	重要
	激电中梯	矿区范围内以视电阻率 600 Ωm、视极化率 8%等值线为界，南部低阻高极化，北部高阻低极化	重要
	高精度磁测	背景场较为平稳，由于脉岩的侵入，出现了 1 条或几条小正异常，界线明显。 异常场：异常场在矿区的中部，异常南北贯穿，蹦跳起伏，正负相间，异常梯度大，幅度小，多以点异常出现，大面积的异常少，异常呈锯齿状脉冲较多，高高低低，有个别异常为脉岩所引起	重要

（五）吉林省龙井市天宝山多金属矿田

天宝山多金属矿田位于吉林省龙井市北西 43 km 处，属龙井市天宝山镇管辖。东风坑铅锌矿中心坐标：东经 129°00′38″，北纬 42°57′08″，立山-新兴铅锌矿中心坐标为东经 128°57′15″，北纬 42°56′

49″。其中，立山和东风矿床于新中国成立前已被发现和开采；立山选厂后山矿床于1958年由吉林省冶金局地质勘探公司第九勘探队最初发现，而后于1981年进一步工作，发现了24、25号矿体；新兴角砾岩筒型矿床于1975年由吉林省有色金属地质勘探公司六〇五队发现；东风北山钼矿床于1984年发现。

1. 区域地质背景

天宝山多金属矿田大地构造分区属于华北陆块北部陆缘造山带（Ⅲ-A）、哈兰达岭-英额岭新元古代—古生代叠覆造山亚带（Ⅲ-A_1）、石嘴子-山秀岭-开原晚古生代弧盆系（Ⅲ-A_1^2）。矿田位于北东向两江断裂与北西向明月镇断裂带交汇部位东侧，天宝山中生代火山盆地南侧，天宝山倾伏背斜轴部。

区域地层主要有古生界青龙村岩群黑云斜长片麻岩、斜长角闪岩，石炭系天宝山群亮晶大理岩夹角岩、板岩、酸性火山岩及片岩，二叠系中酸性火山岩及碎屑岩夹板岩、灰岩等，以及白垩系龙井组碎屑岩。侵入体有华力西期闪长岩-花岗闪长岩-二长闪长岩、印支期辉石岩-辉长岩-花岗闪长岩-二长花岗岩以及燕山期花岗岩等。不同时期的中酸性侵入岩与铜、铅锌、银等矿化关系密切。区域断裂构造主要是敦化-密山断裂、两江断裂与明月镇断裂（图4-11）。

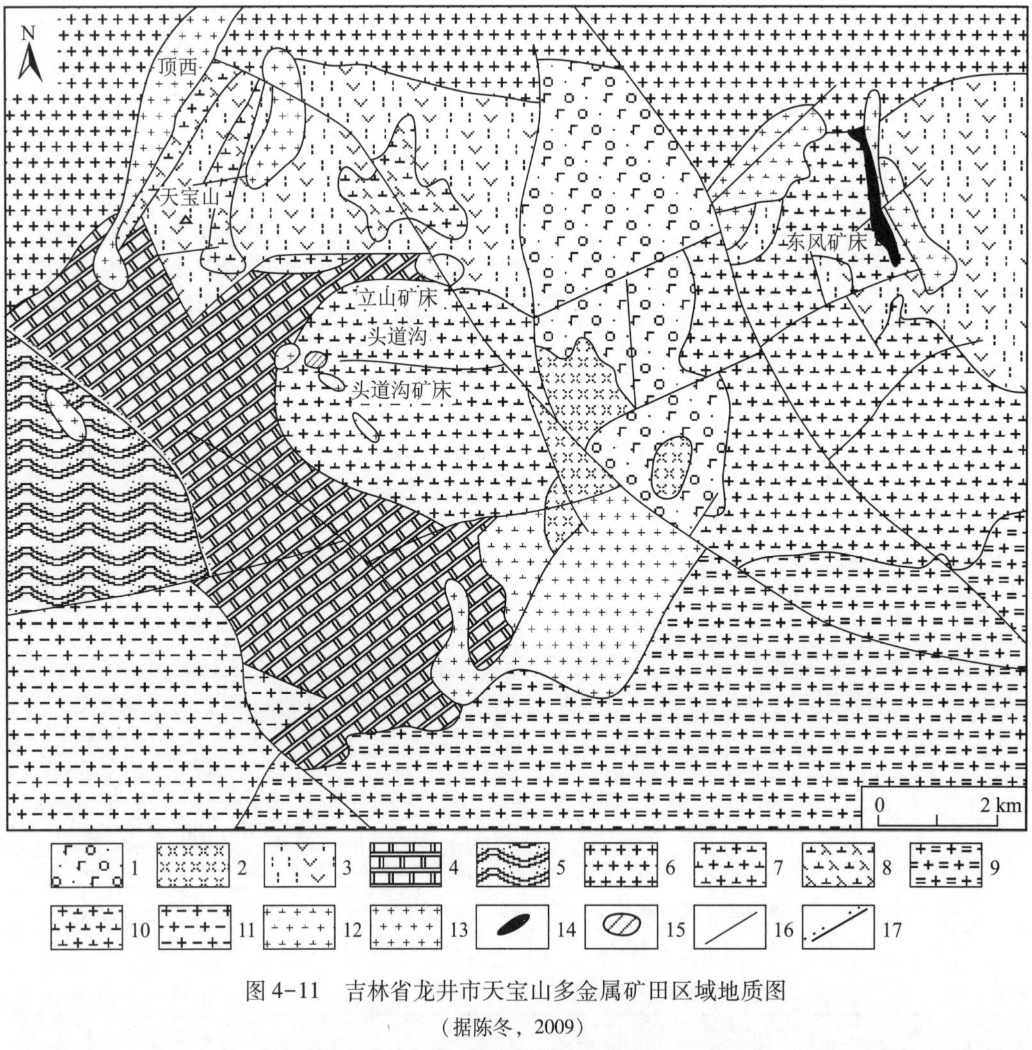

图4-11　吉林省龙井市天宝山多金属矿田区域地质图

（据陈冬，2009）

1—侏罗纪中性火山岩；2—三叠纪酸性火山岩；3—二叠纪中酸性火山岩；4—石炭纪大理岩；5—寒武系—奥陶系黄莺屯岩组；6—燕山晚期花岗岩；7—燕山晚期花岗闪长斑岩；8—燕山晚期闪长玢岩；9—燕山早期花岗岩；10—燕山早期花岗闪长斑岩；11—印支期花岗岩；12—印支期花岗闪长斑岩；13—华力西晚期花岗岩；14—矿体；15—隐爆角砾岩；16—断裂；17—地质界线

2. 矿区地质

矿区出露的地层主要有新元古界青龙村岩群、石炭系天宝山群（山秀岭组?）、二叠系庙岭组、三叠系柯岛组、侏罗系帽儿山组和白垩系长财组等。其中，青龙村岩群主要出露黑云斜长片麻岩、斜长角闪岩等岩性；天宝山群（山秀岭组?）为一套燧石条带结晶灰岩、砂板岩夹变质凝灰熔岩等；庙岭组为类复理石建造和碳酸盐建造，夹海相火山（碎屑岩）建造；柯岛组为一套凝灰质砾岩、岩屑晶屑凝灰岩、流纹凝灰熔岩、流纹岩、黑云变粒岩、结晶灰岩等；帽儿山组为凝灰质砾岩、安山集块岩、安山岩等；长财组则为砾岩、含砾砂岩、砂岩以及凝灰质砂岩，夹薄煤层。此外还有少量的白垩纪中性火山岩（陈冬，2009）。

矿区出露的侵入岩有加里东期片麻状花岗岩、华力西期花岗闪长岩类，印支期斑状二长花岗岩、燕山期斑岩类。

矿区断裂构造分为3组：北西向、东西向、南北向。北西向断层从西至东有南阳洞断裂，在二道沟、天宝山、九户洞等地青龙村片麻岩、片麻状花岗岩中发育有规模较大的推覆构造及新兴坑-陈财沟断裂、天宝山沟断裂、九户洞断裂和东风北山-东风南山次级北西向断裂（控制东风矿床）等。东西向断裂有陈财沟-东风坑断裂、头道沟断裂、二道沟断裂（控制二道沟岩体）。南北向断裂有水泵地断裂（控制卫星岩体）、新兴坑断裂等。根据其相互切割关系判断，形成时序为东西向断裂较早，北西向断裂次之，南北向断裂最晚。就其性质而言，东西向与南北向断裂为张性或张扭性，而北西向断裂则为压扭性或压性。这几组断裂构造控制了岩浆岩、角砾岩筒、爆破角砾岩群及矿化体的分布，特别在两组或两组以上断裂的交汇处往往形成矿床（陈冬，2009）。

3. 各矿床地质特征

天宝山多金属矿田主要包括立山矿床、东风矿床和新兴矿床等。

（1）立山矿床

矿体特征：立山矿床的矿化带长750 m，宽550 m，受侵入体与围岩的接触带控制明显。共发现600余条矿体，均是盲矿体，矿体形态复杂，以扁豆状和脉状为主，也发育有网脉状、透镜状、板状和似层状。规模小而多，矿体厚度不等，从几米至几十米薄厚不均，各矿体分枝复合、尖灭再现的特征十分明显。矿体受接触带及附近的北东向、北西向压扭性断裂以及近南北向的张扭性断裂控制，总体上呈近东西走向，个别矿体呈北东向、北西向，倾向南西，倾角37°~70°，侧伏方向为北北西（图4-12）。在立山坑二十一中段，可见石英脉和破碎带，产状分别为275°∠65°、330°∠60°（鞠楠，2013）。

矿石特征：原生矿石的矿化类型主要为矽卡岩型，矿石中的金属矿物主要包括黄铜矿、方铅矿、闪锌矿、磁黄铁矿。矿石呈块状、脉状和浸染状构造。矿石中金属矿物主要呈自形-半自形变晶结构、细粒变晶结构以及各种交代结构（鞠楠，2013）。

围岩蚀变：立山矿床在地表及井下观察到的主要蚀变类型有石榴子石化、透辉石化、绿泥石化、绿帘石化、方柱石化、绢云母化、透闪石化、大理岩化、黑云母化、钾岩化，其中矽卡岩化主要分布在大理岩与闪长岩的接触部位，而此处是形成多金属矿化的主要部位，钾化主要呈脉状或网脉状。

成矿阶段划分与分布：根据矿物之间的穿切关系以及共生组合方式，将立山多金属矿床分为2个成矿期次和5个成矿阶段：矽卡岩期进一步分为3个阶段，即干矽卡岩阶段、湿矽卡岩阶段以及磁铁矿等氧化物阶段；石英硫化物期细分为石英-黄铁矿-黄铜矿-闪锌矿-方铅矿等硫化物阶段和石英-碳酸盐阶段。金属矿物中，磁铁矿生成最早，其次为赤铁矿、毒砂、磁黄铁矿和黄铁矿等，最后生成的是方铅矿和闪锌矿，主要矿物生成顺序可见表4-12（鞠楠，2013）。

（2）东风矿床

矿体特征：东风矿区出露的地层是一套二叠纪的变质的中酸性火山-沉积岩系，其下部为中酸性火山岩及其火山碎屑岩；中部为偏酸性火山岩与不纯灰岩互层；上部为一套以中性熔岩为主的火山岩。地层走向290°~345°，倾向南西，倾角30°~55°。矿体产于中下部层位中。东风矿床由东风南山矿体、中部东风矿体及北西部北山矿体构成。

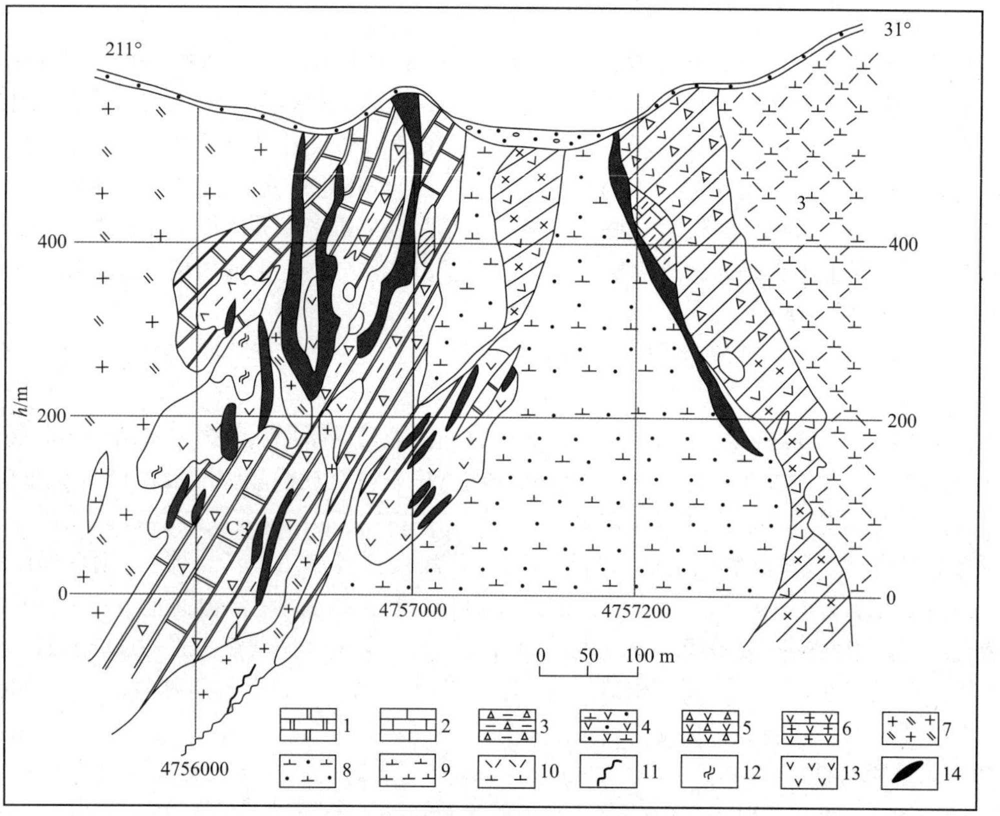

图 4-12 吉林省龙井市天宝山多金属矿田立山矿床 A2 线地质剖面图

（据汪志刚，2012，有修改）

1—大理岩；2—板岩；3—角岩；4—英安质凝灰岩；5—凝灰角砾岩；6—流纹质凝灰岩；7—花岗闪长岩；8—英安斑岩；9—闪长斑岩；10—次安山岩；11—破碎带；12—蚀变带；13—矽卡岩化；14—矿体

表 4-12 吉林省龙井市天宝山多金属矿田立山矿床成矿期及成矿阶段划分

矿化期	矽卡岩期			石英硫化物期	
	干矽卡岩阶段	湿矽卡岩阶段	氧化物阶段	石英-硫化物阶段	石英-碳酸盐阶段
石榴子石	——				
磁铁矿	——	——	——		
绿帘石		——			
石英			——	——	——
赤铁矿			——		
磁黄铁矿				——	
绿泥石				——	——
绢云母				——	——
黄铁矿				——	——
黄铜矿				——	——
毒砂				——	
方解石					——
闪锌矿					——
方铅矿					——

（据鞠楠，2013）

东风南山矿体：产于下部层中性火山碎屑岩中，为细脉浸染型铅锌矿体群。矿化普遍，但铜、铅、锌品位低，铜 0.01%~0.55%，铅 0.01%~1.51%，锌 0.65%~2.78%。矿化主要发生在一种特殊的似脉状的火山喷气沉积变质岩（前人称角岩或糜棱岩）中，它的矿物成分为隐晶状的长石、石英、黑云母，以及隐晶石榴子石、锌尖晶石（标型矿物）。此岩石是在海底火山喷发时，在较高温度和压力下形成的。矿石矿物主要为闪锌矿、方铅矿，次之为黄铜矿和黄铁矿。

东风矿体：赋存于庙岭组中部层中。矿带走向 340°，长 1300 m，宽 200~300 m，延深 550 m。矿体产于中酸性熔岩与不纯灰岩互层的不纯灰岩中或接触处（图 4-13）。矿体产状多与地层产状一致，形态为层状、似层状。矿石平均品位铜 0.27%，铅 0.14%，锌 2.45%（陈冬，2009；张勇，2013）。

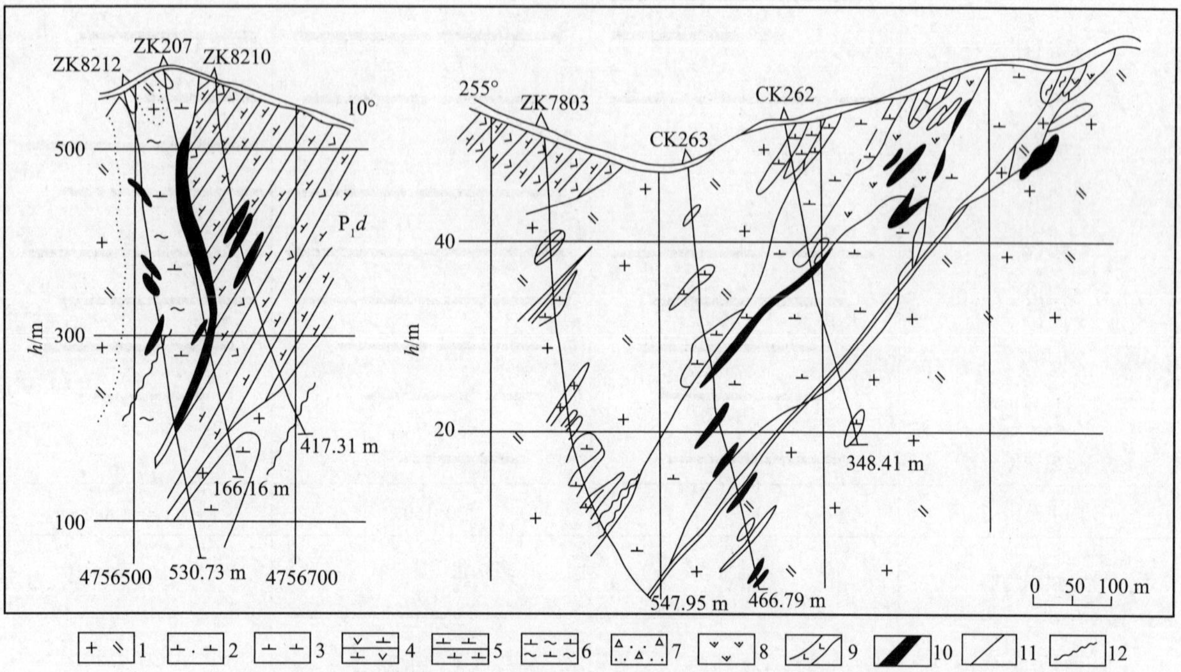

图 4-13 吉林省龙井市天宝山多金属矿田东风矿床勘探线剖面图

（据张勇，2013，有修改）

1—石英闪长岩；2—英安斑岩；3—中性脉岩；4—安山质凝灰岩；5—安山岩；6—混杂安山岩；7—角砾岩；8—矽卡岩；9—煌斑岩；10—矿体；11—断层；12—破碎带

北山矿体：主要赋存于花岗闪长岩与斑状二长花岗岩中。矿体形态多为脉状，次为扁豆状。矿长 100~300 m，厚度 2.2~10.29 m，铜品位 0.17%~0.4%。走向北北东，倾向南西，倾角 50°~65°（高岫生等，2010）。

矿石特征：矿石类型主要有闪锌矿-方铅矿矿石、闪锌矿矿石、闪锌矿-黄铜矿-磁黄铁矿矿石、闪锌矿-方铅矿-黄铜矿矿石、辉钼矿矿石等。

矿石矿物主要有闪锌矿、方铅矿、黄铜矿、辉钼矿，伴生黄铁矿、磁黄铁矿等矿物。脉石矿物主要为石英和方解石。

矿石结构主要为自形-半自形-他形粒状结构、侵蚀交代结构、乳滴状结构、结状结构等。矿石构造主要为块状构造、浸染状构造、脉状构造、条带状构造、斑杂状构造等。

围岩蚀变：矿体围岩常发育角岩化、糜棱岩化，其间夹有石榴子石黑云母长英角岩、锌尖晶石长英角岩，局部见堇青石角岩，石榴子石、堇青石和锌尖晶石等矿物在空间上密切共生，为典型的热液接触变质矿物，围岩的矿化蚀变作用不强烈，有绿泥石化、绿帘石化、绢云母化、碳酸盐化、硅化等。

成矿阶段划分与分布：根据矿体相互穿切关系、物质成分、共生组合、矿石结构构造等特征，东风矿床的成矿作用可划分为2个成矿期3个成矿阶段，即火山喷气成矿期和热液成矿期，后者又可划分为石英-硫化物阶段和碳酸盐-硫化物阶段两个成矿阶段（表4-13）。

表4-13　吉林省龙井市天宝山多金属矿田东风矿床成矿期及成矿阶段划分

矿化期	火山喷气期	热液期	
矿化阶段		石英-金属硫化物阶段	碳酸盐-金属硫化物阶段
绿帘石	——	——	——
萤石	——		
绿泥石	——	——	——
石英	——	——	——
方解石			——
辉钼矿		——	——
黄铁矿	——	——	——
闪锌矿	——	——	——
方铅矿	——	——	——
黄铜矿	——	——	——
磁黄铁矿	——	——	
温度范围		190~150℃	140~100℃
主要矿石构造	条带状	斑杂状、浸染状、胶状	胶状、浸染状
主要矿石构造	半自形-他形	浸蚀、结状、乳滴状	浸蚀、结状、乳滴状

（据陈冬，2009）

（3）新兴矿床

角砾岩筒及矿体特征：新兴矿床产于头道沟花岗闪长岩体内，并受头道沟东西向断裂、新兴-陈财沟北西向断裂和卫星南北向断裂交汇处的角砾岩筒所控制。角砾岩筒在平面上呈近南北向椭圆形，南北长轴54~68 m，东西短轴28~36 m，剖面上呈上大下小的漏斗形。上部全筒式矿化，中下部为中心式矿化。矿体延深至320 m。该岩筒向290°方向倾伏，倾伏角53°（图4-14）。

角砾成分较复杂，大小不等，分选性差，磨圆度相差也大。角砾成分主要以花岗闪长岩角砾为主，其次为角岩角砾、英安斑岩角砾、霏细岩和流纹岩角砾、脉石英角砾、花岗斑岩角砾等。角砾多呈次棱角状、棱角状，少量为浑圆状。胶结物为粒径在0.2 cm以下的呈灰白色或粉红色碎屑、岩粉。胶结物发生强烈的水云母化-伊利石化、次生石英岩化、斜黝帘石化、绿帘石化等。由于多次爆破使先成角砾，甚至胶结物都遭受破碎。这些角砾后来又被石英或硫化物所胶结，并构成工业矿石。

矿体的规模、形态、产状与岩筒一致，由地表至500 m标高筒内皆为矿体，从不同标高水平投影看，呈现为倾斜的“宝葫芦状”。到深部则变为矿化角砾岩、更钠长石化、硅化、绿帘石化、黄铁矿化的花岗闪长岩。矿化围绕岩筒边缘裂隙充填呈环状。矿体斜延深268 m，整体上呈斜筒状。

矿石特征：矿石中主要矿石矿物为闪锌矿、方铅矿、黄铜矿，含少量黄铁矿；脉石矿物以石英、方解石、绿帘石类为主，其次为绿泥石、角闪石、绢云母等。

矿石类型较简单，主要为以闪锌矿-方铅矿矿石、方铅矿矿石、闪锌矿矿石、闪锌矿-方铅矿-黄

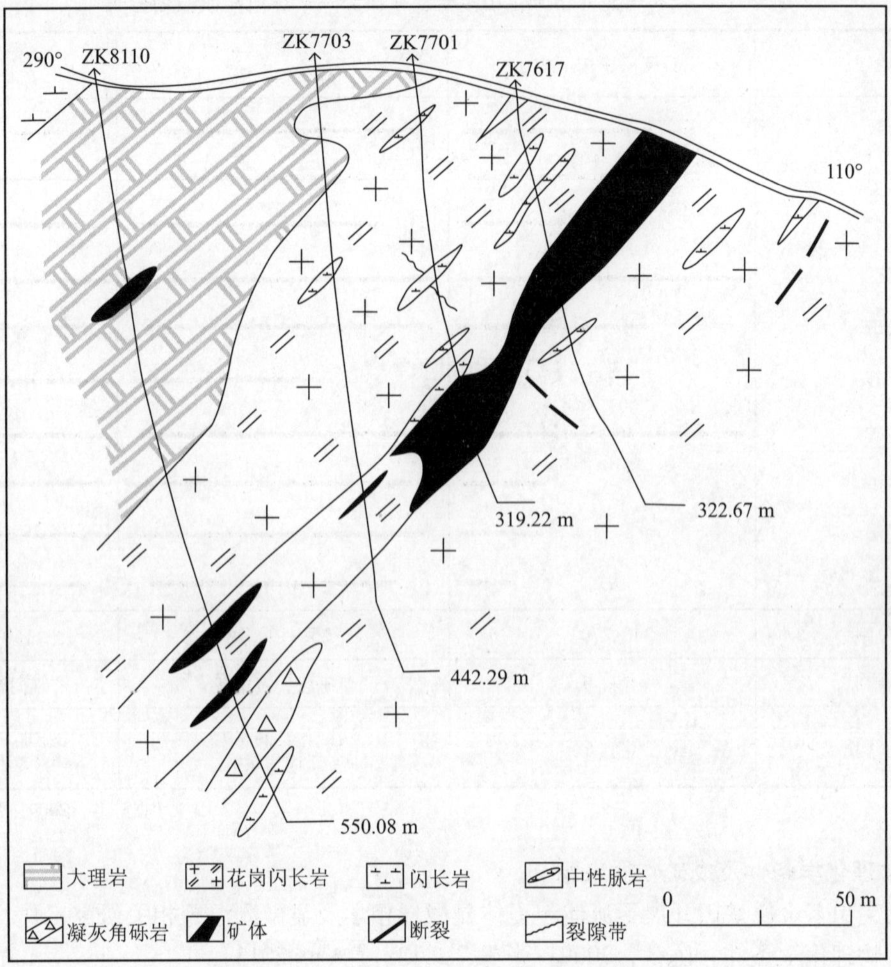

图 4-14 吉林省龙井市天宝山多金属矿田新兴矿床隐爆角砾岩筒剖面图
（据陈冬，2009，有修改）

铜矿矿石。矿石结构主要有自形-半自形-他形粒状结构、侵蚀结构、交代星状结构、乳滴状结构、共生边结构以及包含结构。矿石的构造主要有角砾状构造、稠密浸染状构造、稀疏浸染状构造。

围岩蚀变：蚀变具有分带现象，筒内蚀变强，筒边蚀变弱，围岩蚀变更弱，筒内以次生石英岩化为主，边部为青磐岩化，围岩常有明显的黄铁矿化。在震碎裂隙中充填粉红色含锰方解石脉。

成矿期及成矿阶段划分：根据矿体相互穿切关系、物质成分、共生组合、矿石结构构造等特征，将新兴矿床的成矿作用可以划分 3 个成矿阶段，即石英-黄铁矿阶段；石英-方解石-金属硫化物阶段；碳酸盐阶段-金属硫化物阶段（陈冬，2009；张勇，2013）。具体特征见表 4-14。

4. 资源储量

截至 2018 年底，天宝山矿田东风铅锌矿床的锌查明资源储量为 24.08×10^4 t，保有资源储量为 3.39×10^4 t，平均品位为 1.45%；伴生铅查明资源储量为 1.55×10^4 t，保有资源储量为 0.20×10^4 t，平均品位为 0.22%；伴生铜查明资源储量为 2.74×10^4 t，保有资源储量为 0.41×10^4 t，平均品位为 0.23%。立山-新兴多金属矿床的锌查明资源储量为 39.84×10^4 t，保有资源储量为 13.95×10^4 t，平均品位为 2.47%；共生铅查明资源储量为 23.44×10^4 t，保有资源储量为 8.31×10^4 t，平均品位为 1.56%；伴生铜查明资源储量为 4.09×10^4 t，保有资源储量为 1.85×10^4 t，平均品位为 0.28%；伴生银查明资源储量为 338.87×10^4 t，保有资源储量为 338.87×10^4 t，平均品位为 55.92 g/t；此外，还伴生镉。东风北山钼矿床的钼查明资源储量为 0.18×10^4 t，保有资源储量为 0.14×10^4 t，平均品位为 0.176%。

表 4-14　吉林省龙井市天宝山多金属矿田新兴矿床成矿阶段划分表

矿化阶段	石英-黄铁矿阶段	石英-方解石-金属硫化物阶段	方解石-金属硫化物阶段
绿帘石	——	——	——
黝帘石	——	——	——
绿泥石	——	——	——
石英	——	——	——
绢云母	——	——	——
方解石		——	——
黄铁矿	——	——	——
闪锌矿	——	——	——
方铅矿	——	——	——
黄铜矿	——	——	——
温度范围	340~270℃	260~190℃	160~130℃
主要矿石构造	角砾状	角砾状、浸染状	角砾状、浸染状
主要矿石构造	半自形	浸蚀、乳滴状、交代星状	浸蚀、乳滴状、交代星状

（据陈冬，2009；张勇，2013）

5. 成矿物理化学条件及成矿物质来源

前人对天宝山多金属矿田开展了流体包裹体显微岩相学及显微测温等相关研究工作，基本明确了该矿床的成矿物理化学条件（陈冬，2009；张勇，2013；鞠楠，2013）。

（1）成矿流体性质及来源

新兴矿床不同类型包裹体成分以 H_2O 和 CO_2 为主，还含有少量的 CH_4 和 N_2，结合流体包裹体显微测温等相关分析结果可知，新兴矿床成矿流体属于中温、低盐度、低密度的 $NaCl-H_2O-CO_2 \pm CH_4 \pm N_2$ 流体体系（张勇，2013）。

东风矿床的流体包裹体成分相对简单，主要为 H_2O，结合体包裹体显微测温等相关分析结果可知，东风矿床成矿流体属于中温、中低盐度、低密度的 $NaCl-H_2O$ 流休体系（张勇，2013）。

立山矿床的流体包裹体成分以 H_2O 和 CO_2 为主，还含有少量的 CH_4，结合体包裹体显微测温等相关分析结果可知，立山矿床成矿流体属于高中温、中低盐度、低密度的 $NaCl-H_2O-CO_2 \pm CH_4$ 流体体系（鞠楠，2013）。

新兴含矿角砾岩筒中与铅、锌矿化有关的石英脉的 δD 和 $\delta^{18}O$ 分别为+85‰和-5.1‰，应属混合岩浆水（刘劲鸿等，2000）。张勇（2013）提出天宝山多金属矿田成矿流体早期主要来自岩浆，成矿过程中与大气降水混合。

（2）成矿物质来源

硫同位素：天宝山多金属矿田硫同位素资料丰富，至今已积累百余件测试数据（刘劲鸿等，2000；孙景贵等，2006；鞠楠，2013；张勇，2013），测试的样品主要采自东风矿床、新兴矿床和立山矿床。

天宝山多金属矿田 $\delta^{34}S$ 变化于-7.1‰~+3.5‰之间，平均值为-1.24‰，极差 R=10.6‰，标准离差 S=2.03，全矿区 $\delta^{34}S$ 平均值接近于零，具有近陨石硫的特征，表明天宝山多金属矿田的硫主要来自深源岩浆。值得注意的是硫同位素组成变化范围相对较大，说明硫化物成因较为复杂。天宝山矿区矿石矿物的 $\delta^{34}S$ 值与外围蚀变火山岩中黄铁矿的 $\delta^{34}S$ 值变化范围接近，暗示部分硫来自矿区围岩

（刘劲鸿等，2000）。

铅同位素：不同学者对天宝山多金属矿田不同矿区的金属硫化物进行了 Pb 同位素分析，并认为该矿床的铅源并非单一来源，可能存在不同的源区或在演化过程中有不同源区物质的混入（刘劲鸿等，2000；孙景贵等，2006；鞠楠，2013；张勇，2013）。在铅构造模式图中，金属硫化物的样品点主要落于造山带演化线和地幔演化线之间，且更加靠近造山带演化线（陈冬，2009）。由此说明天宝山多金属矿田的铅源为壳幔混合铅。

Rb-Sr 同位素：新兴 6 件金属硫化物的初始 Sr 同位素比值介于 0.71350～0.71371 之间，均值为 0.71361（杨群等，2018），表明该矿床的成矿物质以壳源为主，并存在少量幔源物质的加入。

围岩含矿性：天宝山矿田内重要的赋矿层位石炭系山秀岭组（天宝山岩块）和红叶桥组（庙岭组），富含 Cu、Pb、Zn 成矿元素，它在火山喷气作用、变质热液作用及华力西期—燕山期岩浆-火山作用的热动力驱动下，已转变为矿源层。

6. 矿床类型

天宝山多金属矿田包含多个不同类型的铜多金属矿床，其中立山铅锌矿为接触交代型矿床，东风矿床则包括海相火山岩型（东风南山）和斑岩型（东风北山）两种类型，新兴矿床为隐爆角砾岩筒型矿床。

7. 成矿机制和成矿模式

天宝山多金属矿田不同类型的成矿作用时代不同，目前已识别出华力西期和燕山早期两期成矿作用。华力西期成矿作用以东风南山海相火山岩型多金属矿化、新兴隐爆角砾岩筒型多金属矿化以及立山接触交代型多金属矿化作用为代表。新兴矿床花岗闪长岩的 LA-ICP-MS 锆石 U-Pb 年龄介于 261～271 Ma 之间，角砾状铅锌矿石金属硫化物 Rb-Sr 等时线年龄为 259±3 Ma，表明新兴矿床形成于晚二叠世（杨群等，2018）。立山（花岗）闪长岩的 LA-ICP-MS 锆石 U-Pb 年龄介于 266～272 Ma 之间（鞠楠，2013；孙振明等，2014），表明立山接触交代型矿床形成于中二叠世。燕山期成矿目前仅识别出东风北山斑岩型钼矿化作用，辉钼矿 Re-Os 等时线年龄介于 196～192 Ma 之间（张勇，2013；孙振明等，2014），由此限定东风北山矿床形成于早侏罗世。

华力西期—印支期岩浆活动，使岩浆上侵，导致该区多次的火山-岩浆活动，在早二叠世，该区海底火山喷发，其高温的热液喷出地表后与冷的海水相遇，由于温度、压力等物理化学条件的急剧改变，而使热液中的成矿元素发生沉淀，形成一套矿源层。此外，中二叠世立山石英闪长岩侵位到碳酸盐岩建造内，并与之发生物质与能量的交换，最终在二者的接触部位形成立山铅锌多金属矿床。其后由于燕山早期石英二长闪长岩的侵入，提供了少量岩浆热液的同时也提供了热，在热驱动下地层中的建造水对流循环，萃取地层（主要为庙岭组）中的成矿元素，在层间薄弱带和破碎带中，由于物化条件变化而沉淀，形成东风钼矿床。

由于岩浆的多次活动，在火山-岩浆作用晚期，富含挥发分的岩浆热液流体上升富集于靠近地表处，由于上覆盖层压力的急剧降低，而引起隐爆作用，形成隐爆角砾岩筒。其形成后，由于压力作用，由幔源基性岩浆分异出的含矿富 CO_2 流体沿构造裂隙向上运移，在运移过程中，与角砾岩块和围岩发生交代作用，引起流体成分、pH 值等条件的变化，而使成矿物质发生沉淀，形成新兴矿床（图 4-15）。

8. 找矿模型

根据天宝山多金属矿田地质环境、矿床地质特征以及物化遥异常，建立了该矿床的找矿模型表，如表 4-15 所示。

（六）吉林省伊通县放牛沟多金属矿床

放牛沟多金属矿床位于吉林省伊通县景台乡，东南距伊通县 26 km，地理坐标：东经 125°04′46″，北纬 43°30′26″。该矿床于 1943～1945 年由日本人经调查发现，而后吉林省地质局、吉林省地质矿产局多次组织技术人员进行勘探工作，探明了放牛沟矿床属于中型的多金属硫铁矿床（《中国矿床发现

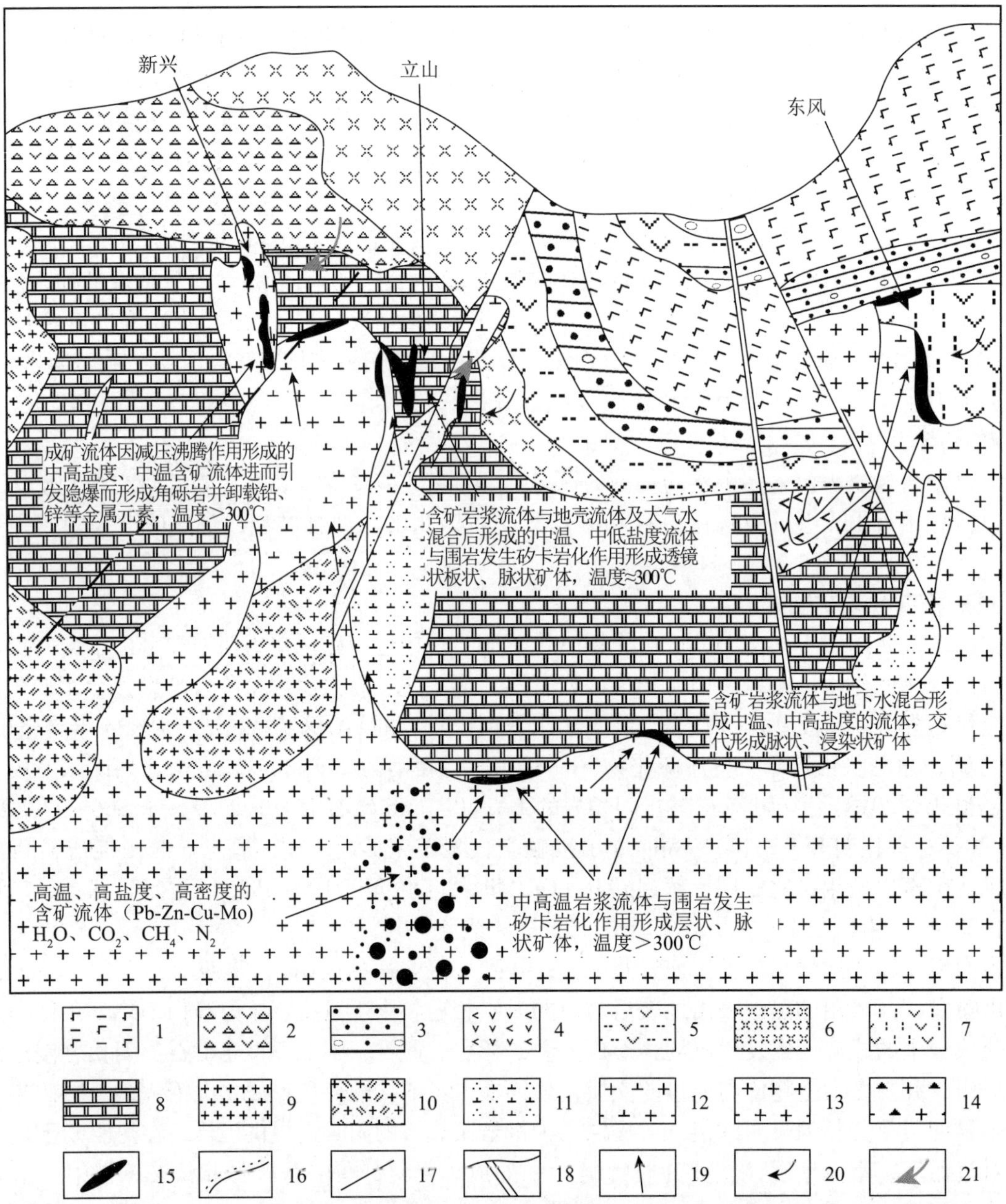

图 4-15　吉林省龙井市天宝山多金属矿田成矿模式图

（据邢树文等，2014）

1—玄武安山岩；2—安山质角砾岩；3—砂岩、砾岩；4—紫色角闪安山岩；5—凝灰质英安岩；6—流纹岩；7—片理化安山质凝灰岩；8—大理岩；9—花岗岩；10—二长花岗岩；11—石英闪长岩；12—花岗闪长岩；13—花岗斑岩；14—角砾状花岗岩；15—矿体；16—现代剥蚀面；17—断层；18—火山通道；19—演化的岩浆流体；20—循环的地下水；21—大气降水

史·吉林卷》编委会，1996）。

1. 区域地质背景

放牛沟多金属矿床位于华北陆块北部陆缘造山带（Ⅲ-A）、哈兰达岭-英额岭新元古代—古生代叠覆造山亚带（Ⅲ-A_1）、放牛沟-下二台-呼兰镇早古生代弧盆系（Ⅲ-A_1^1）。矿床位于四平-德惠断裂带和伊通-伊兰断裂带之间，大黑山隆起带的中心部位。

区域出露的地层主要为志留系石缝组和桃山组，此外白垩系、古近系和新近系零星出露。其中，石缝组主要为一套浅变质海相中基性、中性、酸性火山岩和大理岩、板岩；桃山组主要为浅变质中酸

表 4-15　吉林省龙井市天宝山多金属矿田找矿模型表

成矿要素		内容描述	
特征描述		东风南山矿体属海相火山岩型、东风北山钼矿属于斑岩型、立山矿体属接触交代型、新兴矿床属爆破角砾岩型	类别
地质环境	岩石类型	砂板岩、灰岩、中酸性火山岩，花岗岩、石英闪长岩类	必要
	成矿时代	华力西期（267~259 Ma）和印支晚期（196~192 Ma）	必要
	成矿环境	东西向、北西向、近南北向三组断裂交汇处	必要
	构造背景	矿床位于华北陆块北部陆缘造山带（Ⅲ-A）、哈兰达岭-英额岭新元古代—古生代叠覆造山亚带（$Ⅲ-A_1$）、石嘴子-山秀岭-开原晚古生代弧盆系（$Ⅲ-A_1^2$）	重要
矿床特征	矿物组合	立山矿床矿石矿物为闪锌矿、黄铜矿、方铅矿、磁黄铁、黄铁矿等。东风矿床矿石矿物主要为磁黄铁矿、闪锌矿、黄铁矿、磁铁矿、方铅矿、白铁矿和毒砂。新兴矿床闪锌矿、方铅矿为主，次为黄铜矿、黄铁矿、砷黝铜矿、自然铋和银矿物复硫化物、自然金等	重要
	结构构造	立山矿床矿石以中粗粒半自形结构为主，多具脉状、块状、角砾状构造。东风矿床矿石构造以条带状构造、致密块状构造和浸染状构造为主；新兴矿床有粗晶粒状结构，环状构造、粒间充填构造、脉状构造、浸染状构造等	次要
	蚀变特征	头道沟花岗闪长岩和立山英安斑岩与碳酸盐岩接触带广泛形成矽卡岩带，控制矽卡岩型矿床，主要类型为石榴子石-单斜辉石矽卡岩，单斜辉石矽卡岩，石英-绿帘石矽卡岩等。角砾岩筒型矿床受面状蚀变控制，其主要围岩蚀变，早期钾化、中期硅化、水漫云母化、绿泥石化、晚期方解石化、沸石化。 热液脉状矿体近矿蚀变，其内带以硅化、水云母化为主，外带为绿泥石化、碳酸盐化	重要
	控矿条件	地层控矿：石炭系（天宝山岩块）与二叠系（红叶桥组）砂板岩、灰岩、中酸性火山岩是矿床控矿层位。华力西期—印支期花岗闪长岩、英安斑岩、石英闪长岩等为矿床提供了物质、热液、热能。构造控制：东西向、北西向、近南北向3组断裂交汇处控制部分矿床的形成。燕山期花岗斑岩（多为脉状）与碳酸盐地层形成热液脉状多金属矿化	必要
物化遥异常特征	重力	区域重力异常表现为东部高，西部低的分布特征；异常宽度大，最低值为 $-60.6\times10^{-5}\ m/s^2$；天宝山多金属矿田位于条带状局部重力低异常向北东东方向伸出的尖端部位，也是与重力高异常的过渡部位	重要
	航磁	区域磁异常表现为大面积低缓正磁场区，异常以北东走向为主，北西和东西走向较少，异常强度一般为250~400 nT。天宝山多金属矿田位于北东东走向线性低磁异常带上，同时处于北东向梯度带与东西向梯度带交汇部位	重要
	化探	主要成矿元素 Cu、Pb、Zn、Mo、Ag 的异常强度高，分带清晰，浓集中心明显，规模较大，对相应积极支持，是矿致异常。空间上，Cu、Pb、Zn、Ag、Au、Mo、Sn、Bi、As、Sb、Hg 套合紧密，形成的复杂组分富集区；Pb 异常呈三级分带和明显浓集中心，强度高	重要
	遥感	解译出 1 条大型断裂带，4 条中型断裂（带），小型断裂比较发育，并且以北东向和北西西向为主，脆韧变形趋势带比较发育，共解译出 3 条，共圈出 10 个环形构造	重要

性火山岩-泥岩建造。区内侵入岩浆活动频繁，形成的侵入体均呈大小不等的岩株状产出，可分为华力西早期、华力西晚期、燕山早期 3 期岩浆活动，且以华力西期中酸性岩浆活动最为重要，与放牛沟多金属硫铁矿矿床关系密切。此外，还发育众多脉岩，包括闪长岩、闪长玢岩、霏细岩、斜长细晶岩、花岗细晶岩、闪斜及云斜煌斑岩等。区域内存在一系列走向近东西的复式褶皱和挤压破碎带，致

使石缝组和桃山组强烈褶皱、逆冲，与侵入其中的华力西早期花岗岩体在部分地段形成同向挤压带。与东西向构造相伴生的还有北东及北西两组共轭断裂。

2. 矿区地质

矿区出露的地层主要为志留系石缝组和桃山组，其中石缝组由石英绢云母片岩、石英绿泥片岩、变质安山岩、流纹岩、凝灰岩、大理岩等组成；桃山组主要包括浅海相钙质泥质粉砂岩、砂岩、碳质斑岩及大理岩等组成（图 4-16）。

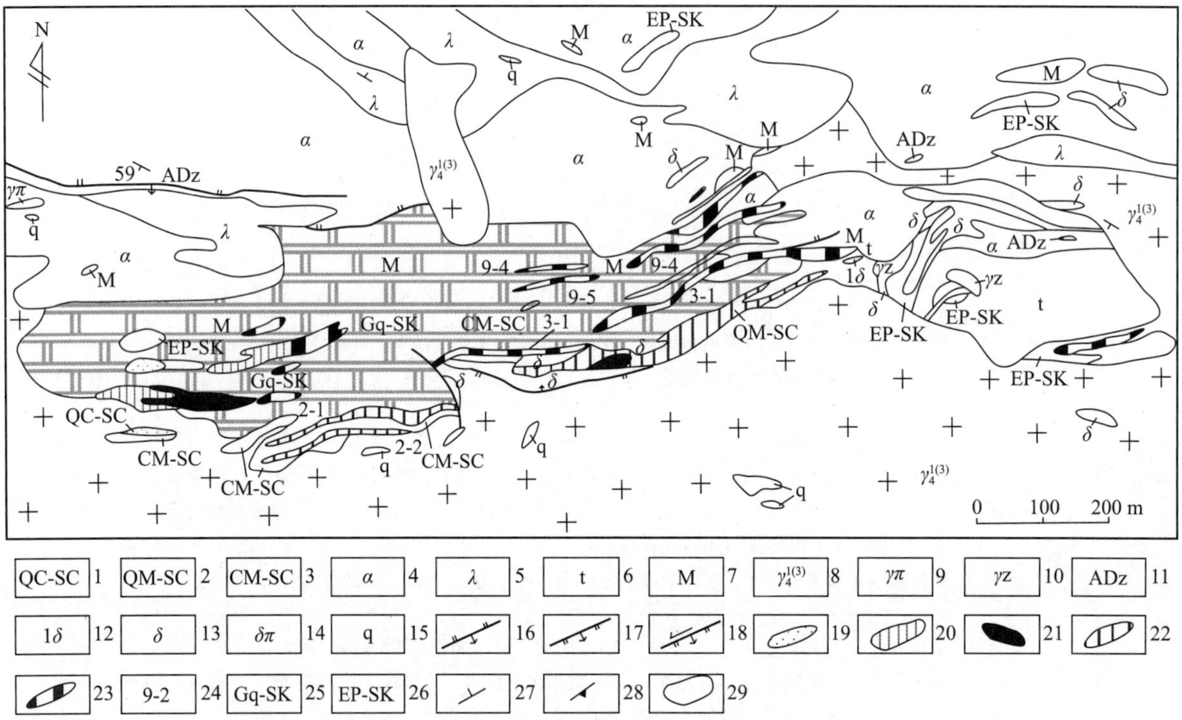

图 4-16　吉林省伊通县放牛沟多金属矿床地质图

（据吉林省地质调查院，2013）

1—石英绢云母片岩；2—石英绿泥片岩；3—绢云绿泥片岩；4—变质安山岩；5—变质流纹岩；6—凝灰岩；7—大理岩；8—花岗岩；9—花岗斑岩；10—花岗细晶岩；11—斜长细晶岩；12—蚀变闪长岩；13—细粒闪长岩；14—闪长斑岩；15—石英脉；16—压性断层；17—张性断层；18—张扭性断层；19—磁铁矿体；20—褐铁矿体；21—硫铁矿体；22—硫铁锌矿体；23—锌矿体；24—矿体编号；25—石榴石矽卡岩；26—绿帘石矽卡岩；27—地层产状；28—片理产状；29—地质界线

矿区构造以断裂为主，东西向断裂不仅控制了花岗岩体的形成，还决定了矿体的分布。矿区内出露的侵入岩以华力西晚期后庙岭花岗岩（256±2 Ma；周中彪等，2018）为主，呈岩基状产出。该岩体的内部相为白岗质花岗岩，其边缘相岩性复杂，以中细粒白岗质花岗岩为主，并见有花岗斑岩、花岗闪长岩及斜长花岗岩等。该岩体受后期断裂作用影响，在构造部位常形成片麻状花岗岩、花岗质碎裂岩、糜棱岩及千糜岩。

3. 矿体特征

放牛沟多金属矿化带赋存于华力西期后庙岭花岗岩体向西分出的岩枝北侧，与石缝组接触带外带 400 m 范围内。矿区内已控制含矿带长 1700 m，宽 150~400 m，发现 9 个矿组，41 条矿体。单矿体呈似层状、扁豆状、脉状，以似层状矿体规模最大，矿石类型较全的有 3 号矿组的 3-1、3-2 号矿体，9 号矿组的 9-4、9-6、9-7 号矿体，7 号矿组的 7-4、7-5 号矿体，2 号矿组的 2-1 号矿体。其中较大矿体则位于外接触带 200 m 范围内，在内接触带亦有少量矿体分布，但规模较小，延深不大。矿体严格受构造控制，主要赋存于近东西向压性破碎带中，其产状为走向 70°~100°，倾向南，倾角 35°~70°。矿体在含矿破碎带中成群分布，在平、剖面上呈密集平行排列，尖灭再现，舒缓波状。在北北西向张扭性断裂中，一般不存在矿体，只在与近东西向构造交切部位，在接触带局部富集成矿。

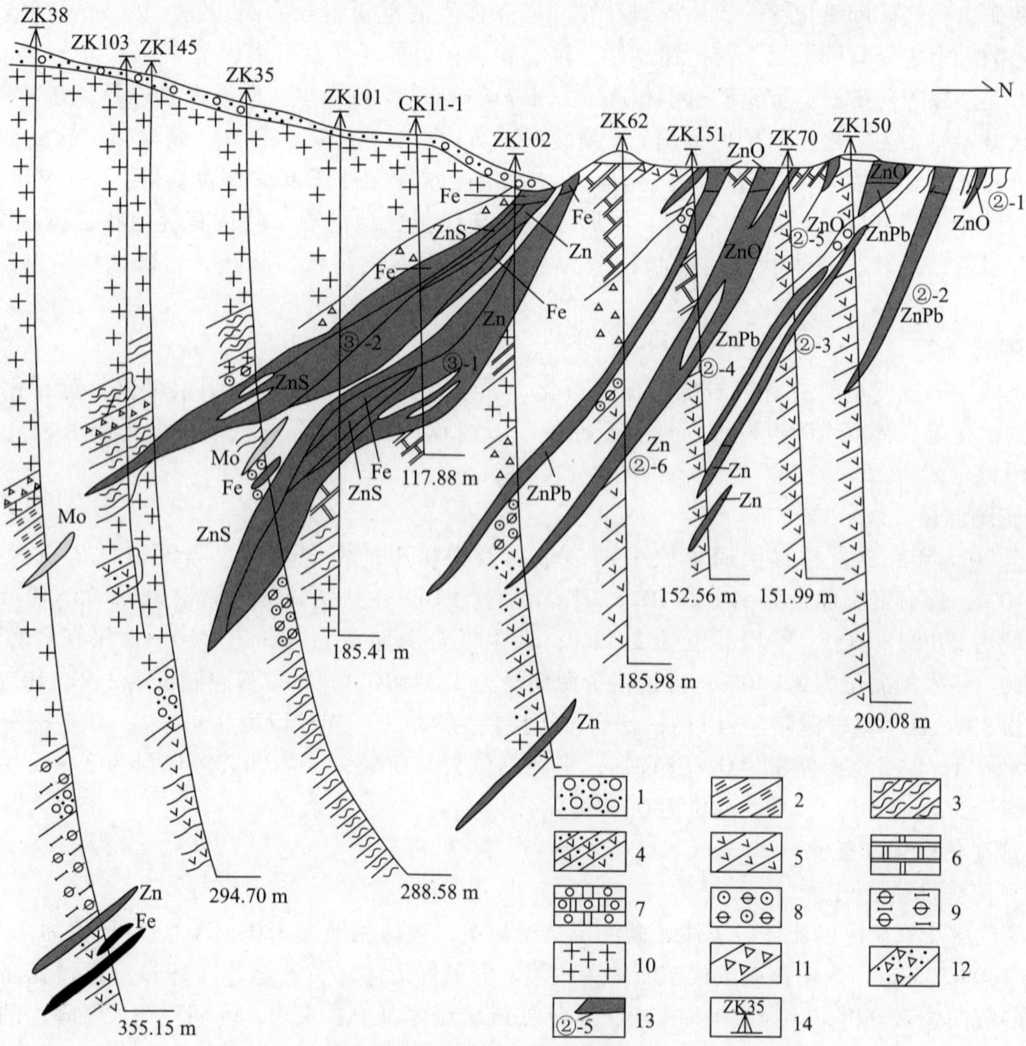

图 4-17 吉林省伊通县放牛沟多金属矿Ⅻ号勘探线剖面图

（据吉林省地质调查院，2013）

1—堆积物；2—绢云片岩；3—绿泥片岩；4—硅化片理化安山岩；5—片理化安山岩；6—大理岩；7—石榴石化大理岩；8—绿帘石石榴石化矽卡岩；9—透辉石绿帘石矽卡岩；10—花岗岩；11—构造角砾岩；12—硅化角砾岩；13—矿体及编号；14—钻孔位置及编号

3-1 号矿体：位于矿区中部，赋存于大理岩及其顶部的蚀变安山岩中。矿体在地表呈似层状、舒缓波状断续出露。控制矿体长 794.5 m，垂深 327 m，斜深 351.5 m，最大厚度 35.41 m，平均厚度 7.76 m（图 4-17）。矿体走向 80°，倾向南，倾角 40°～80°。矿石类型主要为闪锌硫铁矿、硫铁矿和闪锌矿石；闪锌硫铁矿石平均含 S 13.56%、Zn 1.83%，硫铁矿石平均含 S 17.53%，闪锌矿石平均含 Zn 2.43%；其次为磁铁矿、铅锌矿、褐铁矿和氧化锌矿石；磁铁矿石平均 TFe 34.85%，铅锌矿石平均含 Pb 0.75%、Zn 1.59%。

3-2 号矿体：位于 3-1 号矿体上部，有时两个矿体叠加，其形态产状与 3-1 号矿体相同。矿体赋存于蚀变安山岩中。控制矿体长 504 m，垂深 316 m，斜深 342 m，最大厚度 37.41 m，平均厚 8.27 m。其矿石类型主要为硫铁矿、闪锌硫铁矿及磁铁矿，占 92.4%；硫铁矿石平均含 S 19.45%，闪锌硫铁矿石平均含 S 13.57%、Zn 1.84%，磁铁矿石平均 TFe 33.69%；其次为闪锌矿、铅锌矿、褐铁矿和氧化锌矿石；闪锌矿石平均含 Zn 2.21%，铅锌矿石平均含 Pb 0.27%、Zn 3.00%。

4. 矿石特征

矿床主要有用成分是硫、铁、铅锌，主要以闪锌硫铁矿、铅锌硫铁矿、闪锌矿、方铅矿、铅锌矿、磁铁矿、褐铁矿和氧化锌等矿物形式存在。矿床伴生的重要组分为铜、铋、钼、钴、锰、钨等；伴生的稀散元素主要有镉、铟、镓、锗、硒、蹄、铊等；另外还伴生有银、金。

矿石类型以闪锌矿石、方铅矿-闪锌矿石、闪锌矿-硫铁矿石为主。矿石矿物以黄铁矿、磁铁矿、闪锌矿、方铅矿为主，磁黄铁矿、黄铜矿、辉铋矿、辉钼矿、白钨矿、毒砂、硬锰矿、软锰矿等少量出现。脉石矿物有石榴子石、透辉石、透闪石、绿帘石、方解石、石英、绿泥石等。

矿石结构主要有自形-半自形粒状、他形粒状、交代包含结构等，其次有乳浊状、斑状结构等。矿石构造以致密块状、条带状和浸染状构造为主，局部见有网络状、脉状、角砾状构造（冯守忠，2001）。

5. 围岩蚀变

矿区的围岩蚀变主要有青磐岩化、绿泥石化、绿帘石化、黝帘石化、绢云母化、萤石化、闪石化、黄铁矿化等。接触带附近发育少量的石榴子石、透辉石或透闪石可组成的简单矽卡岩（李小帅等，2019）。

6. 资源储量

截至2018年底，吉林省伊通县放牛沟多金属硫铁矿床的资源储量：查明硫铁矿资源储量为 606.7×10^4 t，保有资源储量为 510.8×10^4 t，平均品位为16%；共生锌资源储量为 36.75×10^4 t，保有资源储量为 27.82×10^4 t，平均品位为3.12%；伴生铁资源储量为 343.70×10^4 t，保有资源储量为 304.2×10^4 t，平均品位为32.46%；伴生铅资源储量为 2.34×10^4 t，保有资源储量为 2.21×10^4 t，平均品位为0.8%；伴生银资源储量为11 t，保有资源储量为94 t，平均品位为9.98 g/t；伴生铜资源储量为 1.14×10^4 t，保有资源储量为 0.88×10^4 t，平均品位为0.06%；伴生铟资源储量为 3.34×10^4 t，保有资源储量为 2.49×10^4 t，平均品位为0.68%。

7. 成矿物理化学条件

（1）流体性质及来源

放牛沟多金属矿床的流体包裹体显微测温结果显示，包体测温为320~370℃，pH值为7.5~7.7，E_h 值为140~225 mv，表明该矿床成矿流体为中温、弱碱性流体。黄薰德等（1993）通过花岗岩副矿物磁铁矿氧同位素分析，认为放牛沟多金属矿床的成矿流体属于岩浆水，晚期存在大气降水的加入。

（2）成矿物质来源

放牛沟矿床铅同位素分析结果显示：$^{206}Pb/^{204}Pb$（17.38~18.32）、$^{207}Pb/^{204}Pb$（15.38~15.64）和 $^{207}Pb/^{204}Pb$（15.38~15.60）均比较低（冯守忠，2001），反映物质来源比较深，接近上地幔。矿石铅的源区特征值（0.066~0.070）部分超出了正常铅的范围（0.063~0.067），反映矿石铅可能并非单一的深部来源。其他特征值 μ、ω、κ 等进一步说明矿石铅既有来自上地幔或下地壳的，也有来自上地壳的。

放牛沟矿床硫化物的 $\delta^{34}S$ 平均值为+5.08‰（+0.3‰~+6.7‰）（冯守忠，2001），分布范围窄，极差小，无负值。通过与矿区内花岗岩、矽卡岩以及大理岩中的黄铁矿的 $\delta^{34}S$ 值对比，认为本矿床成矿成晕的硫，主要来自深部岩浆，部分来自地层。

8. 矿床类型

放牛沟多金属矿床的成因目前存有争议，主要存在矽卡岩型、海相火山岩型、火山-沉积型、火山沉积-热液改造型、火山沉积-变质型以及火山喷气型等几种观点（冯守忠，2001；金顿镐等，1993；吉林省地质调查院，2013；李晓帅等，2019）。本志书依据放牛沟多金属矿床的矿体呈似层状、脉状、透镜状产出于志留系浅变质海相火山-沉积岩系石缝组内，纹层状矿石构造发育，似层状矿体与围岩产状基本一致，因此将该矿床归为海相火山岩型。

9. 成矿机制及成矿模式

放牛沟多金属矿床与加里东期海相火山沉积作用密切相关，该套海相-火山沉积岩系形成于志留纪，因此，该矿床的成矿时代应为志留纪。

放牛沟多金属矿床的主矿体均赋存于志留系石缝组大理岩及其顶底部的安山岩中，受层位控制明显。近东西向放牛沟-前庙岭斜冲断裂带既是控矿构造，亦是控岩构造，矿体及原生晕异常分布于该断裂两侧次级层间构造破碎带、裂隙带。断裂系统的多次活动使深部上升的不同阶段、不同组分的含矿溶液多次侵入，造成了矿床具分带性和矿石类型具有叠加的特点。

加里东期海相火山-沉积岩系内发育的层状、似层状矿体，为主成矿期形成。后期在华力西期后庙岭花岗质岩浆活动的含矿热液的作用下，在构造应力薄弱、易交代的含钙质、杂质较多的大理岩特别是条带大理岩、片理化安山岩及安山质凝灰岩中形成矽卡岩，同时成矿物质发生沉淀，形成充填交代矿体；而在化学性质较惰性的流纹岩及花岗岩等岩石中的矿体以充填作用为主，矿体规模较小。

10. 找矿模型

根据矿床地质环境、矿床地质特征及物化遥等资料提取矿床预测要素，建立放牛沟多金属矿床找矿模型如表4-16所示。

表4-16 吉林省伊通县放牛沟多金属矿床找矿模型表

成矿要素		内容描述	成矿要素类别
特征描述		矿床属海相火山岩型	
地质环境	岩石类型	石缝组大理岩、片理化安山岩、片理化流纹岩；华力西早期花岗岩	必要
	成矿时代	早古生代志留纪	必要
	成矿环境	矿床位于大黑山条垒南段东缘，依兰-伊通断裂带为主要的导岩（矿）构造，矿体位于早古生代火山-沉积岩系内与华力西期花岗岩的接触带部位	必要
	构造背景	矿床位于哈兰达岭-英额岭新元古代—古生代叠覆造山亚带（Ⅲ-A_1）、放牛沟-下二台-呼兰镇早古生代弧盆系（Ⅲ-A_1^1）内。四平-德惠断裂带和伊通-伊兰断裂带之间，大黑山隆起带的中心部位	重要
矿床特征	矿物组合	矿石矿物以黄铁矿、磁铁矿、闪锌矿、方铅矿为主，磁黄铁矿、黄铜矿、辉铋矿、辉钼矿、白钨矿、毒砂、硬锰矿、软锰矿等少量出现； 脉石矿物有石榴子石、透辉石、透闪石、绿帘石、方解石、石英、绿泥石等	重要
	结构构造	矿石结构主要有自形-半自形粒状、他形粒状、交代包含结构等，其次有乳浊状、斑状结构等； 矿石构造以致密块状、条带状和浸染状构造为主，局部见有网络状、脉状、角砾状构造	次要
	蚀变特征	围岩蚀变主要有青磐岩化、绿泥石化、绿帘石化、黝帘石化、硅化、绢云母化、萤石化、闪石化、黄铁矿化等。 在岩体接触带附近石榴子石-透辉石或透闪石矽卡岩及碳酸盐化发育，并伴有黄铁矿化，大理岩中的纹层状黄铁矿大多形成以绿泥石为主的蚀变	重要
物化遥异常特征	区域重力	区域重力异常沿北东向展布，与郯卢断裂构造线一致，西北高、东南低，放牛沟多金属矿分布在重力异常边部等值线扭曲处和顶端位置	重要
	航磁	区域航磁异常呈封闭的带状，异常长轴25 km，短轴8 km，异常中心极值450 nT，形态规则，异常中心两侧近对称变化，异常长轴走向近北东东向，无负磁异常伴生；放牛沟多金属矿床位于航磁负异常	重要
	化探异常	成矿元素Pb、Zn强度较高，呈二级分带，空间上Pb、Zn、Cu、Au、Ag、W、Bi、Mo构成无序特征明显的异常地球化学场	重要
	遥感	受四平-德惠岩石圈断裂和依兰-伊通断裂带控制，形成于两条断裂带所夹的北东向条垒中，小型断裂比较发育，多方向断裂交叉部位，环形构造成群分部，并为金、多金属矿产集中分布区	重要

（七）吉林省磐石市红旗岭镍矿床

红旗岭镍矿床位于吉林省磐石市红旗岭镇，距磐石火车站东南约 30 km，地理坐标：东经 126°25′13″，北纬 42°53′48″；该矿床 1 号含矿岩体于 1958 年初被吉林省有色局发现，于 1960 年正式发现红旗岭镍矿，打开了吉林省基性-超基性岩铜镍硫化物矿床的找矿局面；于 1960 年小规模开采，1964 年正式开采；7 号含矿岩体于 1964 年发现。

1. 区域地质特征

红旗岭镍矿床大地构造分区属于长白山陆缘火山盆岭叠加构造带（MCⅠ-3）、张广才-哈达岭火山-沉积隆盆带（MCⅠ-3_3）。

该区受北东向展布的辉发河超岩石圈断裂控制，辉发河超岩石圈断裂南东侧为华北陆块，出露地层主要为太古宙地体；北西侧为吉黑造山带，出露地层主要为下古生界呼兰岩群。该断裂带具有切割深度大、继承性活动频繁等特征，该断裂构造活动派生了一系列北西向和北东向次一级断裂，其中北西向次一级断裂控制着超镁铁、镁铁质岩体及铜镍硫化物矿体的产出。此外，由于辉发河超岩石圈断裂带持续活动，引起不同期次的基性-超基性岩和花岗岩沿断裂带大量侵入，大体可分为加里东期、华力西期、印支期和燕山期，其中华力西期和印支期基性-超基性岩与本区铜镍硫化物矿床密切相关。

2. 矿区地质

红旗岭矿区出露的地层主要为下古生界呼兰岩群，南部出露有少量白垩系砂砾岩（图 4-18）。其中呼兰岩群为一套由石榴石二云斜长片麻岩、黑云斜长片麻岩、斜长角闪岩、白云母片岩等组成的变质岩系，岩石均发生了强烈的韧性变形（郗爱华等，2006）。含矿的基性-超基性岩体主要侵位于呼兰岩群下部的石榴石二云斜长片麻岩、黑云斜长片麻岩中，岩体的延长方向与围岩片麻理走向一致，总体走向为 310°~330°，与围岩呈近整合接触的侵入接触关系。

矿区构造由褶皱和断裂构成。其中，褶皱构造主要有八里东背斜，轴面走向 310°，为一近直立的紧密褶皱，沿核部侵入华力西期镁铁-超镁铁质岩；都力河-高丽锅背斜，轴面走向 315°~330°，呈一较紧闭的背斜构造；赵家沟-小岭子背斜，出露于红旗岭镇南东侧，轴面走向由南部的北西西向，向南渐转为北至北北西向延伸，长约 9 km，宽 2.5 km，构成一紧密的背斜构造；在北兴隆一带被红旗岭 1、2 号印支期镁铁超镁铁质岩体侵入。南西翼倾向南西，倾角 40°~90°，在赵家沟一带被燕山期花岗岩侵入且被后期断层破坏而缺失；背斜的北东翼倾向北东，倾角 40°~70°，部分被北西向断层破坏。

矿区内的断裂构造主要呈北东向和北西向，其中北西向断裂是本区的主要容矿断裂，产状多与地层一致。有些北西向断裂与辉发河超深断裂相沟通，被认为是辉发河深大断裂长期活动产生的次一级断裂。北西向断裂具体包括呼兰河断裂、富太河断裂、小岭屯-赵家屯断裂，该断裂的南端与辉发河断裂相沟通；傅家-偏脸子断裂控制了红旗岭 7 号岩体的分布，与小岭屯-赵家屯断裂一起构成了一条断裂活动带，控制了红旗岭 1 号、2 号、3 号、9 号岩体的分布，为本区最重要的控岩控矿断裂。

由于辉发河超岩石圈断裂带不断活动，深度不断增大，引起基性-超基性岩和花岗岩沿断裂带大量侵入，因此，矿区内出露的岩浆岩种类繁多，其中花岗岩类主要包括加里东期片麻状花岗岩、华力西期黑云母花岗岩及花岗闪长岩，以及燕山期钾长花岗岩；而基性-超基性岩按侵位时代可大致分为加里东期、华力西期、印支期和燕山期，其中印支期镁铁-超镁铁质侵入岩多呈小岩株状、脉状，具有岩相分带和多次复合侵入的特点，与围岩地层多以断裂破碎带型构造接触，地表出露的延长方向与变质地层片麻理走向不完全一致。

红旗岭镍矿主要由 H-7 大型矿床、H-1 中型矿床及 H-9 等 9 个小型矿床组成，其中 H-1 中型矿床赋存于 1 号岩体，H-7 大型矿床赋存于 7 号岩体。

1 号含矿岩体：在平面上呈似纺锤形，走向北西 40°，长 980 m，宽 150~280 m，延深 560 m。在横剖面上两端向中心倾斜，北西端倾角 75°，南东端倾角 36°，呈一向北西侧伏的不对称盆状体。在

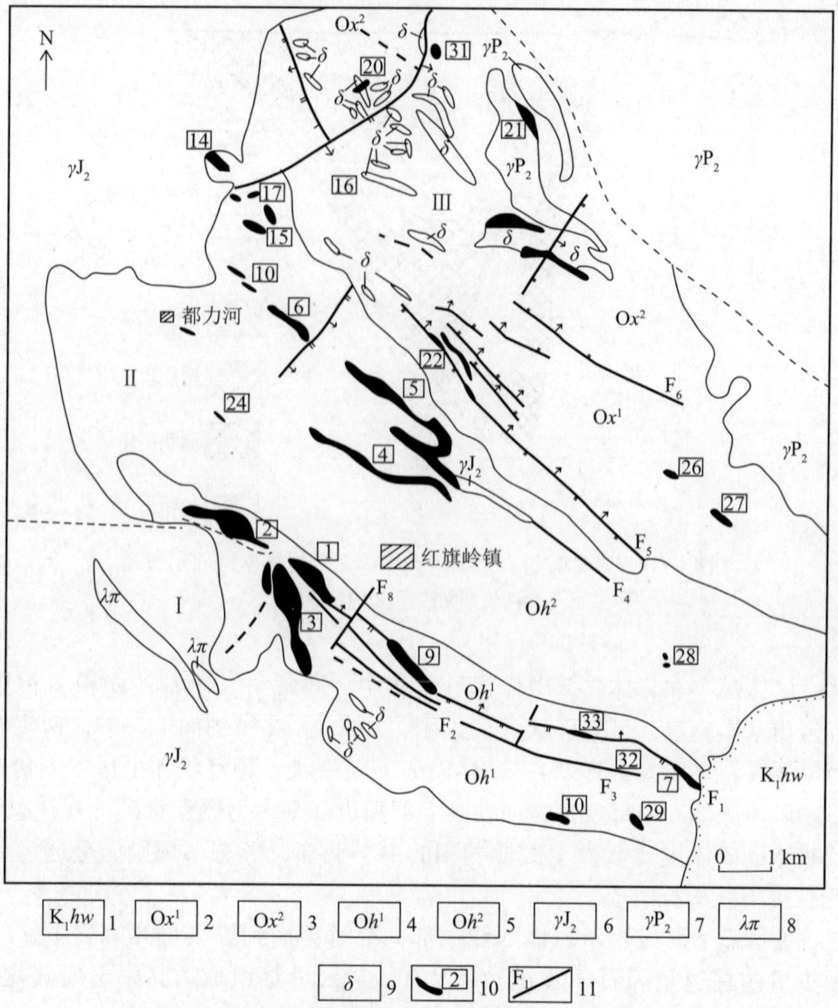

图 4-18　吉林省磐石市红旗岭镍矿床地质图

（据孙英华等，2016）

1—白垩系黑崴子组；2—奥陶系小三个顶子岩组下段；3—奥陶系小三个顶子岩组上段；4—奥陶系黄莺屯岩组下段；5—奥陶系黄莺屯岩组上段；6—燕山期花岗岩；7—华力西期花岗岩；8—石英斑岩；9—闪长岩；10—镁铁、超镁铁质岩及编号；11—断层

纵投影图上，岩体埋深由南而北逐渐变深，于南端翘起处矿化甚为富集（傅德彬等，1988）。1 号岩体为复式岩体，具明显的岩相分带。岩体最上部是辉长岩，含长辉橄岩为岩体中心相，包含辉长岩体下部，含长橄榄岩位于复式岩体最底部，为主要含矿岩石，由橄榄石（含量≥25%）、辉石类（以古铜辉石为主，含量在 40%～70%之间）矿物组成，含少量斜长石、棕闪石、黑云母等（图 4-19）。

7 号含矿岩体：7 号岩体位于北西向含矿构造南西端、离辉发河断裂最近的北西向断裂带中。平面呈带状，横剖面上呈岩墙状，顶板为花岗质片麻岩、角闪片岩与大理岩互层带，底板为黑云母片麻岩。地表出露面积为 0.013 km^2，岩体走向 300°～330°，倾向北东，倾角 75°～80°。岩体长 700 m，平均宽 35 m，倾向最大延伸 520 m。主要岩石类型为顽火辉岩（局部强烈次闪石化为蚀变辉岩）和少量苏长岩，前者是岩体的主体，占岩体总体积的 96%，苏长岩多在岩体的边部，与围岩呈构造破碎接触。在岩体中部接近地层一侧，常有辉橄岩岩脉出现，这种岩脉由于其中橄榄石、斜方辉石相对含量变化，局部过渡为橄榄岩或橄辉岩。

3. 矿体特征

（1）1 号岩体（大岭）矿床特征

1 号岩体中有 4 种构造类型的矿（化）体：似层状矿体、上悬透镜状矿体、脉状矿体及纯硫化物矿脉，其中似层状矿体为该岩体中最主要的工业矿体。

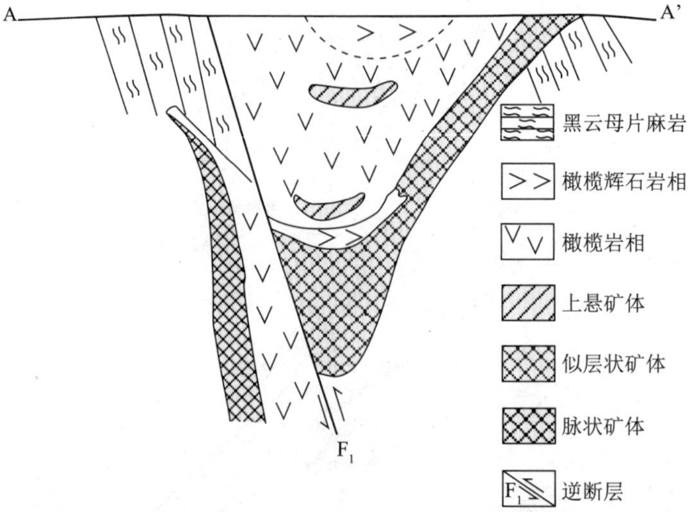

图 4-19　吉林省磐石市红旗岭镍矿Ⅰ号岩体横剖面示意图
（据郝立波等，2014）

似层状矿体：矿体赋存在岩体底部橄榄辉石岩相中，通常与其上部的橄榄岩相界线清楚，其形态、产状与赋存岩相基本吻合，呈似层状（汪志刚，2012）。在横剖面上，矿体两翼向中心倾斜；在纵剖面上向北西呈缓倾斜（秦宽，1995）。矿体由海绵陨铁状、斑点状和少量浸染状矿石组成。一般海绵陨铁状矿石在矿体底部和中部发育，而在其上部和边部则多为斑点状矿石（汪志刚，2012）。

上悬透镜状矿体：矿体主要赋存于橄榄岩相的中、上部，形态不规则，呈透镜状或薄层状见图 4-19，主要由细粒浸染状矿石组成。

脉状矿体：蚀变辉石岩脉发育于岩体西侧边部，有时穿插到黑云母片麻岩中。这种脉岩由 90% 以上的次闪石及少量的棕色角闪石、滑石、绿泥石、金云母等组成。其中金属硫化物含量为 2%～6%，呈稀疏斑点状、浸染状在岩石中不均匀分布，有时构成矿体（汪志刚，2012）。因此，这种脉状矿体在空间上是不稳定的。

纯硫化物矿脉：这种矿脉多见于似层状矿体的原生节理中，或者受变动的原生节理控制，呈脉状或扁豆状，一般宽为数厘米到十几厘米，最宽可达 20 余厘米，断续出现，由致密块状矿石组成（汪志刚，2012）。此外，有时在橄榄岩相的斜方辉石异离体以及某些辉长伟晶岩中亦见矿化，金属硫化物常呈星散状或团块状。金属矿物以磁黄铁矿为主（80%），其次为镍黄铁矿（18%），还有少量黄铜矿、磁铁矿、钛铁矿等。

（2）7 号岩体（富家）矿床特征

7 号岩体中有以下 3 种构造类型的矿体：似板状矿体、脉状矿体、纯硫化物脉状矿体（董耀松，2003）。

似板状矿体：7 号岩体中金属硫化物分布很普遍，绝大部分构成工业矿体，矿体形态、产状与岩体基本吻合。含矿岩石主要是顽火辉石岩或蚀变辉石岩，少量为苏长岩。矿石多为海绵陨铁状构造，少量浸染状构造，局部为团块状构造。

脉状矿体：矿体主要产于辉橄岩脉中。矿体呈脉状，其形态、产状基本与所赋存的岩脉一致，由海绵陨铁状矿石和斑点状矿石构成。

纯硫化物脉状矿体：产于顽火辉石岩与辉橄岩脉的接触破碎带中，三者界线清楚，呈突变关系。矿体全由致密块状矿石组成，沿走向和倾向变化不大，延伸稳定，延长大于延深。

4. 矿石特征

矿床矿石类型为铜镍硫化物型。

矿石矿物主要有磁黄铁矿、镍黄铁矿、黄铜矿、紫硫镍矿和黄铁矿，其次是砷镍矿、红砷镍矿、磁铁矿、方铅矿、墨铜矿、砷镍矿、辉钼矿和钛铁矿等。

矿石结构主要为半自形-他形晶粒状结构、焰状结构、环边状结构等，此外也发育填隙结构、蠕虫状结构。

矿石构造主要有浸染状构造、斑点状构造、海绵陨铁状构造和块状构造等，其次是团块状构造、细脉浸染状构造、角砾状构造等。

5. 围岩蚀变

围岩蚀变主要有滑石化、次闪石化、黑云母化、皂石化、蛇纹石化、绢云母化等，与矿化关系密切（董耀松等，2004）。

6. 资源储量

截至 2018 年底，吉林省磐石市红旗岭镍矿床中镍查明资源储量为 22.01×10^4 t，保有资源储量为 3.28×10^4 t；伴生铜矿查明资源储量为 2.47×10^4 t，保有资源储量为 0.96×10^4 t；伴生钴查明资源储量为 0.53×10^4 t，保有资源储量为 0.087×10^4 t。此外，还伴生硒、碲和硫。

7. 矿床类型

基于对红旗岭镍矿床的矿区地质、矿体与矿石特征的综合研究，认为该矿床属于岩浆型矿床，与基性-超基性岩侵入作用有关。

8. 成矿机制和成矿模式

红旗岭镍矿床的成矿时代最初被认为是加里东期或华力西期（王书丹和许以衡，1982；秦宽，1995；陈尔臻等，2001），随着地学理论和分析测试技术的进步和成熟，众多学者获得一批更为精确的 LA-ICP-MS 锆石 U-Pb 年龄、角闪石或辉石的 $^{40}Ar/^{39}Ar$ 计时坪或等时线年龄（郗爱华等，2002；冯光英等，2011），集中于 216～230 Ma（表 4-17），由此限定红旗岭镍矿床的主成矿期对应于印支期。

表 4-17　吉林省磐石市红旗岭铜镍硫化物矿床测试年龄一览表

测试单位或个人	测试方法	采样介质	采用年龄	测试时间
冯光英等	LA-ICP-MS U-Pb 法	1 号岩体橄榄辉石岩	220.6±2 Ma	2011
刘金玉等	$^{40}Ar/^{39}Ar$ 计时坪年龄 $^{40}Ar/^{39}Ar$ 等时线年龄	3 号岩体中角闪石单矿物	228.2±3.0 Ma 230.1±7.1 Ma	2010
郗爱华等	Ar-Ar 法	4 号岩体角闪石 8 号岩体角闪石	246.00±5.70 Ma 250.07±2.44 Ma	2006
郗爱华等	$^{40}Ar/^{39}Ar$ 计时坪年龄 $^{40}Ar/^{39}Ar$ 等时线年龄 $^{40}Ar-^{39}Ar$ 计时坪年龄	1 号岩体中的辉石	225.5±0.9 Ma 226.97±2.4 Ma 121.4±2.5 Ma	2002
孙德有	SHRIMP	浅色辉长岩中锆石	216±5 Ma	2001
陈尔臻等	Rb-Sr 等时线法		524±16 Ma 357±23 Ma	2001
秦宽	K-Ar 法	辉石	330-355 Ma	1995
吉林省地质科学研究所	$^{40}Ar-^{39}Ar$ 计时法		302±6.3 Ma	1985

红旗岭矿区同源、同期基性-超基性岩体含矿性不同，特别是 7 号岩体整个就是矿体，硫化物含量高达 20%之多。成矿物质如此高的比例以及广泛发育的流动构造，用就地熔离的观点难以解释。1 号岩体底部容矿岩相中硅酸盐矿物见有包裹硫化物乳滴结构、豆状结构、海绵陨铁结构均可说明硫化物是在硅酸盐结晶前熔离的。特别是用 1 号岩体容矿岩相的样品所做的硫化物与硅酸盐不混溶实验确定，出现液态不混溶的温度为 1450℃，如此高温只能出现在地下深处。因此，深部熔离作用为红旗

岭矿床的主要成矿作用（武殿英，1987）。

晚三叠世时期，中国东北地区处于华北克拉通和佳木斯地块碰撞造山后的岩石圈伸展环境（Wu et al.，2002）。Sr、Nd同位素特征表明含矿的岩浆的初始岩浆起源于N-MORB型地幔的部分熔融，并与下地壳物质发生混染作用（邢树文等，2014）。强烈的岩石圈伸展作用使富集成矿物质的N-MORB型地幔发生减压部分熔融，形成了原始的拉斑玄武质含矿熔浆。原始熔浆沿超壳断裂（辉发河断裂）上升到地壳深部岩浆房，由于温度和压力下降，降低了硫化物在熔浆中的溶解度，熔离成上部不含矿的较轻的基性岩浆，中部为不含矿或贫矿的超基性-基性岩浆，下部则是含矿的富铁基性-超基性岩浆，底部形成不混溶铜镍硫化物矿浆（图4-20）。

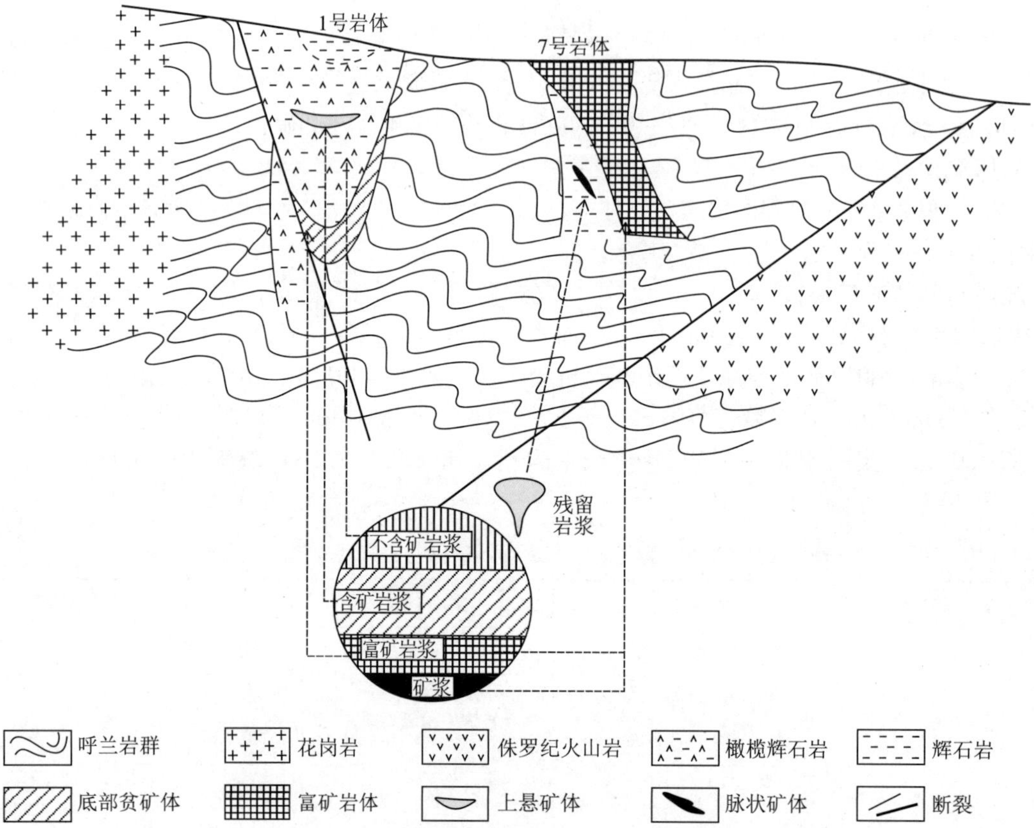

图4-20 吉林省磐石市红旗岭镍矿床成矿模式图

（据汤中立等，1998；邢树文等，2014，有修改）

含硫化物的熔浆侵入到地壳浅部，随温度降低，部分铁镁硅酸盐结晶析出，使熔体中Mg^{2+}、Fe^{2+}减少，Si^{4+}、Al^{3+}、Ca^{2+}相对富集，提高了岩浆系统中S的分压，促使硫化物溶解度降低而发生熔离作用，形成了1号岩体橄榄岩相中底部矿体和上悬矿体及容矿岩相中矿石的垂直分带。在局部富集挥发分的地段熔离聚集的纯硫化物熔体，形成1号岩体的纯硫化物脉。

伴随导岩容岩构造的脉动式间歇活动，岩浆房顶部比重轻、硫化物浓度低的岩浆首先侵入形成1号岩体的辉长岩相并结晶分异成辉长岩和斜长二辉岩。硫化物浓度稍高，基性程度大的岩浆紧接着到达侵位，与辉长岩相呈侵入接触关系，形成1号岩体橄榄岩相，并随温度降低，铁镁硅酸盐晶出，发生就地熔离作用，形成上悬矿体和底部矿体。

岩浆房底部富硫化物熔体最后上升，上部熔体侵位于1号岩体底轴部，并发生就地熔离和重力效应，形成容矿岩相矿石的垂直分带和纯硫化物脉。较下部更富硫化物的高粘度熔体在构造推动力作用下呈岩墙状贯入张扭性断裂中，形成7号岩体。由于动力作用强，就地熔离不明显。岩浆房中残留的近于硫化物的熔体最后贯入，形成7号岩体中的纯硫化物脉（武殿英，1987）。

9. 找矿模型

根据矿床地质环境、矿床地质特征及物化遥等资料提取矿床预测要素，建立红旗岭镍矿床找矿模型如表 4-18 所示。

表 4-18　吉林省磐石市红旗岭镍矿床找矿模型表

成矿要素		内容描述	类别
特征描述		岩浆熔离型矿床	
地质环境	岩石类型	辉长岩-辉石岩-橄榄岩型与斜方辉石岩-苏长岩	必要
	成矿时代	印支期	必要
	成矿环境	辉发河超岩石圈断裂是含镍基性-超基性侵入岩体的导岩构造，与之有成因联系的北西向次一级断裂为储岩（矿）构造	必要
	构造背景	矿床处于长白山陆缘火山盆岭叠加构造带（MCⅠ-3）、张广才-哈达岭火山-沉积隆盆带（MCⅠ-3_3）内。两构造单元的分界线辉发河超岩石圈断裂是主要的导岩（矿）构造	重要
矿床特征	矿物组合	金属矿物主要有磁黄铁矿、镍黄铁矿、黄铜矿、紫硫镍矿和黄铁矿，其次是砷镍矿、红砷镍矿、磁铁矿、方铅矿、墨铜矿、砷镍矿、辉相矿和钛铁矿等	重要
	结构构造	主要有半自形-他形晶粒状结构、焰状结构、环边状结构等，此外有填隙结构、蠕虫状结构。矿石构造主要有浸染状构造、斑点状构造、海绵陨铁状构造和块状构造等，其次是团块状构造、细脉浸染状构造、角砾状构造等	次要
	蚀变特征	滑石化、次闪石化、黑云母化、皂石化、蛇纹石化、绢云母化等蚀变与矿化关系密切	重要
	控矿条件	受辉发河-古洞河超岩石圈断裂控制，是区域导岩构造。与辉发河-古洞河超岩石圈断裂有成因联系的次一级北西向断裂是控岩控矿构造。辉长岩-辉石岩-橄榄岩型与斜方辉石岩-苏长岩型为主要的含矿岩体	必要
物化遥异常特征	重力	区域重力异常以桦甸为界，西南部为重力高异常区，中部、东北部重力低异常区，异常多呈北东及北西走向。东侧北东向线性梯度带及负磁异常带为敦化-密山断陷盆地的反映。红旗岭镍矿处于等轴状的红旗岭重力高异常南部，最高值为-23.6×10^{-5} m/s^2	重要
	航磁	红旗岭镍矿处于北西西走向的局部正磁异常带，最大值为 266 nT，南侧梯度陡	重要
	化探	主要元素 Ni、Cu、Co、Bi、Au、Ag、As、Hg、Mo 异常强度高，分带清晰，浓集中心明显，规模较大，且以 Ni、Cu 为主体的组合异常空间套合紧密	重要
	遥感	红旗岭地区解译出多处线性构造和环形构造，而且在多方向断裂交汇部位以及环形构造分布区，铁染异常相对集中	重要

（八）吉林省永吉县大黑山钼矿床

大黑山钼矿床位于吉林省永吉县西北 30 km，矿床中心坐标：东经 126°19′17″，北纬 43°29′14″。该矿床于 1954 年在苏联专家的协助下经勘查而发现，目前正在开采。

1. 区域地质背景

大黑山钼矿床位于晚三叠世—新生代长白山陆缘火山盆岭叠加构造带（MCⅠ-3）、张广才-哈达岭火山-沉积隆盆带（MCⅠ-3_3）。

区内发育的地层主要是古生界海相火山-沉积浅变质岩系和中生界陆相火山-沉积岩系；本区岩浆岩较为发育，以华力西期中基性杂岩以及燕山早期花岗杂岩为主，还有少量印支晚期碱性花岗岩、基性杂岩以及晚中生代花岗杂岩等，其中燕山早期花岗杂岩与大黑山钼矿床关系密切。

区内断裂和褶皱构造均较为发育，其中断裂构造主要沿东西向、北东向和北西向展布，以压性和压扭性为主；褶皱构造主要表现为倒转向斜。含矿斑岩体主要产于不同构造的复合部位。

2. 矿区地质

矿区内出露的地层主要有下古生界头道沟岩组变质岩和侏罗系南楼山组火山岩（图 4-21）。其中，头道沟岩组为一套低级-中级变质的斜长角闪岩、阳起石岩、黑云母硅质岩、透辉石角岩、黑色板岩及透镜状大理岩组成，岩石普遍具有蚀变现象；南楼山组主要包括中酸性火山角砾岩、安山岩、英安岩及少量流纹岩等（苑德生等，2012）。

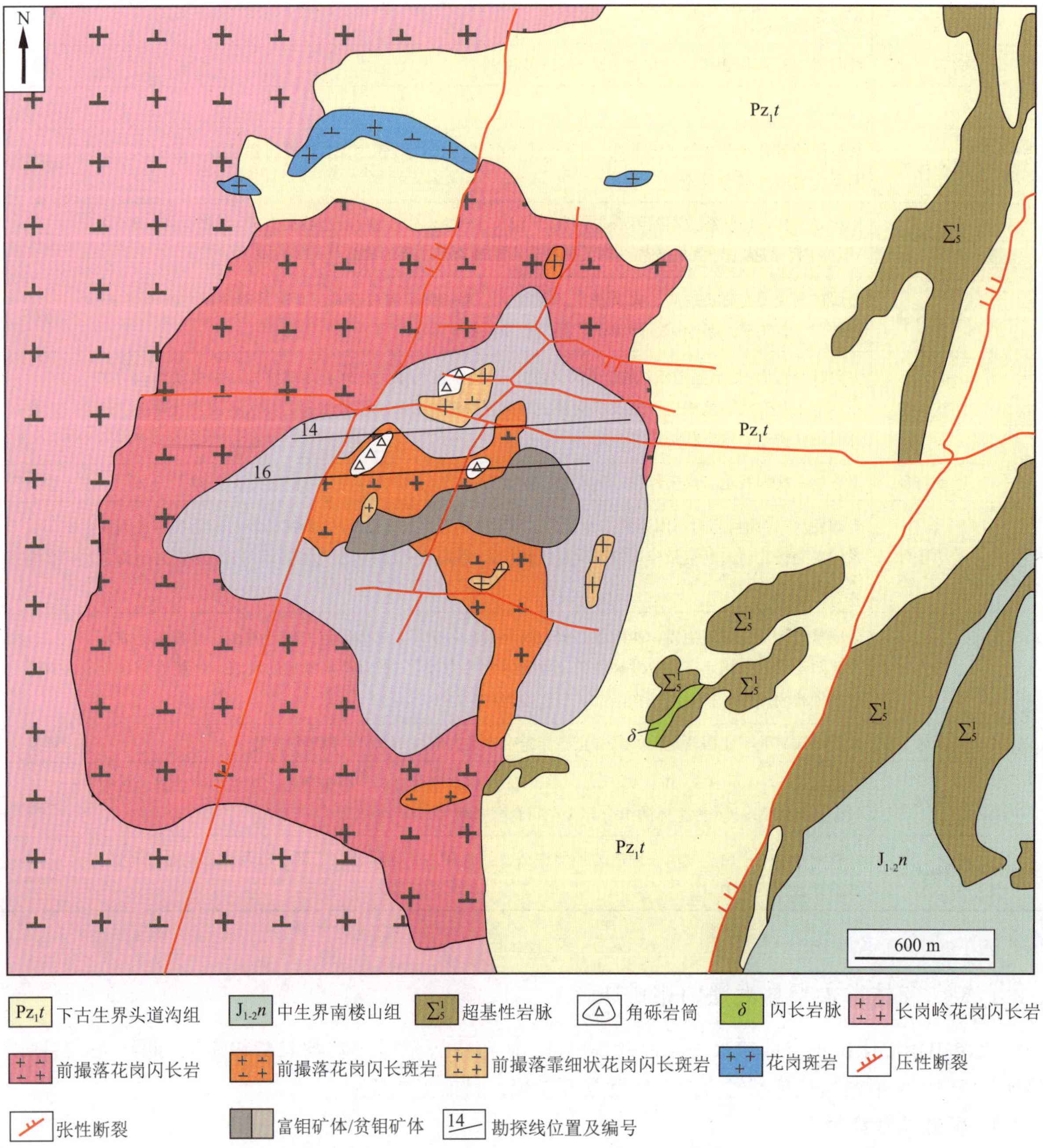

图 4-21　吉林省永吉县大黑山钼矿床地质图

（据葛文春等，2007，有修改）

矿区岩浆岩大面积出露，主要包括晚三叠世花岗闪长岩和超基性岩、侏罗纪花岗岩类以及少量脉岩。与钼矿成矿有关的花岗岩为中侏罗世大黑山复式岩体，呈椭圆形北东东向展布，岩体的形态受北东向断裂与东西向断裂的交叉部位和倒转背斜轴部断裂带的控制。该复式岩体主要包括长岗岭黑云母花岗闪长岩、前撮落不等粒黑云母花岗闪长岩、前撮落花岗闪长斑岩和前撮落霏细状花岗闪长斑岩。

此外，含矿复式岩体就位过程中，伴有多次隐爆作用，形成隐爆角砾岩。

矿区构造包括褶皱和断裂，其中褶皱构造由头道沟岩组变质岩系构成，表现为北东东向倒转背斜构造，前撮落含矿复式岩体的空间产出受该褶皱控制，出露于背斜核部；断裂构造主要有两组，一为近东西向，它是伴随下古生界褶皱同时生成的，晚三叠世以来再次活动，此时显张性或张扭性特征；二是为北北东向压扭性断裂带，在两组断裂交汇处控制着长岗岭花岗闪长岩和前撮落不等粒花岗闪长岩体的空间产出，此外，两组断裂构造区控制着角砾岩筒分布。东西向断裂构造为控岩构造，也是控矿构造，矿体呈东宽西窄楔形产出，在花岗闪长岩中东西向构造破碎带中形成角砾状钼矿石。构造裂隙带总体呈东西向，由北东和北西两组剪切面组成裂隙带，控制黄铁绢英岩化带和各种矿脉体形成。成矿后断裂构造主要见有北西和北东两组扭裂面和近东西的张裂面，成矿后断裂虽然错断了矿体，对整个斑岩矿床无明显破坏作用（苑德生等，2012）。

3. 矿体特征

大黑山钼矿床是一个规模巨大的单一矿体，形态较简单，顶部被剥蚀（图4-22）。出露地表矿体呈不规则的椭圆形，富矿部分居中，呈带状东西向展布，空间上，富矿部分悬于矿体的中上部。矿体主要赋存于花岗闪长斑岩体及不等粒花岗闪长岩体中（张勇等，2014），斑岩体中上部花岗闪长斑岩几乎囊括了全部富矿，部分矿体已达斑岩体顶部围岩内（王磊，2012）。矿体的东南部延伸到下古生界头道沟岩组的变质基性火山岩中，但范围狭小（张勇等，2014）。

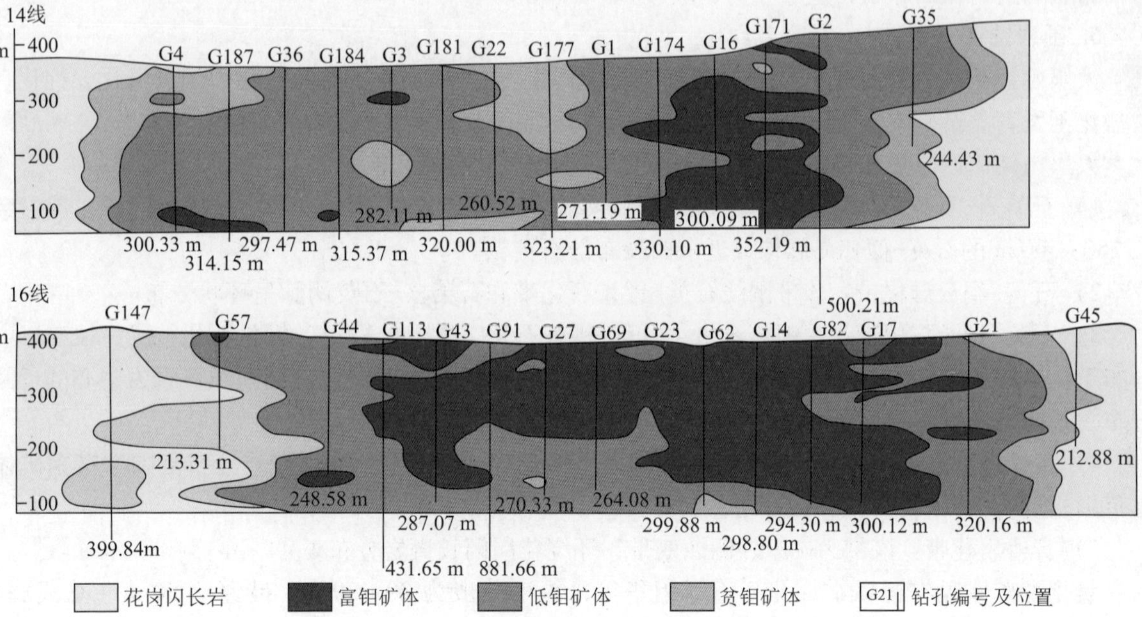

图4-22　吉林省永吉县大黑山钼矿床14线和16线勘探线剖面图

（据Zhou et al.，2014，有修改）

主矿体长2000 m，宽1600 m，厚度300~700 m，呈带状东西向展布，倾向北西，倾角70°~80°。根据前人勘探资料Mo含量0.08%、0.04%、0.02%指标，在含矿岩体中圈出3个环形等值线，其中内环Mo含量大于0.08%，东西长约160 m，南北宽140~320 m，呈哑铃形；中环东西长约800 m，南北宽约700 m，呈梨形；外环呈直径约1000 m的圆形，剖面上呈柱状，矿体整体形态颇似锅形（周伶俐等，2010）。矿体300 m以上完全控制，500 m达到基本控制，仅有3个钻孔达到600~700 m，但均未控制矿体底部。自矿体中心向四周，矿化强度逐渐减弱（王磊，2012）。

矿体与围岩、贫矿与富矿之间无明显界线，完全依靠工业指标来圈定。经钻探工程控制，现有钼的矿化高差大于1000 m，但深部的矿化强度减弱，范围也缩小。

矿体主要产于石英-钾长石化、石英-绢云母化、黄铁绢英岩化等强蚀变带中，富矿分布在黄铁绢英岩化带及其附近的钾质带中。矿石钼含量总体变化均匀，仅在边部稍有变化，矿体总的形态、产状均较稳定。在矿体顶部，尤其在富矿的顶部，常见有不等粒花岗闪长岩和少量头道沟岩组围岩角砾或捕虏体，表明矿化富集部位已超出斑岩体顶部，并伸入到围岩之中。铜、铅、锌、银等有益伴生元素多在矿体边部相对富集。石英-钾长石化在地表出露范围较大，并与石英-绢云母化带、青磐岩化带一起由中心向四周依次呈同心环状分布。综上这些现象，矿床的剥蚀程度为中等（苑德生等，2012）。

4. 矿石特征

矿床矿石自然类型按矿石成分分为不等粒花岗闪长岩矿石、花岗闪长斑岩矿石、霏细状花岗闪长岩矿石和变质中基性火山岩矿石；按结构构造可分为浸染型矿石、细脉浸染型矿、细脉型矿石和角砾状矿石。其工业类型为氧化矿石和原生矿石。

钼矿石内金属矿物主要为黄铁矿、辉钼矿、硫铁矿，次为闪锌矿、黄铜矿、黝铜矿、白钨矿和方铅矿，还有极少量的磁黄铁矿、磁铁矿、钛铁矿、毒砂、硫铋铅矿、白铁矿和硒铅矿。氧化矿物有褐铁矿、孔雀石、白铅矿、钼铅矿、钼华。脉石矿物为石英、方解石、斜长石等（王磊，2012）。

矿石结构为叶片状结构、鳞片状结构、半自形粒状结构、他形粒状结构、交代残余结构、揉皱结构、压碎结构。矿石构造为渗滤、扩散交代作用形成的稀疏浸染状构造，以及充填作用所形成的构造为细脉状构造、微细脉状构造（张勇，2013）。

5. 围岩蚀变

大黑山钼矿区内岩石遭受了强烈的热液蚀变作用，主要有硅化、高岭土化、绢云母化，钾化、碳酸盐化不发育。富矿体主要赋存在强蚀变带中。

大黑山钼矿床蚀变分带较明显，主要可划分为以下 5 种蚀变带。

1）石英-核石英网脉带：该带以密集石英网脉和规模较大的石英似伟晶岩脉为特征，带中数条长 150~300 m 的石英-似伟晶脉构成近东西展布的石英核。

2）石英-绢云母化带：该带围绕石英-钾长石化带和石英核-石英网脉呈环状分布。

3）石英-钾长石化带：由钾长石化、石英-钾长石化、黑云母-石英-钾长石化组成，蚀变岩主要分布于花岗闪长斑岩体及外接触带不等粒花岗闪长岩中，在平面上呈以花岗闪长斑岩为中心的近圆形分布，垂向上向花岗闪长斑岩中心的深部逐渐收缩。

4）黄铁绢英岩化带：该带主要形成花岗斑岩体上部，呈近东西向展布，分布范围与富钼矿体出露范围相近。

5）青磐岩化带：该带为矿床外侧蚀变带，环绕花岗闪长斑岩分布。

氧化带矿体见有褐铁矿、孔雀石、钼华等，深度一般为 20~30 m，最深达 50 m（王成辉等，2009）。

6. 资源储量

截至 2018 年底，大黑山钼矿床的钼查明资源储量为 156.52×10^4 t，保有资源储量为 151.41×10^4 t，Mo 的平均品位为 0.058%。

7. 成矿期及成矿阶段

根据野外相互穿插关系及镜下观察的矿物组合、矿石结构构造，将大黑山钼矿床成矿过程划分 5 个阶段。

石英-黄铁矿阶段（Ⅰ）：该阶段发育小的石英细脉，脉宽小于 5 mm，硫化物不发育，仅见少量的黄铁矿和磁铁矿，黄铁矿为中细粒他形结构。

石英-磁黄铁矿-黄铁矿阶段（Ⅱ）：此阶段见大量呈浸染状分布的黄铁矿和少量的磁黄铁矿，黄铁矿呈不规则状，钼矿化较弱。

石英-辉钼矿阶段（Ⅲ）：主要矿物为石英、辉钼矿、黄铁矿，辉钼矿多呈浸染状充填于矿物颗粒间，部分辉钼矿脉充填于岩石的微裂隙中，脉宽小于1 cm，该阶段是主要的钼矿化阶段。

石英-多金属硫化物阶段（Ⅳ）：主要形成金属矿物为黄铁矿，少量黄铜矿、闪锌矿、方铅矿等。石英脉内可见晶洞构造，石英脉内发育团块状黄铁矿，局部见浸染状辉钼矿。

石英-碳酸盐阶段（Ⅴ）：矿物共生组合为石英、黄铁矿、方解石，该阶段金属矿物含量较少，见少量呈他形的黄铁矿。

8. 成矿物理化学条件

不同成矿阶段的大黑山钼矿床的均一温度范围在160～417.6℃之间，计算出盐度为4.32%～41.05%，流体的密度为0.62～1.03 g/cm³（张勇，2013）。结合激光拉曼光谱分析结果，认为大黑山钼矿床的成矿流体为中高温、高盐度、低密度的CO_2-NaCl-H_2O流体体系。

成矿流体体系中$\delta^{18}O$值为1.71‰～5.5‰，δD值为-64.9‰～-46.7‰（张勇等，2014），与典型的岩浆水的H-O同位素特征一致，表明大黑山钼矿床的成矿流体以岩浆水为主，晚期有大气降水的加入。

大黑山钼矿的硫同位素$\delta^{34}S$值变化于1.0‰～2.5‰之间（张兆昆，1988），平均值1.33‰，变化范围很窄，仅1.5‰，与陨石硫接近，表明该矿床的硫来源于深部岩浆。黄铁矿和辉钼矿等硫化物的Pb同位素样品点落于靠近造山带演化线附近（侯雪刚，2018），暗示Pb来源于壳幔混源。辉钼矿Re含量介于23.38×10^{-6}～43.57×10^{-6}之间（王成辉等，2009；Zhou et al.，2014），与壳幔混合来源的钼的Re含量相似，说明其成矿物质来源可能为壳幔混合源。包含大黑山钼矿在内的吉黑东部斑岩型钼矿床的$\delta^{98/95}Mo$值介于0.17‰～1.49‰之间，且在辉钼矿Re-$\delta^{98/95}Mo$图解中，大黑山辉钼矿样品点落于壳源-壳幔混合的过渡区域（图4-23；侯雪刚，2018），表明成矿作用过程中的钼可能为壳幔混源。综合分析认为，大黑山钼矿床的成矿物质来源为壳幔混源。

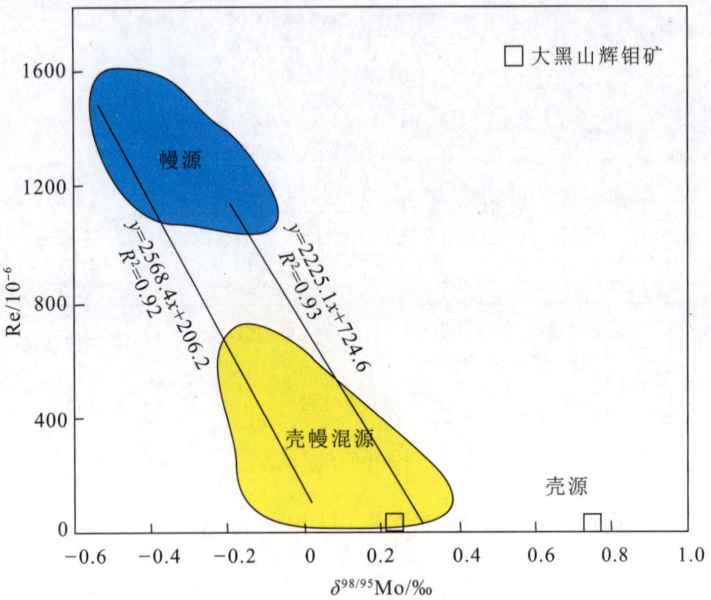

图4-23　吉林省永吉县大黑山钼矿辉钼矿Re-$\delta^{98/95}Mo$图解

（据侯雪刚，2018）

9. 矿床类型

根据大黑山钼矿床的矿体与矿石特征及其蚀变分带现象，认为该矿床属典型的斑岩型钼矿床。

10. 成矿机制和成矿模式

矿石中不同产状的辉钼矿Re-Os同位素等时线年龄为168.2±3.2 Ma（王成辉等，2009）和169.8±2.7 Ma（周凯等，2018），与成矿有关的斑岩体的SHRIMP锆石U-Pb年龄为170±3.2 Ma（葛文春等，2007），由此确定大黑山钼矿床形成于约170 Ma，对应于燕山早期，对应于古太平洋板块北西向俯冲作用背景（张勇等，2012，2014）。

大黑山矿床的石英发育的原生流体包裹体内发育多种类型包裹体（气液两相和含子晶三相等），这些不同类型的包裹体密切共存，且均一温度范围相近，结合角砾状矿石和细脉浸染状矿石的存在，表明大黑山钼矿的成矿流体存在沸腾作用，改变了流体的初始稳定的物理化学条件，使辉钼矿在降温减压的条件下沉淀并富集成矿（张勇等，2014）。

受古太平洋板块俯冲作用影响，在北北东向与东西向两组断裂交汇处，形成了大黑山四期岩体。岩浆分异作用使晚期的前撮落岩体钼含量增高，含矿岩浆上侵过程中，岩浆内聚集了大量挥发分，于岩浆前造成隐爆，致使花岗闪长斑岩顶部形成崩塌角砾岩。岩浆晚期—期后阶段，热流体上升，沿岩石粒间、空隙及构造裂隙进行了碱交代，形成面状钾长石化及黄铁矿化、辉钼矿化、黄铜矿化等浸染状矿化。随着温度降低，地下水渗入，含矿流体由气态转化为液态，产生石英、绢云母化、黄铁绢英岩化等蚀变，辉钼矿开始沉淀出来，形成含钼石英脉，辉钼矿细脉-石英、硅酸盐-硫化物脉等各种含矿脉体，后期挥发分局部集中，压力增大，引起局部隐爆作用，形成规模不大的隐爆角砾岩筒（图4-24）。

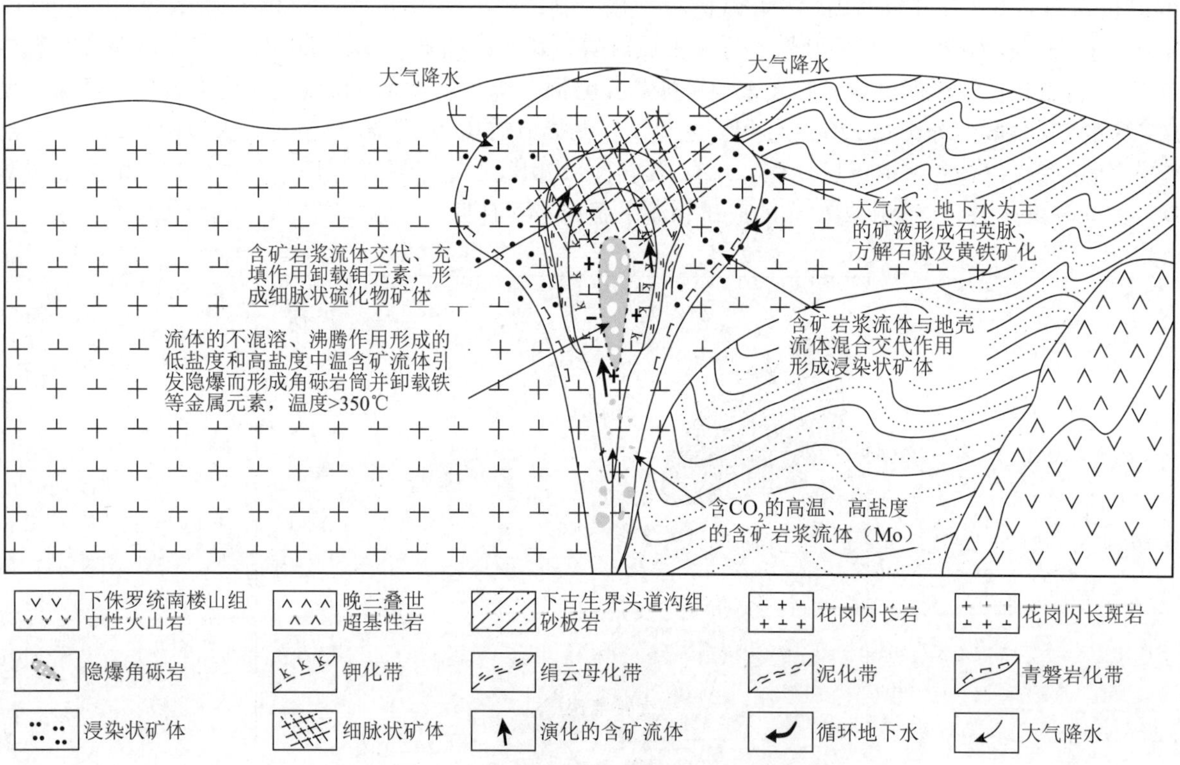

图4-24 吉林省永吉县大黑山钼矿床成矿模式图

（据邢树文等，2014）

11. 找矿模型

根据矿床地质环境、矿床地质特征及物化遥等资料提取矿床预测要素，建立永吉县大黑山钼矿床找矿模型如表4-19所示。

（九）吉林省安图县海沟金矿床

海沟金矿床位于吉林省安图县两江乡，距安图县南西90 km，地理坐标：东经128°03′45″，北纬42°42′45″；1965年，由吉林省地质局第二地质大队发现了27号、28号和29号脉，目前正在开采利用。

表 4-19　吉林省永吉县大黑山钼矿床找矿模型表

成矿要素		内容描述	类别
特征描述		矿床属斑岩型	
地质环境	岩石类型	花岗闪长岩、花岗闪长斑岩及霏细状花岗闪长斑岩（170±3.2 Ma）	必要
	成矿时代	辉钼矿 Re-Os 同位素等时线年龄为 168.2±3.2 Ma	必要
	成矿环境	矿床位于东西向、北北东向压扭性断裂带交汇处，矿体赋存于花岗闪长岩、花岗闪长斑岩及霏细状花岗闪长斑岩中	必要
	构造背景	矿床位于晚三叠世—新生代长白山陆缘火山盆岭叠加构造带（MCⅠ-3）、张广才-哈达岭火山-沉积隆盆带（MCⅠ-3_3）	重要
矿床特征	矿物组合	矿石矿物类主要有黄铁矿、辉钼矿，次要有闪锌矿、黄铜矿、黝铜矿、白钨矿、方铅矿；脉石矿物除主要造岩矿物还见蚀变矿物有绢云母、水云母、浊沸石、辉沸石、方解石、萤石、石膏、绿泥石等	重要
	结构构造	矿石结构主要有叶片状、鳞片状、半自形粒状、他形粒状。矿石构造以细脉状、细脉浸染状为主，浸染状次之	次要
矿床特征	蚀变特征	大黑山钼矿区内岩石遭受了普遍的热液蚀变作用，主要有硅化、高岭土化、绢云母化，钾化、碳酸盐化不发育。蚀变与矿化关系密切，富矿体主要赋存在中等蚀变带中，蚀变具水平分带特征	重要
	控矿条件	岩体控矿：花岗闪长岩、花岗闪长斑岩及霏细状花岗闪长斑岩岩体控矿；构造控矿：东西向基底断裂和中生代北北东向断裂是矿区重要控岩、控矿构造，构造多次活动有利成矿	必要
物化遥异常特征	重力	区域重力表现为环形重力梯级带围成的似圆状形态复杂的重力低异常区；矿床重力异常表现为：矿化体为重力负异常，强度为$-18\times10^{-6}\sim-24\times10^{-6}m/s^2$，围岩为重力正异常，强度为$2.5\times10^{-6}\sim10\times10^{-6}m/s^2$	重要
	磁场	区域航磁表现为较大规模正磁异常，异常整体低缓，呈片状分布；大黑山钼矿处于低缓正磁异常区。矿区磁场：矿化岩体表现为平稳的负磁场，边缘的蚀变带为正负磁场的过渡带，强度为 200~300 nT，围绕矿化体的围岩表现为正磁场，强度为 200~1000 nT	重要
	电场和	自然电场：矿床自然电场特征为矿化岩体上+1000 mV 左右自然电位异常，场态平稳，与矿化岩体形状相似近于圆形。围岩分布着环绕矿化岩体的自然电位负异常。视电阻率：矿化岩体为低阻区，一般在 1000 Ω·m 左右，场态平缓；围岩表现为环状高阻，一般为 2000~3000 Ω·m。激发极化场：矿床上 η_s 为 10%~12%，相对较低，环绕矿床的围岩 η_s 相对较高	重要
	化探	区域上主要成矿元素 Mo 异常具有清晰三级异常和明显浓集中心，与 Mo 空间套合紧密的伴生元素有 W、Cu、Ag、As、Bi、Pb、Zn，形成复杂组分富集场。矿区内，矿体中心部位为 Mo 元素，异常连续性好，浓度 $2\times10^{-6}\sim20\times10^{-6}$，最高达 100×10^{-6}；围绕 Mo 异常分布有 Cu、Pb、Zn、Ag、As 元素异常，连续性差，分布面积较为局限	重要
	遥感	遥感解译出多条环形和线性构造，大黑山钼矿位于环形断裂构造中心部位	重要

1. 区域地质背景

海沟金矿床大地构造分区属于长白山陆缘火山盆岭叠加构造带（MCⅠ-3）、太平岭-老岭火山-沉积隆盆带（MCⅠ-3_5）。矿床处于二道松花江断裂带金银别-四岔子近东西向韧性-脆性剪切带东端与两江-春阳北东向断裂带交汇处。

区域地层为新太古界夹皮沟岩群老牛沟岩组，古元古界集安岩群蚂蚁河岩组、荒岔沟岩组，新元古界新东村岩组（原色洛河岩群），青白口系钓鱼台组、南芬组，中生界上侏罗统屯田营组、下白垩统长财组、大砬子组，普遍缺失古生界。矿床位于中生代太平洋构造域北东向构造与华力西期古亚洲域北西向构造叠加十分明显的地区，多期次的构造岩浆作用改造，使海沟地区构造变形强烈、形式多样，褶皱构造与断裂构造发育（范振华，2016）；显生宙特别是中生代发生的强烈的构造、岩浆活动，与之相关的金等成矿作用十分发育（汪志刚等，2011）。沿北西向青茶馆-白水滩断裂带北侧燕山期花岗岩发育，北西黄泥河子林场-菜抢子一带为黄泥岭岩体花岗闪长岩-二长花岗岩，锆石 U-Pb 年龄为 168～153 Ma（张艳斌等，2002）；海沟地区为海沟岩体斜长花岗岩、二长岩及二长花岗岩，其中二长岩、二长花岗岩锆石 U-Pb 年龄为 167～185 Ma（张迪，2008）。区内脉岩中基性-中酸性脉岩比较发育，如煌斑岩、闪长玢岩、正长闪长斑岩、石英斑岩等。

2. 矿区地质

矿区地层主要为新元古界新东村岩组和上侏罗统屯田营组（图 4-25）。新东村岩组为一套中低级变质岩系，其下段由斜长角闪岩、斜长角闪片岩、硅质大理岩等组成；中段由碳质板岩、凝灰质板岩、变质砂岩夹钙质板岩组成；上段由变流纹岩、变英安岩以及变安山质凝灰岩等组成。屯田营组为一套陆相中性火山-沉积岩岩系。

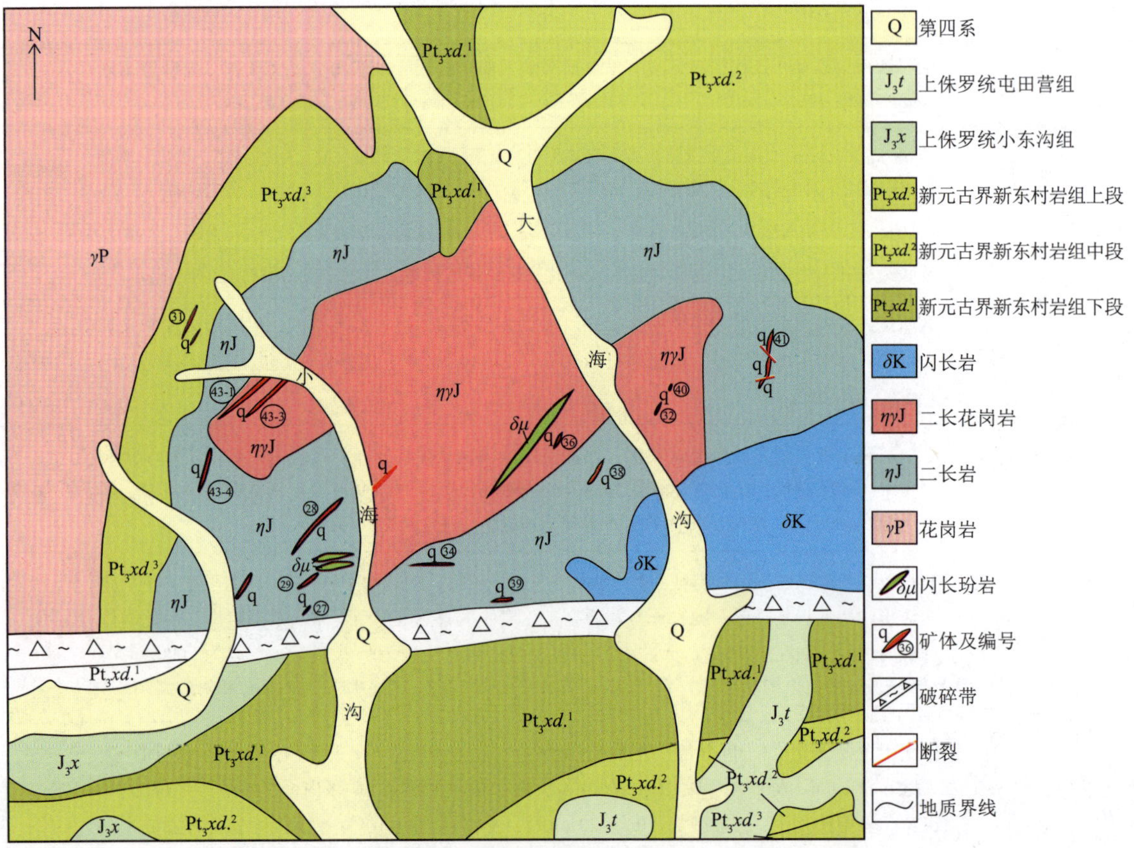

图 4-25　吉林省安图县海沟金矿床地质图

（据吉林省地质调查院，2013，有修改）

矿区内岩浆岩较为发育，主要包括海沟花岗岩体及其伴生脉岩、大海沟石英闪长岩和辉长闪长岩（142.3 Ma，全岩 Rb-Sr；曾庆栋等，1998），其中海沟花岗岩体由斜长花岗岩、二长岩和二长花岗岩等侵入体构成，是海沟金矿的含矿岩体；脉岩岩石类型丰富，主要包括闪长玢岩（122～131 Ma，锆石 LA-ICP-MS；常艳等，2013）、次安山岩、煌斑岩和正长闪长斑岩（132.4±1.5 Ma，锆石 LA-ICP-MS；李绪俊等，2012）。

矿区内褶皱和断裂构造均较为发育，其中褶皱构造为一倾伏背斜构造，其轴部为海沟岩体，两翼为中元古界变质岩系；矿区内断裂主要有北东向、北西向、近南北向和东西向，其中北东向断裂为主容矿断裂，发育在海沟岩体内，大体上以等间距展布，在平面、剖面上具有舒缓波状延展特点。

3. 矿体特征

矿区共有 4 条矿带、15 条矿脉、35 个矿体。见图 4-25。

Ⅰ号矿带：位于矿区中心，沿着Ⅰ号容矿断裂带分布，矿带长 1900 m，宽 220 m，由 28、27、29、37 号等矿脉组成，共有 8 个矿体。矿体呈脉状，走向 50°，倾向 310°~330°，倾角 40°~85°。其中 28 号脉带是矿区内规模最大、延伸最为稳定的含金石英脉体，呈大小不等的扁豆状、不规则单脉状平行斜列或首尾重叠分布于北东向韧脆性断裂构造中（图 4-26）；其中，28-Ⅰ、Ⅱ、Ⅲ、Ⅳ、Ⅴ号脉体长 200~800 m，厚度 0.2~17.70 m，平均厚度 3.90 m，金平均品位为 8.04 g/t。28-Ⅵ、Ⅶ号脉体长 120~240 m，厚度 0.63~11.08 m，平均厚度 3.72 m，金平均品位为 5.42 g/t。

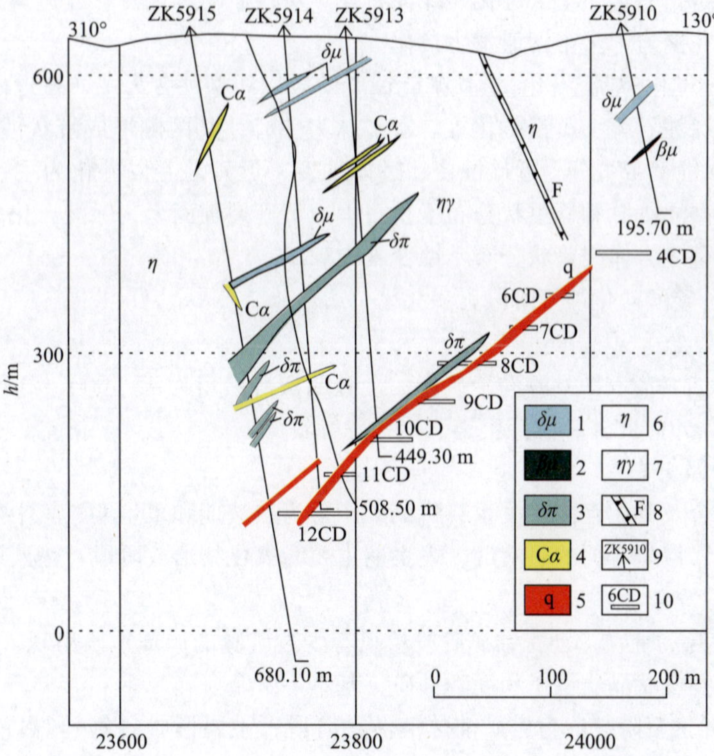

图 4-26　吉林省安图县海沟金矿 28#脉 59 号勘探线剖面图

（据李绪俊等，2012）

1—闪长玢岩脉；2—煌斑岩脉；3—正长闪长斑岩；4—次安山岩；5—含金石英脉；6—二长岩；7—二长花岗岩；8—断层；9—钻孔；10—控矿巷道

Ⅱ号矿带：位于矿区中心偏东，沿着Ⅱ号容矿断裂带分布，长 1600 m，宽 460~500 m，由 33、34、36、38、32、40 号等矿脉组成，共 10 个矿体。矿体呈脉状，走向 40°，倾向 300°~320°，倾角 40°~60°，金平均品位为 6.05 g/t。

Ⅲ号矿带：位于矿区西部，沿着Ⅲ号容矿断裂带分布，长 1800 m，宽 600 m，共有 30、31、42、43 号等矿脉，共 7 个矿体。矿体呈脉状，走向 30°，倾向 300°~330°，倾角 65°~80°。

Ⅳ号矿带：位于矿区东部，沿着Ⅳ号容矿断裂带分布，长 250 m，宽 20 m，共有 1 条矿脉（41 号），10 个矿体。矿体呈脉状，走向 20°，倾向 110°，倾角 40°，金平均品位为 2.51 g/t。

4. 矿石特征

矿石类型以贫硫化物石英脉型金矿石和细粒浸染状金矿石为主，次为浸染状金银矿石和金-铅-碲矿石等。

矿石矿物主要为自然金、方铅矿、黄铜矿，次为闪锌矿、磁黄铁矿、磁铁矿、白铁矿、铜蓝、蓝辉铜矿、黝铜矿、沥青铀矿、晶质铀矿、碲金矿、斜方碲金矿、碲铅矿等。脉石矿物主要为石英、方解石，少量为绢云母、绿泥石等。自然金呈他形、半自形，呈不规则粒状、片状、条状、树枝状，粒径在0.001~0.1 mm，集中在0.01~0.03 mm之间，金成色高于850。

矿石结构为结晶结构（自形晶粒状结构、他形晶粒状结构、滴状结构、填隙结构）、出溶结构（乳浊状结构、骨晶结构）、交代结构（侵蚀结构、交代残余结构）、动力结构（揉皱结构、压碎结构）等（徐云辉，2006）。矿石构造为细脉状和网脉状构造以及稀疏浸染状构造等。

5. 围岩蚀变

成矿前硅化-碱交代蚀变阶段主要发育于二长花岗岩中，分布面积大，但不均匀。此期以面型蚀变为主，主要蚀变以钾长石化、钠长石化为主，晚期交代形成的红色钾长石斑晶较多、晶体较大，此外，还有电气石化、绿帘石化、绢云母化、绿泥石化、黄铁矿化等蚀变。经过碱质蚀变后大量金被活化、迁移，这使二长花岗岩中金丰度值发生贫化。

成矿期硅化-绢云母化-绿泥石化-黄铁矿化蚀变阶段以线型蚀变为主，在近矿脉处形成平行发育的硅化、绢云母化、绿泥石化、黄铁矿化等。以矿脉为中心，其两侧形成带状蚀变，蚀变宽窄不一，宽度为0.5~15 m。强蚀变带可分为近矿蚀变、远矿蚀变，近矿蚀变以硅化为主，远矿蚀变以绿泥石化为主。硅化主要以硅质细脉和蠕虫状分布于长石中或节理裂隙面上，绿泥石化多为显微鳞片状集合体分布，黄铁矿化多呈立方体浸染状分布于蚀变岩中。

成矿后绿泥石化-碳酸盐化蚀变阶段无矿化。

6. 资源储量

截至2018年底，吉林省安图县海沟金矿床的金查明资源储量为45.10 t，保有资源储量为26.94 t，金的平均品位为3.31 g/t。此外，还伴生银、铅、碲等资源。

7. 矿化阶段划分及分布

根据矿石矿物组合及其相互嵌布关系，将该矿床分为热液期和表生期，其中主要成矿期为燕山早期二长花岗岩及其脉岩侵位有关的热液期，表生期主要为氧化物形成阶段。热液期可进一步划分5个阶段（秋晨，2017）。

Ⅰ暗红色细粒石英-赤铁矿-沥青铀矿阶段：只有少数矿脉的局部地段出现，主要形成细粒石英、微晶状赤铁矿和少量浸染状晶质铀矿和沥青铀矿，基本不含金。

Ⅱ白色脉石英-钾长石阶段：为成矿前热液活动阶段，主要形成白色-乳白色石英大脉，并发生大量的钾长石化、硅化蚀变，有极少量黄铁矿产出，形成较多石英-钾长石脉。该阶段金矿化较弱，大部分达不到工业品位。

Ⅲ灰色脉石英-黄铁矿阶段：是金矿化的主成矿阶段之一，石英脉多呈灰白色-灰色，与黄铁矿和黄铜矿一起呈单脉状、细脉状及网脉状产出。一般当灰色脉石英-黄铁矿呈粗脉存在且其中含有少量黄铜矿、绿泥石，而且黄铁矿自身碎裂明显时，矿石品位较高。

Ⅳ烟灰色石英-多金属硫化物阶段：也是矿床的主要成矿阶段。大量硫化物在该阶段形成，自然金与石英脉中所含的多种金属硫化物共生，如黄铁矿、黄铜矿、方铅矿、闪锌矿等。

Ⅴ石英-方解石-黄铁矿阶段：该阶段为成矿晚期热液活动的产物，形成方解石脉或石英-方解石脉，脉体规模较小，该阶段几乎不含金属硫化物，金矿化极少。

8. 成矿物理化学条件

（1）成矿流体性质及来源

通过流体包裹体显微测温、盐度、密度以及激光拉曼光谱气相成分分析等系统研究，认为海沟金矿的主成矿流体为还原性、中温、中低盐度的CO_2-NaCl-H_2O（-CH_4）流体体系（汪志刚，2012；李亮等，2016）。

含金石英脉中石英的C、H、O同位素分析结果显示，其$\delta^{18}O$值介于-1.3‰~+7.2‰之间，δD值介于-80‰~-104‰之间，表明主成矿期成矿流体以岩浆水为主，混入部分大气降水（Zeng et al., 2011）；而$\delta^{13}C$值变化范围较大，呈现出深源岩浆碳和有机碳过渡的特征，暗示了矿区内出露的变质沉积岩系为金矿的形成提供了部分碳质。

（2）成矿物质来源

总结前人含金石英脉内黄铁矿与方铅矿的硫同位素分析结果，两种硫化物的 $\delta^{34}S$ 值均为负值，介于-0.5‰~-23.2‰之间，集中在-8.3‰~-11.9‰（高嵩，2016；秋晨，2017）。由于海沟金矿早期成矿阶段发育一定的磁铁矿和赤铁矿，而且不同成矿阶段见有少量的硫酸盐矿物（重晶石和天青石），由此推断，成矿作用过程中可能存在硫同位素的强烈分馏（秋晨，2017）。因此，硫化物的 $\delta^{34}S$ 值不能代表含矿流体总硫的 $\delta^{34}S$。但可以确定的是，海沟金矿硫来源较为复杂，可能涉及生物有机、色洛河变质岩、地幔或壳幔混源等来源（秋晨，2017）。

矿石 Pb 同位素分析结果显示，海沟金矿的方铅矿的 $^{206}Pb/^{204}Pb$、$^{207}Pb/^{204}Pb$、$^{208}Pb/^{204}Pb$ 比值变化范围不大，在 $^{207}Pb/^{204}Pb$-$^{206}Pb/^{204}Pb$ 和 $^{206}Pb/^{204}Pb$-$^{208}Pb/^{204}Pb$ 图解中，方铅矿样品点主要落于造山带与地幔演化线附近，表明海沟金矿石中的铅主要为壳幔混源（刘裕庆，1991）。

28 号脉矿石中普遍含有碲化物（碲金矿和碲铅矿）。Te 在地壳中为一种分散元素，地壳中局部富集的 Te 为幔源成因已被众多研究者普遍接受（毛景文等，2008；杜乐天，1996）。高度挥发、水溶性差的 Te 随地幔射气从地幔中释放出来（杜乐天，1996），暗示海沟金矿有幔源物质参与成矿。同一成矿带的夹皮沟金矿同样被认为有幔源物质加入（李碧乐，2001）。

矿床原生晕分布特征显示，主要成矿元素金的分布，在矿化带内形成了正晕场和矿化场，而在矿化带以外的围岩中形成了面积较大的亏损场，尤其是成矿前碱交代阶段，面状蚀变带中金的含量都很低，一般为 2.33×10^{-9}~4.00×10^{-9}。新元古界变质岩系中变流纹质凝灰岩中 Au 为 2.29×10^{-9}，浓集系数 0.54；砂质板岩中 Au 为 2.77×10^{-9}；绢云石英片岩 Au 为 2.331×10^{-9}；斜长角闪岩中 Au 为 2.431×10^{-9}，浓集系数为 6.56；大理岩中 Au 为 4.1×10^{-9}，浓集系数为 0.93；花岗闪长岩中 Au 为 107.8×10^{-9} 等。与区域同层岩性相比，除矿床正晕场外，主要围岩 Au 含量都低于地壳丰度值近 1 倍。该亏损场（或低景场）的金在长期多次的地质构造成矿作用中已迁移到矿化带内，所以说海沟金矿床中的金主要来源于太古宇以及新元古界变质岩系和花岗闪长岩。

9. 矿床类型

海沟金矿床与燕山期花岗岩类及脉岩的侵位密切相关，因此将该矿床归为岩浆热液型矿床。

10. 成矿机制与成矿模式

海沟金矿 28 号脉成矿流体包裹体成分以 CO_2 和 H_2O 为主，富 CO_2 型和富气相包裹体共存，这可能是由两种不同流体的混合作用造成的不均匀捕获而形成。成矿流体演化过程中，虽然流体盐度总体低，但也存在着明显的变化。成矿早阶段流体为富 CO_2 的幔源流体和纯气相包裹体，盐度相对高（富 CO_2 包裹体和气相包裹体盐度分别为 9.84%~10.87%、8.54%~8.94%），成矿中晚阶段成矿温度从 300℃左右突降至 200℃以下，流体盐度（气液两相包裹体盐度 7.44%~8.67%）降低。本矿区成矿中晚阶段流体盐度和温度明显降低，CO_2、H_2O 等气体能够大量逃逸。含 CO_2 三相包裹体和纯气相包裹体的突然减少反映流体体系由较封闭状态转化为较开放状态，有利于大气降水、层间水等大量进入与岩浆流体发生混合，使得流体盐度降低。温度下降、气相溢出和流体混合引起流体内金络合物的溶解度减小而直接导致金和金属矿物的沉淀和富集（汪志刚，2012）。

关于海沟金矿的成矿时代，目前已积累了众多测试结果，比如海沟金矿的主要容矿围岩二长岩和二长花岗岩（海沟岩体）全岩 Rb-Sr 年龄为 181 Ma，锆石 U-Pb 年龄为 167~181 Ma，海沟金矿主成矿阶段石英流体包裹体的 $^{40}Ar/^{39}Ar$ 正、反等时线年龄分别为 170±20 Ma 和 172±16 Ma（于介江等，2010）；切割含金石英脉的闪长玢岩中获得的结晶锆石 U-Pb 年龄 131~122 Ma（常艳，2009）；含金石英脉绢云母 ^{40}Ar-^{39}Ar 坪年龄为 165±1.2 Ma，晚于成矿的正长闪长斑岩体形成于 134±0.4 Ma（郭东杭，2017）。根据以上地质年代学数据，推测海沟金矿形成于中侏罗世晚期至早白垩世早期之间，对应古太平洋板块西向俯冲向板片回撤的构造转换时期（郭东杭，2017）。

新元古代初期，龙岗地块北部陆缘活动带处于被动陆缘拉张环境，在地壳拉伸变薄机制下陆缘裂陷槽内形成了一套海相碎屑岩-碳酸盐岩建造和基性-酸性火山岩建造，由于长期复杂的构造岩浆作用，使其遭受了不同程度的变质作用，并使其富含的 Au、Pb、Bi、Ag、As、Sb 等成矿元素初步富集，形成初始矿源层。燕山期进入了滨太平洋板块的活化阶段，大规模深部断裂构造复活和新生作用伴有深熔和同熔岩浆活动，产生了海沟花岗岩岩浆的侵位，由于岩浆中富含卤族元素和碱金属元素，形成了较强的矿化剂，在岩浆上侵过程中不同程度地混入大气降水，并不断地萃取围岩中的 Au、Ag、Pb、Bi、As、Sb、S、C 等矿质，形成富矿质和矿化剂的高温、酸性、高氧逸度的含矿气水热液，随着岩浆的结晶固化，可能被封存在岩体上部的某一部位或岩体与围岩的接触带附近。132～128 Ma，随着构造和岩浆活动的不断进行，尤其在闪长玢岩脉等脉岩侵位至海沟花岗岩体中之后，一方面在岩体内及周边地层中发育大量北东—北北东向的次级断裂系统，导致原来封存的含矿气水热液的平衡被打破，向断裂构造的扩容带迁移，由于压力、温度等条件的改变，发生相分离并产生沸腾作用，导致金氯络合物分解，使金大量沉淀；另一方面，由于北东向鸭绿江断裂带为切割至地幔的深大断裂，在拉张机制下不可避免地导致地幔脱气作用（常艳等，2013），活化的超临界的、富含 CO_2、F、S、U、Th、K 和其他不相容元素的碱性流体可一起或分别从幔源岩浆中释放出来；沿着鸭绿江裂隙带，在适宜的透水条件下，流体能够上升并集中在地壳浅部，热液向上运移的演化过程中发生去气（主要受减压控制，其中 $\sum CO_2$ 逸出），最终在北东—北北东向次级断裂系统中形成石英脉型金矿床（曾庆栋等，1999）。

11. 找矿模型

根据矿床地质环境、矿床地质特征及物化遥等资料提取矿床预测要素，建立海沟金矿床找矿模型如表 4-20 所示。

表 4-20　吉林省安图县海沟金矿床找矿模型表

成矿要素		内容描述	要素类别
特征描述		岩浆热液型金矿床	
地质环境	岩石类型	斜长角闪岩、二云片岩、黑色板岩夹大理岩；燕山期二长花岗岩、闪长玢岩	必要
	成矿时代	燕山期	必要
	成矿环境	矿床处于长白山陆缘火山盆岭叠加构造带（MCⅠ-3）、太平岭-老岭火山-沉积隆盆带（MCⅠ-3_5）内。二道松花江断裂带金银别-四岔子近东西向韧性-脆性剪切带东端与两江-春阳北东向断裂带交汇处	必要
	构造背景	古太平洋板块俯冲背景	重要
矿床特征	矿物组合	矿石矿物主要为自然金、方铅矿、黄铜矿，测为闪锌矿、磁黄铁矿、磁铁矿、白铁矿、铜蓝、蓝辉铜矿、黝铜矿、沥青铀矿、晶质铀矿、碲金矿、斜方碲金矿等。脉石矿物主要为石英、方解石，少量为绢云母、绿泥石等	重要
	结构构造	矿石结构为自形晶粒状结构、他形晶粒状结构、滴状结构、填隙结构、乳浊状结构、交代结构（侵蚀结构、交代残余结构）、动力结构（揉皱结构、压碎结构）等。矿石构造为细脉状、网脉状构造、稀疏浸染状构造等	次要
矿床特征	蚀变特征	成矿前硅化-碱交代阶段：面型蚀变为主，主要蚀变以钾长石化、钠长石化为主，还有电气石化、绿帘石化、绢云母化、绿泥石化等蚀变； 成矿期硅化-绢云母化-绿泥石化-黄铁矿化阶段：线型蚀变为主，在近矿脉处形成平行发育的硅化、绢云母化、绿泥石化等。近矿蚀变以硅化为主，远矿蚀变以绿泥石化为主； 成矿后绿泥石化-碳酸盐化阶段：该阶段无矿化	重要
	控矿条件	老牛沟岩组和新东村岩组斜长角闪岩、二云片岩、黑色板岩夹大理岩；燕山期二长花岗岩、闪长玢岩成群成带。超岩石圈断裂与北东向深断裂交汇处控制岩浆侵入，压扭性北东向断裂、裂隙带与岩体周边内外接触带是成矿有利部位	必要

续表

成矿要素		内容描述	要素类别
特征描述		岩浆热液型金矿床	
物化遥异常特征	重力	区域重力异常呈现西部低、南部低、中部高、东北部高的分布特征；海沟大型金矿床位于低异常带与东南元古界重力高异常接触带重力高一侧。接触带呈“S”形，梯度陡	重要
	航磁	区域航磁异常呈现“两正夹一负”的磁场特征；海沟大型金矿附近存在一处椭圆状正磁异常，呈东西走向，梯度北陡南缓，最大强度为 332 nT，金矿床处在正磁异常西半部低缓的次一级异常上	重要
	化探	主要成矿元素 Au，具有强度高、分带及浓集中心明显的基本特征，Au、Ag、Cu、Pb、Zn、As、Sb、Hg、W、Bi、Mo 形成离心-向心结构的综合异常场	重要
	遥感	解译出 1 条巨型断裂带，小型断裂以北西向和北东向为主，次为近南北向断裂，局部见近东西向断裂，脆韧变形趋势带共解译出 4 条，共圈出 22 个环形构造	重要

（十）吉林省桦甸市二道甸子金矿床

二道甸子金矿位于吉林省桦甸市二道甸子镇北西 2 km 处，矿床中心坐标：东经 127°08′56″，北纬 43°09′40″。于 1947 年开采，1982 年矿山提交闭坑报告，经一系列地质找矿和研究工作后，获得了新的资源量，1987 至今矿山处于探采中（王彦华等，2011）。

1. 区域地质背景

二道甸子金矿大地构造分区属于长白山陆缘火山盆岭叠加构造带（MCⅠ-3）、张广才-哈达岭火山-沉积隆盆带（MCⅠ-3_3）内；同时，处于二道甸子-漂河岭复背斜构造南西倾没端。

区内出露地层主要为下古生界寒武系—奥陶系、中生界白垩系及新生界古近系—新近系。寒武系—奥陶系为一套变质岩系，下部层为绿色片岩段，主要由斜长角闪岩、绿泥石阳起石片岩、角闪片岩、绿泥石阳起石岩及辉石角闪岩组成，为二道甸子大型金矿床的赋矿层位；上部为板岩段，主要由粉砂质板岩、碳质板岩及角页岩组成，为南天门金矿床的赋矿层位。中生界白垩系为一套中酸性火山岩、次火山岩系，对形成火山-次火山岩型金矿十分有利。

区内岩浆岩活动频繁强烈，主要有华力西晚期成群成带分布的基性-超基性岩脉，与铜镍硫化物矿床的形成密切相关，还有大面积分布的黑云母花岗岩、斜长花岗岩体，燕山期主要为钾长花岗岩体、闪长岩体等。

区内断裂构造发育，以北东向为主，与东西向、北北东向、北西向断裂构成本区基本构造格架。另外还发育弧形构造带，分别为二道甸子-蛇岭沟弧形构造带，控制着二道甸子金矿床，大秃山-南天门弧形构造带，控制着南天门、大秃山等金（锑）矿床（点），西金龙-上裕民弧形构造带，已获得较好的金矿化线索。

2. 矿区地质

矿区主要分布有寒武系—奥陶系变质岩系，由于黑云母花岗岩侵入，使地层遭受接触变质。矿区范围内自下而上划分为 8 层，即黑云母片麻岩层、黑云母片岩层、长石角闪石角岩夹薄层石英角页岩层、碳质云英角页岩与长石角闪石角页岩互层（含矿层）、长石角闪石角页岩层、碳质云母石英角页岩层、石榴子石云母石英角页岩层、厚层泥板岩-含碳板岩-红柱石板岩角页岩-混染云母石英角页岩层（图 4-27）。

矿区出露岩浆岩主要为燕山早期黑云母花岗岩，围绕矿区东、南、西三面侵入石炭系、寒武系—奥陶系中，其 LA-ICP-MS 锆石 U-Pb 年龄为 184~200 Ma（汪志刚，2012）。燕山期闪长岩分布在矿区南西，呈岩株状侵入黑云母花岗岩中。脉岩广泛发育，主要有辉长岩、斜长花岗岩、花岗细晶岩、花岗伟晶岩及煌斑岩，其中矿体与煌斑岩关系较为密切，常分布于煌斑岩脉上下盘。

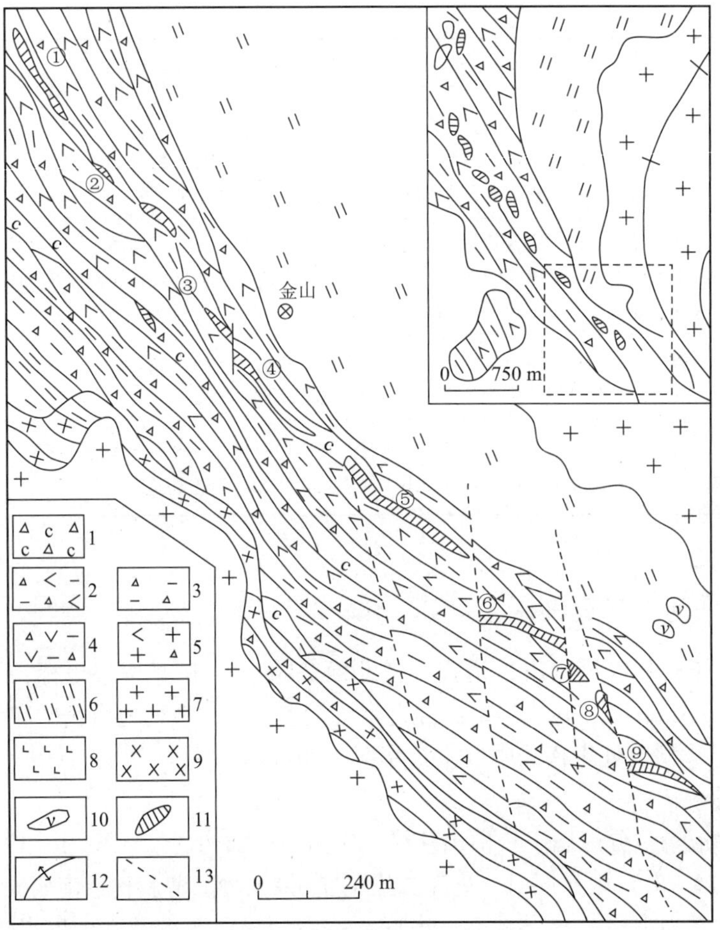

图 4-27 吉林省桦甸市二道甸子金矿床地质图

（据金丕兴，1984）

1—含碳云母石英角页岩；2—长石角闪石角页岩；3—云母石英角页岩；4—石榴子石云母石英角页岩；5—混杂岩；6—黑云母片麻岩；7—花岗岩；8—煌斑岩；9—细晶岩；10—辉长岩；11—含金石英脉及编号；12—复背斜；13—破碎带

矿区内发育褶皱和断裂构造，二道甸子金矿床产于轴向北东东向的二道甸子-寒大顶子复背斜西部倾没端北西翼。含矿断裂呈弧形展布，其走向由南向北呈 310°、330°~350°、30°~50°展布，全长 3000 m，与地层线方向平行。矿体产出除受到褶皱构造影响外，还受到与褶皱同一应力场形成的脆性、脆韧性剪切带控制。

成矿前构造主要是顺地层走向北东—北北东转向南北—北北西—北西向西突出的弧形构造。成矿期构造为一系列成群分布的北西向冲断层，也是矿区内主要的控矿构造。断裂构造在南山的走向为 300°~330°，在北山的走向大致与地层产状一致，呈向西突出的弧形。断层内充填的石英脉平面上呈右行斜列，单脉呈舒缓波状，较规整，局部有收缩膨胀现象，石英脉产状变陡时脉幅变薄，反之变厚。呈现出压性构造体制下成矿的特点。成矿后构造活动强烈，主要发育北西向压扭性断裂构造以及近南北向和近东西向两组共轭断裂构造。

3. 矿体特征

二道甸子金矿体多呈脉状产于碳质云英角岩与长石角闪石角页岩互层带中。矿体在平面上呈脉状，剖面上呈板状或偏豆状。矿带由 12 条含金石英脉组成，单脉长 80~650 m，多数在 100~150 m 之间，厚度几十厘米至几十米。控制深度为 500~600 m。矿体走向 315°，倾向南西或北东，倾角 60°~90°。金平均品位为 10.5 g/t，最高 331.7 g/t。其中老 1-4 号脉、新 1-3 号脉分布于矿区北山，老 5~9 号脉分布于矿区南山，上述矿脉受北西斜冲断层控制。从南东至北西呈右行斜列。矿体形态一般呈脉状、扁豆状、透镜状，脉体膨缩现象明显。在 350~450 m 标高及 150~250 m 标高，矿脉集中，品位较高。

4. 矿石特征

二道甸子金矿石根据矿物共生组合分为闪锌矿-方铅矿型、磁黄铁矿型、磁黄铁矿-黄铁矿型、黄铁矿型、黄铁矿-毒砂型以及毒砂型共6种。

矿石矿物主要有毒砂、黄铁矿、闪锌矿、方铅矿、黄铜矿、白铁矿、磁铁矿、磁黄铁矿和自然金等，金属硫化物含量较少，占5%左右。

矿石结构主要有交代结构、粒状结构、压碎结构和固溶体分离的乳滴状结构。矿石构造主要有蜂窝状构造、块状构造、网脉状构造和团块状构造。

矿石中的金矿物主要有自然金和少量的银金矿，分布极不均匀，局部富集。金矿物形态主要有细粒鳞片状、树枝状、不规则状、浑圆粒状，其次为显微细脉状、树枝状金。金矿物以微粒金（0.001~0.01 mm）为主，占金矿物总含量的91.4%；次为细粒金，中-粗粒金含量很少。

5. 围岩蚀变

围岩蚀变类型主要有绢云母化、硅化、绿泥石化、黑云母化和碳酸盐化等，由于围岩性质不同蚀变也不同，绢云母化、绿泥石化发育于碳质岩层附近，黑云母化仅发育在绿色岩层地段。其中硅化和绢云母化与金矿化关系最为密切。

6. 资源储量

截至2018年底，吉林省桦甸市二道甸子金矿床金查明资源储量为20.66 t，保有资源储量为1.99 t，Au平均品位为3.27 g/t。

7. 成矿阶段划分及分布

根据矿体出露的矿体空间特征、矿化蚀变特征、矿物的组合特征，将矿床的成矿划分为3个成矿期、6个成矿阶段。

早期火山沉积成矿期：早古生代火山沉积建造形成了含Au丰度较高的地质体，为后期的热液改造提供了的物质基础。热液成矿期为主要成矿期，可进一步划分出4个成矿阶段，即①无矿石英脉阶段；②金-石英-磁黄铁矿-毒砂多金属阶段；③金-石英-黄铁矿阶段；④碳酸盐岩阶段。其中第一阶段金矿化强度较弱，但形成了强烈的黑云母化。成矿主要以第三阶段为主，第二阶段次之，矿化强度以第Ⅲ矿化阶段最强。在第Ⅱ、Ⅲ阶段矿化叠加部位常构成金矿化的局部富集地段，也是形成工业富矿体的重要前提。

8. 成矿物理化学条件

（1）成矿流体性质及来源

通过二道甸子金矿床矿石内原生流体包裹体的显微测温、流体盐度及密度等方面研究，得出二道甸子金矿床的成矿流体为低温（>155~190℃）、低盐度（1.22%~4.79%）、低密度（0.74~0.94 g/cm^3）流体（汪志刚，2012）。根据等容线交会法计算得出二道甸子金矿床的成矿压力范围为10.39~23.29 MPa，平均值为13.75 MPa，可见成矿压力较低（汪志刚，2012）。应用孙丰月等（2000）关于热液脉状矿床成矿深度的计算，据此得出二道甸子金矿床的成矿深度范围为1.04~2.33 km。平均值为1.37 km，可见二道甸子金矿床形成于浅成环境（汪志刚，2012）。

17件石英样品的氧同位素分析结果显示，石英水的氧同位素组成可分三组，一组为花岗岩中的含金锑的石英，爆裂温度为300℃，氧同位素组成（8.23‰~10.59‰），其成矿水接近岩浆水；第二组为含金石英爆裂温度为300~320℃，成矿水的氧同位素组成在6.64‰~9.40‰范围内，亦落在氢氧同位素组成图解岩浆水区域内；第三组为晚期不含金石英脉，爆裂温度为285~300℃，氧同位素变化较大（2.29‰~8.02‰），这是由随着温度下降氧同位素组成发生分馏，或是大气降水渗入的结果（关键，2004）。

（2）成矿物质来源

二道甸子金矿床矿石矿物及围岩硫同位素分析结果表明，矿石的$\delta^{34}S$值介于-8.3‰~-1.2‰之间（表4-21），暗示了该矿床的硫可能为围岩地层和深源岩浆硫混合来源。

表 4-21　吉林省桦甸市二道甸子金矿床硫同位素组成特征表

采样位置	样品数	$\delta^{34}S$/‰				矿物	备注
		平均值	变化范围	极差	标准差		
矿床	38	-4.5	-7.8~-1.2			磁黄铁矿	吉林有色地质勘查局研究所分析，1978年和1991年，围岩中分析矿物为磁黄铁矿和黄铁矿
矿床	7	4.5	-5.2~-2.8	2.4		毒砂	
矿床	4	-4.2	-8.3~2.0	6.3		黄铁矿	
矿床	1	-4.7				闪锌矿	
矿床	1	-5.3				方铅矿	
矿床	51	-4.5	-8.3~-1.2	7.1	1.5	矿床平均	
围岩	12	-3.15	-12.0~-3.2	15.2	1.2	围岩平均	
外围矿点	3	-7.16	-6.50~-7.6	1.13		辉锑矿	

含金石英脉中方铅矿中的铅同位素组成很不均匀，具造山带中地层的铅同位素特征，与典型的岩浆热液矿床有显著的差别，可以说明二道甸子金矿床矿质并非是岩浆来源，岩浆只为金矿的形成提供了能量及流体，而提供矿源的是地层。矿体围岩中层纹状磁黄铁矿的铅同位素组成代表了地层沉积时的铅同位素组成特征（如前述），说明寒武纪—奥陶纪地层沉积物来源可能是南部古老地台上升剥蚀物，并非代表成矿时地层铅同位素特征，与整个围岩中经过聚集的铅同位素组成应有更大的区别，层纹状磁黄铁矿的铅同位素特征，不能否定围岩是二道甸子金矿的物质来源。

在二道甸子矿区对不同岩石中的金元素含量测定结果显示，含层纹状硫化物碳质角岩有较高的含金量（201.50×10^{-9}），尤其是在经过构造破碎之后，金有较显著的富集，证明在构造活动中的金确实有重新活化迁移的迹象（张文启等，1996）。

9. 矿床类型

吉林省桦甸市二道甸子金矿属于岩浆热液型金矿。

10. 成矿机制及成矿模式

二道甸子金矿的成矿时代尚不明确，最初被认为是华力西期成矿（吴尚全，1993），而近来汪志刚（2012）对与金成矿密切相关的黑云母花岗岩进行了精确的LA-ICP-MS锆石U-Pb定年，获得了184.1±2.7 Ma（MSWD=2.7）和199.8±2.4 Ma（MSWD=2.5）的加权平均年龄，该结果与陈尔臻（2007）对强蚀变岩样品中的绢云母K-Ar法测年结果大体一致（173.25±3.91 Ma和195.26±4.48 Ma），因此，认为二道甸子金矿床应形成于燕山早期。

二道甸子金矿位于华北陆块与造山带的接壤部位，区内深大断裂长期活动，为金等成矿元素的不断活化和迁移，提供了足够的动能。寒武系—奥陶系角闪石角岩、碳质云母角岩等含矿围岩，特别是条带状含碳围岩含金性更好。燕山早期黑云母花岗岩侵位过程中，再次将周围地层中的有用元素重新活化，燕山期闪长岩株的侵入，携带含矿热液沿早期形成的构造裂隙运移，在温压及物理化学条件适合的环境形成含金石英脉（图4-28；张文启等，1996）。

（十一）吉林省汪清县刺猬沟金矿床

刺猬沟金矿床位于吉林省汪清县东光乡，矿区地理坐标：东经129°57′23″~129°57°39″，北纬43°15′46″~43°16′23″；为延边地质大队二分队于1965年发现。

1. 区域地质背景

刺猬沟金矿床位于长白山陆缘火山盆岭叠加构造带（MCⅠ-3）、太平岭-老岭火山-沉积隆盆带（MCⅠ-3_5）、屯田营盆地（MCⅠ-3_5^4）内，受北北东向图们断裂带与北西向嘎呀河断裂复合部位控制。

区域内出露的地层主要包括三叠系柯岛群和侏罗系屯田营组。其中，三叠系柯岛群由浅变质的火

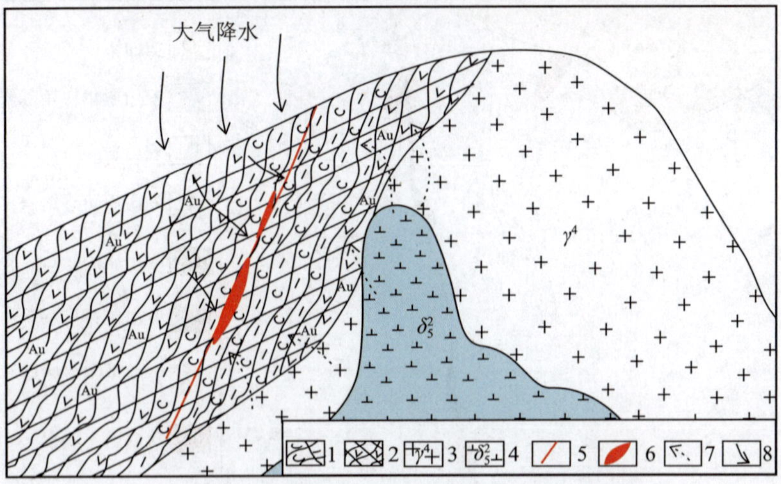

图 4-28　吉林省桦甸市二道甸子金矿床成矿模式图
（据吉林省地质调查院，2013，有修改）
1—含碳质角岩；2—角闪石角岩；3—华力西期花岗岩；4—燕山期闪长岩；5—断层；
6—矿体；7—岩浆热流体演化；8—大气降水演化

山岩、火山碎屑岩和海相沉积碎屑岩组成。侏罗系屯田营组为一套陆相火山岩建造，上段为安山质-英安质-流纹质凝灰岩、凝灰质砂岩及角砾凝灰岩，夹英安岩和流纹岩；下段为安山质角砾岩、安山岩火山岩、大理岩、角砾凝灰岩及集块角砾岩等。区域岩浆侵入活动薄弱，侵入岩以脉岩为主，岩石类型包括闪长岩、辉石闪长岩、花岗斑岩和次安山岩脉等。该区断裂构造较为发育，百草沟-苍林东西向断裂、新和屯-西大坡北东向断裂和大柳河-海山北西向断裂控制了本区构造格架。此外，受不同方向断裂控制，本区火山口相辐射状断裂较为发育，控制着刺猬沟金矿体的产出。

2. 矿区地质

矿区地层以中侏罗统屯田营组为主，三叠系柯岛群零星出露。柯岛组为一套浅变质的海相-海陆交互相沉积岩，并夹有少量火山碎屑岩。侏罗系屯田营组火山岩与下伏三叠系柯岛群呈角度不整合接触。屯田营组的岩石类型包括为安山质集块岩、角砾凝灰熔岩夹安山岩，其 Rb-Sr 等值线年龄为 147.5 Ma。此外，次安山岩、次安山玄武岩、次粗面安山岩等次火山岩体呈脉状侵入。这些中酸性火山岩大面积分布于尖山子以东，总体呈东西向展布，受东西向断陷盆地控制，刺猬沟金矿就产于该组火山岩之中（图 4-29）。

燕山期花岗岩和闪长岩等小侵入体在矿区东部二叠系中有出露，距矿区约 4 km，推测在矿区深部存在隐伏岩体。矿区内有闪长岩、辉石闪长岩、花岗斑岩和次安山岩脉，均受近东西向与北西向、北东向构造交汇部位控制，在空间上和时间上与成矿有较密切的关系。

矿区位于百草沟-苍林东西向断裂、新和屯-西大坡北东向断裂和大柳河-海山北西向断裂交汇处。围绕矿区有安山质角砾岩和集块岩成环带状分布，其中东山见有多层熔结凝灰岩和松脂岩，并有次火山岩相当发育，因此，刺猬沟矿床所处部位可视为一个寄生埋藏火山口。

矿体受近火山口相辐射状断裂即沿成矿前的北西向（被次火山岩脉充填）和北北东向（次安山玄武岩充填）两组剪裂形成的追踪张裂控制。矿区有成矿断裂带 3 条，从西向东依次编号为Ⅰ、Ⅱ、Ⅲ号断裂带，见图 4-29。Ⅰ号断裂带，地表出露长 1320 m，宽 10~20 m，延深 750 m，总体走向 NE10°，近直立，沿走向、倾向均呈“S”形波状展布；Ⅱ号断裂带，地表出露长 940 m，宽 0.5~10 m，延深 300 m，总体走向 NE30°，倾向南东，倾角 65°~80°，沿走向呈“S”形展布；Ⅲ号断裂带，地表出露长 34 m，宽 0.05~0.90 m，总体走向北东 10°，倾向不定，倾角大于 60°。

成矿构造发育在屯田营组火山喷发岩下段安山质角砾熔岩和安山质熔集块角砾岩中，侵入该岩段之中次安山岩被成矿断裂切割，充填成矿断裂中含矿脉体同位素年龄为 178.3±1 Ma，确定刺猬沟金

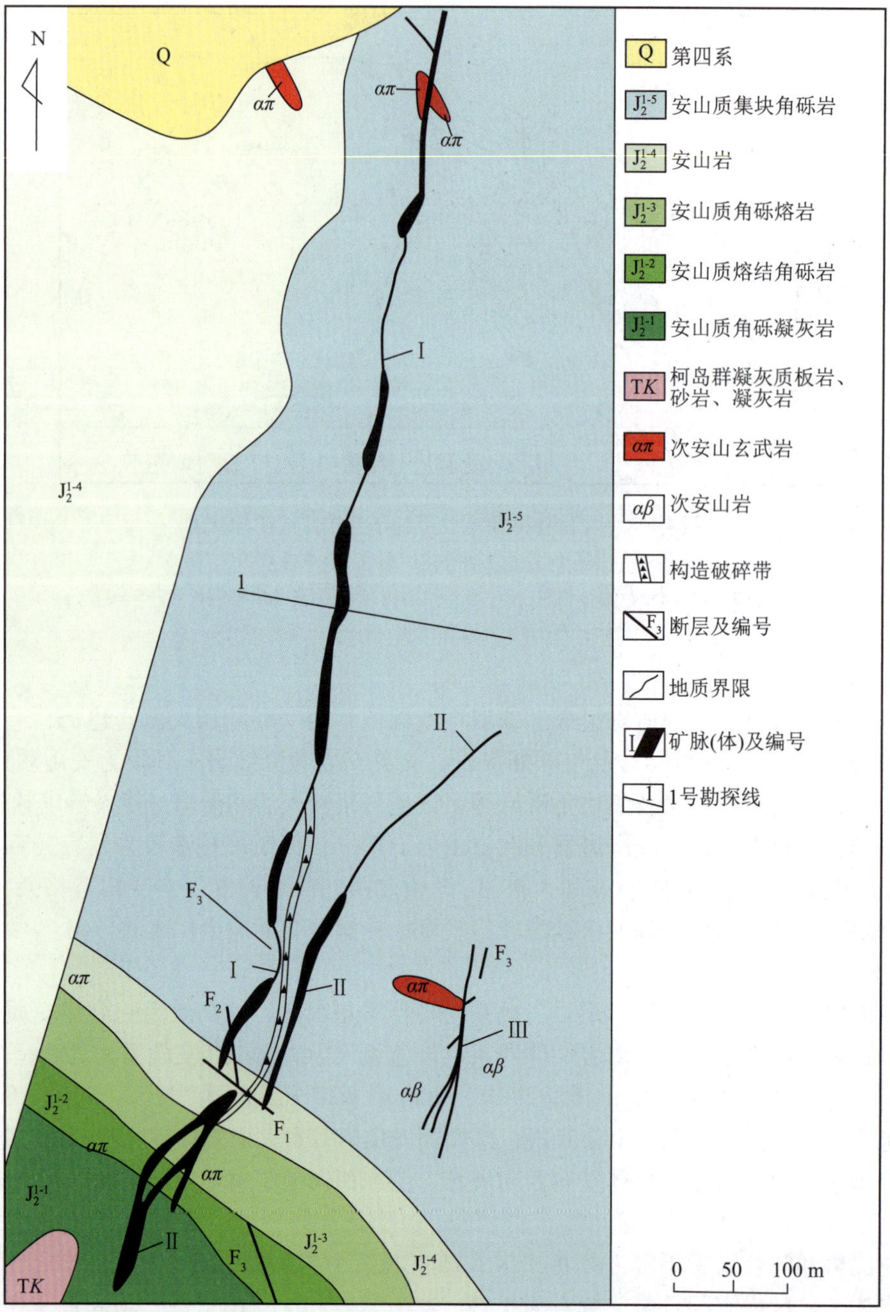

图 4-29 吉林省汪清县刺猬沟金矿床地质图

（据殷茜等，2010，有修改）

矿成矿断裂生成于中侏罗世。

成矿后断裂主要有北北东向、北北西向和北西向 3 组，切割和破碎矿体，但错距均不大。

3. 矿体特征

金矿床由 3 条含金方解石-石英脉组成，脉体产在中侏罗世第一次火山喷发旋回的安山质凝灰角砾熔岩和安山岩中，沿走向和倾向延至二叠系中，但脉体迅速变窄、尖灭。

金矿体严格受石英-方解石脉制约，主要赋存于细粒方解石脉和冰长石-石英脉体之中。脉体的围岩主要为安山岩、安山质角砾熔岩和次火山岩。矿体沿走向不连续，每个独立矿体之间隔 70～120 m，矿体之间由低品位石英方解石脉连接，矿体厚度小于或等于脉体厚度（图 4-30）。

矿体赋存于脉体上部，一般距地表 50～200 m，矿体与脉体侧伏方向一致，并且矿体底界与不整

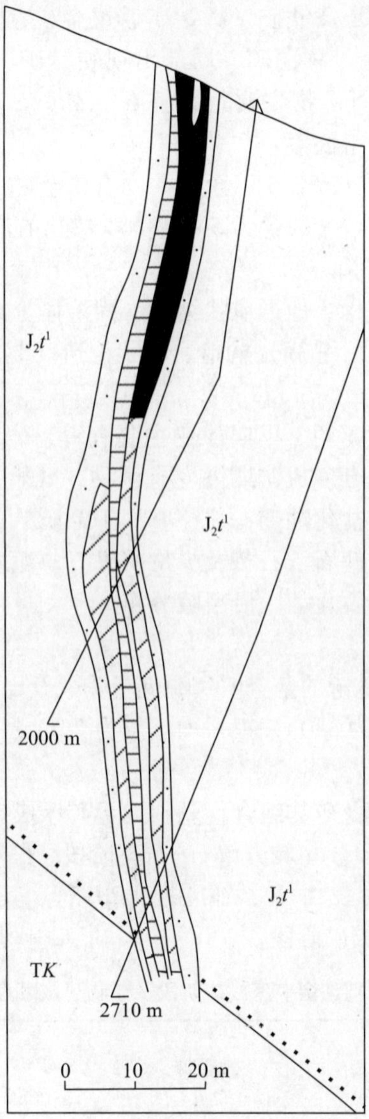

图 4-30 吉林省汪清县刺猬沟金矿 1 号勘探线剖面图

（据吉林省地质调查院，2013）

合面近于平行，相距 200 m 左右，矿体出露最大标高 624.4 m，最低标高 180 m，延深 100~200 m，矿体多赋存于脉体分枝、复合、转弯、膨大部位，其形态与脉体一致。矿区共圈出 7 个矿体，其中 1 号脉 4 个矿体；Ⅱ号脉 2 个矿体；Ⅲ号脉 1 个矿体。以Ⅰ号脉 3 个矿体为主。矿体品位北富南贫，近地表富，深部贫，矿体出现 3 个浓集中心具有等距性，每浓集中心间距 200 m。

Ⅰ-1 号矿体：位于Ⅰ号脉体的北段转弯处的分支复合部位，矿体长 70 m，厚度 0.6~5.63 m，平均 2.49 m，垂深 212 m。矿体从南往北走向由 10°逐渐变为 35°，倾向东，倾角 85°，呈近直立的大扁豆状。金平均品位为 16.99 g/t。伴生银平均品位为 15.00 g/t。

Ⅰ-2 号矿体：位于Ⅰ号脉体中段，矿体长 520 m，厚度 0.55~8.50 m，平均 2.52 m，垂深 80 m。矿体走向 10°，倾向西，倾角 80°，呈近脉状。金平均品位为 8.74 g/t。伴生银平均品位为 9.71 g/t。

Ⅰ-3 号矿体：位于Ⅰ号脉体南段，矿体长 200 m，厚度 0.44~5.30 m，平均 1.66 m，矿体走向自南往北由 35°变为 335°之后又逐渐变为 10°、5°，总体倾向西，倾角 74°~85°，呈近脉状。金平均品位为 7.73 g/t。伴生银平均品位为 3.43 g/t。

4. 矿石特征

矿石类型属贫硫化物石英-方解石型矿石。

矿石中金属硫化物含量低（<5%），主要是黄铁矿、辉银矿、银金矿，其次为闪锌矿、方铅矿、黝铜矿、针碲金矿、碲银矿、自然银、自然金、辉铜矿，局部出现硬锰矿、辰砂、硫锑铅矿、孔雀石、褐铁矿、菱铁矿等（朱成阳，2016）。脉石矿物主要是方解石、石英，其次有白云母、钾长石、重晶石、钠长石、绢云母、明矾石、冰长石、玉髓等。

矿石中主要含金矿物为银金矿、自然金、针碲金矿，含银矿物有银金矿、自然银、辉银矿。它们主要赋存在石英颗粒间裂隙中，呈显微金矿物，金成色为547~826，多数在700左右。金与银、金与Al_2O_3、金与（K_2O+Na_2O）含量总体上呈正相关。

矿石结构有自形、半自形结构、浸染状结构、他形粒状结构、固溶体分离结构、压碎结构、交代和港湾状结构。矿石构造有角砾状构造、晶洞（晶簇）构造、梳状构造（赵宏光，2007）。

5. 围岩蚀变

刺猬沟金矿围岩蚀变受断裂控制，可分为3期。早期蚀变主要有青磐岩化作用，形成有绿泥石、绢云母、碳酸盐、钠长石、石英等蚀变矿物组合。成矿期蚀变有两种，开始为钾质泥化，由伊利石-水云母、碳酸盐等矿物组成；晚期硅化、碳酸盐化蚀变，往往叠加于钾质粘土化带上，并常形成复脉体，是矿区主要矿化蚀变类型，矿物组合有方解石、石英及少量明矾石、泥质物等，呈带状分布于脉体两侧。成矿期后蚀变主要有绿泥石化、叶蜡石化等，沿裂隙分布。

6. 资源储量

截至2018年底，吉林省汪清县刺猬沟金矿床的金查明资源储量为4.0 t，保有资源储量为0.38 t，金平均品位为9.47 g/t；伴生银查明资源储量为3.0 t，银平均品位为7.11 g/t。

7. 成矿阶段划分及分布

根据矿石中的围岩蚀变特征、矿石结构以及矿物组合，刺猬沟金矿床成矿作用可划分为热液期和表生期，热液期进一步划分为冰长石-石英阶段、粗粒方解石-石英阶段、细粒方解石-石英-冰长石-自然金阶段和石英-玉髓-方解石共4个阶段（表4-22；邹欣桐，2015）。其中，细粒方解石-石英-冰长石-自然金阶段和粗粒方解石脉阶段为主成矿阶段。

表4-22 吉林省汪清县刺猬沟金矿床成矿阶段及矿物生成顺序

成矿期	热液期				表生期
成矿阶段	冰长石-石英阶段	粗粒方解石-石英阶段	细粒方解石-石英冰长石-自然金阶段	石英-玉髓-方解石阶段	表生阶段
石英	▒▒▒	▒▒▒	▒▒▒	▒▒▒	
方解石	━━━	▒▒▒	▒▒▒	▒▒▒	
冰长石	━━━		━━━		
萤石			▒▒▒	▒▒▒	
玉髓				▒▒▒	
黄铁矿	━━━	━━━	━━━		
自然金		━━━	━━━		
银金矿			━━━		
黄铜矿			━━━		
黝铜矿			━━━		
闪锌矿			━━━		
方铅矿			━━━		
褐铁矿					━━━

注：━━━ 金属矿物；▒▒▒ 非金属矿物；其长度代表形成时间；宽度代表相对含量。

（据邹欣桐，2015）

8. 成矿物理化学条件

原生流体包裹体的岩相学及显微测温研究结果显示，矿石中石英与方解石中的原生包裹体的均一温度变化范围为128.9~375.8℃，集中在160~200℃之间（图4-31），结合矿石内发育的典型低温蚀变组合（冰长石和绢云母），认为刺猬沟金矿床的成矿流体属低温流体（邹欣桐，2015）。根据低浓度盐水溶液包裹体温度-密度和盐度计算的关系式，求得成矿流体盐度介于0.18%~11.23%，密度介于0.57~1.00 g/cm^3 之间（图4-31），由此确定刺猬沟矿床成矿流体属于低温、低盐度、低密度流体（邹欣桐，2015）。

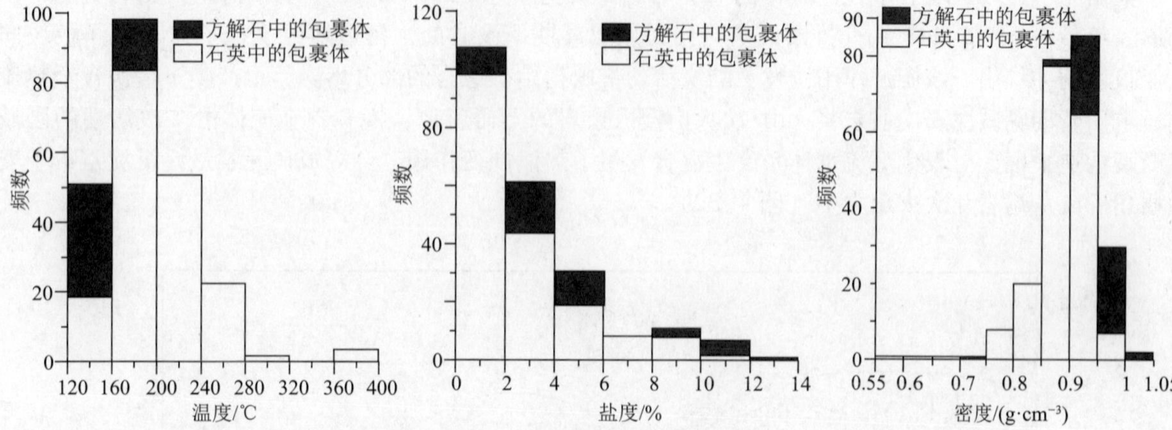

图4-31　吉林省汪清县刺猬沟金矿床不同类型包裹体均一温度、流体的盐度和密度直方图
（据邹欣桐，2015）

流体包裹体的成分分析结果显示，其主要成分有K^+、Na^+、Ca^{2+}、Mg^{2+}、HCO_3^-、F^-、Cl^-、SO_4^{2-}，该矿床成矿流体成分类型为$K^+-Ca^{2+}-HCO_3^-$。且Ca^{2+}、HCO_3^- 浓度逐渐升高，早期富K^+、Na^+，晚期富Cu^{2+}离子，早期富Cl^-、SO_4^{2-}，晚期富HCO_3^-；Ca^{2+}/Mg^{2+}、CO_2/H_2O 及 CO/CO_2 比值逐渐增大，反映了流体成矿演化特征，尤其Na^+/K^+比值系数小于1，说明具岩浆热液特点。

矿床pH、E_h 值不同阶段成矿流体变化值总是pH值逐渐升高，从6.57增至7.34，E_h 值降低，由66.32降到20.77 mV，由此可见，金等成矿元素沉淀时处于偏碱性和低氧化环境。

利用邵洁涟（1986）计算成矿压力的经验公式，计算出刺猬沟金矿床的成矿流体的压力区间为7.99~37.89 MPa，集中在12~16 MPa之间，平均压力为14.92 MPa；进一步利用邵洁涟（1986）计算成矿深度的经验公式，求得刺猬沟金矿床的成矿深度区间为0.27~1.26 km，成矿深度集中在0.4~0.6 km之间，平均深度为0.50 km，表明金矿化发生于浅成环境中（侯鹤楠等，2012）。

（1）成矿流体来源

矿石中脉石矿物的氢氧同位素分析结果显示，其$\delta^{18}O$ 变化于-13.002‰~-0.56‰之间，δD 值变化于-93.616‰~-104.74‰之间，在$\delta D-\delta^{18}O$ 图投点落在天水演化线与岩浆水之间区域，且明显更加靠近天水演化线（关键，2005）。因此，刺猬沟金矿床的成矿流体以大气降水为主，可能存在少量岩浆水。

（2）成矿物质来源

矿石矿物硫同位素分析结果显示，其$\delta^{34}S$ 值介于-3.4‰~0.043‰之间，平均值为-1.725‰，接近陨石硫值，说明硫同位素具有深成特点（朱成阳，2016）。

刺猬沟金矿方铅矿同位素组成为：$^{206}Pb/^{204}Pb$ = 18.29 ~ 18.39、$^{207}Pb/^{204}Pb$ = 15.41 ~ 15.56、$^{208}Pb/^{204}Pb$ = 37.84 ~ 38.09，在铅的构造图中，位于地幔演化线附近，反映铅的深源性，说明该矿床属于广义岩浆热液矿床（朱成阳，2016）。

9. 矿床类型

吉林省汪清县刺猬沟金矿属陆相火山岩型金矿。

10. 成矿模式

由浓度克拉克值大小得出地球化学元素浓集序列为 Te-Au-Ag-B-As-Sb-Se-Tb-Pb，这些富集元素组合显示了该矿床成矿作用地球化学特征，尤其是碲的高度富集，反映了一般火山热液矿床特征。

区域上，近东西向百草沟-苍林断裂、北东向亲合屯-西大坡断裂及北西向大柳树河-海山断裂交汇处控制着陆相火山盆地的形成；刺猬沟金矿体赋存在中侏罗统屯田营组钙碱性安山质岩-次火山侵入杂岩及火山口相和断陷部位，主要含矿岩石为安山质角砾凝灰熔岩和次火山岩；矿体受叠加在火山口附近的北北东向断裂构造控制。

根据充填在成矿断裂中含矿脉体的 $^{40}Ar/^{39}Ar$ 年龄为 178.0±3 Ma，赋矿屯田营组火山岩的 Rb-Sr 等值线年龄为 147.5 Ma，由此推断成矿时代为燕山早期。该时期，延边地区受控于古太平洋板块向欧亚板块俯冲作用。该俯冲作用诱发了陆缘活动带内初始矿源岩的部分熔融，也产生了幔源含金热流体，屯田营期钙碱性安山质岩浆火山/次火山侵入杂岩的上侵就位，幔源含金流体沿多次活动的区域性断裂构造上涌，与表生环流水体系产生混合发生了热液蚀变作用，金等成矿元素最终沉淀富集于安山质角砾凝灰熔岩和次火山岩中（图 4-32）。

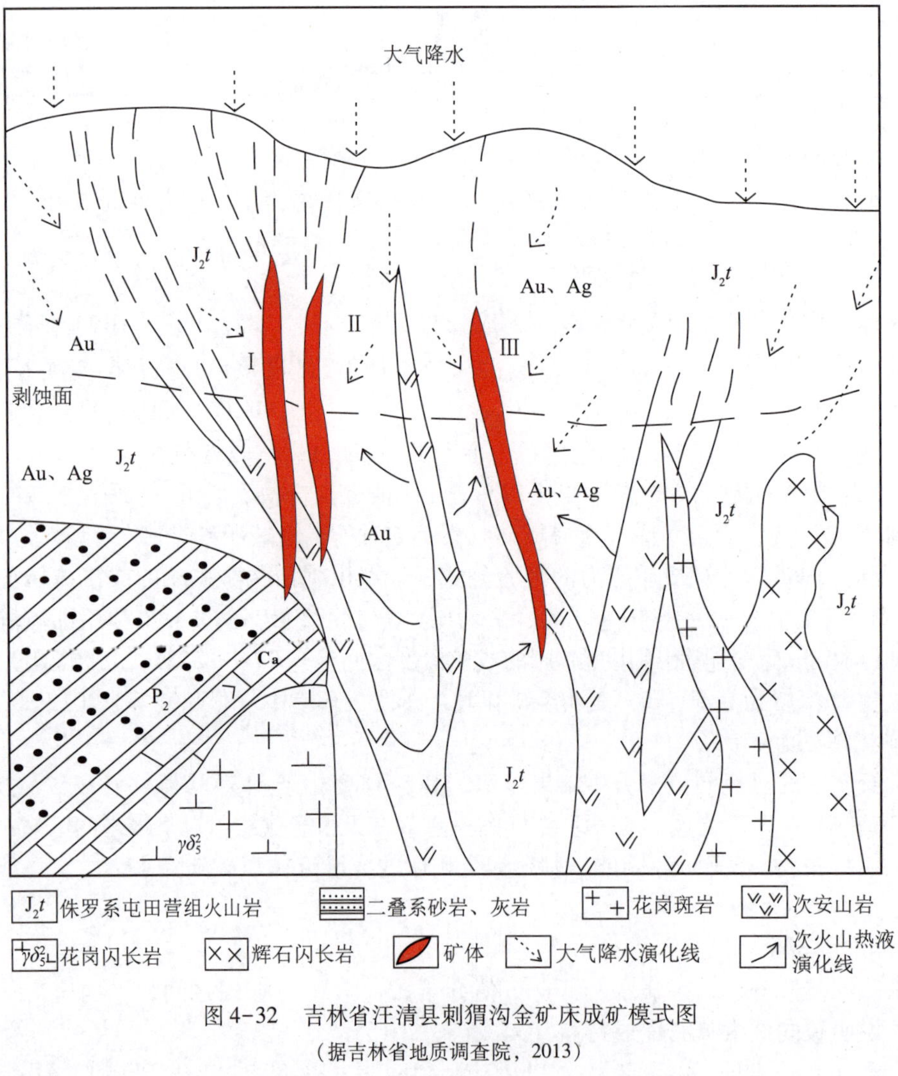

图 4-32　吉林省汪清县刺猬沟金矿床成矿模式图

（据吉林省地质调查院，2013）

11. 找矿模型

根据矿床地质环境、矿床地质特征及物化遥等资料提取矿床预测要素，建立刺猬沟金矿床找矿模型如表 4-23 所示。

表 4-23　吉林省汪清县刺猬沟金矿床找矿模型表

成矿要素		内容描述	成矿要素类别
特征描述		陆相火山岩型	
地质环境	岩石类型	安山岩、安山质凝灰岩、安山质角砾凝灰熔岩和次火山岩	必要
	成矿时代	充填在成矿断裂中含矿脉体的 $^{40}Ar/^{39}Ar$ 年龄为 178.0±3 Ma；赋矿屯田营组火山岩其 Rb-Sr 等值线年龄为 147.5 Ma。由此推断成矿时代为晚侏罗世	必要
	成矿环境	矿区位于长白山陆缘火山盆岭叠加构造带（MCⅠ-3）、太平岭-老岭火山-沉积隆盆带（MCⅠ-3_5）、屯田营盆地（MCⅠ-3_5^4）内。受北北东向图们断裂带与北西向嘎呀河断裂复合部位控制	必要
	构造背景	矿体受近火山口相辐射状断裂即沿成矿前的北西向（被次火山岩脉充填）和北北东向（次安山玄武岩充填）两组剪裂形成的追踪张裂控制	重要
矿床特征	矿物组合	矿石中金属硫化物含量少，主要是黄铁矿、辉银矿、银金矿，其次为闪锌矿、方铅矿、黝铜矿、针碲金矿、碲银矿、自然银、自然金、辉铜矿，局部出现硬锰矿、辰砂、硫锑铅矿、孔雀石、褐铁矿、菱铁矿等。脉石矿物主要是方解石、石英，其次有白云母、钾长石、重晶石、钠长石、绢云母、明矾石、冰长石、玉髓等	重要
	结构构造	矿石结构有自形、半自形结构，浸染状结构，他形粒状结构，固溶体溶离结构、压碎结构、隔板状和交代状、港湾状结构。 矿石构造有角砾状构造、晶洞（晶簇）构造、梳状构造	次要
	蚀变特征	主要蚀变类型为青磐岩化、沸石化、冰长石化、黄铁矿化、碳酸盐化及硅化绢云母化等	重要
	控矿条件	区域上受近东西向百草沟-苍林断裂和北东向亲合屯-西大坡断裂及北西向大柳树河-海山断裂交汇处形成的火山盆地控制；矿体赋存在中侏罗统屯田营组钙碱性安山质岩-次火山侵入杂岩及火山口相和断陷部位，主要含矿岩石为安山质角砾凝灰熔岩和次火山岩；矿体受叠加在火山口附近的北北东向断裂构造控制	必要
物化遥异常特征	重力	区域重力异常宏观上呈现东南部高，西北部低的分布特征；刺猬沟金矿处于重力高异常区	重要
	航磁	刺猬沟金矿处于两处磁异常峰值中间	重要
	化探	Au、Cu、Pb、Zn、Ag、As、Sb、Hg、W、Sn、Bi、Mo 构成离心-向心结构的叠生地球化学场；主要元素 Au、Cu、Pb、Zn 异常分带清晰，浓集中心明显，强度高，是优良的成矿异常	重要
	遥感	遥感解译出环形构造和线性断裂构造较为发育	重要

（十二）吉林省汪清县闹枝金矿床

闹枝金矿床位于吉林省汪清县城南西 205°方向 17 km 处，隶属于百草沟镇管辖。矿区地理位置坐标：东经 129°39′26″~129°40′37″，北纬 43°09′52″~43°10′44″，于 1965 年由吉林省冶金系统地质队发现。

1. 区域地质背景

闹枝金矿床位于长白山陆缘火山盆岭叠加构造带（MCⅠ-3）（Ⅱ）、太平岭-老岭火山-沉积隆盆带（MCⅠ-3_5）（Ⅲ）、屯田营盆地（MCⅠ-3_5^4）（Ⅳ）内，处在牡丹岭-春化隆起的中部，受敦化-杜荒岭和新合-马滴达两条东西向断裂带控制，同时又是吉青岭-水北东西向断裂与永昌-长岩北西向断裂带的交汇复合地带。

区内出露的地层主要为二叠系关门嘴子组、侏罗系屯田营组、白垩系金沟岭组等，其中关门嘴子组为一套变中性火山熔岩、片理化角砾凝灰岩夹砂岩和灰岩透镜体；屯田营组为由多个大型火山喷发旋回组成的中性火山岩系，主要岩石类型包括安山岩、集块岩、安山质凝灰岩，夹凝灰质砂岩；金沟岭组由中性-中酸性火山岩、火山碎屑岩组成。中生代火山-次火山岩与区内陆相火山岩关系密切。区内侵入岩较为发育，主要有华力西晚期的花岗闪长岩类及燕山期的石英闪长岩、似斑状黑云母斜长花岗岩、斜长花岗岩、次安山岩及花岗闪长斑岩。

2. 矿区地质

矿区地层有侏罗系屯田营组和白垩系金沟岭组火山岩-次火山岩，出露在矿区的东部（图4-33）。

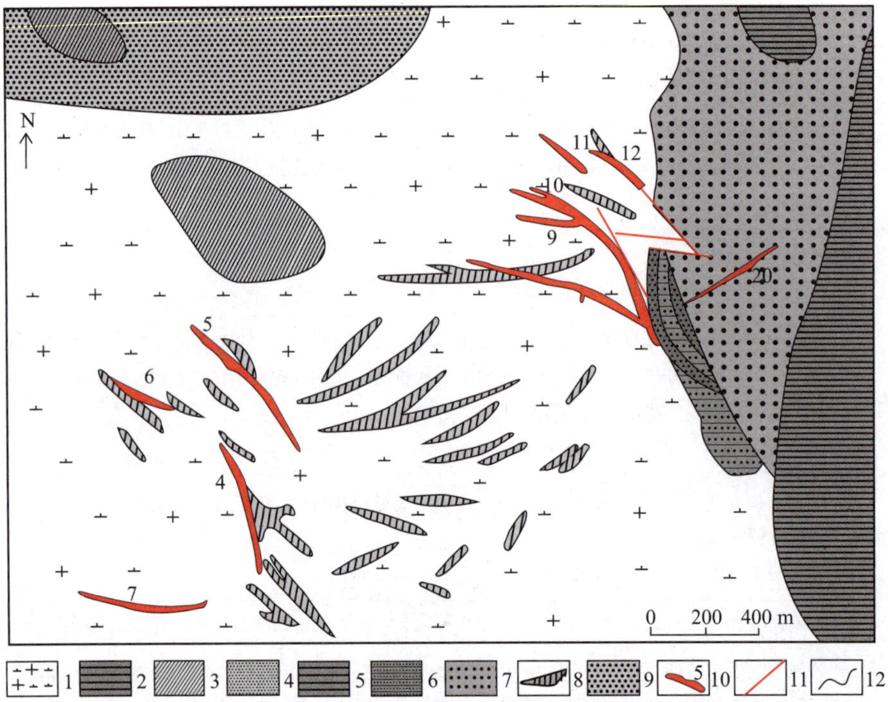

图4-33 吉林省汪清县闹枝金矿区地质略图

（据张勇，2010，有修改）

1—燕山期花岗闪长岩；2—燕山期二长花岗岩；3—燕山期石英闪长岩；4—燕山期似斑状花岗岩；5—燕山期钾长花岗岩；6—侏罗系屯田营组；7—白垩系金沟岭组；8—燕山期次安山岩脉；9—屯田营组浊沸石岩；10—含金破碎带、金矿体及编号；11—断层；12—地质界线

矿区内燕山期岩浆岩较为发育，以形成大面积分布的花岗闪长岩（166 Ma；林博磊，2016）为特征，呈大岩基出露，是中生代次火山岩脉和矿体赋存的主要场所；矿体主要产在次火山岩脉与花岗闪长岩接触带上。中酸性侵入岩多分布在矿区外围，主要出露于西北侧和东侧，呈小岩株和岩脉零星产出。

矿区断裂构造发育，主要为北西向、南北向、东西向、北西向断裂，控制了岩体和矿体分布。容矿构造以北西向为主，其次为北北西向，少数为东西向、北东东向。闹枝铜金矿床的容矿断裂切穿了花岗闪长岩岩基，侏罗纪次安山岩脉的Rb-Sr等时线年龄为130±20 Ma（吉林地质矿产局第六地质调查所，1991），容矿断裂中含金石英脉年龄为127.8±0.2 Ma，说明容矿断裂活动于晚侏罗世—早白垩世。

3. 矿体特征

闹枝金矿区内主要矿脉有10条，即10号、9号、1号、5号、11号、4号、6号、7号、20号及12号矿脉，均赋存在中生代火山盆地内的火山岩、次火山岩及燕山期花岗闪长岩体内（图4-33）。其中10号矿脉规模最大，含金性最好，已圈出3个工业矿体；9号含金蚀变带规模较小，局部含金性较好（林博磊，2013）。

10号含金破碎蚀变带分布在花岗闪长岩和次安山岩内。该含金破碎蚀变带具有分支复合现象，较大的分支有10-2号和10-3号。沿走向和倾向均呈舒缓波状，局部膨缩现象明显。该含金破碎蚀变带呈北西—南东向展布，产状以72线为界，其北西段倾向为200°~235°，倾角50°~65°；东南段倾向235°~245°，倾角60°~65°。含金破碎蚀变带地表走向长度大于1000 m，延深大于500 m。厚度变化较大，一般 1~3 m，最厚 12.3 m，最窄处只有几十厘米。10-1 号、10-2 号矿体即产于该破碎蚀变带内，其产状与其所赋存的含金破碎带产状基本一致（图 4-34）。

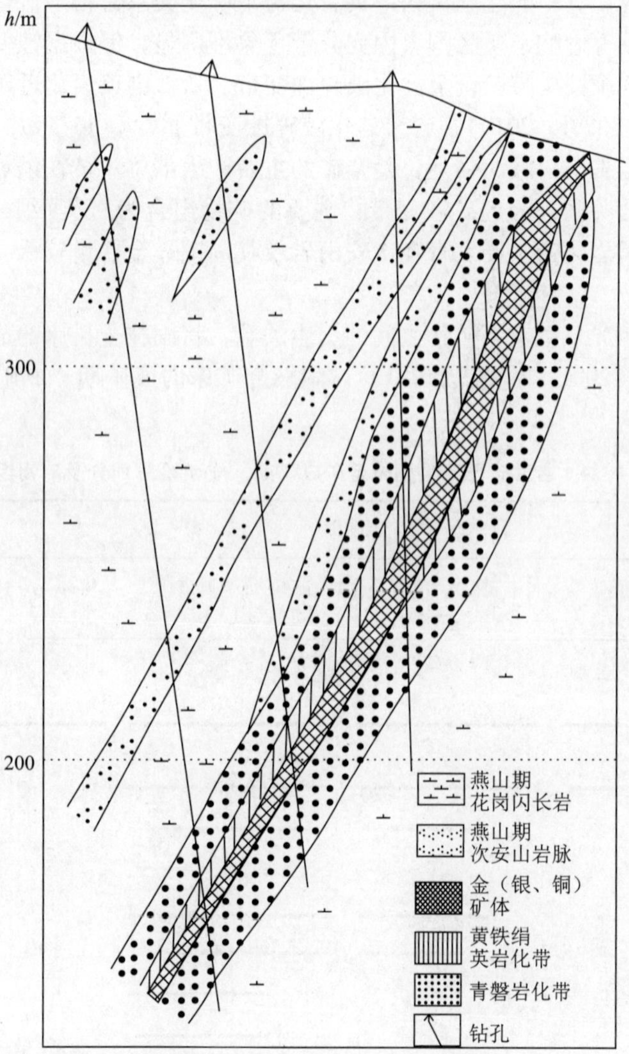

图 4-34　吉林省汪清县闹枝金矿 10 号矿体 72 号勘探线剖面图
（据张勇，2010）

9 号含金破碎带位于 10 号脉北西段上盘的花岗闪长岩中，空间上与次安山岩脉关系密切，沿走向北西与 10 号含金破碎蚀变带间距变大，该含金破碎蚀变带走向长 350 m，宽 0.4~2.71 m，最大延深 200 m；走向近南北，倾向 180°~190°，倾角 60°~70°。

4. 矿石特征

根据金属硫化物含量及矿物共生组合特征，将闹枝金矿石分为硫化物自然金（硫化物含量 5%~10%）-黄铁矿-黄铜矿型矿石和富硫化物自然金（硫化物含量>15%）-黄铁矿-黄铜矿-方铅矿-闪锌矿型矿石（张勇，2010）。

矿石矿物主要为自然金、银金矿、金银矿、黄铁矿、黄铜矿、方铅矿、闪锌矿等，此外，还有少量的硫铋铅矿、黝铜矿、辉银矿等。其中，自然金呈不规则粒状、厚板状、叶片状、树枝状，粒径一般为 0.001~0.03 mm，主要嵌布于黄铁矿或充填在黄铁矿的裂隙中；脉石矿物主要为石英、绢云母、绿泥石、方解石、冰长石（林博磊，2013）。

矿石主要发育自形-半自形结构、交代残余结构、填隙结构、隐晶质结构以及碎裂-碎斑结构等结构，以及浸染状、细脉浸染状、梳状、块状、角砾状、土状、皮壳状等矿石构造（张勇，2010）。

5. 围岩蚀变

矿区内围岩蚀变较为发育，类型丰富，主要包括青磐岩化、冰长石化、沸石化、泥化、黄铁绢英岩化、碳酸盐化、硅化等，其中硅化和黄铁绢英岩化与金矿化关系紧密。

受后期断裂构造活动等影响，矿区围岩蚀变分带现象不明显，但根据蚀变类型和蚀变岩中金矿化强度变化大体可划分为 3 个蚀变带：含金硅化破碎蚀变带、黄铁绢英岩化近矿蚀变带以及青磐岩化蚀变带（孟庆丽等，2001；张勇，2010）。含金硅化破碎蚀变带通常宽 1~3 m，蚀变类型以硅化、黄铁矿化和绢云母化为主，岩石破碎较为强烈，是金矿的主要产出部位。黄铁绢英岩化带分布在含金破碎带的两侧，常与之呈过渡关系，为近矿蚀变带，主要的矿物组合为石英+绢云母+黄铁矿，整体矿化不好，金含量较低。青磐岩化带主要发育在次安山岩及其周围，金含量较低（林博磊，2013）。

6. 成矿阶段划分

根据野外的观察和偏光显微镜下矿物之间的交生关系，将闹枝金矿床的成矿作用划分为热液期和表生氧化期（孟庆丽等，2001；林博磊，2013）。闹枝金矿床的成矿期、成矿阶段划分及矿物组合见表 4-24。

表 4-24 吉林省汪清县闹枝金矿成矿期、成矿阶段划分及矿物组合

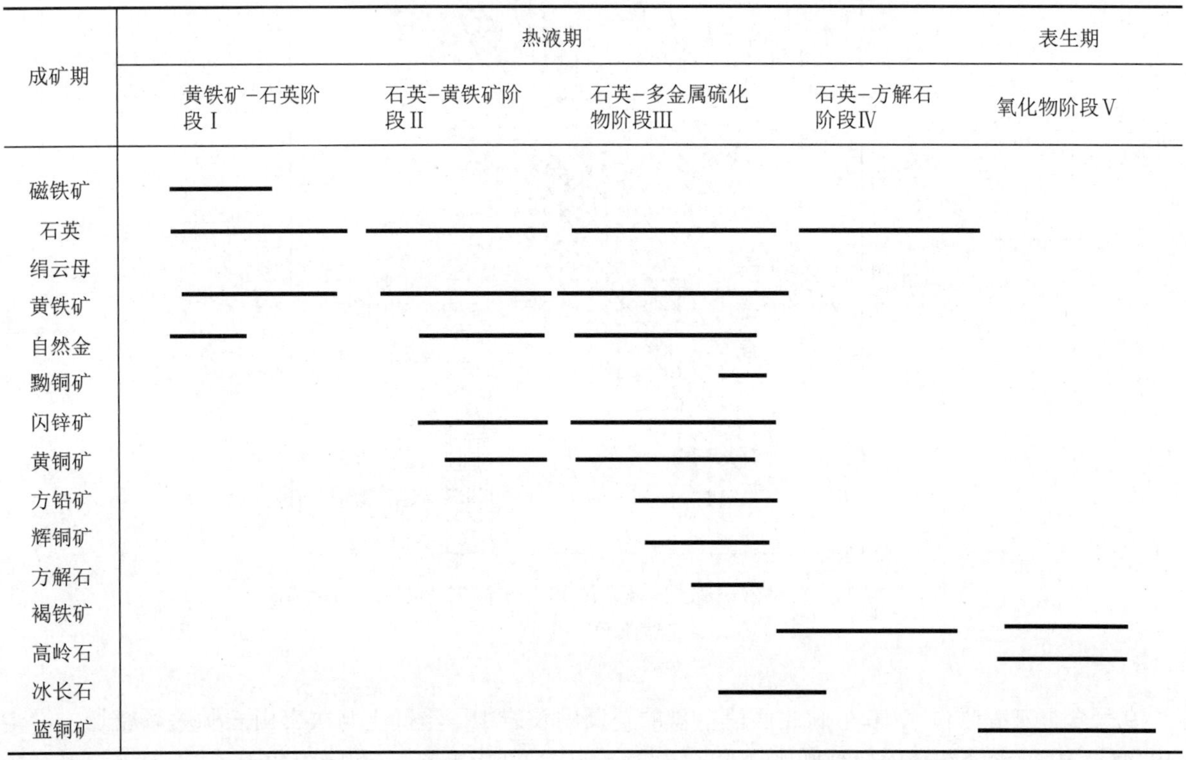

（据孟庆丽等，2001；林博磊，2013）

7. 资源储量

截至 2018 年底，吉林省汪清县闹枝金矿床金的查明资源储量为 3.85 t，保有资源储量为 1.48 t，金平均品位为 5 g/t。

8. 成矿物理化学条件

林博磊（2013）对闹枝金矿床 9、10 号矿脉中含金石英脉样品进行了流体包裹体岩相学、显微测温等测试工作，并认为含金石英脉脉石矿物石英中主要发育富液相和富气相两类原生气液包裹体；此外，杨帅师等（2010）还发现此类型矿石还发育含 NaCl 子矿物三相包裹体，认为该类型包裹体所代表的高盐度流体是有限流体沸腾作用导致。

不同成矿阶段的、不同类型的流体包裹体显微测温结果显示，这些原生流体包裹体的均一温度介于 178.5~414.5℃之间，主要集中在 240~360℃之间。此外，不同成矿阶段的流体包裹体温度变化较大，第Ⅰ成矿阶段（黄铁矿-石英阶段）流体包裹体均一温度较高，集中在345.5~415℃之间；第Ⅱ成矿阶段（石英-黄铁矿阶段）流体包裹体均一温度介于193.5~283.6℃之间；主成矿阶段流体包裹体均一温度集中在193.5~283.6℃之间；第Ⅳ成矿阶段（石英-方解石阶段）流体包裹体均一温度为178.5~212.3℃（林博磊，2013）。利用气液流体包裹体的冰点温度及盐度计算经验公式（Potter et al.，1978），获得闹枝金矿流体包裹体的盐度范围为2.24%~19.91%之间，平均值为8.79%；根据刘斌等（2000）成矿流体密度计算公式，求得闹枝金矿的流体包裹体密度为0.64~0.96 g/cm^3（林博磊，2013）。上述研究表明，闹枝金矿成矿流体属于中温、低盐度、低密度的流体。

闹枝金矿氢、氧同位素组成特征为：$\delta^{18}O=-5‰\sim+5‰$，$\delta D=-80‰\sim-120‰$（梁俊红等，2003），表明闹枝金矿成矿流体来源并非单一来源，可能为岩浆水与大气降水的混合（林博磊，2013）。这与杨帅师等（2010）对闹枝金矿氢氧同位素分析的结果一致（图4-35）。

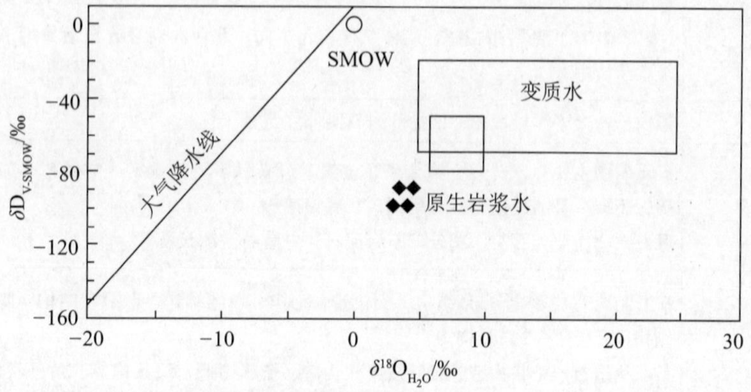

图4-35　吉林省汪清县闹枝金矿流体包裹体H-O同位素组成

（据杨帅师等，2010）

闹枝金矿不同金属硫化物的$\delta^{34}S$值变化范围较小，介于1.14‰~2.243‰之间（孟庆丽等，2001），与陨石硫同位素组成特征一致，表明该金矿床硫源为深部岩浆源或上地幔（梁俊红等，2003；林博磊，2013）。闹枝金矿方铅矿矿石中铅同位素分析结果为$^{206}Pb/^{204}Pb=18.355$，$^{207}Pb/^{204}Pb=15.555$，$^{208}Pb/^{204}Pb=38.233$，具有岩浆热液成因矿石铅的特点。

9. 矿床类型

闹枝金矿床分布在汪清陆相火山盆地内，与次火山岩密切相关，因此，其矿床类型属于陆相火山岩型。

10. 成矿机制与成矿模式

闹枝金矿10号脉矿石年龄为127.8±0.2 Ma（中子活化法，金伯禄，1992），石英多金属硫化物石英脉矿石矿物Rb-Sr等时线年龄为124.6±2.7 Ma（李晓鹏，2021），二者年龄基本一致，表明闹枝金矿形成于早白垩世（约124 Ma）。闹枝金矿赋矿围岩金沟岭组安山岩的就位年龄为129.9±4.5 Ma（LA-ICP-MS，林博磊，2013），与金矿体空间位置密切的安山玢岩脉的形成年龄为126.3±1.7 Ma（LA-ICP-MS，Ren et al.，2016），上述年龄与金矿成矿年龄大体一致，表明闹枝金矿的形成与区内早白垩世中性火山岩及次火山岩脉密切相关。

早白垩世期间，闹枝金矿所在的延边地区处于古太平洋板块俯冲作用下，诱发了强烈的构造岩浆活动，并形成了汪清-杜荒子中生代陆相火山断陷盆地，在不同方向断裂构造的交汇位置，为火山喷发的部位，形成了一系列次火山岩脉的侵位以及与之相关的金（铜）矿成矿的有利空间。白垩纪金沟岭期火山活动的晚期，一系列规模不等的次火山岩脉侵位，释放了携带大量Au、S、Pb等成矿物质的热液，沿北西向和北北西向次级张性断裂构造上涌，并与较多的大气降水混合，最终在合适的物理化学条件下，并于有利的构造部位发生沉淀、富集成矿。

11. 找矿模型

基于闹枝金矿成矿地质背景、矿床地质特征及物化遥异常特征等研究，建立了闹枝金矿床的找矿模型，如表 4-25 所示。

表 4-25　吉林省汪清县闹枝金矿找矿模型表

成矿要素		内容描述	成矿要素类别
特征描述		陆相火山岩型	
地质环境	岩石类型	安山岩、安山质凝灰岩和次安山岩；花岗闪长岩	必要
	成矿时代	燕山晚期	必要
	成矿环境	位于长白山陆缘火山盆岭叠加构造带（MCⅠ-3）（Ⅱ）、太平岭-老岭火山-沉积隆盆带（MCⅠ-3_5）（Ⅲ）、屯田营盆地（MCⅠ-3_5^4）（Ⅳ）内。受鸭绿江（集安-松江）断裂带控制，矿体赋存在北东向、北西向断裂或扭动作用形成的帚状断裂中	必要
	构造背景	形成于古太平洋板块俯冲回撤的岩石圈伸展背景	重要
矿床特征	矿物组合	矿石矿物主要为自然金、银金矿、金银矿、黄铁矿、黄铜矿、方铅矿、闪锌矿等，还有少量的硫铋铅矿、黝铜矿、辉银矿等。 脉石矿物主要为石英、绢云母、绿泥石、方解石、冰长石等	重要
	结构构造	矿石结构有自形-半自形结构、交代残余结构、填隙结构、骸晶状结构、隐晶质结构以及碎裂-碎斑结构等。 矿石构造有浸染状构造、细脉浸染状构造、梳状构造、块状构造、角砾状构造、土状、皮层状构造等	次要
	蚀变特征	青磐岩化、冰长石化、沸石化、泥化、黄铁绢英岩化、碳酸盐化、硅化等，其中硅化和黄铁绢英岩化与金矿化关系紧密；含矿至远矿，大体发育含金硅化破碎蚀变带、黄铁绢英岩化近矿蚀变带以及青磐岩化蚀变带	重要
	控矿条件	火山岩及次火山岩控矿：区域上受近东西向百草沟-苍林断裂和北东向亲合屯-西大坡断裂及北西向大柳树河-海山断裂交汇处形成的火山盆地控制；矿体赋存在下白垩统金沟岭组钙碱性安山岩-次安山岩，主要含矿岩石为安山质角砾凝灰熔岩和次安山岩。 断裂构造控矿：含矿蚀变带受北西、北北西向断裂构造控制	必要
物化遥异常特征	重力	区域重力异常宏观上呈现东南部高，西北部低的分布特征；闹枝金矿处于重力低值带（-8~-18 mGal）	重要
	航磁	闹枝金矿处于航磁负异常带	重要
	电场和激发极化	闹枝含矿带显示低阻高极化异常	重要
	化探	区域上 Au、Cu、Pb、Zn、Ag、As、Sb、Hg、W、Sn、Bi、Mo 构成离心-向心结构的叠生地球化学场；主要元素 Au、Cu、Pb、Zn 异常分带清晰，浓集中心明显，强度高，是优良的成矿异常。1：20 万 Au、Cu、Ag 分散流，1：5 万 Au、Cu、Ag 分散流和原生晕 Au、Cu、Ag 异常分别是本区、矿床和含矿带的特征区	重要
	遥感	遥感解译出环形构造和线性断裂构造较为发育	重要

（十三）吉林省四平市山门银矿床

四平山门银矿床位于吉林省四平市东南 20 km 处，矿床中心坐标：东经 124°32′08″，北纬 43°00′36″。该矿床于 1982~1987 年由吉林省第三地质调查所普查工作中发现。

1. 区域地质背景

山门银矿床大地构造分区属于东北陆缘岩浆弧-盆岭系叠加构造带（MCⅠ）、长白山陆缘火山盆岭叠加构造带（MCⅠ-3）（Ⅱ）、大黑山条垒带（MCⅠ-3_1）（Ⅲ）。矿床受区域性依兰-伊通断陷旁侧断裂控制，主干断裂旁侧的次级北北东向断裂是容矿构造。

区域地层除第四系外，主要为新元古界西保安岩组的片岩、麻粒岩，黄莺屯岩组的变质砂岩板岩、大理岩夹变质粉砂岩以及上侏罗统沙河子组及下白垩统登楼库组。其中上奥陶统黄莺屯岩组富含石墨、黄铁矿化大理岩夹变质粉砂岩、板岩为控矿围岩（图4-36）。区域内断裂构造除四平-德惠和伊通-依兰两条超壳断裂外，主要在其旁侧隆起区发育一组次级平行北北东向断裂系，还发育一组北西和南北向断裂构造，而北西与北北东向构造交汇部位控制了区域矿化集中区的分布。大型区域构造走向北北东向，横贯全区，各期次的岩浆活动均沿大断裂侵位。岩浆岩类以二长花岗岩、黑云母花岗岩为主，还有一些石英闪长岩、花岗斑岩、流纹岩及少量的基性、超基性岩。其中石英闪长岩为矿体的直接围岩。

2. 矿区地质

矿区内出露的地层主要包括新元古界西保安岩组、奥陶系黄莺屯岩组和白垩系登楼库组（图4-

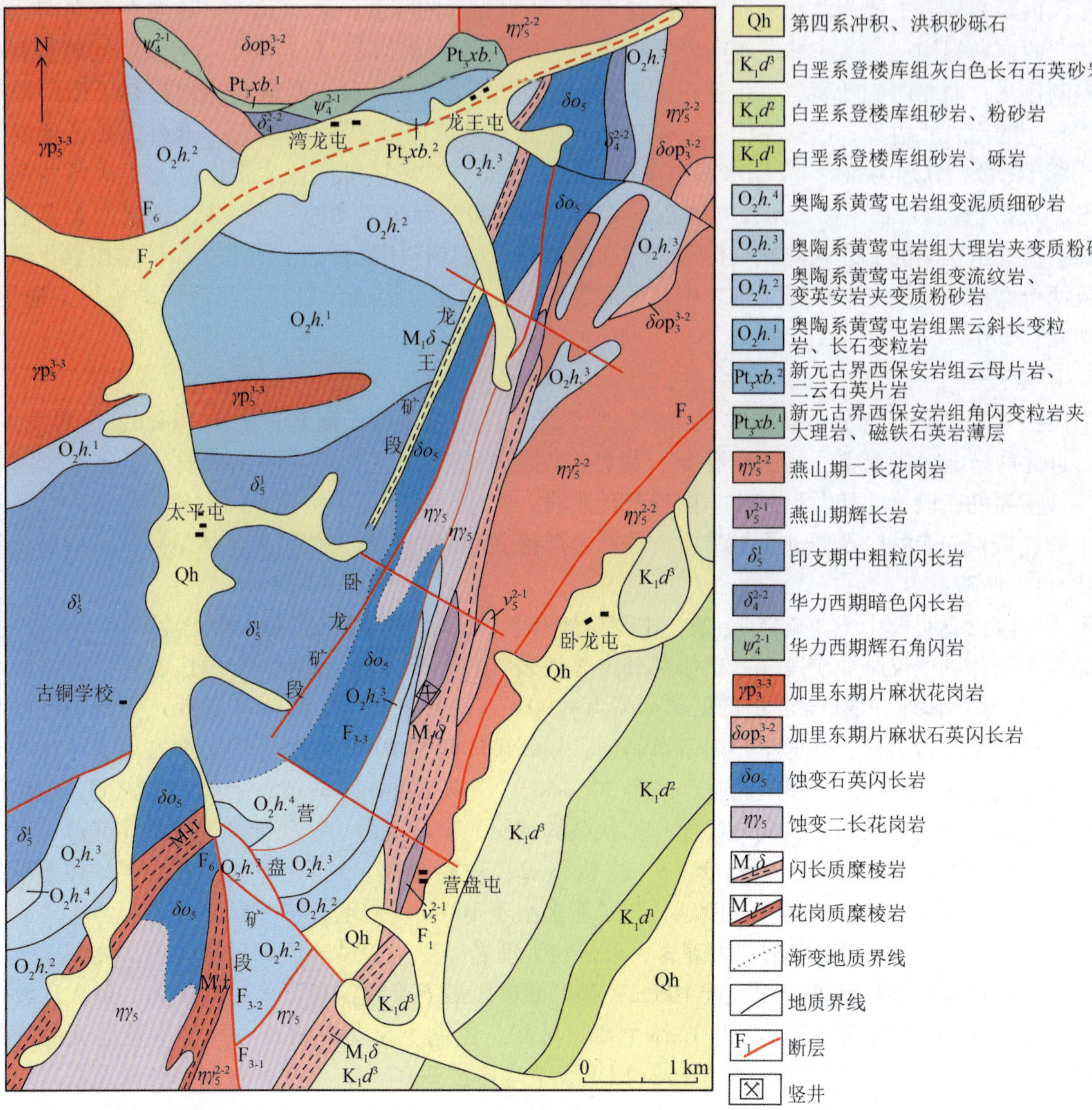

图4-36 吉林省四平市山门银矿床地质图

（据李子良等，2009，有修改）

38)。西保安岩组为一套变质的中基性火山岩-碎屑岩沉积建造。黄莺屯岩组为一套经历了绿片岩相变质作用的海相中酸性火山岩-碎屑沉积及碳酸盐建造，其变质碎屑岩、碳酸盐岩建造，为矿体的直接围岩。白垩系登楼库组为一套沉积建造，岩石类型包括灰白色长石石英砂岩、砂岩、粉砂岩和砾岩。

矿区存在加里东期至燕山晚期等多期岩浆侵入活动。其中加里东期侵入岩主要包括北周家沟片麻状石英闪长岩、山门莫家片麻状花岗岩。华力西期侵入岩主要包括黑云母花岗岩、似斑状花岗岩、花岗闪长岩、辉石角闪岩和辉长岩等岩石类型。印支期侵入岩主要为靠道子闪长岩体，主要由中细粒闪长岩、黑云母闪长岩、黑云母二长闪长岩、石英闪长岩等组成。燕山期侵入岩主要为东粉房屯二长花岗岩，呈北北东向带状展布，属燕山中期。矿区各类脉岩十分发育，主要沿北北东向断裂贯入，主要有细粒闪长岩、辉长岩，还见有霏细岩、煌斑岩、闪长玢岩、流纹斑岩等。各种脉岩和矿体基本受同一构造系统控制，空间上相互多平行产出，有的为矿体顶底板直接围岩，与早期北北东向岩体一起组成北北东向构造岩浆带。

矿区发育粉房屯背斜，核部为寒武系—下奥陶统西保安岩组，南翼是中奥陶统黄莺屯岩组一段与二段，向南倾斜，倾角 46°~60°，北翼有加里东期以来的侵入岩活动，使其北翼残缺不全，产状不清。

矿区内断裂构造主要为北北东向，为伊通-依兰断陷活动的派生产物。此外，还发育东西向、北东向和北西向断裂构造，其中北北东向断裂构造是矿区内主要构造线，对岩浆活动与成矿储矿都有明显的控制作用；而北西向断裂包括张家屯-湾龙屯断裂和古洞屯-营盘屯断裂，分别控制了山门银矿区矿体分布的南、北边界，已探明的工业矿体均分布在该区段内（赵明，2005）。此外，矿区还发育3条糜棱岩化带，分别为营盘-龙王水库主糜棱岩化带、龙王矿段中部糜棱岩带以及龙王矿段西部糜棱岩带。3条糜棱岩带在平面上呈左列展布，反映了推覆和左旋扭运动的特点，3个带之间则普遍发育碎裂构造。成矿期的北北东向断裂构造，时间上形成于剪切作用之后，空间上叠加于糜棱岩化带之上，或两个糜棱岩化带之间的碎裂带之中，形成容矿的叠加复合构造，为岩浆热液活动提供了通道，矿体即赋存其中。

3. 矿体特征

山门银矿区已知矿化分布面积约 20 km^2，呈北北东向带状延伸，南北长大于 10 km，东西宽 1~2 km。自北向南分为张家屯、龙王、卧龙、营盘、古洞 5 个矿（化）段。卧龙矿段处于矿区中间部位，是最重要的矿段，北接龙王矿段，南连营盘矿段。矿体分布于燕山早期花岗闪长岩与奥陶系黄莺屯岩组的超覆侵入接触带及内外接触带，矿体产出严格受北北东向断裂控制，矿体呈脉状、似层状和透镜状（图 4-37）。

卧龙矿段已查明大小工业矿体 11 条，主要矿体有 8 条；龙王矿段已查明大小工业矿体 11 条，主要矿体有 5 条；其中仅卧龙矿段 3 号矿体部分出露地表，其余矿体均为隐伏-半隐伏矿体，出露标高 350 m 左右，主矿体埋深 300 m，最低见矿标高为-200 m，深部未封闭。矿体（矿带）呈近平行侧列展布，平面上呈左行斜列，倾向上呈向下盘斜列，相邻矿体间距 10~30 m，水平分布宽度 80~100 m，矿带总体走向北东 25°~30°，倾向北西，倾角 20°~60°，一般下部矿体较缓，上部矿体较陡，主矿体走向延长较大，倾向延长较小，同一矿体在产状缓的部位，矿体变厚，产状陡的部位矿体变薄。

卧龙矿段主要矿体有 8 条，为 1、2、3、3-1、3-2、3-3、3-5、3-7 号矿体。在主要矿体上下盘还分布有为数不多的零星小矿体，一般延长与延深多小于 100 m（赵明，2005）。

1 号矿体产于黄莺屯岩组中细粒大理岩、条带状大理岩夹变质粉砂岩层间破碎带中，侧列于 2 号矿体下盘，两矿体近平行延伸，相距近 100 m，是卧龙矿段最下盘埋深最深的一个矿体，最大连续段长度大于 650 m，向南延入营盘矿段。矿体主要呈脉状，走向上呈尖灭再现，局部呈较厚大的透镜体，厚度一般为 1~3 m，局部膨大可达 16 m 以上，平均厚度 2.07 m，延深一般仅 100 m 左右，局部连续延深大于 400 m。矿体埋深 150~200 m，矿化不均匀，矿化主要富集于 50~100 m 标高。金的含量相对较高，出现银金矿石，但很不均匀，Ag 平均品位 242.91 g/t，Au 平均品位 1.36 g/t。

2 号矿体产于黄莺屯岩组中细粒大理岩、条带状大理岩夹变质粉砂岩层间破碎带中，侧列分布于

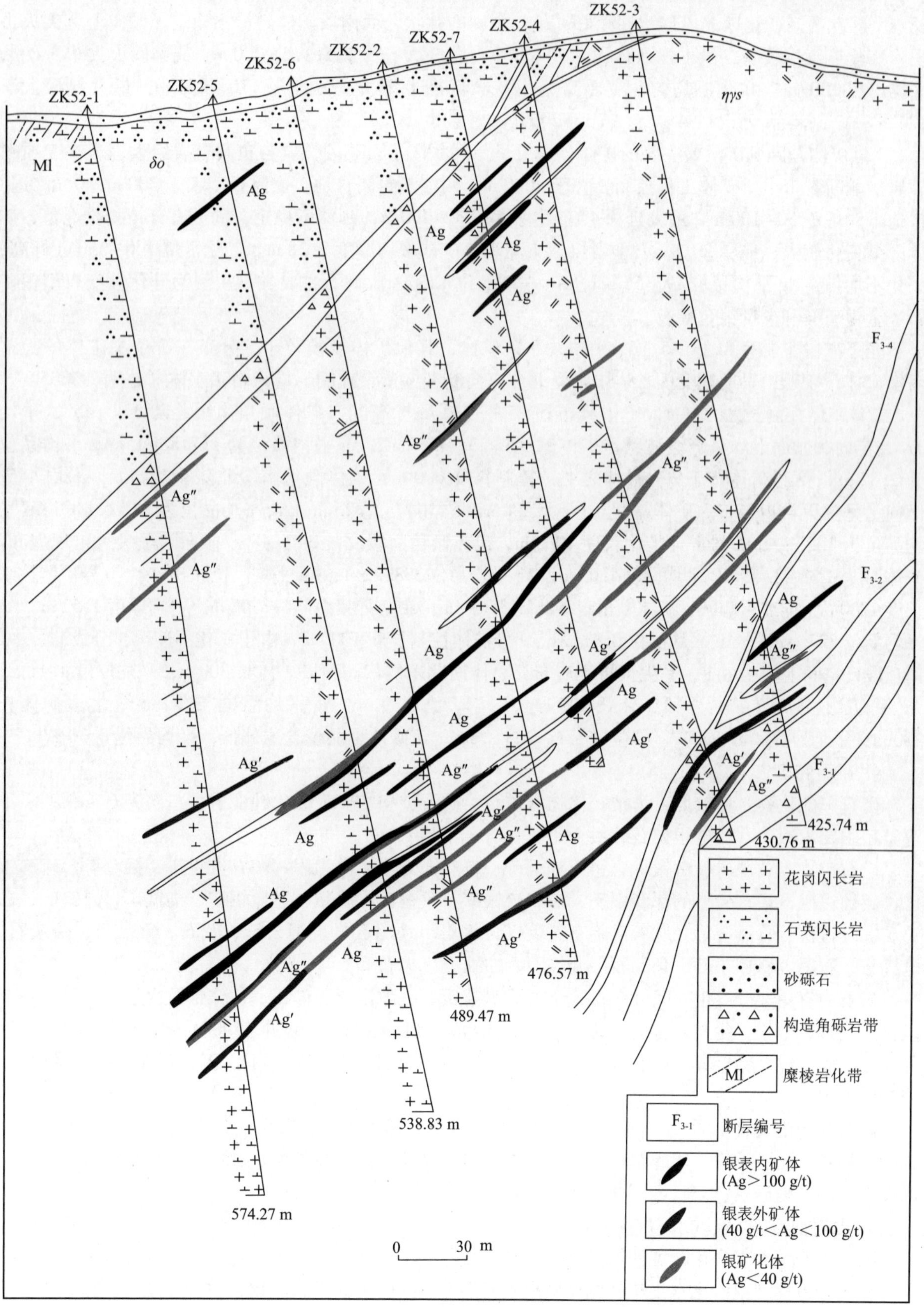

图 4-37 吉林省四平市山门银矿床 52 号勘探线剖面图

（据吉林省地质调查院，2013）

3 号矿脉带下盘，两矿体近平行延伸，相距 100 m 左右，矿体分南北两段，相互呈尖灭再现，连续段长 400 m 左右。矿化以北段连续性较好，呈较规则的脉状，而南段矿体延深不稳定，倾向上呈尖灭再现，矿化连续性较差，呈不规则脉状。矿体厚度变化较大，一般为 1.5~2.0 m，局部膨大大于 9.0 m，平均厚度 1.97 m。矿化不均匀，主要富集于 0 m 标高上下，矿体埋深 150~250 m，最大斜深大于 200 m。Ag 平均品位 175.84 g/t，Au 1.82 g/t。

3 号矿体是卧龙矿段最主要的矿体，主要呈似层状产于石英闪长岩与黄莺屯岩组大理岩夹变质粉砂岩接触断裂带中。矿体工程控制长大于 2000 m，两端未封闭，地表出露长度大于 300 m，大部分隐伏地下，埋深 50~100 m，最大延深 470 m，斜深 200~400 m，延深不稳定，局部有分枝复合现象，矿体膨缩变化较大，最厚 20.8 m，薄者仅数十厘米，矿体平均厚度 3.38 m。矿化富集于 0~250 m 标高，矿化不均匀，Ag 平均品位 175.55 g/t，Au 平均品位 1.3 g/t。矿石主要类型主要为硅化蚀变岩型银矿石、金银矿石和少量银金矿石。

龙王矿段主要有 2、3、5、6、9 号共 5 条矿体，其他矿体规模较小，分布在 5 条主矿体的上下盘。矿体产于燕山早期蚀变闪长岩中，受北北东向断裂构造带控制，均为隐伏矿体（赵明，2005）。

2 号矿体控制长度 400 m，矿体分布在 25~-122 m 标高间，矿体倾角南缓北陡 34°~45°，平均 37°，走向和倾向上均呈舒缓波状。矿体厚度 0.43~4.54 m，Ag 平均品位为 137.8 g/t，Au 平均品位为 2.32 g/t。3 号矿体位于 2 号矿体之上，控制长度 600 m，矿体倾角南缓北陡 41°~50°，平均 44°，倾向上呈尖灭再现展布。矿体厚度 0.64~6.54 m，平均厚度 2.25 m，Ag 平均品位为 291.5 g/t，Au 平均品位为 1.57 g/t。5 号矿体控制长度 1000 m，矿体倾角南缓北陡 34°~48°，倾向上呈尖灭再现展布。矿体厚度 0.38~3.42 m，平均厚度 1.03 m，Ag 平均品位 398.9 g/t，Au 平均品位 0.87 g/t。6 号矿体控制长度 1200 m，向北东侧伏，矿体倾角南缓北陡 31°~45°。矿体厚度 0.44~3.07 m，平均厚度 1.52 m，Ag 平均品位 327.0 g/t，Au 平均品位 0.83 g/t。9 号矿体控制长度 1000 m，由于矿化不连续，分成北、中、南三段，空间上相互对应，呈尖灭再现展布，总体向北东侧伏。南段矿体长 300 m，平均厚度 1.11 m，Ag 平均品位 378.0 g/t；中段矿体长 200 m，平均厚度 1.39 m，Ag 平均品位 730.2 g/t；北段矿体长 200 m，平均厚度 1.81 m，Ag 品位 165.6~203.1 g/t。该矿体金品位普遍偏低，平均品位 0.30 g/t。

4. 矿石特征

矿石中硫化物含量较低，为贫硫化物型矿石。矿石类型主要为硅化蚀变岩型，次为石英脉型。工业类型主要为银矿石、金银矿石、银金矿石。

矿石矿物以黄铁矿、辉银矿、锌银黝铜矿、自然银为主，次为闪锌矿、方铅矿、银金矿、硫锑银矿、硫砷银矿，还有少量的深红银矿、螺状硫银矿、黄铜矿、孔雀石、蓝铜矿、褐铁矿、黑钨矿、白钨矿、磁铁矿、自然金等。脉石矿物有石英、方解石、铁白云母、绢云母、萤石、重晶石、磷灰石、电气石、石墨、石榴子石、角闪石、金红石、白钛石、榍石等。

矿石中有用成分是银，其分布形式主要为晶隙银、裂隙银、连生银、包体银及次显微银等，主要以自然元素、金银互化物、银的硫化物、银的硫盐矿物形式存在（赵明，2005）。矿床伴生的重要组分为金，尚有镉、铅、锌、蹄、锑等有益元素，伴生的有害组分有砷、汞、碳、氟等，但含量很低，分布较均匀。

矿石结构主要有自形-半自形粒状、他形粒状、交代熔蚀、交代残余、包含结构等，其次有乳滴状、叶片状、骸晶结构、压碎结构等。矿石构造以浸染状、细脉浸染状、脉状、团块状构造为主，局部见有晶洞、角砾状、梳状、网脉状构造。

5. 围岩蚀变

围岩蚀变主要有硅化、黄铁绢云岩化、碳酸盐化、水云母化、粘土矿化等，以矿体为中心，蚀变具明显的分带性，银矿化富集与硅化关系最为密切。早期的黄铁绢云岩化，蚀变强度大，分布宽，常形成数米至数十米的蚀变岩带，分布在矿体的上下盘，其规模与矿体的厚度成正比，属成矿前锋蚀变；而硅化常呈强硅化的蚀变岩（硅质岩），特别是主成矿期的灰色硅化叠加于黄铁绢云岩化之上，常使矿体的厚度增大，其蚀变强度一般与矿化的富集强度成正比。而较晚期的碳酸盐化，水云母化和粘土矿化，多分布强绢云母蚀变岩带的外侧，应属成矿晚期的蚀变。

6. 资源储量

截至2018年底，吉林省四平市山门银金矿床的银查明资源储量为1371.96 t，保有资源储量为605.82 t，银平均品位为157 g/t；伴生金查明资源储量为8.73 t，保有资源储量为4.75 t，金平均品位为1 g/t。

7. 成矿阶段划分及分布

根据矿石的结构构造及矿物共生组合特点，四平山门银矿床的热液成矿期可划分为6个成矿阶段：（Ⅰ）石英-黄铁绢云岩阶段、（Ⅱ）脉状白云石-石英-黄铜矿-方铅矿阶段、（Ⅲ）脉状-块状粗粒方铅矿-闪锌矿阶段、（Ⅳ）灰色石英-银多金属硫化物阶段、（Ⅴ）白色石英-硫化物阶段及（Ⅵ）方解石-石英-黄铁矿阶段。

（Ⅰ）石英-黄铁绢云岩阶段为成矿热液前锋活动阶段，矿物组合为自形的黄铁矿、绢云母和石英，受构造控制，呈线形分布于矿体上下盘。以断裂构造为中心，远离断裂带，蚀变矿化减弱。

（Ⅱ）脉状白云石-石英-黄铜矿-方铅矿阶段形成了含黄铜矿、方铅矿的白云石石英细脉，受构造裂隙控制，细脉两侧为蚀变绢云母，多呈分散状，与主矿体的空间不一致，主要分布于矿床上部的花岗闪长岩体中，且与细粒二长花岗岩脉关系密切。

（Ⅲ）脉状、块状粗粒方铅矿-闪锌矿阶段伴随有硅化、绢云母化，方铅矿、闪锌矿呈粗粒结晶，银含量低，多分布在矿床下部。

（Ⅳ）灰色石英-银多金属硫化物阶段是银矿的主成矿阶段，伴随的蚀变主要是硅化。石英含弥漫状的硫化物特点，称为灰色硅化，叠加于黄铁绢云岩化蚀变带上。该阶段的矿物组合是石英、方铅矿、闪锌矿、辉锑矿、辉银矿、深红银矿、银黝铜矿、脆银矿、自然银等各种银矿物。

（Ⅴ）白色石英-硫化物阶段中硅化蚀变的石英为灰白色，在空间上与灰色硅化硫化物阶段相叠加，方铅矿交代银黝铜矿（早期的）、黄铜矿、自然银、银金矿、自然金等，沿早期形成黄铁矿、闪锌矿等晶粒裂隙或粒间充填。银黝铜矿呈细脉状分布在闪锌矿中，自然银分布在早期方铅矿中。

（Ⅵ）方解石-石英-黄铁矿阶段主要是碳酸盐化，金属矿物含量很少，分布于主矿化蚀变带外侧（田维盛和邵俭波，1991）。

8. 成矿物理化学条件

（1）成矿流体性质

山门银矿矿石中石英的原生包裹体数量少，体积小，流体包裹体组合极为简单，主要为气液两相包裹体，少量的纯液相包裹体（汪志刚，2012）。流体包裹体显微测温结果显示，流体包裹体均一温度的峰值（160～190℃）代表主成矿阶段形成的温度下限（图4-38；汪志刚，2012）。据刘斌等（2000）的计算盐度公式求得成矿流体的盐度范围为0.87%～6.14% NaCl，属于低盐度流体。根据刘斌等（2000）的成矿流体密度（ρ）的计算公式，求得成矿流体的密度在0.71～0.96 g/cm^3之间变化。确定山门银矿床成矿流体为低密度流体。由此确定，四平市山门银矿床的成矿流体属于中低温、低盐度、低密度流体。

由于山门银矿流体只存在气液两相包裹体，所以使用等容线交会法计算成矿压力的经验公式计算该矿区流体成矿压力，获得山门银矿床的成矿压力范围为10.32～26.51 MPa，平均值为14.69 MPa，可见成矿压力较低。应用孙丰月等（2000）关于热液脉状矿床成矿深度拟合公式，估算出山门银矿床的成矿深度范围为1.03～2.65 km，平均值为1.47 km，可见山门银矿床形成于浅成环境。

通过对矿石流体包裹体成分分析，包裹体成分有H_2O和CO_2，同时含N_2、H_2、CH_4、CO等。还原系数$H_2+CO_2+CH_4/CO_2$为0.065～0.135，最大0.86，属弱还原环境。金属离子$K^+>Na^+>Mg^{2+}>Ca^{2+}$，阴离子$SO_4^{2-}>Cl^->F^-$，Cl^-质量分数为1.33×10^{-9}～13.5×10^{-9}。而Cl^-的含量仅0.0500～0.0515 mg/10g，不具卤水性质。pH值为6.1～6.3，而Na/K比值为0.07～0.23，Na/（Ca+Mg）为1.15～2，具岩浆热液或改造热液的性质。氢氧同位素测定结果表明成矿介质具有地下热水性质。从矿石石英包体的主要成分看，除了H_2O、CO_2以外，其他如N_2、CO、CH_4、SO_4^{2-}、Cl^-、F^-等含量均较低；阳离子中以

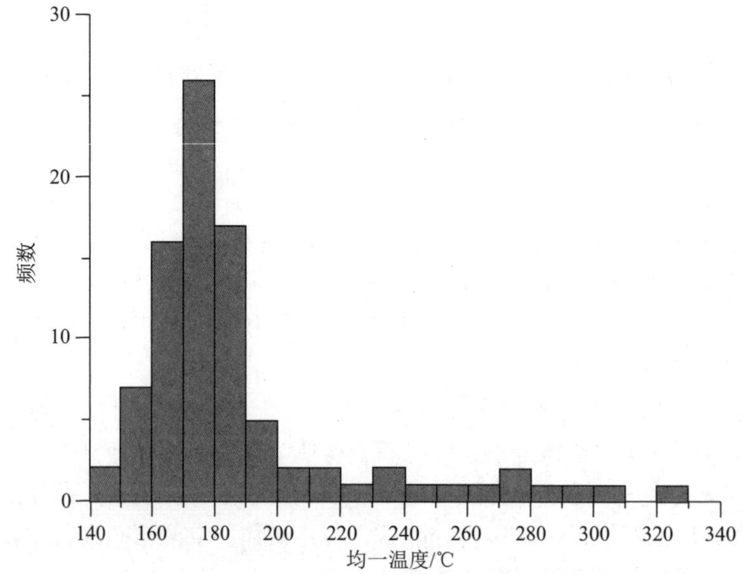

图 4-38　吉林省四平市山门银矿流体包裹体均一温度直方图

（据汪志刚，2012）

K^+为主，其他如 Na^+、Ca^{2+}、Mg^{2+}等含量均较低（傅树德，1992）。

（2）成矿流体来源

山门银矿床矿石和矿化蚀变岩氢氧同位素测试结果（表 4-26）显示，其 $\delta^{13}C_{PDB}$ 介于-0. 2‰～-12. 6‰之间，集中于-0. 2‰～-4. 3‰之间，$\delta^{18}O$ 变化范围为-15. 32‰～-27. 8‰，利用均一温度数据与合适的分馏方程计算获得的 $\delta^{18}O$ 为 0. 88‰～-11. 84‰，反映成矿流体中的碳主要来源于深部岩浆，部分由海相碳酸盐岩提供。

表 4-26　吉林省四平市山门银矿碳氧同位素分析结果表

样品号	岩石名称	矿物	$\delta^{13}C_{PDB}$/‰	$\delta^{18}O_{PDB}$/‰	$\delta^{18}O_{SMOW}$/‰
DF-70	方解石英脉	方解石	-0. 4	-23. 6	6. 53
DF-27-1	方解石英脉	方解石	-0. 6	-27. 4	2. 61
DF-52	方解石英脉	方解石	-0. 5	-18. 7	11. 6
DF-6	方解石英脉	方解石	-0. 93	-22. 3	7. 87
DF-22	方解石英脉	方解石	-0. 2	-27. 8	2. 40
DF-30	矿化白云石英脉	白云石	-0. 8	-18. 4	11. 9
DF-26	矿化白云石英脉	白云石	-3. 1	-18. 2	12. 1
DF-44	矿化白云石英脉	白云石	-2. 7	-16. 8	13. 5
DF-90	银矿石	石英	-12. 6	-15. 32	14. 2
DF-93	银矿石	石英	-4. 3	-16. 45	13. 9
DF-94	钾长花岗岩	石英	-11. 9	-20. 18	9. 2

测试单位：中国地质科学院矿床研究所（2004）。

（3）成矿物质来源

山门银矿硫化物含量较少，并以黄铁矿和方铅矿为主，闪锌矿和黄铜矿次之，并不发育硫酸盐矿物，因此认为这些金属硫化物的 $\delta^{34}S$ 的值近似代表了成矿流体中全硫同位素 $\delta^{34}S$ 值。这些金属硫化物的 $\delta^{34}S$ 值变化范围较大，介于 1. 79‰～-12. 6‰之间，极差 14. 39‰，均值-4. 3‰（表 4-27），这表明该矿床的硫源并不单一，可能为海相碳酸盐与深源岩浆混合来源。

表 4-27　吉林省四平市山门银矿矿石矿物硫同位素组成特征表

岩（矿）石名称	测定矿物	样品数	$\delta^{34}S$/‰	平均值/‰	极差/‰	标准差
矿体及矿化体	黄铁矿	36	1.79~-9.6	-2.42	11.39	2.33
	闪锌矿	13	-1.18~-8.7	-3.82	7.52	2.05
	方铅矿	14	-2.7~-12.6	-9.04	9.9	2.44
	黄铜矿	3	-6.3~-7.6	-6.96	1.3	0.53
平均值		66	1.79~-12.6	-4.3	14.39	3.46

测试单位：核工业部第三研究所（1992）。

山门银矿矿石铅同位素分析结果显示，矿石的$^{207}Pb/^{204}Pb=15.42\sim15.52$，$^{206}Pb/^{204}Pb=18.02\sim18.15$；闪长岩的$^{207}Pb/^{204}Pb=15.56\sim15.64$，$^{206}Pb/^{204}Pb=18.32\sim18.35$，$^{208}Pb/^{204}Pb=38.24\sim38.47$，$^{87}Sr/^{86}Sr=0.70544$，$\delta Eu=0.9\sim0.82$；二长花岗岩的$^{207}Pb/^{204}Pb=15.58\sim15.61$，$^{206}Pb/^{204}Pb=18.56\sim18.89$，$^{208}Pb/^{204}Pb=38.71\sim38.85$。由此可见，矿石和与成矿相关的中酸性侵入岩的铅同位素组成基本一致。二长花岗岩中石英CO_2气体的$\delta^{13}C$值（-11.9%）与矿石中石英包裹体的$\delta^{13}C$值（-4.3%~-12.6%）变化范围相同，表明它们的碳质来源相同（冯明等，2010）。这更加印证了山门银矿与矿区燕山期中酸性侵入岩密切相关。

下古生界黄莺屯岩组变质碎屑岩、碳酸盐岩建造是山门银矿区矿化富集最有利的围岩，其大理岩平均含银0.72 g/t，变质粉砂岩平均含银1.17 g/t，高于其他岩石4~5倍，相当于地壳平均值9~14.6倍。由此认为，黄莺屯岩组碳酸盐岩和变质砂岩可能为该区银矿的初始矿源层。

9. 矿床类型

四平山门银金矿床属岩浆热液型矿床。

10. 成矿机制与成矿模式

成矿早期黄铁绢云岩阶段生成的绢云母K-Ar法年龄为145~154 Ma，而与矿体空间相伴随的煌斑岩脉的K-Ar法年龄为122 Ma。据野外地质观察，有银矿脉穿入煌斑岩带的现象，成矿应晚于煌斑岩脉的生成。成矿后的流纹斑岩脉的K-Ar法年龄为67 Ma，故成矿时代应早于67 Ma，晚于122 Ma。有学者认为，晚期热水成矿，近矿蚀变岩K-Ar法年龄为113.4 Ma，可以代表山门银矿的成矿年龄（彭玉鲸等，2009）。结合山门银矿的大地构造背景综合分析，我们认为山门银矿为燕山晚期成矿。

四平山门银矿床产于北北东向及北西向两组断裂交汇处，而北北东向依兰-伊通地堑边缘断裂靠隆起一侧次一级平行断裂带控制了矿化蚀变带及银矿体的分布。石英闪长岩体与中奥陶统黄莺屯岩组呈超覆侵入的断裂叠加-复合接触带及其内外两侧不同性质多次活动叠加的复合断裂、层间破碎带是银矿化富集或工业矿体赋存的有利空间。主矿体产于花岗闪长岩与黄莺屯岩组含碳变质粉砂质、泥质、钙质板岩、粉砂岩接触带或变质粉砂岩与大理岩的层间破碎带，这类矿体矿化富集程度较高，矿体呈较厚大的似层状、透镜状，而产于花岗闪长岩断裂裂隙中的矿体，多呈较稳定的脉状，但其规模和矿化强度相对有所减弱。

奥陶系黄莺屯岩组大理岩、变钙泥质粉砂岩、板岩的平均含银量为$1.3\times10^{-6}\sim1.5\times10^{-6}$，相当于克拉克值的20余倍，可为成矿提供一定的物质基础。该套泥砂质岩石含钙较高，易形成弱碱性环境，有利于金属元素从酸性介质的溶液中解离沉淀。泥炭质粉砂岩具有一定塑性，在构造活动中形成的层间断裂或裂隙，易形成局部封闭或半封闭的稳定环境，对含矿溶液的富集十分有利。变质粉砂岩由于颗粒细小，具有较大的表面能和孔隙度，且岩石中含有一定量碳质，有利于矿液的渗透和对金属元素的吸附。花岗闪长岩相对于其围岩（地层）岩石较致密坚硬，构造发育时间相对短，发育的完善程度差，对矿化富集可能有一定的影响。在同一构造系统中，中基-酸性脉岩广泛发育，在时间、空间上与矿体相伴产出，有的产于矿体上下盘，直接成为矿体顶底板围岩。这种多期次频繁的岩浆活动，为成矿物质的迁移、富集提供了良好条件，当然也提供了一部分成矿物质。

由此，山门银矿受区域性依兰-伊通断陷旁侧断裂控制，与中基-中酸性侵入岩有密切的成因和时空关系，成矿具有多期多阶段，成矿物质具有多源性。燕山期花岗岩侵位后，岩浆期后的富硅和矿质的岩浆热液，沿断裂构造系统运移，当进入成矿构造中，由于液压沸腾，大量的 CO_2、H_2O、H_2S、HCl 等挥发分沿构造上盘破碎的混染带的裂隙向上蒸发，并与石英闪长岩发生反应，当到达天水线时被冷却凝结，同时与天水混合和被氧化形成含 HCO_3^-、HCl、HSO_4^- 等酸性溶液向下淋滤，造成长石化、角闪石和黑云母的绿泥石化，除 Fe、Al 等不活泼组分外，其他大量的金属阳离子被带入热液。良好的成矿空间与岩性条件，起伏的石英闪长岩与地层的接触构造带，由于岩性差异，易于应力释放而造成构造的多期活动。构造带的上下盘岩性差异形成了酸性地球化学界面使矿质大量集中沉淀形成银矿脉（冯守忠，1995）。

11. 找矿模型

根据矿床地质特征、成矿地质条件以及物化遥异常特征，建立了四平山门银矿的找矿模型，如表4-28所示。

表 4-28　吉林省四平市山门银矿床找矿模型表

成矿要素		内容描述	备注
特征描述		矿床成因类型为岩浆热液型	
地质环境	岩石类型	含碳变质粉砂质、泥质、钙质板岩、大理岩、石英闪长岩、花岗闪长岩	必要
	成矿时代	燕山晚期	必要
	成矿环境	矿床位于华北陆块北缘活动陆缘带，早古生代伊泉岩浆弧南东，依舒地堑的东南部，受区域性依兰-伊通断陷旁侧断裂控制，其两侧次级的北北东向断裂是容矿构造，尤其是两组断裂交汇部位是成矿的最佳部位	必要
	构造背景	矿床位于东北陆缘岩浆弧-盆岭系叠加构造带（Ⅰ）、长白山陆缘火山盆岭叠加构造带（MCⅠ-3）（Ⅱ）、大黑山条垒带（MCⅠ-3_1）（Ⅲ）内。四平-德惠和伊通-依兰两条壳断裂之间的大黑山条垒南段东缘断裂带上	重要
矿床特征	矿物组合	矿石矿物：黄铁矿、闪锌矿、方铅矿、黄铜矿、辉锑矿，含银矿物有银黝铜矿、辉银矿、深红银矿、脆银矿、银金矿、自然银和自然金。氧化矿物：褐铁矿、孔雀石、蓝铜矿、螺状硫银矿等。脉石矿物主要有石英、方解石、绢云母等	重要
	结构构造	矿石结构：主要有自形、半自形晶粒结构、他形晶粒结构、填隙结构、浸染交代结构和包含结构。 矿石构造：以稀疏浸染状及脉状构造为主，次为斑点状、团块状和角砾状构造	次要
	蚀变特征	蚀变：主要是硅化、黄铁绢云岩化、碳酸盐化和水云母化、粘土矿化等，具明显的分带性。银矿化富集与硅化关系密切，其蚀变强度一般与矿化的富集强度成正比	重要
	控矿条件	奥陶系黄莺屯岩组变质粉砂质、泥质、钙质板岩、大理岩为赋矿层位；燕山期中酸性侵入岩为主要的控矿岩体，不同性质、不同期次的小侵入体、岩脉与矿体相伴产出；北北东向依兰-伊通地堑边缘断裂靠隆起一侧次一级平行断裂和层间断裂是主要的容矿构造，北北东向与北西向断裂交汇部位是矿床产出的有利部位	必要
物化遥异常特征	重力	区域重力异常沿北东向展布，与郯卢断裂构造线一致，西北高、东南低；四平山门银矿处于西南部重力高异常区，走向北东，最大强度为-1.0×10^{-5} m/s^2	重要
	航磁	区域上出现多个封闭的高磁异常，异常呈长椭圆状，异常沿北东向展布；四平山门银矿处于正磁异常带边部梯度带或低缓正磁异常上	重要
	化探	Ag、Au、Cu、Pb、Zn、Ni 等主要成矿元素异常强度高，分带清晰，浓集中心明显，面积较大；Au、Ag、Cu、Pb、Zn、Hg、Sb、Ni 空间套合紧密，异常组合富集组分复杂	重要
	遥感	受四平-德惠岩石圈断裂和依兰-伊通断裂带控制，形成于两条断裂带所夹的北东向条垒中，小型断裂比较发育，多方向断裂交叉部位，环形构造成群分部，并为金、银、多金属矿产集中分布区	重要

（十四）吉林省磐石市烟筒山仙人洞石墨矿床

仙人洞石墨矿床位于吉林省磐石市烟筒山镇董家街北东 700 m，矿区中心坐标：东经 125°56′21″，北纬 43°17′58″。该矿床为 1917 年发现，并进行露天开采，1955 年恢复开采，目前仍在开采。

1. 区域地质背景

仙人洞石墨矿床大地构造位置为东北陆缘岩浆弧-盆岭系叠加构造带（MCⅠ）、长白山陆缘火山盆岭叠加构造带（MCⅠ-3）、张广才-哈达岭火山-沉积隆盆带（MCⅠ-3_3）。

区内出露地层为古生界石炭系鹿圈屯组和下二叠统范家屯组、中生界下三叠统大酱缸组和新生界第四系。该区燕山期岩浆活动较为强烈，形成了大面积分布的花岗闪长岩。此外，该区还发育安山玢岩等脉岩。该区构造活动强烈，形成诸多褶皱和断裂构造。

2. 矿区地质

矿区出露的地层主要为古生界石炭系、中生界上三叠统和下侏罗统（图 4-39）。其中，上三叠统大酱缸组是本区石墨矿的含矿层位，在黑瞎岗一带分为两个岩段，下部为石墨砂板岩段，上部为凝灰质砂砾岩段。矿区各岩层变质程度不一，其中以下三叠统大酱缸组含石墨砂岩岩层上部的含石墨矿碳质板岩变质程度最深，含凝灰质砂岩层质上部砂岩变质程度最低，含石墨砂板岩层下部的粉砂岩、绢云母石英岩及含凝灰质砂岩层下部凝灰质砂岩变质程度介于上述两层之间。

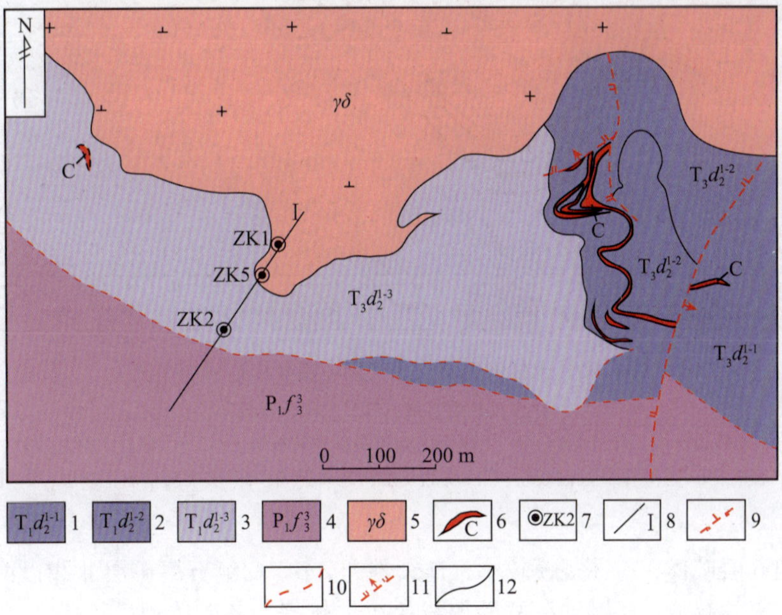

图 4-39 吉林省磐石市仙人洞石墨矿床地质图

（据吉林省建材地质勘探大队，1980）

1—大酱缸组细砂岩、粉砂岩、绢云母石英岩；2—大酱缸组含石墨矿碳质板岩层；3—大酱缸组凝灰质砂岩层；4—范家屯组砂板岩段；5—燕山期花岗闪长岩；6—石墨矿；7—钻孔及编号；8—勘探线；9—推测逆断层；10—推测断层；11—推测正断层；12—地质界线

矿区内岩浆岩主要为燕山期花岗闪长岩，在矿区北部沿北西方向破碎带侵入，呈岩株状产出，与侏罗系接触界线不平整，倾向北；在矿区西部有 3 条规模不等的花岗闪长岩脉平行围岩层理产出。安山玢岩分布在矿区中部和南部，呈脉状产出，深部共见六条，最厚为 10 余米，最薄为 0.5 m，一般为 2~3 m。

矿区内发育一系列的褶皱及断裂，由于受燕山造山运动及花岗岩侵入的影响，使矿区构造更为复杂。矿区内规模较大的褶皱包括 2 个背斜和 1 个向斜，皆贯穿全矿区，总长千余米。轴向基本平行，由东向西由北东渐变为北西，褶皱轴之间距离东部较疏，西部则逐渐收拢，东端背、向斜轴相距由北向南分别为 75 m、103 m，西端相应距离分别为 30 m、90 m。矿区地层产状主要受该褶皱控制。较大的断裂有 1 条，小褶皱、小断裂较发育。

3. 矿体特征

石墨矿区东西全长 1400 余米，该石墨矿由煤变质而成。矿体赋存于下三叠统大酱缸组中。但各含矿层赋存层位不一。A 组含矿层产于含石墨砂板岩层之下部粉砂岩、绢云母石英岩中；B 组含矿层产于含石墨砂板岩层上部的含石墨碳质板岩中；C 组含矿层产于凝灰质砂岩层下部的凝灰质砂岩中。矿区褶曲、断裂较发育，矿床构造复杂。矿石质量较差，品位变化较大，矿体不连续，规模较小。该矿区有 3 个含矿层，其中 B 组含矿层为主要矿层。A、C 含矿层规模较小，连续性较差，工业价值不大，石墨矿体间伴生瓷土矿皆不符合工业要求，见图 4-40。

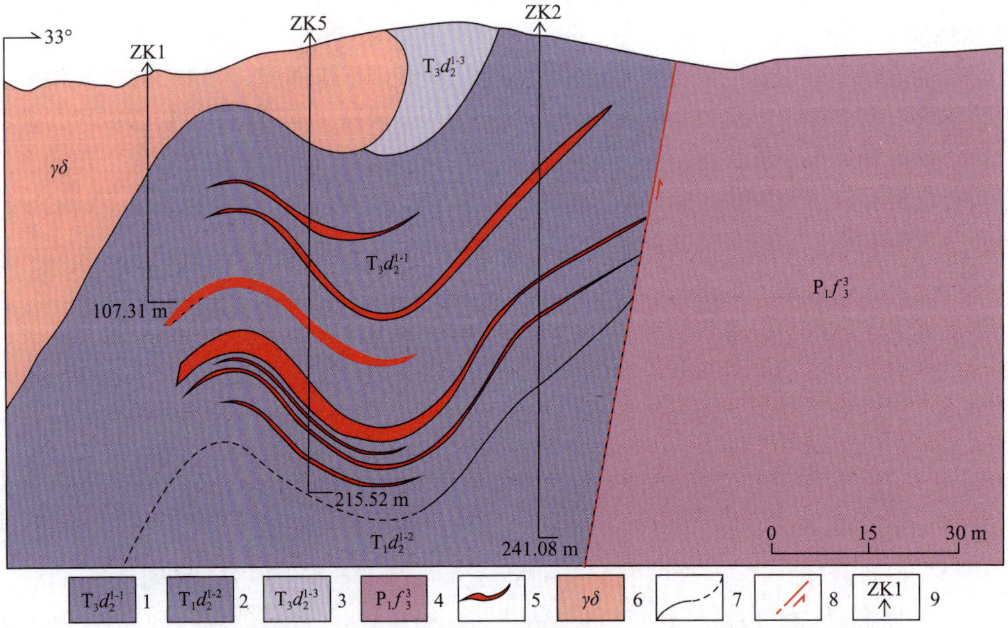

图 4-40 吉林省磐石市仙人洞石墨矿床地质剖面图

（据吉林省建材地质勘探大队，1980）

1—大酱缸组细砂岩、粉砂岩、绢云母石英岩；2—大酱缸组含石墨矿碳质板岩层；3—大酱缸组凝灰质砂岩层；4—范家屯组砂板岩段；5—石墨矿；6—燕山期花岗闪长岩；7—实测及推测地质界线；8—实测及推测正断层；9—钻孔位置及编号

该矿区共圈出 6 层矿体，矿体规模较小，连续性差，B、C 组石墨矿层Ⅱ线以西，在向斜南翼未见到，在北翼呈尖灭的趋势。B 组矿在Ⅴ勘探线的矿体较好。各矿体规模不等，矿体最长为 300 m，最短为 75 m，最厚为 6.46 m，最薄为 0.6 m。矿体变化较大，往往急剧尖灭，有分支复合，尖灭再现的现象。矿体多呈透镜状、似层状。矿体与矿区地层产状一致。

4. 矿石特征

石墨矿属隐晶质石墨，可分为软质和硬质两种自然类型，以软质石墨为主，仅局部有少量硬质石墨夹在软质石墨中。

矿石具隐晶质、微粒状、片状及变斑晶结构，层状构造，矿物成分主要为石墨，次为石英、绢云母。

石墨主要为非晶质，含量 95%左右。绢云母呈鳞片状。石英呈他形微粒状，部分发生重结晶，使其外形规则化，有的石英具有溶蚀状，边缘呈不典型港湾状。石英绢云母往往组成条纹，条纹长一般为 0.3~0.5 mm，宽 0.16~0.032 mm，在矿石中呈丁香排列，条纹间隔 0.1 mm。

5. 围岩蚀变

围岩蚀变类型主要包括绢云母化、硅化、绿帘石化等。

6. 资源储量

截至 2018 年底，吉林省磐石市仙人洞石墨矿累计查明资源储量：隐晶质石墨查明资源储量 8.00×10^4 t（122b+333），保有资源储量 6.68×10^4 t（122b+333），平均品位为 65.39%。

7. 矿床类型

仙人洞石墨矿床属变成型石墨矿床。

8. 成矿机制与成矿模式

该石墨矿床由于燕山期花岗岩侵入煤系地层接触变质而成。石墨矿层的规模、形态及分布与煤炭的特征紧密相关，该地区中生代煤田一般属于山间盆地或山间盆地类型。该矿区碎屑沉积岩以泥质岩、细粒砂岩及粉砂岩为主，具水平层理，主要煤层发育较好，因此，煤层沉积环境属于内陆湖泊-沼泽相沉积。在成煤过程中，由于受盆地范围、古地形、碳质来源的多寡及频率的小振荡等诸因素的影响，不仅因其岩相变化频繁，构成不同的沉积旋回，反映在煤层上，形成煤矿出聚与全盛两个阶段。主矿层分布在含矿层的中部，同时也造成煤层沉积中心的变迁和成为复矿层。

成煤后，由于燕山运动影响，同时伴随着岩浆及断裂活动。煤系地层在热力作用下，岩层和煤层发生变质。在岩层中，出现了石榴子石、红柱石等热力变质矿物，而煤则随距花岗闪长岩体之远近变质为无烟煤、石墨。

（十五）吉林省永吉县头道沟硫铁矿床

头道沟硫铁矿床位于吉林省永吉县南偏西 20 km 处，属于五里河子头道沟村，东距沈吉线长岗火车站 8 km。矿区中心坐标：东经 126°24′42″，北纬 43°29′35″。该矿床于 1953～1954 年由沈阳地质局大黑山地质队首次发现，尚未开采。

1. 区域地质背景

头道沟硫铁矿床位于东北陆缘岩浆弧-盆地系叠加构造带（MCⅠ）、长白山陆缘火山盆岭叠加构造带（MCⅠ-3）、张广才-哈达岭火山-沉积隆盆带（MCⅠ-3_3）、永吉（南楼山）火山穹盆（MCⅠ-3_3^2）。区域出露的地层主要有下古生界头道沟岩组变质岩系，上古生界下二叠统范家屯组浅变质中酸性火山岩-碳酸盐岩-碎屑岩建造和中生界中上侏罗统火山岩系。

区内岩浆活动频繁，相继有超基性岩浆活动，大规模酸性花岗岩浆侵入，主要为燕山晚期。区内岩浆期后的各种脉岩较为发育，主要有闪长岩、闪长玢岩、花岗斑岩、霏细斑岩、闪斜煌斑岩等。由于受多期构造运动活动影响，区内褶皱和断裂构造发育。褶皱构造为头道沟-三家子向斜，走向 NE60°～70°，两翼倾角较陡，北翼倾角 60°～70°，南翼倾角 50°～60°，轴面略向北西倾斜。向斜由头道沟岩组所组成，北翼出露地层为头道沟岩组下部变粒岩段及中部斜长角闪岩段，南翼由于遭受超基性岩和花岗岩吞蚀残留一些斜长角闪岩段地层。区域性断裂主要为口前-小城子断裂，走向 NE40°，在其两侧次一级北东向、北西向断裂发育。

2. 矿区地质

矿区内出露的地层主要为头道沟岩组变质岩，是区内主要的赋矿层位（图 4-41）。下古生界头道沟岩组出露于三家子-头道沟、白石砬子-杨木顶子，呈北东向分布的两个条带，划分为 3 个岩段。上段板岩段的岩性由砂质板岩、千枚状板岩、碳质板岩组成，底部夹条带状大理岩或结晶灰岩透镜体。中段斜长角闪岩段是矿区主要的赋矿层位，上部以角闪片岩为主，夹阳起片岩、绿泥阳起片岩、石英绿泥片岩，底部有斜长角闪岩及变质砂岩薄层。下段粒岩段的上部以浅粒岩为主，夹有斜长角闪岩；中部以灰绿色变粒岩为主，夹斜长角闪岩及绢云母阳起石岩、石英片岩；下部为灰白色细粒浅粒岩。

矿区内岩浆岩不甚发育，仅在矿区南面出露黑头山Ⅰ号超基性岩体的侧枝，矿区内 ZK62 孔内超基性岩中见有铬铁矿。矿区脉岩较为发育，主要包括闪长玢岩（成矿前脉岩）、霏细斑岩和煌斑岩（成矿后脉岩）。

矿床位于头道沟-三家子向斜的北翼西段，由头道沟岩组斜长角闪岩段上部地层组成一单斜构造。矿区内断裂可分为成矿前和成矿期断裂及成矿后断裂。成矿前和成矿期断裂与区域构造线方向大

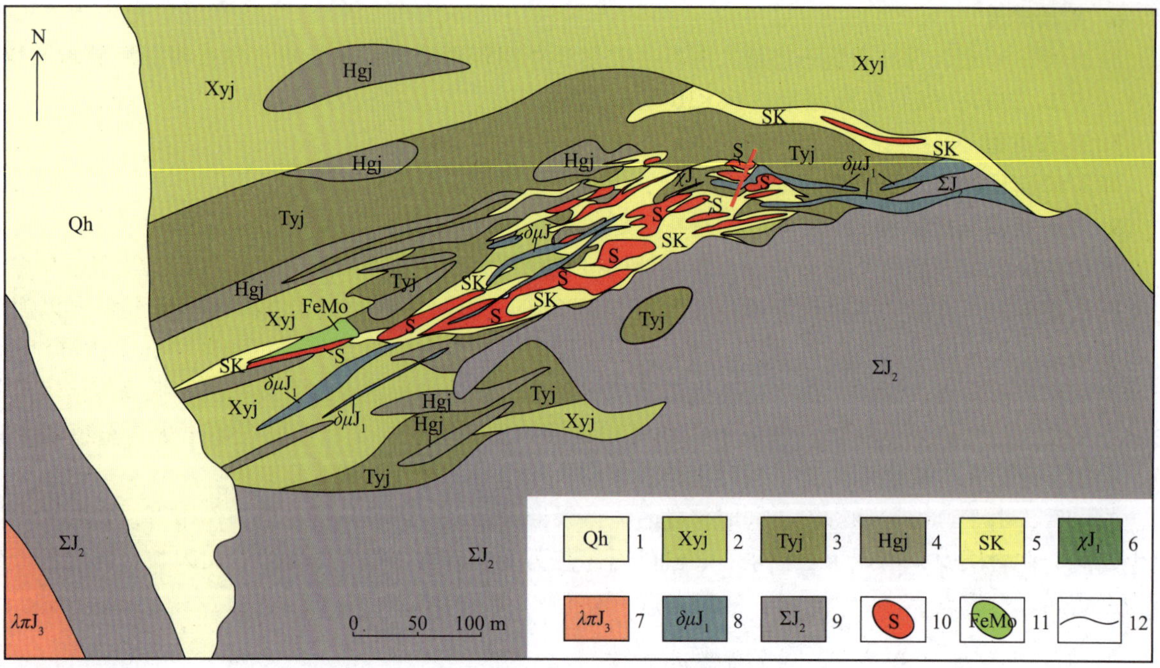

图 4-41　吉林省永吉县头道沟硫铁矿床地质图

（据吉林省地质调查院，2023）

1—第四系河流冲积层；2—斜长角闪岩；3—阳起角岩、透闪石岩、透闪阳起角岩；4—黑云母硅质角岩、硅质角岩、黑云母角岩、凝灰质碎屑岩；5—矽卡岩；6—煌斑岩；7—霏细斑岩；8—闪长玢岩；9—超基性岩；10—磁黄铁矿体；11—磁铁辉钼矿体；12—地质界线

体一致，为层间断裂，走向一般为 NE60°，个别呈 NE45°或 70°，倾角 60°~75°。此组断裂较发育，并具有继承性活动，断裂性质属压扭性断裂。沿此构造薄弱带有矽卡岩交代及矿液充填，形成矽卡岩带及矿体，此组断裂为矿区主要的控矿及容矿构造。成矿后断裂构造不发育，与区域断裂及地层走向相交，属张性断裂，对矿体破坏性不大。

3. 矿体特征

头道沟硫铁矿床受口前-小城子断裂的次一级北东走向断裂控制，产于刘家屯燕山期闪长岩体北西 700 m 处的头道沟岩组内（图 4-42）。黑头山Ⅰ号超基性岩体呈岩枝超覆于下古生界头道沟岩组之上，含矿带位于超基性岩枝向北的突出部位；含矿带位于超基性岩外触带 200 m 范围内，其中较大矿体则位于 100 m 范围内。

头道沟硫铁矿床由 8 条矿体组成（其中 2、3、4、7、8 为隐伏矿体）。各矿体基本互相平行排列，在垂直方向上大致呈斜列式排列；矿体走向呈北东 70°，东部（X 线东）转为北东 80°，倾向南东，倾角 60°~75°，东部倾角稍缓些。单个矿体长度 50~480 m，厚度 3~14 m，平均厚度 7.76 m，控制深度 280~400 m（平均 300 m）。矿体形态大致呈似脉状、扁豆状和透镜状，而局部形态很复杂；矿体及围岩的接触边界线，有的呈渐变过渡，有的较规正平直，有的呈港湾状和不规则状；矿体在纵向和横向上均有膨胀、缩小、分支、复合现象，所以矿体的厚度变化很大，从几十厘米到 20 多米，最厚 50.50 m，矿体品位不均匀，S 含量一般为 12%~22%，最高 37.36%；Cu 最高 0.54%。在走向上，西部品位较高，向东逐渐降低，在倾向上，自上而下有由贫变富的趋势，矿体厚度大品位相应高，厚度小品位也相应低。

矿床除硫铁矿外，在硫铁矿体边部或矿体之间还共生有磁铁矿和辉钼矿，并形成了单独的工业矿体，包括 25 个辉钼矿体、18 个磁铁矿体和 14 个磁铁辉钼矿体。这些矿体形态很复杂，多数呈小扁豆状、透镜状和囊状，少数呈似脉状和不规则状，零星分散产出于矽卡岩带中。辉钼矿体中 Mo 最高含量 0.92%，磁铁矿体中 TFe 最高含量 62.55%；磁铁辉钼矿体中 Fe 最高含量 51.05%，Mo 最高含量

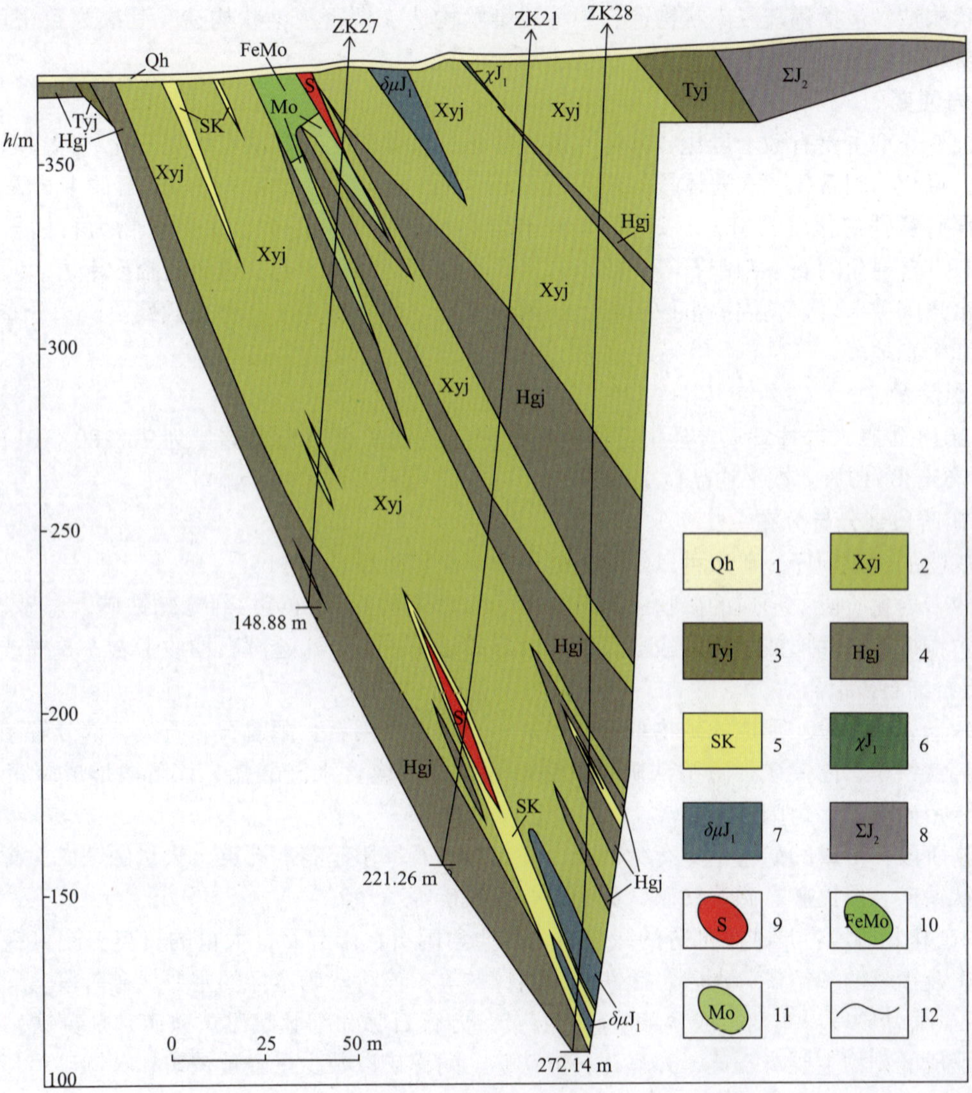

图 4-42　吉林省永吉县头道沟硫铁矿床勘探线剖面图

（据吉林省地质调查院，2023）

1—第四系河流冲积层；2—斜长角闪岩；3—阳起角岩、透闪石岩、透闪阳起角岩；4—黑云母硅质角岩、硅质角岩、黑云母角岩、凝灰质碎屑岩；5—矽卡岩；6—煌斑岩；7—闪长玢岩；8—超基性岩；9—磁黄铁矿体；10—磁铁辉钼矿体；11—辉钼矿体；12—地质界线

0.52%。

4. 矿石特征

矿石类型按其矿物成分和共生组合关系，可划分 4 种自然类型：含铜磁黄铁矿矿石（主要矿石类型）、辉钼矿矿石、磁铁矿矿石、混合矿石（即磁黄铁辉钼矿矿石、磁黄铁磁铁矿矿石和磁铁辉钼矿矿石）。

矿石矿物以磁黄铁矿、黄铁矿、黄铜矿、磁铁矿、辉钼矿为主，还有少量毒砂、钛铁矿、辉铜矿、锐铁矿、黑钨矿、白钨矿、闪锌矿、胶黄矿、硫钴矿、自然铅、自然铜和自然金等。脉石矿物有石英、绿帘石、角闪石（阳起石）、透辉石、绿泥石和少量的石榴子石、黑云母、方解石、斜长石等。矿床主要有用物质成分是硫、铁、钼、铜，主要以磁黄铁矿、黄铁矿、黄铜矿、磁铁矿、辉钼矿、褐铁矿等矿物形式存在。矿床伴生的重要组分为铜、钼、钴、锰、钨等，伴生的微量元素主要有铅、锌、镍、锡、锆、锗、铋等；另外还伴生有银、金。

矿石结构主要有自形-半自形粒状、他形粒状结构，其次为包含结构、共边结构等。矿石构造主要为浸染状构造，包括稀疏浸染状构造、中等浸染状构造、稠密浸染状构造，其次为致密块状构造，少见有条带状、细脉状、蠕虫状和斑点状构造等。

5. 围岩蚀变

围岩蚀变类型主要有矽卡岩化、硅化、碳酸盐化、黄铁矿化，其次有绿泥石化、绿帘石化、黝帘石化、绢云母化、闪石化。在岩体接触带附近石榴子石-透辉石或绿帘石-角闪石矽卡岩及碳酸盐化发育，并伴有黄铁矿化（冯守忠，2001）。矽卡岩类型属钙质矽卡岩，主要矿物为石榴子石、透辉石、绿帘石、普通角闪石、阳起石等；矽卡岩岩石类型有透辉矽卡岩、透辉石榴矽卡岩、石榴透辉矽卡岩、绿帘角闪矽卡岩、角闪绿帘矽卡岩、角闪矽卡岩，前三种是后三种交代残留体，分布在矽卡岩带的边缘和个别地段。

6. 资源储量

截至2018年底，吉林省永吉县头道沟硫铁矿床的硫铁矿查明资源储量为768.80×10^4 t，保有资源储量为765.30×10^4 t，铁平均品位19.53%。

7. 成矿阶段划分与分布

根据矿物的生成顺序，矿床可以划分为以下5个成矿阶段。

早期矽卡岩化阶段：形成的矿物主要有石榴子石、透辉石、石英，部分磁铁矿、毒砂、钛铁矿、白钨矿、黄铜矿等，并形成早期硅酸盐。该阶段形成透辉矽卡岩、透辉石榴矽卡岩、石榴透辉矽卡岩钙铁-钙铝石榴石矽卡岩。

晚期矽卡岩化阶段：形成的矿物主要有绿帘石、普通角闪石、阳起石、石英，部分辉钼矿、磁铁矿、毒砂、钛铁矿、白钨矿、磁黄铁矿、黄铜矿等，并形成含水硅酸盐。该阶段形成绿帘角闪矽卡岩、角闪绿帘矽卡岩、角闪矽卡岩。

氧化物阶段：形成的矿物主要有绿帘石、普通角闪石、阳起石、石英，大量磁铁矿、辉钼矿及部分毒砂、钛铁矿、白钨矿、磁黄铁矿、黄铜矿、黄铁矿等。

石英-硫化物阶段：形成少部分的绿帘石、普通角闪石、阳起石，大量的石英、磁黄铁矿、黄铜矿、黄铁矿及少量的辉钼矿、毒砂、钛铁矿、闪锌矿等，该阶段为本区的主要成矿阶段。

石英-碳酸盐阶段：主要生成含黄铁矿的石英、方解石脉和细脉状磁黄铁矿，是黄铁矿的主要成矿阶段；形成的矿物主要有石英、方解石、黄铁矿、闪锌矿以及少量磁黄铁矿、黄铜矿。

8. 矿床类型

头道沟硫铁矿床主要产出于志留系头道沟岩组与燕山晚期花岗岩的接触带内及附近，矽卡岩化显著，因此将该矿床归为接触交代型矿床。

9. 成矿机制与成矿模式

矿区内的超基性岩、闪长玢岩、霏细斑岩、煌斑岩等均不是成矿母岩，矽卡岩带虽然分布于头道沟岩组与超基性岩接触带，但成矿母岩不是超基性岩，一是矽卡岩穿插了超基性岩，时代晚于超基性岩，二不是镁质矽卡岩，矽卡岩的类型和矿物组合与超基性岩无关；脉岩、闪长玢岩、霏细斑岩的时代比矽卡岩早，而且规模小，也不是成矿母岩。头道沟硫铁矿床的形成与矿区南东700 m刘家屯侏罗纪花岗岩-花岗闪长岩-闪长岩系列杂岩体和下古生界呼兰岩群黄莺屯岩组接触交代以及顺层交代有关。矽卡岩化受继承性的北东向层间破碎带的控制，矿体均产在矽卡岩带中，侏罗纪花岗岩，特别是它的边缘相闪长岩为成矿母岩。矿床的成矿时代为早侏罗世。

头道沟硫铁矿床，是以燕山晚期花岗岩浆活动带来成矿物质为主，在岩浆上侵的同时交代下古生界呼兰岩群头道沟岩组变质岩系所形成。岩浆活动和交代下古生界呼兰岩群黄莺屯岩组变质岩系带来成矿物质，在含矿热液的作用下，在构造应力薄弱、易交代的经过区域变质和角岩化的泥质岩石（黑云母硅质角岩）、火山碎屑岩（变质的凝灰质砂岩）以及中基性火山岩（斜长角闪岩、斜长阳起角岩、阳起角岩等）中形成矽卡岩，同时成矿物质发生沉淀，形成充填交代矿体（图4-43）。

10. 找矿模型

根据该矿床区域地质特征及矿床特征建立了头道沟硫铁矿床的找矿模式表（表4-29）。

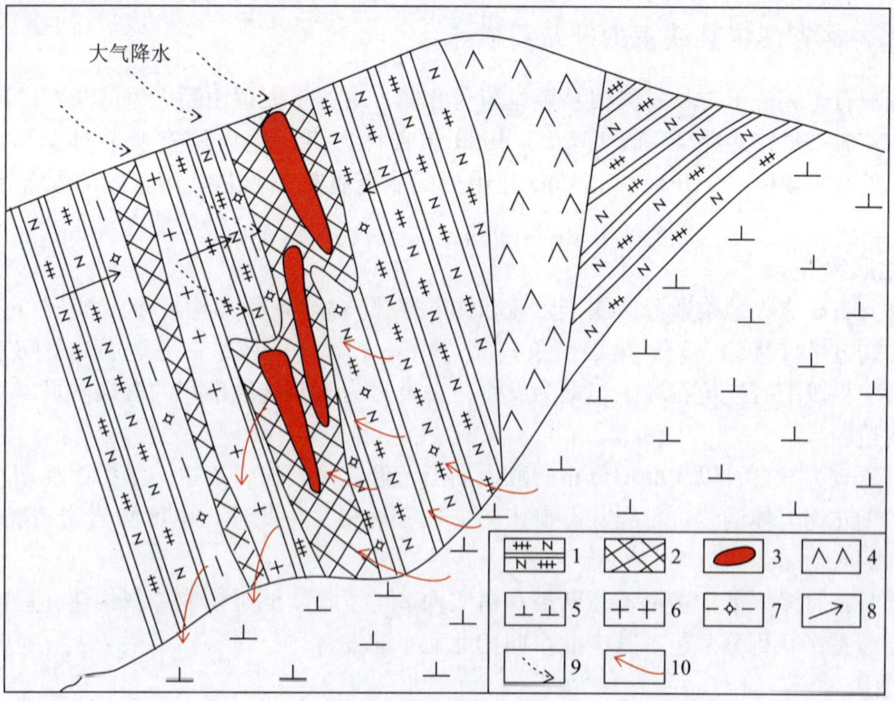

图 4-43 吉林省永吉县头道沟硫铁矿成矿模式图

（据吉林省地质调查院，2013）

1—头道沟岩组；2—矽卡岩；3—硫铁矿体；4—超基性岩；5—闪长岩；6—花岗岩脉；7—硅化；8—成矿物质迁移方向；9—雨水加入岩浆热液环流；10—燕山期中酸性岩浆及其热液迁移方向

表 4-29 吉林省永吉县头道沟硫铁矿床找矿模式表

名称		吉林省永吉县头道沟硫铁矿床
区域地质背景	区域地质构造环境	矿区位于沉积盆地，东北陆缘岩浆弧-盆地系叠加构造带（MCⅠ）、长白山陆缘火山盆岭叠加构造带（MCⅠ-3）、张广才-哈达岭火山-沉积隆盆带（MCⅠ-3_3）、永吉（南楼山）火山穹盆（MCⅠ-3_3^2）
	地球物理场特征	显著的磁异常、激电异常
	地球化学场特征	Pb、Zn、Cu、Ag 等元素的套合异常
控矿地质因素		地层控矿：矿体均赋存于头道沟岩组中段斜长角闪岩段。 岩浆控矿：矿床的形成与侏罗纪中酸性侵入岩体有关，特别是它的边缘相闪长岩为成矿母岩。 构造控矿：矽卡岩带及矿体分布于该断裂两侧次级北东向层间构造破碎带、裂隙带内
矿床特征	矿体赋存部位	矿体位于刘家屯侏罗纪闪长岩体与头道沟岩组接触带附近的矽卡岩带内
	矿体形态及展布	矿床东西延长 600 m，宽 50~100 m，控制深度 280~400 m。矿体基本互相平行排列，在垂直方向上大致呈斜列式排列；矿体走向北东 70°，倾向南东，倾角 60°~75°
	矿物组合	金属矿物以磁黄铁矿、黄铁矿、黄铜矿、磁铁矿、辉钼矿为主，还有少量毒砂、钛铁矿、辉铜矿、锐钛矿、黑钨矿、白钨矿、闪锌矿、胶黄矿、硫钴矿、自然铅、自然铜和自然金等。非金属矿物有石英、绿帘石、角闪石（阳起石）、透辉石、绿泥石和少量的石榴子石、黑云母、方解石、斜长石等
	围岩蚀变	主要有矽卡岩化、硅化、碳酸盐化、黄铁矿化，其次有绿泥石化、绿帘石化、黝帘石化、绢云母化、闪石化
	矿化特征	在岩体接触带附近石榴子石-透辉石或绿帘石-角闪石矽卡岩及碳酸盐化发育，并伴有黄铁矿化
找矿标志		侏罗纪花岗岩体与下古生界头道沟岩组的接触带是成矿的有利空间；区域上的矽卡岩化、硅化、碳酸盐化、黄铁矿化及绿泥石化、绿帘石化、黝帘石化、绢云母化、闪石化等是区域上的找矿标志；在岩体接触带附近石榴子石-透辉石或绿帘石-角闪石矽卡岩及碳酸盐化发育，并伴有黄铁矿化，是矿体的直接找矿标志

（十六）吉林省梨树县铁汞山硅灰石矿床

铁汞山硅灰石矿床位于吉林省梨树县镇龙湾村北侧，隶属于大顶山超大型硅灰石矿床。矿区中心坐标：东经124°37′55″，北纬43°15′10″。于1980年吉林省第一地质调查所通过调研及踏勘发现，1982~1985年进行小规模露天开采，至1995年由中国非金属矿工业总公司直属的综合性硅灰石矿业公司正式投产。

1. 区域地质背景

铁汞山硅灰石矿床大地构造分区属于东北陆缘岩浆弧-盆岭系叠加构造带（MCⅠ）、长白山陆缘火山盆岭叠加构造带（MCⅠ-3）、大黑山条垒带（MCⅠ-3_1）。区域最古老地层为奥陶系—志留系下二台岩群，古生界以上石炭统石嘴子组最为发育，中生界为山间盆地堆积的含煤砂页岩、砾岩建造和陆缘火山岩建造。

本区岩浆岩较为发育，以大面积分布的燕山期黑云母花岗闪长岩为主，华力西晚期花岗闪长岩次之，其中燕山期花岗岩体的侵位与硅灰石矿床的形成密切相关。此外，本区脉岩岩石类型较为单一，以花岗斑岩和闪长玢岩为主。

本区经历长期且多次的构造活动，断裂和褶皱构造均发育。地层构成单斜构造，局部有褶曲，但规模不大。断裂按产状可分两组，其中北东向比北北东向发育。

2. 矿区地质

矿区内出露的地层除第四系外，主要为赋矿的上石炭统石嘴子组（图4-44）。该组为一套浅变质海相火山-陆源碎屑-碳酸盐建造，根据其岩性组合特征，由下至上分为3层，各层之间呈整合接触。

富硅质碳酸岩层：由灰色-灰白色中细粒燧石结核、燧石条带大理岩夹深灰色细粒碳质大理岩组成。

钙质碳酸盐岩层：由灰白色中细粒-中粗粒大理岩夹白色含燧石结核大理岩组成，其上部见有少量硅灰石化。

富硅含矿碳酸盐岩层：由灰白-灰色细粒燧石结核大理岩夹灰白色中粗粒大理岩及角岩透镜体组成。该层经接触变质后，硅灰石化普遍，由南向北矿化度逐渐增强，并形成3个矿化较集中的矿带，含矿化率达工业要求者，即构成矿体。

矿区内岩浆岩主要为燕山期黑云母花岗岩体，分布在矿区的西部，区域上属于窝堡屯岩体的边缘部分，与石嘴子组上段呈侵入接触；矿区北部岩体倾向内接触带，倾向一般为90°~120°，倾角20°~55°，向深部呈弧形变化，倾向外接触带。矿区南部岩体向外接触带，倾向一般为60°~90°，倾角50°左右。从平面上看，接触带沿走向呈弧形展布，局部可见2~10 m的矽卡岩带。岩体相变较清楚，大体可分为两个岩相：黑云母花岗岩与区域上大面积出露的岩体特征基本一致。近接触带120 m左右，向边缘相过渡，岩石矿物粒度逐渐变细，黑云母含量明显减小，渐变为细粒花岗岩。矿区内脉岩较发育，多呈北东向、北北东向分布，其种类有闪长岩、花岗斑岩等。

矿区内仅见1条断层，分布于矿区南西部，控制长度900 m，倾向35°~55°，倾角70°左右，为正断层。根据剖面矿体推断其铅直断面距21~30 m。该断层地表及深部有7个工程控制。它切穿了石炭纪地层和岩体，并破坏了ⅩⅦ、ⅩⅧ号矿体的完整性。破碎带宽度2~8 m，内见大理岩、硅质结核、闪长岩等角砾，角砾呈棱角状，杂乱分布，由较细的碎屑及泥质物松散胶结在一起。

3. 矿体特征

硅灰石矿体赋存于上石炭统石嘴子组上段含矿层中（图4-45）。该含矿层近南北延伸，长约1780 m，宽59~365 m，分布面积约0.4 km^2。含矿层内有3个硅灰石矿带，沿走向由北向南依次排列。其中共赋予24条硅灰石矿体，见矿总厚度10.23~230.57 m，平均130.35 m，延伸33~367 m，最大埋深332 m，均赋存在-6 m标高以下地段。

各矿带的规模及特征叙述如下：

1矿带：是矿段内主矿带，分布在含矿层的北部，沿走向延伸长度770 m，出露宽度100~365 m，

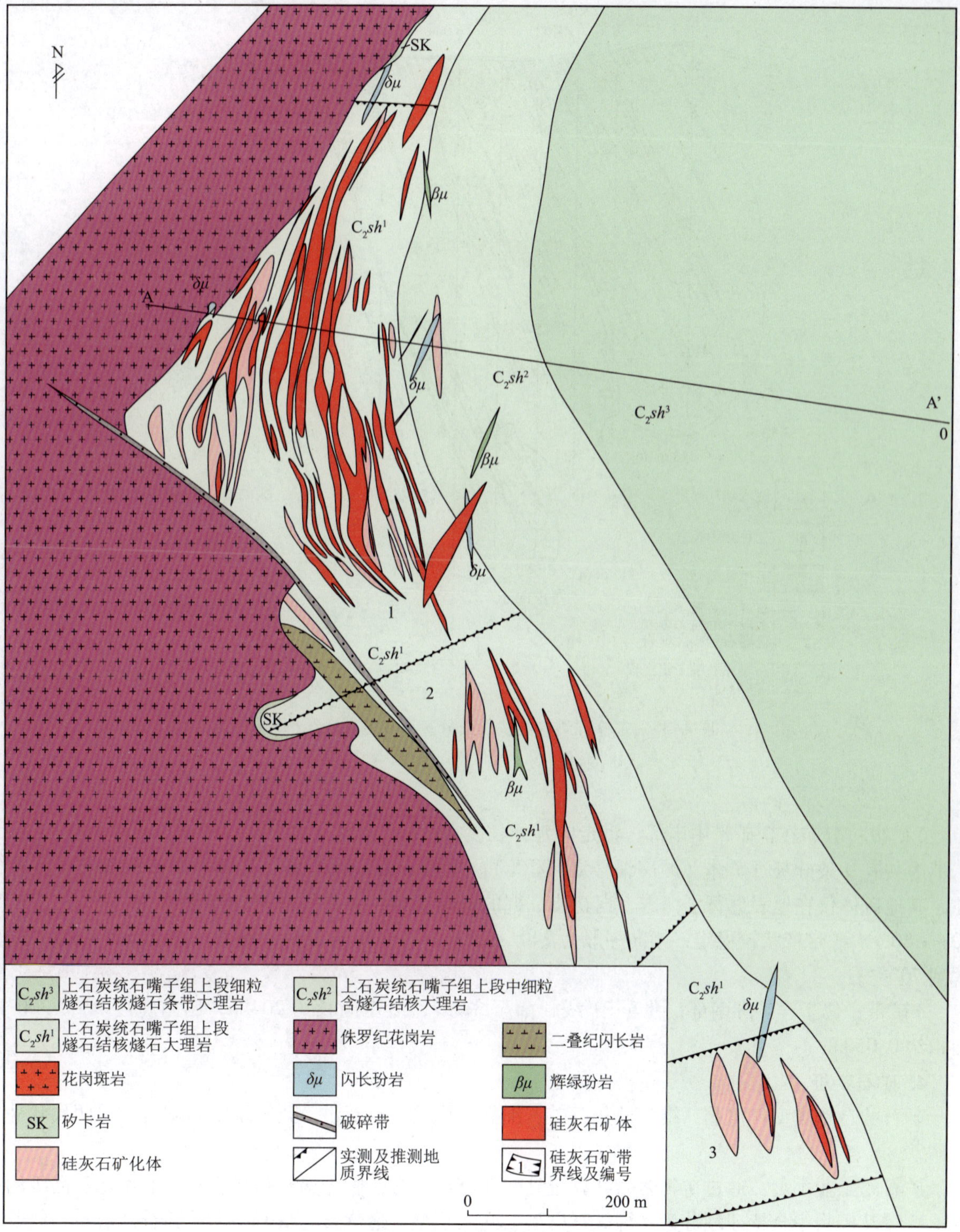

图 4-44 吉林省梨树县铁汞山硅灰石矿区地质图

（据吉林省地质局第一地质调查所，1988，有修改）

面积约 0.17 km^2。矿带共含 10 条硅灰石矿体（顺序编号 Ⅰ ~ Ⅹ），其中以Ⅶ号矿体为主，次为Ⅳ、Ⅴ、Ⅵ、Ⅷ、Ⅸ、Ⅹ号矿体，Ⅰ、Ⅱ、Ⅲ号矿体规模最小。各矿体之间基本上呈平行排列，间距一般小于 20 m，矿体总厚度为 4.38 ~ 164.24 m，平均 69.57 m，含矿率一般在 30% ~ 80%之间，矿石质量较好，一级品以上矿石占 66%左右。矿带中部，产状较稳定，一般倾向 265° ~ 285°，倾角 55° ~ 65°，南北两端因受岩浆岩及断层影响，产状变化较大，整个矿带随接触带形态的变化，近弧形展布。

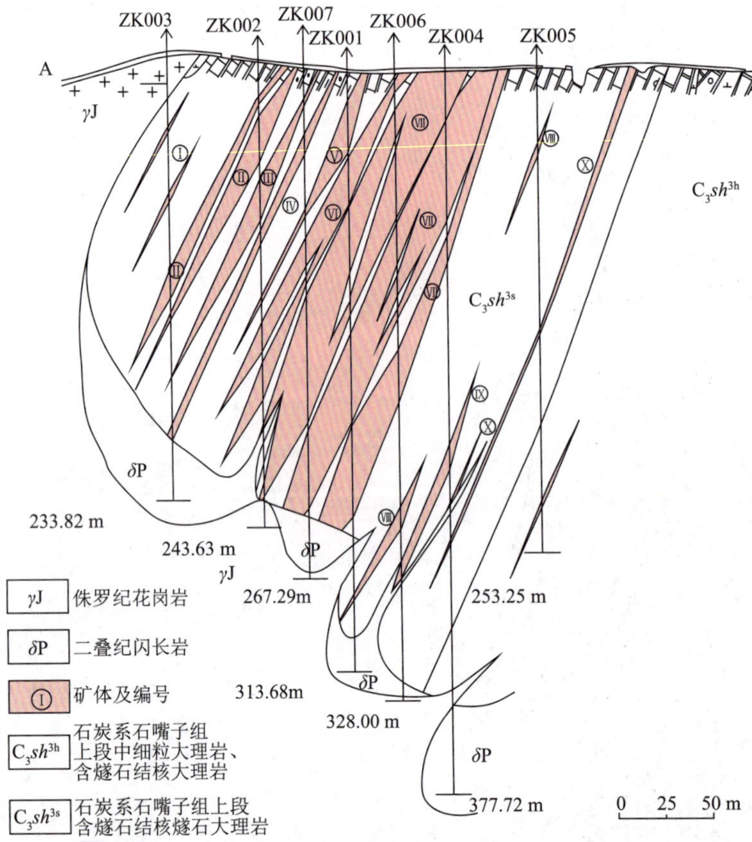

图 4-45　吉林省梨树县铁汞山硅灰石 0 号勘探线剖面图

（据吉林省地质局第一地质调查所，1988，有修改）

2 矿带：分布在含矿带中南部，沿走向延伸长度 460 m，出露宽度 190～250 m，面积约 0.11 km^2。矿带内共有 9 条硅灰石矿体（顺序编号Ⅺ～ⅪⅩ），规模不大，除ⅩⅦ、ⅩⅧ号矿体深部有钻孔控制外，其他矿体仅在地表进行了揭露，据初步掌握的资料统计，各矿体总平均厚度约 36.87 m，含矿率 30%～80%。矿带产状较稳定，倾向一般为 240°～255°，局部转向 265°，倾角一般为 60°～65°，局部达到 70°左右。

3 矿带：位于含矿带南部，北至 31 线，南至 37 线，沿走向长约 204 m，出露宽度 250～300 m，面积约 0.05 km^2。

4. 矿石特征

矿石的自然类型：粗晶纤维状硅灰石矿、细晶纤维状硅灰石矿、致密块状硅灰石矿、团块状硅灰石矿。

矿石的工业类型：通过矿物含量计算统计，在充分考虑矿物分选难易程度、工业用途和品级的基础上，按其矿物组合特征划分为 4 种矿石类型：硅灰石型、透辉石硅灰石型、方解石硅灰石型以及石英硅灰石型。在主矿体中，上述 4 种矿石类型以硅灰石型为主，占 40%以上，分布较普遍。透辉石硅灰石约占 20%，在矿体中分布较均匀。方解石硅灰石型约占 15%，主要分布矿体中部 0 线附近。石英硅灰石型约占 20%，主要分布矿体中部 0～3 线附近。

矿石的矿物组合：矿物组成比较简单，矿石矿物为硅灰石，伴生有益矿物为透辉石，脉石矿物主要为方解石、石英，局部可见到石榴子石、正长石、榍石及金属矿物等。

矿石的结构：纤维柱状变晶结构、纤维粒状变晶结构、纤维状变晶结构、包含变晶结构、交代残留结构、风化残留结构。

矿石构造：以团块状和块状构造为主，次为致密块状构造。

5. 围岩蚀变

围岩蚀变类型较简单，主要为矽卡岩化、角岩化、硅化、碳酸盐化、透辉石化、滑石化及石棉化，其中矽卡岩化与硅灰石矿化有一定关系，主要体现为形成透辉石、石榴子石、方解石、石英，其次有少量的绿泥石、黑云母等矿物，主要分布于接触带部位，局部形成 2~10 m 的矽卡岩带。

6. 资源储量

截至 2018 年底，吉林省梨树县铁汞山硅灰石矿石累计查明资源储量（111b+122b+333）1520.40 $\times10^4$ t，其中 111b 基础储量 852.30$\times10^4$ t，122b 基础储量 666.50$\times10^4$ t，333 资源量 1.6$\times10^4$ t；保有资源储量（111b+122b+333）1477.88$\times10^4$ t，其中 111b 基础储量 1477.88$\times10^4$ t，122b 基础储量 662.54$\times10^4$ t，333 资源量 1.6$\times10^4$ t。

7. 矿床类型

铁汞山硅灰石矿床属于变成型矿床。

8. 成矿机制与成矿模式

铁汞山矿区共见两期岩浆岩侵入，华力西晚期岩浆岩体的侵入使地层发生了第一期矿化，而燕山早期花岗岩体的大规模侵入使矿化得到了进一步加强。接触带附近的地层，经两期岩浆岩热变质的叠加作用，最终形成了较佳的硅灰石矿产。因此，铁汞山矿床的成矿时代为燕山期中侏罗世。

铁汞山硅灰石矿控制因素有 3 个：①上石炭统石嘴子组上段的燧石条带和燧石结核大理岩为硅灰石成矿提供了充足的硅质和钙质成矿质来源；②燕山期黑云母花岗岩呈岩基状大规模侵入，烘烤地层，使残留地层中的硅质碳酸盐岩充分受热变质成矿；③北西向为主的区域性构造通过控制燕山期孟家岭黑云母花岗岩体的侵位空间，进而控制着硅灰石矿带的总体分布。同时经长期多次构造变动，多组断裂和裂隙同时发育，利于岩浆侵入分割穿插和烘烤地层。派生构造和次生裂隙也有利于热液活动及硅灰石成矿时所产生的 CO_2 的逸出，从而造成高温低压半开放的有利构造环境控制成矿。

铁汞山硅灰石矿体多形成于燕山期黑云母花岗岩与上石炭统石嘴子组燧石条带和燧石结核大理岩的外接触带距岩体 0~350 m 的范围内，尤其是距岩体 200 m 左右的外接触带是成矿的主要部位。由于在浅层半开放系统的高温低压条件下才有利于硅灰石矿的形成，属浅层成矿，因此硅灰石矿体大多埋深较浅，铁汞山硅灰石矿体埋深一般不超过 200 m。通过对铁汞山硅灰石矿体的产状、形态、物质成分、成矿物质来源、形成条件和成矿作用的分析研究，总结概括了铁汞山硅灰石矿床成矿模式图（图 4-46）。

9. 找矿模型

根据本矿床的区域地质背景、控矿地质因素以及矿床特征等建立找矿模式（表 4-30；吉林省地质调查院，2023）。

（十七）吉林省磐石市样子沟方解石矿床

样子沟方解石矿床位于吉林省磐石市北东 50°方向，直线距离 30 km，隶属吉林省磐石市驿马乡。矿区中心点地理坐标：东经 126°22′34″，北纬 43°08′17″。2010~2012 年，吉林市旭升地质矿产资源勘测设计研究院对该区开展了普查，2012~2014 年又开展了详查，提交了《吉林省磐石市样子沟方解石矿详查报告》，目前并未开采。

1. 区域地质背景

矿床所处大地构造位置为华北陆块北部陆缘造山带（Ⅲ-A）、哈兰达岭-英额岭新元古代—古生代叠覆造山亚带（Ⅲ-A_1）、放牛沟-下二台-呼兰镇早古生代弧盆系（Ⅲ-A_1^1）。

区域出露有古生界奥陶统小三个顶子岩组，为一套变质碳酸盐岩沉积建造，属赋矿地层。区域构造主要有东西向的样子沟断层、北西向的周家屯-金厂沟断层和富贵屯-样子沟断层及北东向郭家店-样子沟断层和东错草-金厂沟断层，均切错志留系。区域侵入岩主要有中志留世片麻状花岗闪长岩和似斑状二长花岗岩，侵入奥陶系小三个顶子岩组；早侏罗世中细粒花岗闪长岩及晚侏罗世细粒白岗质花岗岩、文象花岗岩，侵入到奥陶系小三个顶子岩组。

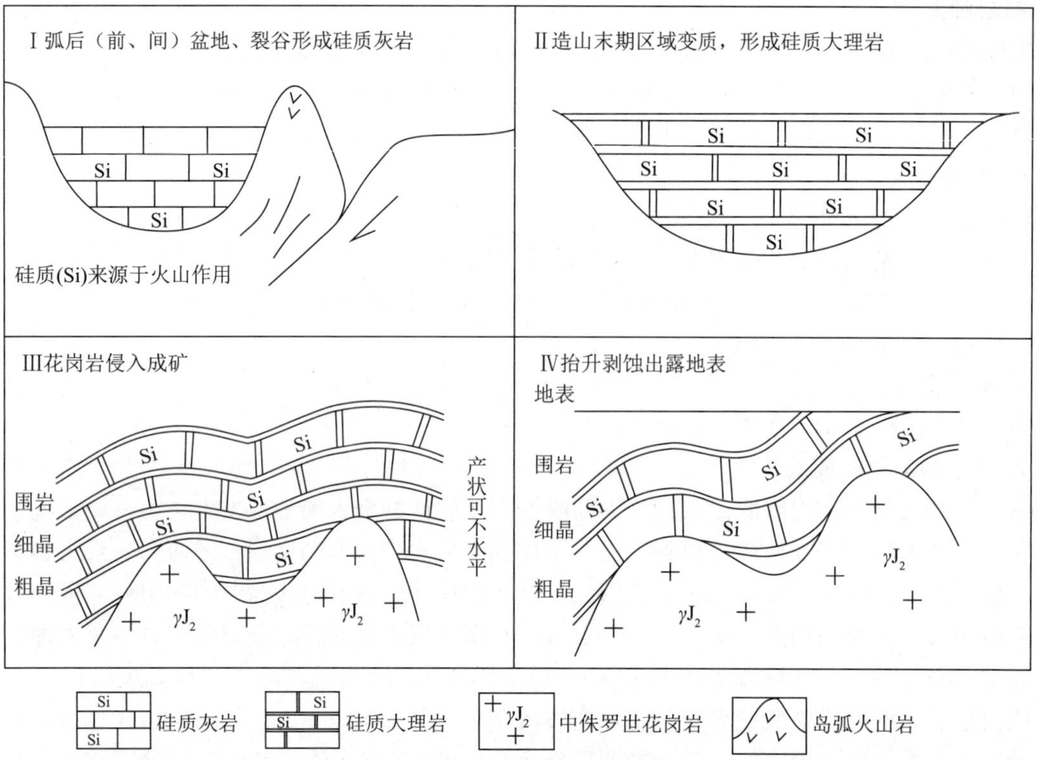

图 4-46　吉林省梨树县铁汞山硅灰石矿床成矿模式图

（据吉林省地质调查院，2023）

表 4-30　吉林省梨树县铁汞山硅灰石矿找矿模型表

矿床名称		吉林省梨树县铁汞山硅灰石矿
区域地质构造环境		矿区所处大地构造位置为位于东北陆缘岩浆弧-盆岭系叠加构造带（MCⅠ）、长白山陆缘火山盆岭叠加构造带（MCⅠ-3）、大黑山条垒带（MCⅠ-3_1）。古生代在浅海盆地中发育了硅质碳酸盐岩建造
控矿地质因素		本矿床受地层和岩浆岩的控制，矿床赋存于上石炭统石嘴子组上段（C_2sh^3）含矿层中。矿体呈似层状、透镜状成组出现、平行展布，形成具有一定规模的矿带，其产状和空间形态变化与含矿层基本一致。矿床内各矿带均分布在外接触带附近，地表矿体具花岗岩体最远不超过 350 m，向深部与山厂岩体直接接触。主矿带位于岩体呈弧形转弯地带，含矿层的产状随着接触带的形态而变化，接触带浅部产状倾向内带，向深部呈弧形变化，倾向外带
矿床特征	矿体赋存部位	本矿床赋存于上石炭统石嘴子组上段（C_2sh^3）含矿层中
	矿体形态及展布	含矿层近南北延伸，长约 1780 m，宽 59~365 m，分布面积约 0.4 km^2。含矿层内有 3 个硅灰石矿带，沿走向由北向南依次排列。其中共赋予 24 条硅灰石矿体，见矿总厚度 10.23~230.57 m，平均 130.35 m，延伸 33~367 m，最大埋深 332 m，均赋存在-6 m 标高以下地段
	矿物组合	矿石的矿物组成比较简单，矿石矿物为硅灰石，伴生有益矿物为透辉石，脉石矿物主要为方解石、石英，局部可见到石榴子石、正长石、榍石及金属矿物等
	围岩蚀变	蚀变：矽卡岩化、角岩化、硅化、碳酸岩化、滑石化及石棉化
	矿化特征	矿化：磁黄铁矿及黄铁矿化、硅灰石矿化
找矿标志		硅灰石矿体露头经风化后较破碎，颜色呈浅灰色，具深灰色斑点。硅灰石晶体假象呈土状光泽，硬度变低。此特征很易与大理岩相区别，是直接找矿标志。 在接触带附近 500 m 范围内，富含硅质的大理岩中，往往有硅灰石矿化显示，在其附近及深部是寻找矿体的重要标志

2. 矿区地质

矿区内出露的地层主要为奥陶系小三个顶子岩组上段，岩性为纯白色大理岩（矿体）、灰白色条带状大理岩、灰白色白云质大理岩及板岩；下侏罗统玉兴屯组及第四系全新统（图4-47）。

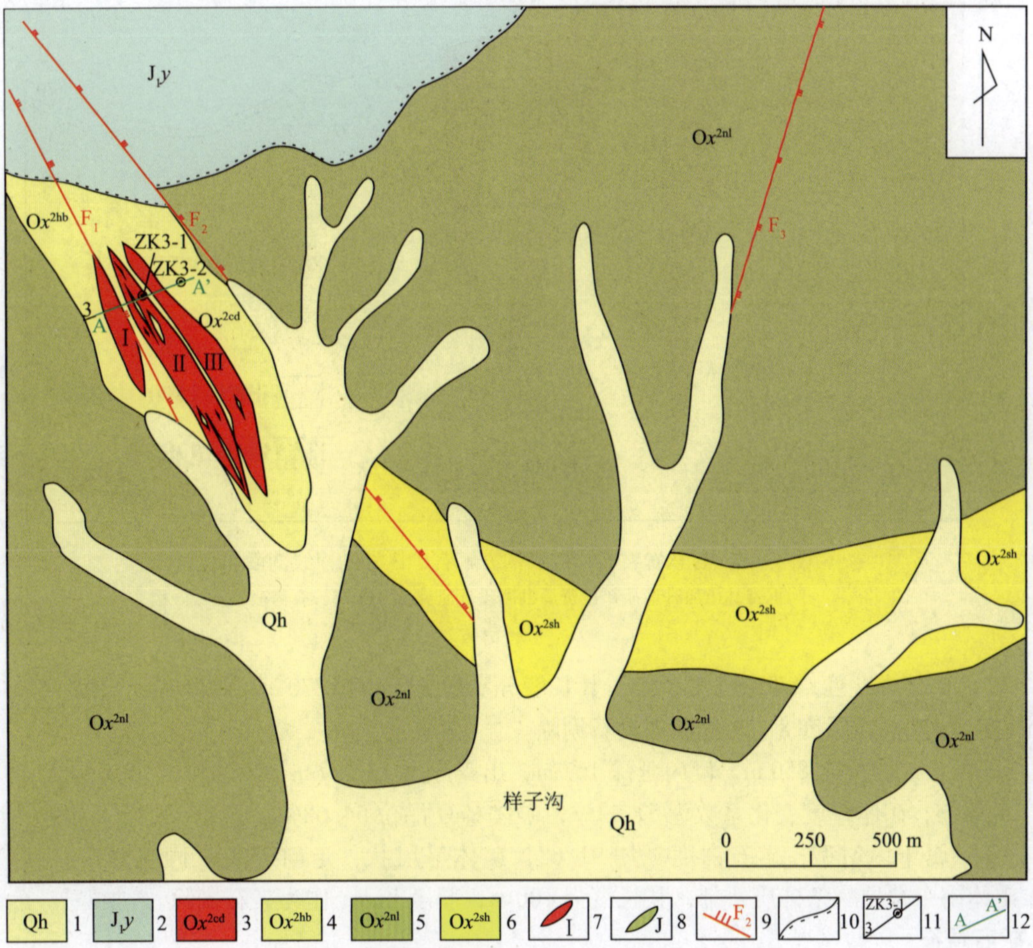

图4-47 吉林省磐石市样子沟方解石矿床地质简图

（据吉林市旭升地质矿产资源勘测设计研究院，2015）

1—第四系；2—凝灰岩；3—纯白色大理岩（矿体）；4—灰白色含条带大理岩；5—条带状大理岩；6—板岩、砂岩；7—矿体位置及编号；8—夹石位置及编号；9—实测及推测压扭性断层及编号；10—不整合界线；11—勘探线及钻孔编号；12—剖面位置

矿区构造发育，但对矿体破坏性不大。构造主要有北西向展布的 F_1 正断层、区域中富贵屯-样子沟断层一部分的压扭性 F_2 断层及区域中郭家店-样子沟断层的一部分的压扭性 F_3 断层，其中 F_1 断层将矿体切错为Ⅰ号和Ⅱ号矿体，其他对矿体无影响。

3. 矿体特征

矿区3条方解石（纯白色大理岩）矿体赋存于奥陶系小三个顶子岩组上段（图4-48），矿体均呈层状，矿体形态、厚度变化不大，比较稳定。各矿体特征分述如下：

Ⅰ号矿体：矿体呈层状，矿体长度450 m，倾向延深223 m。矿体出露厚度30~50 m，平均厚度36.26 m，矿体平均真厚度29.05 m，矿体厚度变化系数为33.67%。矿体CaO品位54%~55.44%，平均品位54.66%，品位变化小，属于均匀型，矿石白度平均91.26，矿体走向340°，倾向北东，倾角84°。

Ⅱ号矿体：矿体呈层状，矿体长度850 m，倾向延深330 m，出露厚度28~85.3 m，平均厚度46.35 m，矿体平均真厚度36.77 m，矿体厚度变化系数为59.63%，矿体CaO品位54.74%~55.44%，平均品位54.76%，品位变化小，属于均匀型，矿石白度平均91.83。矿体走向325°，倾向北东，倾

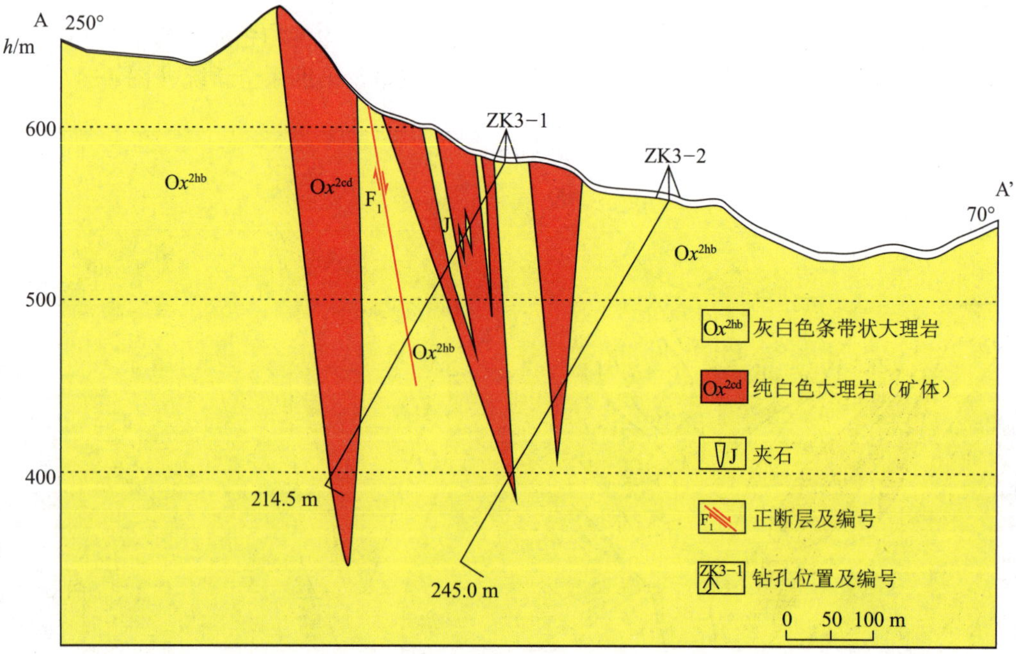

图 4-48 吉林省磐石市样子沟方解石矿 3 号勘探线剖面图

（据吉林市旭升地质矿产资源勘测设计研究院，2015，有修改）

角 80°~85°。矿体内北西端两条硅质条带，其长度分别为 125 m 和 270 m，厚度 8 m；南东端 1 条硅质条带，长度为 270 m、厚度 8 m，都作为夹石剔除。

Ⅲ号矿体：矿体长度 850 m，倾向延深 167 m，出露厚度 38~67 m，平均厚度 38.63 m，矿体平均真厚度 35.04 m，矿体厚度变化系数为 51.11%，矿体 CaO 品位 54.68%~55.38%，平均品位 54.92%，品位变化小，属于均匀型，矿石白度平均 91.68，矿体呈层状，走向 325°，倾向北东，倾角 80°~84°，在矿体南东端见一条硅质条带，其长度为 100 m，厚度 8 m，作为夹石剔除。

4. 矿石特征

矿石类型：自然类型为纯白色大理岩，工业类型为重质碳酸钙原料方解石矿石。

矿物组合：成分单一，均为方解石。

矿石结构：主要为中细粒粒状变晶结构。

矿石构造：主要为块状构造，个别可见层状构造。

5. 资源储量

截至 2018 年底，磐石市样子沟方解石矿累计查明资源储量（122b+333）2577.3×10^4 t，其中查明基础储量（122b）1499.8×10^4 t，查明资源量（333）1077.5×10^4 t；保有资源储量（122b+333）2577.3×10^4 t，其中保有基础储量（333）1499.8×10^4 t，保有资源量（333）1077.5×10^4 t。

6. 矿床类型

样子沟方解石矿床属于变成型矿床。

7. 成矿机制和成矿模式

样子沟方解石矿床成矿时代为奥陶纪。

奥陶纪时期，河流将大量的钙质以可溶性碳酸氢钙 $Ca(HCO_3)_2$ 形式从陆地带入海中，在温暖气候条件下浅海区海水中重碳酸钙呈过饱和状态，由于海水的温度较高，浅海区海水动荡较大和大气压降低，海水中 CO_2 的浓度逐渐减少，形成了有利于 $CaCO_3$ 沉淀的还原环境，使易溶的 $Ca(HCO_3)_2$ 减少，变成难溶的 $CaCO_3$ 沉淀下来。在钙质沉淀过程中，地壳有不断的轻微动荡，沉积环境相对稳定性不断变化，使沉积物形成层理和沉积厚度不一。同时硅质呈胶体状态聚集，在一定阶段沉积下

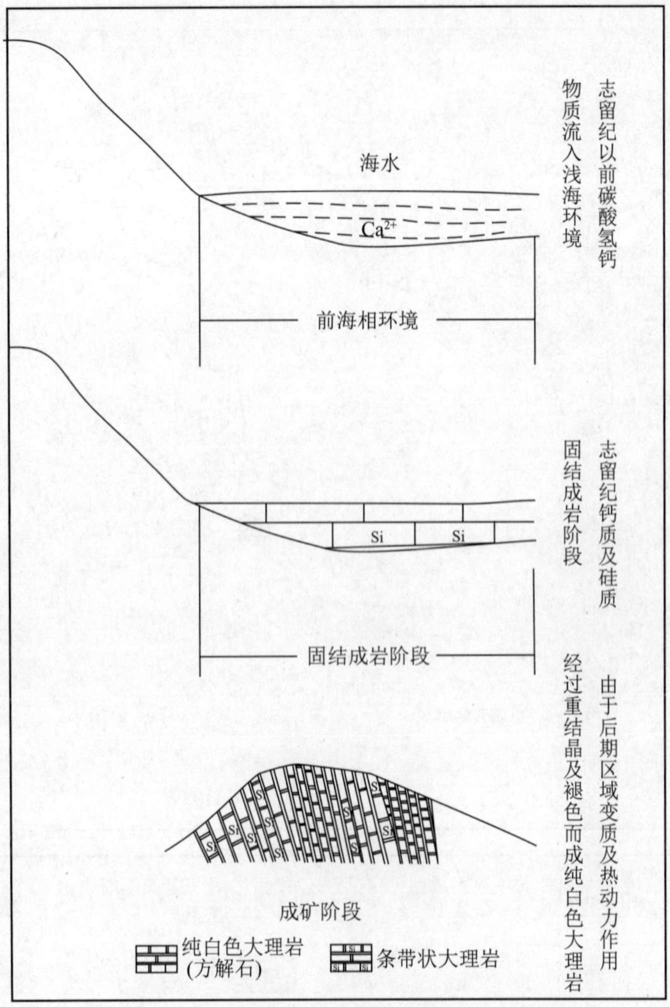

图 4-49　吉林省磐石市样子沟方解石成矿模式图

（据吉林省地质调查院，2023）

来，同时硅质部分脱水重结晶形成硅质结核或条带于灰岩中。

早期浅海相化学沉积作用形成碳酸盐岩，受到区域变质及热动力作用，经过重结晶和褪色而形成的纯白色大理岩（矿体）（图 4-49）。

（十八）吉林省敦化市秋梨沟镇稀有类型矿泉水

敦化市秋梨沟镇稀有类型矿泉水水源地位于吉林省敦化市中西部，南临翰章乡长益屯，北至黄泥河镇弯沟村，西临黄泥河镇团山子，东至秋梨沟镇江河屯。地理坐标为：东经 128°04′43″~128°09′57″；北纬 43°20′00″~43°31′55″。

1. 矿泉水赋存条件与形成机制

（1）矿泉水赋存条件

矿泉水的形成、赋存与运移受地质构造、地层岩性和地貌等诸多因素控制。该矿泉水主要赋存于地下深处 400~600 m 的新近系中新统土门子组砾岩、砂砾岩地层中。这些地层孔隙裂隙和构造裂隙发育，为矿泉水的形成、储存创造了良好的空间（图 4-50）。

（2）矿泉水的形成机制

该稀有类型矿泉水赋存于新近系中新统土门子组砾岩、砂砾岩地层中，矿泉水体在地下深处经过数十年乃至数百年的地下长距离渗入、循环和运移，不断和围岩介质进行离子交替等物理化学作用，

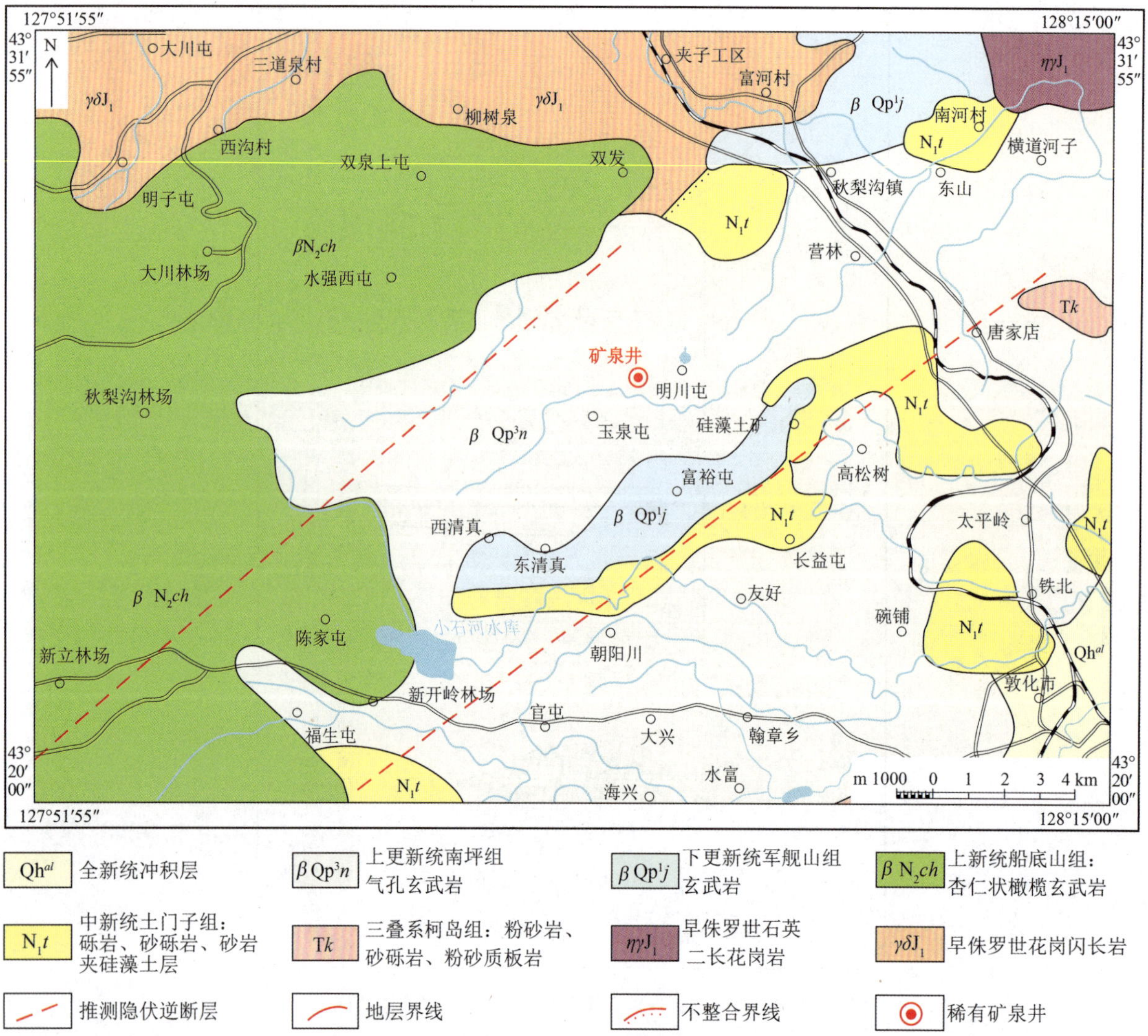

图 4-50　吉林省敦化市秋梨沟镇稀有类型矿泉水水源地区域地质图

（据吉林省地质调查院，2023）

在温度和水气压力的作用下，溶解含水介质中的可溶性二氧化硅、锶、锂等有益人体健康化学微量元素组分，在导水和储水空间里，经过较长时间，并遵循由浅至深，由深（压力传递）至浅运移规律，所以，一般矿泉水的年龄总有数十年之久。由于矿泉水在地下深循环，交替迟缓，有良好的封闭条件，不受外界污染影响，保证了水质。

2. 矿泉水水文地球化学特征及水质评价

（1）矿泉水水文地球化学特征

根据该区（勘探井）稀有矿泉水水质检验成果，水中阴离子以重碳酸根为主，含量在1404.69~1410.58 mg/L之间；阳离子含量以钠为主，含量为5512.45~520.6 mg/L；总硬度以$CaCO_3$计，含量为28.44~37.81 mg/L；溶解性总固体含量为1963.00~1977.10 mg/L；pH值为7.25~7.35；偏硅酸含量为21.71~23.50 mg/L；水中锂含量为0.3049~0.3230 mg/L；锶含量为0.3310~0.3802 mg/L；锂、锶分别达到稀有类型矿泉水界限指标标准，水化学类型为重碳酸钠型水（表4-31）。

（2）矿泉水水质特征

敦化市（勘探井）稀有天然矿泉水水质无论从感官要求和理化要求，还是界限指标、限量指标、污染物指标、微生物指标均符合饮用天然矿泉水水质标准，色度均为无色，无异臭和异味，并且无肉眼可见异物。

表 4-31 吉林省敦化市秋梨沟镇稀有类型天然矿泉水水化学特征表 单位：mg/L

项目		检测结果				含量区间	均值
		2007 年 6 月	2007 年 10 月	2008 年 1 月	2008 年 1 月（外检）		
阳离子	K^+	2.15	2.06	2.05	2.10	2.05~2.15	2.08
	Na^+	520.6	512.45	515.6	490.0	512.45~520.6	516.2
	Ca^+	8.03	8.10	8.20	8.72	8.03~8.20	8.26
	Mg^+	4.30	4.33	4.21	5.62	4.21~4.30	4.28
	NH_4^+	0.40	0.48	0.48	0.28	0.28~0.48	0.41
	$Fe^{2+}+Fe^{3+}$	0.39	0.08	0.04	0.41	0.04~0.39	0.23
阴离子	HCO_3^-	1410.24	1404.69	1410.58	1329.24	1404.69~1410.58	1408.5
	CO_3^-	0.00	0.00	0.00	0.00	0.00	0.00
	Cl^-	11.21	10.98	11.52	10.83	10.98~11.52	11.14
	SO_4^{2-}	1.98	2.05	2.11	0.00	1.98~2.11	1.53
	F^-	0.27	0.36	0.36	0.31	0.27~0.36	0.33
	NO_3^-	1.22	1.15	1.20	0.00	0.15~1.22	1.19
总硬度（以 $CaCO_3$ 计）		37.76	28.44	37.81	46.06	28.44~37.81	34.67
溶解性总固体		1977.1	1963.0	1974.39	1864.51	1963~1977.1	1971.50
pH 值		7.30	7.35	7.25	7.97	7.25~7.35	7.30

3. 矿泉水允许开采量评价

该矿泉经一个水文年的水流量和水温监测，矿泉流量 321~339 m^3/d，井深部水温达到 25℃以上，出水口水温度恒定在 22℃，见天然矿泉水动态观测数据表 4-32。稀有类型矿泉水由玄武岩孔洞裂隙水及构造裂隙水补给，具备充足的补给条件，矿泉井水动态稳定，以枯水期最小流量 321 m^3/d 为基准，按矿泉流量的 80%确定允许开采量为 260 m^3/d。

表 4-32 吉林省敦化市秋梨沟镇稀有类型天然矿泉水动态观测数据表

年	月	日	流量 ($m^3 \cdot d^{-1}$)	水温/℃	气温/℃	年	月	日	流量 ($m^3 \cdot d^{-1}$)	水温/℃	气温/℃
2007	5	10	321.36	22.0	18	2007	12	10	330.00	22.0	-11
		25	321.36	22.0	22			25	330.00	22.0	-14
	6	10	330.00	22.0	23	2008	1	10	330.00	22.0	-19
		25	330.00	22.0	28			25	321.36	22.0	-22.5
	7	10	421.92	22.0	30		2	10	321.36	22.0	-24
		25	338.88	22.0	31			25	321.36	22.0	-21
	8	10	338.88	22.0	29		3	10	321.36	22.0	-8
		25	338.88	22.0	28.5			25	321.36	22.0	-6
	9	10	338.88	22.0	25		4	10	321.36	22.0	6
		25	338.88	22.0	22			25	321.36	22.0	9
	10	10	338.88	22.0	20		5	10	321.36	22.0	15
		25	330.00	22.0	15			25	321.36	22.0	20
	11	10	330.00	22.0	-1						
		25	330.00	22.0	-3						

4. 矿泉水水源地的保护与合理开发利用

敦化市作为长白山地区的发展中城市，地下蕴藏着丰富的天然矿泉水资源，特别是稀有类型天然矿泉水，近年来更为广大消费者青睐。因此，开发稀有类型矿泉水的前景非常乐观。从宏观上看，未来随着社会的发展和人们生活水平的不断提高，稀有类型天然矿泉水会有更好的开发市场和前景，对促进地方经济发展，形成有地方品牌和一定规模的矿泉水生产基地指日可待。为了确保该矿泉水资源在开发利用过程中免受污染破坏，结合其出露的地质、水文地质条件、矿泉水的富存与形成机理，确定天然矿泉水水源地卫生防护区及保护建议。

1）严格保护区：为第一区。范围为泉群轴线两侧及端点 15 m 的区域。保护区边界设立防护栏，清理区内与水资源开发利用无关的建筑物，严禁无关人员入内，消除一切可能导致水质污染的因素。

2）限制区：为第二区。范围为距泉群轴线两侧及端点 30 m 的区域。区内禁止设置可导致矿泉水水源水质、水量、水温改变的工程，禁止进行可能引起含水层污染的人类生活及经济-工程活动。

3）监察区：为第三区。包括矿泉群上游 1000 m，下游到漫江，两侧各 500 m 的范围内。区内保护好生态环境，只允许对水源卫生情况没有危害的经济-工程活动。

第五章　区域成矿规律

第一节　主要成矿单元

一、成矿单元划分

1. Ⅳ级、Ⅴ级成矿单元划分原则

Ⅳ级成矿亚带是受同一期次构造-岩浆旋回控制的、矿床成因上有联系的一类或几类矿床组合一体的矿床集中区，通常称为矿田分布区（武广等，2016）。吉中-延边成矿带（Ⅲ-55）内划分Ⅳ级成矿亚带主要依据与成矿作用有关的沉积岩、变质岩、岩浆岩及构造等地质要素，同时综合考虑物化探异常特征及重砂、遥感等区域成矿信息，并做到Ⅲ级成矿区带内的Ⅳ级区带全区全覆盖。此外，同一成矿亚带内以1~2个矿种为主，同时伴有其他矿种；在成矿时代上以1~2个成矿时代为主；在空间分布上具有一定的方向性，在矿床或矿床组合及控矿因素方面相近或相同，多以一两个成矿系列为主，伴有与之相关的系列。

Ⅴ级成矿单元，是在Ⅳ级成矿亚带内对矿田分布区的进一步划分，是同一成矿地质环境、同类控矿因素、同一构造—岩浆活动阶段形成某几个矿种、成因相互联系和空间分布有规律的矿床组合分布区，一般称矿田（武广等，2016）。

2. 成矿单元划分方案

根据上述Ⅳ级、Ⅴ级成矿单元定义及划分原则，并结合《中国成矿区带划分方案》（徐志刚等，2008）和《东北地区重要矿产资源潜力预测评价及综合报告》（沈阳地质调查中心，2013）成矿单元划分的重要认识，吉中-延边成矿带进一步划分出7个Ⅳ级成矿亚带（表5-1；图5-1），即山门-乐山Ag-Au-Cu-Fe-Pb-Zn-Ni成矿亚带（Ⅲ-55-①）、那丹伯-一座营Au-Mo-Ag-Pb-Zn-Cu-Ni成矿亚带（Ⅲ-55-②）、山河-榆木桥子Au-Ag-Mo-Ni-Cu-Fe-Pb-Zn成矿亚带（Ⅲ-55-③）、红旗岭-漂河川Ni-Au-Cu成矿亚带（Ⅲ-55-④）、海沟-红太平Au-Fe-Cu-Pb-Zn-Ag-Mo-Ni成矿亚带（Ⅲ-55-⑤）、五凤-百草沟Au-Cu-Ag-Pb-Zn-Fe成矿亚带（Ⅲ-55-⑥）和天宝山-开山屯Pb-Zn-Au-Ag-Ni-Mo-Cu-Fe成矿亚带（Ⅲ-55-⑦）。

在Ⅳ级成矿亚带内进一步圈定10个Ⅴ级矿田（表5-1），分别为：铁汞山硅灰石矿田（Ⅴ-1）、盈隆金、铅锌矿田（Ⅴ-2）、大黑山钼矿田（Ⅴ-3）、长崴子-后倒木硅灰石、钼矿田（Ⅴ-4）、二道甸子金矿田（Ⅴ-5）、红旗岭镍矿田（Ⅴ-6）、海沟金矿田（Ⅴ-7）、珲春煤田（Ⅴ-8）、天宝山多金属矿田（Ⅴ-9）和长仁镍矿田（Ⅴ-10）。

二、Ⅳ级成矿亚带特征

1. 山门-乐山Ag-Au-Cu-Fe-Pb-Zn-Ni成矿亚带（Ⅲ-55-①）

（1）成矿地质条件及矿产特征

地质特征：位于西拉木伦河断裂以南，四平-长春-德惠岩石圈断裂与伊通-舒兰岩石圈断裂之间的大黑山条垒南段。西南起辽宁省开原市，中部经吉林省四平市山门，北东至吉林省伊通县放牛沟，呈北东向带状展布。出露地层主要为新元古界西保安岩组、古生界奥陶系下二台岩群盘岭岩组、黄顶子岩组和烧锅屯岩组以及放牛沟组，志留系桃山组，石炭系—二叠系窝瓜地组、磨盘山组及石嘴子组

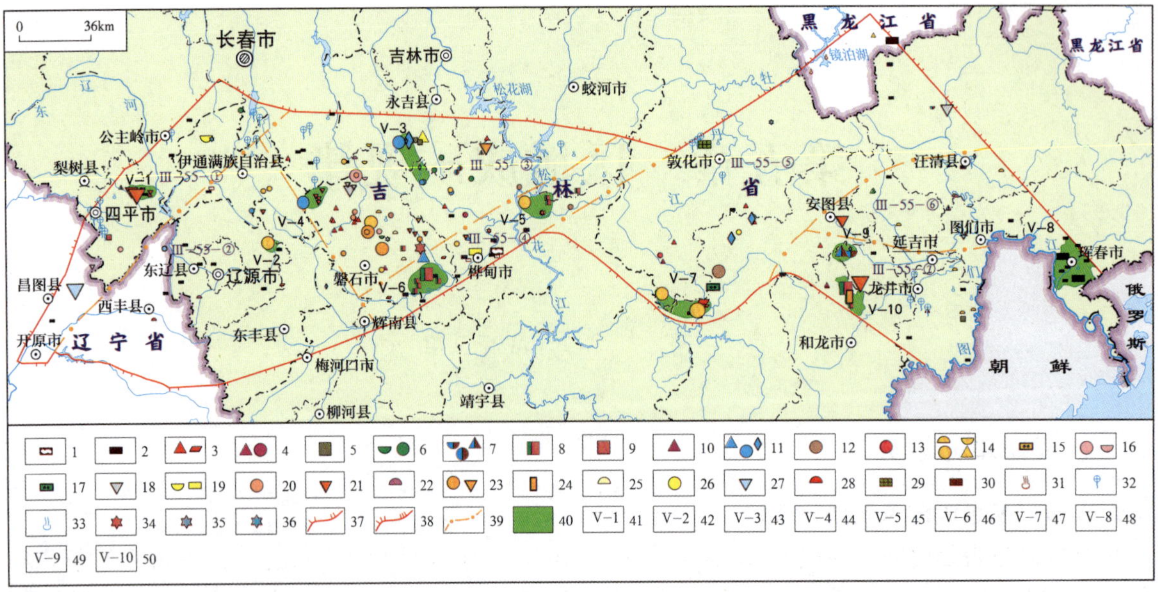

图 5-1　吉中-延边成矿带（Ⅲ-55）Ⅳ级、Ⅴ级成矿单元划分

1—油页岩；2—煤炭；3—铁矿；4—锰矿；5—铬铁矿；6—铜矿；7—铅锌矿；8—铜镍矿；9—镍矿；10—钨矿；11—钼矿；12—锑矿；13—汞矿；14—金矿；15—砂金矿；16—银矿；17—独居石；18—石墨；19—硫铁矿；20—萤石；21—硅灰石；22—沸石；23—方解石；24—冰洲石；25—高岭土；26—粘土；27—大理岩；28—珍珠岩；29—硅藻土；30—泥炭；31—地热；32—矿泉水；33—地下水；34—宝石；35—玉石；36—观赏石；37—Ⅱ级成矿省界线；38—Ⅲ级成矿区带界线；39—Ⅳ级成矿亚带界线；40—Ⅴ级矿田分布区；41—铁汞山硅灰石矿田；42—盈隆金、铅锌矿田；43—大黑山钼矿田；43—大黑山钼矿田；44—长岚子—后倒木硅灰石、钼矿田；45—二道甸子金矿田；46—红旗岭镍矿田；47—海沟金矿田；48—珲春煤田；49—天宝山多金属矿田；50—长仁镍矿田

以及中生界白垩系泉头组、登楼库组、营城组等。其中西保安岩组为一套基性火山岩-硅铁建造，本区出露的岩石类型为角闪片岩、角闪变粒岩和云母片岩；下二台岩群主要由浅色细粒的片岩、粒岩（变粒岩）和大理岩组成；放牛沟组以火山岩为主；桃山组为中酸性火山-类复理式建造的变英安岩、变流纹岩夹变质粉砂岩、大理岩；窝瓜地组、磨盘山组及石嘴子组主要为硅质条带大理岩、结晶灰岩、厚层大理岩夹硅质岩、板岩、酸性熔岩等；登楼库组以砂岩、砾岩为主；营城组包括安山质凝灰岩、安山岩、凝灰质砾岩等岩石类型，泉头组以紫色页岩、粉砂岩为主；沙河子组主要由含砾粗砂岩夹薄层细砂岩、薄层细砂岩夹粉砂质页岩、粗砂岩及黑色页岩、灰黑色含砾凝灰岩质板岩、含砾粗砂岩等组成；义县组为灰紫色、灰绿色、灰褐色、灰黑色安山岩、玄武岩、粗安岩以及集块岩、角砾岩、凝灰岩等火山岩，间夹多层富含淡水动物及少量植物化石的灰白色凝灰质砂页岩。本区内侵入岩较为发育，从加里东晚期到燕山期均有出露，主要呈岩基或岩株状产出。其中加里东晚期侵入岩主要为含黑云母二长花岗岩和闪长岩等；华力西期有斜长花岗岩，花岗闪长岩和石英闪长岩等；印支期和燕山期有二长花岗岩、流纹斑岩等。这些侵入岩构成区内明显的以北东向为主的构造一岩浆岩带，不同期次的侵入岩分别与不同类型的矿化有关，成为本区主要控矿因素之一。区内构造以断裂发育，主要是以平行南北两侧大型断裂构造的次一级北东—北北东向压性-压扭性逆冲断层和糜棱岩化带为主，北西向和其他方向断裂次之。褶皱构造多不完整，主要发育在下古生界中，形成复式褶皱，在放牛沟地区以东西向为主，在大顶山地区以北西向为主，在山门地区则以北东向为主。

矿产特征：该成矿亚带内镍、钼、银、金、铜、铅、锌等矿产丰富，形成了一批大、中、小型矿床。目前已发现矿床、矿点共计40多处，其中，大型银矿床1处（山门银矿）、中型铅锌矿1处（放牛沟多金属硫铁矿）、小型铜矿1处、铅锌矿1处、镍矿1处（山门镍矿）；非金属矿产中包括硅灰石矿4处，超大型、大型、中型和小型各1处；此外，还有众多水泥用大理岩、多用途灰岩等。该成矿亚带内产出的矿产种类、时代及数量等方面特征见图 5-2。

表 5-1　吉中-延边成矿带（Ⅲ-55）Ⅳ、Ⅴ级成矿单元划分表

Ⅲ级	Ⅳ级编号	Ⅳ级名称	Ⅴ级编号	Ⅴ级名称	代表性矿床
Ⅲ-55 吉中-延边（活动陆缘）Mo-Au-As-Cu-Zn-Fe-Ni 成矿带	Ⅲ-55-①	山门-乐山 Ag-Au-Cu-Fe-Pb-Zn-Ni 成矿亚带	Ⅴ-1	铁汞山硅灰石矿田	吉林省梨树县铁汞山超大型硅灰石矿床
	Ⅲ-55-②	那丹伯-—座营 Au-Mo-Ag-Pb-Zn-Cu-Ni 成矿亚带	Ⅴ-2	盈隆金、铅锌矿田	吉林省东辽县盈隆中型金矿床
	Ⅲ-55-③	山河-榆木桥子 Au-Ag-Mo-Ni-Cu-Fe-Pb-Zn 成矿亚带	Ⅴ-3	大黑山钼矿田	吉林省永吉县大黑山超大型钼矿床、吉林省桦甸市双杨树大型钼矿床
			Ⅴ-4	长崴子-后倒木硅灰石、钼矿田	吉林省磐石市长崴子大型硅灰石矿床、后倒木中型钼矿床
	Ⅲ-55-④	红旗岭-漂河川 Ni-Au-Cu 成矿亚带	Ⅴ-5	二道甸子金矿田	吉林省桦甸市二道甸子大型金矿床
			Ⅴ-6	红旗岭镍矿田	吉林省磐石市红旗岭大型镍矿床
	Ⅲ-55-⑤	海沟-红太平 Au-Fe-Cu-Pb-Zn-Ag-Mo-Ni 成矿亚带	Ⅴ-7	海沟金矿田	吉林省安图县海沟大型金矿床
	Ⅲ-55-⑥	五凤-百草沟 Au-Cu-Ag-Pb-Zn-Fe 成矿亚带	Ⅴ-8	珲春煤田	吉林省汪清县刺猬沟小型金矿床、吉林省汪清县闹枝小型金矿床、吉林省珲春市珲春煤田
	Ⅲ-55-⑦	天宝山-开山屯 Pb-Zn-Au-Ag-Ni-Mo-Cu-Fe 成矿亚带	Ⅴ-9	天宝山多金属矿田	吉林省龙井市天宝山矿田立山小型铅锌矿、吉林省龙井市天宝山矿田新兴小型多金属矿床、吉林省龙井市天宝山矿田东风小型多金属矿床
			Ⅴ-10	长仁镍矿田	吉林省和龙市长仁中型镍矿床

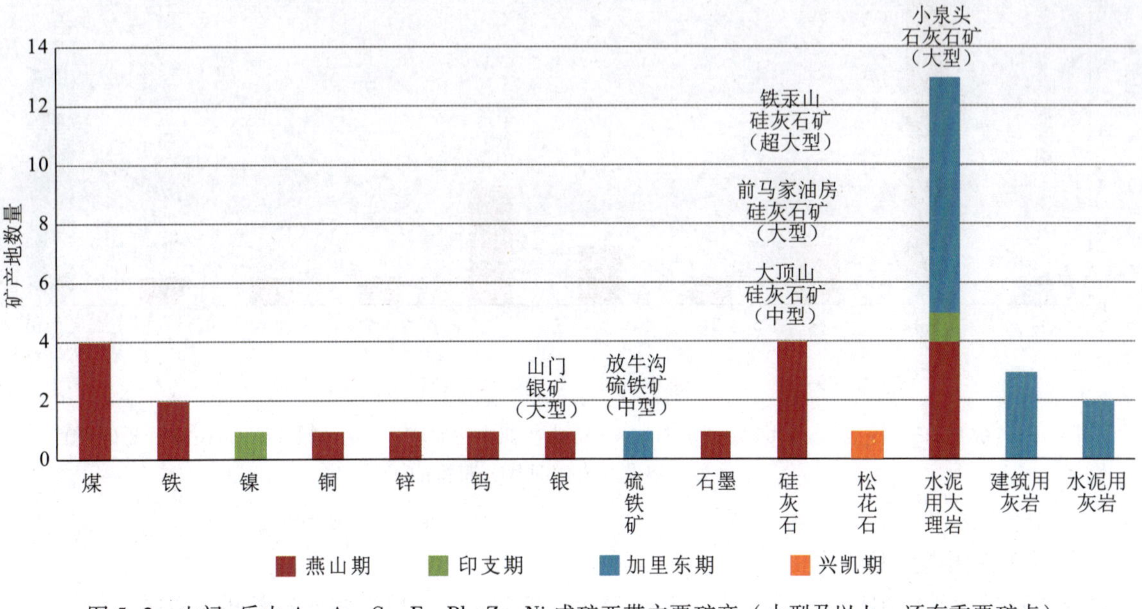

图 5-2　山门-乐山 Ag-Au-Cu-Fe-Pb-Zn-Ni 成矿亚带主要矿产（小型及以上，还有重要矿点）种类、数量及成矿时代分布特征

（2）成矿作用类型及时代

该成矿亚带内发育的内生金属矿床主要包括岩浆型、海相火山岩型、岩浆热液型、接触交代型、变成型等成因类型。不同类型的矿化作用形成时代跨度大，加里东期、印支期至燕山期均有产出，但

以燕山期成矿最为强烈。其中，加里东期成矿作用以海相火山岩型的放牛沟多金属硫铁矿矿床为代表，与下古生界浅变质海相火山-沉积建造密切相关；印支期成矿作用主要发育以山门 Cu-Ni 矿为代表的岩浆型铜镍硫化物矿化，与印支期基性-超基性岩有关；燕山期内生金属矿床成因类型较为丰富，主要包括岩浆热液型铜矿（西大城号铜矿，早侏罗世）、接触交代型铁和钨矿（太阳沟铁矿和三家子钨矿，中侏罗世）、岩浆热液型银矿（山门银矿，早白垩世）、变成型的硅灰石和水泥用大理岩矿（大顶子硅灰石矿，中侏罗世），这些矿床与燕山期不同时期的构造岩浆热液活动密切相关。

2. 那丹伯—一座营 Au-Mo-Ag-Pb-Zn-Cu-Ni 成矿亚带（Ⅲ-55-②）

（1）成矿地质条件及矿产特征

地质特征：位于伊通-舒兰岩石圈断裂与辉发河-古洞河超岩石圈断裂之间，伊泉岩浆弧和中生代南楼山-辽源火山盆地群的叠合部位，北起伊通伊丹镇，南至辉南一座营，呈南北向带状展布。区内出露地层主要为新元古界西保安岩组，以含沉积变质型铁矿为特征，岩性以角闪质岩石为主，偶见大理岩薄层，夹数层磁铁矿；下古生界中志留统石缝组，以变质砂岩、粉砂岩与结晶灰岩为旋回层的一套地层，赋存的矿产主要有金、铅锌、萤石；上志留统椅山组以碎屑岩和碳酸盐岩为主的一套地层。区内侵入岩分布较广，有加里东期花岗闪长岩，印支期花岗闪长岩，燕山期花岗闪长岩（二长花岗岩）、闪长玢岩和花岗斑岩，其中燕山期花岗闪长岩和二长花岗岩分布广泛，空间上与钼矿化关系密切，侵入岩呈近东西—北东向分布，岩基状产出，构成吉林东部火山-岩浆岩带的组成部分。区内断裂构造展布方向主要为北东向，北西向次之，区内主要矿产均赋存于北东向构造带内。

矿产特征：该成矿亚带内金、银、铜、铅、锌、钼、铁、沸石、珍珠岩等矿产丰富，形成了众多的矿床、矿点，其中，中型金矿 1 处、小型金矿 3 处、金矿点 7 处；小型铅锌矿 2 处、小型铁锰矿 1 处、小型钼矿床 2 处、水泥用大理岩矿 8 处、沸石矿和珍珠岩矿各 1 处（图 5-3）。

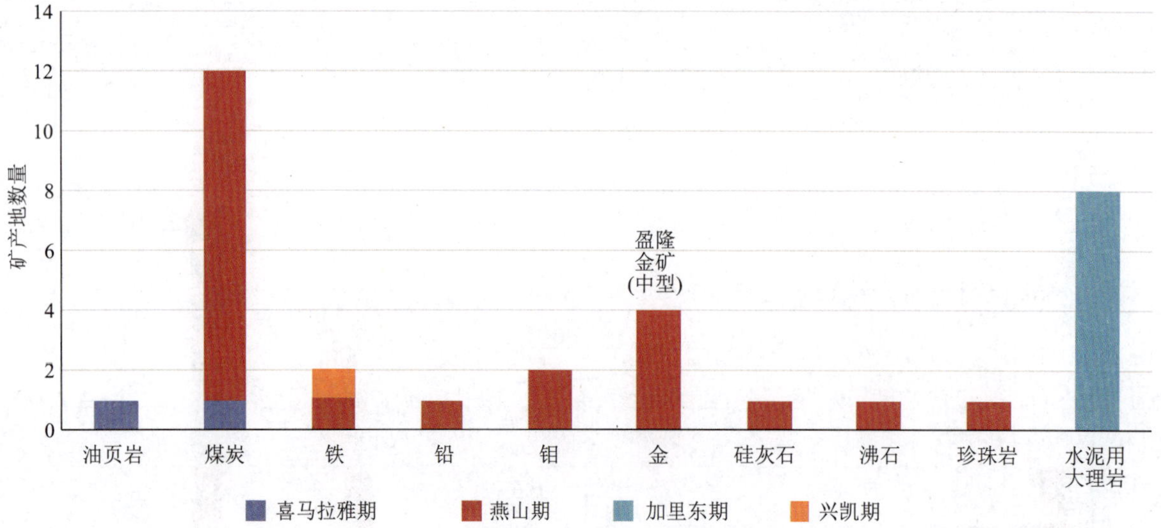

图 5-3　那丹伯—一座营 Au-Mo-Ag-Pb-Zn-Cu-Ni 成矿亚带主要矿产（小型及以上，还有重要矿点）种类、数量及成矿时代分布特征

（2）成矿作用类型及时代

该成矿亚带成矿作用集中于燕山期，其次为加里东期，喜马拉雅期和兴凯期最为薄弱。其中，燕山期成矿作用主要体现为斑岩型钼和岩浆热液型金成矿作用，其中斑岩型钼矿主要形成于中侏罗世，以小型的一座营钼矿为代表；而岩浆热液型金矿成矿时代跨度大，主要包括中侏罗世、晚侏罗世及早白垩世三期成矿，各时期的代表性矿床分别为小型小米窖金矿床、小型龙王庙金矿床及中型的盈隆金矿床。此外，中侏罗世还存在小规模的接触交代型铁矿化作用，形成了多处铁矿化点。这些中生代内生金属矿床的形成与燕山期不同期次的构造岩浆活动密切相关。加里东期伴随着区域变质作用的发

生，形成了多个水泥用大理岩矿床。兴凯期主要形成了小型的西保安沉积变质型铁矿，产出于新元古代海相火山-沉积建造内；同时，原始沉积的古生界海相中酸性火山岩-碳酸盐岩-碎屑岩建造，富含大量的 Au、Ag、Cu、Pb、Zn 等成矿物质，是重要的矿源层。此外，该成矿亚带内还产出少量的油页岩矿和煤矿，主要形成于喜马拉雅期。

3. 山河-榆木桥子 Au-Ag-Mo-Ni-Cu-Fe-Pb-Zn 成矿亚带（Ⅲ-55-③）

（1）成矿地质条件及矿产特征

地质特征：位于伊通-舒兰岩石圈断裂与敦化-密山岩石圈断裂之间，吉中中生代火山盆地东段。区内晚古生代处于被动大陆边缘构造环境，出露有晚石炭世碳酸盐-碎屑岩建造、早二叠世海相中酸性火山岩-沉积岩建造及浅海陆棚相类复理石建造。区域上晚古生代处于次稳定大陆边缘造山阶段特有的构造环境，对成矿较为有利。下二叠统 Pb、Zn、Ag 等成矿元素背景普遍偏高，特别是 Pb、Zn 的背景明显偏高，各层位中矿化剂元素 Cl 含量较高，有利于成矿物质的迁移富集。区内的已知矿床（点）均赋存在早二叠世地层内。区域华力西期和印支期及燕山期中酸性侵入岩较发育。中生代区内陆相火山-岩浆活动强烈，形成了以中性火山岩为主的中酸性火山岩建造。火山热液活动与金、砷矿化关系密切。本区构造较发育，褶皱构造以晚古生代地层组成的一系列紧闭褶皱为主。以烟筒山-二道林子东西向基底断裂为界，南部以北西向为主，发育有磐石-明城背斜、黑石-官马向斜；北部以北东向为主，形成一些与韧性剪切带有关的规模不大的鞘褶皱。断裂构造以北西向黑石-烟筒山深断裂为主，南北向断裂和北东向头道川-烟筒山韧性剪切带等对本区成岩及成矿作用有着重要的控制作用。

矿产特征：区域内能源、金属、非金属矿产资源丰富，不同资源种类矿产地达 80 余处。其中，大中型金属矿产包括：超大型钼矿 1 处（大黑山），大型钼矿 1 处（双杨树），中型钼矿 2 处（后倒木和芹菜沟），中型金矿 1 处（烟筒山镇粗榆）；大中型非金属矿产包括：大型硅灰石矿 2 处（长崴子和南错草），大型方解石矿 1 处（样子沟），中型硫铁矿 1 处（头道沟），中型方解石矿 3 处（常山镇、石嘴和明城镇双发）以及中型石墨矿 1 处（磐石市石墨矿），此外还有众多小型矿床及矿点（图 5-4，图 5-5）。

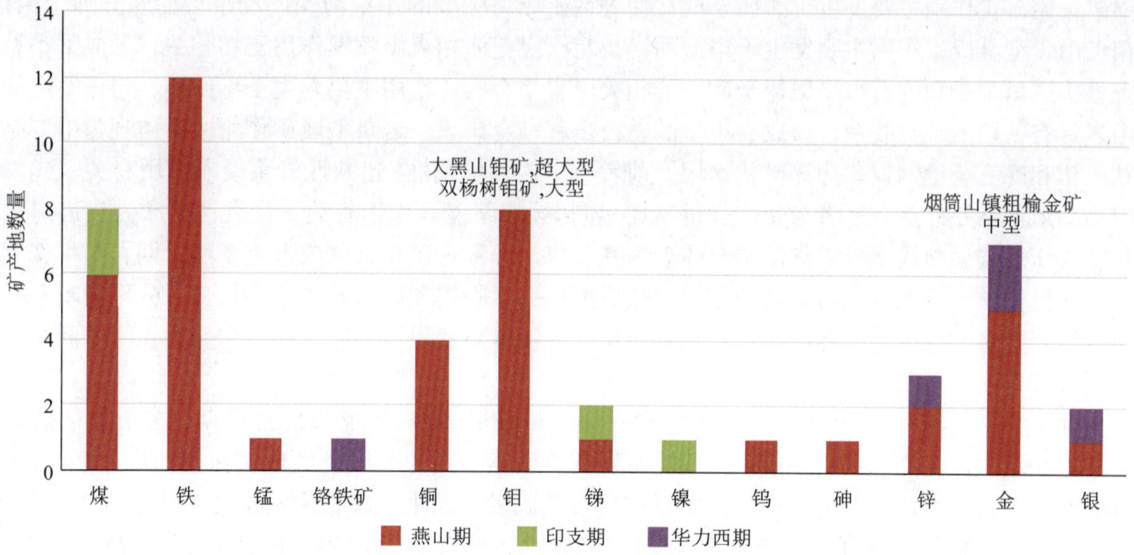

图 5-4　山河-榆木桥子 Au-Ag-Mo-Ni-Cu-Fe-Pb-Zn 成矿亚带主要能源和金属矿产（小型及以上，还有重要矿点）种类、数量及成矿时代分布特征

（2）成矿作用类型及时代

该成矿亚带成矿作用类型较为丰富，主要包括斑岩型、岩浆热液型、接触交代型、岩浆型、陆相火山岩型、海相火山岩型、变成型等，这些不同类型的矿床主要形成于燕山期，其次为华力西期和印

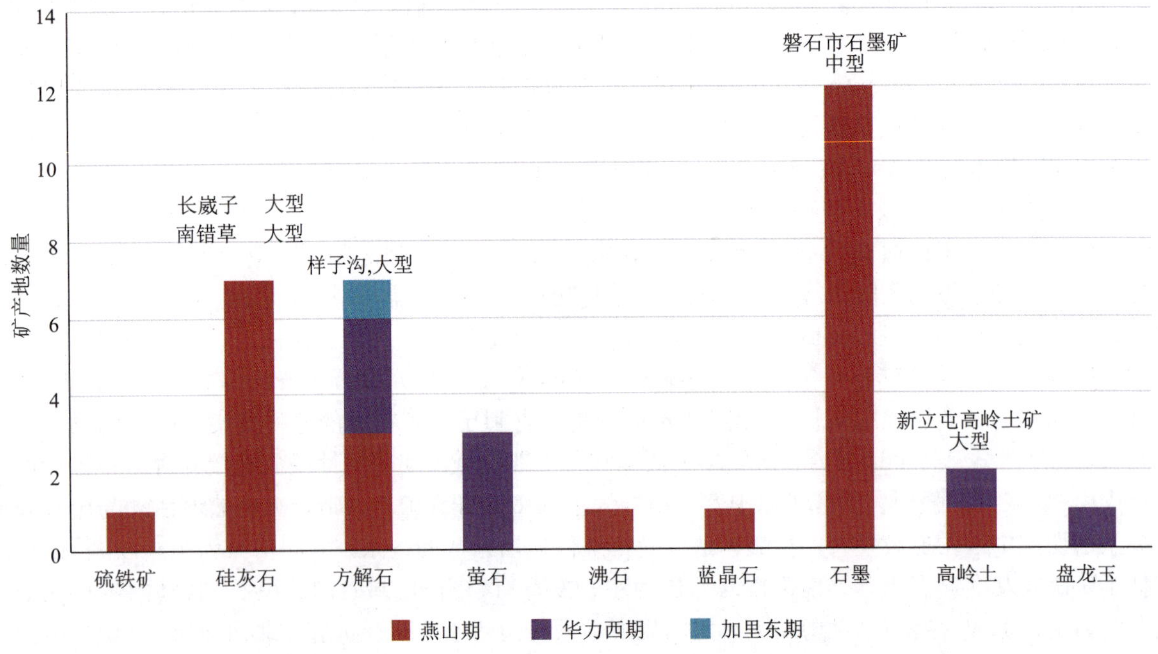

图 5-5 山河-榆木桥子 Au-Ag-Mo-Ni-Cu-Fe-Pb-Zn 成矿亚带主要非金属矿产（小型及以上，还有重要矿点）类型、数量及成矿时代分布特征

支期，还有少量方解石矿床形成于加里东期。其中，斑岩型成矿作用主要体现为不同规模的钼矿化，形成了以超大型大黑山钼矿为代表的众多钼矿床，这些钼矿床主要形成于燕山期，与燕山早期中酸性侵入岩具有密切的时空及成因联系，发育典型斑岩型矿床所具有的细脉浸染状钼矿石。岩浆热液型成矿作用主要体现为燕山期不同规模的金、钼、铜、锰和锑矿化作用，其中岩浆热液型金矿化作用以早侏罗世的中型烟筒山镇粗榆金银矿为代表。铜矿化作用中形成了以桦甸市二道林子铜矿床为代表的小型铜矿；钼矿化作用主要发生于燕山早期，代表性矿床为中型的芹菜沟钼矿和小型的四方甸子钼矿。海相火山岩型金成矿作用主要发生于华力西期，与石炭纪海相火山喷发作用密切相关，形成了小型的永吉县头道川金矿和磐石市小梨树金矿。陆相火山岩型金成矿作用主要发生于燕山期，与侏罗纪陆相火山岩具有密切的时空联系，形成有小型的磐石市官马金矿床。岩浆型成矿作用主要体现为中二叠世铬铁矿化和晚三叠世铜镍矿化等矿化作用，前者与中二叠世基性-超基性岩浆侵入作用有关，代表性矿床为头道沟铬铁矿点。后者与晚三叠世基性-超基性岩浆侵入作用有关，代表性矿床为三道岗铜镍硫化物矿床。接触交代型成矿作用主要体现为铁、钨、锌铜等矿化，主要形成于燕山期，与中侏罗世和早白垩世中酸性侵入岩浆活动密切相关。变成型矿床以石墨和硅灰石矿化为代表，分别为晚三叠世含煤碎屑岩建造和晚古生代硅质大理岩受燕山期岩浆接触热变质而成矿，典型矿床为长崴子和南错草硅灰石矿和磐石市石墨矿。

由此可见，山河-榆木桥子 Au-Ag-Mo-Ni-Cu-Fe-Pb-Zn 成矿亚带发育多期、多类型的成矿作用，华力西期、印支期和燕山期成矿作用均有发育，而燕山期为不同类型成矿作用的爆发期（图 5-4，图 5-5）。大体的成矿演化体现为：由早古生代基底发展而来的晚古生代地壳，成熟度大为提高，沉积范围缩小，稳定性增强，只有局部火山裂陷盆地，发育有火山岩、砂泥岩、碳酸盐岩“互层带”，赋存了海相火山岩型矿床（头道川金矿、石嘴子铜矿）；晚期沿断裂侵入的超基性侵入岩具有铬铁矿化。中生代以来作为滨太平洋活动陆缘的一部分，区域内火山作用很普遍，中-酸性岩浆侵入活动强烈，成熟地壳热作用达到顶峰，是成矿最佳时期，形成一些中酸性火山盆地和中-酸性深成侵入岩带，前者在火山热泉机制作用下生成官马金矿床和驿马锑矿床；于火山坳陷与隆起区之间的过渡地带集结 Cu、Pb、Zn（Ag）和 Mo 矿床，它们多是由火山坳陷下岩浆房沿过渡带构造破碎带多次侵入的复式岩体或脉体有关的斑岩型、热液型矿床，代表性的矿床为大黑山斑岩型钼矿床等。产于火山盆地内的矿产有金、银、铜、锌铅、铁、萤石等多金属矿，它们多与这个时期岩浆活动有密切的关系。

4. 红旗岭-漂河川 Ni-Au-Cu 成矿亚带（Ⅲ-55-④）

（1）成矿地质条件及矿产特征

红旗岭-漂河川 Ni-Au-Cu 成矿亚带呈北东向条带状分布在辉发河深大断裂带北部，该断裂不仅限制了其两侧沉积建造类型，更控制了岩浆活动，尤其是基性-超基性岩带的形成与分布。目前已发现基性-超基性岩多产出于断裂带北部一侧，自西向东依次发育红旗岭、漂河川基性-超基性岩群。

区域内出露地层主要有下古生界呼兰岩群变质岩系，岩性主要有变质砂岩、板岩、粉砂岩、碳质页岩、结晶灰岩及中基性变质火山岩；石炭纪、二叠纪英安岩、英安质凝灰角砾岩、凝灰岩夹灰岩等。呼兰岩群变质岩系是含铜镍基性、超基性岩体的围岩，同时也是金矿的赋矿层位。区域与铜镍成矿有关的岩浆活动为印支期基性-超基性岩侵入，主要有红旗岭岩群、漂河川岩群。单个岩体多为脉状、岩墙状、透镜状，呈串珠状排列，岩石类型为辉长岩-辉石岩-橄榄岩型及斜长辉石岩-苏长岩型等。区内还分布有大面积的燕山期黑云母花岗岩及闪长岩、花岗闪长岩，与金矿成矿关系密切。控制基性-超基性岩的构造为辉发河深大断裂的次一级断裂，大部分控岩构造呈北西集群、东西成带展布，北西向构造为容岩、容矿构造。红旗岭岩群已发现基性、超基性岩体 47 个，赋存大型铜镍矿床 1 处，尚有近 20 个基性、超基性岩体未进行系统评价。岩体分布在辉发河深大断裂的次一级构造黑石-烟筒山断裂带内，岩体顺层侵位于下古生界呼兰岩群变质岩中。茶尖岭铜镍矿化区目前已发现基性-超基性岩体 15 个，在 1 号、6 号、新 6 号、9 号和 10 号岩体控获镍金属量，对其余岩体，特别是已知盲矿体投入的工作量都很少，勘查评价程度很低。漂河川基性-超基性岩体群其成矿背景、岩体特征及成矿作用与红旗岭岩体群具有可比性，除已经评价的 4 号、5 号、115 号岩体外，其余的岩体工作程度都很低。

矿产特征：该成矿亚带的红旗岭地区发育大型镍矿 1 处、中型 1 处；小型铜矿 5 处、矿点 1 处；小型金矿 1 处、矿点 5 处；小型铁矿 1 处、矿点 5 处。漂河川地区有小型镍矿 2 处、镍矿（化）点 5 处；大型金矿 1 处、小型金矿 1 处、金矿点 3 处；铌矿点 1 处，钨矿点 1 处（图 5-6）。

（2）成矿作用类型及时代

红旗岭-漂河川 Ni-Au-Cu 成矿亚带内成矿作用类型，以岩浆型铜镍矿化作用为主，形成多处规

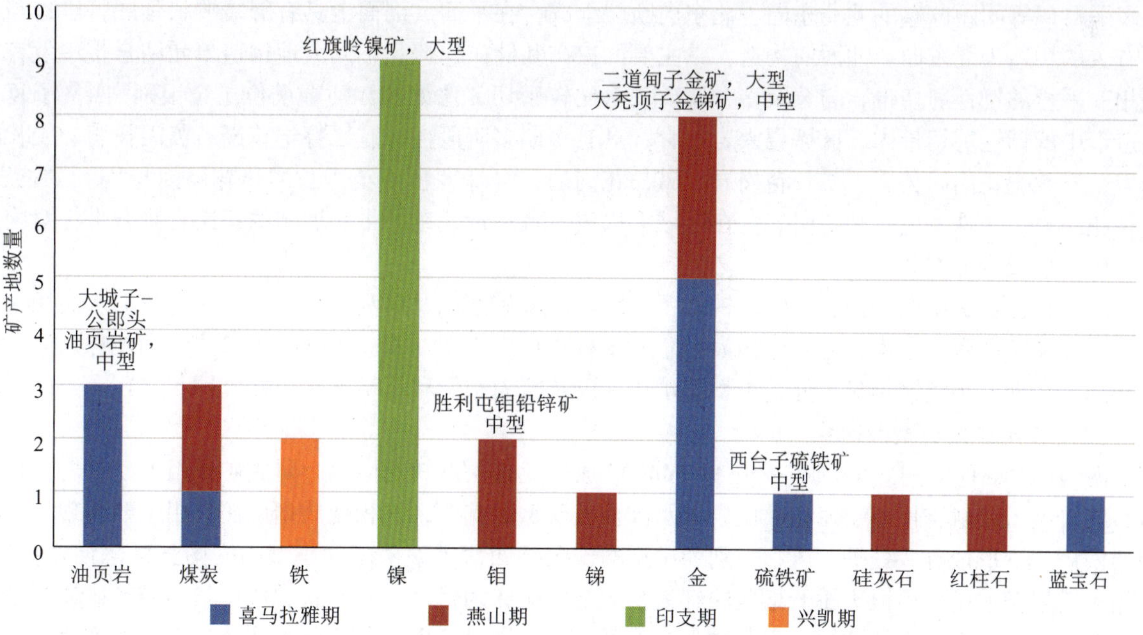

图 5-6　红旗岭-漂河川 Ni-Au-Cu 成矿亚带主要矿产（小型及以上，还有重要矿点）种类、数量及成矿时代分布特征

模较大的与印支期基性-超基性侵入岩体密切相关的铜镍硫化物矿床，比如红旗岭和漂河川铜镍硫化物矿床。此外，该区还发育不同规模的岩浆热液型金矿和锑矿，规模较小的接触交代型钼、铅矿以及沉积变质型铁矿。岩浆热液型金矿床主要形成燕山期，但是燕山早期岩浆热液型金矿化作用较弱，仅形成几处小型的金矿，而燕山晚期形成了二道甸子大型金矿床。接触交代型钼矿和钼铅矿化作用相对较弱，发生于燕山早期，仅形成几处小型的钼矿和钼铅矿。沉积变质型铁矿化作用发生于兴凯期，代表性矿床为小型的磐石市西半截河铁矿床。喜马拉雅期是该成矿亚带油页岩和煤矿的重要产出时期，代表性矿床为中型的大城子-公郎头油页岩矿。

古生代该区为拉张过渡型地壳，沿古陆边缘附近形成海沟-岛弧带，发育了寒武系—奥陶系碳质云英角页岩与长石角闪石角页岩互层，为金（锑）等成矿元素的初始富集层位。燕山期不同期次的中酸性侵入岩呈岩基或岩株状侵位，部分岩体携带含矿热液沿早期形成的构造裂隙运移，并萃取围岩地层中的有用元素，在温压及物理化学条件适合的环境形成岩浆热液型金和锑矿床（张文启等，1996）。印支期，该区受控于板块碰撞后的岩石圈拆沉作用，强烈的伸展作用导致软流圈地幔和岩石圈地幔物质上涌，大量基性-超基性岩浆沿深大断裂上升到地壳内，经分异后，先后侵入到地壳表层，在红旗岭、漂河川等地形成红旗岭式铜镍硫化物矿床。

5. 海沟-红太平 Au-Fe-Cu-Pb-Zn-Ag-Mo-Ni 成矿亚带（Ⅲ-55-⑤）

（1）成矿地质条件及矿产特征

海沟-红太平 Au-Fe-Cu-Pb-Zn-Ag-Mo-Ni 成矿亚带呈北东向带状位于辉发河深大断裂带南侧，同时分布在兴凯地块南缘的延边中生代火山岩带上，以金为主的金铜矿主要受东西向火山-次火山岩带控制。

区域出露有太古宇老牛沟岩群和新元古界青龙村岩群，后者总体呈北西向带状分布，为绿片岩相-角闪石岩相的变质岩系，岩性为变质火山碎屑岩、大理岩及斜长角闪岩，是亚带内金矿的主要赋矿层位，近几年在该层位内发现了松江河金矿。中生界—新生界火山岩较发育，上二叠统庙岭组中所夹火山碎屑岩、凝灰岩；上三叠统托盘沟组安山岩、英安岩及中酸性火山碎屑岩；天桥岭组流纹质和英安质火山岩、火山碎屑岩；上侏罗统屯田营组为一套安山岩建造；下白垩统刺猬沟组安山岩、英安岩及火山碎屑岩；金沟岭组玄武岩、玄武安山岩及火山碎屑岩和古近纪—新近纪老爷岭组橄榄玄武岩、气孔状玄武岩等。区域构造主要以断裂构造为主，有北东向、北西向、东西向，每条断裂带又是许多平行似等间距分布的北北东向、北东向断裂组成，在平面、剖面上具有舒缓波状延展特点；与成矿有关的构造为北东向、北西向构造，是主要的控矿和储矿构造；不同大地构造单元结合带中发育多条相互平行的韧性剪切带，与金及多金属矿关系比较密切，比如松江河金矿位于金银别-四岔子复杂构造带中的韧性剪切带内。区域侵入岩发育，具有多期多阶段性，有二叠纪花岗石英闪长岩、二长花岗岩，三叠纪花岗闪长岩、二长花岗岩、碱长花岗岩，早侏罗世石英闪长岩、花岗闪长岩、二长岩、二长花岗岩，中侏罗世二长花岗岩，在区域上构成大致呈近北东向带状展布的花岗岩浆岩带，对内生金属矿产形成十分有利。

矿产特征：成矿亚带内金、钼、铁、汞、锑等金属矿产以及伊利石粘土矿、火山灰、水泥用大理岩等非金属矿产资源丰富，主要包括大型金矿 1 处、中型金矿 1 处、小型金矿 2 处、小型铁矿 3 处、中型钼矿 2 处、小型铜钼矿 1 处、小型铜矿 2 处以及超大型伊利石粘土矿 2 处（图 5-7）。

（2）成矿作用类型及时代

海沟-红太平 Au-Fe-Cu-Pb-Zn-Ag-Mo-Ni 成矿亚带内已知的内生金属成矿作用类型有岩浆热液型、斑岩型、接触交代型、海相火山岩型及沉积变质型。其中，沉积变质型成矿作用主要体现为兴凯期的铁矿化，形成有 2 处铁矿床，分别为中型的安图县四岔子铁矿床和小型的安图县富尔河铁矿床；海相火山岩型成矿作用以天桥岭地区的红太平多金属矿床为代表，其层状、似层状的铅锌矿体与华力西晚期的海相火山岩密切相关，而其脉状矿体则为印支期—燕山早期岩浆热液叠加作用的产物；斑岩型成矿作用主要体现为规模较大的钼矿化，主要发生于燕山早期，形成有中型的双山和刘生店钼矿，与中侏罗世中酸性侵入岩密切相关；岩浆热液型成矿作用主要体现为燕山期的金、汞及锑矿化，其中金矿化作用主要发生在早白垩世，以安图县海沟金矿为代表；接触交代型成矿作用以燕山早期的铁矿化为主，主要形成于早、中侏罗世，与燕山早期的中酸性侵入体密切相关。

新太古代时期，强烈的火山爆发和变质作用，使区内形成富含 U、Th、Pb、Au、Bi、Ag、As、Sb、C 等成矿物质的海相火山-沉积建造，在中深程度的区域变质作用下，普遍发生绿片岩相-角闪岩相的变质作用，成矿物质在变质热液的参与下活化迁移并重新分配富集，构成了松江河金矿床、海沟金矿床的矿源层。华力西晚期受古亚洲洋俯冲作用影响，地壳活动较为剧烈，伴随地壳下陷，海水入侵，沉积了一套海相碎屑岩，并有海底火山爆发，喷发出大量中性熔岩，形成了海底火山热液喷流，形成了富含铜及多金属的矿层或矿源层（红太平多金属矿床）。印支期后，本区转换为滨太平洋活动陆缘的一部分，在大陆内部形成一些具有继承性的断裂带，一些同熔型花岗岩浆并沿具拉张性深大断裂上侵，并携带了大量的矿质和矿化剂（Au、Ag、Sb、Se、S、K^+、Na^+、Cl^-、F^-等）。在上侵过程中的热力、动力和矿化剂的作用下，同时也加热了岩体周围的地下水，变热而环流的地下水浸滤出围岩中大量的金、银等成矿物质而形成富含矿质的热流体。由于在岩浆分异过程中的强烈钾、钠质交代作用和矿化作用，使大量矿质进入含矿热水溶液，并富集到岩浆期后，形成了高盐度的成矿溶液，进入整个成矿构造系统的物质循环当中，并富集于张扭构造裂隙带中，形成含金石英脉群，构成大型海沟金矿床。在成矿系统中韧脆性构造带是相对开放的环境，随着体系的物理化学条件的改变，矿质沉淀富集成矿，形成松江河金矿床。岩浆侵入古生代—中生代一套火山-沉积岩系（矿源层），为成矿提供了矿源及热源和热液，其活化矿源层中的成矿物质，使其迁移于有利构造空间，富集形成工业矿体，形成火山岩型金及多金属矿床。

此外，该成矿亚带还是产出有石墨、伊利石粘土矿、火山灰、水泥用大理岩等非金属矿产，涉及的矿床类型包括变成型、风化型、砂矿型、生物化学沉积型等。从矿产地数量这些不同类型的非金属矿产主要形成于喜马拉雅期（图 5-7）。

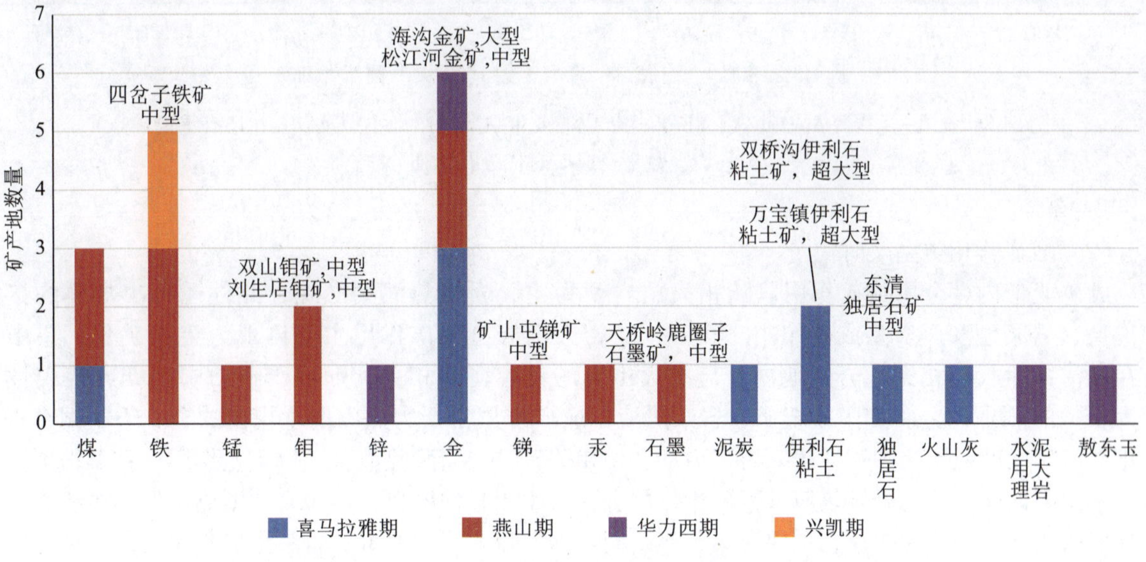

图 5-7　海沟-红太平 Au-Fe-Cu-Pb-Zn-Ag-Mo-Ni 成矿亚带主要矿产
（小型及以上，还有重要矿点）种类、数量及成矿时代分布特征

6. 五凤-百草沟 Au-Cu-Ag-Pb-Zn-Fe 成矿亚带（Ⅲ-55-⑥）

（1）成矿地质条件及矿产特征

五凤-百草沟 Au-Cu-Ag-Pb-Zn-Fe 成矿亚带呈斜三角形分布在兴凯地块南缘。区域地层主要有二叠系开山屯组、庙岭组和解放村组，三叠系柯岛群和大兴沟群，侏罗系屯田营组，白垩系长财组和金沟岭组以及古近系珲春组等。其中二叠系主要由砾岩、砂岩、碳酸盐岩等组成；三叠系柯岛群和大兴沟群分别为陆源碎屑岩和中酸性火山岩；侏罗系金沟岭组、屯田营组，其岩性主要是陆相中酸性火

山岩类；白垩系长财组分布局限，岩性为含煤碎屑岩类；古近系珲春组为带内最为重要的含煤碎屑岩建造，主要分布在珲春市。燕山期火山喷发与岩浆侵入作用相伴生，出露有大面积的燕山期花岗岩类，主要为侏罗纪花岗闪长岩和二长花岗以及白垩纪石英闪长岩，同时还发育众多脉岩，尤其是次火山岩脉成群成组分布。亚带内金矿主要赋存在屯田营组和金沟岭组火山岩、次火山岩脉内，部分矿体与安山玢岩等次火山岩产状一致，矿体明显受火山机构及经火山作用改造的某些次级断裂控制。

矿产特征：成矿亚带赋存有 Au、Ag、Zn、Mo、Cu、煤、硅灰石等矿产。已知内生金属矿床有五凤-五星山、刺猬沟、闹枝等多处小型金矿床及众多的金、铜、铅锌等矿点及矿化点，还有一系列中小型煤矿，如英安煤矿床、板石煤矿床等（图 5-8）。

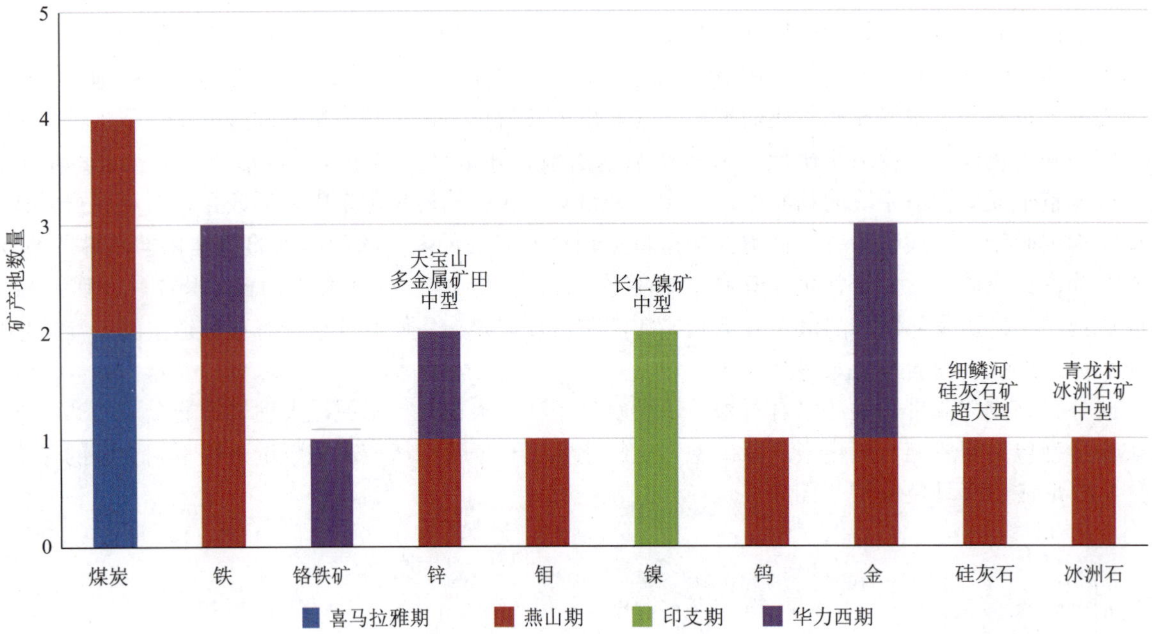

图 5-8　五凤-百草沟 Au-Cu-Ag-Pb-Zn-Fe 成矿亚带主要矿产（小型及以上，还有重要矿点）种类、数量及成矿时代分布特征

（2）成矿作用类型及时代

成矿亚带内生金属成矿作用以陆相火山岩型为主，岩浆热液型次之，此外还有小规模的接触交代型、岩浆型和斑岩型成矿作用。其中，陆相火山岩型成矿作用主要体现为金银矿化，集中分布在汪清中生代陆相火山岩盆地内，与次火山岩的侵位密切相关，形成于燕山中晚期，代表性矿床为小型的刺猬沟金矿和闹枝金矿；岩浆热液型成矿作用主要为燕山期小规模的金、银、铜、汞等矿化，与燕山期强烈的中酸性侵入岩浆活动密切相关，其中岩浆热液型金银矿化作用存在早侏罗世和早白垩世两期成矿，而岩浆热液型铜矿化作用主要发生于早侏罗世；接触交代型成矿作用主要表现为小规模的铅锌、铜等的矿化，主要形成于燕山期早侏罗世与早白垩世；岩浆型成矿作用以安图县宣羊砬子钛磁铁矿点为代表，与晚三叠世基性-超基性侵入岩密切相关。此外，还发育斑岩型钼矿化，仅发现 1 处钼矿化点（汪清县新田钼矿点），推测为早白垩世构造岩浆活动的产物。生物化学沉积型也是五凤-百草沟 Au-Cu-Ag-Pb-Zn-Fe 成矿亚带的重要矿床类型，集中分布在珲春煤田，代表性矿床为英安煤矿床。

7. 天宝山-开山屯 Pb-Zn-Au-Ag-Ni-Mo-Cu-Fe 成矿亚带（Ⅲ-55-⑦）

（1）成矿地质条件及矿产特征

天宝山-开山屯 Pb-Zn-Au-Ag-Ni-Mo-Cu-Fe 成矿亚带处于晚古生代庙岭-开山屯裂陷盆地的南段。区内出露的火山岩建造有晚三叠世托盘沟期火山岩、晚侏罗世屯田营期火山岩、早白垩世金沟岭期火山岩。沉积-变质岩建造有新元古界长仁大理岩，新元古界万宝岩组变质细砂岩与变质粉砂岩互层夹大理岩透镜体、青灰色红柱石二长片岩，上石炭统天宝山组结晶灰岩、砂屑灰岩，下白垩统大砬子组砾岩、砂岩。侵入岩比较发育，主要包括二叠纪花岗闪长岩、二长花岗岩，晚三叠世闪长花岗岩、石英闪长岩、石英二长花岗岩、二长花岗岩，早侏罗世花岗闪长岩、二长花岗岩、花岗斑岩、碱长花岗岩，早白垩世石英闪长玢岩。不同期次的侵入岩与亚带内不同类型的内生金属成矿作用具有密切的时空及成因联系。区域重要的控矿断裂为两条北西向断裂和两条东西向断裂，北西向断裂与东西向断裂的交汇部位是成矿的有利部位，比如天宝山铅锌矿立山坑就位于北西向与东西向的交汇处。后底洞地区处于和龙地块与兴凯地块之间的复合部位，金矿体产于中二叠统庙岭组砂岩、粉砂岩中，另一部分金矿体产于上三叠统柯岛群滩前组砂岩、粉砂岩中，还有一部分金矿体产于下白垩统金沟岭组中性火山岩和火山碎屑岩中。上述赋含金的岩石具有一个共同的特性，就是均具有一定程度的蚀变作用，蚀变源于区内发育的断裂构造和韧性剪切带。图们江断裂带的活动导致区内古生代地层、中生代地层及侵入岩的局部地段出现挤压、破碎、片理化，形成的破碎带中的岩石蚀变现象普遍。长仁-獐项地区出露有新元古界青龙村岩群，是本区含镍基性、超基性岩体群的主要围岩。长仁-獐项地区的超基性岩群由多个小岩株组成，岩性有橄榄岩、二辉橄榄岩、二辉岩、含长二辉岩、次闪石化辉岩等，与铜镍成矿关系极为密切。基性岩主要分布在新东村、长仁、柳水坪、獐项等地，由9个小岩株构成基性岩群，岩性为辉长岩、角闪辉长岩等。

矿产特征：成矿亚带内金、铅锌、铜镍、钼、银等金属矿产以及硅灰石、冰洲石等非金属矿产资源丰富，主要包括中型铅锌矿2处，中型镍矿1处，超大型硅灰石矿1处，冰洲石矿1处，此外还有众多小型矿床、矿点及矿化点（图5-9）。

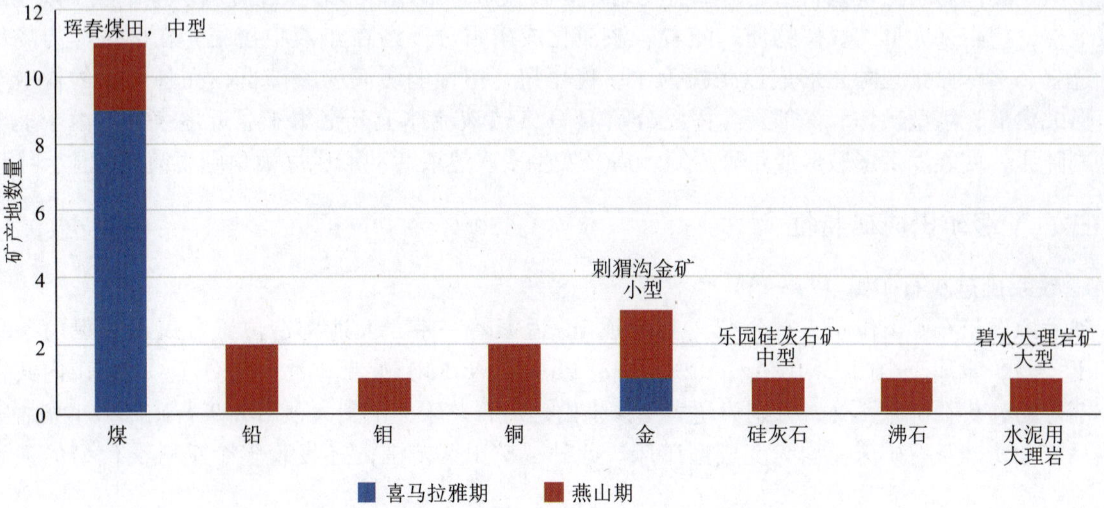

图5-9 天宝山-开山屯Pb-Zn-Au-Ag-Ni-Mo-Cu-Fe成矿亚带主要矿产
（小型及以上，还有重要矿点）种类、数量及成矿时代分布特征

（2）成矿作用类型及时代

成矿亚带内生金属成矿作用类型丰富，主要包括陆相火山岩型、海相火山岩型、接触交代型、隐爆角砾岩型、岩浆热液型、岩浆型、斑岩型、受变质型、变成型等。其中，陆相火山岩型成矿作用主要体现为金、银的矿化，成矿作用时代上跨度较大，分为两期成矿，即华力西晚期和燕山晚期。华力西晚期陆相火山岩型金矿主要分布在开山屯地区，代表性矿床为小型的寺洞沟和金谷山-后底洞金矿，燕山期陆相火山岩型金矿以石井金银矿为代表，与早白垩世陆相火山喷发作用密切相关。海相火山岩型成矿作用主要体现为铅锌、铜等的矿化，以天宝山矿集区内的东风南山锌多金属矿为代表，形成于华力西期。隐爆角砾岩型成矿作用亦主要产出在天宝山矿集区内，以新兴铅锌多金属矿为代表，与华力西晚期强烈的构造岩浆活动有关，形成时代为晚二叠世。接触交代型成矿作用主要体现为铅锌、铁、铜、白钨矿等的矿化，大体可分为华力西期和燕山早期两期成矿，其中华力西期以天宝山矿

集区内立山铅锌矿床为代表，与晚古生代闪长质岩浆侵位有关；而燕山早期的接触交代型矿化作用规模较小，多形成小型的铁、铜矿床或矿化点，与燕山早期中酸性侵入岩密切相关。斑岩型成矿作用以钼矿为主，代表性矿床为天宝山矿集区内东风北山钼矿，形成于燕山早期。岩浆型成矿作用主要体现为华力西末期的铬铁矿化和印支期的铜镍矿化，前者以小型的开山屯铬铁矿床为代表，后者以中型的长仁镍矿床和小型的柳水坪镍矿床为代表，均属于岩浆晚期熔离-贯入型铜镍矿床，与印支期超基性岩密切相关。变成型矿床以超大型的细鳞河硅灰石矿为代表，受燕山早期侵入岩与青龙村岩群硅质条带大理岩控制。此外，还发育加里东期受变质型铁矿（寒武纪江域铁矿）和少量小规模的岩浆热液型金矿（石建坪金矿化点）。由此可见，该成矿亚带内生金属矿产主要集中于天宝山矿集区、龙岗市开山屯地区及和龙市龙门乡，成矿作用则以华力西晚期、印支期和燕山期为主。

加里东晚期—印支期，褶皱区回返隆起，古断裂及次级断裂构造活动加剧，上地幔初始岩浆沿古洞河深大断裂上侵，并集聚形成地下岩浆房。在地壳相对稳定时期，岩浆房内超镁铁质熔浆开始分异或熔离，铜镍元素局部集中，在多期次级继承性构造活动作用下，发生了物质成分不同的多期侵入体或复合侵入体。经过一定分异的贫硫化物熔浆一次侵位后，由于外界条件的改变，使熔浆自身发生分层熔离，即就地重结晶作用，并在重力作用下，形成底部、中部矿体。当贫硫化物熔浆一次侵位结束后，由于深部岩浆房的分异作用的继续进行，在岩浆房及至岩体底部，矿生成了晚期富硫残余熔浆沿构造裂隙贯入，形成晚期熔离贯入式矿床。

华力西晚期，该区沉积了一套火山碎屑岩-碳酸盐岩建造，形成了富含金及多金属元素的矿层或矿源层，并且部分含矿层及其围岩碳酸盐组分较高，有利于热液的交代作用。华力西期、印支期、燕山期中酸性花岗岩浆上侵到石炭纪—二叠纪地层，在接触带形成矽卡岩型多金属矿体。燕山期中酸性岩浆上侵，携带来大量的成矿物质，随着岩浆演化成矿组分逐渐在热液中富集，在区域应力场作用下，迁就、追踪原张裂隙，形成以张扭为主，伴压扭、扭性的缓倾斜裂隙群，在各方向的构造空间内，形成热液充填型矿体。深部富含挥发分及 H_2O 气热液流体上升富集于靠近地表处，由于上覆盖层急剧降压，使之发生爆破形成角砾岩筒，后又发生多次热液活动形成爆破角砾岩筒型矿体。

三、V级矿田成矿特征

1. 铁汞山硅灰石矿田（V-1）

铁汞山硅灰石矿田位于吉林省梨树县大顶山-孟家岭一带，大地构造位置分属于大黑山条垒带（MCⅠ-3_1），隶属于山门-乐山 Ag-Au-Cu-Fe-Pb-Zn-Ni 成矿亚带（Ⅲ-55-①）。该矿田内共发现大小不等的硅灰石矿床 4 处，分别为超大型铁汞山硅灰石矿床，中型大顶山硅灰石矿床，小型孟家岭和钱马家油坊硅灰石矿床，均为变成型矿床。此外，矿田区范围内还发育多个接触交代型的铁和钨矿床。

赋矿围岩：石炭系上统石嘴子组浅变质海相火山-陆源碎屑-碳酸盐建造是本区硅灰石矿床的赋矿围岩。

成矿岩体：燕山早期（中侏罗世）黑云母花岗岩是这些变成型硅灰石矿的成矿母岩，硅灰石矿体主要赋存于燕山期黑云母花岗岩与上石炭统石嘴子组燧石条带和燧石结核大理岩的外接触带之距岩体 0~350 m 的范围内，尤其是距岩体 200 m 左右的外接触带是成矿的主要部位。

控矿构造：北西向为主的区域性构造通过控制燕山期孟家岭黑云母花岗岩体的侵位空间，进而控制着硅灰石矿带的总体分布。同时经长期多次构造变动，多组断裂和裂隙同时发育，利于岩浆侵入分割穿插和烘烤地层。派生构造和次生裂隙又有利于热液活动及硅灰石成矿时所产生的 CO_2 的逸出，从而造成高温低压半开放的有利构造环境控制成矿。

矿床特征：硅灰石矿体赋存于石炭系上统石嘴子组上段含矿层中，受北西向区域性断裂构造以及次级的断裂和裂隙控制，矿体主要呈规模不等的似层状或透镜状产出。按其矿物组合特征划分为硅灰石型、透辉石硅灰石型、方解石硅灰石型以及石英硅灰石型等四种矿石类型，具有纤柱状变晶结构、纤维粒状变晶结构、纤维状变晶结构、包含变晶结构、交代残留结构、风化残留结构等矿石结构，以块状或团块状构造为主。围岩蚀变类型较简单，主要表现为各种类型的矽卡岩化，与硅灰石矿化密切相关。

2. 盈隆金、铅锌矿田（V-2）

盈隆金、铅锌矿田位于吉林省辽源市东辽县大顶山-孟家岭一带，大地构造位置属于放牛沟-下二台-呼兰镇早古生代弧盆系（Ⅲ-A_1^1）、张广才-哈达岭火山-沉积隆盆带（MCⅠ-3_3），隶属于那丹伯—一座营 Au-Mo-Ag-Pb-Zn-Cu-Ni 成矿亚带（Ⅲ-55-②）。矿田范围内发现中型金矿 1 处（盈隆金矿床），小型金矿 1 处（弯月东山金矿），小型铅锌矿 1 处（弯月铅锌矿床），锰矿点 1 处（椅山弯月五队锰矿点），以岩浆热液型矿床为主，还有海相火山岩型。

赋矿围岩：这些金、铅锌矿床主要赋存于志留系椅山组和石缝组，其中盈隆金矿赋存于志留系椅山组，弯月东山金矿赋存于志留系石缝组。这两组地层主要为中酸性火山-火山碎屑岩建造和碎屑岩-碳酸盐岩建造，具有富集 Au、Ag、Pb/Zn、Cu 等成矿元素的特征。

成矿岩体：主要与燕山晚期（早白垩世）中酸性侵入岩有关。

控矿构造：受北西向压扭性断裂及派生裂隙等构造控制，其中弯月东山金矿主要矿脉绝大部分赋存在弯月东山压扭性断裂上盘 60~70 m 地段内的平行断裂中。

矿床特征：金矿体主要呈含金石英脉状产出于志留系变质火山岩和沉积岩系内，矿体产状严格受地层控制，与围岩地层产状基本一致（弯月东山金矿）。矿石矿物主要为磁铁矿、赤铁矿、褐铁矿、黄铁矿、磁黄铁矿、黄铜矿、方铅矿、自然金等；脉石矿物主要为石英、绢云母、绿泥石等。矿石结构主要包括自形-半自形结晶结构、交代溶蚀结构、交代残余结构、固溶体分离结构等；矿石构造以细网脉状、脉状构造为主，还有团块状、浸染状、角砾状构造等。围岩蚀变较为发育，硅化、绢云母化、碳酸盐化、绿泥石化等，其中硅化、绢云母化、黄铁矿化三种蚀变与金矿化关系最为密切。铅锌矿呈似层状、扁豆状、脉状产出于志留系石缝组和椅山组变质岩系内。

3. 大黑山钼矿田（V-3）

大黑山钼矿田位于吉林省永吉县大黑山镇—桦甸市，大地构造位置属于吉林市-汪清古生代弧盆系（I-8_2^4）和张广才-哈达岭火山-沉积隆盆带（MCⅠ-3_3），隶属于山河-榆木桥子 Au-Ag-Mo-Ni-Cu-Fe-Pb-Zn 成矿亚带（Ⅲ-55-③）。矿田范围内发现有超大型大黑山钼矿、大型双杨树钼矿、中型芹菜沟钼矿、小型乱木桥沟钼矿、四方甸子钼矿和东沟钼矿 6 处钼矿床，矿床类型包括岩浆热液型和斑岩型。

赋矿围岩：斑岩型钼矿床的含矿岩体主要产出于志留系头道沟岩组变质火山岩和变质碎屑岩内；岩浆热液型钼矿床的赋矿围岩主要为二叠系范家屯组。

成矿岩体：两种类型钼矿化的成矿岩体为燕山早期中酸性侵入岩，具体岩石类型包括早、中侏罗世的花岗闪长岩、花岗闪长质斑岩、花岗斑岩体。

控矿构造：不同类型的钼矿床及相关的成矿岩体主要产出在不同方向断裂构造的交汇部位，如大黑山钼矿位于东西向断裂与北东向断裂相交部位。

矿床特征：以大黑山为代表的斑岩型钼矿的矿体主要呈石英网脉状、脉状赋存于中侏罗世花岗闪长岩、花岗闪长斑岩、二长花岗岩体内。矿石结构主要有叶片状结构、鳞片状结构、他形粒状结构等。矿石构造主要为稀疏浸染状构造、细脉浸染状构造、局部见细脉状构造。金属矿物主要为辉钼矿、黄铁矿，其次为闪锌矿、黄铜矿等；非金属矿物主要有石英、长石、黑云母，少量的锆石和磷灰石。围岩蚀变有钾化、硅化、绢云母化、高岭土化、绿泥石化、绿帘石化、碳酸盐化等。蚀变分带较明显，主要可划分为石英-钾长石化带、石英网脉带、石英-绢云母化带、黄铁绢英岩化带和青磐岩化带。

以四方甸子为代表的岩浆热液型钼矿的矿体主要呈脉状产出在中侏罗世花岗闪长岩、二长花岗岩体内，受门头砬子-东沟断裂控制作用明显。矿体走向北北东，倾向西。矿石矿物以辉钼矿和黄铁矿为主，还有少量白铁矿和褐铁矿，多具粒状结晶结构，呈浸染状、团块状和脉状构造。围岩蚀变主要有硅化、钾化、绢云母化、高岭土化等，钼矿化主要与硅化关系紧密。

4. 长崴子-后倒木硅灰石、钼矿田（Ⅴ-4）

长崴子-后倒木硅灰石、钼矿田位于吉林省磐石市长崴子镇，大地构造位置位于石嘴子-山秀岭-开原晚古生代弧盆系（Ⅲ-A_1^2）以及张广才-哈达岭火山-沉积隆盆带（MCⅠ-3_3），隶属于山河-榆木桥子 Au-Ag-Mo-Ni-Cu-Fe-Pb-Zn 成矿亚带（Ⅲ-55-③）。矿田范围内共发现大型长崴子，小型长崴子乡吗哈啦、长崴子片石流和长崴子三泉西等 4 处硅灰石矿床，以及 1 处中型的后倒木钼矿床。硅灰石矿床为变成型，钼矿床为岩浆热液型。

赋矿围岩：硅灰石矿床主要赋存于石炭-二叠系磨盘山组和石嘴子组内。这两套地层主要为一套富硅质灰岩。

成矿岩体：这些硅灰石矿床和钼矿床均与燕山早期的中酸性侵入岩体有关，其中硅灰石矿床的成矿岩体为中侏罗世钾长花岗岩，后倒木钼矿床的成矿岩体为中侏罗世红石砬子黑云母花岗岩、花岗闪长岩和闪长岩。

控矿构造：硅灰石矿体主要受长期活动的北西向压扭性断裂控制；而岩浆热液型钼矿体的展布受次级北东向和北西向断裂构造控制。

矿床特征：硅灰石矿体均赋存于磨盘山组或石嘴子组地层内，属于距中侏罗世钾长花岗岩体不超过 200 m 的外接触带内，且多在浅部产出，埋藏深度一般不超过 200 m。矿体多呈层状，似层状或透镜状，分支复合现象多见。按矿石的结构构造分为致密块状硅灰石矿、条带状硅灰石矿、团块状硅灰石矿、纤维柱状硅灰石矿。矿石矿物以硅灰石，石英，方解石，透辉石为主，有少量至微量的葡萄石、磁铁矿、黄铁矿、磁黄铁矿、黄铜矿。矿石结构主要包括：柱状变晶结构，纤维状变晶结构，柱粒状变晶结构，放射状变晶结构，不等粒变晶结构以及包含变晶结构。矿石构造包括致密块状构造，条带状构造，团块状构造。主要发育矽卡岩化、钾化、绿帘石化、碳酸盐化等围岩蚀变。

钼矿体主要呈石英细脉或石英网脉状赋存在燕山期红石砬子岩体内。吉昌—土顶子断裂带和后柳河子—老地局断裂的次级北东向和北西向断裂构造控制着钼矿体的空间产出。矿石主要包括蚀变岩型、石英脉型、构造角砾岩型等类型。矿石矿物主要包括黄铁矿、黄铜矿、赤铁矿、褐铁矿（化）、辉钼矿等，其次为钛铁矿、菱铁矿、磁黄铁矿等。矿石结构以自形-半自形粒状结晶结构和交代结构为主，矿石构造以细脉状和稀疏浸染状为主，局部呈现为稠密浸染状、网脉状、斑点状、团块状及块状构造。围岩蚀变主要有硅化、钾长石化、绿帘石化、高岭土化、绢云母化、云英岩化，其中硅化和钾长石化与钼矿化密切相关。

5. 二道甸子金矿田（Ⅴ-5）

二道甸子金矿田位于吉林省桦甸市二道甸子镇，大地构造位置位于吉林市-汪清古生代弧盆系（Ⅰ-8_2^4）以及张广才-哈达岭火山-沉积隆盆带（MCⅠ-3_3），隶属于红旗岭-漂河川 Ni-Au-Cu 成矿亚带（Ⅲ-55-④）。矿田范围内发现有二道甸子大型金矿床、大秃顶子中型金锑矿床，此外还有小型的漂河川镍矿床。两处金矿均为岩浆热液型，镍矿为岩浆熔离型。

赋矿围岩：二道甸子金矿床主要赋存于早古生界漂河川组变质火山-碎屑岩建造；大秃顶子金锑矿床赋存于二叠系中统暖木条子组变质碎屑岩—碳酸盐岩建造。

成矿岩体：两处金矿床的形成均与燕山期中酸性侵入岩有关，其中，二道甸子金矿床的成矿岩体为早白垩世闪长岩，大秃顶子金锑矿床的成矿岩体为早侏罗世花岗闪长岩。

控矿构造：北西斜冲断层是矿田的主要导矿构造，控制了主矿带中的石英脉带展布；此外，漂河-二道甸子主背斜也是矿田区成矿的重要构造条件。

矿床特征：金矿体主要呈含金硫化物石英脉产出于古生界变质岩和燕山期中酸性侵入岩体内，受北西向、北北东向、北东向等不同方向的断裂构造及漂河-二道甸子主背斜的滑脱构造控制。矿石类型以石英脉型为主，还有蚀变岩型。矿石矿物包括自然金、银金矿、铜金银矿、辉锑矿、黄铁矿、方铅矿、黄铜矿、闪锌矿、自然锑、自然铋等。矿石结构主要包括粒状、包含、固溶体分离、交代溶蚀结构；矿石构造为浸染状、脉状-细脉状构造。围岩蚀变有硅化、绢云母化、黄铁矿化和绿泥石化。

6. 红旗岭镍矿田（V-6）

红旗岭镍矿田位于吉林省桦甸市红旗岭镇，大地构造位置位于放牛沟-下二台-呼兰镇早古生代弧盆系（Ⅲ-A_1^1）以及张广才-哈达岭火山-沉积隆盆带（MCⅠ-3_3），隶属于红旗岭-漂河川 Ni-Au-Cu 成矿亚带（Ⅲ-55-④）。矿田范围内发现有大型红旗岭镍矿床，小型茶尖岭1、6、9、10号岩体镍矿床，均为岩浆熔离-贯入型镍矿。

赋矿围岩：矿田内含镍基性-超基性岩体的直接赋矿围岩为下古生界呼兰岩群（红旗岭镍矿）和下二叠统范家屯组（茶尖岭镍矿）。

成矿岩体：红旗岭镍矿床的成矿岩体为辉长岩、含长辉橄岩、橄榄岩、橄榄辉石岩；茶尖岭镍矿的成矿岩体为辉石橄榄岩、橄榄辉岩和角闪辉岩，为华力西末期—印支期幔源岩浆活动的产物。

控矿构造：傅家-偏脸子断裂、小岭屯-赵家屯断裂等构成的北西向断裂带控制了矿田含镍基性-超基性岩体和矿体的空间产出。

矿床特征：镍矿体主要呈似层状、上悬透镜状、脉状以及纯硫化物矿脉等4种类型产出于印支期基性-超基性岩体内。不同类型矿体的特征略有不同，其中似层状矿体赋存在岩体底部橄榄辉岩相，由海绵晶铁状、斑点状和少量浸染状矿石组成；上悬透镜状矿体主要赋存于橄榄岩相的中、上部，呈透镜状或薄层状，主要由细粒浸染状矿石组成；脉状矿体空间上并不稳定，具有稀疏斑点状和浸染状矿石构造；纯硫化物矿脉多见于似层状矿体的原生节理中，呈脉状或扁豆状。矿石矿物主要包括磁黄铁矿、镍黄铁矿、黄铜矿、紫硫镍矿和黄铁矿，其次是砷镍矿、红砷镍矿、磁铁矿、方铅矿、墨铜矿、砷镍矿、辉钼矿和钛铁矿等。矿石结构主要为半自形-他形晶粒状结构、焰状结构、环边状结构等，此外也发育有填隙结构、蠕虫状结构。矿石构造主要有浸染状构造、斑点状构造、海绵陨铁状构造和块状构造等，其次是团块状构造、细脉浸染状构造、角砾状构造等。围岩蚀变主要有滑石化、黑云母化、皂石化、蛇纹石化、绢云母化等，与矿化关系密切（董耀松等，2004）。

7. 海沟金矿田（V-7）

海沟金矿田位于吉林省安图县两江乡，大地构造位置位于西保安-青龙村新元古代残留构造岩片（Ⅲ-A_1^3）以及太平岭-老岭火山-沉积隆盆带（MCⅠ-3_5），隶属于海沟-红太平 Au-Fe-Cu-Pb-Zn-Ag-Mo-Ni 成矿亚带。矿田范围内发现有大型海沟金矿床和中型松江河金矿床，均属于岩浆热液型金矿。

赋矿围岩：矿田内金矿的赋矿围岩为新元古界新东村岩组变质火山-沉积岩系，可作为本区金矿的矿源层。

成矿岩体：2处金矿床均与燕山晚期中酸性侵入岩密切相关，其中海沟金矿的成矿岩体为早白垩世二长花岗岩和花岗闪长岩，松江河金矿的成矿岩体为中侏罗世黑云母斜长花岗岩、钾长花岗岩。

控矿构造：古洞河超岩石圈断裂与北东向深断裂交汇处控制着成矿岩体的侵入，压扭性北东向断裂、裂隙带、羽状断裂以及与岩体周边内外接触带是控制着矿体的空间产出。

矿床特征：金矿体主要呈脉状、扁豆状、不规则透镜状产出于新元古界新东村岩组变质火山-沉积岩系和侏罗纪二长花岗岩体内。矿石类型包括石英脉型和蚀变岩型两种。矿石矿物组合主要为自然金、方铅矿、黄铜矿，次之闪锌矿、磁黄铁矿、磁铁矿、白铁矿、铜蓝、蓝辉铜矿、黝铜矿、沥青铀矿、晶质铀矿、碲金矿、斜方碲金矿、碲铅矿等。脉石矿物主要为石英、方解石，还有少量绢云母、绿泥石等。矿石结构为结晶结构（自形晶粒状结构、他形晶粒状结构、滴状结构、填隙结构）、出溶结构（乳浊状结构、骨晶结构）、交代结构（侵蚀结构、交代残余结构）、动力结构（揉皱结构、压碎结构）等。矿石构造为细脉状、网脉状及稀疏浸染状构造等。不同成矿阶段的围岩蚀变类型变化较大，成矿前发育面型的硅化、钾长石化，还有电气石化、绿帘石化、绢云母化、绿泥石化等蚀变；成矿期以线型的硅化、绢云母化、绿泥石化、黄铁矿化为主，成矿后则为无矿的绿泥石化和碳酸盐化。

8. 珲春煤田（V-8）

珲春煤田位于吉林省珲春市，大地构造位置位于珲春盆地（MCⅠ-3_5^6），隶属于五凤-百草沟 Au-Cu-Ag-Pb-Zn-Fe 成矿亚带（Ⅲ-55-⑥）。矿田内发现有大型英安煤矿、城西煤矿、八连城煤矿、板石一矿、五家子井田和骆驼河子井田，中型板石东部井田和小型三道岭煤矿，属于中型煤田，矿床类型为生物化学沉积型。

赋矿围岩：含煤地层为新生界古近系珲春组，为河湖相碎屑岩建造。

控矿构造：宽缓稍有起伏的向斜构造。

煤层特征：含煤层系为古近系珲春组，岩性变化规律为垂向上由下向上粒度逐渐变细，颜色逐渐变浅；横向上由西向东粒度逐渐变粗，煤层厚度逐渐变薄，煤层灰分逐渐增高（一般为40%~50%），甚至相变为炭质泥岩。珲春组含煤33~70余层，总厚度约25 m；可采煤层10~15层，总厚度约12 m。煤层产状与地层相同，煤层倾角一般5°~8°，最大倾角12°。煤层属特低硫、中磷、中高灰、中发热量、高挥发分长焰煤。

9. 天宝山多金属矿田（V-9）

天宝山多金属矿田位于吉林省延吉市老头沟镇，大地构造位置位于石嘴子-山秀岭-开原晚古生代弧盆系（Ⅲ-A_1^2），隶属于天宝山-开山屯Pb-Zn-Au-Ag-Ni-Mo-Cu-Fe成矿亚带（Ⅲ-55-⑦）。矿田内发现小型东风铅锌矿（北山和南山）、立山铅锌矿、新兴铅锌矿，以及小型东风北山钼矿，岩石类型则包括海相火山岩型、斑岩型、接触交代型等。

赋矿围岩：矿田的赋矿围岩主要为华力西晚期碳酸盐岩—火山岩建造，具体包括：天宝山群（山秀岭组?）和庙岭组。其中天宝山群（山秀岭组?）为一套燧石条带结晶灰岩、砂板岩夹变质凝灰熔岩等；庙岭组为类复理石建造和碳酸盐建造，夹海相火山（碎屑岩）建造，是立山多金属矿床的赋矿围岩。

成矿岩体：矿田的侵入岩时代复杂、类型繁多，其中与成矿密切相关的主要为华力西期和燕山早期中酸性侵入岩。其中，立山多金属矿床的成矿岩体为立山石英闪长岩体，东风北山钼矿床的成矿岩体为花岗闪长岩与斑状二长花岗岩，新兴多金属矿床的成矿岩体为头道沟花岗闪长岩体。

控矿构造：矿田内不同类型矿床的控矿构造略有不同，比如接触交代型的立山矿床主要受接触带构造控制，其次为附近的北东向、北西向压扭性断裂以及近南北向的张扭性断裂控制；角砾岩筒型的新兴矿床受头道沟东西向断裂、新兴-陈财沟北西向断裂和卫星南北向断裂交汇处的角砾岩筒所控制；其他矿床受不同方向的断裂构造以及层间破碎带控制显著。

矿床特征：接触交代型的立山矿床的矿体主要产出于华力西晚期石英闪长岩与庙岭组碳酸盐岩的接触带附近，受接触带构造及不同方向的断裂构造控制，矿体形态复杂，以扁豆状和脉状为主，也发育有脉状、透镜状、板状和似层状。海相火山岩型的东风南山矿床主要赋存于二叠系海相火山-碎屑岩内，为细脉浸染型铅锌矿体群。斑岩型的东风北山矿体主要赋存于花岗闪长岩与斑状二长花岗岩中，矿体形态多为脉状，次为扁豆状。角砾岩筒型的新兴矿床产于头道沟花岗闪长岩体内，并受头道沟东西向断裂、新兴-陈财沟北西向断裂和卫星南北向断裂交汇处的角砾岩筒所控制；矿体的规模、形态、产状与岩筒一致，由地表至500 m标高筒内皆为矿体，从不同标高水平投影看，呈现为倾斜的“宝葫芦状”。

10. 长仁镍矿田（V-10）

长仁镍矿田位于吉林省和龙市，大地构造位置位于石嘴子-山秀岭-开原晚古生代弧盆系（Ⅲ-A_1^2）和太平岭-老岭火山-沉积隆盆带（MCⅠ-3_5），隶属于天宝山-开山屯Pb-Zn-Au-Ag-Ni-Mo-Cu-Fe成矿亚带（Ⅲ-55-⑦）。矿田内发现中型长仁镍矿床和小型柳水坪镍矿床，均为岩浆熔离型镍矿。

赋矿围岩：含镍的镁铁-超镁铁质岩体主要赋存于新元古界青龙村岩群变质的浅海相海底-火山喷发沉积建造内。

成矿岩体：岩浆型铜镍硫化物矿床往往与印支期镁铁-超镁铁质岩体密切相关，受岩体控制成群成带分布，岩石类型包括：辉石橄榄岩、含长辉石橄榄岩、橄榄辉石岩、辉石岩、含长辉石岩等。

控矿构造：北西向的古洞河深大断裂由一系列平行逆断层组成，是区内镁铁-超镁铁质岩浆运移的主要通道，构成了矿田主要的构造格架和第一级导岩构造。北西向的长仁-青龙断裂和獐项断裂分布于长仁背斜的核部，平行于褶皱轴向，为向西南突出的弧形断褶带的一部分，与古洞河深断裂在卧龙至河西洞一带斜接，为主要的储岩构造。

矿床特征：矿田内的镍矿床主要赋存于印支期的镁铁-超镁铁质岩体内，岩体受断裂构造控制多成群成组分布于青龙村群变质岩系内。矿体类型主要为有 3 种：地表氧化带型矿体、浸染状熔离矿体以及贯入矿体。矿石构造以浸染状构造为主，其次还有斑点状、细脉状和致密块状。矿石结构主要为他形粒状结构、半自形晶粒结构，其次还有固溶体分离结构、环状交代结构及海绵陨铁结构等，矿石矿物主要为镍黄铁矿、红砷镍矿、磁黄铁矿、黄铜矿等。

第二节 区域成矿基本规律

一、矿床成矿时代结构与分布规律

吉中-延边成矿带（Ⅲ-55）内各类矿产资源丰富，自兴凯期至喜马拉雅期均有成矿，而以燕山期成矿作用最为强烈，印支期、华力西期和喜马拉雅期次之，加里东期和兴凯期成矿较为薄弱（图 5-10）。此外，内生矿床和外生矿床的成矿时代具有明显差异，内生矿床数量以印支期—燕山期最多，华力西期次之，兴凯期和加里东期最少；而外生矿床主要形成于喜马拉雅期和燕山期，其他各构造期产出数量极少。各时期吉中和延边地区产出的主要矿产的成岩成矿时代见表 5-2，表 5-3。

（一）各地质构造旋回成矿特征

1. 兴凯旋回

兴凯期吉中-延边成矿带处于华北板块稳定大陆边缘的中亚-蒙古洋扩张中脊的形成阶段，主要形成了一套中基性火山岩夹沉积碎屑岩和碳酸盐岩，夹层中含锰、磷、铁硅质沉积（类硅铁质或海相火山多金属建造），是沉积变质型铁、锰矿形成的主要时期。在大气缺氧的环境下，二价铁才可能在海水中溶解富集，为铁成矿创造条件。而中、新元古代时期的地球雪球事件（~800 Ma）导致大气短暂缺氧，为沉积变质型铁矿的形成提供有利条件（陈毓川等，2015）。成矿带内沉积变质型铁矿代表性矿床有吉林省安图县四岔子铁矿床、磐石市西半截河铁矿床、东丰县西保安铁矿床等。

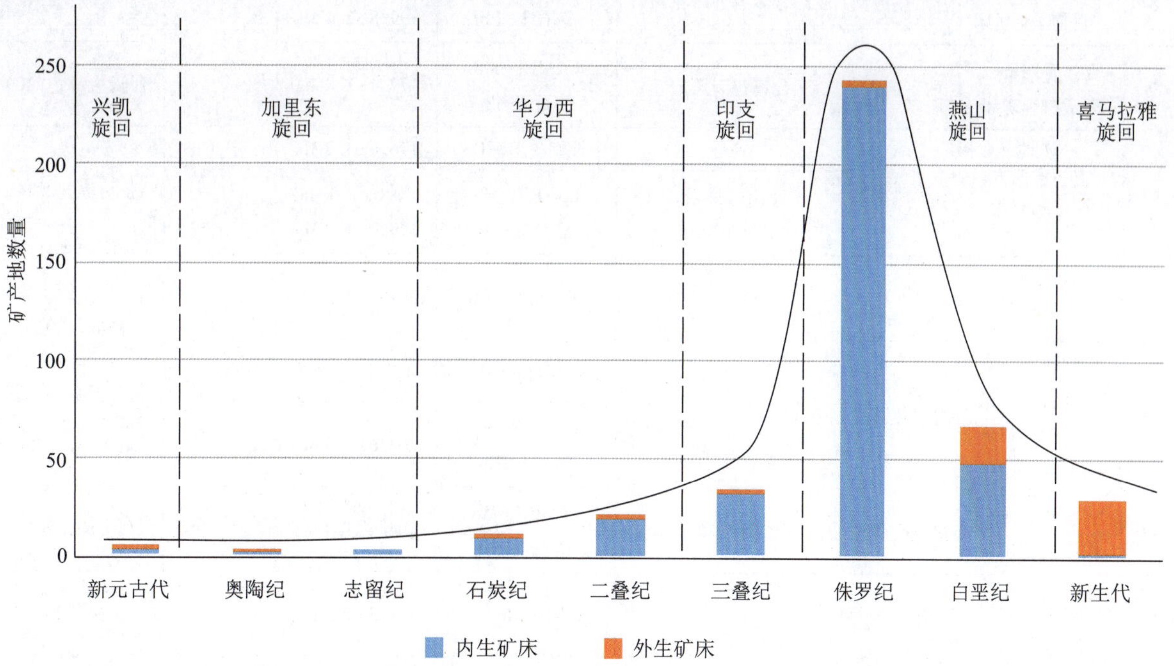

图 5-10 吉中-延边成矿带（Ⅲ-55）重要矿床成矿时代结构分布图

表 5-2 吉中-延边成矿带（Ⅲ-55）重要矿床同位素年龄数据

序号	矿床	矿床类型	样品	测试方法	成矿年龄	构造-岩浆成矿旋回	资料来源
1	吉林省汪清县闹枝金矿床	陆相火山岩型	含矿金沟岭组火山岩	LA-ICP-MS 锆石 U-Pb	130±2.0 Ma		刘金龙等，2015
			矿石金属硫化物	Rb-Sr	124.6±2.7 Ma		李晓鹏，2021
2	吉林省汪清县刺猬沟金矿床	陆相火山岩型	充填于成矿断裂中含矿脉体	$^{40}Ar/^{39}Ar$ 法	178.3±1 Ma		关键，2005
			安山质凝灰岩	LA-ICP-MS 锆石 U-Pb	127.5 Ma		王硕，2014
			石英流体包裹体	$^{40}Ar/^{39}Ar$ 法	141 Ma		赵羽军等，2010
3	吉林省龙井市五凤-五星山金矿床	陆相火山岩型	石英流体包裹体	$^{40}Ar/^{39}Ar$ 法	123±7 Ma		赵羽军等，2010
4	吉林省四平市山门银矿床	岩浆热液型	近矿蚀变岩	K-Ar 法	113.4 Ma		彭玉鲸等，2009
			矿石	Pb-Pb 等时线年龄	173 Ma		黄文斌和申浩澈，2006
5	吉林省磐石市粗榆金矿床	岩浆热液型	蚀变岩	绢云母 Ar-Ar	173.5±2.8 Ma		杨群，2020
			闪长玢岩	LA-ICP-MS 锆石 U-Pb	170.4±1.8 Ma		
6	吉林省永吉县大黑山钼矿床	斑岩型	成矿花岗闪长斑岩	SHRIMP 锆石 U-Pb	170±3 Ma		葛文春等，2007
			矿石	辉钼矿 Re-Os	168.2±3.2 Ma		王成辉等，2009
7	吉林省桦甸市八道河子钼矿床	斑岩型	成矿花岗斑岩	LA-MC-ICP-MS 锆石 U-Pb	177.3±1.2 Ma	燕山旋回	汪志刚，2012
			矿石	辉钼矿 Re-Os	178.3±4.4 Ma		汪志刚，2012
8	吉林省桦甸市二道甸子金矿床	岩浆热液型	成矿岩体黑云母花岗岩	LA-MC-ICP-MS 锆石 U-Pb	184.1±2.7 Ma；199.8±2.4 Ma		汪志刚，2012
9	吉林省四平三家子白钨矿床	矽卡岩型	含钨花岗斑岩	LA-ICP-MS 锆石 U-Pb	172.4±1.8 Ma		任云生等，2009
10	吉林省四方甸子钼矿床	岩浆热液型	矿石	辉钼矿 Re-Os	176.6±4.2 Ma		张勇等，2014
			花岗闪长岩、二长花岗岩	LA-ICP-MS 锆石 U-Pb	170.0±1.0 Ma；179.0±1.0 Ma		
11	吉林省磐石市官马金矿床	陆相火山岩型	蚀变岩	绢云母 Ar-Ar	190.88±4.09 Ma		杨群，2020
12	吉林省磐石市小红石砬子铅锌(玉石)矿床(后期脉状)	岩浆热液型	脉状矿石	金属硫化物 Rb-Sr	195.0±17 Ma		
			花岗闪长斑岩	LA-ICP-MS 锆石 U-Pb	203.6±1.8 Ma		Yang et al.，2019
13	吉林省和龙市白石洞铁矿床	接触交代型	闪长岩	LA-ICP-MS 锆石 U-Pb	164.6±1.4 Ma		聂喜涛，2019
14	吉林省安图县双山钼矿床	斑岩型	矿石	辉钼矿 Re-Os	173.3±1.1 Ma		王硕，2014
15	吉林省安图县刘生店钼矿床	斑岩型	矿石	辉钼矿 Re-Os	169.36±0.97 Ma		王硕，2014

续表

序号	矿床	矿床类型	样品	测试方法	成矿年龄	构造-岩浆成矿旋回	资料来源
16	吉林省龙井市天宝山东风北山钼矿床	斑岩型	矿石	辉钼矿 Re-Os	192.0±3.1 Ma	燕山旋回	孙振明等，2014
17	吉林省汪清县夹皮沟钼矿床	斑岩型	含矿二长花岗岩	LA-ICP-MS 锆石 U-Pb	193.1±1.4 Ma	燕山旋回	王硕，2014
17	吉林省汪清县夹皮沟钼矿床	斑岩型	矿石	辉钼矿 Re-Os 法	188.9±1.2 Ma	燕山旋回	王硕，2014
18	吉林省安图县海沟金矿床	岩浆热液型	海沟岩体	LA-ICP-MS 锆石 U-Pb	167~181 Ma	燕山旋回	吉林省第五地质调查所，1990
18	吉林省安图县海沟金矿床	岩浆热液型	海沟岩体	全岩 Rb-Sr	181 Ma	燕山旋回	吉林省第五地质调查所，1990
18	吉林省安图县海沟金矿床	岩浆热液型	主成矿阶段石英	流体包裹体的 $^{40}Ar/^{39}Ar$	正、反等时线 170±20 Ma；172±16 Ma	燕山旋回	于介江等，2010
18	吉林省安图县海沟金矿床	岩浆热液型	成矿期脉岩	LA-ICP-MS 锆石 U-Pb	132.4~128 Ma	燕山旋回	李绪俊等，2012
19	吉林省磐石市红旗岭镍矿床	岩浆型	浸染状矿石	Re-Os	215.0±24 Ma	印支旋回	郝立波等，2014；Wu et al.，2004
19	吉林省磐石市红旗岭镍矿床	岩浆型	2 号岩体	SHRIMP 锆石 U-Pb	212.2±2.6 Ma	印支旋回	郝立波等，2014；Wu et al.，2004
19	吉林省磐石市红旗岭镍矿床	岩浆型	浸染状矿石	Re-Os	237.0±16 Ma	印支旋回	郝立波等，2014；Wu et al.，2004
19	吉林省磐石市红旗岭镍矿床	岩浆型	1 号岩体	SHRIMP 锆石 U-Pb	216±5 Ma	印支旋回	郝立波等，2014；Wu et al.，2004
19	吉林省磐石市红旗岭镍矿床	岩浆型	岩体	LA-ICP-MS 锆石 U-Pb	220.6±2 Ma	印支旋回	冯光英等，2009
19	吉林省磐石市红旗岭镍矿床	岩浆型	1 号岩体	黑云母 $^{40}Ar-^{39}Ar$	225 Ma	印支旋回	郗爱华等，2005
20	吉林省汪清县红太平多金属矿床(后期脉状)	岩浆热液型	矿石	金属硫化物 Rb-Sr	206.8±9.0 Ma	印支旋回	任云生等，2019
20	吉林省汪清县红太平多金属矿床(后期脉状)	岩浆热液型	闪长玢岩	LA-ICP-MS 锆石 U-Pb	204.1±2.0 Ma	印支旋回	任云生等，2019
21	吉林省和龙市龙门乡长仁镍矿床	岩浆型	橄榄辉石岩	LA-ICP-MS 锆石 U-Pb	226±1 Ma	印支旋回	吴琼等，2019
22	吉林省磐石市三道岗镍矿床	岩浆型	辉石岩	LA-ICP-MS 锆石 U-Pb	232.75±0.95 Ma	印支旋回	汪志刚，2012
23	吉林省四平市山门镍矿床	岩浆型	矿化辉长岩	LA-ICP-MS 锆石 U-Pb	225.1 Ma	印支旋回	郗爱华等，2008
24	吉林省磐石市漂河川镍矿床	岩浆型	4 号辉长岩体	SHRIMP 锆石 U-Pb	217±3 Ma	印支旋回	Wu et al.，2004
24	吉林省磐石市漂河川镍矿床	岩浆型	5 号辉长岩体	SHRIMP 锆石 U-Pb	222±8 Ma	印支旋回	颉颃强等，2007
25	吉林省磐石市茶尖岭镍矿床	岩浆型	1 号辉长岩体	SHRIMP 锆石 U-Pb	240±3 Ma	印支旋回	郝立波等，2013
26	吉林省磐石市向阳铜矿床	斑岩型	矿石	辉钼矿 Re-Os	250.5±1.5 Ma	华力西旋回	杨群，2020
26	吉林省磐石市向阳铜矿床	斑岩型	斑状花岗闪长岩	LA-ICP-MS 锆石 U-Pb	250.7±2.0 Ma	华力西旋回	杨群，2020
27	吉林省永吉县头道沟铬铁矿床	岩浆型	变质辉绿岩	LA-ICP-MS 锆石 U-Pb	270±9 Ma	华力西旋回	付俊彧等，2018
28	吉林省磐石市小红石砬子铅锌银矿床	海相火山岩型	大河深组火山岩	LA-ICP-MS 锆石 U-Pb	302~299 Ma	华力西旋回	李勇，2017

续表

序号	矿床	矿床类型	样品	测试方法	成矿年龄	构造-岩浆成矿旋回	资料来源
29	吉林省永吉县头道川金矿床	海相火山岩型	细碧角斑岩系	全岩 Rb-Sr 等时线	301±27 Ma	华力西旋回	罗琛等，2016
30	吉林省龙井市天宝山新兴铅锌矿床	爆破角砾型	矿石	金属硫化物 Rb-Sr	259±3 Ma		杨群等，2018
31	吉林省汪清县红太平多金属矿床（层状）	海相火山岩型	矿石	金属硫化物 Rb-Sr	268. 3±2. 6 Ma		任云生等，2019
			含矿火山碎屑岩	LA-ICP-MS 锆石 U-Pb	257～285 Ma		
32	吉林省龙井市天宝山多金属矿田立山铅锌矿床	矽卡岩型	闪长岩	LA-ICP-MS 锆石 U-Pb	261. 0±7. 0 Ma		鞠楠，2013

表 5-3 吉中-延边成矿带主要内生矿床成矿时空域分布

构造阶段	构造-成矿旋回	成矿亚带						
		Ⅱ-55-①山门-乐山 Ag-Au-Cu-Fe-Pb-Zn-Ni 成矿亚带	Ⅲ-55-②那丹伯-一座营 Au-Mo-Ag-Pb-Zn-Cu-Ni 成矿亚带	Ⅲ-55-③山河-榆木桥子 Au-Ag-Mo-Ni-Cu-Fe-Pb-Zn 成矿亚带	Ⅲ-55-④红旗岭-漂河川 Ni-Au-Cu 成矿亚带	Ⅲ-55-⑤海沟-红太平 Au-Fe-Cu-Pb-Zn-Ag-Mo-Ni 成矿亚带	Ⅲ-55-⑥五凤-百草沟 Au-Cu-Ag-Pb-Zn-Fe 成矿亚带	Ⅲ-55-⑦天宝山-开山屯 Pb-Zn-Au-Ag-Ni-Mo-Cu-Fe 成矿亚带
太平洋演化	喜马拉雅旋回							
古太平洋演化阶段	燕山旋回	12	54	8	11	11	8	
	印支旋回	1	6	9	2			
古亚洲洋演化阶段	华力西旋回			14		3		6
	加里东旋回	1	1	1				
陆内裂谷	兴凯旋回		1		2	2		

注：表内数字表示对应成矿带内的主要矿床数量（一般指小型及以上规模矿产地）。

2. 加里东旋回

加里东期吉中-延边成矿带先后经历了古亚洲洋的扩张和聚合演化阶段，发育一套岛弧-弧后盆地海相火山-沉积建造，这些建造控制着成矿带内铅锌、硫铁矿等矿床的形成，如海相火山岩型的放牛沟多金属硫铁矿床；而该期形成的碳酸盐岩建造，如下二台岩群黄顶子岩组，经后期构造岩浆热事件改造，方解石等碳酸盐矿物再结晶，进而形成不同规模的水泥用大理岩矿床；此外，这些碳酸盐建造内的燧石条带、燧石结核大理岩又为成矿带内变成型硅灰石矿床的形成提供了物质基础。

此外，这些火山-沉积建造富含大量的 Au、Ag、Cu、Pb、Zn 等成矿物质，是华力西期和燕山期大规模成矿所需成矿物质的初始矿源层。

3. 华力西旋回

华力西期，吉中-延边成矿带处于古亚洲洋俯冲背景下的岛弧或活动大陆边缘环境。吉磐地区永吉至磐石一带为海底火山活动带，形成了细碧角斑岩建造（余富屯组）；至石炭纪末期火山活动再度加强，形成安山岩、流纹岩等火山岩（石嘴子组）；到早二叠世中酸性火山活动频繁发生，这一时期海相火山活动带来了大量金、银、铁、铜、砷等成矿物质，永吉头道川金矿床（小型）、磐石市小梨河金矿床（小型）、磐石市民主屯银矿等矿床均形成于这个时期。同期，延边盆地发育了类复理石建造及海相酸性火山碎屑岩-碳酸盐岩建造，并伴随着强烈中酸性岩浆侵位，形成了汪清县红太平小型铜矿（海相火山岩型）、天宝山矿集区立山铅锌矿（接触交代型）、天宝山矿集区新兴铅锌多金属矿（隐爆角砾岩型）、天宝山东风南山铅锌矿（海相火山岩型）等矿床。其中，红太平海相火山岩型铜多金属矿床中层状矿体内多金属硫化物 Rb-Sr 等时线年龄为 268.3±2.6 Ma，含矿火山碎屑岩的 LA-ICP-MS 锆石 U-Pb 年龄为 257~285 Ma，由此限定红太平早期的层状铜矿化发生于中二叠世（任云生等，2019）；立山矽卡岩型铅锌矿床的成矿闪长岩的 LA-ICP-MS 锆石 U-Pb 年龄为 261.0±7.0 Ma（鞠楠，2013）；而新兴铅锌银矿床爆破角砾型矿石金属硫化物 Rb-Sr 等时线年龄为 259±3 Ma（MSWD=1.05）（杨群等，2018）。由此可知，天宝山矿集区内存在不同类型的晚古生代内生金属矿化作用。

此外，晚古生代头道沟-机房沟蛇绿构造混杂岩带南段残留有镁铁-超镁铁构造残留体，多个岩体发育岩浆熔离的铬铁矿化，但品位较低，规模较小，工业意义不大。付俊彧等（2018）对头道沟变质辉长岩进行 LA-ICP-MS 测年，获得加权平均年龄为 270±9 Ma，由此推断头道沟铬铁矿床形成于中二叠世。同时，成矿带东部开山屯地区亦出露有晚二叠世的岩浆型铬铁矿床。

4. 印支旋回

印支期为中国东部古亚洲洋构造域向滨太平洋构造域叠加域转换的关键时期，晚三叠世—早侏罗世早期，吉中-延边成矿带处于造山后的伸展垮塌阶段，至早侏罗世晚期正式进入古太平洋板块的俯冲阶段（曹花花，2013；张超，2014；陈聪，2017）。

该时期是吉中-延边成矿带重要的成矿期，在岩石圈伸展背景下形成了一系列与晚三叠世基性、超基性岩有关的岩浆型铜镍硫化物和钒钛磁铁矿矿床，比如吉中地区的红旗岭镍矿、三道岗铜镍矿、漂河川铜镍矿等，以及延边地区的和龙市龙门山长仁镍矿和安图县宣羊砬子钒钛磁铁矿矿点。

5. 燕山旋回

燕山期是吉中-延边成矿带成矿作用的高峰期。在古太平洋板块初始俯冲的背景下，早侏罗世时期成矿带形成了一系列与钙碱性中酸性侵入岩相关的岩浆热液型、接触交代型和斑岩型的钼、铅锌等有色金属矿床，以天宝山-汪清地区的天宝山东风北山钼矿和夹皮沟钼矿为代表；中侏罗世—早白垩世期间，形成了一系列与早、中侏罗世中酸性侵入岩浆活动有关的金、铜、钼、铅锌、铁、汞、锑、锰、白钨矿矿床，成因类型较为丰富，以斑岩型、接触交代型和岩浆热液型为主，还发育一处以官马金矿为代表的陆相火山岩型金矿。其中，金矿以岩浆热液型为主，代表性矿床为中型的松江河金矿；铜矿化规模较小，多为岩浆热液型，代表性矿床为小型的伊通县西大城号铜矿床，接触交代型次之，常伴生钨矿化，以小型的延吉市东沟铜钨矿床为代表；钼矿是本成矿带的优势矿种，以斑岩型最为重要，产出有超大型的大黑山钼矿、中型的安图县双山和刘生店钼矿等，岩浆热液型次之，以小型的桦甸市四方甸子钼矿为代表，还有少量的接触交代型钼矿，常与铅锌等矿化伴生，代表性矿床为中型的磐石市胜利屯钼铅锌矿；铁、铅锌、汞、锑、锰、钨等矿化以岩浆热液型和接触交代型为主，规模均较小。

白垩纪时期，成矿带以陆相火山活动为特点，发育一套陆相火山-次火山沉积建造，并形成了与其有关的陆相火山岩型金（银）矿，比如汪清县刺猬沟金矿、闹枝金矿、五凤-五星山金矿、东林小型金矿、龙井市石井金银矿等。此外，还发育有众多岩浆热液型金矿、铅锌矿和接触交代型铁矿、铜矿等，如中型的东辽县盈隆金矿。陆相火山喷发后快速冷却过程容易使珍珠岩和沸石等矿化作用的发生，尤其营城组、久大组是区内珍珠岩和沸石矿的主要产出层位。此外，在这些陆相火山间歇期该区还接受河流、湖泊沼泽相沉积，通常伴有煤矿的形成，如辽源煤矿等。

6. 喜马拉雅旋回

喜马拉雅期是吉中-延边成矿带重要的成煤、成油期，形成众多规模不等的化学沉积型煤矿和油页岩矿床，其中油页岩矿床集中分布在桦甸地区，以中型的大城子-公郎头油页岩矿床为代表；煤炭主要产出在长春市双阳区和珲春地区。还产出有砂矿型金矿（珲春砂金矿床）和独居石矿（东清独居石矿床），以及生物化学沉积型硫铁矿床，如西台子硫铁矿床。此外，该时期更是建筑类材料，如硅藻土等矿产的主要形成时期，代表性矿床为高松树硅藻土矿床。

（二）主要矿床空间分布特征

吉中-延边成矿带的内生和外生矿床在空间分布上也存在显著差异。通过对各Ⅳ级成矿亚带内小型及以上以及重要矿点的矿床数量和成矿时代进行统计，确定了吉中-延边成矿带内生和外生矿床成矿时空域分布特征（表5-3，表5-4）。

表5-4　吉中-延边成矿带主要外生矿床成矿时空分布

构造阶段	构造-成矿旋回	成矿亚带						
		Ⅲ-55-①山门-乐山 Ag-Au-Cu-Fe-Pb-Zn-Ni 成矿亚带	Ⅲ-55-②那丹伯-一座营 Au-Mo-Ag-Pb-Zn-Cu-Ni 成矿亚带	Ⅲ-55-③山河-榆木桥子 Au-Ag-Mo-Ni-Cu-Fe-Pb-Zn 成矿亚带	Ⅲ-55-④红旗岭-漂河川 Ni-Au-Cu 成矿亚带	Ⅲ-55-⑤海沟-红太平 Au-Fe-Cu-Pb-Zn-Ag-Mo-Ni 成矿亚带	Ⅲ-55-⑥五凤-百草沟 Au-Cu-Ag-Pb-Zn-Fe 成矿亚带	Ⅲ-55-⑦天宝山-开山屯 Pb-Zn-Au-Ag-Ni-Mo-Cu-Fe 成矿亚带
太平洋演化	喜马拉雅旋回		2		11	4	10	2
古太平洋演化阶段	燕山旋回	4	6	5	2	2	2	2
	印支旋回			2				
古亚洲洋演化阶段	华力西旋回			1				
	加里东旋回							
陆内裂谷	兴凯旋回	1			1			

注：表内数字表示对应成矿带内的主要矿床数量（一般指小型及以上规模矿产地）。

吉中-延边成矿带内生成矿作用的发生始于兴凯期。兴凯期矿床数量较少，类型也较为单一，主要为受变质型铁矿，受新元古界海相火山岩-碎屑岩建造控制，沿华北板块北缘巨型断裂带北缘零星分布，这些受变质型铁矿主要产出在那丹伯-一座营 Au-Mo-Ag-Pb-Zn-Cu-Ni 成矿亚带（Ⅲ-55-②）、红旗岭-漂河川 Ni-Au-Cu 成矿亚带（Ⅲ-55-④）及海沟-红太平 Au-Fe-Cu-Pb-Zn-Ag-Mo-Ni 成矿亚带（Ⅲ-55-⑤）内；加里东期内生矿床数量较少，类型以海相火山岩型铅锌、金矿床为主，受残存的下古生界海相火山岩-碎屑岩建造控制，零星分布在山门-乐山 Ag-Au-Cu-Fe-Pb-Zn-Ni 成矿亚带（Ⅲ-55-①）、那丹伯-一座营 Au-Mo-Ag-Pb-Zn-Cu-Ni 成矿亚带（Ⅲ-55-②）和山河-榆木桥子 Au-Ag-Mo-Ni-Cu-Fe-Pb-Zn 成矿亚带（Ⅲ-55-③）；华力西期是吉中-延边成矿带内生矿床数量由少至多，类型由单一到齐全的转折期，除了陆缘或岛弧海相火山-火山碎屑岩内产出的海相火山岩型多金属矿床外，华力西晚期古亚洲洋板片俯冲诱发了钙碱性岩浆侵位，进而引起了岩浆热液型、接触交代型多金属矿化，成矿作用的空间范围也增大，在山河-榆木桥子 Au-Ag-Mo-Ni-Cu-Fe-Pb-Zn 成矿亚带（Ⅲ-55-③）大规模产出，其次是天宝山-开山屯 Pb-Zn-Au-Ag-Ni-Mo-Cu-Fe 成矿亚带（Ⅲ-55-⑦），海沟-红太平 Au-Fe-Cu-Pb-Zn-Ag-Mo-Ni 成矿亚带（Ⅲ-55-⑤）也零星产出有华力西期内生矿床。

印支期—燕山期是吉中-延边成矿带内生成矿作用的爆发期，内生矿床的种类、数量和规模达到顶峰、分布范围最为广泛，几乎涵盖整个成矿带。但从内生矿床数量和大型、超大型矿床的空间产出特征看，印支期内生矿床主要分布于红旗岭-漂河川 Ni-Au-Cu 成矿亚带（Ⅲ-55-④），受辉发河深大断裂控制，产出有9处与基性-超基性岩有关的岩浆熔离型镍矿床；燕山期内生矿床数量最多，类型齐全，分布最为广泛，且主要集中于山河-榆木桥子 Au-Ag-Mo-Ni-Cu-Fe-Pb-Zn 成矿亚带，构成为燕山期吉中-延边成矿带成矿的爆发中心。喜马拉雅期基本为内生成矿作用的空白期。

吉中-延边成矿带外生成矿作用整体较为薄弱。兴凯期至印支期外生矿床数量较少，零星分布在山门-乐山 Ag-Au-Cu-Fe-Pb-Zn-Ni 成矿亚带（Ⅲ-55-①）、山河-榆木桥子 Au-Ag-Mo-Ni-Cu-Fe-Pb-Zn 成矿亚带（Ⅲ-55-③）以及红旗岭-漂河川 Ni-Au-Cu 成矿亚带（Ⅲ-55-④）；燕山期—喜马拉雅期是吉中-延边成矿带外生矿床的爆发期，矿床数量急剧增加，空间上几乎分布在整个成矿带范围。成矿带中新生代外生矿床的形成受构造作用控制明显，比如煤、油页岩及硅藻土等生物化学沉积型矿产部分直接产出于深断裂带。第一成煤期以桦甸苏密沟煤矿为代表，形成于晚侏罗世，煤层较薄，规模不大。第二成煤期为古近纪，以梅河煤田为代表，煤层厚而稳定，规模较大。硅藻土矿分布于桦甸至敦化一带，矿床直接产于受断裂带控制的古近纪—新近纪玄武岩层之上，含矿建造为玄武岩喷发间歇期，并由玄武岩为硅藻生长提供适宜条件。油页岩产于敦密断陷盆中的桦甸盆地中的桦甸组（E_2h）。局部含矿层多而富，但规模小，含矿层比较局限。

（三）重要矿产资源时空分布特征

1. 铜矿时空分布规律

吉中-延边成矿带内独立铜矿床数量不多，以岩浆热液型和接触交代型为主，矿产地规模以小型和矿点为主，主要分布在伊通、永吉、桦甸、磐石和延吉地区。不同类型的铜矿床主要形成于燕山期，对应于古太平洋板块俯冲的构造背景。此外，铜还常作为伴生有用元素产出在镍、铅锌、银矿床中，矿床类型以岩浆热液型、岩浆型、海相火山岩型、接触交代型等，成矿时代跨度大，华力西期、印支期和燕山期都有产出。不同类型的铜矿其空间分布受不同的地质要素控制，接触交代型铜矿主要产出在燕山期中酸性侵入岩与碳酸盐岩建造的接触带附近，海相火山岩型铜多金属矿主要形成于晚古生代弧后盆地内，并受海相火山碎屑岩控制。

2. 铅锌矿时空分布规律

吉中-延边成矿带内独立的铅矿或锌矿较少，以铅锌矿，并伴生银、铜、钨、钼、硫铁矿等为主，矿床类型以岩浆热液型、接触交代型和海相火山岩型为主，仅天宝山矿田新兴多金属矿床 1 处为隐爆角砾岩筒型。不同类型的铅锌矿的时空分布特征不同，岩浆热液型铅锌矿集中形成于印支期—燕山期，主要分布在山门-乐山 Ag-Au-Cu-Fe-Pb-Zn-Ni 成矿亚带、那丹伯-一座营 Au-Mo-Ag-Pb-Zn-Cu-Ni 成矿亚带和山河-榆木桥子 Au-Ag-Mo-Ni-Cu-Fe-Pb-Zn 成矿亚带；接触交代型铅锌矿主要形成于燕山期、印支期和华力西期，以印支晚期—燕山期为主，华力西期接触交代型铅锌矿的代表为天宝山立山铅锌矿床，产出于中二叠世（石英）闪长岩与二叠系庙岭组大理岩的接触带附近，铅锌矿体的空间产出主要受不同时期（以印支晚期—燕山期为主）的中酸性侵入岩与碳酸盐岩的接触带控制，而接触交代型铅锌矿在成矿带内分布极为广泛；海相火山岩型铅锌矿主要形成于华力西期，还有少数铅锌矿形成于加里东期，受两个构造期形成的海相火山沉积建造控制，代表性矿床分别为华力西期红太平多金属矿、小红石砬子铅锌（玉石）矿和加里东期放牛沟多金属矿。这些海相火山岩型铅锌矿常被后期，尤其是印支晚期—燕山期岩浆热液所叠加，导致早期层状矿体被后期脉状矿体切穿。

3. 镍矿时空分布规律

吉中-延边成矿带内镍矿均为基性-超基性岩型，成矿时代较为集中，主要为印支期晚三叠世。空间上主要分布在红旗岭-漂河川 Ni-Au-Cu 成矿亚带，在山门-乐山 Ag-Au-Cu-Fe-Pb-Zn-Ni 成矿亚带、山河-榆木桥子 Au-Ag-Mo-Ni-Cu-Fe-Pb-Zn 成矿亚带以及天宝山-开山屯 Pb-Zn-Au-Ag-Ni-Mo-Cu-Fe 成矿亚带零星产出。这些岩浆型镍矿的形成与造山后伸展背景下的幔源岩浆侵入有关，幔源岩浆主要沿华北板块北缘巨型断裂带上涌就位。

4. 钼矿时空分布规律

吉中-延边成矿带内钼矿具有资源储量大且矿床时空分布集中的特征，矿床类型以斑岩型为主，岩浆热液型次之，还有少量接触交代型。成矿时代集中于燕山期，对应于古太平洋板块俯冲的构造背景。在空间分布上，中型及以上的钼矿产地主要集中在山河-榆木桥子 Au-Ag-Mo-Ni-Cu-Fe-Pb-Zn

成矿亚带和海沟-红太平 Au-Fe-Cu-Pb-Zn-Ag-Mo-Ni 成矿亚带；代表性矿床为超大型大黑山钼矿床和大型双杨树钼矿床。

5. 金矿时空分布规律

吉中-延边成矿带内金矿具有矿床数量多但中大型矿产地数量少，成矿时代跨度大且成因类型复杂的特征。带内金矿的矿床类型包括岩浆热液型、陆相火山岩型、海相火山岩型及砂矿型等，成矿时代主要为华力西期、燕山期和喜马拉雅期。华力西期以海相火山岩型和陆相火山岩型金矿化为主，前者分布在山河-榆木桥子 Au-Ag-Mo-Ni-Cu-Fe-Pb-Zn 成矿亚带，代表性矿床为早石炭世头道川金矿，后者分布在天宝山-开山屯 Pb-Zn-Au-Ag-Ni-Mo-Cu-Fe 成矿亚带，代表性矿床为晚二叠世金谷山-后底洞金矿。燕山期金矿床数量显著增多，且不乏中大型金矿，主要包括岩浆热液型和陆相火山岩型两类，前者主要分布在山河-榆木桥子 Au-Ag-Mo-Ni-Cu-Fe-Pb-Zn 成矿亚带、海沟-红太平 Au-Fe-Cu-Pb-Zn-Ag-Mo-Ni 成矿亚带、那丹伯-一座营 Au-Mo-Ag-Pb-Zn-Cu-Ni 成矿亚带（Ⅲ-55-②）和红旗岭-漂河川 Ni-Au-Cu 成矿亚带，代表性矿床为大型海沟金矿和二道甸子金矿；后者则集中产出在五凤-百草沟 Au-Cu-Ag-Pb-Zn-Fe 成矿亚带，代表性矿床为小型的刺猬沟金矿。喜马拉雅期主要体现为小规模的砂矿型金矿的形成，主要分布在红旗岭-漂河川 Ni-Au-Cu 成矿亚带、海沟-红太平 Au-Fe-Cu-Pb-Zn-Ag-Mo-Ni 成矿亚带和五凤-百草沟 Au-Cu-Ag-Pb-Zn-Fe 成矿亚带。

6. 银矿时空分布规律

吉中-延边成矿带内银矿产地数量不多，包含 1 处大型和 1 处中型在内共 10 处银矿床，主要分布在山河-榆木桥子 Au-Ag-Mo-Ni-Cu-Fe-Pb-Zn 成矿亚带和山门-乐山 Ag-Au-Cu-Fe-Pb-Zn-Ni 成矿亚带，矿床类型主要包括海相火山岩型和岩浆热液型两类。海相火山岩型银矿以小型的民主屯银矿为代表，产出在海底火山-沉积建造（石炭系余富屯组）内，形成时代为早石炭世；岩浆热液型银矿以大型的四平山门银矿为代表，与燕山期中酸性侵入岩浆活动密切相关，形成于早白垩世。

7. 石墨矿时空分布规律

吉中-延边成矿带内石墨矿产地共 16 处，以小型及矿点为主，仅包含 2 处中型石墨矿。这些石墨矿集中分布在山河-榆木桥子 Au-Ag-Mo-Ni-Cu-Fe-Pb-Zn 成矿亚带（15 处），还有 1 处中型石墨矿产出在海沟-红太平 Au-Fe-Cu-Pb-Zn-Ag-Mo-Ni 成矿亚带。矿床类型以变成型为主，为含煤碎屑岩建造经燕山期岩浆热接触变质作用改造而成，受含煤碎屑岩建造，尤其是上三叠统大酱缸组（吉中地区）和马鹿沟组（延边地区）层位和接触带构造控制。

8. 萤石矿时空分布规律

吉中-延边成矿带内萤石矿产地共 5 处，其中，小型 3 处、矿点 2 处，主要分布在长春双阳和吉林磐石地区，隶属于山河-榆木桥子 Au-Ag-Mo-Ni-Cu-Fe-Pb-Zn 成矿亚带。这些萤石矿为岩浆热液型，主要形成于华力西期和燕山期。

9. 硅灰石矿时空分布规律

吉中-延边成矿带内硅灰石矿产地共 23 处，其中包括超大型 3 处、大型 2 处和中型 3 处。这些硅灰石矿主要分布在吉林磐石、桦甸、梨树和延边龙井、安图等地，隶属于山门-乐山 Ag-Au-Cu-Fe-Pb-Zn-Ni 成矿亚带、山河-榆木桥子 Au-Ag-Mo-Ni-Cu-Fe-Pb-Zn 成矿亚带、五凤-百草沟 Au-Cu-Ag-Pb-Zn-Fe 成矿亚带和天宝山-开山屯 Pb-Zn-Au-Ag-Ni-Mo-Cu-Fe 成矿亚带。矿床类型为变成型，为早期形成的硅质碳酸盐岩建造经燕山期接触热变质作用形成，成矿时代为燕山早期。硅灰石矿体的空间分布受硅质大理岩（灰岩）层位和接触带构造控制。

10. 水泥用大理岩矿时空分布规律

吉中-延边成矿带内水泥用大理岩矿产地共 14 处，均为大、中型矿产地，主要分布在吉林梨树、四平伊通、延边汪清、图们、敦化、珲春以及辽宁昌图、西丰等地，隶属于山门-乐山 Ag-Au-Cu-Fe-Pb-Zn-Ni 成矿亚带、那丹伯-一座营 Au-Mo-Ag-Pb-Zn-Cu-Ni 成矿亚带、海沟-红太平 Au-Fe-Cu-Pb-Zn-Ag-Mo-Ni 成矿亚带和五凤-百草沟 Au-Cu-Ag-Pb-Zn-Fe 成矿亚带。这些水泥用大理岩矿均为变成型矿床，主要受古生代碳酸盐岩建造控制，形成时代以燕山期为主，少部分形成于加里东期。

11. 矿泉水资源时空分布规律

吉中-延边成矿带内矿泉水资源丰富，水源地遍布全区，在长春双阳、延吉等地尤为密集。区内矿泉水的容矿岩石主要为灰岩、砂岩、花岗岩、大理岩、玄武岩，这些含水介质形成时代跨度大，以燕山期为主，还有喜马拉雅期、印支期和华力西期。矿泉水分为锶型、锶偏硅酸复合型、偏硅酸型和偏硅酸锶复合型等四类，以复合型为主。

依据矿泉水的含水介质，共划分五种矿床类型，即玄武岩类孔洞裂隙型、碎屑岩类孔隙裂隙（裂隙孔隙）型、碳酸盐岩类裂隙溶洞型及基岩构造裂隙型。敦化市地区玄武岩孔洞裂隙型矿泉水主要分布于敦化市秋梨沟镇一带，矿泉水赋存于新近系船底山组，第四系南坪组、军舰山组玄武岩孔洞裂隙中，多以井的形式产出。矿泉水类型为偏硅酸型矿泉水；延吉-图们-龙井地区碎屑岩孔隙裂隙型矿泉水主要分布在延吉、龙井、图们等地，主要赋存在中侏罗统屯田营组、下白垩统大砬子组和登楼库组、上白垩统龙井组、古新统、始新统珲春组碎屑岩孔隙裂隙中，多以井，少部分以泉的形式产出，矿泉水类型以偏硅酸锶复合型和锶型为主。长春-四平地区碎屑岩孔隙裂隙型矿泉水主要分布在四平市、长春双阳区等地，矿泉水赋存于下白垩统登楼库组和泉头组，古近系吉舒组等碎屑岩孔隙裂隙中，多以井的形式产生，矿泉水类型主要为偏硅酸锶复合型。

成矿带内的火山、断裂和断陷盆地的分布从根本上决定了成矿带内的矿泉水的形成和分布，因此成矿带内的矿泉水可划分为火山活动型矿泉水带、断裂裂隙型矿泉水带以及山间断陷盆地型矿泉水带。其中安图、敦化等地的矿泉水均位于火山活动型矿泉水带，以偏硅酸、矿化度、水温、游离二氧化碳等特征元素较高为特征。断裂裂隙型矿泉水带受敦密断裂和伊舒断裂控制，矿泉水水源地主要分布在两大断裂带上，或沿两侧分布，具有低矿化、弱碱性、偏硅酸、锶含量较高的特征。山间断陷盆地型矿泉水带主要指的是成矿带东部的延吉、和龙、珲春、汪清等地的矿泉水，多以低水温、低矿化及偏硅酸、锶含量较高为特征（吉林省地质调查院，2023）。

二、矿床类型结构及分布规律

吉中-延边成矿带矿床类型丰富，内生矿床类型主要包括：岩浆型、斑岩型、接触交代型、岩浆热液型、海相火山岩型、陆相火山岩型、受变质型、变成型、伟晶岩型矿床共9类。按产出的重要矿床数量（大多小型及以上，重要矿点亦在统计范围内）统计，内生矿床类型以为接触交代型、岩浆热液型为主，变成型、岩浆型、海相火山岩型、陆相火山岩型和斑岩型次之，受变质型和伟晶岩型最少。而外生矿床类型以化学沉积型和砂矿型为主，此外还有少量的风化壳型（图5-11）。

1. 岩浆热液型

岩浆热液型矿化作用在吉中-延边成矿带分布最为广泛，产出的矿产也较为丰富，主要涉及金、银、铜、钼、铅锌、铁、锰、锑及汞等金属以及方解石、萤石等工业矿物的矿化（图5-12）。成矿时代上，岩浆热液型矿化自晚三叠世至早白垩世均有所发育，以早、中侏罗世及早白垩世最为强烈，分别与不同时期的侵入岩浆活动密切相关。矿体类型主要为石英脉型。矿体的产状及分布主要受不同方向的断裂构造控制显著。

岩浆热液型金（银）矿：该类型金矿主要分布在北东向敦化-密山断裂两侧的那丹伯-一座营Au-Mo-Ag-Pb-Zn-Cu-Ni成矿亚带（Ⅲ-55-②）、山河-榆木桥子Au-Ag-Mo-Ni-Cu-Fe-Pb-Zn成矿亚带（Ⅲ-55-③）、红旗岭-漂河川Ni-Au-Cu成矿亚带（Ⅲ-55-④）及海沟-红太平Au-Fe-Cu-Pb-Zn-Ag-Mo-Ni成矿亚带（Ⅲ-55-⑤）4个成矿亚带内，形成于燕山期。这些金矿床可产出在太古宙花岗绿岩地体与变质岩的接触构造带（松江河金矿，中侏罗世），早古生代变质岩系（二道甸子金矿，早白垩世），晚古生代—中生代末或弱变质的地层（盈隆金矿床，早白垩世），或侏罗纪、白垩纪的花岗质侵入体内（海沟金矿，早白垩世）。它们的金矿体类型主要为含金石英脉，其空间产出及分布主要受不同方向的断裂构造、褶皱构造或韧性剪切带控制。

岩浆热液型钼矿：该类型钼矿规模普遍比斑岩型钼矿小，但成矿时代上与区内斑岩型钼矿相当，

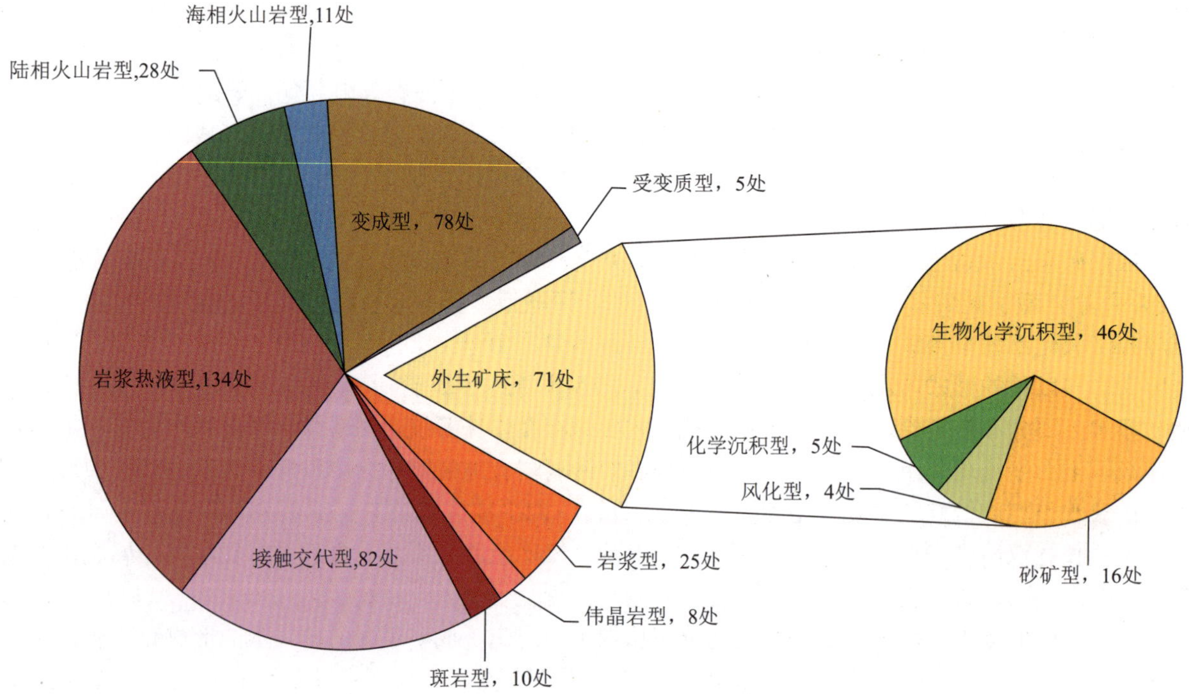

图 5-11　吉中-延边成矿带主要矿床类型数量占比图

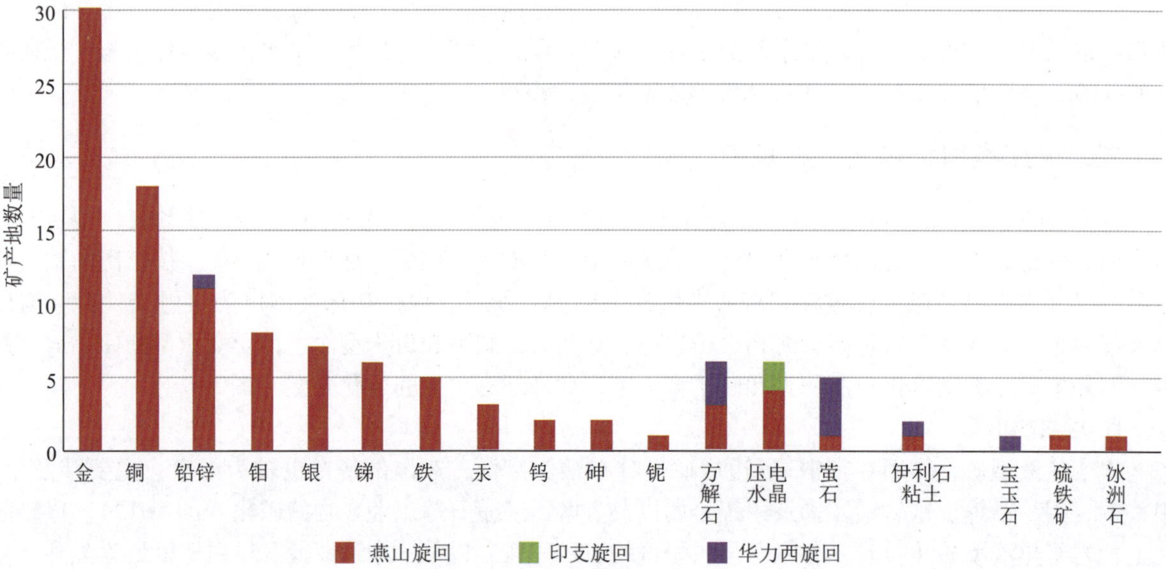

图 5-12　岩浆热液型矿产资源种类、数量及成矿时代分布

集中在燕山早期。空间上，这类矿床主要分布在那丹伯-一座营 Au-Mo-Ag-Pb-Zn-Cu-Ni 成矿亚带（Ⅲ-55-②）和山河-榆木桥子 Au-Ag-Mo-Ni-Cu-Fe-Pb-Zn 成矿亚带（Ⅲ-55-③）内。典型的矿床有小型的桦甸市四方甸子钼矿、中型的永吉县芹菜沟钼矿床等。矿体往往赋存在钙碱性花岗质侵入岩体中，矿体类型主要为石英脉型，受断裂构造控制显著。

2. 接触交代型（矽卡岩型）

接触交代型矿化作用在该带主要表现为铁、铜、钼、铅锌、锰、硫铁矿等的矿化，以铁矿、铅锌矿和铜矿为主。这些矿床主要产出于碳酸盐岩地层与不同时期中酸性侵入体的接触带附近。成矿时代上，以华力西晚期、燕山早期和燕山晚期均有所发育，以燕山期成矿最为强烈（图 5-13）。

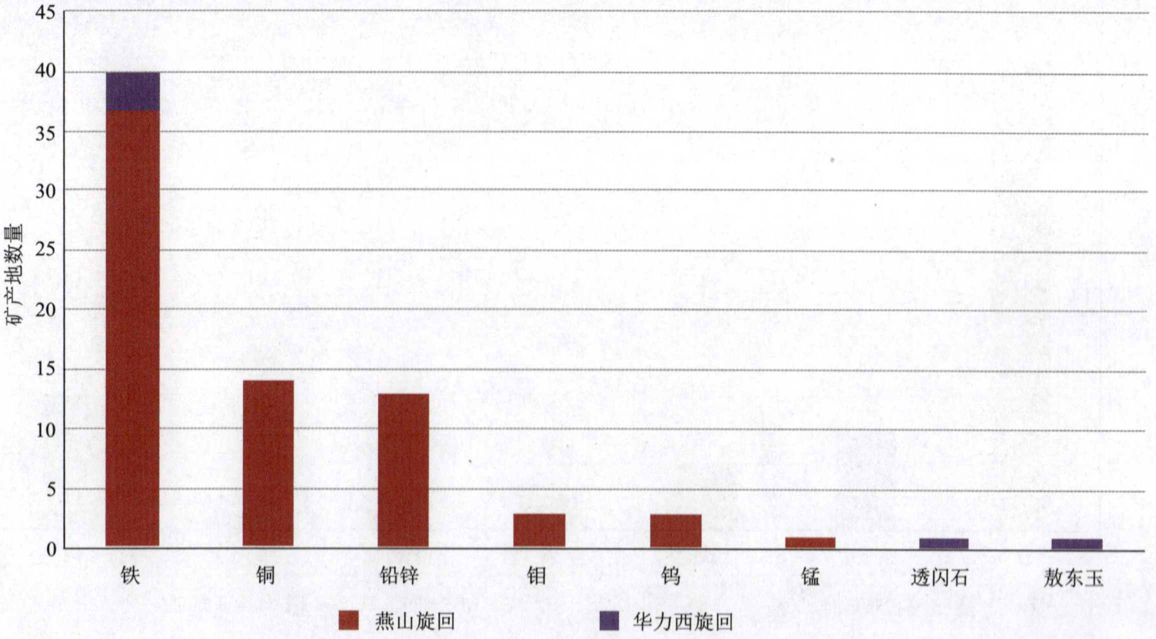

图 5-13　接触交代型矿产资源种类、数量及成矿时代分布图

接触交代型铅锌矿以天宝山矿集区内立山铅锌矿为代表，处在古洞河与鸭绿江两深大断裂的交汇部位，铅锌矿体赋存于头道沟花岗闪长岩、英安斑岩与二叠纪碳酸盐岩的接触带中，成矿时代为中二叠世。

接触交代型铁矿以吉昌铁矿为代表，处于中侏罗世花岗岩与石炭系—二叠系磨盘山组大理岩的接触带附近，集中形成于燕山期。

3. 变成型

吉中-延边成矿带内变成型矿化作用主要体现为硅灰石、红柱石、蓝晶石、石墨等非金属矿物的矿化。其中，变成型硅灰石矿以超大型的梨树县铁汞山硅灰石矿床和龙井市细鳞河硅灰石矿床为代表，主要赋存于石炭纪浅变质海相火山-陆源碎屑-碳酸盐建造内，其形成时代对应于燕山期；变成型红柱石矿以桦甸市二道甸子红柱石矿床为代表，形成于燕山期；变成型蓝晶石矿以磐石市乱泥屯蓝晶石矿为代表，形成于燕山期；变成型石墨矿主要分布在磐石市烟筒山镇，以磐石市烟筒山仙人洞石墨矿为代表，上三叠统大酱缸组是石墨矿的主要赋存层位，石墨矿为含煤碎屑岩变质而成，属隐晶质石墨，其形成时代为燕山期。

4. 岩浆型

吉中-延边成矿带内岩浆型矿化作用以岩浆熔离型的镍矿为主，还有小规模的钒钛磁铁矿矿床（点）和铬铁矿矿床（点）（图 5-14）。

与镁铁质-超镁铁质岩有关的岩浆熔离铜镍硫化物矿床集中分布在红旗岭-漂河川 Ni-Au-Cu 成矿亚带（Ⅲ-55-④）内，代表性矿床为红旗岭、漂河川和茶尖岭镍矿床。此外，山门-乐山 Ag-Au-Cu-Fe-Pb-Zn-Ni 成矿亚带（Ⅲ-55-①）、山河-榆木桥子 Au-Ag-Mo-Ni-Cu-Fe-Pb-Zn 成矿亚带（Ⅲ-55-③）和天宝山-开山屯 Pb-Zn-Au-Ag-Ni-Mo-Cu-Fe 成矿亚带（Ⅲ-55-⑦）3 个成矿亚带内产出有多个小型矿床，比如山门镍矿、三道岗镍矿和柳水坪镍矿等。这些岩浆熔离型铜镍硫化物矿床主要与晚三叠世幔源的基性-超基性侵入岩密切相关，形成时代集中于印支期，对应于古亚洲洋最终闭合后的岩石圈伸展背景。在空间上，主要位于辉发河-古洞河超岩石圈断裂带一侧。

岩浆型的钒钛磁铁矿矿床主要分布在安图县境内，以安图县宣羊砬子和青林子钒钛磁铁矿矿点为代表，属于岩浆晚期分异型矿床，形成于晚三叠世。岩浆型的铬铁矿矿床主要分布在山河-榆木桥子

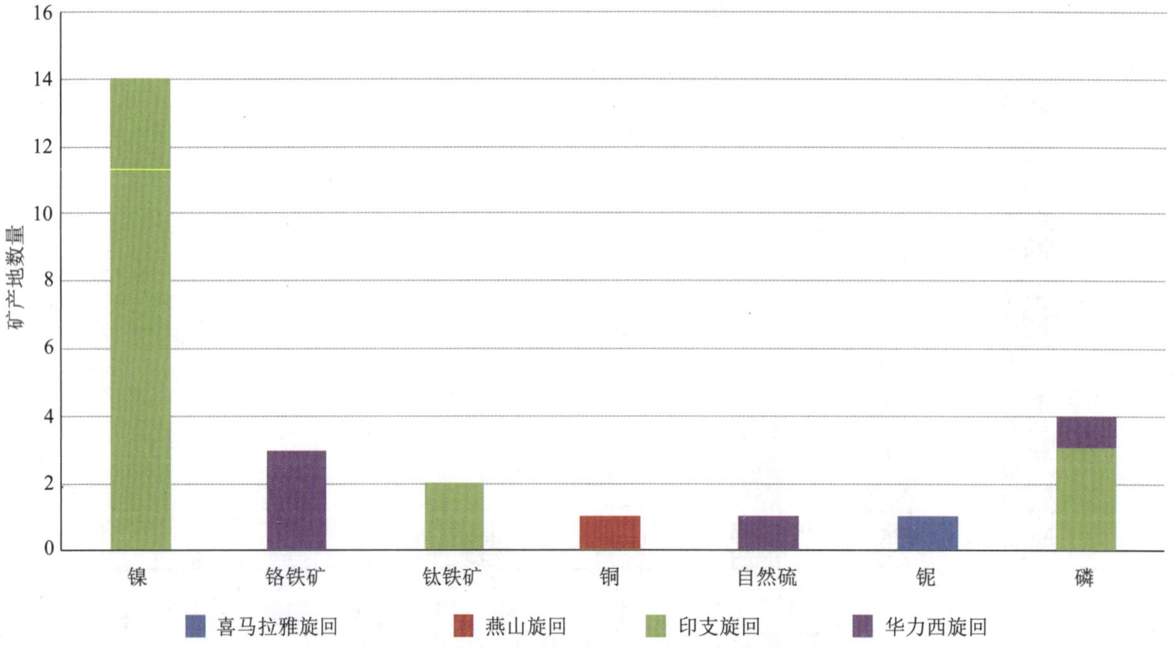

图 5-14　岩浆型矿产资源种类、数量及成矿时代分布

Au-Ag-Mo-Ni-Cu-Fe-Pb-Zn 成矿亚带（Ⅲ-55-③）和天宝山-开山屯 Pb-Zn-Au-Ag-Ni-Mo-Cu-Fe 成矿亚带（Ⅲ-55-⑦）内，以小型的开山屯铬铁矿为代表，形成时代为华力西晚期，与华力西期超基性侵入岩具有密切的成因联系。

5. 陆相火山岩型

吉中-延边成矿带陆相火山岩型矿化作用主要体现为金、银等贵金属和铌等稀土金属，以及沸石、高岭土及大理岩（水泥用）等非金属矿产的矿化，以金矿化为主（图 5-15）。陆相火山岩型金矿在空间上主要分布在延边地区的中生代陆相火山盆地内，产出的主要矿床包括五凤-五星山金矿、闹枝金矿、刺猬沟金矿、石井金银矿等，与白垩系金沟岭组、屯田营组火山岩密切相关；开山屯地区也产出有陆相火山岩型金矿，以开山屯金谷山-后底洞金矿和寺洞沟金矿为代表，形成于华力西晚期—印支初期；磐石和桦甸地区还产出官马金矿和横道河子金砷矿，与早中侏罗的火山岩有关。陆相火山岩型铌矿主要产出在蛟河地区，以胜利铌矿点为代表，形成于渐新世。矿物类非金属矿产以沸石的矿化为主，代表性矿床为汪清县闹枝沸石矿床，形成于燕山期。此外，还有不同规模的大理岩矿和高岭土矿。

6. 斑岩型

吉中-延边成矿带产出的斑岩型矿床以钼矿为主，集中在吉林中部永吉、桦甸、梅河口地区以及延边的安图县、汪清县等地，主要包括以超大型的大黑山钼矿和大型的双杨树钼矿为代表的共 8 处矿床和 1 处矿点。此外，还产出有 1 处小型的斑岩型铜矿-永吉县向阳铜矿。这些斑岩型钼和铜矿床集中于燕山期，多产在中侏罗世花岗杂岩体内以及与少数古生代浅变质岩系的接触带内（张勇等，2011），对应于古太平洋板块斜向俯冲于欧亚大陆的构造背景。

7. 海相火山岩型

吉中-延边成矿带内海相火山岩型矿床以金矿和铅锌矿为主，代表性矿床为头道川金矿、小梨河金矿以及放牛沟铅锌硫铁矿床、小红石砬子铅锌多金属（玉石）矿、天宝山东风南山铅锌矿及石嘴子铜矿等。这些海相火山岩型矿床主要形成于加里东—华力西旋回（图 5-16），尤其是与晚古生代海相火山岩建造密切相关。其中，石炭系余富屯组火山岩为较为典型的细碧角斑岩系，是一套酸性-基性火山岩，普遍含有铜、金、铁等成矿元素，为海相火山型矿床的重要控矿层或矿源层。另外，小红石砬子铅锌多金属（玉石）矿床发育两种类型矿体，分别为层状铅锌矿体和脉状铅锌矿体，前者成

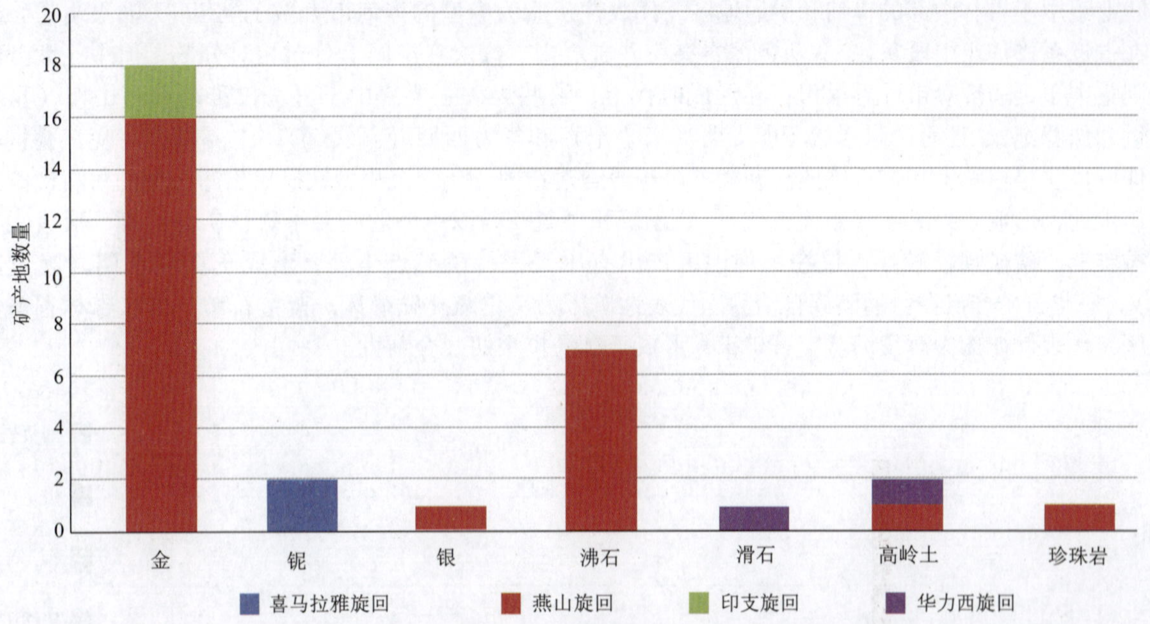

图 5-15　陆相火山岩型矿产资源种类、数量及成矿时代分布

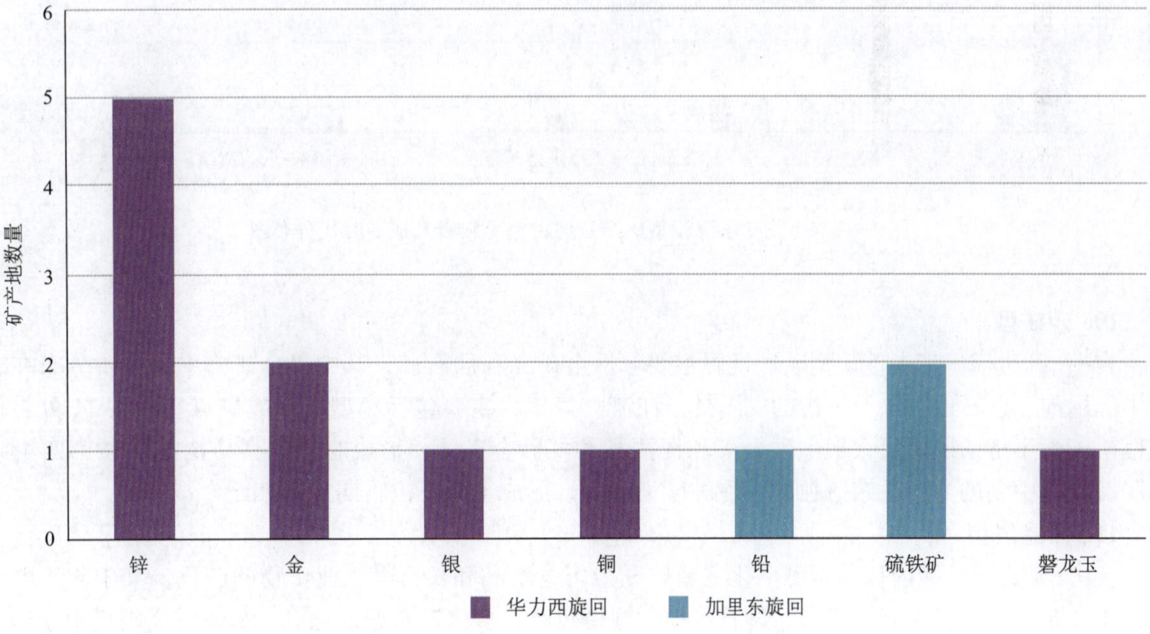

图 5-16　海相火山岩型矿产资源种类、数量及成矿时代分布图

因对应于海相火山岩型，后者为燕山早期岩浆热液活动的产物。

8. 受变质型

吉中-延边成矿带内产出的受变质型矿床以铁矿床为主，主要分布在磐石、安图、龙井及东丰地区，代表性矿床为中性的安图县四岔子铁矿、磐石的西半截河铁矿和东丰县西保安铁矿。这些铁矿床主要形成于兴凯期，赋存于太古宇老牛沟岩组、新元古界西保安岩组等层位内，含矿岩系原岩建造为海底火山建造，受早前寒武纪大陆边缘裂谷或裂陷控制（杨复顶等，2009）。

9. 生物化学沉积型

吉中-延边成矿带内产出的化学沉积型矿产主要体现为油页岩和煤矿，还有少量的铁矿、硫铁矿、磷矿、松花石和蓝宝石（图 5-17）。其中，油页岩主要形成于喜马拉雅期（始新世—渐新世），空间上集中于吉林中部的桦甸和伊通地区，代表性矿床为中型的桦甸市大城子-公郎头油页岩矿，产出在古近系桦甸组中段灰色-深灰色泥岩夹粉砂岩层内。煤炭在空间上分布相对分散，但中、大型煤矿则集中于延边珲春市珲春煤田；在形成时代上，这些煤矿主要集中于喜马拉雅期和燕山期（早白垩世和侏罗纪），还有少量形成于印支期（三叠纪）和华力西期（石炭纪），主要赋存在晚三叠世—早侏罗世、早白垩世和古近纪的河湖相含煤碎屑岩建造内。化学沉积型铁矿仅出露小型的磐石市茶条铁矿 1 处，形成于兴凯期（新元古代）。化学沉积型硫铁矿以中型的西台子硫铁矿为代表，形成于喜马拉雅期。磷矿规模较小，仅在桦甸地区产出有小天平岭磷矿点 1 处，形成于加里东期（晚奥陶纪）。松花石矿产出在伊通满族自治县，代表性矿床为莫里氧化铁矿床。蓝宝石矿产出在吉林省桦甸地区，代表性矿床为辉发河蓝宝石矿床，形成于喜马拉雅期（全新世）。

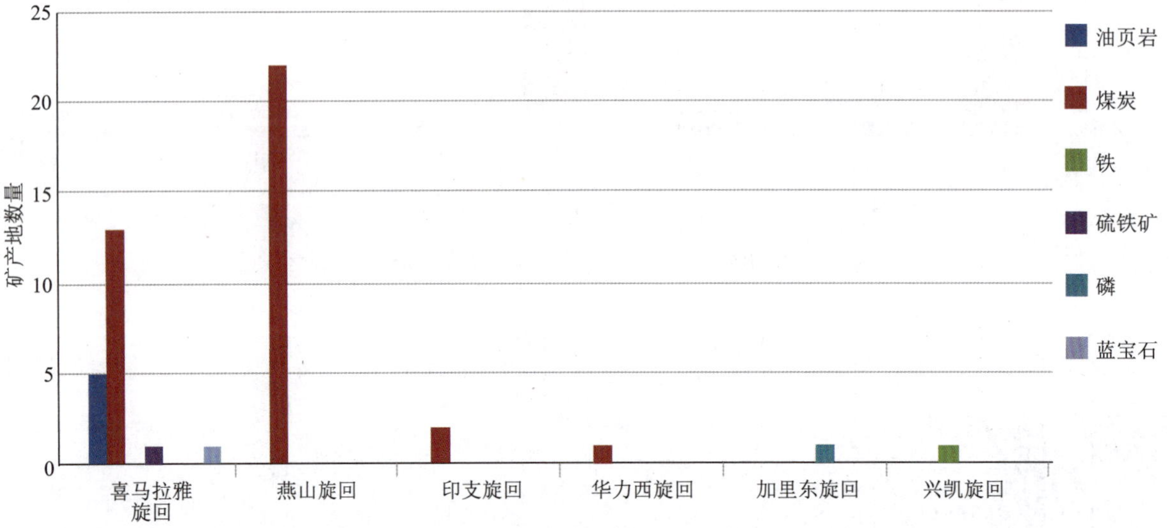

图 5-17　生物化学沉积型矿产资源种类、数量及成矿时代分布图

10. 砂矿型

吉中-延边成矿带内砂矿型矿产资源主要包括金矿和独居石矿，其中以金矿为主，主要分布在吉林中部桦甸、磐石地区以及延边的安图县、汪清县等地，主要包括小型矿床或矿点在内共 11 处，代表性矿床为小型的柳树河太平屯砂金矿和汪清县春坪砂金矿床，形成时代为喜马拉雅期（第四纪）；独居石矿以中型的安图县东清独居石砂矿床为代表，形成于喜马拉雅期（第四纪）。

11. 伟晶岩型

吉中-延边成矿带内伟晶岩型矿化主要体现为压电水晶和长石等工业矿物的矿化，其中，压电水晶主要分布在吉林省汪清、安图、磐石等地，规模较小，多为矿点或矿化点，形成时代则集中于燕山期；钾长石则仅发育 1 处矿点，为梅河口市朝阳堡钾长石矿点，形成于华力西期。

12. 风化型

吉中-延边成矿带内风化型矿床数量少，主要为几处高岭土矿点，产出在吉林省安图、伊通、珲春等地。风化型的伊利石粘土矿床的形成主要受母岩性质、构造环境、地形地貌等因素控制，通常以在酸性岩体为母岩，发育于破碎带或断裂带内，经风化作用而成。

第三节　矿床成矿系列特征

成矿系列是矿床地质学科中研究矿床及区域成矿规律的一种学术思想，最初由程裕淇等（1979，1983）提出，经过 40 余年的研究与应用，目前成矿系列概念和学术思想已经得到了完善与提升，可以更好地为发展地质科学、促进有效找矿和矿业开发服务（陈毓川等，2020）。目前，已经建立了成矿系列 5 个序次，划分了 5 大类成矿作用，提出了矿床自然分类，以及矿床成矿系列“全位成矿、缺位找矿”的预测思维等。其中，矿床成矿系列是在地球存在的历史中，特定时空域内形成的有成因联系的矿床组合自然体（陈毓川等，2006）。

矿床成矿系列由 4 个要素组成：特定的时间段、特定的地质构造环境、特定的成矿作用和由此形成的矿床组合自然体（陈毓川等，2016），具体涵盖有矿床的成矿时代、构造环境、地质成矿作用和元素及矿种等方面（王登红等，2020）。矿床成矿系列形成的时间段应是成矿地质环境形成、演化过程中出现与成矿作用有关的地质作用活动时段；矿床成矿系列所在成矿地质环境通常是大地构造旋回活动过程中所形成相对独立的Ⅲ级成矿地质构造单元，矿床成矿系列的空间范围及其边界是相对的，与成矿作用涉及的范围一致。矿床成矿系列因成矿作用的不同亦可分为五类，即岩浆成矿作用、沉积成矿作用、变质成矿作用、表生成矿作用以及与岩浆、变质作用无关的流体成矿作用，并相应组成 5 类矿床成矿系列组合（陈毓川等，2016）。

一、成矿带内矿床成矿系列的厘定

随着成矿系列理论的发展与完善，学者对吉中–延边成矿带及邻近地区进行了不同角度的（矿床）成矿系列的划分。吉林省地质矿产局第二地质调查所（1988）进行了吉林中部中生代有色金属的成矿系列的划分，共划分出与印支期同构造中酸性侵入岩有关的成矿系列以及与燕山期陆相火山–浅成中、酸性侵入岩有关的成矿系列，并讨论了成矿系列的结构特征。张文博（1998）对大黑山条垒北东段金、银矿床进行了成矿系列的划分，并建立了与变质热液有关的、与火山岛弧岩系有关的以及与岩浆热液有关的 3 个成矿系列。邢树文等（2014）根据矿床的形成环境、成矿作用类型、成矿时代与成矿期，建立了中国东北部陆缘金、有色金属的成矿系列，涉及吉中–延边成矿带的包括元古宙沉积变质与叠加热液成矿系列、印支期（叠加）热液成矿系列、中侏罗世岩浆热液成矿系列、早白垩世热液成矿系列以及中新生代深断裂幔源岩浆成矿系列。沙德铭等（2019）对吉中–延边成矿带进行了成矿系列划分，共划分出 7 个成矿系列，11 个成矿亚系列和 26 个矿床式。赵华伟等（2020）建立了吉中–延边地区与燕山期岩浆作用有关的 Au、Ag、Cu、Pb、Zn、Mo、Fe、Ni、硅灰石、石墨、膨润土、粘土、高岭土、磷等矿床成矿系列，并进一步划分为 6 个矿床成矿亚系列。

本志书在深入理解陈毓川等（2006，2015a，2016，2020）对矿床成矿系列的定义、要素、分类及命名等原则的基础上，综合考虑吉中–延边成矿带内矿床形成的构造背景、控矿地质条件以及矿床地质特征等方面，重新厘定了吉中–延边成矿带新元古代—新生代的矿床成矿系列，共厘定出 8 个矿床成矿系列、13 个矿床成矿亚系列以及 23 个矿床式（表 5–5）。

表 5–5　吉中–延边（活动陆缘）Mo–Au–As–Cu–Zn–Fe–Ni 成矿带（Ⅲ–55）矿床成矿系列厘定表

<table>
<tr><th>编号</th><th>矿床成矿系列</th><th>矿床成矿亚系列</th><th>矿床式</th><th>典型矿床（点）</th><th>构造旋回</th></tr>
<tr><td>Q–1F</td><td colspan="2">安图地区与第四纪表生作用有关的伊利石、高岭土矿床成矿系列</td><td>双桥沟式</td><td>吉林省安图县双桥沟伊利石粘土矿床</td><td rowspan="5">喜马拉雅旋回</td></tr>
<tr><td rowspan="4">Cz–1S</td><td rowspan="4">吉中–延边地区与新生代沉积作用有关的煤、油页岩、独居石、金、硫铁矿、硅藻土、泥炭、蓝宝石矿床成矿系列</td><td>Cz–1–1S 桦甸–延边地区与第四纪机械沉积作用有关的金、独居石、蓝宝石矿床成矿亚系列</td><td>东清式</td><td>吉林省汪清县东清独居石矿床</td></tr>
<tr><td rowspan="3">Cz–1–2S 桦甸–延边地区与新生代生物化学沉积作用有关的煤、硫铁矿、油页岩、硅藻土、泥炭矿床成矿亚系列</td><td>西台子式</td><td>吉林省桦甸市西台子硫铁矿床</td></tr>
<tr><td>公郎头式</td><td>吉林省桦甸市公郎头油页岩矿床</td></tr>
<tr><td>八连城式</td><td>吉林省珲春市八连城煤矿床</td></tr>
</table>

续表

<table>
<tr><th>编号</th><th>矿床成矿系列</th><th>矿床成矿亚系列</th><th>矿床式</th><th>典型矿床（点）</th><th>构造旋回</th></tr>
<tr><td>Mz-1S</td><td colspan="2">吉中-延边地区与中生代生物化学沉积作用有关的煤矿床成矿系列</td><td>烟筒山式</td><td>吉林省磐石市烟筒山煤矿床</td><td>印支-燕山旋回</td></tr>
<tr><td rowspan="7">Mz-1I</td><td rowspan="7">吉中-延边地区与燕山期岩浆作用有关的金、银、钼、铁、铜、铅锌、锑、钨、锰、硅灰石、石墨、硫铁矿、萤石、沸石、高岭土、珍珠岩、冰洲石、方解石、红柱石、大理岩矿床成矿系列</td><td rowspan="3">Mz-1-1I 吉中-延边地区与燕山期中酸性侵入岩浆作用有关的金、银、钼、铁、铜、铅锌、锑、钨、锰、硫铁矿、萤石、冰洲石、方解石矿床成矿亚系列</td><td>大黑山式</td><td>吉林省永吉县大黑山钼矿床</td><td rowspan="7">燕山旋回</td></tr>
<tr><td>海沟式</td><td>吉林省安图县海沟金矿床</td></tr>
<tr><td>吉昌式</td><td>吉林省磐石市吉昌铁矿床</td></tr>
<tr><td>Mz-1-2I 吉中-延边地区与燕山期陆相火山作用有关的金、银、沸石、高岭土、珍珠岩矿床成矿亚系列</td><td>刺猬沟式</td><td>吉林省汪清县刺猬沟金矿床</td></tr>
<tr><td rowspan="2">Mz-1-3I 吉中-延边地区与燕山期侵入岩浆接触热变质作用有关的石墨、硅灰石、方解石、红柱石、大理岩矿床成矿亚系列</td><td>仙人洞式</td><td>吉林省磐石市仙人洞石墨矿床</td></tr>
<tr><td>铁汞山式</td><td>吉林省梨树县铁汞山硅灰石矿床</td></tr>
<tr style="display:none"></tr>
<tr><td rowspan="3">Mz-2I</td><td rowspan="3">吉中-延边地区与印支期岩浆作用有关的镍、铜、金矿床成矿系列</td><td>Mz-2-1I 磐石-延边地区与印支早期基性-超基性岩有关的镍矿床成矿亚系列</td><td>红旗岭式</td><td>吉林省磐石市红旗岭镍矿床</td><td rowspan="3">印支旋回</td></tr>
<tr><td>Mz-2-2I 吉中-延边地区与印支期中酸性浅成侵入岩有关的铜矿床成矿亚系列</td><td>向阳式</td><td>吉林省永吉县向阳铜矿床</td></tr>
<tr><td>Mz-2-3I 开山屯地区与印支期陆相火山作用有关的金矿床成矿亚系列</td><td>开山屯寺洞式</td><td>吉林省龙井市开山屯寺洞金矿床</td></tr>
<tr><td rowspan="6">Pz-1I</td><td rowspan="6">吉中-延边地区与华力西期岩浆作用有关的铅锌、金、银、铜、铬铁矿、方解石、高岭土、蓝晶石矿床成矿系列</td><td>Pz-1-1I 永吉-开山屯地区与华力西期基性-超基性岩有关的铬铁矿床成矿亚系列</td><td>开山屯式</td><td>吉林省龙井市开山屯铬铁矿床</td><td rowspan="6">华力西旋回</td></tr>
<tr><td>Pz-1-2I 磐石和天宝山地区与华力西期侵入岩浆作用有关的铅锌矿床成矿亚系列</td><td>天宝山式</td><td>吉林省龙井市天宝山立山和新兴铅锌矿床</td></tr>
<tr><td>Pz-1-3I 磐石-开山屯地区与华力西期陆相火山作用有关的高岭土矿床成矿亚系列</td><td>富太式</td><td>吉林省磐石市富太高岭土矿床</td></tr>
<tr><td rowspan="2">Pz-1-4I 吉中-延边地区与华力西期海相火山作用有关的铅锌、金、银矿床成矿亚系列</td><td>小红石砬子式</td><td>吉林省磐石市小红石砬子铅锌矿床</td></tr>
<tr><td>头道川式</td><td>吉林省永吉县头道川金矿床</td></tr>
<tr><td>Pz-1-5I 磐石地区与华力西期侵入岩浆接触热变质作用有关的蓝晶石、方解石、大理岩矿床成矿亚系列</td><td>乱泥屯式</td><td>吉林省磐石市乱泥屯蓝晶石矿床</td></tr>
<tr><td>Pz-2I</td><td colspan="2">吉中地区与加里东期海相火山作用有关的铅锌、硫铁矿、金、大理岩矿床成矿系列</td><td>放牛沟式</td><td>吉林省伊通县放牛沟硫铁矿多金属矿床</td><td>加里东旋回</td></tr>
<tr><td>Pt-1M</td><td colspan="2">东辽-安图地区与兴凯期变质作用有关的铁矿床成矿系列</td><td>西保安式</td><td>吉林省东丰县西保安铁矿床</td><td>兴凯旋回</td></tr>
</table>

二、矿床成矿系列的基本特征

（一）与表生作用有关的矿床成矿系列组合

吉中-延边成矿带共厘定出1个与表生作用有关的矿床成矿系列，即安图地区与第四纪表生作用有关的伊利石、高岭土矿床成矿系列。该矿床成矿系列主要分布在吉林省安图地区，主要表现为形成了2处伊利石粘土矿床，分别为安图县万宝镇伊利石粘土矿和双桥沟伊利石粘土矿床，成矿时代为第四纪，还有一些规模较小的高岭土矿床（点）。

（二）与沉积作用有关的矿床成矿系列组合

吉中-延边成矿带共厘定出2个与沉积作用有关的矿床成矿系列，分别为吉中-延边地区与新生代沉积作用有关的煤、油页岩、独居石、金、硫铁矿、硅藻土、泥炭、蓝宝石矿床成矿系列（Cz-1S）和吉中-延边地区与中生代生物化学沉积作用有关的煤矿床成矿系列（Mz-1S）。它们分别形成于新生代和中生代，所对应的构造环境分别为大陆地壳伸展环境和活动陆缘挤压造山环境，形成的矿种和矿床数量逐渐增多，矿种由单一的煤向金、独居石、煤、油页岩、硫铁矿等多矿种演化。

1. 吉中-延边地区与新生代沉积作用有关的煤、油页岩、独居石、金、硫铁矿、硅藻土、泥炭、蓝宝石矿床成矿系列（Cz-1S）

该矿床成矿系列进一步划分为桦甸-延边地区与第四纪机械沉积作用有关的金、独居石、蓝宝石矿床成矿亚系列（Cz-1-1S）和桦甸-延边地区与新生代生物化学沉积作用有关的煤、硫铁矿、油页岩、硅藻土、泥炭矿床成矿亚系列（Cz-1-2S）。该矿床成矿系列主要分布在那丹伯—座营Au-Mo-Ag-Pb-Zn-Cu-Ni成矿亚带（Ⅲ-55-②）、红旗岭-漂河川Ni-Au-Cu成矿亚带（Ⅲ-55-④）、海沟-红太平Au-Fe-Cu-Pb-Zn-Ag-Mo-Ni成矿亚带（Ⅲ-55-⑤）、五凤-百草沟Au-Cu-Ag-Pb-Zn-Fe成矿亚带（Ⅲ-55-⑥）和天宝山-开山屯Pb-Zn-Au-Ag-Ni-Mo-Cu-Fe成矿亚带（Ⅲ-55-⑦）。

（1）桦甸-延边地区与第四纪机械沉积作用有关的金、独居石、蓝宝石矿床成矿亚系列（Cz-1-1S）

该矿床成矿亚系列主要表现为在第四纪大陆地壳伸展环境下形成了一系列与机械沉积作用有关的砂岩型金矿、独居石和蓝宝石矿床，矿床规模一般较小，数量不多，空间上主要分布在吉林省磐石、桦甸、汪清和安图地区。其中砂岩型金矿主要受第四纪时期成矿带的气候、构造等因素控制，第四纪时延边地区气候冷暖交替频繁，寒冷期以物理风化为主，因此岩金矿的机械破碎起着积极作用。气候转暖期，气温升高，雨量充足，有利于含金地质体的分解和金粒的解离，在雨水的冲刷下进入河流，沉积富集成矿。延边地区成型的砂金矿体均分布在隆起带之间的凹陷带或相对隆起部位，凹陷带中相对凹陷部分。延边地区新构造运动的强度和相对稳定的强度因地而异，但总的趋势是不均衡上升和相对稳定相互交替，有利于砂金的富集（柴雨等，2016）。砂矿型独居石矿以延边地区的东清独居石砂矿床最为典型。华力西晚期黑云母花岗岩、黑云母斜长花岗岩呈岩基产出，面积最大者为东清花岗岩体，其次见有真石人沟、石人沟岩体。华力西晚期侵入岩浆活动形成了东清富含稀土元素的东清黑云母斜长花岗岩体，构成了区域稀土矿床的成矿母岩。在表生条件作用下逐步风化，富含稀土元素的重矿物独居石、磷钇矿等被剥蚀带入河流富集形成沉积砂矿，部分原地形成残坡积砂矿。

（2）桦甸-延边地区与新生代生物化学沉积作用有关的煤、硫铁矿、油页岩、硅藻土、泥炭矿床成矿亚系列（Cz-1-2S）

该矿床成矿亚系列主要表现为在新生代断陷盆地内形成了一系列生物化学沉积作用有关的煤、硫铁矿、油页岩、硅藻土、泥炭矿床，主要分布在红旗岭-漂河川Ni-Au-Cu成矿亚带（Ⅲ-55-④）、海沟-红太平Au-Fe-Cu-Pb-Zn-Ag-Mo-Ni成矿亚带（Ⅲ-55-⑤）、五凤-百草沟Au-Cu-Ag-Pb-Zn-Fe成矿亚带（Ⅲ-55-⑥）和天宝山-开山屯Pb-Zn-Au-Ag-Ni-Mo-Cu-Fe成矿亚带（Ⅲ-55-⑦）。在古近纪断陷盆地内的三角洲、河湖相碎屑岩建造为成矿带重要的成煤层位，其中吉舒组和桦甸组内发育一些小规模的煤矿，煤层较稳定，代表性矿床为桦甸市富源煤矿，目前正在开采中。中型的珲春煤田赋存在湖沼相含煤碎屑岩建造珲春组，煤类以长焰煤为主，还有少量褐煤，煤层大多较为稳定。盆地煤层内含有很多有机质，易促成硫酸盐的还原作用，是形成化学沉积型硫铁矿的有利部位，代表性矿床为桦甸市西台子硫铁矿床。由于动植物腐败聚积了大量的硫化铁凝胶，然后逐渐堆积成结核状的黄铁矿与白铁矿，它们往往在原生成岩作用的同时阶段中生成，所见到结核在构造上特点不切穿层理，层理在近结核处随结核的形状而成弯曲。矿石的组成成分、结构构造、围岩特征以及围岩内化石种类，表明矿床是在沉积分异作用变化较大，而且是强烈还原环境下封闭或半封闭的水盆地内堆积形成的，为产于煤系页岩或粘土中的沉积硫铁矿床（张朋，2014）。矿体赋存在古近系桦甸组下部含硫铁矿岩段，矿体连续分布，严格受地层层位控制，反映其成矿与成岩是在一个沉积环境中形成的，在时间上一致。除煤外，桦甸组还是成矿带油页岩矿产的产出层位，如中型大城子-公郎头油页岩矿床和小型的北台子油页岩矿床床。

此外，叠覆在基性玄武岩上的湖泊相碎屑岩建造（土门子组）内还产出有生物化学沉积型的硅藻土矿，代表性矿床为敦化市高松树硅藻土矿。

2. 吉中-延边地区与中生代生物化学沉积作用有关的煤矿床成矿系列（Mz-1S）

该矿床成矿系列主要体现为在中生代火山断陷盆地内形成众多生物化学沉积型的煤矿，成煤时代包括晚三叠世—早侏罗世、中侏罗世—白垩纪，其中以早白垩世煤矿数量最多。在空间上，这些煤矿整体分布较为分散，在7个成矿亚带内均有所出露，产出的煤矿规模以小型为主，其中晚三叠世—早侏罗世的煤矿分布相对集中，主要分布在山河-榆木桥子 Au-Ag-Mo-Ni-Cu-Fe-Pb-Zn 成矿亚带（Ⅲ-55-③）和红旗岭-漂河川 Ni-Au-Cu 成矿亚带（Ⅲ-55-④），代表性矿床为长春市双阳区姜家沟煤矿区。而主要成煤期白垩纪形成的煤矿主要与白垩纪的河湖相含煤碎屑岩建造（长财组、石人组、沙河子组、长安组等）有关，如龙井市勇新煤矿产出在白垩系大砬子组。这些煤矿种类以长焰煤为主，少量为褐煤。矿体多呈层状、似层状，延伸较为稳定。

（三）与变质作用有关的矿床成矿系列组合

吉中-延边成矿带仅厘定出1个与变质作用有关的矿床成矿系列，即东辽-安图地区与兴凯期变质作用有关的铁矿床成矿系列（Pt-1M），主要表现为于新元古代形成一些沉积变质型（受变质型）铁矿。该矿床成矿系列主要分布在那丹伯-一座营 Au-Mo-Ag-Pb-Zn-Cu-Ni 成矿亚带（Ⅲ-55-②）、红旗岭-漂河川 Ni-Au-Cu 成矿亚带（Ⅲ-55-④）和海沟-红太平 Au-Fe-Cu-Pb-Zn-Ag-Mo-Ni 成矿亚带（Ⅲ-55-⑤）。这些受变质型铁矿，常伴生锰、磷矿，如东丰县西保安含锰磷铁矿，主要产于新元古界含锰磷铁的海相火山-沉积变质建造（西保安岩组和青龙村岩群新东村岩组）内，可能形成于中、新元古代雪球事件导致的大气缺氧环境下。

（四）与岩浆作用有关的矿床成矿系列组合

吉中-延边成矿带共厘定出4个与岩浆作用有关的矿床成矿系列，分别为吉中-延边地区与燕山期岩浆作用有关的金、银、钼、铁、铜、铅锌、锑、钨、锰、硅灰石、石墨、硫铁矿、萤石、沸石、高岭土、珍珠岩、冰洲石、方解石、红柱石、大理岩矿床成矿系列（Mz-1I），吉中-延边地区与印支期岩浆作用有关的镍、铜、金矿床成矿系列（Mz-2I），吉中-延边地区与华力西期岩浆作用有关的铅锌、金、银、铜、铬铁矿、方解石、高岭土、蓝晶石矿床成矿系列（Pz-1I）以及吉中地区与加里东期海相火山作用有关的铅锌、硫铁矿、金矿床成矿系列（Pz-2I）。成矿带内的与岩浆作用有关的矿床成矿系列时空分布均较为广泛，在时间上主要存在加里东期、华力西期、印支期和燕山期4个时期，在空间上在全带都有发育，但与燕山期岩浆作用有关的矿床成矿系列区分布范围最为广泛，常常叠加在与加里东期、华力西期和印支期岩浆作用有关的矿床成矿系列之上。在矿种上，加里东期至燕山期表现出逐渐增加的趋势，由铅锌、金、硫铁矿逐渐变化为铅锌、金、银、铜、钼、镍、钨、汞、锑等金属和粘土、沸石、萤石等非金属矿。

1. 吉中-延边地区与燕山期岩浆作用有关的金、银、钼、铁、铜、铅锌、锑、钨、锰、硅灰石、石墨、硫铁矿、萤石、沸石、高岭土、珍珠岩、冰洲石、方解石、红柱石、大理岩矿床成矿系列(Mz-1I)

该矿床成矿系列主要位于那丹伯-—座营 Au-Mo-Ag-Pb-Zn-Cu-Ni 成矿亚带（Ⅲ-55-②）、山河-榆木桥子 Au-Ag-Mo-Ni-Cu-Fe-Pb-Zn 成矿亚带（Ⅲ-55-③）、海沟-红太平 Au-Fe-Cu-Pb-Zn-Ag-Mo-Ni 成矿亚带（Ⅲ-55-⑤）和五凤-百草沟 Au-Cu-Ag-Pb-Zn-Fe 成矿亚带（Ⅲ-55-⑥），小面积分布在山门-乐山 Ag-Au-Cu-Fe-Pb-Zn-Ni 成矿亚带（Ⅲ-55-①）和天宝山-开山屯 Pb-Zn-Au-Ag-Ni-Mo-Cu-Fe 成矿亚带（Ⅲ-55-⑦）。该矿床成矿系列主要体现为形成了数量众多、规模不等的中侏罗世—晚白垩世的接触交代型、岩浆热液型、斑岩型、陆相火山岩型的贵金属（Au、Ag）、黑色金属（Fe、Mn）、有色金属矿产（Pb、Zn、Mo、Cu、W 等）以及萤石和沸石等非金属矿产。由于岩浆作用类型以及成矿作用方式的不同，可进一步划分为 3 个矿床成矿亚系列：吉中-延边地区与燕山期中酸性侵入岩浆作用有关的金、银、钼、铁、铜、铅锌、锑、钨、锰、硫铁矿、萤石、冰洲石、方解石矿床成矿亚系列（Mz-1-1I），吉中-延边地区与燕山期陆相火山作用有关的金、银、沸石、高岭土、珍珠岩矿床成矿亚系列（Mz-1-2I）以及吉中-延边地区与燕山期侵入岩浆接触热变质作用有关的石墨、硅灰石、方解石、红柱石、大理岩矿床成矿亚系列（Mz-1-3I）。

燕山期侵入岩，在区域上呈岩株状或岩基状产出，分布在滨太平洋构造活动带火山活动中心部位及火山构造盆地的周围。按时空特征可划分为早、晚两期大的旋回。每个旋回开始为超基性到中性岩侵入，逐渐过渡到酸性侵入岩，与同期火山喷发相岩石构成一个完整的火山——侵入岩浆系列。每一岩浆旋回的晚期酸性侵入岩对成矿具有重要的意义。诸如本区以大黑山钼矿为代表的斑岩型钼矿与中侏罗世花岗闪长斑岩体有关，且显示出高硅、高铝、富碱、准铝质/弱过铝质的高钾钙碱性系列特征，而以四道甸子钼矿为代表的岩浆热液型钼矿床则与二长花岗岩岩浆活动更为密切（张勇，2013）。此外，还有一些燕山期侵入岩与碳酸盐岩的接触带附近还形成了接触交代型的黑色金属和有色金属矿床。这些与燕山期中酸性侵入岩有关的矿床构成了吉中-延边地区与燕山期中酸性侵入岩浆作用有关的金、银、钼、铁、铜、铅锌、锑、钨、锰、硫铁矿、萤石、冰洲石、方解石矿床成矿亚系列（Mz-1-1I）。

侏罗纪—白垩纪时期，成矿带内发育多个火山断陷盆地，如汪清火山盆地、罗子沟火山盆地等，盆地发育一套与贵金属密切相关的陆相火山岩及火山碎屑岩。刺猬沟金矿床、五凤-五星山金矿床和闹枝金矿床等几处小型的陆相火山岩型金矿床就产出在汪清火山盆地和屯田营火山盆地的屯田营组和金沟岭组火山岩及成群成组的次火山岩内。在燕山期酸性火山岩，如早白垩世营城期、屯田营期中酸性火山、次火山岩内还常常发育沸石和珍珠岩等矿床，为酸性熔岩迅速冷却下形成。其中，珍珠岩产于中生代屯田营期火山岩的上部层位。珍珠岩粒度为 0.5 mm，可用做建筑材料及防寒材料。此外，珍珠岩内常发育沸石化，部分具有工业意义。沸石矿主要分布在九台区三台、上河湾、德惠市杨树等地，沸石化岩石主要有沸石化凝灰质岩石、沸石化流纹岩、沸石化珍珠岩。沸石在各类岩石中的矿化程度，以玻璃质成分多少、孔隙度大小不同而不尽相同，一般以角砾状凝灰岩或凝灰质角砾岩为最好，含砾晶屑岩屑凝灰岩次之，再其次为球粒流纹岩、珍珠岩。此外，在南楼山期中酸性火山岩、火山碎屑岩内产出高岭土矿，代表性矿床为大型的新立屯高岭土矿床，巨厚矿体呈层状赋存在南楼山组中。这些与燕山期陆相火山岩、次火山岩密切相关的矿床共同构成了吉中-延边地区与燕山期陆相火山作用有关的金、银、沸石、高岭土、珍珠岩矿床成矿亚系列（Mz-1-2I）。

此外，吉中-延边成矿带燕山期还发育与侵入岩浆接触热变质作用有关的石墨、硅灰石、方解石、红柱石、大理岩矿床成矿亚系列（Mz-1-3I）。该矿床成矿亚系列主要体现为形成燕山期的变成型石墨、硅灰石等非金属矿产，空间上主要分布在山门-乐山 Ag-Au-Cu-Fe-Pb-Zn-Ni 成矿亚带（Ⅲ-55-①）和山河-榆木桥子 Au-Ag-Mo-Ni-Cu-Fe-Pb-Zn 成矿亚带（Ⅲ-55-③），部分矿床零星分布在那丹伯-—座营 Au-Mo-Ag-Pb-Zn-Cu-Ni 成矿亚带（Ⅲ-55-②）、红旗岭-漂河川 Ni-Au-Cu

成矿亚带（Ⅲ-55-④）和天宝山-开山屯 Pb-Zn-Au-Ag-Ni-Mo-Cu-Fe 成矿亚带（Ⅲ-55-⑦），时间上集中于中侏罗世。该矿床成矿亚系列的空间分布受地层控制明显，如变成型石墨矿床主要产出在上三叠统大酱缸组或大兴沟群马鹿沟组含煤碎屑岩与燕山期中酸性侵入岩的接触部位，接触热变质作用使含煤层系发生石墨矿化，代表性矿床为吉林省磐石市仙人洞石墨矿床；而变成型硅灰石矿受海相碎屑岩-硅质碳酸盐岩建造（石嘴子组、磨盘山组、青龙村岩群长仁大理岩等）控制，矿体主要位于燕山期中酸性侵入岩与硅质碳酸盐岩建造的接触带附近，矿产地规模不均匀，以小型为主，部分矿床可达到大型、超大型，代表性矿床为梨树县铁汞山矿床和龙井市细鳞河矿床。此外，燕山期侵入岩浆接触热变质作用还在区内形成了许多变成型的蓝晶石、红柱石、方解石和大理岩等矿床，其中蓝晶石和红柱石矿产地数量少且规模小，空间分布较为分散；而方解石或大理岩矿床主要分布在梨树、昌图、磐石、图们等地，主要为燕山期中酸性侵入岩侵位到新元古代—古生代碳酸盐岩建造（长仁大理岩、呼兰岩群小三个顶子岩组、庙岭组等）经接触热变质改造而成。

由此可见，成矿带内燕山期发育的不同矿床类型的矿床在时间和空间上表现出一致性，而且它们的形成成因上都与燕山期岩浆作用有关，或火山作用，或侵入岩浆作用，因此这些矿床可以构成一个矿床成矿系列。

2. 吉中-延边地区与印支期岩浆作用有关的镍、铜、金矿床成矿系列（Mz-2I）

该矿床成矿系列区主要位于山河-榆木桥子 Au-Ag-Mo-Ni-Cu-Fe-Pb-Zn 成矿亚带（Ⅲ-55-③）、红旗岭-漂河川 Ni-Au-Cu 成矿亚带（Ⅲ-55-④）和天宝山-开山屯 Pb-Zn-Au-Ag-Ni-Mo-Cu-Fe 成矿亚带（Ⅲ-55-⑦）。可进一步划分为磐石-延边地区与印支早期基性-超基性岩有关的镍矿床成矿亚系列（Mz-2-1I）、吉中-延边地区与印支期中酸性浅成侵入岩有关的铜矿床成矿亚系列（Mz-2-2I）和开山屯地区与印支期陆相火山作用有关的金矿床成矿亚系列（Mz-2-3I）。

磐石-延边地区与印支早期基性-超基性岩有关的镍矿床成矿亚系列（Mz-2-1I）主要以形成岩浆熔离型的铜镍硫化物矿床为主。这些矿床集中展布在和龙-开原深断裂的北侧或北部东西向构造带上及中部复式褶皱轴部的部位，沿着滨太平洋构造域北段构造带发育，形成于古亚洲洋闭合后的造山后伸展背景。成矿时代集中在印支期，个别属华力西晚期，具有规模大、品位富的成矿特点。区域上矿化程度较好的硫化铜镍矿床，主要有红旗岭、山门、漂河川及长仁等矿床。这几个矿床（田）都出现在华北陆块北缘深大断裂的北侧，侵位后分异的含矿最好的岩相为橄榄辉石岩相（红旗岭1号岩体）、斜长二辉橄榄岩相（漂河川4号岩体）。其中红旗岭矿田含镍岩体皆呈脉状、岩墙状、透镜状产出，与围岩呈角度不整合接触，反映裂控的特点。含镍岩体基度变化有向源增高和向源测伏的规律。上述三个特点说明，华北陆块北缘深大断裂是良好的导浆构造，旁侧的呼兰岩群（西段）中的断裂构造是良好的容岩容矿构造。含镍岩体具有多期侵位的规律，矿田内岩体有少部分具有多次侵位，而形成“复合”或“复式”岩体。还发育以宣羊砬子和青林含钒钛磁铁矿为代表的岩浆型钒钛磁铁矿矿床，并伴生岩浆型的磷矿，规模较小，多为小型或矿点，主要产出在安图县亮兵一带，成矿时代为晚三叠世。

吉中-延边地区与印支期中酸性浅成侵入岩有关的铜矿床成矿亚系列（Mz-2-2I）主要体现为与印支期（晚三叠世）浅成侵入体有关的斑岩型铜矿床，代表性矿床为小型向阳铜矿。Zeng et al.（2011）和 Sun et al.（2017）提出沿着近东西向的西拉木伦河-长春缝合带发育1条早-中三叠世铜钼矿带，即西拉木伦河铜钼矿带。向阳铜矿的矿床地质特征、成矿流体性质、流体演化特征、成矿物质来源及岩浆岩成矿专属性等方面，均与西拉木伦河铜钼矿带上的斑岩型铜钼矿相似（杨群，2020）。因此，作为西拉木伦河-长春缝合带的东延部位，吉中-延边成矿带是形成斑岩型铜矿的有利地区。

开山屯地区与印支期陆相火山作用有关的金矿床成矿亚系列（Mz-2-3I）主要由赋存在下三叠统柯岛群火山沉积系内的金矿构成，代表性矿床为龙井市开山屯寺洞金矿床和金谷山-后底洞金矿床。其中金谷山-后底洞金矿床产于火山喷发-沉积建造和盆地边缘陆相洪积建造内，矿体呈透镜状、脉状，矿石具有脉状、角砾状、块状构造。

3. 吉中-延边地区与华力西期岩浆作用有关的铅锌、金、银、铜、铬铁矿、方解石、高岭土、蓝晶石矿床成矿系列（Pz-1I）

该矿床成矿系列主要分布在山河-榆木桥子 Au-Ag-Mo-Ni-Cu-Fe-Pb-Zn 成矿亚带（Ⅲ-55-③）、海沟-红太平 Au-Fe-Cu-Pb-Zn-Ag-Mo-Ni 成矿亚带（Ⅲ-55-⑤）和天宝山-开山屯 Pb-Zn-Au-Ag-Ni-Mo-Cu-Fe 成矿亚带（Ⅲ-55-⑦），可进一步划分为永吉-开山屯地区与华力西期基性-超基性岩有关的铬铁矿床成矿亚系列（Pz-1-1I）、磐石和天宝山地区与华力西期侵入岩浆作用有关的铅锌矿床成矿亚系列（Pz-1-2I）、磐石-开山屯地区与华力西期陆相火山作用有关的高岭土矿床成矿亚系列（Pz-1-3I）、吉中-延边地区与华力西期海相火山作用有关的铅锌、金、银矿床成矿亚系列（Pz-1-4I）和磐石地区与华力西期侵入岩浆接触热变质作用有关的蓝晶石、方解石、大理岩矿床成矿亚系列（Pz-1-5I）。

永吉-开山屯地区与华力西期基性-超基性岩有关的铬铁矿床成矿亚系列（Pz-1-1I）主要分布在山河-榆木桥子 Au-Ag-Mo-Ni-Cu-Fe-Pb-Zn 成矿亚带（Ⅲ-55-③）和天宝山-开山屯 Pb-Zn-Au-Ag-Ni-Mo-Cu-Fe 成矿亚带（Ⅲ-55-⑦），主要表现为形成与中-晚二叠世基性-超基性岩有关的铬铁矿矿床，矿床类型为岩浆型，一般规模较小，多为小型矿床或矿点，代表性矿床为开山屯铬铁矿床，位于华力西晚期的超基性岩体内（橄榄岩相），该控矿岩体受南延深断裂及子洞逆断层的次级断裂控制（李任时等，2015）。

磐石和天宝山地区与华力西期侵入岩浆作用有关的铅锌矿床成矿亚系列（Pz-1-2I）主要分布在山河-榆木桥子 Au-Ag-Mo-Ni-Cu-Fe-Pb-Zn 成矿亚带（Ⅲ-55-③）和天宝山-开山屯 Pb-Zn-Au-Ag-Ni-Mo-Cu-Fe 成矿亚带（Ⅲ-55-⑦），表现为形成接触交代型多金属矿、隐爆角砾岩型多金属矿以及岩浆热液型萤石矿等矿床。这些矿床均形成于古亚洲洋俯冲消减的构造背景下。接触交代型多金属矿床以立山矿床为代表，主要产出在中二叠世头道沟（花岗）闪长岩和石炭系山秀岭组碳酸盐岩接触带内，矿体呈透镜状、囊状和脉状，成矿时代应为中二叠世。隐爆角砾岩型多金属矿床以新兴矿床为代表，发育在花岗闪长岩体内的角砾岩筒内，矿体呈脉状或角砾岩筒状，形成时代为晚二叠世。

磐石-开山屯地区与华力西期陆相火山作用有关的高岭土矿床成矿亚系列（Pz-1-3I）主要分布在山河-榆木桥子 Au-Ag-Mo-Ni-Cu-Fe-Pb-Zn 成矿亚带（Ⅲ-55-③）和天宝山-开山屯 Pb-Zn-Au-Ag-Ni-Mo-Cu-Fe 成矿亚带（Ⅲ-55-⑦），表现为形成了一些小型的高岭土矿床或矿点，与二叠纪陆相火山-沉积作用有关，代表性矿床为磐石市富太高岭土矿床。

吉中-延边地区与华力西期海相火山作用有关的铅锌、金、银矿床成矿亚系列（Pz-1-4I）分布在山河-榆木桥子 Au-Ag-Mo-Ni-Cu-Fe-Pb-Zn 成矿亚带（Ⅲ-55-③）、海沟-红太平 Au-Fe-Cu-Pb-Zn-Ag-Mo-Ni 成矿亚带（Ⅲ-55-⑤）和天宝山-开山屯 Pb-Zn-Au-Ag-Ni-Mo-Cu-Fe 成矿亚带（Ⅲ-55-⑦），主要形成与晚古生代海相火山-火山碎屑岩密切相关的海相火山岩型金、银、多金属等矿床，矿床类型为海相火山岩型，代表性矿床为头道川金矿、民主屯银矿和小红石砬子铅锌（宝玉石）矿，成矿时代为石炭纪、二叠纪。其中头道川金矿和民主屯银矿均产于下石炭统余富屯组内，该组是区内典型的海相火山岩，且富含金、银、铅锌等成矿元素，是区内重要的矿源层；而小红石砬子铅锌矿早期层状、条纹状矿体产于晚石炭世—早二叠世大河深组海相火山碎屑岩内，后被燕山期岩浆热液脉状矿体所叠加。

此外，吉中-延边成矿带的磐石地区还发育一些与华力西期侵入岩浆接触热变质作用有关的蓝晶石、方解石、大理岩等矿床，可构成 1 个矿床成矿亚系列（Pz-1-5I）。

4. 吉中地区与加里东期海相火山作用有关的铅锌、硫铁矿、金矿床成矿系列（Pz-2I）

该矿床成矿系列主要位于山门-乐山 Ag-Au-Cu-Fe-Pb-Zn-Ni 成矿亚带（Ⅲ-55-①）和山河-榆木桥子 Au-Ag-Mo-Ni-Cu-Fe-Pb-Zn 成矿亚带（Ⅲ-55-③）。该矿床成矿系列以形成海相火山岩型的铅锌、硫铁矿、金矿床为特征，成矿时代为早古生代。海相火山岩型硫铁矿床以放牛沟硫铁矿为代表，产出于志留系石缝组内，属海相中酸性火山沉积-碳酸盐岩建造，受构造破碎带控制。弯月金矿矿体主要为含金石英脉破碎带和含金硫化物石英脉，产出于桃山组变质中基性火山岩、细碎屑岩及碳酸盐岩内，严格受地层控制（迟斌等，2010）。区内早古生代变质海相火山沉积岩系为海相火山岩型的 Pb、Zn、S、Au 矿床的形成提供了重要的物质基础。

三、矿床成矿系列之间的叠加与改造

在同一地域内先后形成的矿床成矿系列具有一定的继承性与演变性，并可出现晚期对早期的矿床成矿系列的叠加改造（陈毓川等，2020）。吉中-延边成矿带在大地构造位置上处于古亚洲洋和古太平洋构造域演化、叠加与改造区域，该带兴凯期、加里东期、印支期、燕山早期、燕山晚期和喜马拉雅期等成矿作用均有体现。尽管不同期次的成矿作用强度或保存程度存在差异，但是在一些矿床或矿床成矿系列中仍可以识别出不同时期成矿作用的叠加与改造现象。

1）矿床成矿系列的叠加现象主要体现在不同构造期与岩浆作用有关的矿床成矿系列，尤其是燕山期与岩浆作用有关的矿床成矿系列叠加在加里东期、华力西期、印支期与岩浆作用有关的矿床成矿系列之上，在山河-榆木桥子 Au-Ag-Mo-Ni-Cu-Fe-Pb-Zn 成矿亚带（Ⅲ-55-③）以及天宝山-开山屯 Pb-Zn-Au-Ag-Ni-Mo-Cu-Fe 成矿亚带（Ⅲ-55-⑦）内的矿床成矿（亚）系列的叠加现象尤为显著。在山河-榆木桥子 Au-Ag-Mo-Ni-Cu-Fe-Pb-Zn 成矿亚带（Ⅲ-55-③），与燕山期岩浆作用有关的金、银、钼、铁、铜、铅锌、锑、钨、锰、硅灰石、石墨、硫铁矿、沸石、高岭土、珍珠岩、冰洲石、方解石、红柱石、大理岩矿床成矿系列，常叠加在吉中-延边地区与华力西期海相火山作用有关的铅锌、金、银矿床成矿亚系列之上；天宝山-开山屯 Pb-Zn-Au-Ag-Ni-Mo-Cu-Fe 成矿亚带（Ⅲ-55-⑦）内，与燕山期岩浆作用有关的金、银、钼、铁、铜、铅锌、锑、钨等矿床成矿系列叠加在与印支早期基性-超基性岩有关的镍矿床成矿亚系列以及与华力西期侵入岩浆作用有关的铅锌矿床成矿亚系列之上。

2）与岩浆作用有关的矿床成矿系列之间的叠加作用在同一矿田或矿床中表现得更加显著。天宝山多金属矿田或矿田发育和保留有不同时期、不同类型的成矿作用，主要包括海相火山岩型（东风南山）、接触交代型（立山）、斑岩型（东风北山）等多金属成矿作用。其中，海相火山岩型（东风南山）和接触交代型（立山）多金属矿化主要发生于华力西期，与古亚洲洋俯冲消减背景下的强烈的构造岩浆活动有关。经历了印支期的构造体制转换，天宝山多金属矿田又产出与古太平洋板块俯冲作用有关的斑岩型钼矿化。红太平和小红石砬子多金属矿床亦保留有不同时期成矿作用的叠加与改造现象。这两个矿床均发育层状、纹层状和脉状两种类型矿体，其中层状、纹层状矿体赋存于海相火山碎屑岩内，被认为与华力西期海相火山喷流作用有关（任云生等，2019），而脉状矿体穿切早期层状矿体，形成于印支晚期—燕山早期的岩浆热液活动中。赋矿的海相火山碎屑岩通常富含 Pb、Zn、Cu 等成矿元素，这些成矿元素在后期热液迁移过程中被萃取，最终在合适的物理化学条件和构造有利位置形成脉状矿体。

3）成矿带内与岩浆接触热变质作用有关的矿床成矿系列常常为改造早期与沉积作用有关的矿床成矿系列，尤其表现在变成型石墨矿和硅灰石矿的形成上。成矿带石墨和硅灰石等矿产资源丰富，这些矿床主要为变成型。早期形成的含煤层位和强硅质大理岩或灰岩在后期岩浆热液活动中被改造发生石墨化和硅灰石化，形成了代表性的仙人洞石墨矿和大顶山、长崴子硅灰石矿等矿床。

四、矿床成矿系列的保存情况

不同时期矿床成矿系列所经历的地质构造演化历史和改造程度迥异，因此，它们当前的保存状况差异显著。根据含矿建造、成矿相关岩体的出露情况以及矿床本身的剥蚀情况，成矿带前中生代矿床成矿系列保存状况一般较差，中、新生代矿床成矿系列相对保存较好。比如新元古代与沉积变质作用有关的铁等矿床成矿系列主要受新元古代海相火山沉积建造控制，但这些建造受后期频繁且强烈的构造岩浆活动的改造，目前多呈孤岛状分布，因此，该矿床成矿系列被破坏较严重。此外，该区不同构造期与岩浆作用有关的矿床成矿系列之间的叠加现象明显，尤其是燕山期对华力西期与海相火山岩有关的矿床成矿系列的叠加，后期热液活动常常使早期层状、似层状矿体贫化，而活化的成矿元素则迁移到构造有利的位置再次富集成矿，多呈脉状产出，这就使华力西期与海相火山岩有关的矿床成矿系列难以识别。

第四节 成矿作用演化与区域成矿模式

吉中-延边成矿带主要经历了新元古代—早、中三叠世古亚洲洋构造域形成及发展阶段，晚三叠世造山后伸展阶段和滨太平洋构造域演化发展阶段等构造阶段。在不同构造发展阶段形成了各具特色的构造环境、盆地、建造及成矿作用。

一、成矿作用演化

如前所述，吉中-延边成矿带先后经历了古亚洲洋和滨太平洋两大构造域，晋宁期、兴凯期等7个构造期的构造演化，而成矿带的主要成矿作用集中于兴凯期、加里东期、华力西期、印支期、燕山期及喜马拉雅期6个构造期，不同构造期的成矿作用各具特色，而且叠加改造作用显著。

（一）各构造旋回成矿作用类型及特点

1. 兴凯旋回受变质型铁成矿作用

兴凯期，吉中-延边成矿带处于华北板块的被动陆缘环境，是受变质型铁矿形成的重要时期。在华北北缘被动陆缘区发育了多套含铁的海相火山-沉积建造（西保安岩组、青龙村岩群新东村岩组）、碳酸盐岩沉积建造（长仁大理岩）及酸性火山岩-钙泥质泥质沉积岩建造（江域岩组）等。铁元素在中基性海相火山-沉积建造中富集，形成层状、似层状、透镜状或扁豆状铁矿体。主要的矿石矿物为磁铁矿、黄铁矿、磁黄铁矿、赤铁矿、黄铜矿、方铅矿等，构成粒状变晶结构、胶状结构等矿石结构，以及稠密浸染状、条带状、网脉状等矿石构造，代表性矿床为安图县四岔子铁矿床、安图县富尔河铁矿床、东丰县西保安含锰磷铁矿床等。

2. 加里东旋回海相火山岩型多金属成矿作用

加里东期在吉中-延边成矿带形成一系列岛弧火山-沉积建造以及弧间（前、后）盆地沉积建造。该期岛弧火山活动带来了丰富的铁、铅锌、银、铜等成矿元素，在伊通放牛沟地区形成了海相火山岩型的放牛沟硫铁矿多金属矿床，其矿体呈似层状、脉状-透镜状。钙碱性系列火山岩、拉斑系列火山岩（盘岭岩组）和中酸性火山岩夹碳酸盐岩建造（弯月组）等岛弧火山-沉积建造，可作为后期岩浆热液型矿床的矿源层，在燕山期构造岩浆热液活动下，形成岩浆热液型或浅成中-低温热液型金、银矿床，如二道甸子金矿和四平山门银矿。而在弧间（前、后）盆地区发育了一些碳酸盐岩建造夹少量陆源碎屑岩建造，比如奥陶系黄顶子岩组、小三个顶子岩组，志留系的桃山组、椅山组和石缝组等。它们亦是成矿带各类矿产重要的矿源层，尤其是富硅的碳酸盐岩建造，经历后期岩浆热接触作用后，形成大规模的硅灰石矿床，如铁汞山硅灰石矿床，此外，还控制了大理岩、蓝晶石等非金属矿产。

3. 华力西旋回成矿作用

华力西期吉中-延边成矿带先后经历了晚志留世至石炭纪的古亚洲洋拉张以及二叠纪至中三叠世古亚洲洋消减闭合等构造演化。在晚志留世至石炭纪边缘海盆地沉积阶段发生了大量海相火山岩型金、银、铜成矿作用，至二叠纪成矿带成矿逐渐强烈，成矿作用类型以及矿种数量增加，除海相火山岩型的多金属成矿作用外，还发育了岩浆型铬铁矿化、陆相火山岩型高岭土矿化、岩浆热液型和接触交代型的多金属矿化等。

（1）华力西早期（晚志留世至石炭纪）海相火山岩型金、银、铜成矿作用

该时期吉中-延边成矿带进入边缘海盆地沉积阶段，形成一系列碳酸盐岩建造和少量的碎屑岩建造，其中碳酸盐岩建造为后期的水泥用大理岩、硅灰石矿的形成提供了物质基础。永吉和磐石地区发育典型的海相火山岩-火山碎屑岩建造（余富屯组、石嘴子组），控制了永吉县头道川金矿、磐石市

民主屯银矿、磐石市石嘴子铜矿等矿床的形成。

（2）华力西晚期（二叠纪至中三叠世）成矿作用

华力西晚期吉中-延边成矿带转入活动陆缘阶段，并大体分为两个演化阶段：二叠纪的岛弧火山喷发、弧前、弧后盆地沉积阶段以及晚二叠世至早、中三叠世的海盆萎缩、形成前陆盆地磨拉石建造阶段。

吉中-延边成矿带岛弧海相火山岩喷发作用带来了丰富的铅锌等成矿元素，形成了与之相关的海相火山岩型铅锌多金属矿，比如成矿带西部吉中地区的磐石市小红石砬子铅锌矿（层状矿体）、桦甸市新立屯铅锌矿以及成矿带东部延边地区的汪清县红太平铅锌铜矿床（层状矿体）等。弧前（后）盆地沉积建造形成了以砂岩、粉砂岩、板岩为主，夹灰岩的半深海碎屑岩夹灰岩建造，相关矿产为灰岩、高岭土及伊利石粘土矿等。

伴随着强烈的火山活动，大面积的侵入岩就位。开山屯及永吉地区发育众多中、晚二叠世镁铁-超镁铁质岩块，代表了残余洋壳，其中发育了小规模的铬铁矿化，以永吉县芹菜沟铬铁矿点和开山屯铬铁矿床为代表。在天宝山地区，形成一系列火山弧花岗岩，与这些钙碱性的中酸性侵入岩浆活动密切相关的矿产主要体现为岩浆热液型和接触交代型的铅锌矿、铁矿等，以天宝山立山和新兴铅锌矿为代表。

4. 印支旋回成矿作用

印支期为中国东北地区的构造转换期，印支早期受强烈的岩石圈伸展作用控制，吉中-延边成矿带沿辉发河断裂等深大断裂幔源基性、超基性岩浆侵位，伴随着大规模的岩浆熔离型铜镍成矿作用，形成了众多与镁铁-超镁铁质岩石有关的铜镍硫化物矿床，如红旗岭和漂河川镍矿床。在成矿带东部的延边地区还发育钒钛磁铁矿、磷矿点，如安图县青林子含钒钛磁铁矿点。

至印支晚期，中国东北地区已逐渐转换为古太平洋构造域演化，受其初始俯冲作用影响，一系列钙碱性中酸性侵入岩就位，并伴随着小规模的斑岩型钼矿，岩浆热液型铁、钨等多金属，接触交代型铁、铜等多金属等成矿作用的发生，代表性矿床为汪清县夹皮沟钼矿床。

5. 燕山旋回各类成矿作用大爆发

燕山期是吉中-延边成矿带的成岩成矿爆发期，受古太平洋板块的俯冲作用影响，形成了一系列陆相火山-次火山沉积建造，并伴生多期次的侵入岩浆活动（早、中侏罗世和早白垩世）。该时期主要形成了3类矿产，其一主要是与陆相火山岩相关的金、银矿，还有沸石矿；其二主要是与强烈的岩浆侵位活动相关的斑岩型、接触交代型、岩浆热液型、浅成中-低温热液型等金、银、铅锌、铁、铜、钼等矿床，以及变成型的硅灰石等。此外，该时期还形成了陆相含煤建造，形成了众多规模不等的煤矿。

6. 喜马拉雅旋回成矿作用

晚白垩世至新近纪（100~3.3 Ma±），吉中-延边成矿带处于大陆裂谷发育阶段，以形成裂陷盆地为特征，比如伊舒裂陷，海敦裂陷等，形成了一系列主要有含煤、油页岩等含矿建造，为区域能源矿产成矿阶段。此外，还形成有重要的化学沉积型硫铁矿矿床，以西台子硫铁矿矿床为代表。

第四纪以来，该地区处于大陆深部变异阶段，主要形成与表生作用有关的伊利石粘土矿及与机械沉积作用有关的砂矿型金和独居石矿等。

（二）成矿作用演化特征

由上述地质构造演化和形成的成矿作用的变化规律可以看出，吉中-延边成矿带总体成矿作用演化表现出以下3个特征：

1）成矿物质由少到多：从兴凯期至喜马拉雅期，吉中-延边成矿带成矿作用的成矿物质（元素及其化合物、矿种）数量在逐步增加。由兴凯期的Fe、Mn、P、大理岩，加里东期的铅锌、硫铁矿等少数几种元素成矿，华力西期的Au、Ag、Pb、Zn、Cu、铬铁矿、萤石、蓝晶石等几种元素和化合物成矿，发展到印支期—燕山期时的Au、Ag、Pb、Zn、Cu、Ni、W、Mo、Fe、硅灰石、萤石、方解石、沸石、珍珠岩、粘土等几十种元素和化合物成矿。

2）成矿类型由简到繁：从元古宙至新生代，矿床成因类型由单一到复杂多样，数量在增加，不同矿床类型的叠加现象也较为普遍。元古宙时期仅发育沉积变质型铁锰磷矿，反映了当时成矿环境的单调和含矿建造类型的单一。随着时间的推移，成矿环境类型增多，火山热液、岩浆热液、地表水等含矿介质种类也逐渐增加，因此，在中-新生代时期，吉中-延边成矿带矿床类型已增加至近十种。例如生物化学成因的煤、油页岩只有在显生宙以来生物大量繁衍时期，才显著增多。多成因叠加型的矿床是经过两个或以上成矿作用叠加形成的，也只有在古生代以来才大量出现。

3）含矿建造的类型影响成矿作用类型：由硅铁质绿岩建造（Fe、Au）→类硅铁质建造、海相火山沉积多金属建造（Fe、Cu、Pb、Zn）→陆源碎屑碳酸盐岩建造、（含炭质）碎屑岩-碳酸盐岩多金属建造（Pb、Zn 等）→陆相火山-次火山岩建造（Au、Cu、Pb、Zn、Mo、As 多金属），这种演化愈近晚期以多金属矿为主，并且矿种多、成因复杂，成矿越有前景。

4）聚矿能力由弱到强：形成矿床的规模和品位是聚矿能力或成矿强度的重要识别标志，一个地质时代的成矿强度在一定程度上可以用所形成的超大型矿床的数量来衡量（姚凤良和孙丰月，2006）。吉中-延边成矿带内超大型数量较少，因此结合成矿带内中、大型矿床产出的地质时代来进行统计分析。以金矿为例，成矿带内最早的金成矿出现于华力西期，但只有少数小型金矿或矿点，至燕山期则出现大量的中型、大型金矿，体现了金成矿强度随着地质年代变新而增强。此外，一些大型、超大型金属矿床也只在燕山期产出。这样成矿强度增强的趋势与地球化学元素在地壳中经历多次循环，其浓集度提高是重要的背景因素。

二、区域成矿谱系

吉中-延边成矿带的区域成矿作用经历了兴凯旋回、加里东旋回、华力西旋回、印支旋回、燕山旋回及喜马拉雅旋回 6 个构造-岩浆-成矿旋回，各旋回形成的矿床成矿系列具有跨时代传导、不连续性的演化格局。吉中-延边成矿带的区域成矿谱系图如图 5-18 所示。

在兴凯期被动陆缘构造环境下，吉中-延边成矿带发育了一系列与变质作用有关的铁矿，如西保安铁矿床、富尔河铁矿床等。成矿均受海相火山-沉积建造控制，构成了东辽-安图地区与兴凯期变质作用有关的铁矿床成矿系列。

在加里东期活动陆缘构造环境下，吉中-延边成矿带发育了一套海相火山-碎屑岩建造。受此建造控制，成矿带西部形成了一些海相火山岩型的金、铅锌及硫铁矿矿床，构成了与加里东期岩浆作用有关的铅锌、硫铁矿、金、大理岩矿床成矿系列，代表性矿床为伊通县放牛沟铅锌硫铁矿床和弯月金矿床。

由华力西期开始，成矿带成矿元素种类逐渐增多，尤其是一些非金属矿产，而且成矿作用强度增大，至印支期—燕山期达到顶峰。根据矿产地空间分布，成矿作用范围由加里东期的成矿带西部扩展到整个成矿带。华力西期，成矿带内发育吉中-延边地区与华力西期岩浆作用有关的铅锌、金、银、铜、铬铁矿、方解石、高岭土、蓝晶石矿床成矿系列，矿床类型包括海相火山岩型、岩浆热液型、接触交代型、隐爆角砾岩型和岩浆型，代表性矿床为小红石砬子铅锌（玉石）矿床、头道沟铬铁矿床、天宝山多金属矿田、红太平铜多金属矿床等。

印支期，成矿带内形成了一系列与不同类型的岩浆作用有关的矿床，比如印支早期与基性-超基性岩有关的 Cu、Ni、含钒钛磁铁矿、磷等矿床，以红旗岭镍矿和长仁镍矿为代表；印支期与中酸性岩浆作用有关的 Au、Cu 等矿床，以汪清地区的夹皮沟钼矿床为代表；与印支期陆相火山岩密切相关的金矿床，代表性矿床为开山屯地区的寺洞金矿，与柯岛群火山碎屑岩密切相关。这些不同类型、不同成因的矿床共同构成了吉中-延边地区与印支期岩浆作用有关的镍、铜、金矿床成矿系列。此外，成矿带西部发育有晚三叠世—早侏罗世含煤河湖相碎屑岩建造，形成了一些生物化学沉积成因的煤矿，代表性矿床为磐石市烟筒山煤矿三井。

燕山期是吉中-延边成矿带大规模的成岩成矿时期，形成了一系列与不同类型岩浆作用有关的金

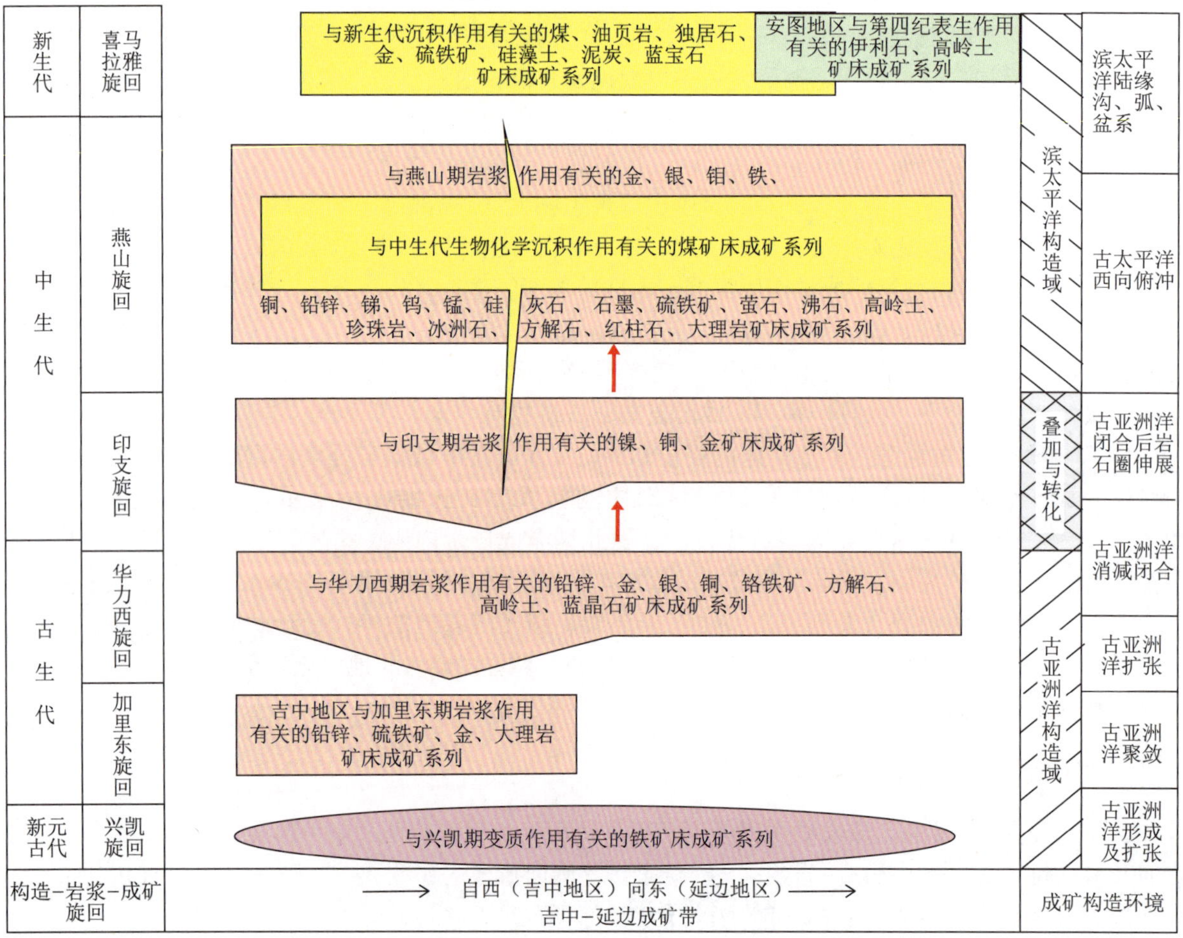

图 5-18 吉中-延边成矿带（Ⅲ-55）区域成矿谱系图

属和非金属矿床，这些矿床共同构成了吉中-延边地区与燕山期岩浆作用有关的金、银、钼、铁、铜、铅锌、锑、钨、锰、硅灰石、石墨、硫铁矿、萤石、沸石、高岭土、珍珠岩、冰川石、方解石、大理岩矿床成矿系列。此外，燕山期亦是成矿带重要的成煤期，在火山断陷盆地里面发育了许多含煤碎屑岩建造，尤其在河湖相碎屑岩建造内形成了工业煤层。

在喜马拉雅期盆-岭伸展拉张环境下，吉中-延边成矿带在坳陷式沉积盆地内发育沉积成矿作用，是煤、油页岩等能源矿产的主要时期。除此之外，还发育了众多金、硫铁矿、稀土、硅藻土、泥炭及蓝宝石等矿床。它们处于统一的成矿背景，均与不同类型的沉积作用有关，因此构成了吉中-延边地区与新生代沉积作用有关的煤、油页岩、独居石、金、硫铁矿、硅藻土、泥炭、蓝宝石矿床成矿系列。此外，安图地区还发育了与表生作用有关的伊利石粘土矿和高岭土矿，构成了安图地区与表生作用有关的伊利石粘土和高岭土矿床成矿系列。

三、区域成矿模式

吉中-延边成矿带地质演化过程较为复杂，经历新元古代—早中生代古亚洲构造域多幕陆缘造山阶段及中、新生代滨太平洋构造域陆缘活动阶段的地质演化过程（李全增等，2017），经历了兴凯期、加里东期、华力西期、印支期、燕山期及喜马拉雅期等多个成矿旋回。基于对吉中-延边成矿带成矿地质背景分析、典型矿床研究、成矿规律总结及成矿系列划分等，选取加里东期—燕山期有代表性成矿作用，构建了吉中-延边成矿带区域成矿模式图（图 5-19）。

华北陆块边缘的太古宇及中、新元古界是成矿带内金矿的重要矿源层，在其内部或边缘产出有与

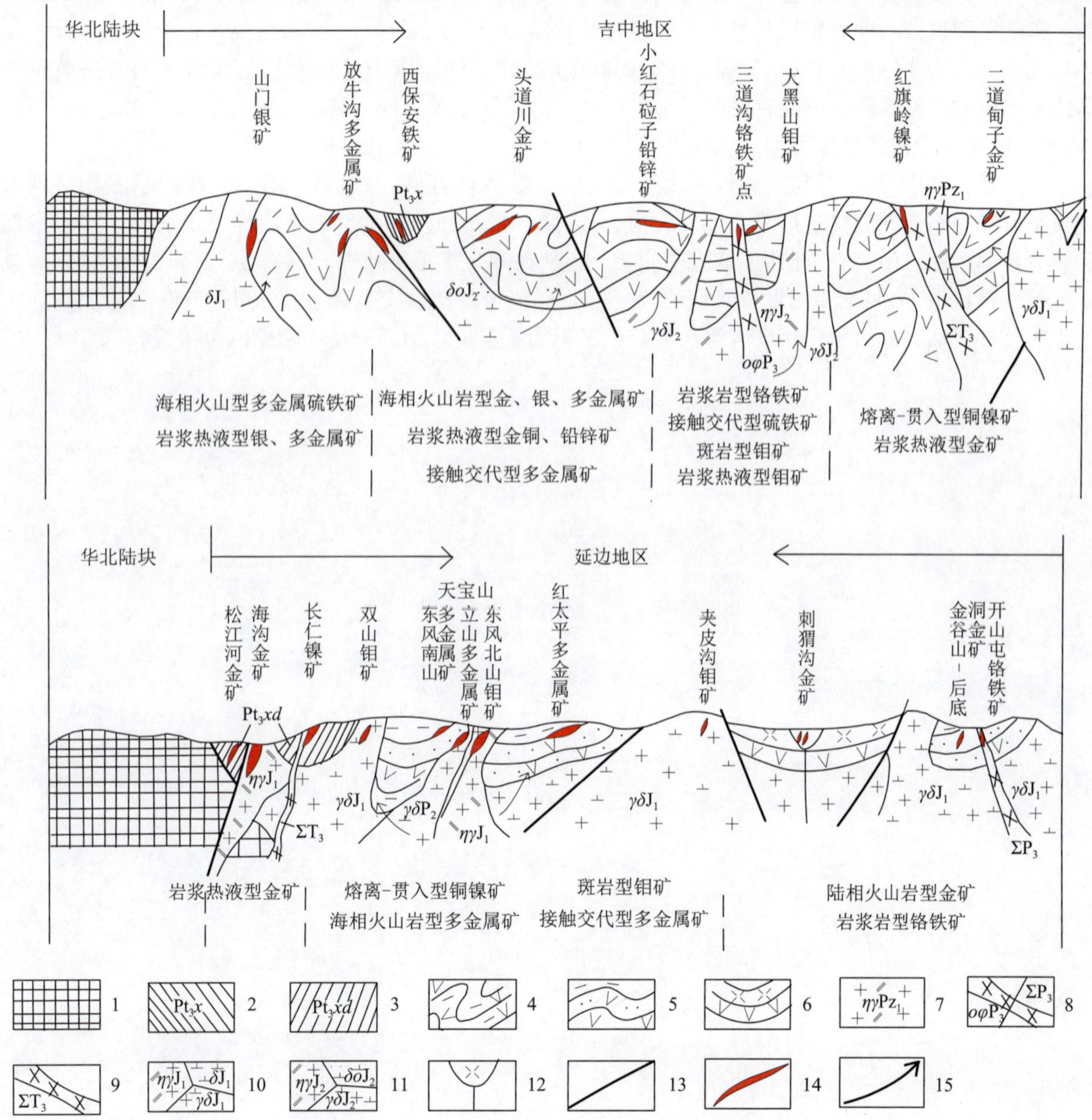

图 5-19　吉中-延边成矿带（Ⅲ-55）区域成矿模式图

1—太古宙陆核；2—新元古界西保安岩组；3—新元古界新东村岩组；4—早古生代海相火山-碎屑-碳酸盐岩建造；5—晚古生代海相火山-碎屑-碳酸盐岩沉积建造；6—中生代陆相中酸性火山-沉积建造；7—加里东期二长花岗岩、花岗闪长岩；8—晚二叠世蛇绿混杂岩或超基性岩；9—印支期辉长岩、辉石岩、辉石橄榄岩、橄榄辉石岩；10—早侏罗世二长花岗岩、花岗闪长岩；11—中侏罗世花岗闪长岩、二长花岗岩、石英闪长岩；12—次火山岩脉；13—深大断裂；14—矿体；15—成矿物质、热液运移方向

燕山期侵入岩有关的岩浆热液型金矿，以海沟金矿和松江河金矿为代表。此外，成矿带还零星分布新元古代海相中基性火山-沉积建造（西保安岩组），控制了带内受变质型铁矿的形成，代表性矿床为西保安铁矿。加里东期的岛弧海相火山喷发的同时，带来了大量的金、铅锌等成矿物质，形成了与之密切相关的海相火山岩型金、铅锌、硫铁矿等矿床，如弯月金矿床、放牛沟多金属矿床。华力西期，吉中-延边地区在加里东期基础上进一步海侵，形成了海相碎屑-碳酸盐-火山沉积建造，在其有利部位形成了海相火山岩型金、铜及铅锌等多金属矿床，如红太平多金属矿床、小红石砬子多金属矿床及天宝山东风坑多金属矿床等。华力西晚期古亚洲洋的俯冲作用诱发了带内一定规模的钙碱性侵入岩浆

活动，形成了接触交代型和隐爆角砾岩型多金属矿，以天宝山立山和新兴多金属矿为代表。华力西晚期—印支早期挤压向伸展转换背景下，沿超岩石圈断裂带形成了基性-超基性侵入岩带，并形成了众多与之相关的岩浆熔离-贯入型铜镍矿床，如红旗岭和漂河川镍矿床。此外，还形成了与晚三叠世—早侏罗世中酸性侵入岩浆热液有关的贵金属（Au）、黑色金属（Fe、Mn）、有色金属（Pb、Zn、Cu、Mo 等）矿床的形成，矿床类型涉及斑岩型、岩浆热液型、接触交代型等。

燕山期，吉中-延边成矿带进入滨太平洋大陆边缘活动岩浆-构造带，沿近东西向基底构造侵入或喷发或沿北东向断裂构造形成大规模的构造-岩浆岩带。强烈的构造岩浆活动不仅活化了加里东期和华力西期海相火山-沉积建造中的成矿元素，还从深部带来重要的 Au、Ag、Pb、Zn、Cu、Mo 等成矿元素，在构造-岩浆岩带内形成了斑岩型、岩浆热液型、接触交代型、浅成中-低温热液型、陆相火山岩型等矿床，如大黑山钼矿、海沟金矿、二道甸子金矿、山门银矿、刺猬沟金矿等。

第六章　成矿远景评述

第一节　矿集区及其潜力评述

一、矿集区圈定原则

矿集区是在一定范围内矿床密集产出的区域，在这个区域内，按一定空间分布着不同矿种或不同类型的大型或超大型矿床，以及中小型矿床或矿化点，矿床的产出在时空上存在一定相互联系的规律（徐勇，2002）。吉中-延边成矿带（Ⅲ-55）圈定矿集区的依据是在相似的成矿环境、相似的或密切联系的成矿机制下发育包含1处中型及以上规模矿床的密集产出区域，或同一类型的多个小型矿床或矿点密集分布区，并考虑不同时期形成的矿床在同地区的叠加和密集分布；一个矿集区中可以有一个或者多个矿床密集中心。同时，还要综合与成矿有关的地层、岩浆岩、构造等因素，显示矿集区为有利的成矿地质部位（徐勇，2002；黄凡等，2011）。

二、矿集区特征及其潜力评述

根据上述矿集区圈定的原则，笔者在吉中-延边成矿带（Ⅲ-55）共圈定8个矿集区，分别为铁汞山-山门硅灰石、Ag、多金属矿集区（K1）、长崴子-南错草硅灰石、Au、多金属矿集区（K2）、大黑山-双杨树Mo、多金属矿集区（K3）、二道岭-盈隆Au、Ag、多金属矿集区（K4）、红旗岭-漂河川Cu、Ni、Au、多金属矿集区（K5）、松江河-海沟Au、多金属矿集区（K6）、五凤-刺猬沟Au、多金属矿集区（K7）和天宝山-长仁Ni、Cu、Pb、Zn矿集区（K8），其位置及重要信息分别见图6-1和表6-1。

1. 铁汞山-山门硅灰石、Ag、多金属矿集区（K1）

地质特征：矿集区位于西拉木伦河断裂以南，四平-长春-德惠岩石圈断裂与伊通-舒兰岩石圈断裂之间的大黑山条垒南段的四平山门地区，呈椭圆形展布，面积约875 km^2。出露地层主要为新元古界西保安岩组、下古生界奥陶系下二台岩群盘岭岩组、黄顶子岩组、烧锅屯岩组和放牛沟组，志留系桃山组，石炭系—二叠系窝瓜地组、磨盘山组及石嘴子组，以及中生界白垩系泉头组、登楼库组、营城子组等。区内侵入岩较为发育，从加里东晚期到燕山期均有出露，以中酸性侵入岩为主，主要呈岩基或岩株状产出，构成北东向的构造-岩浆岩带。区内构造以断裂最为发育，主要是以平行南北两侧大型断裂构造次一级北东—北北东向压性-压扭性逆冲断层和糜棱岩化带为主，北西向和其他方向断裂次之。褶皱构造多不完整，主要发育在下古生界中，形成复式褶皱，在放牛沟地区以东西向为主，在大顶山地区以北西向为主，在山门地区则以北东向为主。

矿产特征：该矿集区内已发现矿床、矿点、矿化点20余处，以银（金）、镍、铅锌、硅灰石、水泥用大理岩等矿产较为富集。具体包括：超大型硅灰石矿床1处（铁汞山硅灰石矿）、大型银矿床1处（山门银矿）、大型水泥用大理岩矿1处（梨树县颜家粉房石灰石矿）、大型硅灰石矿1处（马家油房硅灰石矿），此外还有众多镍、铅锌、锰、沸石、硅灰石、水泥用大理岩的中小型矿床和矿点。这些矿床类型复杂多样，包括浅成中-低温热液型、岩浆型、岩浆热液型、接触交代型、变成型等，其成矿作用主要发生于印支期至燕山期，且以燕山期成矿最为强烈。其中，印支期成矿作用主要发育以山门Cu-Ni矿为代表的岩浆型铜镍硫化物矿化，与印支期基性-超基性岩有关；燕山期内生金属矿床成因类型较为丰富，主要包括接触交代型铁和钨矿（太阳沟铁矿和三家子钨矿，中侏罗世）、岩浆热液型银矿（山门银矿，早白垩世）、变成型硅灰石矿（铁汞山硅灰石矿，中侏罗世），这些矿床与燕山期不同时期的构造岩浆活动密切相关。

表 6-1 吉中-延边成矿带矿集区特征

编号	矿集区名称	面积/km^2	主要矿种	主要矿床（吉林省）
K1	铁汞山-山门硅灰石、Ag、多金属矿集区	875	硅灰石、银、金	梨树县铁汞山超大型硅灰石矿床、梨树县前马家油房大型硅灰石矿床、四平市山门大型银金矿床
K2	长崴子-南错草硅灰石、Au、多金属矿集区	2468	硅灰石、金、银	磐石市长崴子超大型硅灰石矿床、磐石市南错草大型硅灰石矿床、磐石市烟筒山镇粗榆中型金矿床、磐石市明城镇双发中型方解石矿床、磐石市石棚腰中型银多金属矿床
K3	大黑山-双杨树 Mo、多金属矿集区	1068	钼、金、银、铜、铅、锌、铬	永吉县大黑山超大型钼矿床、永吉县芹菜沟大型钼矿床、桦甸市双杨树大型钼矿床、桦甸市四方甸子小型钼矿床、桦甸市地局子小型铅锌矿床
K4	二道岭-盈隆 Au、Ag、多金属矿集区	725	金、银、钼	东辽县盈隆中型金矿床、伊通县新立屯钼矿床、东辽县小型弯月金矿床
K5	红旗岭-漂河川 Cu、Ni、Au、多金属矿集区	1675	镍、铜、金、钼	磐石市红旗岭中型镍矿床、磐石市红旗岭大型镍矿床、桦甸市二道甸子大型金矿床、桦甸市西台子中型硫铁矿床
K6	松江河-海沟 Au、多金属矿集区	2137	金、钼、银	安图县海沟大型金矿床、敦化市松江河中型金矿床、安图县刘生店中型钼矿床、安图县双山中型钼矿床
K7	五凤-百草沟 Au、多金属矿集区	1050	金、铅锌、银	汪清县刺猬沟小型金矿、汪清县闹枝小型金矿、汪清县棉田小型铅锌矿
K8	天宝山-长仁 Ni、Cu、Pb、Zn 矿集区	525	铅、锌、铜、镍、硅灰石	龙井市天宝山立山小型铅锌矿床、和龙市龙门乡长仁中型镍矿床、龙井市细鳞河超大型硅灰石矿床

注：预测资源量数据参考全国矿产资源潜力评价成果。

成矿潜力评述：矿集区内以硅灰石和银为主要富集矿种，产出有梨树县铁汞山超大型硅灰石矿床、梨树县前马家油房大型硅灰石矿床以及四平山门银矿等。硅灰石矿床赋存于上石炭统石嘴子组上段碳酸盐岩地层与花岗岩接触带附近，燧石条带和燧石结核大理岩为硅灰石成矿提供了充足的硅质和钙质成矿质来源，燕山期黑云母花岗岩呈岩基状提供热源，长期多次构造变动，北西向区域性构造为主容矿构造。银矿赋存于石英闪长岩体与中奥陶统黄莺屯岩组呈超覆侵入的断裂叠加-复合接触带及其内外两侧不同性质多次活动叠加的复合断裂、层间破碎带中，成矿物质多来源，成矿多期多阶段，属于岩浆热液型银矿床，代表性矿床为山门大型银金矿床。化探方面，Ag、Au、Cu、Pb、Zn、Ni 等主要成矿元素异常强度高，分带清晰，浓集中心明显，面积较大，对矿产积极支持，是优良的矿致异常；Au、Ag、Cu、Pb、Zn、Hg、Sb、Ni 空间套合紧密，异常组合富集组分复杂，构成甲级和乙级综合异常场，是扩大找矿的主要区域。因此，该区成矿地质、地球化学条件优越，成矿潜力较大，尤其在硅灰石和 Ag 等矿种上。结合矿集区地质与地球化学背景分析以及硅灰石和银矿的时空分布规律研究，认为在燕山期侵入岩与碳酸盐岩接触带附近具有形成变成型硅灰石矿的成矿条件和远景；燕山期中酸性侵入体与上古生界的接触部位，同时不同方向断裂的叠加复合部位和层间破碎带内具有形成岩浆热液型银矿的成矿条件和远景。

2. 长崴子-南错草硅灰石、Au、多金属矿集区（K2）

地质特征：矿集区位于伊通-舒兰岩石圈断裂与敦化-密山岩石圈断裂之间，主要位于长春市双阳区以东，至磐石市驿马一带，面积约 2468 km^2。矿集区内主要地层为奥陶系呼兰岩群，泥盆系王家街组，石炭系鹿圈屯组、余富屯组和磨盘山组，二叠系寿山沟组、双胜组，侏罗系托盘沟组、南楼山

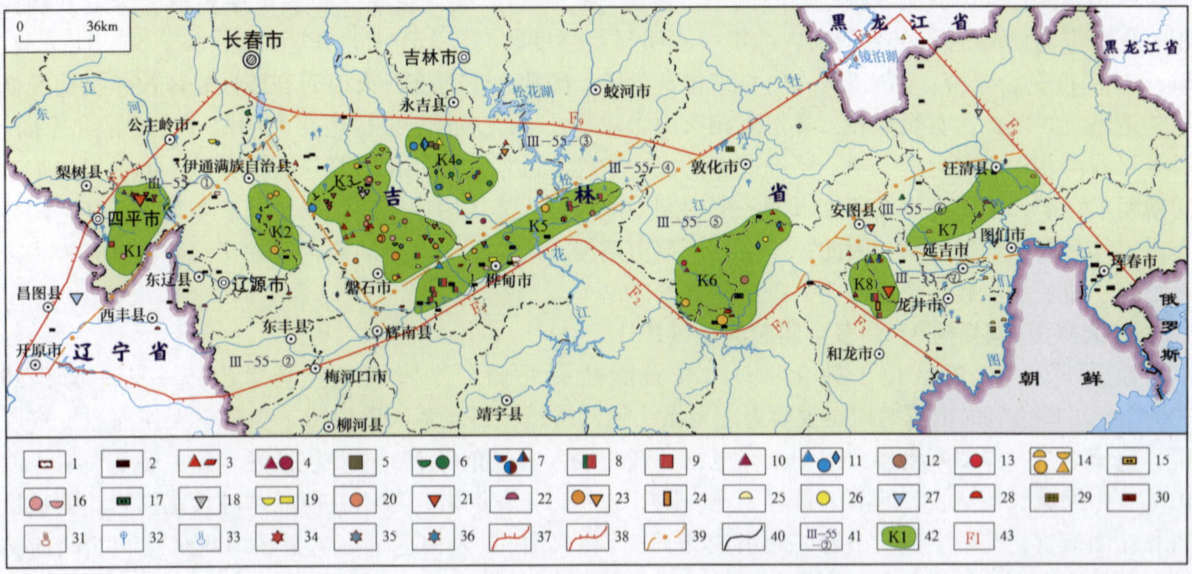

图6-1 吉中-延边成矿带（Ⅲ-55）矿集区分布图

1—油页岩；2—煤炭；3—铁矿；4—锰矿；5—铬铁矿；6—铜矿；7—铅锌矿；8—铜镍矿；9—镍矿；10—钨矿；11—钼矿；12—锑矿；13—汞矿；14—金矿；15 砂金矿；16—银矿；17—独居石；18—石墨；19—硫铁矿；20—萤石；21—硅灰石；22—沸石；23—方解石；24—冰洲石；25—高岭土；26—粘土；27—大理岩；28—珍珠岩；29—硅藻土；30—泥炭；31—地热；32—矿泉水；33—地下水；34—宝石；35—玉石；36—观赏石；37—Ⅱ级成矿带界线；38—Ⅲ级成矿区带界线；39—Ⅳ级成矿亚带界线；40—矿集区界线；41—Ⅳ级成矿亚带编号；42—矿集区编号；43—断裂带编号

F_1—华北板块北缘巨型断裂带小四平-海龙段；F_2—华北板块北缘巨型断裂带柳树河子-大蒲柴河段；F_3—华北板块北缘巨型断裂带古洞河-白金段；F_4—四平-长春-德惠断裂；F_6—敦化-密山断裂；F_7—集安-松江河断裂；F_8—汪清-珲春隐匿对接带；F_9—长春-吉林-蛟河隐匿对接带

组、玉兴屯组等。区域华力西期、印支期及燕山期中酸性侵入岩较发育，以中酸性侵入岩为主。褶皱和断裂构造较发育，其中褶皱构造以晚古生代地层组成的一系列紧闭褶皱为主，断裂构造以北东向和北西向断裂为主。

矿产特征：矿集区内铜、金、银、铅、锑、钨、钼、硅灰石等矿产资源丰富，已发现矿床和矿点30余处，其中，小型铅锌（宝玉石）矿1处（小红石砬子）、大型硅灰石矿2处（长崴子和南错草）、中型金矿1处（盈隆金矿）、小型金矿5处、小型银矿1处、小型镍矿1处（三道岗）、小型铁矿9处、小型石墨矿（仙人洞）。这些矿床（点）主要为海相火山岩型、岩浆热液型、岩浆型、接触交代型等类型，大体分为华力西期、印支期、燕山期3期成矿。其中，华力西期成矿作用以海相火山岩型金、铅锌矿为主，代表性矿床分别为头道川金矿和小红石砬子铅锌（宝玉）矿；印支期则主要形成岩浆熔离型铜镍矿，以三道岗镍矿为代表；燕山期主要形成接触交代型铁、铜矿和岩浆热液型金、银矿等。

成矿潜力评述：矿集区内以硅灰石、金、银为主要富集矿种，产有磐石市长崴子、南错草硅灰石矿床，明城镇双发方解石矿床、烟筒山镇粗榆金矿床、石棚腰银多金属矿床、永吉县头道川金矿床、民主屯银矿床等。长崴子硅灰石矿成矿物质来源于中石炭统磨盘山组和上石炭统石嘴子组层位中的硅质碳酸盐岩，北西向的区域构造通过控制燕山期花岗岩的侵位空间，进而控制着硅灰石矿带的总体分布。同时它的派生构造和次生裂隙又有利于热液活动及硅灰石成矿。南错草硅灰石矿床产于古生界志留系北岔屯组下段大理岩、硅灰石大理岩层位中，矿床的形成与分布受地层岩性、产状及大理岩与侵入岩接触带控制。因此，燕山期侵入岩与志留系—石炭系硅质碳酸盐岩的接触带部位具有寻找变成型硅灰石矿的成矿条件和远景。头道川金矿和民主屯银矿都赋存在下石炭统余富屯组内，而小红石砬子多金属（玉石）矿产出在石炭系—二叠系大河深组内，两层位属于区内典型的海相火山岩建造。这些矿床均属海相火山岩型，这些金、银、多金属等矿体的形成与空间分布受地层和断裂构造共同控制。化探方面，Au 异常分带清晰，浓集中心明显，强度较高。Au、Cu、Pb、Ag、As、Sb、Hg、W、Bi、Mo 空间套合紧密，构成离心-向心结构富集场。磁法、重力推断火山岩和酸性岩体控矿机构及低级构造系统。因此，石炭纪和二叠纪海相火山岩建造及不同方向断裂构造交汇部位（尤其是北东向）具有寻找海相火山岩型金、银、铅锌矿床的成矿条件和远景。此外，岩浆热液型金矿，如磐石市烟筒山镇粗榆金矿，主要产出在印支末期—燕山期中酸性侵入岩体内或附近，以脉状矿体为主，其空间分布受岩体和断裂构造控制。因此，印支期—燕山期侵入岩及不同方向断裂构造的交汇部位具有岩浆热液型金、银、多金属矿形成的成矿条件和远景。

3. 大黑山-双杨树 Mo、多金属矿集区（K3）

地质特征：矿集区位于敦化-密山岩石圈断裂北侧，吉林市永吉县常山镇一带，面积约 1068 km^2。矿集区内出露的地层主要为志留系头道沟岩组，石炭系四道沟组，二叠系大河深组、双胜组、范家屯组，侏罗系南楼山组和玉兴屯组。区内侵入岩分布广泛，主要包括晚二叠世超基性岩，燕山早、中期碱长花岗岩、石英闪长岩、花岗闪长岩、二长花岗岩，燕山晚期晶洞碱长花岗岩、闪长玢岩和花岗斑岩，与中生代火山岩共同组成驿马-吉林火山-岩浆构造带。矿集区内北东向和北西向脆性断裂较为发育，与钼、金、铜等矿床的空间产出密切相关。

矿产特征：矿集区产出有超大型钼矿 1 处（大黑山）、大型钼矿 1 处（双杨树）、中型钼矿 1 处、中型硫铁矿 1 处（头道沟）、中型铜矿 1 处（向阳）、小型钼矿 4 处、小型铁矿 2 处、小型铜矿 4 处及小型金矿 2 处，以及数十处矿点。这些矿床（点）主要为斑岩型、岩浆热液型、接触交代型、岩浆型等类型。不同类型的成矿作用大多形成于华力西晚期和燕山期，其中华力晚期成矿以岩浆型铬铁矿化（头道沟铬铁矿点）和接触交代型硫铁矿化（头道沟硫铁矿床）为主，燕山期成矿则呈现为大规模的斑岩型钼矿化（大黑山），岩浆热液型金、银、铜、钼矿化，接触交代型铁矿化等。

成矿潜力评述：本区主要为钼矿集中区，代表性的矿床为永吉县大黑山超大型钼矿床、桦甸市双杨树钼矿床、桦甸市四方甸子钼矿床等。燕山早期花岗闪长岩、花岗闪长斑岩及霏细状花岗闪长斑岩岩体控矿。东西向基底断裂和中生代北北东向断裂是矿区重要控岩、控矿构造，构造多次活动有利于成矿。钼矿成矿物质主要来源于地幔或下地壳。化探方面，Mo 元素异常具有清晰的三级异常分带和明显的浓集中心，与 Mo 空间套合紧密的伴生元素有 W、Cu、Ag、As、Bi、Pb、Zn，形成复杂组分富集场。遥感解译出多条环形和线性构造，为成矿预测提供重要佐证。本区构造岩浆活动强烈而频繁，断裂和接触带构造较为发育，成矿条件有利，尤其具有斑岩型和岩浆热液型的钼矿成矿条件和找矿远景。

此外，区内基性-超基性岩体赋存永吉县头道沟铬铁矿和永吉县三道沟铬铁矿，基性-超基性岩体与头道沟岩组接触带附近还产出有头道沟硫铁矿。因此，该区还具有形成基性-超基性岩型铬铁矿和海相火山岩型硫铁矿的远景。

4. 二道岭-盈隆 Au、Ag、多金属矿集区（K4）

地质特征：矿集区位于伊通-舒兰断裂以东的伊通地区，面积约 725 km^2，呈北西向延伸的椭圆形。矿集区内出露的地层相对简单，主要为志留系石缝组和弯月组，呈残余孤岛状分布；还有小面积的上白垩统金家屯组。矿集区岩浆岩分布广泛，主要为晚三叠世、中侏罗世和早白垩世的花岗岩类。北西向断裂构造较为发育。

矿产特征：该矿集区是金、银、钼、硅灰石等矿床的聚集区，具体包括金矿 5 处（含 1 处中型金矿——盈隆金矿），银矿点 3 处，小型钼矿 1 处，钼矿点 3 处，小型硅灰石矿 1 处及硅灰石矿点 1 处。这些矿床主要为岩浆热液型、海相火山岩型、变成型等类型，其中海相火山岩型的金矿（弯月金矿床）形成于加里东期，岩浆热液型的金和钼矿以及变成型的硅灰石矿形成于燕山期。

成矿潜力评述：本区以金、银等贵金属以及钼、铅锌等多金属为主要矿种，产出十余处贵金属、多金属矿产地，如中型的盈隆金矿、小型的二道岭金矿和龙王庙金矿、小型的新立屯钼矿等。矿集区成矿地质条件优越，其中志留系石缝组或作为成矿围岩，或是提供成矿物质的母岩之一，控制着矿集区金银成矿作用的发生；矿集区内岩浆侵入活动强烈，尤其是燕山期大面积分布的花岗岩类对矿集区岩浆热液型银、钼矿床形成起着决定性作用。受伊通-依兰断裂的活动影响，该区断裂构造较为发育，可作为热液活动的通道，或重要的储矿空间。因此，该区具有形成海相火山岩型金矿、岩浆热液型金矿、铅锌矿的远景。

5. 红旗岭-漂河川 Cu、Ni、Au、多金属矿集区（K5）

地质特征：矿集区位于敦化-密山断裂带内，呈北东向带状分布，位于磐石市红旗岭镇至桦甸市漂河川一带，面积约 1675 km^2。矿集区内出露的地层主要有奥陶系呼兰岩群，石炭系—二叠系石嘴子组、窝瓜地组，二叠系范家屯组、北安屯组以及白垩系安民组。其中，呼兰岩群变质岩系是含铜镍基性、超基性岩体的围岩，同时也是金矿的赋矿层位。区内与铜镍成矿有关的岩浆活动为印支期基性-超基性岩侵入，此外还分布有大面积的燕山期黑云母花岗岩及闪长岩、花岗闪长岩，与金矿成矿关系密切。矿集区受辉发河深大断裂控制，次一级的北西向断裂为区内主要的容岩、容矿构造。

矿产特征：矿集区镍、金等矿产资源丰富，目前已发现大型镍矿 1 处（红旗岭）、大型金矿 1 处（二道甸子）、中型镍矿 2 处、中型金矿 1 处以及小型镍矿 3 处、小型金矿 1 处，此外还产出十余处小型铁、锑、钼、硫铁矿、蓝宝石矿床（点）等。这些矿床（点）类型主要为岩浆熔离-贯入型、岩浆热液型、接触交代型、沉积变质型、化学沉积型等。区内不同类型的成矿作用主要形成于新元古代、印支期和燕山期，其中新元古代成矿以沉积变质型铁矿化为主，代表性矿床为西半截河铁矿；印支期成矿以岩浆型的铜镍矿化为主，代表性矿床为红旗岭镍矿、漂河川镍矿；燕山期成矿以岩浆热液型的金、钼、锌等矿化和接触交代型的钼矿化，代表性矿床为二道甸子金矿、大秃顶子金锑矿等。

成矿潜力评述：本区以镍矿、金矿、油页岩矿为主要矿种，产出有磐石市红旗岭镍矿、三道岗镍矿床、蛟河市漂河川镍矿、桦甸市西台子硫铁矿床、桦甸市二道甸子金矿床等。矿集区南西为吉黑造山带与华北板块分界线，即辉发河-古洞河超岩石圈断裂带，控制着基性-超基性岩浆侵入和岩浆熔离型镍矿的形成，与此断裂有成因联系的次一级北西向断裂是控矿构造，辉长岩-辉石岩-橄榄岩型与斜方辉石岩-苏长岩型为主要的含矿岩性体。此外，区内印支期—燕山期岩浆活动强烈，形成了与之相关的岩浆热液型金、多金属矿。同时，盆地内还发育有不同期次与生物化学沉积作用有关煤、油页岩、硫铁矿矿床成矿系列。化探方面，Ni、Cu、Co、Bi、Au、Ag、As、Hg、Mo 等元素异常强度高，分带清晰，浓集中心明显，规模较大，对铜镍矿积极支持，是优良的矿致异常。以 Ni、Cu 为主体的组合异常空间套合紧密，富集组分复杂，构成甲级综合地球化学场，为矿致系统深部及边缘找矿预测提供重要依据。综上，该区是寻找岩浆熔离型镍矿、岩浆热液型金矿、生物化学沉积型煤、油页岩等矿产的有利地区。

6. 松江河-海沟 Au、多金属矿集区（K6）

地质特征：矿集区位于富尔河断裂以北，呈三角形展布，位于安图县大蒲柴河-万宝一带，面积约 2137 km^2。矿集区内出露的地层较为齐全，主要包括新太古界老牛沟岩组、新元古界钓鱼台组和新东村岩组、三叠系大兴沟群、上侏罗统屯田营组、白垩系刺猬沟组和金沟岭组，古近系—新近系船底山组和老爷岭组。区内断裂构造比较发育，有敦化-密山（地堑）断裂大型变形构造、中-浅层次的北西—北北西向夹皮沟北西向韧性剪切带，也有表浅层次的脆性断裂；北西向断裂是区内的重要的控矿断裂，其与东西向断裂的交汇部位是成矿有利地段。区内主要发育华力西期、印支期及燕山期侵入岩，构成吉林东部火山岩浆带，与内生多金属矿产有一定的成因联系；其中华力西期二长花岗岩、花岗闪长岩分布广泛，在空间上与钼及多金属矿床关系密切。

矿产特征：矿集区内金、铁、钼等矿产资源丰富，主要产出有大型金矿 1 处（海沟）、中型金矿 1 处（松江河）、中型钼矿 2 处（刘生店和双山）、中型锑矿 1 处（矿山屯）、中型铁矿 1 处（四岔子）、小型铁矿 1 处，还有许多钼、铜矿点。这些矿床主要为沉积变质型、岩浆热液型、斑岩型和接触交代型，其中沉积变质型铁矿受磁铁石英岩层位控制；燕山期岩浆热液型、斑岩型和接触交代型金、钼、铁等矿床与燕山期不同阶段的构造岩浆活动密切相关，空间上或受韧性剪切带控制，或位于不同断裂构造交汇处。

成矿潜力评述：本区是金矿、钼矿等的聚集区，产出有海沟和松江河金矿床、刘生店钼矿床、安图县双山钼矿床以及马圈子锰矿床、敦化市迎风沟汞矿床、万宝镇矿山屯锑矿床等。该区成矿相关地质单元具有既“老”又“新”的特点，在中元古代初期，随着裂陷槽的褶皱隆起，强烈的火山爆发和变质作用，使大量的成矿物质进入了新元古界变质岩系中，构成本区金矿的初始矿源层；二叠纪时期，形成了海相火山碎屑岩-碳酸盐岩建造（庙岭组）。同时，不同时期的岩浆侵入活动频繁且强烈，燕山早期花岗闪长岩浆沿海沟复式背斜上侵，在结晶分异过程中的岩浆水与部分大气降水的混合使大量矿质带入含矿热水溶液，富集于张扭构造裂隙带中，形成含金石英脉群。另外，受区域构造作用影响的二长花岗斑岩体沿北西向断裂上侵就位后，引起斑岩体内部发生破裂形成了网脉系统为钼矿床提供了容矿空间。化探方面，成矿元素 Mo 异常分带清晰，浓集中心明显，强度高，对矿产积极支撑。以 Mo 为主体的组合异常规模大，元素空间套合紧密，构成复杂组分富集区。此外，遥感资料推测区内存在多条脆性变形构造以及环形构造。因此，该区具有形成斑岩型钼矿、岩浆热液型金、汞、锰、锑矿的远景。

7. 五凤-百草沟 Au、多金属矿集区（K7）

地质特征：矿集区位于安图县-汪清县一带，面积约 1050 km^2，呈北东向带状分布。矿集区内出露的地层主要有二叠系关门嘴子组变中性火山熔岩、片理化角砾凝灰岩夹砂岩和灰岩透镜体，二叠系庙岭组火山碎屑岩、凝灰岩，二叠系解放村组凝灰质砂岩、粉砂岩夹板岩和少许凝灰岩，三叠系柯岛群陆源碎屑岩，三叠系大兴沟群中酸性火山岩，侏罗系屯田营组陆相中酸性火山岩类及白垩系长财组含煤碎屑岩类等。区内侵入岩较为发育，主要有二叠纪石英闪长岩和早侏罗世花岗闪长岩、二长花岗岩、辉长岩，以早侏罗世花岗岩类分布最为广泛。区内北西向和北东向断裂构造较为发育。

矿产特征：该区是金、银、铅锌等矿产的聚集区，目前已发现小型金矿 3 处（刺猬沟、五凤-五星山、闹枝）、小型铅锌矿 1 处（棉田铅锌矿）、小型钼矿 1 处（夹皮沟钼矿），还有 20 余处金、铁、铜等矿点。这些矿床（点）主要形成于燕山期，矿床类型以陆相火山岩型和岩浆热液型为主，与燕山期的陆相火山活动及岩浆侵位有关，其中陆相火山岩型矿体明显受火山机构及经火山作用改造的某些次级断裂控制。

成矿潜力评述：区内主要出露有二叠系开山屯组、庙岭组、解放村组，三叠系大兴沟群和柯岛群，侏罗系屯田营组和白垩系长财组和金沟岭组，并伴生成群成组的次火山岩脉，以及大面积分布的侏罗纪花岗岩类，各类脉岩也较为发育；不同方向的断裂构造以及破火山口构造发育。化探方面，Cu 元素异常分带清晰，浓集中心明显。Cu、Au、Pb、Zn、Ag、As、Sb、Hg、Ag、W、Sn、Bi、Mo 等元素空间套合紧密，构成复杂组分富集场。遥感解译环形与线性构造系统发育。该区成矿条件较为优越，目前已发现中型金矿 1 处（闹枝）、小型金矿 2 处（刺猬沟和五凤-五星山）、小型铅锌矿 1 处、小型钼矿 1 处，还有 10 余处金、铁、铜等矿点。因此，本区以寻找陆相火山岩型金矿、岩浆热液型铅锌矿和铜矿为主，尤其是陆相火山岩型金矿。

8. 天宝山-长仁 Ni、Cu、Pb、Zn 矿集区（K8）

地质特征：矿集区位于古洞河-白金断裂带以北，呈椭圆形，面积约 525 km^2。矿集区内出露的地层主要为新元古界长仁大理岩、万宝岩组，上石炭统天宝山组，下白垩统泉水村组等。区内侵入岩比较发育，以华力西晚期—燕山期中酸性侵入岩为主，具体包括晚二叠世二长花岗岩，晚三叠世闪长花岗岩、石英闪长岩、石英二长花岗岩、二长花岗岩，早侏罗世花岗闪长岩、二长花岗岩、花岗斑岩、碱长花岗岩，早白垩世石英闪长玢岩等，此外，还发育一系列与铜镍矿和铬铁矿相关的基性-超基性侵入岩，主要形成于华力西末期—印支期。区域重要的控矿断裂为北西向断裂和东西向断裂，它们的交汇部位是成矿的有利部位。

矿产特征：矿集区内镍、铅锌、铜、钼、硅灰石等矿产资源丰富，目前已发现超大型硅灰石矿 1 处（细鳞河）、中型镍矿 1 处（长仁）、小型铁矿 2 处、多金属矿田 1 处（天宝山）、小型钨矿 1 处，此外还有许多矿点。这些矿床（点）主要为变成型、斑岩型、岩浆热液型、海相火山岩型、接触交代型、岩浆型等类型，主要形成于华力西期、印支期和燕山期。华力西期成矿作用类型较为全面，涉及海相火山岩型、接触交代型和隐爆角砾岩筒型铅锌多金属矿化，代表性矿床分别为天宝山矿田东风南山矿床、立山矿床和新兴矿床；以长仁镍矿为代表的岩浆型铜镍矿形成于印支期，与印支期基性、超基性岩有关；岩浆热液型金矿化、接触交代型铁矿化以及斑岩型钼矿化主要形成于燕山期，与燕山期不同期次的中酸性岩浆侵入活动有关。

成矿潜力评述：该矿集区位于古洞河深大断裂北侧，不同时期构造岩浆活动频繁且强烈，断裂和接触带构造较为发育，产出有天宝山多金属矿、长仁镍矿、细鳞河硅灰石矿等。化探方面，Pb、Ag等主成矿元素异常分带清晰，浓集中心明显，强度高；Pb、Cu、Ag、Au、As、Sb、Hg、Sn、Bi、Mo等元素形成复杂元素组分富集场。早二叠世中酸性火山岩喷发时与大气降水相遇，形成火山岩浆混合热液，形成块状硫化物矿层，如东风南山矿床。华力西期立山石英闪长岩、新兴花岗闪长岩体侵位，在与碳酸盐岩的接触带及附近形成矽卡岩型矿体（立山），岩浆作用晚期，富含挥发份的岩浆热液流体上升富集于靠近地表处，由于上覆盖层压力的急剧降低，而引起隐爆作用，形成隐爆角砾岩筒，后期流体演化沉淀富集铅锌矿，形成新兴矿床。晚三叠世来自上地幔的初始镁铁质岩浆沿辉发河-古洞河深大断裂上升侵位，并集聚形成地下岩浆房。在地壳相对稳定期，超镁质熔浆发生结晶分异或熔离作用，形成晚期熔离贯入式长仁镍矿床。本区硅灰石矿床产于青龙村岩群中部岩性段含硅质条带、硅质结核及泥质条带的大理岩层位中，如龙井市细鳞河硅灰石矿床。因此，该区具有形成接触交代型和隐爆角砾岩筒型多金属矿、变成型硅灰石矿、岩浆熔离型镍矿的成矿条件和远景。

第二节　找矿远景区及其潜力评述

一、找矿远景区圈定原则及分类标准

找矿远景区的圈定原则：①具有已知矿床、矿（化）点的空间分布区；②区内具备重要的控矿构造、含矿地层及与成矿相关的岩浆岩等地质要素；③结合物化探各类组合异常的分布、套合情况以及④成矿规律研究认为有较大找矿潜力的地区。在此基础上，综合考虑成矿条件有利程度，预测依据是否充分，矿化强度、成矿信息浓缩程度、资源潜力大小等因素进行Ⅰ、Ⅱ和Ⅲ级找矿远景区的划分。

Ⅰ级找矿远景区：具有明显的有利成矿的控矿、容矿构造，有利于主成矿元素的进一步的富集；具有较强的岩浆侵入活动和具有提供成矿元素的矿源地（岩）层，并在该找矿远景区内已发现大、中型矿床，通过进一步的勘查工作，有可能扩大矿床规模和已被证实具有可靠的地表蚀变矿化找矿标志；同时，具有化探甲类组合异常，以能反映调查区内已知的矿床、矿点的异常为主，这类异常的强度高，规模大，元素组合复杂，浓集中心明显，主成矿元素的浓度梯度变化大，具有明显的水平分带性。

Ⅱ级找矿远景区：有明显的控矿构造、具有较强的岩浆侵入活动和含矿地（岩）层，并分布有小型矿床、矿（化）点和找矿线索；在异常区内新发现具有进一步工作的地表蚀变矿化线索，结合地质构造条件分析，可能具有形成矿床的找矿远景区；远景区内组合异常主要为乙类异常，主要成矿元素异常分布范围大，异常强度高，伴生元素组合较好，有一定的浓集中心和分带性，而且集中出现。

Ⅲ级找矿远景区：具有一定的成矿构造，含矿地（岩）层，分布有一定的矿（化）点、矿化线索等找矿标志等；区内主要成矿元素异常分布较为集中，具有一定的规模，各元素异常套合较好，地质条件对成矿较为有利，经进一步工作可能找矿有所突破的地区。

二、找矿远景区特征及潜力分析

按照上述原则，吉中-延边成矿带内共圈定出10处找矿远景区（图6-2），并进一步划分出6处Ⅰ类找矿远景区，2处Ⅱ类找矿远景区和2处Ⅲ类找矿远景区。各远景区主要特征见表6-2。

表 6-2　吉中-延边成矿带找矿远景区评述表

编号	找矿远景区名称	面积/km^2	类别	主要矿种	主要矿床类型	预测资源量
Y1	大黑山条垒南段硅灰石、Au、Ag、多金属找矿远景区	3156	Ⅰ	银、金、铅、锌、硫铁矿、硅灰石	海相火山岩型、岩浆热液型、矽卡岩型	硫铁矿 358.7×10^4 t；铅 58813 t；锌 820445 t；银 4725 t；金 9061 kg
Y2	吉中硅灰石、Mo、Au、多金属找矿远景区	5375	Ⅰ	硅灰石、钼、金、铅锌	变成型、斑岩型、岩浆热液型、海相火山岩型	钼矿 436×10^4 t；金 12 t；硫铁矿 466.3×10^4 t；铜矿 142×10^4 t；铅 47439 t；锌 352775 t
Y3	新立屯-盈隆 Au 找矿远景区	2037	Ⅱ	金	岩浆热液型、海相火山岩型	金 13 t；钼 6.5×10^4 t
Y4	大水缸-安恕煤、沸石、珍珠岩找矿远景区	768	Ⅲ	煤炭、沸石、珍珠岩	陆相火山岩型、生物化学沉积型	珍珠岩 400×10^4 t；沸石 5×10^4 t；煤炭 5000×10^4 t
Y5	红旗岭-漂河川 Ni、Au、Cu、多金属找矿远景区	2068	Ⅰ	镍、金	岩浆型、岩浆热液型	镍矿 653833 t；铜矿 200330 t
Y6	春坪-天桥岭煤、石墨、Au、多金属找矿远景区	1506	Ⅲ	铜、铅、锌、银	海相火山岩型、岩浆热液型	铜 60395 t；铅 21049 t；锌 156515 t；银 501 t
Y7	松江河-海沟 Au、多金属找矿远景区	3031	Ⅰ	金、钼	岩浆热液型、斑岩型	金 100181 kg
Y8	五凤-刺猬沟 Au、多金属找矿远景区	3162	Ⅰ	金、铅锌、钼	岩浆热液型、斑岩型、接触交代型	金 35962 kg，铜 95322 t
Y9	天宝山-长仁 Ni、Cu、Pb、Zn、Au 找矿远景区	1593	Ⅱ	铅锌、镍、金	接触交代型、岩浆型	铅矿 215473 t；锌 565447 t；镍 64842 t；金 273937 kg
Y10	板石煤炭找矿远景区	612	Ⅰ	煤	生物化学沉积型	4180×10^4 t

注：预测资源量数据参考全国矿产资源潜力评价成果。

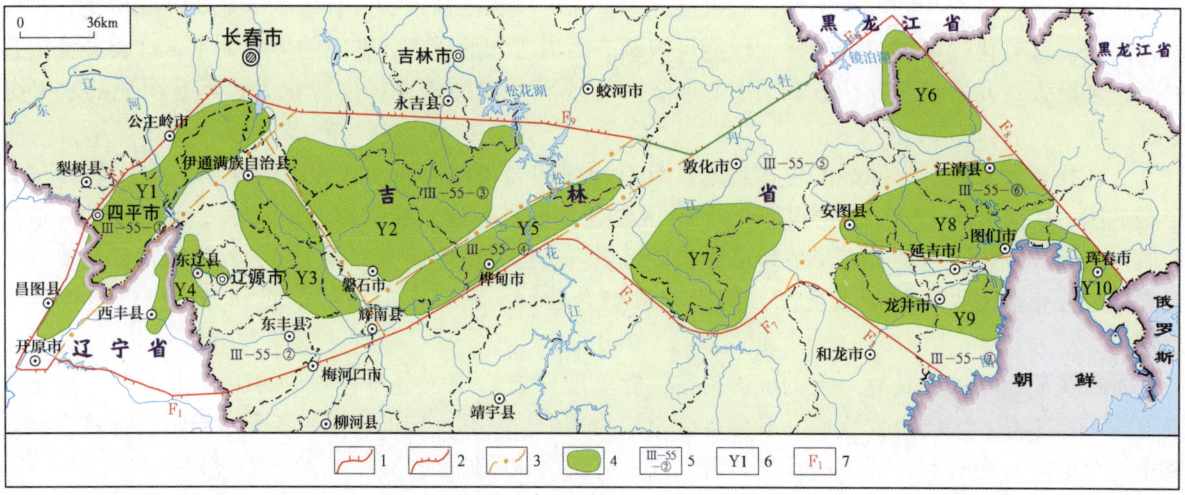

图 6-2　吉中-延边（活动陆缘）Mo-Au-As-Cu-Zn-Fe-Ni 成矿带找矿远景区分布图

1—Ⅱ级成矿带界线；2—Ⅲ级成矿带界线；3—Ⅳ成矿亚带界线；4—找矿远景区界线；5—Ⅳ成矿亚带编号；6—找矿远景区编号；7—断裂带编号（各断裂带名称同图 6-1）

（一）Ⅰ级找矿远景区

1. 大黑山条垒南段硅灰石、Au、Ag、多金属找矿远景区（Y1）

地质特征：找矿远景区呈北东向不规则带状分布在四平-长春-德惠断裂以及伊通-舒兰断裂之间，北起四平市伊通县放牛沟地区，北东经公主岭-四平一带，最南至辽宁省昌图，东西宽15~20 km，南北长达130 km，面积约3156 km^2。远景区内主要出露的地层较为齐全，主要包括奥陶系下二台岩群烧锅屯岩组和盘岭岩组变质碎屑岩-火山岩及碳酸盐岩建造，放牛沟火山岩，志留系桃山组碎屑岩夹碳酸盐岩建造，志留系弯月组变质中酸性火山岩建造夹碳酸盐岩建造，石炭系—二叠系窝瓜地组中酸性火山岩-火山碎屑岩夹碳酸盐岩建造，石炭系—二叠系鹿圈屯组-磨盘山组碎屑岩建造和碳酸盐岩建造，早白垩义县阶火山岩-碎屑岩，沙河子组陆源碎屑岩，中白垩泉头组陆源碎屑岩等。受四平-德惠深大断裂影响，区内不同方向的脆性断裂较为发育，主要有北东向、北西向和近东西向。区内侵入岩较发育，有志留纪闪长岩、片麻状石英闪长岩、片麻状花岗闪长岩，晚三叠世辉长岩、石英闪长岩，早侏罗世花岗闪长岩、二长花岗岩、正长花岗岩，中侏罗世石英二长岩、二长花岗岩，晚侏罗世闪长岩，早白垩世正长花岗岩。

区域地球物理及地球化学场：找矿远景区区域重力异常沿北东向展布，其西北部长轴状布格重力高异常，北东走向，规模大，强度高，最大值为16.2×10^{-5} m/s^2，西南部经过蔡家-石岭低缓重力高异常区，到西南端进入山门-叶赫升高重力异常区，而异常边部等值线扭曲处和顶端位置常常是多金属矿床的产出部位。远景区航磁异常特征表现为出现多个封闭的高磁异常，异常呈长椭圆状，异常沿北东向展布，而热液型及接触交代型矿床大部分处在正磁异常带边部梯度带或低缓正磁异常上。远景区内出现的组合异常元素主要有Ag-Au-Cu-Pb-Zn-Ni-W-As等，异常面积大小不一，且各元素规模大小及异常中心吻合程度随不同矿化点分布而有所不同。远景区中部山门银矿、大顶山铜铅锌多金属矿床周边Ag、Au、Cu、Pb、Zn、Ni等主要成矿元素异常强度高，分带清晰，浓集中心明显，面积较大，是优良的矿致异常，同时Au、Ag、Cu、Pb、Zn、Hg、Sb、Ni空间套合紧密，异常组合富集组分复杂，构成甲级和乙级综合异常场。

矿产特征：远景区内目前已发现矿床16处，其中，大型银矿1处（四平山门），大型水泥用大理岩矿1处（昌图县小泉头）以及中型硫铁矿多金属矿床1处，还有矿点20余处。它们的矿床类型主要为接触交代型、海相火山岩型、岩浆热液型及岩浆型等。

远景区的成矿作用可大致分为3期：①加里东期，在志留系石缝组海相火山岩系内发育海相火山岩型多金属硫铁矿化（放牛沟）；②印支期，晚三叠世基性-超基性岩侵位的同时，形成了岩浆熔离型镍矿；③燕山期，为主要成矿时期，与燕山期大规模的中酸性岩浆侵位有关，形成了众多接触交代型铁、铅锌及岩浆热液型铜、银矿化。这些矿床的空间上或在断裂带附近和两组断裂交汇部位，或在侵入岩与地层接触带附近，或受早古生代海相火山岩层位控制。

找矿潜力评述：该远景区成矿地质条件优越，受依舒和四平-德惠两大断裂活动影响，不同方向的断裂和破碎带极为发育，为岩浆热液活动提供了通道和有利的储矿空间。区内岩浆活动频繁且强烈，岩石类型也较为多样，在燕山期中酸性侵入岩及碳酸盐岩建造接触带及断裂交汇部位通常发育接触交代型多金属矿和变成型水泥用大理岩矿，同时也控制着岩浆热液型银、铜矿床的形成。尤为重要的是，该区奥陶系和志留系火山沉积岩系中的Au、Ag、Pb、Zn等成矿元素较为富集，对成矿带内Au、Ag、Pb、Zn矿的形成起着重要作用。远景区南部奥陶系下二台岩群碳酸盐岩建造分布区，尤其是与晚侏罗世花岗闪长岩接触地带，是良好的石灰石及大理岩矿找矿远景区。此外，远景区南部下白垩统含煤陆源碎屑岩发育，是寻找煤矿的有利地区。结合物探和化探组合异常分布，认为该区是寻找金、银、铅锌、镍、水泥用大理岩等矿产的有利地区，主攻矿床类型为岩浆热液型、海相火山岩型、接触交代型以及岩浆型。

2. 吉中硅灰石、Mo、Au、多金属找矿远景区（Y2）

地质特征：远景区位于伊通-舒兰岩石圈断裂与敦化-密山岩石圈断裂之间，主要位于长春市双阳区以东，南东至磐石市，面积约5375 km^2。远景区内主要地层为奥陶系呼兰岩群，志留系头道沟岩组，泥盆系王家街组，石炭系四道沟组、鹿圈屯组、余富屯组、磨盘山组和石嘴子组，二叠系寿山沟组、大河深组、双胜组及范家屯组，侏罗系托盘沟组、南楼山组、玉兴屯组等。区内华力西期和印支期及燕山期中酸性侵入岩较发育，以中酸性侵入岩为主，头道沟一带还出露晚二叠世超基性岩。本区褶皱和断裂构造较发育，其中褶皱构造以晚古生代地层组成的一系列紧闭褶皱为主，断裂构造以北东向和北西向断裂为主。

区域地球物理和地球化学场：该远景区中部至东南部位布格重力异常梯度带转弯处，剩余重力异常零等值线附近，区域地球物理场北西与北东向航磁异常带正负异常交界处正、负场区，莫氏面隆起区边缘（马俊孝等，1998）。在远景区内出现的元素异常较丰富，主要有Au-Ag-Mo-Ni-Cu-Fe-Pb-Zn等，异常规模大小不等。远景区东北部大黑山钼矿、四方甸子钼矿周边，主要成矿元素Mo异常具有清晰三级异常分带和明显的浓集中心，与Mo空间套合紧密的伴生元素有W、Cu、Ag、As、Bi、Pb、Zn，形成复杂组分富集场。远景区西北部头道川金矿周边主要指示元素Au具有异常分带清晰，浓集中心明显，强度较高的基本特征，Au、Ag、Cu、Zn、Pb、As、Sb异常组合构成叠加紧密的元素富集区，圈定的乙级综合异常场是扩大找矿有望区域。

矿产特征：远景区内目前已发现矿床81处，其中，超大型1处、大型5处，还有矿点10余处，有超大型的大黑山钼矿床，大型的南错草硅灰石矿床、新立屯高岭土矿床、长崴子硅灰石矿床、双杨树钼矿床以及样子沟方解石矿床。这些矿床（点）类型复杂，主要包括斑岩型、变成型、接触交代型、岩浆热液型、岩浆型等类型，形成时代跨度大，华力西期、印支至燕山期都有发育。

找矿潜力评述：该区成矿地质条件优越，区内发育的奥陶系呼兰岩群、志留系头道沟岩组、石炭系余富屯组和石嘴子组，通常富含Au、Ag、Cu、Pb、Zn等成矿元素，是区内金、银、铜等矿床的矿源层，是寻找海相火山岩型金、银、铜、铅锌等矿床的关键地区，而且呼兰岩群小三个顶子岩组的金元素为弱富集、强分异元素（马俊孝等，1998）。远景区内岩浆活动强烈，尤其燕山期中酸性侵入岩分布最为广泛，这些侏罗纪和白垩纪的花岗岩类的侵位常伴随着不同规模的钼、金、银、铅锌等矿化，如超大型的大黑山钼矿产出在中侏罗世前撮落花岗闪长（斑）岩内。这些中酸性侵入岩与碳酸盐岩的接触部位还是寻找接触交代型铁、铅锌、硫铁矿以及硅灰石等矿产的重点部位。区内断裂构造异常发育，北东向敦化-密山深大断裂、北西向烟筒山-黑石镇断裂带以及北东向桦甸-双河镇断裂带等断裂构造的活动控制着远景区内生金属矿床及重要岩体的形成，尤其是北东—北北东向断裂与北西向断裂的交汇部位是成矿的有利部位。此外，在磐石-永吉地区还发育韧性剪切带或碎裂-糜棱岩带，与头道川金矿床、民主屯银矿床的形成密切相关（李之彤等，1994）。此外，在双阳区山河-太平一带还发育晚三叠世、侏罗纪和白垩纪的含煤层系，目前已发现多处小型煤矿，是寻找生物化学沉积型煤矿的有利地区。结合物探和化探组合异常分布，认为该区是寻找金、银、铅锌、硅灰石等矿产的有利地区，主攻矿床类型为岩浆热液型、海相火山岩型、接触交代型以及变成型。

3. 红旗岭-漂河川Cu、Ni、Au、多金属找矿远景区（Y5）

地质特征：找矿远景区西起磐石市红旗岭，东经桦甸市二道甸子，最东至蛟河市漂河川，呈北北东向带状分布，长约140 km，宽20~30 km，面积约2068 km^2。远景区内出露的地层主要有寒武系漂河川组，奥陶系呼兰岩群小三个顶子岩组，石炭系—二叠系石嘴子组、窝瓜地组，二叠系范家屯组和北安屯组，白垩系安民组以及新生界船底山组和军舰山组。其中，呼兰岩群小三个顶子岩组的金元素为弱富集、强分异元素（马俊孝等，1998）。区内除印支期与镍矿密切相关的基性-超基性岩外，还分布有大面积的燕山期黑云母花岗岩、花岗闪长岩及闪长岩。远景区内褶皱和断裂构造均较为发育，其中褶皱构造包括呼兰镇复式背斜和二道甸子背斜，断裂构造主要为辉发河深大断裂、桦甸-双河镇断裂带和丰满-二道甸子断裂带。

区域地球物理和地球化学场：远景区区域布格重力异常以桦甸为界，西南部为等轴状的重力高异常区，最高值为-23.6×10^{-5} m/s^2，中部、东北部重力低异常区，异常多呈北东及北西走向。区域航磁异常表现为正、负异常区沿北东向相间分布的特征。化探方面，主要元素Ni、Cu、Co、Bi、Au、

Ag、As、Hg、Mo 异常强度高，分带清晰，浓集中心明显，规模较大，对铜镍矿积极支持，是优良的矿致异常。以 Ni、Cu 为主体的组合异常空间套合紧密，富集组分复杂，构成甲级综合地球化学场，为矿致系统深部及边缘找矿预测提供重要依据。

矿产特征：远景区内金、镍、铅锌、铁、蓝宝石、油页岩、煤等矿产资源丰富，目前已发现矿床 33 处，其中，大型 2 处，分别为二道甸子金矿床和红旗岭镍矿床，还有矿点 10 余处。这些矿床（点）类型丰富，主要为岩浆熔离-贯入型、岩浆热液型、接触交代型、受变质型、生物化学沉积型、砂矿型等。矿床成矿时代跨度大，包括兴凯期、印支期、燕山期 3 期成矿。

找矿潜力评述：该找矿远景区对成矿有利的地层条件优越，比如发育奥陶系呼兰岩群，为一套变质的中基性、中酸性火山岩-浅海相非稳定性碎屑岩建造，富集 Ag、Zn、As 等元素，是区内重要的成矿围岩或物质来源。此外，本区构造十分发育，尤其是不同层次、不同方向的断裂构造较为发育，辉发河超岩石圈断裂控制着与岩浆型镍矿化密切相关的基性-超基性岩体的分布，北西向的桦甸-双河镇和丰满-二道甸子断裂带长期活动，控制着区内不同时期的中酸性侵入岩的空间分布，与区内的内生金属矿床的形成密切相关。除百余个含镍的基性-超基性岩体外，区内燕山期岩浆活动强烈，形成了众多与之相关的岩浆热液型金、多金属矿。此外，断陷盆地内发育有河湖相陆源碎屑岩沉积，目前已发现多处生物化学沉积型的煤、油页岩、硫铁矿矿床。综上，无论是地层、构造，还是岩浆岩条件，均对本区成矿十分有利。因此，该远景区是寻找岩浆熔离型镍矿、岩浆热液型金矿、生物化学沉积型煤、油页岩等矿产的有利地区。

4. 松江河-海沟 Au、多金属找矿远景区（Y7）

地质特征：找矿远景区位于富尔河断裂以北，北起安图县亮兵以南，经大蒲柴河、万宝，南至两江，面积约 3031 km^2。区内出露的地层面积较小，包括太古宇老牛沟岩组、新元古界钓鱼台组、新东村岩组等变质岩以及侏罗系屯田营组、白垩系刺猬沟组和金沟岭组等中生代火山岩，还有小面积的古近系—新近系船底山组和老爷岭组。区内断裂构造比较发育，包括敦化-密山（地堑）断裂大型变形构造、中-浅层次的北西—北北西向夹皮沟北西向韧性剪切带以及表浅层次的脆性断裂。区内不同时期的岩浆活动频繁且强烈，大体包括华力西期、印支期及燕山期 3 期，以燕山期岩浆活动最为强烈，岩石类型丰富，构成吉林东部火山岩浆带。

区域地球物理和地球化学场：该远景区的布格重力异常整体上呈北西走向起伏状，宽度较大，梯度缓，异常带内局部重力低异常呈北西、东西走向，多为椭圆状、条带状，最低强度为 $-67\times10^{-5}\ m/s^2$。该远景区处于大蒲柴河-江源-大石头-亮兵弧形航磁异常带，向北凸出，规模较大，外侧梯度陡，内侧梯度缓，由走向近东西的 4 处较强局部正磁异常组成，异常最大值为 413 nT。远景区内出现的元素组合主要为 Au-Fe-Cu-Pb-Zn-Ag-Mo-Ni，异常规模大小不等，且各元素规模大小及异常中心吻合程度随不同矿化点分布而有所不同。其中远景区东南部海沟金矿周边主要成矿元素 Au 具有强度高、分带及浓集中心明显的基本特征，Au、Ag、Cu、Pb、Zn、As、Sb、Hg、W、Bi、Mo 形成离心-向心结构的综合异常场。远景区东部刘生店钼矿周边成矿元素 Mo 异常分带清晰，浓集中心明显，强度高，对矿产积极支撑。以 Mo 为主体的组合异常规模大，元素空间套合紧密，构成复杂组分富集区，可对成矿客体深部和外围进行有效预测。

矿产特征：找矿远景区内目前已发现金、铁、钼、伊利石粘土等矿床 13 处，其中，超大型矿床 2 处（双桥沟和万宝镇伊利石粘土矿床），大型矿床 1 处（海沟金矿床），还有众多钼、铜矿点。这些矿床（点）主要为受变质型、岩浆热液型、斑岩型和接触交代型，以燕山期成矿为主，还有喜马拉雅期和兴凯期两期成矿事件。

找矿潜力评述：本区成矿地质条件有利，发育有新太古界和新元古界变质火山-沉积岩系，构成本区金矿的初始矿源层。二叠系海相火山碎屑岩-碳酸盐岩建造（庙岭组）富集 Pb、Zn 等成矿元素，是本区海相火山岩型多金属矿床的重要物质来源。中生代中基性、中酸性火山岩富含 Au、Ag 等成矿元素，与陆相火山岩型贵金属矿床的形成密切相关。不同时期的岩浆侵入活动频繁且强烈，尤其燕山期中酸性侵入岩，控制着区内岩浆热液型金矿、斑岩型钼矿等的形成。此外，本区构造较为发育，如近东西向富尔河-古洞河断裂、北东向两江-集安断裂等断裂长期活动以及大阳-夹皮沟-古洞河逆冲型韧性剪切带，遥感资料推测区内存在多条脆性变形构造以及环形构造，这些构造为控矿岩体的侵位、热液的运移、矿体的储存提供了有利的空间。因此，该区是寻找斑岩型钼矿、岩浆热液型金、汞、锰、锑矿的远景。

5. 五凤-刺猬沟 Au、多金属找矿远景区（Y8）

地质特征：位于安图县-汪清县一带，呈三角形分布，面积约 3162 km^2。远景区内出露的地层主要有二叠系关门嘴子组、庙岭组及解放村组，三叠系柯岛群及大兴沟群，侏罗系屯田营组以及白垩系长财组。区内侵入岩浆活动较为强烈，主要有二叠纪石英闪长岩和早侏罗世花岗闪长岩、二长花岗岩、辉长岩，以早侏罗世花岗岩类分布最为广泛。区内北西向、北东向和东西向断裂构造较为发育。

区域地球物理和地球化学场：远景区的重力异常表现为局部重力高、低异常交错分布的特征，且异常多为条带状，走向有北东向、北北东向、北北西向、近东西向，低缓，强度不大，最高值为 -25.2×10^{-5} m/s^2，最低值为 -42.7×10^{-5} m/s^2，远景区内已经发现的重要矿床主要分布在重力高异常及边部。远景区表现为正、负线性磁异常带，呈北东走向，沿北西向相间排列，由北西到南东，异常变化幅度逐渐减弱。远景区内出现的元素主要有 Au-Cu-Ag-Pb-Zn-Fe 等，异常规模大小不等，且各元素规模大小及异常中心吻合程度随不同矿化点分布而有所不同。其中远景区五凤、五星山金矿一带主要指示元素 Au 具有清晰的分带和浓集中心，伴生组分 Cu、Pb、Zn、As、Sb、Hg、Ag 与 Au 空间交合紧密，构成组分复杂的甲级综合异常场，显示金矿系统深部及边缘仍具有较大的找矿潜力；闹枝-刺猬沟一带主要元素 Au、Cu、Pb、Zn 异常分带清晰，浓集中心明显，强度高，是优良的成矿异常，Au、Cu、Pb、Zn、Ag、As、Sb、Hg、W、Sn、Bi、Mo 构成离心-向心结构的叠生地球化学场，圈定的甲级综合异常为矿致系统深部及边缘找矿预测提供依据。

矿产特征：本区目前已发现金、铅锌、硅灰石、铜等矿床 17 处，还有 10 余处金、铁、铜等矿点，有大型的图们碧水大理岩矿床，小型的闹枝、刺猬沟和五凤-五星山金矿床，小型的碧水和棉田铅锌矿床等。这些矿床（点）主要形成于燕山期，矿床类型以陆相火山岩型、岩浆热液型和接触交代型为主。

找矿潜力评述：本区发育的二叠系庙岭组富含 Pb、Zn 等成矿元素，是成矿带海相火山岩型多金属矿床的矿源层和赋矿围岩。同时，该组的大理岩与中酸性侵入岩的接触部位还常常发育接触交代型多金属矿床。区内还发育大面积的中生代火山岩，如侏罗系屯田营组和白垩系金沟岭组，并伴生成群成组的次火山岩，这些火山岩、次火山岩与陆相火山岩型贵金属矿的形成密切相关。侏罗纪花岗岩类以及各类脉岩侵位，这些中酸性侵入岩通常与岩浆热液型的金、铅锌、铜矿化密切相关。此外，远景区的构造条件极为有利，本区处于敦化-杜荒子东西向壳断裂带的东段，东西向复兴-杜荒子断裂带、新合-马滴答断裂带和北东向两江-罗子沟断裂带横穿本区，还有次一级的北西向断裂，它们具有长期、多次活动的特征，控制着晚侏罗世火山喷发、岩浆侵入及矿床的空间分布。因此，该区成矿条件较为优越，找矿潜力巨大，尤其是寻找陆相火山岩型金矿、岩浆热液型铅锌矿和铜矿。

6. 板石煤炭找矿远景区（Y10）

地质特征：远景区位于汪清-珲春隐匿对接带以西，呈近北西向不规则带状分布，北起凉水，南至英安，面积约 612 km^2。远景区内出露的地层除了第四系外，主要为二叠系关门嘴子组、解放村组，三叠系柯岛群，侏罗系屯田营组以及古近系珲春组。远景区断裂构造不发育，仅发育少量正断层。远景区内侵入岩不甚发育，仅在远景区边部发育小面积的花岗闪长岩，时代为晚三叠世和早侏罗世。

矿产特征：远景区目前已发现珲春煤田和关门嘴子水泥用大理岩矿床。矿床类型为生物化学沉积型和变成型，分别形成于古近纪和侏罗纪。

找矿潜力评述：本区重要的含煤层系——珲春组较为发育，属于古近纪河湖相含煤碎屑岩建造，区内主要的煤矿均产出于该层位。因此，该区具备寻找与生物化学沉积作用有关的煤矿床的潜力。

（二）Ⅱ级找矿远景区

1. 新立屯–盈隆 Au 找矿远景区（Y3）

地质特征：远景区位于华北板块北缘深大断裂带北侧营城子-—座营一带，面积约 2037 km^2，呈北西向带状分布。区内出露地层主要为新元古界西保安岩组斜长角闪岩夹数层磁铁石英岩，志留系石缝组、椅山组变质碎屑岩和碳酸盐岩以及志留系弯月组中酸性火山岩及碳酸盐岩，其中西保安岩组是沉积变质型铁矿主要的产出层位，同时其金元素平均含量为 70×10^{-9}，最高达 150×10^{-9}；银元素平均含量为 0.35×10^{-6}，最高为 30×10^{-6}。石缝组以赋存金、铅锌、萤石等矿产为特征，而且该组岩石金元素丰度为 100×10^{-9}，最高为 185×10^{-9}；银元素丰度 0.1×10^{-6}，最高为 3×10^{-6}（马俊孝等，1998）。区内侵入岩分布较广，有加里东期花岗闪长岩，印支期花岗闪长岩，燕山期花岗闪长岩（二长花岗岩）、闪长玢岩和花岗斑岩，其中燕山期花岗闪长岩和二长花岗岩分布广，空间上与钼矿化关系密切；侵入岩呈近东西—北东向分布、岩基状产出，构成吉林东部火山-岩浆岩带的组成部分。区内断裂构造展布方向主要为北东向，北西向次之，区内主要矿产均赋存于北东向构造带内。

区域地球物理场和地球化学场：该找矿远景区位于布格重力异常梯度带和梯度带边缘，剩余重力异常零等值线附近，莫氏面隆起与坳陷的过渡带以及航磁正负异常交界处负场一侧（马俊孝等，1998），通常是矿床或矿化集中区分布位置。远景区处于 Au、Ag、Cu、Pb、Zn 等造岩元素组合富集场，同时处于金、银元素的地球化学高值区和高趋势区（马俊孝等，1998）。此外，石缝组的金元素和华力西晚期花岗岩、西保安岩组的金、银元素变异系数均大于 0.3，石缝组和西保安岩组的金元素浓集系数大于 1，说明上述地质单元中金、银元素的离散程度大，分布不均匀或极不均匀，有明显的浓集趋势和局部富集特征，具备有利金、银成矿的地球化学条件（马俊孝等，1998）。远景区内出现的异常元素主要有 Au-Mo-Ag-Pb-Zn-Cu-Ni 等，异常规模大小不等，且各元素规模大小及异常中心吻合程度随不同矿化点分布而有所不同。其中反映弯月金矿系统的综合地球化学场由 Au、Pb、Cu、W、Bi 构成，其中 Au 异常分带清晰，浓集中心明显，强度较高，对弯月金矿积极支撑。因此，圈定的乙级综合异常是扩大找矿的有望场所。

矿产特征：该远景区内目前已发现中型金矿 1 处（盈隆）、小型金矿 3 处、小型铅锌矿 2 处、小型铁锰矿 1 处、小型钼矿 1 处及小型萤石矿 1 处，还有众多矿点。这些矿床（点）的类型主要为受变质型（沉积变质型）、岩浆热液型、接触交代型及斑岩型等。不同类型的矿化作用主要形成于新元古代和燕山期，其中新元古代以沉积变质型铁矿为主，代表性矿床为东丰县西保安铁矿；燕山期成矿作用强烈且类型复杂，包括岩浆热液型金、钼、银矿化，接触交代型铁矿化，斑岩型的钼矿化等。

找矿潜力评述：远景区受北东向伊通-依兰两深大断裂带控制，北东向和北西向次级断裂构造较为发育，而北东向断裂构造与区内矿产的空间产出密切相关。远景区发育为成矿提供物质来源的地层，如新元古界西保安岩组，以赋存沉积变质型铁矿为特征；志留系石缝组，富含 Au、Ag 等成矿元素，是区内金、铅锌和萤石矿的赋矿围岩，具备提供金、银成矿物质的地球化学条件，此外还有志留系椅山组。区内不同时期的中酸性侵入岩分布较广泛，其中燕山期花岗闪长岩和二长花岗岩分布广泛，空间上与钼矿化关系密切。综上所述，该远景区成矿地质条件有利，同时处于有利于金、银成矿的地球物理场和地球化学区，具备寻找岩浆热液型金矿和铅锌矿、受变质型铁锰矿及斑岩型钼矿的潜力。

2. 天宝山–长仁 Ni、Cu、Pb、Zn、Au 找矿远景区（Y9）

地质特征：远景区位于古洞河-白金断裂带以北，西起龙井市老头沟镇，东至开山屯，呈近东西向不规则带状展布，面积约 1593 km^2。远景区内出露的地层主要为新元古界长仁大理石、万宝岩组，上石炭统天宝山组，下白垩统大砬子组，三叠系柯岛群、托盘沟组，侏罗系屯田营组以及白垩系金沟岭组等。区内侵入岩比较发育，以华力西晚期—燕山期中酸性侵入岩为主，具体包括晚二叠世二长花岗岩，晚三叠世花岗岩及石英闪长岩等，早侏罗世花岗闪长岩及二长花岗岩等以及早白垩世石英闪长玢岩等，此外，还发育众多与铜镍矿和铬铁矿相关的基性-超基性侵入岩，主要形成于华力西末期—

印支期。远景区内断裂构造发育，尤其是北西向断裂和东西向断裂，北西向断裂与东西向断裂的交汇部位是成矿的有利部位。

区域地球物理和地球化学场：该远景区区域布格重力异常宏观上呈现东部高、西部低的分布特征，以延吉-东城一线为界，其东部为重力高异常区，整体上呈南北向展布，局部重力高异常呈北东向、北西向、近东西向条带状，开山屯以北出现最高值-9.7×10^{-5} m/s^2；西南部为天宝山-西城重力低异常区，由西南到北东方向强度升高，天宝山-西城一线西南侧重力低异常带，北西走向，异常宽度大，最低值为-60.6×10^{-5} m/s^2。远景区处于大面积低缓正磁场区，异常以北东走向为主，北西和东西走向较少，异常强度一般为250~400 nT。远景区内出现的元素主要有Pb-Zn-Au-Ag-Ni-Mo-Cu-Fe等，异常规模大小不等，且各元素规模大小及异常中心吻合程度随不同矿化点分布而有所不同。远景区西部天宝山一带主要成矿元素Cu、Pb、Zn、Mo、Ag的异常强度高，分带清晰，浓集中心明显，规模较大，与相应矿产套合较好，是矿致异常；此外，Cu、Pb、Zn、Ag、Au、Mo、Sn、Bi、As、Sb、Hg套合紧密，形成的复杂组分富集区是扩大资源量的重要靶区。远景区东部长仁-獐项一带Cu、Ni等元素异常分带清晰，浓集中心明显，强度较高，Cu与Au、Pb、Zn、Ni、Mo空间套合紧密，构成复杂组分富集场。

矿产特征：远景区内镍、金、铅锌、铜、钼、铬铁矿、硅灰石等矿产资源丰富，目前已发现矿床27处，其中，超大型硅灰石矿1处（细鳞河），中型镍矿1处（长仁），此外还有许多矿点。这些矿床（点）类型复杂，包括岩浆型、变成型、斑岩型、陆相火山岩型、接触交代型等，包括加里东期、华力西期、印支期和燕山期4期成矿，以华力西期、印支期和燕山期为主。

找矿潜力评述：该远景区成矿地质条件优越，首先是可作为成矿物质来源的地层较为发育，如新元古界西保安岩组、青龙村岩群新东村岩组和长仁大理岩、石炭系天宝山组以及三叠系柯岛群，它们是区内铁矿、铅锌矿以及金矿等的赋矿围岩。其次，区内侵入岩浆活动频繁且强烈，由华力西期至燕山期均有出露，且岩石类型丰富，华力西期的花岗岩与碳酸盐岩建造接触带附近发育铅锌矿，华力西期超基性岩体侵位常伴生铬铁矿化，印支期侵位的基性-超基性岩与岩浆熔离型铜镍矿密切相关，燕山期岩浆侵位更为强烈，控制着区内铁、铅锌、钼等矿床的形成。区内不同方向的断裂构造也十分发育，比如东西向、北东向、北西向断裂，不同方向断裂的交汇部位是成矿的有利部位。另外，该区具有找矿有利的地球物理和地球化学场。因此，该区具有形成接触交代型和隐爆角砾岩筒型多金属矿、陆相火山岩型金矿、变成型硅灰石矿、岩浆熔离型镍矿的成矿条件和找矿远景。

（三）Ⅲ级找矿远景区

1. 大水缸-安恕煤、沸石、珍珠岩找矿远景区（Y4）

地质特征：远景区位于辽宁省平岗-西丰一带，面积约768 km^2，呈不规则状分布。远景区内主要出露有侏罗系德仁组的下部砂砾岩段，由砾岩、砂岩、页岩夹劣质煤组成，产植物化石；上部安山岩段，以安山岩为主，夹少量凝灰质砂岩。下白垩统安民组流纹岩、砂岩、页岩夹煤层；久大组主要由砂岩、页岩、粉砂岩及煤层组成，夹少量中性火山碎屑岩及熔岩层，产动植物化石；泉头组砾岩、页岩、砂岩。侵入岩体主要为中侏罗世二长花岗岩，此外还有早白垩世流纹斑岩。构造以北东向断裂构造为主。

矿产特征：区内目前发现矿床7处，其中，煤矿5处、珍珠岩矿1处、沸石矿1处。具体的辽源市大水缸煤矿床、西安煤矿床、东辽县金岗煤矿床、东辽县安恕沸石矿床以及西丰更刻珍珠岩矿等。

找矿潜力评述：远景区内出露的下白垩统陆相火山岩和含煤碎屑岩建造以及侏罗系陆相火山岩和含煤细碎屑岩建造，是陆相火山岩型沸石矿、珍珠岩矿以及生物化学沉积型煤矿形成的重要层位。因此，该找矿远景区对寻找沸石、珍珠岩矿以及煤矿具有一定前景。

2. 春坪-天桥岭煤、石墨、Au、多金属找矿远景区（Y6）

地质特征：远景区位于汪清县春阳-天桥岭一带，面积约1506 km^2，呈不完整的椭圆形展布。远景区内主要出露有中新元古界塔东岩群变质岩，二叠系庙岭组火山碎屑岩、凝灰岩，三叠系托盘沟组安山岩、英安岩及中酸性火山碎屑岩，三叠系天桥岭组流纹质和英安质火山岩、火山碎屑岩，白垩系刺猬沟组安山岩、英安岩及火山碎屑岩，白垩系金沟岭组玄武岩、玄武安山岩及火山碎屑岩和新生界老爷岭组橄榄玄武岩、气孔状玄武岩等，构成天桥岭火山洼地。远景区内与成矿有关的构造为北东向断裂构造，是主要的控矿和储矿构造。区内侵入岩发育，并且在区域上显示出具有多期、多阶段性特点，有二叠纪花岗石英闪长岩、二长花岗岩，三叠纪花岗闪长岩、二长花岗岩，早侏罗世花岗闪长岩、二长花岗岩等。

区域地球物理和地球化学场：远景区位于亮兵-春阳重力高异常带，由数量较多、规模不大、梯度较陡的北东向、北北东向分布的条带状、椭圆状局部重力高、低异常组成，最高强度为$-24.9\times 10^{-5}\ m/s^2$。在14 km×14 km滑动平均剩余重力异常图上，远景区呈现局部重力高、低异常带平行排列，强度高、梯度陡，北东走向线性的特征。远景区位于规模不大的单斜变化正磁异常区，从远景区向西南方向，正磁异常宽度快速变窄，强度明显变低，从288 nT降为60 nT，局部异常以北东走向为主。化探方面，远景区出现的元素组合主要有Ag-Pb-Zn-Cu-As-Sb-Hg等，在远景区东南部红太平多金属矿一带Pb、Zn、Ag等元素分带清晰，浓集中心明显，强度较高，Pb-Zn-Cu-Ag-Au、As-Sb、W-Sn-Bi-Mo等元素组合在空间上套合紧密。

矿产特征：远景区内目前已发现小型多金属矿床1处（红太平）、铜矿点3处、铅锌矿点1处、铁矿点1处。这些已发现矿床（点）主要为海相火山岩型和岩浆热液型，前者形成于华力西晚期，受庙岭组海相火山岩、火山碎屑岩层位控制，后者则形成于燕山早期，与中酸性侵入岩浆活动密切相关。

找矿潜力评述：远景区内主要出露的地层为二叠系庙岭组、三叠系大兴沟群、侏罗系托盘沟组、白垩系金沟岭组和古近系—新近系老爷岭组。与成矿有关的构造为北东向断裂构造，是主要的控矿和储矿构造。区内不同期次的侵入岩较为发育，以二叠纪、三叠纪和侏罗纪的中酸性侵入岩为主，在区域上构成大致呈近北东向带状展布的花岗岩浆岩带。磁法、重力推断火山岩建造和酸性岩浆活动。遥感解译的环形与线性构造系统。目前已发现小型多金属矿床1处（红太平）、铜矿点3处、铅锌矿点1处、铁矿点1处。因此，本区地质条件有利于成矿，尤其对寻找海相火山岩型多金属矿、岩浆热液型铜、铅锌矿具有一定前景。

第七章　区内重要成矿规律问题的研究与总结

第一节　成矿规律认识

一、印支期—燕山期是吉中-延边成矿带成岩成矿爆发期，该期多金属矿化常叠加于华力西期多金属矿化作用之上

吉中-延边成矿带成矿跨度大，自新元古代至新生代成矿作用均有发育，而印支期—燕山期是该区成岩成矿作用的高峰期。自印支期开始，成矿带逐渐转换为古太平洋构造域的构造演化，古太平洋板块的俯冲和回撤使区内不同期次的、不同性质的火山-侵入岩浆作用频繁且强烈，形成了不同规模的、不同方向的断裂构造，进而诱发了大规模的黑色金属、有色金属、贵金属以及非金属成矿作用的发生。区内除水气矿产外，能源、金属和非金属矿产地（矿化点除外）共453处，其中印支期—燕山期矿床数量为302处，约占总矿床数量的67%，而且区内绝大多数大型、超大型矿床均形成于该时期，如大黑山钼矿、红旗岭镍矿、细鳞河硅灰石矿等。成矿带成矿地质条件优越，形成的矿床类型复杂多样，内生、外生、变质等成矿作用类型齐全，但不同类型的成矿作用一般具有时代专属性，如表生成矿作用多形成于喜马拉雅期，变质成矿作用主要形成于新元古代，但印支期—燕山期内生、外生和变质成矿作用均有发育。成矿带内生矿床包括岩浆型、斑岩型、伟晶岩型、岩浆热液型、陆相火山岩型、接触交代型等类型，外生矿床多为生物化学沉积型、风化壳型和砂矿型等，变质矿床主要为变成型。此外，印支期—燕山期不同类型的矿产资源种类齐全，能源矿产（煤）、黑色金属（铁、锰）、有色金属（铅锌、铜、钼、镍、钨、锑、汞等）、贵金属（金、银）以及非金属（硅灰石、石墨、磷、压电水晶、沸石、伊利石粘土等）。因此，成矿带内印支期—燕山期所形成矿床的数量、规模、类型及矿种的多样性是其他构造期无法比拟的。

成矿带内成矿时间分为印支早期—印支晚期、印支期—燕山期、燕山早期—燕山晚期，这些不同的构造期或者同一构造期不同阶段形成的主要成矿作用类型及矿产具有明显差异。成矿带印支早期以形成众多与幔源基性-超基性岩浆有关的铜镍矿为特征，主要分布在深大断裂，如古洞河断裂带附近；印支晚期则主要体现为形成一系列与中酸性岩浆侵入或火山喷发作用有关的Au、Mo、Sb、Mn、Fe、Cu、Pb、Zn、W、方解石等矿床，矿床类型以岩浆热液型、接触交代型、斑岩型和陆相火山岩型为主，主要分布在断裂带或不同方向断裂的交汇处，或中酸性侵入岩与碳酸盐岩的接触带附近，或火山机构处。印支早期—印支晚期，成矿作用类型明显不同，可能与区域性的构造格局发生重大转变有关，印支早期成矿带处于造山后的伸展环境，岩石圈伸展作用诱发幔源岩浆上涌，进而形成岩浆熔离作用为主的铜镍硫化物矿床，而印支晚期形成的众多与中酸性岩浆作用有关的矿床，尤其是接触交代型和斑岩型，是板块俯冲背景下所形成矿床的代表，这暗示印支晚期成矿带可能已经转换为古太平洋板块向欧亚板块斜向俯冲的构造背景。燕山期成矿带已正式成为古太平洋构造域的一部分，古太平洋板块的多次俯冲和回撤导致区内挤压和伸展格局发生阶段性变化。俯冲作用期间大规模的接触交代型、斑岩型、岩浆热液型矿床形成，不乏大型、超大型矿床的形成，如大黑山钼矿床。板片回撤期间形成众多火山沉积断陷盆地，其内部发育有众多陆相火山岩型金银矿，如刺猬沟金矿床、五凤-五星

山金矿床等。部分岩浆热液型金矿也形成于该时期，如大型的海沟金矿床和中型的松江河金矿床。

近年来同位素年代学的研究发展迅速，这使得带内重要矿床的成矿时代得以确定，同时使成矿带成矿作用研究，尤其在叠加成矿作用方面，推向了一个新的阶段。成矿带的叠加成矿作用主要体现为同一个矿床或矿田存在不同类型、不同时期的成矿作用，尤其是华力西期海相火山岩型多金属矿床常叠加有印支末期（210~195 Ma）岩浆热液脉型多金属矿化。目前，已发现汪清县红太平铜多金属矿、磐石市小红石砬子铅锌（玉石）矿床和天宝山多金属矿田存在叠加成矿现象。在天宝山多金属矿田中，华力西期存在海相火山岩型（东风南山）、接触交代型（立山，267 Ma；鞠楠，2013）和隐爆角砾岩型（新兴，261~259 Ma；杨群等，2018）多金属矿化，而后叠加了印支晚期的斑岩型钼矿化（东风北山钼矿，192 Ma；孙振明等，2014）。红太平和小红石砬子多金属矿床在不同时期成矿作用的叠加方面具有对比性，这两个矿床均发育层状、纹层状和脉状两种类型矿体，其中层状、纹层状矿体赋存于华力西期海相火山碎屑岩（大河深组，293~279 Ma，曹花花，2013；庙岭组，272~260 Ma，任云生等，2019）内。红太平矿床层状矿体的多金属硫化物 Rb-Sr 等时线年龄为 268±3 Ma，与赋矿海相火山岩成岩年龄一致，进一步证实了矿床类型属华力西期海相火山岩型多金属矿化，而脉状矿体穿切早期层状矿体。最新多金属硫化物 Rb-Sr 同位素年代学资料显示，两矿床脉状矿体分别形成于 206. 8±9 Ma（任云生等，2019）和 197±17 Ma（杨群等，2018）。这些矿床地质与同位素年代学证据充分表明了叠加成矿作用的存在。

成矿带显著的叠加成矿作用的发生是古亚洲洋构造域与滨太平洋构造域构造演化叠加的直接表现。成矿带华力西期成矿作用大体呈近东西向或北西西向分布，从西部的永吉-磐石至东部的汪清-龙井地区，基本与古亚洲洋俯冲闭合的缝合带-西拉木伦河-长春缝合带及其东延至延边地区的总体方向一致，体现了古亚洲洋古生代时期的构造演化对成矿带华力西期成矿的控制作用。与华力西期明显不同的是，印支期—燕山期成矿则呈现为全带、面状分布，很大程度上叠加、改造或覆盖了华力西期成矿作用。

二、以敦密断裂为界，成矿带西段（吉中地区）和成矿带东段（延边地区）新元古代—新生代成矿作用的时空分布具有对应性，能否为预测新矿区提供新思路值得思考

研究表明，成矿带西段（吉中地区）和成矿带东段（延边地区）成矿作用在时间分布和空间分布上具有对应性。两地区均主要经历了新元古代的沉积变质型铁矿化；华力西期与岩浆作用有关的贵金属、黑色金属、有色金属及非金属矿化；印支期除发育与岩浆作用有关的黑色金属、有色金属矿化外，还发育生物化学沉积型煤矿；燕山期经历了与中酸性岩浆作用有关的贵金属、黑色金属、有色金属及非金属矿化，与岩浆热接触变质作用有关的非金属矿化以及生物化学沉积作用下的煤矿化；喜马拉雅期则是以沉积作用为主的金、煤、油页岩、硫矿化。在矿床的空间分布上，大致还原敦密断裂左行平移位移后，重要矿床类型大体呈北西向分布，比如变成型非金属矿化，由四平、磐石北西向延伸至安图地区；沉积变质型铁矿化，沿北西向的华北板块北缘深大断裂带分布，赋矿地质体（新元古界）呈孤岛状出露在东辽、桦甸、安图等地；岩浆型的桦甸市红旗岭镍矿和和龙市长仁镍矿亦大体呈北西向展布。上述成矿演化的一致性和矿床北西向空间分布的特征等区域成矿规律研究成果，有望成为研究区或邻区成矿预测的新依据。比如，永吉地区钼矿资源相对集中，且规模较大，类型以斑岩型和岩浆热液型为主，成矿时代集中于早、中侏罗世；延边地区虽已发现多个中小型的斑岩型钼矿，但分布较为分散，且规模距大黑山等钼矿甚远。按照上述成矿的对应性，结合成矿地质条件分析，能否在其南东方位的延边地区找到大规模的钼矿资源值得注意。此外，磐石地区的小红石砬子铅锌（宝玉石）矿最初以寻找铅锌矿为主，而最新勘察结果表明该矿床伴生有宝玉石资源，而关于宝玉石的成因，推断是印支晚期岩浆热液作用的产物。前文已经阐述，小红石砬子铅锌宝玉石矿床具有典型的叠加成矿作用，而延边地区与之相似的红太平铜多金属矿和天宝山多金属矿是否也存在宝玉石矿化值得注意。

三、一系列活动陆缘背景下的成矿作用类型的产出指示成矿带晚古生代处于古亚洲洋俯冲的构造背景

吉中-延边成矿带在古生代期间先后经历了多次古亚洲洋的聚敛与拉张，而古亚洲洋最终闭合的时间尚未确定，这大大影响了对吉中-延边成矿带晚古生代成矿背景的认识。根据多年来对成矿带及邻区发育的地层、古生物、各类岩石等多方面的研究成果，部分学者认为古亚洲洋于早古生代末期—晚古生代初期已经消亡，中泥盆世为兴蒙造山带的主造山阶段，晚古生代期间，包含延边地区在内的兴蒙造山带受新生裂陷槽控制处于伸展背景（周晓东，2009；张兴洲等，2008，2012；邵济安等，2015）；另有部分学者提出，古亚洲洋于二叠纪时期发生俯冲作用，于晚二叠世末—早三叠世最终闭合（孙德有等，2004；Li，2006；李锦轶等，2007；Wu et al.，2007，2011；Chen et al.，2014）。此外，还有少部分学者认为古亚洲洋闭合于早二叠世，至中、晚二叠世延边地区已处于造山后的伸展环境（赵庆英等，2008；Liu et al.，2010）。但单纯地依靠古生物地理学、岩相古地理、岩浆及变质事件以及火成岩组合等方面的证据尚无法使古亚洲洋的闭合时限问题取得一致的认识，那么是否能从成矿作用角度给予更为有利的证据？随着吉中-延边成矿带成矿作用时代、类型及成矿机制等方面研究的逐渐深入，诸多晚古生代内生矿床陆续被识别出来，如天宝山多金属矿、红太平和小红石砬子多金属矿等。

天宝山多金属矿田是一座发育多类型、多阶段、多矿种成矿作用的矿床，近年来在该矿床内已发现三种类型晚古生代成矿作用，包括海相火山岩型（东风南山）、接触交代型（立山）和隐爆角砾岩筒型（新兴），除海相火山岩型尚无精确的成矿年龄数据外，接触交代型和隐爆角砾岩筒型多金属矿化作用主要形成于中晚二叠世（268~259 Ma，鞠楠，2013；杨群等，2018）。

红太平和小红石砬子多金属矿含矿岩系和矿化类型相似，均产出在上古生界海相火山岩系内，属于典型的海相火山岩型多金属矿。据最新的地质年代学数据，两矿床含矿岩系庙岭组和大河深组，分别形成于272~260 Ma（任云生等，2019）和293~279 Ma（曹花花，2013），这与厘定的多金属矿化时代一致，红太平海相火山岩型层状矿体的Rb-Sr等时线年龄为268±2.6 Ma（任云生等，2019），由此确定吉中-延边成矿带于晚古生代发育海相火山岩型多金属矿化作用。

海相火山岩型和接触交代型成矿作用是典型的汇聚板块边缘成矿作用类型，而吉中-延边成矿带识别出的这两类二叠纪多金属成矿作用，为成矿带及邻区二叠纪仍处于古亚洲洋俯冲消减背景提供了有利的矿床学证据。

四、吉中-延边成矿带由东向西斑岩型钼矿成矿时代由早侏罗世转变为中侏罗世，钼矿规模由中小型变为中大型、甚至超大型，反映古太平洋板块俯冲的演化过程

钼矿是吉中-延边成矿带的优势矿产资源，不同规模的矿产地数量为23处，其中包括超大型钼矿1处（大黑山）、大型钼矿1处（双杨树）、中型钼矿5处。这些钼矿大体分为斑岩型和岩浆热液型钼矿两类，成矿时代集中在早、中侏罗世。成矿带内主要斑岩型钼矿床的空间分布及成矿年龄如图7-1所示。

成矿带东段的延边地区共发育4处典型的斑岩型钼矿，分别为小型的汪清县夹皮沟钼矿，其成矿似斑状黑云母二长花岗岩锆石U-Pb年龄为193.1±1 Ma，与辉钼矿Re-Os等时线年龄（188.6±4.7 Ma）在误差范围内基本一致（王辉等，2011，2013）；小型的天宝山东风北山钼矿，其辉钼矿Re-Os等时线年龄为192.0±3.1 Ma（孙振明等，2014）；中型的安图县双山钼矿，其二长花岗斑岩侵位年龄为178.42±0.73 Ma，与辉钼矿Re-Os形成年龄（174.5±2 Ma）在误差范围内基本一致（王辉等，2013）；中型的刘生店钼矿床，其辉钼矿Re-Os加权平均年龄为169.4±0.97 Ma（王辉等，2011）。由此可知，延边地区斑岩型钼床规模以中小型为主，成矿时代集中于早侏罗世。

成矿带西段的吉中地区共发育3处典型的斑岩型钼矿，分别为超大型大黑山钼矿，成矿前撮落花岗闪长斑岩的侵位年龄为170±3 Ma，辉钼矿Re-Os等时线年龄为168.7±3.1 Ma，二者在误差范围内一致（葛文春等，2007；张勇，2013）；大型的双杨树钼矿，研究程度低，目前没有精确的年代学研

图 7-1　吉中-延边成矿带主要斑岩型钼矿时空分布图

究数据；中型的后倒木钼矿，辉钼矿 Re-Os 等时线年龄为 167.5±1.2 Ma（张勇，2013）。由此可知，吉中地区斑岩型钼矿成矿时代集中于中侏罗世。因此，成矿带由东向西、由延边至吉林中部地区钼矿成矿时代逐渐变新，由早侏罗世转变为中侏罗世，而且矿产地规模由中小型转变为中大型和超大型，成矿作用强度逐渐加大。

上述斑岩型钼矿的时空分布与规模变化特征推测与古太平样板块西向俯冲作用有关。关于古太平洋板块向欧亚大陆西向俯冲的起始时间存有争议，大体包括三叠纪、早中侏罗世和中晚侏罗世等观点。斑岩型钼矿是洋壳俯冲背景下成矿作用的典型，而延边地区发育的多个早侏罗世斑岩型钼矿的存在，结合成矿带内华力西期海相火山岩型多金属成矿作用遭受了晚三叠世—早侏罗世（206~195 Ma）的岩浆热液型矿化作用的叠加（任云生等，2019；Yang et al.，2019），表明古太平洋板块对中国东北地区的俯冲作用于晚三叠世—早侏罗世已经开始启动。而中侏罗世可能为古太平洋板块俯冲作用的鼎盛期，在古太平洋板块俯冲作用的控制下，成矿带及邻区发生了大规模的构造-岩浆-成矿热事件，形成了一系列内生矿床，如超大型大黑山钼矿。

五、通过吉中-延边成矿带及松辽盆地区中生代内生矿床的时空分布规律研究，为重新认识中生代不同时期古太平洋板块西向俯冲作用范围提供依据

关于中国东北地区中生代时期受环太平洋构造体系影响范围的研究目前较为薄弱。许文良等（2013）通过总结东北地区中生代火山岩年代学、岩石组合及其时空分布规律，提出了环太平洋构造体系影响的空间范围主要在松辽盆地及其以东地区。由上文可知，吉中-延边成矿带中生代矿床数量多、矿种丰富且矿床类型复杂，尤其是斑岩型、陆相火山岩型、接触交代型等内生矿床类型的发育暗示了成矿带侏罗纪至白垩纪时期处于古太平洋板块的俯冲的活动大陆边缘的构造背景。上述具有构造指示意义的矿床类型在成矿带广泛发育，由东到西至成矿带边界断裂-长春-四平断裂，暗示了早侏罗世—早白垩世古太平洋构造体系的演化至少影响到长春-四平断裂。

成矿带以西的松辽盆地，其形成经历了裂前隆起（T—J_2）、断陷成盆（J_3—K_1）、坳陷扩展（K_2）和萎缩（K_2末）4个阶段（孙雷，2020）。由于松辽盆地侏罗系全部隐伏在巨厚层白垩系之下，大部分尚未钻穿，揭露出的第一火山旋回为中、晚侏罗世火山岩，早期以中基性火山岩、火山碎屑岩为主，晚期则变化为酸性火山岩或酸性火山碎屑岩，主要分布在盆地的西缘。这些火山岩被认为与古太平洋板块俯冲作用无关，可能为西侧蒙古-鄂霍茨克洋的俯冲作用有关（许文良等，2013）。因此，根据当前现有资料，认为在早侏罗世—中侏罗世古太平洋板块的俯冲作用可能并未影响到松辽盆地。

晚侏罗世—早白垩世，松辽盆地形成，并发育了厚层的火山岩、火山碎屑岩以及陆源碎屑沉积

岩。早白垩世中性陆相火山岩、火山碎屑岩（安民组、沙河子组及营城组等）中发育了规模不等的陆相火山岩型沸石、膨润土、珍珠岩、玄武岩等非金属矿产，发育在盆地东缘和南缘的吉林省长春市九台区、公主岭市以及黑龙江省嫩江县、龙江县等地区，即与吉中-延边成矿带（Ⅲ-55）以及小兴安岭-张广才岭成矿带（Ⅲ-52）相接地带。由此可以看出，早白垩世时期，古太平洋板块的俯冲作用已影响到松辽盆地东、南部。

第二节　有待研究的重要成矿规律问题

尽管《中国矿产地质志·吉中-延边卷》已经全面反映了吉中-延边成矿带47种，共571处矿产地的分布、数量、禀赋及其发现、探查、开采和理论研究的发展史，重点剖析了18处典型矿床，深入总结了成矿带的矿床成矿时代、类型的结构与分布规律，具有系统性、实用性和创新性。但是，本志书在集成历代地质勘查与理论研究成果的过程中，发现吉中-延边成矿带还存在一些与成矿相关的基础性、关键性、前瞻性科学问题有待深入研究。

一、非金属矿产成矿理论与成矿规律研究有待加强

吉中-延边成矿带内非金属矿产资源丰富，其中萤石、硅灰石、石墨、方解石、水泥用大理岩等为成矿带的重要矿产。目前对成矿带内非金属矿产资源总体勘查程度较低，地质工作投入不到总投入的5%，尤其区调、矿调等基础性地质工作几乎不涉及非金属矿产。同时，非金属矿产的综合研究程度较低，尤其在成矿时代、成矿机理等方面研究需进一步加强。

二、火山岩型金矿的找矿问题

位于延边中生代构造岩浆岩带上的海沟-小西南岔地区，除发现刺猬沟、闹枝等几处小型陆相火山岩型金矿外，十几年未能实现找矿的实质性突破。同类型矿床在吉中地区仅发现官马金矿1处，如何突破该类型矿床的找矿，开拓新的找矿靶区，值得我们思考与深入研究。

三、镍矿的找矿问题

镍矿是吉中-延边成矿带的重要矿种之一，成矿带所在的吉林省是国家镍矿基地之一。成矿带目前发现众多基性-超基性岩体，仅红旗岭岩群、漂河川岩群、长仁-獐项岩群的部分岩体开展了镍矿找矿评价与勘查开发，而且大多出现资源危机，濒临闭坑。因此，成矿带基性-超基性岩体的含矿性评价亟需加强；近年来，红旗岭1号岩带岩体深部成规模镍矿体的发现，表明成矿带镍矿找矿勘查需向深部进军，镍矿深部勘查技术方法和矿体定位等研究亟待开展。

四、钨矿的找矿问题

近年来，在我国北方，尤其是西北和东北地区钨矿找矿成绩显著，并且找矿前景良好，如在与吉中-延边成矿带（Ⅲ-55）紧邻的小兴安岭-张广才岭成矿带（Ⅲ-52）的太平岭地区发现了大型杨金沟、小型五道沟、四道沟等白钨矿矿床，构成了吉中延边钨矿集区（盛继福和王登红，2018）。吉中-延边成矿带与太平岭地区的成矿地质背景与构造演化历史相似，却仅发育几处小型钨矿床或矿点，那么其钨矿资源为何如此匮乏？

五、成矿带斑岩型铜矿理论研究虽有进展，但下一步找矿方向不明

吉中-延边成矿带内斑岩型铜矿床数量较少，目前仅识别出1处永吉县向阳铜矿。虽然部分学者对该矿床的矿床地质、地球化学特征等方面有了一定认识（杨群，2020），但其理论研究程度相对较低。加强典型矿床研究是下一步在吉中-延边成矿带寻找同类型铜矿床的基础和关键，该矿床类型的控矿因素及找矿标志的总结亟待开展。

结　　语

《中国矿产地质志·吉中-延边卷》简要介绍了吉中-延边成矿带矿产资源总貌及其相关地学知识，旨在提高国民对我们赖以生存的地球和矿产资源的认识。本志书内容涉及吉中-延边成矿带矿产资源概况、地质矿产勘查历史、各类矿产资源分布及特征、典型矿床研究及成矿规律总结等多个方面。本志书编写以搜集和整理前人的工作成果为主，辅以少量的矿床实地调研，全面分析吉中-延边成矿带成矿地质条件，并进一步研究成矿带成矿特征，系统总结成矿带的成矿规律，较全面地提升了理论认识。

一、矿产勘查成果集成

吉中-延边成矿带矿业历史悠久，尤其在新中国成立后，通过大规模的地质矿产勘查成绩辉煌，已成为全国有色金属、贵金属、工业矿物类非金属等矿业的重要基地。进入21世纪以来，在找矿难度增大的情况下，又取得了新的找矿突破。面对如此丰硕成果和浩瀚的实际资料，为了完成一部内容翔实、地质语言统一、各章节之间内容连贯协调、文图表完备的志书，研编工作按照加强资料信息收集分析，技术人员分工编撰、一支笔统稿、资深专家通阅审改等一整套研编流程进行。除作者自行反复修改补充外，全稿实行自审，专家初审、终审，力求做到资料实、准、新、全。

根据勘查成果集成，吉中-延边成矿带共发现47种矿产，其中重要矿产约12种，特别是金、钼、镍、硅灰石等重要矿产的找矿工作不断取得了新的重大进展。

1）钼：吉林省钼矿资源储量越居全国前列，而吉林省内大型、超大型钼矿主要集中在吉中-延边成矿带内，目前成矿带已查明的钼资源储量达 204×10^4 t。

2）镍：镍矿是吉中-延边成矿带的重要矿产，无论是矿产地数量，还是探明资源储量都位于全国前列，目前成矿带已查明的镍资源储量达 28.5×10^4 t。

3）硅灰石：吉中-延边成矿带的硅灰石矿产无论是矿产地数量、保有资源储量、资源潜力，还是矿石质量均在全国占有重要地位，尤其是梨树县大顶山硅灰石矿的矿石，颜色洁白，杂质含量低，晶体呈针状、纤维状，属世界罕见的天然低铁优质硅灰石，在国际市场中享有盛誉。成矿带内硅灰石已探明资源储量达 2138×10^4 t。

二、地质矿产理论研究成果集成与创新

吉中-延边成矿带位于古亚洲洋构造域和滨太平洋构造域的叠加部位，先后经历了两大构造域的演化、叠加与转换，保留有丰富且珍贵的古生物、岩石、矿床等方面的记录。因此，该成矿区带是研究古亚洲洋和滨太平洋两大构造域地质演化和金、钼等重要矿产理论研究的理想地区。通过研究成果集成，明确了晚古生代期间古亚洲洋的构造演化，以及早中生代古太平洋的构造演化与斑岩型钼矿时空分布的内在联系等问题。

1）通过对成矿带内晚古生代内生金属矿床成因及构造背景研究，明确了成矿带古生代主要发育海相火山岩型、接触交代型等内生金属成矿作用，它们是典型的汇聚板块边缘成矿作用类型（Groves et al.，2007）。本志书从矿床学角度提出，晚古生代二叠纪时期古亚洲洋仍处于俯冲消减作用下，尚未闭合。

2）通过对成矿带内斑岩型钼矿的时空分布规律研究，发现成矿带由东至西斑岩型钼矿的成矿时代逐渐变新，由早侏罗世转变为中侏罗世，且矿产地规模由中小型转变为中大型，甚至出现超大型，

成矿作用强度逐渐加大。本志书认为，成矿带内斑岩型钼矿的时空分布规律与古太平洋板块俯冲的强度有关，并以此提出古太平洋板块对中国东北地区的俯冲作用于晚三叠世—早侏罗世已经开始启动，而中侏罗世可能为板块俯冲作用的鼎盛期。

三、成矿规律研究新成果

1）通过系统总结成矿带内生和外生矿床的时空分布特点，明确了吉中-延边成矿带内生矿床和外生矿床的成矿时空域分布特征、规律，并提出印支期—燕山期是吉中-延边成矿带各类矿产的成矿爆发期；空间分布上，内生矿床集中分布在山河-榆木桥子 Au-Ag-Mo-Ni-Cu-Fe-Pb-Zn 成矿亚带（Ⅲ-55-③），外生矿床相对广泛，主要分布在红旗岭-漂河川 Ni-Au-Cu 成矿亚带（Ⅲ-55-④）和五凤-百草沟 Au-Cu-Ag-Pb-Zn-Fe 成矿亚带（Ⅲ-55-⑥）。

2）根据Ⅴ级成矿单元定义及划分原则，首次在吉中-延边成矿带圈定出铁汞山硅灰石矿田（Ⅴ-1）、盈隆金、铅锌矿田（Ⅴ-2）、大黑山钼矿田（Ⅴ-3）等 10 个Ⅴ级矿田，完善了吉中-延边成矿带Ⅳ、Ⅴ级成矿单元划分。

3）通过对成矿带的地质构造演化、区域成矿作用等方面综合研究，重新厘定了吉中-延边成矿带的矿床成矿系列，共厘定出 8 个矿床成矿系列，13 个矿床成矿亚系列以及 23 个矿床式，为目前资料最新、矿种全覆盖（水气矿产除外）的矿床成矿系列研究集成。并在此基础上建立了成矿带区域成矿谱系，探讨了构造演化历史与成矿的关系。

4）在成矿带地质、地球物理、地球化学、遥感、重砂等多方法、多尺度综合分析的基础上，结合不同种类矿床的地质特征和产出规律，圈定出 8 处矿集区和 10 处找矿远景区，并分别进行了成矿与找矿潜力评述，为成矿带下一步找矿勘查提供了方向和理论支撑。

四、下一步工作建议

镍和钴是我国新时期经济发展的刚需战略性矿产资源。吉中-延边成矿带中部的红旗岭-漂河川一带成矿地质条件十分优越，目前已发现岩浆型铜镍矿近 10 处，其中，大型的红旗岭镍矿为我国重要的镍资源基地之一，而且该矿床所伴生的钴也已达到中型。由此可见，吉中-延边成矿带镍成矿强度高，找矿优势明显。因此，建议加强大型红旗岭镍矿床的深部、边部及外围地质勘探找矿工作，同时，也要注意加强钴、硒、碲等多种有用伴生组分的综合利用。

重质碳酸钙是现代工业最主要的填料，广泛应用于橡胶、塑料、油漆、造纸、化妆品等产业领域。随着世界经济和我国经济的迅猛发展，对作为重质碳酸钙原料的方解石资源的需求也迅速增加，尤其在造纸、涂料和橡胶等行业重质碳酸钙需求量极大（周树亮等，2020）。但是，目前我国作为重质碳酸钙原料的方解石资源稀少，全国仅有少数矿山符合开采条件，大多数资源储量无法作为重钙原料使用（《矿产资源工业要求手册》编委会，2010）。吉中-延边成矿带的磐石地区重质碳酸钙资源较为丰富，产出有中立超大型方解石矿床和样子沟大型方解石矿床，分别提交资源储量 3011×10^4 t（周树亮等，2020）和 2573×10^4 t，矿石品质优良，方解石纯度（CaO>54%）和白度（>90%）均较高，但两矿床目前尚未开发利用。因此，本志书建议在磐石地区建设重质碳酸钙原料产业园区，为我国塑料、橡胶、造纸、油漆等新兴产业领域所需的重质碳酸钙原料提供一定的资源保障，同时促进地方经济发展。

该志书的研编是东北地区丰富的矿产地质调查成果综合集成的产物，是几代地质人辛勤劳动和艰苦探索的科学成果，更是全体研编者共同智慧的结晶。本志书可为吉林省中东部、辽宁省北部以及黑龙江省南部等地区的区域经济发展、国土资源管理、资源勘查部署决策、环境保护、地球基础科学研究、教学研究等提供了重要的基础地质矿产资料；同时，也为社会公众提供了公益性的区域地质矿产信息，具有十分重要的价值。

主要参考文献及资料

《中国矿床发现史·吉林卷》编委会. 1996. 中国矿床发现史·吉林卷. 北京：地质出版社，1~137.

《矿产资源工业要求手册》编委会. 2020. 矿产资源工业要求手册. 北京：地质出版社，1~902.

长春地质学院地勘系地层科研组. 1975. 吉中地区石炭二叠纪地层. 长春地质学院学报，(1)：31~75.

黑龙江省区域地质调查所. 2018. 中国区域地质志·黑龙江志. 北京：地质出版社，1~2173.

吉林省地质局第一地质调查所. 1983. 吉林省梨树县大顶山硅灰石矿区大顶山矿段勘探地质报告(内部资料).

吉林省地质矿产局. 1988. 吉林省区域地质志. 北京：地质出版社，1~698.

吉林省地质矿产局第二地质调查所. 1988. 吉林中部中生代构造—岩浆活化带有色金属矿床成矿模式和成矿系列(内部资料).

吉林省地质调查院. 2013. 吉林省重要矿种区域成矿规律、矿产预测成果报告(内部资料).

吉林省地质调查院. 2023. 中国矿产地质志·吉林卷. 北京：地质出版社.

吉林省建材地质勘探大队. 1980. 吉林省磐石市仙人洞石墨矿床详查报告(内部资料).

吉林省区域地质矿产调查所. 2016. 中国区域地质志·吉林志. 北京：地质出版社.

吉林省有色金属地质勘查局六〇八队. 2010. 吉林省磐石市小红石砬子铅锌矿详查报告(内部资料).

吉林市旭升地质矿产资源勘测设计研究院. 2015. 吉林省磐石市样子沟方解石矿详查报告(内部资料).

辽宁省地质勘查院. 2017. 中国区域地质志·辽宁志. 北京：地质出版社，1~1388.

沈阳地质调查中心. 2013. 东北地区重要矿产资源潜力预测评价及综合报告(内部资料).

中国矿产地质志项目办公室. 2016. 中国矿产地质志·省级矿产地质志研编技术要求.

曹花花. 2013. 华北板块北缘东段晚古生代—早中生代火成岩的年代学与地球化学研究. 长春：吉林大学，1~158.

曹希英. 2016. 石嘴子铜矿地质特征及“互层带”赋矿解译. 吉林地质，35(3)：68~71.

曾庆栋，沈远超，戴新义. 1998. 吉林省海沟金矿隐伏矿体预测. 黄金科学技术，6(5-6)：19~23.

柴雨，那丹妮，苏循新. 2016. 吉林省延边地区砂金地质特征. 吉林地质，35(3)：54~57.

常景娟. 2016. 吉林省磐石市小红石砬子铅锌矿地质特征及成因研究. 长春：吉林大学，1~65.

常艳，张勇，孙景贵，等. 2013. 海沟金矿床的成矿热动力源：来自伴生闪长玢岩的锆石 CL 图像和 U-Pb 测年证据. 矿物岩石，33(1)：35~42.

常艳. 2009. 吉林省海沟大型金矿床的成矿动力学模式. 长春：吉林大学，1~58.

陈博. 2021. 吉林中部晚二叠世闪长岩岩石成因及其构造意义. 长春:吉林大学，1~61.

陈聪. 2017. 延边东部晚古生代—中生代构造演化与区域成矿规律. 长春：吉林大学，1~201.

陈冬. 2009. 延边天宝山铜-铅-锌-钼多金属矿床的成矿作用与成矿模式研究. 长春：吉林大学，1~63.

陈尔臻. 2007. 吉林省重点矿山资源潜力研究(内部资料).

陈尔臻，彭玉鲸，等. 2001. 中国主要成矿区(带)研究(吉林省部分)(内部资料).

陈井胜，葛文春，陈会军，等. 2015. 吉林永吉大黑山钼矿寄主岩体地球化学特征及其成因. 地质与资源，24(2)：93~101.

陈毓川主编. 2007. 中国成矿体系与区域成矿评价. 北京：地质出版社，1~926.

陈毓川，裴荣富，王登红. 2006. 三论矿床的成矿系列问题. 地质学报，(10)：17~24.

陈毓川，裴荣富，王登红，等. 2015a. 论矿床的自然分类——四论矿床的成矿系列问题. 矿床地质，34(6)：1092~1106.

陈毓川，王登红，徐志刚，等. 2015b. 全国重要矿产和区域成矿规律. 北京：地质出版社，1~780.

陈毓川，裴荣富，王登红，等. 2016. 矿床成矿系列——五论矿床的成矿系列问题. 地球学报，37(5)：519~527.

陈毓川，裴荣富，王登红，等. 2020. 论地球系统四维成矿及矿床学研究趋向——七论矿床的成矿系列. 矿床地质，39(5)：745~753.

程裕淇，陈毓川，赵一鸣，等. 1979. 初论矿床的成矿系列问题. 中国地质科学院院报，1(1)：32~57.

程裕淇，陈毓川，赵一鸣. 1983. 再论矿床的成矿系列问题. 中国地质科学院院报，(6)：1~63.

迟斌，衣欣，孙洪涛. 2010. 吉林省辽源市弯月金矿成矿地质特征及矿床成因. 吉林地质，29(4)：18~22.

崔盛芹. 1999. 论全球性中-新生代陆内造山作用与造山带. 地学前缘，6(4)：283~293.

邸新，毕小刚，贾海明，等. 2011. 蛟河地区前进岩体锆石 U-Pb 年龄及其与吉中-延边地区钼矿成矿作用的关系. 吉林地质，30(4)：25~28.

董南庭，吴水波. 1982. 密山-抚顺深断裂带及其牵引构造对成矿的控制作用. 吉林地质，(1)：5~15.

董耀松，范继璋，杨言辰，等. 2004. 吉林红旗岭铜镍矿床的地质特征及成因. 现代地质，18(2)：197~202.

董耀松. 2003. 吉林红旗岭铜镍矿床综合找矿模型. 吉林大学学报(地球科学版)，(2)：32-35，57.

豆世勇，刘锦，鲍东明，等. 2017. 辽北德仁组火山岩 LA-ICP-MS 锆石 U-Pb 年龄及岩石地球化学特征. 地质通报，(10)：1708~1721.

杜乐天. 1996. 地壳流体与地幔流体间的关系. 地学前缘，3(3-4)：172~180.

冯光英，刘燊，冯采霞，等. 2011. 吉林红旗岭超基性岩体的锆石 U-Pb 年龄、Sr-Nd-Hf 同位素特征及岩石成因. 岩石学报，27(6)：1594~1606.

冯光英，刘桑，钟宏，等. 2009. 吉林红旗岭与Cu-Ni硫化物矿床有关的超基性岩体的时代和地球化学特征. 矿物学报，029(1)：49.
冯明，陈力，周鹏富，等. 2010. 吉林四平市山门银矿床地质特征及找矿标志. 地质与资源，19(3)：215~220.
冯明，王好均，曹国，等. 2005. 吉林海沟金矿控矿构造特征及其演化. 长春工程学院学报(自然科学版)，6(1)：44~47.
冯守忠. 1995. 吉林山门银金矿床地质特征及成矿模式. 中国有色金属学报，5(4)：10~13.
冯守忠. 2001. 吉林放牛沟多金属矿床成矿物质来源. 火山地质与矿产，22(1)：55~63.
付俊彧，孙巍，汪岩，等. 2018. 吉林永吉县头道沟地区镁铁-超镁铁质岩U-Pb年代学研究及地质意义. 地质学报，(9)：1859~1872.
付俊彧，朱群，杨雅军，等. 2019. 东北地区大地构造相. 北京：地质出版社.
傅德彬，陈尔臻. 1988. 吉林省硫化铜镍矿床成矿规律. 吉林地质，(2)：138~158.
傅树德. 1992. 山门银矿成矿特征. 吉林地质，1：10~19.
付洋，孙振明，郝宇杰，等. 2023. 吉林省磐石市三泉西硅灰石矿床地质特征及成因. 吉林地质，42(2)：35~40.
高嵩. 2016. 吉林省海沟金矿富CO_2流体性质及其成矿意义. 长春：吉林大学，1~71.
高岫生，吴卫群，韩寿军. 2010. 天宝山东风北山钼矿床地质特征及成因探讨. 吉林地质，29(4)：43~47，53.
葛文春，隋振民，吴福元，等. 2007. 大兴安岭东北部早古生代花岗岩锆石U-Pb年龄、Hf同位素特征及地质意义. 岩石学报，23(2)：423~440.
关键，孙炜. 2003. 吉林省东部贵金属、有色金属矿床的时空分布规律. 吉林地质，(2)：28~34.
关键. 2005. 吉林东南部贵金属及有色金属成矿规律研究. 长春：吉林大学，1~207.
郭东杭. 2017. 吉林海沟金矿床岩浆作用与成矿. 北京：中国地质大学(北京)，1~87.
郭文秀. 2011. 吉林省地质矿产勘查开发局"十一五"地质找矿重要进展及"十二五"总体工作部署. 吉林地质，3：1~11.
郝立波，孙立吉，赵玉岩，等. 2013. 吉林红旗岭镍矿田茶尖岩体锆石SHRIMP U-Pb年代学及其意义. 地球科学-中国地质大学学报，38(2)：233~240.
郝立波，吴超，孙立吉，等. 2014. 吉林红旗岭铜镍硫化物矿床Re-Os同位素特征及其意义. 吉林大学学报(地球科学版)，44(2)：507~517.
侯鹤楠. 2020. 延边地区晚古生代火山岩系构造背景及成矿意义. 长春：吉林大学，1~161.
侯鹤楠，任云生，王超，等. 2012. 延边刺猬沟金矿床流体包裹体特征及其找矿意义. 世界地质，31(4)：704~711.
侯雪刚. 2018. 吉黑东部中生代斑岩型钼矿床的成矿岩体：从成因到成矿. 长春：吉林大学，1~179.
胡晓峰，刘招君，柳蓉，等. 2012. 桦甸盆地始新统桦甸组粘土矿物和无机地球化学特征及其古环境意义. 煤炭学报，37(3)：416~423.
胡晓晶，李江风. 2012. 资源型城市转型中旅游产业升级研究——以六盘水为例. 资源与产业，(2)：14~20.
黄凡，陈毓川，王登红，等. 2011. 中国钼矿主要矿集区及其资源潜力探讨. 中国地质，5：1111~1134.
黄圭成. 1997. 闹枝金矿床与中生代火山岩系的成因关系探讨. 矿产与地质，(1)：33~39.
黄汲清，姜春发. 1962. 从多旋回构造运动观点初步探讨地壳发展规律. 地质学报，42(2)：105~152.
黄汲清，任纪舜，姜春发，等. 1977. 中国大地构造基本轮廓. 地质学报，51(2)：117~135.
黄汲清，任纪舜主编. 1980. 中国大地构造及其演化. 北京：科学出版社.
黄文斌，申浩澈. 2006. 四平山门银矿矿床成因的同位素地球化学证据. 地质与勘探，42(4)：46~50.
黄薰德，李富山. 1993. 吉林放牛沟硫铁多金属矿床成矿成晕物质来源. 矿床地质，12(1)：29~37.
颉颃强，张福勤，苗来成，等. 2007. 对华北东北缘构造带性质和演化的约束. 地质通报，26(7)：810~822.
金伯禄. 1992. 吉林延边中生代火山岩型金矿地质特征及成矿条件. 吉林地质，2：20~28.
金顿镐，孔繁生，刘浩. 1993. 吉林省铅锌矿成矿地质特征及其成矿规律. 吉林地质，12(1)：1~16.
金丕兴，朱子璋. 1992. 吉林省东部山区贵金属及有色金属矿产成矿预测报告(内部资料).
金正镐. 2004. 东北地区传统民居与居住文化研究. 北京：中央民族大学，1~130.
鞠楠. 2013. 延边天宝山矿集区立山多金属矿床的矿床成因与构造背景. 长春：吉林大学，1~50.
郎嘉彬，张彦龙. 2014. 吉林磐石石嘴-官马地区窝瓜地组锆石U-Pb年龄.
黎彤. 1985. 岩石圈及其结构层的元素丰度. 地质学报，3：219~227.
李碧乐，孙丰月，姚凤良. 2002. 中生代敦化-密山断裂大规模左旋平移及其对金矿床形成的控制作用. 大地构造与成矿学，26(4)：390~395.
李碧乐. 2001. 吉林省夹皮沟地区构造、岩浆事件及其对金矿形成的控制作用研究. 长春：吉林大学，1~148.
李波. 2014. 大庆及周围地区地震地质特征及危险区划分研究. 长春：吉林大学，1~72.
李吉焱，单玄龙，马月，等. 2013. 鸭绿江断裂带吉林段含油气盆地分布及演化. 世界地质，32(1)：98~104.
李锦轶，高立明，孙桂华，等. 2007. 内蒙古东部双井子中三叠世同碰撞壳源花岗岩的确定及其对西伯利亚与中朝古板块碰撞时限的约束. 岩石学报，23(3)：565~582.
李亮，孙景贵，郭维，等. 2016. 鹤岗北部地区黑龙江岩群的构造属性：来自岩石地球化学、锆石U-Pb定年和Hf同位素的制约. 大地构造与成矿学，40(5)：1014~1030.

李楠，庄毓敏，李春霞. 2012. 吉林磐石石嘴-官马地区构造建造与成矿探讨. 吉林地质，35(3)：15~16.
李全增，张博华，金胜国，等. 2017. 吉林省汪清县太平后沟金矿地质特征及找矿标志. 世界有色金属，(17)：83~84，86.
李任时，杨复顶，徐曼. 2015. 吉林开山屯铬铁矿自然重砂异常及找矿指示意义. 资源与产业，(2)：90~95.
李晓鹏. 2021. 延边地区闹枝铜金矿床成矿作用研究. 长春：吉林大学，1~75.
李绪俊，范文亮，汪建宇，等. 2012. 吉林省海沟金矿脉岩锆石 U-Pb 年龄及其成矿意义. 吉林大学学报(地球科学版)，42(5)：1366~1377.
李勇. 2017. 吉林省磐石市小红石砬子铅锌矿床成因与构造背景. 长春：吉林大学，1~69.
李之彤，李长庚主编. 1994. 吉林磐石-双阳地区金银多金属矿床地质特征成矿条件和找矿方向. 长春：吉林科学技术出版社，1~123.
李子良，李岩，刘炳战. 2009. 四平山门银矿地质特征及深部、外围找矿潜力分析. 吉林地质，4：40~45.
梁俊红，金成洙，王建国，等. 2003. 延边地区浅成低温热液-斑岩型金矿成矿系列的氢、氧同位素特征. 地质找矿论丛，18(2)：108~112.
林博磊. 2013. 吉林东部闹枝金矿成矿构造背景及矿床成因研究. 长春：吉林大学，1~77.
刘斌，朱思林，沈昆，等. 2000. 流体包裹体热力学参数计算软件及算例. 北京：地质出版社，1~252.
刘杰，杨中柱，陈树良，等. 2016. 辽北法库地区层状变质岩系锆石 SHRIMP 年龄及其地质意义. 地质与资源，25(1)：22~25.
刘金龙，孙丰月，林博磊，等. 2015. 吉林延边闹枝金矿区粗面安山岩锆石 U-Pb 年代学、地球化学特征及其构造意义. 吉林大学学报(地球科学版)，45(5)：1394~1404.
刘金玉，郗爱华，葛玉辉，等. 2010. 红旗岭 3 号含矿岩体地质年龄及其岩石学特征. 吉林大学学报(地球科学版)，40(2)：321~326.
刘劲鸿，松权衡. 2000. 吉林省延边地区天宝山-天桥岭多金属成矿带的成矿物质来源. 吉林地质，19(3)：26-34.
刘玮. 2014. 松辽盆地长岭断陷营城组酸性火山岩的时代、地球化学特征及岩石成因. 长春：吉林大学，1~77.
刘文达，胡连胜，万玉胜. 2016. 吉林省延边五凤-金仓-小西南岔地区火山岩型金矿地质特征和成矿研究(内部资料).
刘先文，申宁华，葛肖虹. 1994. 吉黑东部中生代两种机制的碰撞构造. 长春地质学院学报，24(4)：385~389.
刘裕庆. 1991. 吉林海沟金矿床同位素地球化学和成矿规律研究. 矿床地质，10(2)：131~142.
鲁媛. 2016. 吉林省中部早侏罗世侵入岩的岩石学与地球化学. 长春：吉林大学，1~75.
鲁媛，郑月，陈馥，等. 2016. 吉林某地区金属矿石基本特征研究. 世界有色金属，119~120.
罗琛，徐曼，王泽明，等. 2016. 吉林省永吉县头道川金矿床地质及地球化学特征. 吉林地质，35(1)：78~81.
马俊孝，李之彤，张允平，等. 1998. 吉林中部古生代构造-岩浆活动与金银成矿作用. 北京：地质出版社，1~163.
毛景文，余金杰，袁顺达，等. 2008. 铁氧化物-铜-金(IOCG)型矿床：基本特征、研究现状与找矿勘查. 矿床地质，27(3)：267~278.
孟庆丽，周永昶，柴社立. 2001. 中国延边东部斑岩-热液脉型铜金矿床. 长春：吉林科学技术出版社，1~163.
孟宪刚. 2001. 辽西医巫闾山北段中生代构造格架及其对金矿形成富集与分布的控制作用. 北京：中国地质大学，1~185.
逄伟. 2009. 延边地区浅成低温低硫化型金矿床的成矿模式研究. 长春：吉林大学，1~59.
裴福萍，许文良，靳克. 2004. 延边地区晚三叠世火山岩的岩石地球化学特征及其构造意义. 世界地质，(1)：6~13.
彭玉鲸等. 2005. 吉黑造山带古生代地层与混杂岩. 世界地质，1：24~29.
彭玉鲸等. 2009. 吉林省晚印支期—燕山期成矿事件年谱的拟建及特征. 吉林地质，3：1~5，14.
彭玉鲸，王友勤等. 1982. 吉林省及东北部邻区的三叠系. 吉林地质，(3)：1~19.
彭玉鲸，苏养正. 1997. 吉林中部地区地质构造特征. 沈阳地质矿产研究所所刊，(5/6)：335~376.
彭玉鲸，陈跃军. 2007. 吉黑造山带与华北地台开原-山城镇段构造边界位置. 世界地质，26(1)：1~6.
朴寿成，刘树田. 1992. 吉林放牛沟硫铁多金属矿床原生地球化学异常特征. 长春地质学院学报，22(2)：187~192.
齐成栋，彭玉鲸，殷长建，等. 2009. 吉林晚三叠世—早白垩世花岗岩类型与盆地演化的关系及其成矿专属性. 世界地质，28(2)：166~170.
秦宽. 1995. 红旗岭岩浆硫化铜镍矿床地质特征. 吉林地质，14(3)：17~30.
秋晨. 2017. 吉林省海沟金矿成矿时代及成矿动力学背景. 长春：吉林大学，1~100.
任纪舜，王作勋，陈炳蔚，等. 1999. 从全球看中国大地构造—中国及邻区大地构造图简要说明. 北京：地质出版社，1~50.
任云生，陆思宇，侯鹤楠，等. 2019. 延边红太平铜多金属矿床的年代学研究进展. 第九届全国成矿理论与找矿方法学术讨论会论文摘要集.
任云生，牛军平，王辉，等. 2009. 吉林四平孟家岭含钨花岗岩体锆石 LA-ICP-MS 年龄及其地质意义. 矿物岩石，29(3)：100~105.
沙德铭，赵东芳，寇林林，等. 2019. 东北地区重要矿产与区域成矿规律. 北京：地质出版社，1~569.
邵济安，何国琦，唐克东. 2015. 华北北部二叠纪陆壳演化. 岩石学报，31(1)：47~55.
邵济安，唐志东，等. 1995. 中国东北地体与东北亚大陆边缘演化. 北京：地震出版社，1~185.
邵建波. 2013. 吉林省成矿地质背景概述. 吉林地质，(3)：3~10.
邵洁涟. 1986. 石英的成因标型特征和找矿标型特征. 地质与勘探，22(8)：33~35.
盛继福，王登红主编. 2018. 中国矿产地质志·钨矿卷. 北京：地质出版社，1~944.
施俊法，等. 2010. 世界找矿模型与矿产勘查. 北京：地质出版社.

孙超. 1997. 吉林延边地区浅成热液型金(铜)矿床稳定同位素组成特征. 黄金, 18(1): 8~13.
孙大中, 陆松年. 1985. 中国前寒武系的划分. 中国地质科学院院报, 11: 17~36.
孙德有, 吴福元, 高山, 等. 2005. 吉林中部晚三叠世和早侏罗世两期铝质A型花岗岩的厘定及对吉黑东部构造格局的制约. 地学前缘, 12(2): 263~275.
孙德有, 吴福元, 张艳斌, 等. 2004. 西拉木伦河-长春-延吉板块缝合带的最后闭合时间—来自吉林大玉山花岗岩体的证据. 吉林大学学报(地球科学版), 34(2): 174~182.
孙丰月, 金巍, 李碧乐. 2000. 关于脉状热液金矿床成矿深度的思考. 长春科技大学学报, 30(增刊): 27~30.
孙罡, 杨占军, 丁淑燕, 等. 2011. 吉林中部地区南楼山组时代确认. 吉林地质, 30(3): 25~30.
孙革, 赵衍华, 李春田. 1983. 吉林双阳大酱缸晚三叠世植物. 古生物学报, 22(4): 447~459.
孙景贵, 邢树文, 郑庆道, 等. 2006. 中国东北部陆缘有色贵金属矿床的地质地球化学. 长春: 吉林大学出版社, 1~128.
孙雷主编. 2020. 中国矿产地质志·松辽盆地卷. 北京: 地质出版社. (待出版)
孙立吉. 2013. 红旗岭铜镍硫化物矿床地质地球化学特征及找矿技术方法研究. 长春: 吉林大学, 1~171.
孙英华, 周树亮, 衣欣, 等. 2016. 吉林红旗岭矿区3号岩体地球化学特征及成因初探. 地质与资源, 1: 15~21.
孙振明, 任云生, 鞠楠, 等. 2014. 吉林延边天宝山矿集区的叠加成矿-来自同位素年代学证据. 岩石学报, 30(7): 2081~2091.
唐克东, 邵济安, 李景春, 等. 2004. 吉林延边缝合带的性质与东北亚构造. 地质通报, 23(C2): 885~891.
汤中立主编. 1998. 岩浆硫化物矿床成矿机制. 北京: 地质出版社, 1~60.
滕星均. 2009. 区域三农问题的系统研究. 长春: 吉林大学, 1~252.
田维盛, 邵俭波. 1991. 吉林四平山门银矿床地质特征. 矿床地质, (2): 58~66.
汪志刚. 2012. 吉林东部中生代内生金属矿床成矿作用研究. 长春: 吉林大学, 1~193.
王超. 2016. 延边开山屯花岗闪长岩-石英闪长岩体年代学、地球化学特征及对古太平洋板块俯冲作用时限的制约. 岩石学报, 32(9): 2856~2866.
王成辉, 松权衡, 王登红, 等. 2009. 吉林大黑山超大型钼矿辉钼矿铼-锇同位素定年及其地质意义. 岩矿测试, 28(3): 269~273.
王登红, 陈毓川, 江彪, 等. 2020. 中国三叠纪大陆成矿体系. 地学前缘, 27(2): 45~59.
王东方. 1987. 关于辽北地区辽河群, 下二台子群的地层和构造问题. 国土资源, (2): 155~164, 1671~1904.
王枫, 许文良, 刘军, 等. 2009. 吉林中部烟筒山早白垩世辉长闪长岩的年代学和地球化学. 世界地质, 28(4): 403~414.
王辉, 任云生, 赵华雷, 等. 2011. 吉林安图刘生店钼矿床辉钼矿 Re-Os 同位素定年及其地质意义. 地球学报, 32(6): 707~715.
王辉, 任云生, 孙振明, 等. 2013. 吉林汪清夹皮沟斑岩型钼矿床的形成时代与成矿构造背景. 矿床地质, 32(3): 489~500.
王磊. 2012. 吉林大黑山钼矿矿床地质特征及成矿模式研究. 长春: 吉林大学, 1~99.
王荃, 刘雪亚, 李锦轶. 1991. 中国内蒙古中部的古板块构造. 中国地质科学院院报, 22: 1~15.
王书丹, 许以衡. 1982. 吉林省硫化铜镍矿床的成矿地质规律. 吉林地质, 1: 12~23.
王硕. 2014. 吉黑东部显生宙岩浆演化与成矿作用研究. 长春: 吉林大学, 1~195.
王岩, 田广明. 2015. 磐石石嘴铜矿坑道涌水分析. 化工矿产地质, 37(3): 144~149.
王彦华, 冯修云, 李国廉, 等. 2011. 吉林省二道甸子金矿床地质特征及找矿方向. 黄金, 3(32): 23~28.
王友勤, 苏养正, 刘尔义. 1997. 全国地层多重划分对比研究, 东北区区域地层. 武汉: 中国地质大学出版社, 1~176.
王振华, 松权衡, 于城. 2011. 吉林省金矿成矿区带划分探讨. 吉林地质, (4): 13~17.
魏俏巧. 2015. 吉林省中东部地区晚华力西期—印支期镁铁-超镁铁质岩与铜镍成矿作用. 长春: 吉林大学, 1~136.
吴琼, 孙丰月, 刘金龙, 等. 2019. 吉林和龙长仁铜镍矿区含矿橄榄辉石岩年代学及其地质意义. 矿床地质, 38(3): 620~630.
吴尚全, 张文起, 刘松义, 等. 1993. 吉林二道甸子金矿床的地质特征及其成因. 黄金, 14: 1~6.
伍家善, 耿元生, 沈其韩, 等. 1991. 华北陆台早前寒武纪重大地质事件. 北京: 地质出版社, 1~115.
武殿英. 1987. 红旗岭硫化铜镍矿床成岩成矿作用的再认识. 吉林地质, 4: 45~56.
武广, 朱裕生. 2016. 成矿单元内涵及级别划分的探讨. 地质论评, 62(增刊): 233~234.
郗爱华, 等. 2005. 吉林红旗岭铜镍硫化物矿床的成矿时代讨论. 矿床地质, 24(5).
郗爱华, 任洪茂, 李宝林, 等. 2002. 吉林省红旗岭铜镍硫化物矿床的岩石学和地球化学研究. 吉林大学学报(地球科学版), 32(2): 140~145.
郗爱华, 顾连兴, 李绪俊, 等. 2006. 中国北方造山带岩浆铜镍硫化物矿床及其地球动力学背景—以吉林红旗岭矿床为例. 地质学报, 80(11): 1721~1729.
郗爱华, 蔡元峰, 葛玉辉, 等. 2008. 四平山门 Cu-Ni 矿化辉长岩体锆石 LA-ICP-MS 年龄及其地质意义. 矿床地质, 27(1): 57~63.
谢贵明. 1997. 吉林延边金矿区金矿成矿地质背景和成矿规律. 黄金科学技术, 5(1): 7~13.
邢树文, 孙景贵, 张增杰, 等. 2014. 中国东北部陆缘金、有色金属多期成矿作用和勘查选区研究. 北京: 地质出版社, 1~361.
徐勇. 2002. 浅论矿集区的资源潜力与勘查评价. 中国地质, 29(3): 263~270.
徐志刚, 陈毓川, 王登红, 等. 2008. 中国成矿区带划分方案. 北京: 地质出版社, 71~74.
许静. 2018. 不同试验方法测定田间持水量的对比研究. 长春: 吉林大学, 1~106.

许文良，王枫，裴福萍，等. 2013. 中国东北中生代构造体制与区域成矿背景：来自中生代火山岩组合时空变化的制约. 岩石学报，(2)：3~17.
杨复顶，段建祥，于城，等. 2009. 吉林省前寒武纪变质铁矿成矿地质条件浅析. 吉林地质，28(4)：17~21.
杨群. 2020. 吉中地区晚古生代—早中生代金铜多金属成矿作用与成矿规律. 长春：吉林大学，1~208.
杨群，任云生，鞠楠，等. 2014. 吉林延边天宝山矿集区东风北山钼矿床流体包裹体特征与矿床成因. 地质通报，34(2-3)：523~534.
杨群，任云生，孙振明，等. 2018. 延边天宝山矿集区晚古生代岩浆-热液成矿的年代学证据-以新兴铅锌(银)矿床为例. 岩石学报，34(10)：3153~3166.
杨帅师，卿敏，郝通顺，等. 2010. 吉林延边闹枝金矿床地质特征及矿床成因. 世界地质，29(4)：607~614.
姚常东，王嵩莉，陈慧鹏. 2010. 延边红太平多金属矿区韧性剪切带特征及其控矿作用. 吉林地质，29(2)：1~6.
姚凤良，孙丰月主编. 矿床学教程. 北京：地质出版社，1~254.
叶希青，孙立影，徐智涛，等. 2023. 吉林中部靠山地区早侏罗世正长花岗岩锆石 U-Pb 年代学、地球化学特征及其动力学意义. 吉林大学学报(地球科学版)，53(3)：964~983.
殷茜，万多，卿敏等. 2010. 吉林汪清刺猬沟金矿床地质特征及矿床成因. 黄金地质，31(7)：3~15.
于介江，郭佳，崔培龙. 2010. 延边海沟金矿床石英流体包裹体激光探针 $^{40}Ar/^{39}Ar$ 测年与成矿背景. 吉林大学学报(地球科学版)，40(4)：835~844.
苑德生，许祥彬，王登德，等. 2012. 永吉大黑山斑岩型钼矿床地质—地球物理特征及找矿方向. 吉林地质，31(4)：59~61，92.
臧兴运，赵华伟，马晶，等. 2018. 吉林省吉黑造山带构造演化与成矿谱系. 吉林地质，37(4)：1~13.
张超. 2014. 华北板块北缘东段延边地区中生代构造演化. 长春：吉林大学，1~150.
张迪. 2008. 吉林海沟金矿床构造控矿规律研究. 沈阳：东北大学，1~54.
张炯飞. 1997. 延边地区渤海地块与兴凯地块之间古缝合带的初步研究. 吉林地质，16(2)：30~37.
张朋. 2014. 东北地区硫铁矿成矿特征与成矿规律分析. 现代矿业，(5)：73~75，154.
张文博. 1998. 吉林省大黑山条垒北东段金银成矿系列的划分. 黄金，19(1)：13~17.
张文启，吴尚全. 1996. 吉林省二道甸子金矿床同位素地质学及矿床成因探讨. 吉林地质，(2)：31~35.
张兴洲，马玉霞，迟效国，等. 2012. 东北及内蒙古东部地区显生宙构造演化的有关问题. 吉林大学学报(地球科学版)，42(5)：1269~1286.
张兴洲，周建波，迟效国，等. 2008. 东北地区晚古生代构造-沉积特征与油气资源. 吉林大学学报(地球科学版)，38(5)：719~725.
张雪锋，张世红，孟宪刚，等. 2014. 太平洋板块中生代俯冲构造事件的响应：来自黑龙江东部饶河三叠纪层状燧石的古地磁证据. 中国地质，41(6)：2019~2027.
张艳斌，吴福元，李惠民，等. 2002. 吉林黄泥岭花岗岩体的单颗粒锆石 U-Pb 年龄. 岩石学报，18(4)：475~481.
张杨，陈奇，杨洪波，等. 2012. 吉林红太平铜多金属矿床地质特征及成因探讨. 吉林地质，31(3)：48~52.
张勇. 2010. 吉林棉田-闹枝地区金矿成矿地质特征及找矿远景分析. 中国西部科技，9(3)：4~7.
张勇. 2013. 吉林省中东部地区侏罗纪钼矿床的地质、地球化学特征与成矿机理研究. 长春：吉林大学，1~157.
张勇，孙景贵，陈冬，等. 2012. 延边地区天宝山多金属矿田的流体特征与成矿模式. 吉林大学学报(地球科学版)，42(6)：1665~1675.
张勇，孙景贵，松权衡，等. 2011. 延边天宝山多金属矿田的矿物流体包裹体激光探针 $^{40}Ar/^{39}Ar$ 测年及其地质意义. 矿物岩石，02：44~49.
张勇，孙景贵，邢树文，等. 2014. 吉林大黑山斑岩型钼矿床流体包裹体研究. 矿物岩石，34(1)：22~29.
张兆昆. 1988. 吉林省有色金属矿床类型及其典型矿床的地质特征. 吉林地质，(2)：102~114.
赵春荆，彭玉鲸，党增欣，等. 1996. 吉黑东部构造格架及地壳演化. 沈阳：辽宁大学出版社，1~186.
赵宏光. 2007. 延边中生代浅成热液铜金矿床的成矿模式研究. 长春：吉林大学，1~209.
赵华伟，李德洪，臧兴运，等. 2020. 吉中-延边地区燕山期岩浆作用与矿床成矿系列研究. 地质学报，94(1)：241~254.
赵明. 2005. 吉林省四平山门银矿床地质特征及深部、外围成矿预测. 长春：吉林大学，1~104.
赵庆英，李春锋，李殿超，等. 2008. 延边地区五道沟群辉长岩岩脉的锆石年龄及其地质意义. 世界地质，27(2)：150~155.
赵璇，任云生，郝宇杰，等. 2017. 延边地区石井金银矿床成矿流体特征及矿床成因. 世界地质，36(4)：1133~1143.
赵羽军，孙景贵，王清海，等. 2010. 吉林延边地区浅成热液金(铜)矿床的 $^{40}Ar/^{39}Ar$ 激光探针测年与成矿时代讨论. 地学前缘，17(2)：156~169.
赵越，杨振宇，马醒华. 1994. 东亚大地构造发展的重要转折. 地球科学，29(2)：105~119.
钟汉，李高山，周永昶. 1981. 石嘴铜矿是夕卡岩型矿床吗? 地质与勘探，(1)：14~18.
周建波，韩杰，Wilde S A，等. 2013. 吉林-黑龙江高压变质带的初步厘定：证据和意义. 岩石学报，29(2)：386~398.
周建波，张兴洲，Wilde S A，等. 2009. 黑龙江杂岩的碎屑锆石年代及其大地构造意义. 岩石学报，25(8)：1924~1940.
周凯，程双，杨晓林，等. 2018. 吉林中部地区钼矿 Re-Os 同位素年代学及其地质意义. 吉林地质，37(4)：29~32.
周伶俐，曾庆栋，刘建明，等. 2010. 吉林大黑山斑岩型钼矿床成矿阶段及含矿裂隙分布规律. 地质与勘探，46(3)：448~454.

周晓东. 2009. 吉林省中东部地区下石炭统—下三叠统地层序列及构造演化. 长春：吉林大学，1~103.

周中彪，裴福萍，王志伟，等. 2018. 吉林中部伊通地区放牛沟火山岩的形成时代及其地质意义. 世界地质，37(1)：446~552.

周树亮，周阳，孙雪峰，等. 2020. 吉林省磐石市中立方解石矿地质特征及开发经济意义. 吉林地质，39(2)：20~26.

朱成阳. 2016. 吉林省汪清县刺猬沟金矿地质-地球化学特征及找矿模型建立. 吉林地质，35(4)：88~91.

朱群，李之彤，王恩德，等. 2004. 吉林中部晚三叠世南楼山组埃达克岩与官马金矿床. 地质与资源，13(3)：137~142.

邹欣桐. 2015. 延边刺猬沟金矿Ⅰ号脉地质地球化学特征与找矿预测. 长春：吉林大学，1~65.

Chen C, Ren Y S, Zhao H L, et al. 2014. Permian age of the Wudaogou Group in eastern Yanbian: detrital zircon U-Pb constraints on the closure of the Palaeo-Asian Ocean in Northeast China. International Geology Review, 56(14): 1754~1768.

Chen C, Ren Y S, Zhao H L, et al. 2017. Age and Tectonic setting, and metallogenic implication of Phanerozoic granitic magmatism at the eastern margin of the Xing'an-Mongolian Orogenic Belt, NE China. Journal of Asian Earth Sciences, 144: 368~383.

Gill J B. 1987. Early Geochemical Evolution of an Oceanic Island Arc and Backarc: Fiji and the South Fiji Basin. Journal of Geology, 95: 589~615.

Huang J Q. 1945. On Major Tectonic Forms of China. National Geological Survey of China under the Ministry of Economic Affairs.

Jahn B M, Wu F Y, Chen B. 2000. Massive granitoid generation in central Asia: Nd isotopic evidence and implication for continental growth in the Phanerozoic. Episodes, 23: 82~92.

Jia D C, Hu R Z, Lu Y, et al. 2004. Collision belt between the Khanka block and the North China block in the Yanbian Region, Northeast China. Journal of Asian Earth Sciences, 23: 211~219.

Li J Y. 2006. Permian geodynamic setting of Northeast China and adjacent regions: closure of the Paleo-Asian Ocean and subduction of the Paleo-Pacific Plate. Journal of Asian Earth Sciences, 26: 207~224.

Lin S L, Mao J W, Li H B, et al. 2011. Pyrrhotite Re-Os and SHRIMP zircon U-Pb dating of the Hongqiling Ni-Cu sulfide deposit in Northeast China. Ore geology reviews, 26: 137~165.

Liu S, Hu R, Gao S, et al. 2010. Zircon U-Pb age and Sr-Nd-Hf isotope geochemistry of Permian granodiorite and associated gabbro in the Songliao Block, NE China and implications for growth of juvenile crust. Lithos, 114(114): 423~436.

Liu Y J, Li W M P, Feng Z Q, et al. 2017. A review of the Paleozoic tectonics in the eastern part of Central Asian Orogenic Belt. Gondwana Research, 43: 123~148.

Maruyama S. 1997. Pacific-type orogeny revisited: Miyashiro-type orogeny proposed. Island Arc, 6(1): 91~120.

Potter R W Ⅱ, Ciynne M A. 1978. Solubility of highly soluble salts in aqueous media-part 1, NaCl, KCl, $CaCl_2$, Ca_2Cl, Na_2SO_4 and K_2SO_4 solubilities to 100℃. Research U. S. Geol. Surv. , (6): 701.

Ren Y S, Chen C, Zou X T, et al. 2016. The age, geological setting, and types of gold deposits in the Yanbian and adjacent areas, NE China. Ore Geology Reviews, 73, 284~297.

Sengör A M C, Natal'in B A, Burtman V S. 1993. Evolution of the Altaid tectonic collage and Palaeozoic crustal growth in Eurasia. Nature, 364: 299~307.

Sun Y W, Li M S, Ge W C, et al. 2013. Eastward termination of the Solonker-Xar Moron River Suture by detrital zircon U-Pb isotopic dating and Permian floristics. Journal of Asian Earth Sciences, 75(8): 243~250.

Sun Y, Liu J M, Zeng Q D, et al. 2017. Mo-mineralized porphyries are relatively hydrous and differentiated: insights from the Permian-Triassic granitic complex in the Baituyingzi Mo-Cu district, eastern Inner Mongolia, NE China. Mineralium Deposita, 52, 799~821.

Windley B F, Alexeiev D, Xiao W J, et al. 2007. Tectonic models for accretion of the Central Asian Orogenic Belt. Journal of the Geological Society, London, 164: 31~47.

Wu F Y, Sun D Y, Ge W C, et al. 2011. Geochronology of the Phanerozoic granitoids in northeastern China. Journal of Asian Earth Sciences, 41: 1~30.

Wu F Y, Sun D Y, Li H M, et al. 2002. A-type granites in northeastern China: age and geochemical constraints on their petrogenesis. Chemical Geology, 187: 143~173.

Wu F Y, Wilde S A, Sun D Y, et al. 2004. Geochronology and petrogenesis of post-orogenic Cu, Ni-bearing mafic-ultramafic intrusions in Jilin, NE China. Journal of Asian Earth Sciences, 23: 791~797.

Wu F Y, Yang J H, Wilde S A, et al. 2005. Geochronology, petrogenesis and tectonic implications of the Jurassic granites in the Liaodong Peninsula, NE China. Chemical Geology, 221: 127~156.

Wu F Y, Zhao G C, Sun D Y, et al. 2007. The Hulan Group: Its role in the evolution of the Central Asian Orogenic Belt of NE China. Journal of Asian Earth Sciences, 30: 542~556.

Xiao W J, Windley B F, Hao J, et al. 2003. Accretion leading to collision and the Permian Solonker suture, Inner Mongolia, China: Termination of the central Asian orogenic belt. Tectonics, 22(6): 1069~1090.

Xu B, Zhao P, Wang Y Y, et al. 2015. The pre-Devonian tectonic framework of Xing'an-Mongolia orogenic belt(XMOB) in north China. Journal of Asian Earth Sciences, 97: 183~196.

Xu W L, Ji W Q, Pei F P, et al. 2009. Triassic volcanism in eastern Heilongjiang and Jilin provinces, NE China: Chronology, geochemistry, and tectonic implications. Journal of Asian Earth Sciences, 34(34): 392~402.

Xu W L, Pei F P, Wang F, et al. 2013. Spatial-temporal relationships of Mesozoic volcanic rocks in NE China: Constraints on tectonic overprinting and transformations between multiple tectonic regimes. Journal of Asian Earth Sciences, 74: 167~193.

Yang Q, Ren Y S, Li Y, et al. 2019. Age and Tectonic setting of mesothermal magmatic hydrothermal vein-Type Pb-Zn-(Ag) mineralization in the Xiaohongshilazi Deposit, Central Jilin Province, Northeast China. Resource Geology, 1: 70~88.

Zeng Q D, Liu J M, Zhang Z L, et al. 2011. Geology, Fluid Inclusion, andsulfur isotope studies of the Chehugou porphyry molybdenum-copper deposit, Xilamulun Metallogenic Belt, NE China. Resource Geology, 61, 241~258.

Zhou L L, Zeng Q D, Liu J M, et al. 2014. Geochronology of magmatism and mineralization of the Daheishan giant porphyry molybdenum deposit, Jilin Province, Northeast China: Constraints on ore genesis and implications for geodynamic setting. International Geology Review, 56: 929~953.

附表

附表1　吉中-延边成矿带主要油页岩矿产地特征一览表

序号	省份	县市	矿产地名称	矿种	矿床类型	成矿时代/叠加成矿时代	规模	含油率	勘查程度	开发程度
1	吉林省	四平市	伊通县大孤山油页岩矿点	油页岩	生物化学沉积型	始新世—渐新世	矿点	6.19%	详查	未开采
2	吉林省	桦甸市	北台子油页岩矿床	油页岩	生物化学沉积型	始新世	小型	12.40%	详查	开采
3	吉林省	桦甸市	大城子-公郎头油页岩矿床	油页岩	生物化学沉积型	始新世	中型	8.30%	详查	开采
4	吉林省	桦甸市	庙岭油页岩矿床	油页岩	生物化学沉积型	始新世	小型	7.17%	勘探	停采
5	吉林省	桦甸市	永吉油页岩矿点	油页岩	生物化学沉积型	始新世	矿点	9.00%	预查	未开采

附表2 吉中-延边成矿带煤矿产地特征一览表

序号	省份	县市	矿产地名称	矿种	矿床类型	成矿时代	矿床规模	平均品位	发热量 (MJ·kg^{-1})	勘查程度	开发程度
1	吉林省	长春市	双阳区长岭煤矿区	煤	生物化学沉积	K_1	小型	灰分 A_d 29.8%	17.77	详查	已开采
2	吉林省	长春市	双阳区太阳岭煤矿区	煤	生物化学沉积	K_1	小型	灰分 A_d 35.11%	32.18	勘探	已开采
3	吉林省	长春市	双阳区二道煤矿区	煤	生物化学沉积	J_1	小型	灰分 A_d 30.64%	22.49	详查	已开采
4	吉林省	长春市	双阳区八面石煤炭井田	煤	生物化学沉积	T_3	小型		23.5	详查	开采
5	吉林省	长春市	双阳区姜家沟煤矿区	煤	生物化学沉积	T_3	小型		21.16	详查	已开采
6	吉林省	长春市	双阳区太阳岭煤矿石溪井田	煤	生物化学沉积	T_3	小型		23.31	详查	已开采
7	吉林省	磐石市	烟筒山煤炭井田	煤	生物化学沉积	J_1	小型	灰分 A_d 25.60%	22.85	勘探	已利用
8	吉林省	磐石市	黑石镇富有煤炭井田	煤	生物化学沉积	J_1	小型		20	详查	未开采
9	吉林省	桦甸市	榆木桥子煤炭井田	煤	生物化学沉积	K_1	小型	灰分 A_d 30%	17.5	详查	闭坑
10	吉林省	桦甸市	五道沟煤矿区	煤	生物化学沉积	K_1	小型	灰分 A_d 45.94%	20	勘探	已开采
11	吉林省	桦甸市	富源煤炭井田	煤	生物化学沉积	E	小型		16.4	勘探	已开采
12	吉林省	桦甸市	宏利煤炭井田	煤	生物化学沉积	K_1	小型		17.75	勘探	已开采
13	吉林省	四平市梨树县	孟家岭煤炭井田	煤	生物化学沉积	K_1	小型	灰分 A_d 30.77%	17	详查	闭坑
14	吉林省	四平市伊通县	大孤山煤炭井田	煤	生物化学沉积	E	小型	灰分 A_d 40.00%	13.02	预查	闭坑
15	吉林省	公主岭市	刘房子煤炭井田	主矿种:煤	生物化学沉积	K_1	小型	灰分 A_d 26.57%	18.56	勘探	停采
	吉林省	公主岭市		伴生:膨润土			小型	蒙脱石:64.15%			
16	吉林省	公主岭市	二十家子煤炭井田	煤	生物化学沉积	K_1	小型	灰分 A_d 19.57%	21.4	详查	开采
17	吉林省	辽源市	西安煤矿区	煤	生物化学沉积	K_1	小型	灰分 A_d 25%~35.47%	20.91	勘探	已开采
18	吉林省	辽源市东辽县	平岗煤矿区	煤	生物化学沉积	K_1	小型	灰分 A_d 25.00%~45.00%	18.45	详查	已利用
19	吉林省	辽源市东辽县	辽河源煤矿区	煤	生物化学沉积	K_1	小型	灰分 A_d 30.6%~37.00%	17.45	详查	已开采
20	吉林省	辽源市	大水缸煤炭井田	煤	生物化学沉积	K_1	小型		19.55	勘探	已开采
21	吉林省	辽源市东辽县	野猪沟煤炭井田	煤	生物化学沉积	K_1	小型	灰分 A_d 50%	12.58	普查	未开采
22	吉林省	辽源市东辽县	金岗煤矿区	煤	生物化学沉积	K_1	小型	灰分 A_d 22.54%~37.00%	22	详查	已开采
23	吉林省	延吉市	三道煤矿区	煤	生物化学沉积	K_1	小型	灰分 A_d 26.44%	17.03	详查	已开采
24	吉林省	图们市	凉水煤矿区	煤	生物化学沉积	E	小型	灰分 A_d 26.44%	17.75	勘探	已开采
25	吉林省	敦化市	榆树川煤炭井田	煤	生物化学沉积	K_1	小型	灰分 A_d 43.83%	17.22	普查	已开采
26	吉林省	珲春市	珲春煤田三道岭煤井田	煤	生物化学沉积	E	小型	灰分 A_d 32.6%	18.87	详查	已开采

续表

序号	省份	县市	矿产地名称	矿种	矿床类型	成矿时代	矿床规模	平均品位	发热量（$MJ \cdot kg^{-1}$）	勘查程度	开发程度
27	吉林省	珲春市	珲春煤田英安煤矿	煤	生物化学沉积	E	中型	灰分 A_d 30.65%	20.07	勘探	已开采
28	吉林省	珲春市	珲春煤田城西煤矿	煤	生物化学沉积	E	小型	灰分 A_d 37.24%	17.39	勘探	已开采
29	吉林省	珲春市	珲春煤田八连城煤矿	煤	生物化学沉积	E	中型	灰分 A_d 31.78%	19.54	勘探	已开采
30	吉林省	珲春市	珲春煤田板石一矿	煤	生物化学沉积	E	小型	灰分 A_d 34.44%	18.00	勘探	已开采
31	吉林省	珲春市	珲春煤田骆驼河子煤井田	煤	生物化学沉积	E	中型	灰分 A_d 41.10%	16.36	详查	未开采
32	吉林省	珲春市	珲春煤田五家子煤井田	煤	生物化学沉积	E	小型	灰分 A_d 42.46%	15.74	勘探	已开采
33	吉林省	珲春市	珲春煤田板石深部区	煤	生物化学沉积	E	小型	灰分 A_d 32.66%	18.56	详查	已开采
34	吉林省	龙井市	老头沟煤矿区	煤	生物化学沉积	K_1	小型	灰分 A_d 23.71%	22.7	勘探	已开采
35	吉林省	龙井市	三合煤矿区	煤	生物化学沉积	E	小型	灰分 A_d 43.11%	12.7	普查	未开采
36	吉林省	龙井市	小窑煤井田	煤	生物化学沉积	E	小型	灰分 A_d 29.64%	29.4	详查	已开采
37	吉林省	龙井市	勇新煤炭井田	煤	生物化学沉积	K_1	小型		18.78	详查	已开采
38	吉林省	汪清县	春阳双隆煤炭井田	煤	生物化学沉积	K_1	小型	灰分 A_d 15.36%	21.03	勘探	已开采
39	吉林省	安图县	煤矿区	煤	生物化学沉积	K_1	小型	灰分 A_d 20.00%	22.97	勘探	已开采
40	黑龙江省	哈尔滨市	依兰煤田	煤	生物化学沉积	E	小型	灰分 A_d 17.02%	25.98	勘探	已开采
41	辽宁省	铁岭市开原市	放牛沟井田老君山煤矿	煤	生物化学沉积	K_2	小型			普查	未开采
42	辽宁省	铁岭市西丰县	五道沟煤矿	煤	生物化学沉积	K_2	小型			普查	已开采
43	辽宁省	铁岭市西丰县	新开煤矿	煤	生物化学沉积	K_2	小型			普查	已开采
44	辽宁省	铁岭市西丰县	陶然乡新安煤矿	煤	生物化学沉积	K_2	小型			普查	已开采
45	辽宁省	铁岭市西丰县	陶然乡太平村景泉煤矿	煤	生物化学沉积	K_2	小型			普查	已开采
46	辽宁省	铁岭市西丰县	陶然乡太平村煤矿	煤	生物化学沉积	K_2	小型			普查	已开采

附表3　吉中-延边成矿带地热田特征一览表

序号	省份	县市	矿产地名称	矿种	矿床规模	可采热能储量	勘查程度	开发程度
1	黑龙江省	宁安市	镜泊湖乡地热田	地热	中型	3.35×10^{17} KJ	勘探	开采
2	黑龙江省	牡丹江市	江山娇林场地热田	地热	小型	1.21×10^{16} KJ		

附表 4　吉中-延边成矿带主要黑色金属矿产地特征一览表

序号	省份	县市	矿产地名称	矿种	矿床类型	成矿时代/叠加成矿时代	规模	平均品位	勘查程度	开发程度
1	吉林省	安图县	四岔子铁矿床	铁	受变质型	新元古代	中型	TFe 29.00%	详查	开采
2	吉林省	安图县	富尔河铁矿床	铁	受变质型	新元古代	小型	TFe 23.51%	详查	未开采
3	吉林省	龙井市	伊泉铁矿床	铁	接触交代型	晚二叠世	小型	TFe 27.04%	预查	未开采
4	吉林省	辽源市东丰县	西保安铁矿床	主矿种：铁	受变质型	新元古代	小型	TFe 24.75%	普查	未开采
				伴生：锰			小型	Mn 9.54%		
				伴生：磷			小型	P_2O_5 2.94%		
5	吉林省	长春市	双阳区大青山铁矿床	铁	接触交代型	早白垩世	小型	TFe 44.90%	预查	未开采
6	吉林省	吉林市	丰满区胜利铁矿床	铁	接触交代型	中侏罗世	小型	TFe 30.02%	详查	开采
7	吉林省	桦甸市	常山铁矿床	铁	接触交代型	早白垩世	小型	TFe 64.00%、P 0.01%、S 0.15%、SiO_2 6.38%	勘探	开采
8	吉林省	磐石市	董家铁矿床	铁	接触交代型	中侏罗世	小型	TFe 54.39%	详查	未开采
9	吉林省	磐石市	砖庙村天生铁矿床	铁	接触交代型	中侏罗世	小型	TFe 37.95%	详查	未开采
10	吉林省	磐石市	吉昌铁矿床	铁	接触交代型	中侏罗世	小型	TFe 35.00%	详查	开采
11	吉林省	磐石市	新立铁矿床	铁	接触交代型	中侏罗世	小型	TFe 50.12%	勘探	停采
12	吉林省	磐石市	金坑铁矿床	铁	接触交代型	中侏罗世	小型	TFe 54.34%	普查	未开采
13	吉林省	磐石市	民主铁矿床	铁	接触交代型	中侏罗世	小型	TFe 43.26%	普查	未开采
14	吉林省	磐石市	吉昌汞洞铁矿床	铁	接触交代型	中侏罗世	小型	TFe 44.48%	勘探	停采
15	吉林省	磐石市	七间房铁矿床	铁	接触交代型	中侏罗世	小型	TFe 42.83%	普查	未开采
16	吉林省	桦甸市	蜂蜜顶子铁矿床	铁	岩浆热液型	早侏罗世	小型	TFe 30.00%	普查	停采
17	吉林省	敦化市	小蒲柴河铁矿床	铁	接触交代型	中侏罗世	小型	TFe 39.35%	普查	未开采
18	吉林省	敦化市	榆树川铁矿床	铁	接触交代型	早白垩世	小型	TFe 39.64%	普查	未开采
19	吉林省	安图县	三岔子铁矿床	铁	接触交代型	早侏罗世	小型	TFe 50.54%	详查	未开采
20	吉林省	安图县	神仙洞铁锌矿床	主矿种：铁	接触交代型	早侏罗世	小型	TFe 33.70%	普查	停采
				共生：锌			小型	Zn 1.97%		
21	吉林省	和龙市	白石洞铁矿床	铁	接触交代型	早侏罗世	小型	TFe 42.43%	详查	未开采
22	吉林省	四平市梨树县	太阳沟铁矿床	铁	接触交代型	中侏罗世	小型	TFe 31.65%	详查	停采
23	吉林省	磐石市	茶条铁矿床	铁	受变质型	新元古代	小型	TFe 35.0%	详查	开采
24	吉林省	磐石市	西半截河铁矿床	铁	受变质型	新元古代	小型	TFe 42.0%	详查	开采
25	吉林省	长春市	双阳区万昌铁矿点	铁	接触交代型	早白垩世	矿点	TFe 37.5%	普查	未开采
26	吉林省	长春市	双阳区德化屯铁矿点	铁	接触交代型	中侏罗世	矿点	TFe 54.87%	普查	未开采
27	吉林省	长春市	双阳区国家街铁矿点	铁	接触交代型	早白垩世	矿点	TFe 65.34%	普查	未开采
28	吉林省	永吉县	史家屯铁矿点	铁	岩浆热液型	早白垩世	矿点	TFe 45.27%	普查	未开采
29	吉林省	永吉县	高丽道铁矿点	铁	接触交代型	中侏罗世	矿点	TFe 65.5%	普查	未开采
30	吉林省	永吉县	南拐脖子铁矿点	铁	接触交代型	中侏罗世	矿点	TFe 40%	普查	未开采
31	吉林省	永吉县	半截河子屯铁矿点	铁	接触交代型	早白垩世	矿点	TFe 40%	普查	未开采
32	吉林省	磐石市	朝阳沟铁矿点	铁	接触交代型	中侏罗世	矿点	TFe 44%	普查	未开采

续表

序号	省份	县市	矿产地名称	矿种	矿床类型	成矿时代/叠加成矿时代	规模	平均品位	勘查程度	开发程度
33	吉林省	磐石市	和平铁铜矿点	主矿种：铁 共生：铜 伴生：锌 伴生：金	岩浆热液型	早白垩世	矿点	TFe 35.00% 0.56% 0.80% 0.75 g/t	普查	未开采
34	吉林省	永吉县	刘家屯铁矿点	铁	岩浆热液型	中侏罗世	矿点	TFe 40%	普查	未开采
35	吉林省	永吉县	夹信子铁铜矿点	主矿种：铁 共生：铜 伴生：锌	接触交代型	中侏罗世	矿点	TFe 30% 最高 5.90% 最高 10.03%	普查	未开采
36	吉林省	吉林市	丰满区黑瞎子沟铁矿点	铁	岩浆热液型	中侏罗世	矿点	TFe 40%	普查	未开采
37	吉林省	磐石市	小葫芦细铁矿点	铁	接触交代型	中侏罗世	矿点	TFe 45.43%	普查	未开采
38	吉林省	磐石市	大崴子铁矿点	铁	接触交代型	中侏罗世	矿点	TFe 48.56%	普查	未开采
39	吉林省	磐石市	庙沟铁矿点	铁	接触交代型	中侏罗世	矿点	TFe 62.44%	普查	未开采
40	吉林省	磐石市	郭大院铁矿点	铁	接触交代型	中二叠世	矿点	TFe 30.5%	普查	未开采
41	吉林省	桦甸市	栗子沟铁矿点	铁	接触交代型	早侏罗世	矿点	TFe 45.38%	普查	未开采
42	吉林省	桦甸市	小天平岭铁矿点	铁	接触交代型	早侏罗世	矿点	TFe 47.9%	普查	未开采
43	吉林省	图们市	苇子沟铁矿点	铁	接触交代型	早侏罗世	矿点	TFe 44.94%	普查	未开采
44	吉林省	龙井市	元东铁矿点	铁	接触交代型	晚二叠世	矿点	TFe 25%	普查	未开采
45	吉林省	龙井市	江域铁矿点	铁	受变质型	始寒武世	矿点	TFe 40.16%	普查	未开采
46	吉林省	东丰县	新开岭铁矿点	铁	接触交代型	中侏罗世	矿点	TFe 50%	普查	未开采
47	吉林省	伊通县	铁矿岭铁矿点	铁	接触交代型	晚志留世	矿点	TFe 39%	普查	未开采
48	吉林省	伊通县	任家沟铁矿点	铁	接触交代型	晚志留世	矿点	TFe 39.98%	普查	未开采
49	吉林省	伊通县	王家油房铁矿点	铁	接触交代型	早侏罗世	矿点	TFe 40%	普查	未开采
50	吉林省	伊通县	伊家沟铁矿点	铁	接触交代型	中侏罗世	矿点	TFe 37.5%	普查	未开采
51	吉林省	东丰县	大兴铁矿点	铁	接触交代型	中侏罗世	矿点	TFe 65%	普查	未开采
52	辽宁省	开原市 西丰县	安民宏运铁矿床	磁铁矿	接触交代型	中生代	小型	TFe 32.58%	普查	未开采
53	吉林省	永吉县	三道沟铬铁矿点	铬铁矿	岩浆岩型	晚二叠世	矿点	Cr_2O_3 38.51%	普查	未开采
54	吉林省	永吉县	头道沟铬铁矿点	铬铁矿	岩浆岩型	泥盆纪	矿点	Cr_2O_3 23.5%	普查	未开采
55	吉林省	龙井市	开山屯铬铁矿点	铬铁矿	岩浆岩型	晚二叠世	矿点	Cr_2O_3 20.97%	普查	停采
56	吉林省	安图县	宣羊砬子钛磁铁矿点	钛铁矿	岩浆岩型	晚三叠世	矿点	TiO_2 5.80%； TFe 20.70%； V_2O_5 0.13%	普查	未开采
57	吉林省	安图县	青林子含钒钛磁铁矿点	钛铁矿	岩浆岩型	晚三叠世	矿点	TiO_2 4.9%； TFe 14.17%； V_2O_5 0.10%	普查	未开采
58	辽宁省	昌图县	曹家沟磁铁矿点	磁铁矿	接触交代型	中生代	矿点	TFe 47.60%		
59	吉林省	敦化市	马圈子（浪柴河）锰矿床	锰	接触交代型	侏罗纪	小型	Mn 35.39%； P_2O_5 0.26%； TFe 40.00%	普查	未开采
60	吉林省	桦甸市	暖木条子锰矿床	锰	岩浆热液型	侏罗纪	小型	Mn 43.68%	勘探	停采
61	吉林省	桦甸市	清水沟锰矿点	锰	岩浆热液型	侏罗纪	矿点	Mn 30.63%	普查	未开采
62	吉林省	梨树县	前马家油房锰矿点	锰	岩浆热液型	侏罗纪	矿点	Mn 32.40%	普查	未开采
63	吉林省	东辽县	椅山弯月五队锰矿点	锰	岩浆热液型	侏罗纪	矿点	Mn 15.12%	普查	未开采

附表5　吉中-延边成矿带主要有色金属矿产地（小型及以上）特征一览表

序号	省份	县市	矿产地名称	矿种	矿床类型	成矿时代/叠加成矿时代	规模	平均品位	勘查程度	开发程度
1	吉林省	吉林市永吉县	朝阳堡铜矿床	主矿种：铜	岩浆热液型	早白垩世	小型	1.64%	普查	未开采
				伴生：金			小型	1.4 g/t		
				伴生：银			小型	41.77 g/t		
2	吉林省	磐石市	石嘴子铜矿床	主矿种：铜	海相火山岩型	石炭纪—二叠纪	小型	1.5266%	勘探	开采
				伴生：铅			小型	1.03%		
				伴生：锌			小型	1.54%		
3	吉林省	桦甸市	二道林子铜矿床	主矿种：铜	岩浆热液型	中侏罗世	小型	0.546%	勘探	未开采
				伴生：锌			小型	0.9%		
				伴生：砷			中型	1.53%		
				伴生：铅			小型	0.19%		
				伴生：银			小型	15.28 g/t		
4	吉林省	延吉市	三道沟铜钨矿床	主矿种：铜	接触交代型	早侏罗世	小型	0.9%	普查	未开采
				共生：钨			小型	0.36%		
				伴生：钼			矿点	0.02%		
5	吉林省	延吉市	东沟铜钨矿床	主矿种：铜	接触交代型	早侏罗世	小型	0.47%	普查	未开采
				共生：钨			小型	0.13%		
				伴生：银			小型	22.92 g/t		
6	吉林省	四平市伊通县	西大城号铜矿床	主矿种：铜	岩浆热液型	早侏罗世	小型	0.74%	普查	未开采
				伴生：金			矿点	8.8 g/t		
				伴生：银			矿点	113.7 g/t		
7	吉林省	吉林市永吉县	向阳铜矿床	主矿种：铜	斑岩型	晚三叠世	小型	0.676%	详查	停采
				伴生：银			小型	200 g/t		
				伴生：镓			矿点	0.00165%		
				伴生：铼			矿点	0.000059%		
				伴生：锗			矿点	0.00013%		
8	吉林省	汪清县	棉田铅锌矿床	主矿种：铅	接触交代型	早白垩世	小型	6.00%	普查	未开采
				共生：锌			小型	6.50%		
9	吉林省	图们市	碧水铅锌矿床	主矿种：铅	接触交代型	早侏罗世	小型	2.54%	普查	停采
				共生：锌			小型	2.48%		
				伴生：银			小型	72.45 g/t		
				伴生：铜			小型	0.51%		
10	吉林省	辽源市东辽县	弯月铅锌矿床	主矿种：铅	岩浆热液型	早白垩世	小型	4.806%	详查	开采
				共生：锌			小型	3.05%		
				伴生：铜			小型	0.13%		
				伴生：银			小型	20 g/t		
				伴生：金			小型	0.19 g/t		
11	吉林省	桦甸市	新立屯铅锌铜矿床	主矿种：锌	海相火山岩型	中二叠世	小型	1.47%	普查	未开采
				共生：铅			小型	2.59%		
				伴生：银			小型	0.52%		
				共生：铜			小型	27.7 g/t		

续表

序号	省份	县市	矿产地名称	矿种	矿床类型	成矿时代/叠加成矿时代	规模	平均品位	勘查程度	开发程度
12	吉林省	桦甸市	常山镇下玉兴锌铜矿床	主矿种：锌	接触交代型	中侏罗世	小型	2.40%	普查	停采
				共生：铜			小型	0.50%		
13	吉林省	龙井市	天宝山矿田东风坑锌矿床	主矿种：锌	海相火山岩型	中二叠世	中型	1.45%	详查	开采
				伴生：铜			小型	0.23%		
				伴生：铅			小型	0.22%		
14	吉林省	龙井市	天宝山矿田立山-新兴锌铅矿床	主矿种：锌	接触交代型	中二叠世	中型	2.47%	勘探	开采
				共生：铅			中型	1.56%		
				伴生：铜			小型	0.28%		
				伴生：银			中型	55.92 g/t		
				伴生：镉			中型	0.036%		
15	吉林省	延边朝鲜族自治州汪清县	红太平铅锌铜矿床	主矿种：锌	海相火山岩型	中二叠世	小型	2.69%	详查	闭坑
				共生：铅			小型	0.54%		
				共生：铜			小型	1.23%		
				伴生：银			矿点	98 g/t		
				伴生：镉			矿点	0.0472%		
				伴生：铟			矿点	0.00057%		
16	吉林省	桦甸市	地局子铅锌矿床	主矿种：锌	海相火山岩型	中二叠世	小型	1.54%	普查	未开采
				共生：铅			小型	1.03%		
				伴生：银			小型	25 g/t		
				伴生：铜			小型	0.14%		
17	吉林省	磐石市	小红石砬子铅锌玉石矿床	主矿种：锌	海相火山岩型	中二叠世	小型	1.47%	详查	未开采
				共生：铅			小型	0.57%	勘探	开采
				共生：石英质玉石			矿床	莫氏硬度 4.5		
				伴生：金			小型	0.10 g/t		
				共生：银			小型	24.04 g/t		
18	吉林省	蛟河市	漂河川镍矿床	主矿种：镍	岩浆型	晚三叠世	小型	0.60%	详查	开采
				伴生：铜			小型	0.31%		
				伴生：钴			小型	0.036%		
				伴生：铂			矿点	0.117%		
				伴生：钯			矿点	0.084%		
				伴生：硒			矿点	0.0008%		
				伴生：碲			矿点	0.0008%		
19	吉林省	磐石市	三道岗镍矿床	主矿种：镍	岩浆型	晚三叠世	小型	0.437%	普查	开采
				伴生：铜			小型	0.172%		
20	吉林省	磐石市	红旗岭镍矿床	主矿种：镍	岩浆型	晚三叠世	大型	1.13%	勘探	开采
				伴生：铜			小型	0.20%		
				伴生：钴			中型	0.034%		
				伴生：硒			小型	0.00057%		
				伴生：碲			小型	0.0004%		
				伴生：硫			小型	3.22%		

续表

序号	省份	县市	矿产地名称	矿种	矿床类型	成矿时代/叠加成矿时代	规模	平均品位	勘查程度	开发程度
21	吉林省	磐石市	茶尖岭9号岩体镍矿床	主矿种：镍	岩浆型	晚三叠世	小型	0.74%	普查	未开采
				伴生：铜			小型	0.34%		
22	吉林省	磐石市	茶尖岭新6号岩体镍矿床	主矿种：镍	岩浆型	晚三叠世	小型	0.775%	普查	开采
				伴生：铜			小型	0.676%		
23	吉林省	磐石市	茶尖岭1、10、6号岩体镍矿床	主矿种：镍	岩浆型	晚三叠世	小型	0.77%	勘探	开采
				伴生：铜			小型	0.17%		
				伴生：钴			小型	0.0039%		
24	吉林省	桦甸市	漂河川115号岩体镍铜矿床	主矿种：镍	岩浆型	晚三叠世	小型	0.85%	详查	开采
				共生：铜			小型	0.5%		
25	吉林省	桦甸市	漂河川120号岩体镍铜矿床	主矿种：镍	岩浆型	晚三叠世	矿点	0.34%	普查	未开采
				共生：铜			矿点	0.51%		
26	吉林省	和龙市	龙门乡长仁镍矿床	主矿种：镍	岩浆型	晚三叠世	中型	0.65%	详查	未开采
				伴生：铜			小型	0.23%		
				伴生：钴			小型	0.03%		
				伴生：铂			矿点	0.03 g/t		
				伴生：钯			矿点	0.03 g/t		
27	吉林省	和龙市	柳水坪镍矿床	主矿种：镍	岩浆型	晚三叠世	小型	0.43%	详查	未开采
				伴生：铜			小型	0.14%		
28	吉林省	四平市	山门镍矿床	主矿种：镍	岩浆型	晚三叠世	小型	0.34%	详查	未开采
				伴生：铜			小型	0.08%		
				伴生：钴			小型	0.011%		
				伴生：铂			小型	0.0301 g/t		
				伴生：钯			小型	0.0336 g/t		
29	吉林省	磐石市	铁汞山钨多金属矿床	主矿种：钨	接触交代型	中侏罗世	小型	WO_3 0.25%	详查	闭坑
				伴生：钼			小型	0.157%		
				伴生：锌			小型	4.29%		
				伴生：铁			小型	TFe 45.17%		
30	吉林省	桦甸市	双杨树钼矿床	钼	斑岩型	中侏罗世	大型	0.101%	勘探	未开采
31	吉林省	延边朝鲜族自治州安图县	双山钼矿床	主矿种：钼	斑岩型	中侏罗世	中型	0.05%	详查	未开采
				伴生：铜			小型	0.12%		
32	吉林省	延边朝鲜族自治州安图县	刘生店钼矿床	钼	斑岩型	中侏罗世	中型	0.07%	详查	停采
33	吉林省	延边朝鲜族自治州汪清县	夹皮沟钼矿床	钼	斑岩型	早侏罗世	小型	0.115%	详查	未开采
34	吉林省	梅河口市	一座营钼矿床	钼	斑岩型	中侏罗世	中型	0.11%	详查	未开采
35	吉林省	吉林市永吉县	大黑山钼矿床	主矿种：钼	斑岩型	中侏罗世	超大型	0.058%	勘探	开采
				伴生：硫			大型	1.65%		
				伴生：铜			小型	0.03%		
				伴生：镓			矿点	0.001%		
				伴生：铼			矿点	0.0012%		

续表

序号	省份	县市	矿产地名称	矿种	矿床类型	成矿时代/叠加成矿时代	规模	平均品位	勘查程度	开发程度
36	吉林省	吉林市永吉县	芹菜沟钼矿床	钼	岩浆热液型	中侏罗世	中型	0.054%	详查	未开采
37	吉林省	吉林市永吉县	乱木桥沟钼矿床	钼	斑岩型	中侏罗世	小型	0.086%	详查	未开采
38	吉林省	磐石市	胜利屯钼矿床	主矿种：钼	接触交代型	中侏罗世	中型	0.093%	详查	未开采
				共生：锌			小型	4.87%		
				共生：铅			小型	1%		
39	吉林省	磐石市	后倒木钼矿床	主矿种：钼	岩浆热液型	中侏罗世	中型	0.08%	勘探	未开采
				伴生：硫			中型	1.79%		
40	吉林省	桦甸市	兴隆钼矿床	钼	岩浆热液型	中侏罗世	小型	0.29%	普查	未开采
41	吉林省	桦甸市	火龙岭钼矿床	钼	接触交代型	早侏罗世	小型	0.30%	详查	开采
42	吉林省	桦甸市	四方甸子钼矿床	钼	岩浆热液型	早侏罗世	小型	0.034%	详查	开采
43	辽宁省	西丰县	平岗乡凌云钼矿床	钼	岩浆热液型	侏罗纪	小型	0.103%	普查	未开采
44	吉林省	桦甸市	东沟钼矿床	钼	岩浆热液型	早侏罗纪	小型	0.213%	详查	未开采
45	吉林省	龙井市	天宝山东风北山钼矿床	钼	斑岩型	早侏罗世	小型	0.176%	详查	开采
46	吉林省	磐石市	三合屯锑矿床	锑	陆相火山岩型	晚三叠世	小型	22.30%	普查	闭坑
47	吉林省	桦甸市	桦树乡锑矿床	锑	岩浆热液型	早侏罗世	小型	8.00%	普查	开采
48	吉林省	桦甸市	晓辉锑矿床	锑	岩浆热液型	早侏罗世	小型	9.3~10%	详查	开采
49	吉林省	延边朝鲜族自治州安图县	万宝镇矿山屯锑矿床	主矿种：锑	岩浆热液型	中侏罗世	中型	1.95%	详查	老矿点闭坑，新发现资源储量未开采
				伴生：金			小型	0.14 g/t		
				伴生：砷			小型	0.22%		
50	吉林省	敦化市	迎风沟汞矿床	主矿种：汞	岩浆热液型	中侏罗世	小型	0.1%	普查	未开采
				伴生：鸡血石			矿点			

附表 6　吉中–延边成矿带主要贵金属、稀土金属矿产地（小型及以上）特征一览表

序号	省份	县市	矿产地名称	矿种	矿床类型	成矿时代/叠加成矿时代	规模	平均品位	勘查程度	开发程度
1	吉林省	桦甸市	于家屯金矿床	金	岩浆热液型	早侏罗世	小型	5.94 g/t	详查	停采
2	吉林省	桦甸市	二道甸子金矿床	主矿种：金	岩浆热液型	早白垩世	大型	3.27 g/t	详查	开采
				伴生：银			小型	7.55 g/t		
3	吉林省	桦甸市	大秃顶子金锑矿床	主矿种：金	岩浆热液型	早侏罗世	中型	6.59 g/t	勘探	未开采
				共生：锑			小型	1.4%		
				伴生：银			小型	6.15 g/t		
4	吉林省	桦甸市	横道河子金砷矿床	主矿种：金	陆相火山岩型	早侏罗世	小型	5.31 g/t	勘探	开采
				伴生：砷			中型	6.52%		
5	吉林省	磐石市	兴隆沟金银矿床	主矿种：金	岩浆热液型	中侏罗世	小型	5 g/t	详查	未开采
				共生：银			小型	150 g/t		
6	吉林省	磐石市	粗榆金银矿床	主矿种：金	岩浆热液型	中侏罗世	中型	10.71 g/t	勘探	开采
				共生：银			小型	18.17 g/t		
				伴生：铅			小型	0.24%		
7	吉林省	磐石市	官马金矿床	金	陆相火山岩型	早侏罗世	小型	5.7 g/t	详查	开采
8	吉林省	磐石市	小梨河金矿床	主矿种：金	海相火山岩型	晚石炭世	小型	3.63 g/t	详查	未开采
				伴生：银			小型	34.08 g/t		
9	吉林省	吉林市永吉县	头道川金矿床	主矿种：金	海相火山岩型	晚石炭世	小型	10.46 g/t	详查	开采
				伴生：银			矿点	21.67 g/t		
				伴生：铜			矿点	0.05%		
10	吉林省	辽源市东辽县	弯月东山金矿床	金	岩浆热液型	早白垩世	小型	9.14 g/t	详查	停采
11	吉林省	东辽县	盈隆金矿床	金	岩浆热液型	早白垩世	中型	5.17 g/t	勘探	未开采
12	吉林省	四平市伊通县	龙王庙金矿床	金	岩浆热液型	晚侏罗世	小型	2.87 g/t	详查	未开采
13	吉林省	四平市伊通县	二道岭金矿床	金	岩浆热液型	晚侏罗世	小型	6.4 g/t	详查	停采
14	吉林省	龙井市	石井金银矿床	主矿种：金	陆相火山岩型	早白垩世	小型	3.58 g/t	详查	停采
				共生：银			小型	211.48 g/t		
15	吉林省	龙井市	开山屯金谷山–后底洞金矿床	金	陆相火山岩型	早三叠世	小型	2.5 g/t	详查	停采
16	吉林省	龙井市	开山屯寺洞金矿床	主矿种：金	陆相火山岩型	早三叠世	小型	4.11 g/t	勘探	未开采
				伴生：银			小型	6.66 g/t		
17	吉林省	龙井市	海沟八道五凤–五星山金矿床	金	陆相火山岩型	早白垩世	小型	5.11 g/t	勘探	停采
18	吉林省	延边朝鲜族自治州汪清县	刺猬沟金矿床	主矿种：金	陆相火山岩型	早白垩世	小型	9.47 g/t	详查	开采
				伴生：银			小型	7.11 g/t		
19	吉林省	长春市双阳区	山河金矿床	金	岩浆热液型	早白垩世	小型	3.5 g/t	普查	未开采
20	吉林省	延边朝鲜族自治州安图县	海沟金矿床	主矿种：金	岩浆热液型	早白垩世	大型	3.31 g/t	勘探	开采
				伴生：银			小型	4.15 g/t		
				伴生：铅			小型	0.09%		
				伴生：碲			小型	0.00068%		
				伴生：铀			矿点	0.03%		

续表

序号	省份	县市	矿产地名称	矿种	矿床类型	成矿时代/叠加成矿时代	规模	平均品位	勘查程度	开发程度
21	吉林省	延边朝鲜族自治州敦化市	松江河金矿床	金	岩浆热液型	中侏罗世	中型	3.02 g/t	勘探	未开采
22	吉林省	汪清县	闹枝金矿床	主矿种：金	陆相火山岩型	早白垩世	小型	5 g/t	详查	开采
				伴生：硫			小型	12.5%		
				伴生：铅			小型	0.05%		
				伴生：锌			小型	0.12%		
				伴生：银			小型	62.9 g/t		
				伴生：铜			小型	0.1%		
23	吉林省	磐石市	黄瓜营砂金矿床	金	砂矿型	第四纪	小型	0.21 g/m^3	勘探	停采
24	黑龙江省	宁安市	四道河子金矿床	金	接触交代型	中二叠世	小型	9.178 g/t	普查	未开采
25	吉林省	安图县	双桥沟金矿床	金	岩浆热液型	早侏罗世	小型	1.31 g/t	详查	未开采
26	吉林省	四平市	山门银金矿床	主矿种：银	岩浆热液型	早白垩世	大型	157 g/t	勘探	开采
				共生：金			中型	1 g/t		
27	吉林省	磐石市	民主屯银矿床	主矿种：银	海相火山岩型	晚石炭世	小型	231.94 g/t	普查	未开采
				伴生：金			小型	0.41 g/t		
28	吉林省	安图县	东清独居石砂矿床	主矿种：独居石	砂矿型	全新世	中型	226.4 g/m^3	详查	未开采
				伴生：磷钇矿			小型	7.01 g/m^3		
				伴生：石榴子石			小型	1782.14 g/m^3		

附表 7 吉中-延边成矿带主要非金属矿产地（小型及以上）特征一览表

序号	省份	县市	矿产地名称	矿种	矿床类型	成矿时代/叠加成矿时代	规模	平均品位	勘查程度	开发程度
1	吉林省	磐石市	烟筒山镇石墨矿床	隐晶质石墨	变成型	中侏罗世	小型	C 55.00%； FC 63.90%； S 0.02%； 灰分 37.80%	勘探	开采
2	吉林省	磐石市	烟筒山镇金忠石墨矿床	隐晶质石墨	变成型	中侏罗世	小型	C 65.00%	普查	停采
3	吉林省	磐石市	烟筒山镇仙人洞石墨矿床	隐晶质石墨	变成型	中侏罗世	小型	C 65.39%； FC 56.70%； 灰分 32.16%	普查	开采
4	吉林省	汪清县	天桥岭鹿圈子石墨矿床	隐晶质石墨	变成型	中侏罗世	中型	14.88%	勘探	未开采
5	吉林省	磐石市	烟筒山镇兴华石墨矿床	隐晶质石墨	变成型	中侏罗世	小型	65.39%	普查	停采
6	吉林省	磐石市	烟筒山镇长崴子石墨矿床	隐晶质石墨	变成型	中侏罗世	小型	65%	普查	停采
7	吉林省	吉林市永吉县	头道沟硫铁矿床	主矿种：硫铁矿	接触交代型	早侏罗世	中型	19.53%	勘探	未开采
				共生：铁			小型	38.07%		
				伴生：铜			小型	0.19%		
				伴生：钼			小型	0.09%		
8	吉林市	桦甸市	西台子硫铁矿床	硫铁矿	生物化学沉积型	古近纪	中型	14.24%	勘探	未开采
9	吉林省	四平市伊通县	放牛沟硫多金属矿床	主矿种：硫铁矿	海相火山岩型	志留纪	中型	16.00%	勘探	开采
				共生：锌			中型	3.12%		
				伴生：铁			小型	32.46%		
				伴生：铅			小型	0.8%		
				伴生：银			小型	9.98 g/t		
				伴生：铜			小型	0.06%		
				伴生：铟			小型	0.0011%		
				伴生：锌			小型	0.68%		
10	吉林省	磐石市	明城镇萤石矿床	萤石	岩浆热液型	早侏罗世	小型	CaF_2 65.00； S 1.00%	普查	停采
11	吉林省	磐石市	烟筒山镇萤石矿床	萤石	岩浆热液型	早侏罗世	小型	CaF_2 50.00； S 1.00%	普查	停采
12	吉林省	磐石市	明城镇南梨树萤石矿床	萤石	岩浆热液型矿床	早侏罗世	小型	CaF_2 59.85%	详查	开采
13	吉林省	桦甸市	辉发河蓝宝石矿床	主矿种：蓝宝石	砂矿型	全新世	矿床	2.37 g/m^3	详查	未开采
				伴生：刚玉			小型	24.24 g/m^3		
14	吉林省	磐石市	乱泥屯蓝晶石矿床	蓝晶石	变成型	晚二叠世	小型	7.27%	普查	未开采
15	吉林省	桦甸市	二道甸子红柱石矿床	红柱石	变成型	早侏罗世	小型	7.36%	详查	未开采
16	吉林省	四平市梨树县	大顶山硅灰石矿床	硅灰石	变成型	中侏罗世	中型	硅灰石 61.40%	勘探	开采
17	吉林省	龙井市	细鳞河硅灰石矿床	硅灰石	变成型	早侏罗世	超大型	硅灰石 80%	勘探	开采

续表

序号	省份	县市	矿产地名称	矿种	矿床类型	成矿时代/叠加成矿时代	规模	平均品位	勘查程度	开发程度
18	吉林省	磐石市	驿马镇硅灰石矿床	硅灰石	变成型	中侏罗世	小型	硅灰石 42.07%	详查	未开采
19	吉林省	磐石市	南错草硅灰石矿床	主矿种：硅灰石	变成型	中侏罗世	大型	硅灰石 51.70%	勘探	停采
				共生：水泥用大理岩	变成型	中侏罗世	中型	CaO：47.03%~55.44%	普查	停采
20	吉林省	辽源市东丰县	鹿圈山硅灰石矿床	硅灰石	变成型	中侏罗世	小型	CaO 47.00%；Fe_2O_3 0.10%；SiO_2 49.00%	普查	未开采
21	吉林省	磐石市	长崴子硅灰石矿床	硅灰石	变成型	中侏罗世	超大型	硅灰石 69.03%	详查	停采
22	吉林省	磐石市	孟家硅灰石矿床	硅灰石	变成型	中侏罗世	小型	硅灰石 43.68%	详查	开采
23	吉林省	磐石市	西错草硅灰石矿床	硅灰石	变成型	中侏罗世	小型	硅灰石 50%	详查	开采
24	吉林省	磐石市	长崴子乡吗哈啦硅灰石矿床	硅灰石	变成型	中侏罗世	小型	硅灰石 71%	普查	未开采
25	吉林省	磐石市	长崴子乡三泉西硅灰石矿床	硅灰石	变成型	中侏罗世	小型	硅灰石 40.88%	详查	开采
26	吉林省	磐石市	长崴子片石流硅灰石矿床	硅灰石	变成型	中侏罗世	小型	硅灰石 44.3%	详查	开采
27	吉林省	桦甸市	李大屯（稗子沟）硅灰石矿床	硅灰石	变成型	早侏罗世	小型	硅灰石 87.5%	详查	开采
28	吉林省	梨树县	前马家油房硅灰石矿床	硅灰石	变成型	中侏罗世	大型	硅灰石 70.51%	普查	未开采
29	吉林省	梨树县	铁汞山硅灰石矿床	硅灰石	变成型	中侏罗世	超大型	硅灰石 46.16%	勘探	开采
30	吉林省	梨树县	孟家岭硅灰石矿床	硅灰石	变成型	中侏罗世	小型	硅灰石 44.09%	普查	未开采
31	吉林省	安图县	乐园硅灰石矿床	硅灰石	变成型	早侏罗世	中型	硅灰石 36.51%	详查	未开采
32	吉林省	延边朝鲜族自治州汪清县	闹枝沸石矿床	沸石	陆相火山岩型	早白垩世	小型	沸石 45.00%	普查	已开采
33	吉林省	辽源市东辽县	安恕沸石矿床	沸石	陆相火山岩型	早白垩世	小型	SiO_2 65.00%	普查	未开采
34	吉林省	磐石市	小梨河乡碱场沸石矿床	沸石	陆相火山岩型	早白垩世	小型	Al_2O_3 11.73%；SiO_2 68.60%	详查	未开采
35	吉林省	磐石市	中立方解石矿床	方解石	变成型	中侏罗世	超大型	CaO 54.15%；白度>90%	勘探	未开采
36	吉林省	桦甸市	常山镇方解石矿床	方解石	变成型	中二叠世	中型	CaO 55.42%~98.70%	详查	开采
37	吉林省	磐石市	明城镇双发方解石矿床	方解石	岩浆热液型	中侏罗世	中型	$CaCO_3$ 98.5%；白度 94%~96%	普查	开采
38	吉林省	磐石市	孤山村方解石矿床	方解石	岩浆热液型	中侏罗世	小型	CaO 98.50%	详查	开采
39	吉林省	磐石市	石嘴镇鑫盛方解石矿床	方解石	岩浆热液型	中侏罗世	小型	CaO 98.00%	勘探	停采
40	吉林省	磐石市	石嘴方解石矿床	主矿种：方解石	岩浆热液型	中侏罗世	中型	CaO 53.47%；MgO 1.00%；白度 85.00%	详查	开采
				共生：硅灰石	变成型	中侏罗世	小型	硅灰石 35%	普查	未开采

续表

序号	省份	县市	矿产地名称	矿种	矿床类型	成矿时代/叠加成矿时代	规模	平均品位	勘查程度	开发程度
41	吉林省	磐石市	样子沟方解石、大理岩矿床	主矿种：方解石	变成型	中侏罗世	大型	CaO 54.00%	详查	未开采
				共生：大理岩			大型	荒斜率 19.2%	详查	未开采
42	吉林省	磐石市	三棚镇郭大院方解石矿床	方解石	岩浆热液型	中侏罗世	小型	CaO 54.00%；MgO 1.00%；白度 85.00%	详查	停采
43	吉林省	磐石市	宏峰方解石矿床	方解石	岩浆热液型	中侏罗世	小型	$CaCO_3$97.89%~97.97%；Fe_2O_3 0.050%~0.052%；酸不溶物0.40~0.35；白度87.8%~88.3%	详查	停采
44	吉林省	磐石市	富太高岭土矿床	高岭土	陆相火山岩型	早二叠世—中二叠世	小型	矿物量 18.46%	详查	未开采
45	吉林省	延边朝鲜族自治州安图县	双桥沟伊利石粘土矿床	伊利石粘土	风化型	第四纪	大型	Al_2O_3 15.39%	详查	未开采
46	吉林省	延边朝鲜族自治州安图县	万宝镇伊利石粘土矿床	伊利石粘土	风化型	第四纪	超大型	Al_2O_3 14.39%	详查	未开采
47	黑龙江省	宁安市	金家屯泥炭矿床	泥炭	生物化学沉积型	第四纪	小型		普查	未开采
48	辽宁省	西丰县	更刻珍珠岩矿床(西丰县元宝矿业有限责任公司)	珍珠岩	陆相火山岩型	晚侏罗世	小型		普查	开采
49	黑龙江省	宁安市	鹿道火山灰矿床	火山灰	陆相火山岩型	新近纪上新世	中型	Al_2O_3 15.56%；SiO_2 45.1%；Fe_2O_3 12.39%；K_2O 1.32% TiO_2 2.35%	普查	未开采
50	黑龙江省	宁安市	四道河子大理岩矿床	水泥用大理岩	变成型	中二叠世	中型		普查	未开采
51	吉林省	四平市梨树县	雷家大理岩矿床	水泥用大理岩	变成型	晚三叠世	中型	CaO 51.98%	详查	开采
52	吉林省	四平市梨树县	绕湾沟大理岩矿床	水泥用大理岩	变成型	中侏罗世	大型	CaO 51.91%	详查	开采
53	吉林省	四平市梨树县	郭家店大顶山第一水泥用大理岩矿床	水泥用大理岩	变成型	中侏罗世	中型	CaO 60.00%	详查	开采
54	吉林省	四平市梨树县	何家水泥用大理岩矿床	水泥用大理岩	变成型	石炭纪—二叠纪	中型	CaO 68.00%	详查	开采
55	吉林省	四平市伊通县	土门岭水泥用大理岩矿床	水泥用大理岩	变成型	中侏罗世	中型	CaO 52.64%	详查	开采
56	吉林省	四平市伊通县	张家屯大理岩矿床	水泥用大理岩	变成型	早侏罗世	大型	CaO 51.84%	详查	未开采

续表

序号	省份	县市	矿产地名称	矿种	矿床类型	成矿时代/叠加成矿时代	规模	平均品位	勘查程度	开发程度
57	吉林省	辽源市东辽县	渭津大理岩矿床	水泥用大理岩	变成型	侏罗纪	中型	CaO 50.00%	普查	停采
58	吉林省	辽源市东辽县	牛心矿床水泥用大理岩矿床	水泥用大理岩	变成型	中侏罗世	大型	CaO 52.58%	详查	开采
59	吉林省	敦化市	大榆树川大理岩矿床	水泥用大理岩	变成型	早侏罗世	中型	CaO 58.00%	普查	停采
60	吉林省	珲春市	关门嘴子水泥用大理岩矿床	水泥用大理岩	变成型	中二叠世	中型	CaO 52.90%	普查	未开采
61	吉林省	延边朝鲜族自治州汪清县	庙岭北山大理岩矿床	水泥用大理岩	变成型	早侏罗世	中型	CaO 54.59%	勘探	停采
62	吉林省	磐石市	三合屯大理岩矿床	水泥用大理岩	变成型	中侏罗世	中型	CaO 53.87%	详查	停采
63	吉林省	四平市梨树县	颜家粉房大理岩矿床	水泥用大理岩	变成型	中侏罗世	大型	CaO 51.31%	勘探	开采
64	吉林省	图们市	碧水大理岩、方解石矿床	主矿种：水泥用大理岩	变成型	早侏罗世	中型	52.45%	详查	未开采
				共生：方解石			中型	54.48%	详查	未开采
				伴生：建筑用大理岩			小型	磨耗量 35.00%	普查	停采
65	辽宁省	铁岭市西丰县	白石屯水泥用大理岩矿床	水泥用大理岩	变成型	奥陶纪	中型	CaO 52.955% MgO 1.017%	普查	开采
66	辽宁省	铁岭市西丰县	安民镇泉河水泥用大理岩矿床	水泥用大理岩	变成型	奥陶纪	小型		普查	开采
67	辽宁省	铁岭市西丰县	安民面山水泥用大理岩矿床	水泥用大理岩	变成型	奥陶纪	小型	CaO 54%	普查	开采
68	辽宁省	铁岭市西丰县	双河水泥用大理岩矿床	水泥用大理岩	变成型	奥陶纪	小型	CaO 53%	普查	开采
69	辽宁省	铁岭市西丰县	安民实发水泥用大理岩矿床	水泥用大理岩	变成型	奥陶纪	小型	CaO 53%	普查	开采
70	辽宁省	铁岭市	辽宁大鹰水泥制造有限公司	水泥用大理岩	变成型	奥陶纪	小型	CaO 48%	普查	开采
71	辽宁省	铁岭市昌图县	下二台乡三星水泥用大理岩矿床	水泥用大理岩	变成型	奥陶纪	小型	CaO 52%	普查	开采
72	辽宁省	铁岭市昌图县	昌图镇明岐水泥用大理岩矿床	水泥用大理岩	变成型	奥陶纪	小型	CaO 51%	普查	开采
73	辽宁省	铁岭市昌图县	下二台乡绿化村东沟徐柏清水泥用大理岩矿床	水泥用大理岩	变成型	奥陶纪	小型	CaO 51.66%	普查	开采
74	辽宁省	铁岭市昌图县	白云水泥用大理岩矿床	水泥用大理岩	变成型	奥陶纪	小型	CaO 50%	勘探	开采

续表

序号	省份	县市	矿产地名称	矿种	矿床类型	成矿时代/叠加成矿时代	规模	平均品位	勘查程度	开发程度
75	辽宁省	铁岭市昌图县	雄鹰水刷石厂水泥用大理岩矿床	水泥用大理岩	变成型	奥陶纪	小型	CaO 49%	普查	开采
76	辽宁省	铁岭市昌图县	下二台乡赵家三组水泥用大理岩矿	水泥用大理岩	变成型	奥陶纪	小型	CaO 51%	普查	开采
77	辽宁省	铁岭市昌图县	小泉头石灰石矿床	水泥用大理岩	变成型	晚侏罗世	大型	CaO>48%	普查	未开采
78	辽宁省	铁岭市西丰	县振兴镇德利水泥用大理岩矿床	水泥用大理岩	变成型	—	小型		普查	开采
79	辽宁省	铁岭市西丰县	振兴镇白石村水泥用大理岩矿床	水泥用大理岩	变成型	—	小型		普查	开采
80	辽宁省	铁岭市西丰县	振兴镇白石村二水泥用大理岩矿床	水泥用大理岩	变成型	—	小型		普查	开采
81	辽宁省	铁岭市昌图县	泉头镇护林于亮石灰石矿床	建筑石料用灰岩	化学沉积型	—	小型		普查	开采
82	辽宁省	铁岭市昌图县	下二台赵家李凤林石灰石矿床	建筑石料用灰岩	化学沉积型	—	小型		普查	开采
83	辽宁省	铁岭市昌图县	公路泉头石灰石矿床	建筑石料用灰岩	化学沉积型		小型		普查	开采
84	吉林省	敦化市	高松树硅藻土矿床	硅藻土	生物化学沉积型	中新世	小型	65%	详查	开采

（据吉林省地质调查院，2023）

附表 8　吉中-延边成矿带主要宝玉石矿产地特征一览表

序号	省份	县市	矿产地名称	矿种	矿床类型	成矿时代	规模	平均品位（宝石含量）	勘查程度	开发程度	备注
1	吉林省	桦甸市	辉发河蓝宝石矿床	主矿种：蓝宝石	砂矿型	全新世	矿床	2. 37 g/m^3	详查	未开采	宝石类矿产未有矿床规模划分标准
				伴生：刚玉			小型	24. 24 g/m^3			
2	吉林省	敦化市	迎风沟汞矿点	主矿种：汞	岩浆热液型	中侏罗世	小型		普查	未开采	
				伴生：鸡血玉			矿点				
3	吉林省	敦化市	葫芦崴子敖东玉矿点	透辉石玉	接触交代型	晚二叠世	矿点		普查	未开采	
4	吉林省	磐石市	小红石砬子玉石铅锌矿床	主矿种：石英质玉石	海相火山岩型	中二叠世	矿床	摩氏硬度 4. 5	详查	未开采	
				共生：锌			小型	1. 47%	勘探	开采	
				共生：铅			小型	0. 57%			
				共生：金			小型	24. 03 g/t			
				共生：银			小型	0. 10 g/t			
5	吉林省	磐石市	圈岭饰面石材矿床	主矿种：饰面用大理岩	变成型	中侏罗世	中型	荒料率 26. 45%	详查	未开采	
				伴生：透闪石			矿点				
				伴生：透闪石玉			矿点				

（据吉林省地质调查院，2023）

附表9 吉中-延边成矿带主要矿泉水水源地特征一览表

序号	省份	县市	矿产地名称	矿种	矿泉水类型	含矿地层/岩体	规模	允许开采量 ($m^3 \cdot d^{-1}$)	开采程度	审批时间/年
1	吉林省	长春市双阳区	将军岭矿泉	矿泉水	锶型	灰岩	中型	1440	未开采	1991
2	吉林省	四平市	实验林场矿泉	矿泉水	锶偏硅酸复合型	砂岩	中型	1200	未开采	2002
3	吉林省	长春市双阳区	食品厂矿泉	矿泉水	锶偏硅酸复合型	砂岩、砂砾岩	中型	1000	停采	1990
4	吉林省	延边朝鲜族自治州汪清县	尖山矿泉	矿泉水	锶偏硅酸复合型	凝灰质砾岩	中型	1000	未开采	1992
5	吉林省	敦化市	六顶山矿泉	矿泉水	偏硅酸型	花岗岩	中型	1000	停采	2000
6	吉林省	长春市双阳区	仙泉矿泉	矿泉水	偏硅酸型	砂岩、砾砂岩	中型	1000	停采	2002
7	吉林省	蛟河市	中大矿泉	矿泉水	偏硅酸型	岩浆岩	中型	1000	未开采	2012
8	吉林省	和龙市	石泉洞矿泉	矿泉水	偏硅酸型	变质岩	中型	1000	开采	2015
9	吉林省	四平市铁东区	铁路矿泉	矿泉水	偏硅酸锶复合型	砂岩	中型	960	停采	2000
10	吉林省	四平市铁西区	植油厂矿泉	矿泉水	偏硅酸锶复合型	砂岩	中型	900	停采	1990
11	吉林省	敦化市	玉泉矿泉	矿泉水	偏硅酸型	玄武岩	中型	864	开采	2000
12	吉林省	龙井市	龙井酒厂泉	矿泉水	偏硅酸锶复合型	细、粗砂岩	中型	864	停采	1992
13	吉林省	长春市区南关区	大南乡矿泉	矿泉水	偏硅酸锶复合型	砂岩	中型	800	停采	1989
14	吉林省	德惠市	吉龙泉矿泉	矿泉水	锶偏硅酸复合型	砂岩	中型	800	未开采	2000
15	吉林省	长春市区宽城区	毛家村矿泉	矿泉水	锶偏硅酸复合型	细粉砂岩	中型	700	开采	2000
16	吉林省	四平市	南山矿泉	矿泉水	偏硅酸锶复合型	中细砂岩	中型	650	未开采	1994
17	吉林省	四平市铁东区	仙马矿泉	矿泉水	偏硅酸锶复合型	砂岩	中型	620	停采	1993
18	吉林省	公主岭市	四中矿泉	矿泉水	锶偏硅酸复合型	砂岩	中型	600	未开采	1987
19	吉林省	四平市伊通县	环碧山庄矿泉	矿泉水	偏硅酸型	砂砾岩	中型	570	开采	2003
20	吉林省	四平市铁东区	山门矿泉	矿泉水	锶偏硅酸复合型	白垩纪中粗砂岩	中型	500	未开采	1988
21	吉林省	长春市朝阳区	乐山镇双庙子乐山矿泉	矿泉水	锶偏硅酸复合型	砂砾石	中型	500	未开采	1993
22	吉林省	龙井市	伊泉矿泉	矿泉水	锶偏硅酸碳酸复合型	花岗岩	中型	500	未开采	1993
23	吉林省	长春市双阳区	土顶子矿泉	矿泉水	偏硅酸型	花岗岩	中型	500	停采	1995
24	吉林省	龙井市	龙井矿泉	矿泉水	偏硅酸型	变质砂岩	中型	500	未开采	1995
25	吉林省	公主岭市	响岭泉矿泉	矿泉水	锶偏硅酸复合型	砂砾岩	中型	500	停采	2000
26	吉林省	延边州敦化市	秋梨沟镇明川泉	矿泉水	偏硅酸型	玄武岩	中型	500	开采	2008
27	吉林省	延吉市	18号矿泉	矿泉水	锶偏硅酸复合型	泥岩夹砂岩	小型	400	停采	2001
28	吉林省	龙井市	龙城矿泉	矿泉水	偏硅酸锶复合型	砂岩	小型	400	停采	1993
29	吉林省	延吉市	北山矿泉	矿泉水	锶型	粗、中细砂岩	小型	400	未开采	1994
30	吉林省	辽源市东辽县	辽河源矿泉	矿泉水	锶偏硅酸复合型	砂岩、砾岩	小型	400	停采	2000
31	吉林省	磐石市	石泉矿泉	矿泉水	锶偏硅酸复合型	华力西期花岗岩	小型	360	未开采	1989
32	吉林省	辽源市	龙泉山矿泉	矿泉水	偏硅酸锶复合型	玄武质集块岩	小型	350	未开采	1994
33	吉林省	延吉市	贡天矿泉	矿泉水	锶型	粗砂岩	小型	350	停采	1995
34	吉林省	公主岭市	公主泉矿泉	矿泉水	锶偏硅酸复合型	砂岩、粉砂岩	小型	350	停采	2002
35	吉林省	四平市铁东区	果品公司泉	矿泉水	锶偏硅酸复合型	含砾中粗砂岩	小型	300	停采	2002
36	吉林省	延吉市	明新矿泉	矿泉水	偏硅酸锶复合型	白垩纪砂岩	小型	300	停采	1992

续表

序号	省份	县市	矿产地名称	矿种	矿泉水类型	含矿地层/岩体	规模	允许开采量（$m^3 \cdot d^{-1}$）	开采程度	审批时间/年
37	吉林省	四平市	广发峪矿泉	矿泉水	偏硅酸锶复合型	砂岩	小型	300	未开采	1993
38	吉林省	珲春市	金三角矿泉	矿泉水	偏硅酸锶复合型	砂岩	小型	300	未开采	1993
39	吉林省	磐石市	益尔康矿泉	矿泉水	偏硅酸型	花岗岩	小型	300	停采	2000
40	吉林省	龙井市	龙泉矿泉	矿泉水	锶偏硅酸复合型	碎屑岩	小型	300	未开采	1995
41	吉林省	延吉市	南山矿泉	矿泉水	锶型	砂岩	小型	300	未开采	1996
42	吉林省	长春市双阳区	宇泉矿泉	矿泉水	锶型	石灰岩	小型	300	未开采	2002
43	吉林省	长春市双阳区	卧龙泉	矿泉水	偏硅酸型	碎屑岩	小型	270	未开采	2006
44	吉林省	延吉市	新华矿泉	矿泉水	偏硅酸锶复合型	碎屑岩	小型	260	未开采	1998
45	吉林省	敦化市	秋梨沟（稀有类型矿泉）	矿泉水	锂高矿化复合型	砂岩	小型	260	未开采	2008
46	吉林省	四平市	铁西区龙泉	矿泉水	锶型	砂岩	小型	260	未开采	2009
47	吉林省	龙井市	三峰矿泉	矿泉水	偏硅酸锶复合型	粗砂岩	小型	250	开采	1994
48	吉林省	辽源市	西安区古仙矿泉	矿泉水	锶偏硅酸复合型	安山岩	小型	240	未开采	1989
49	吉林省	图们市	长白 e 杯水矿泉	矿泉水	锶偏硅酸复合型	砂岩	小型	210	未开采	2002
50	吉林省	磐石市	娃哈哈矿泉	矿泉水	偏硅酸型	花岗岩	小型	210	开采	2006
51	吉林省	延边朝鲜族自治州汪清县	北砂金沟矿泉	矿泉水	偏硅酸锶复合型	花岗岩	小型	200	未开采	1989
52	吉林省	四平市铁东区	红嘴子矿泉	矿泉水	偏硅酸型	砂岩	小型	200	未开采	1992
53	吉林省	长春市双阳区	灵山矿泉	矿泉水	偏硅酸型	泥质粉砂岩	小型	200	停采	2002
54	吉林省	桦甸市	普林寺矿泉	矿泉水	锶偏硅酸复合型	花岗岩	小型	200	未开采	1998
55	吉林省	通化市辉南县	朝阳镇半截沟村通天泉	矿泉水	偏硅酸型	花岗岩	小型	200	未开采	2004
56	吉林省	磐石市	红石山矿泉	矿泉水	偏硅酸型	花岗岩	小型	200	未开采	2005
57	吉林省	长春市双阳区	赛福泉	矿泉水	偏硅酸型	砂岩	小型	200	停采	2007
58	吉林省	磐石市	罐头厂矿泉	矿泉水	偏硅酸型	花岗岩破碎带	小型	192	停采	1988
59	吉林省	磐石市	取柴河矿泉	矿泉水	偏硅酸型	花岗岩	小型	190	未开采	2003
60	吉林省	四平市铁东区	薄板厂矿泉	矿泉水	偏硅酸锶复合型	中细砂岩	小型	187	未开采	1990
61	吉林省	龙井市	S415 号矿泉	矿泉水	偏硅酸锶复合型	砂岩	小型	187	停采	1991
62	吉林省	图们市	白龙泉矿泉	矿泉水	偏硅酸锶复合型	大理岩	小型	180	停采	1992
63	吉林省	珲春市	开山屯矿泉	矿泉水	锶偏硅酸复合型	粉砂岩	小型	170	未开采	1993
64	吉林省	磐石市	石嘴粮库	矿泉水	锶偏硅酸复合型	花岗岩	小型	160	停采	2002
65	吉林省	四平市伊通县	板石矿泉	矿泉水	偏硅酸型	大理岩	小型	157	未开采	1987
66	吉林省	桦甸市	天河泉矿泉	矿泉水	偏硅酸型	砂砾岩与花岗岩	小型	156	开采	2001
67	吉林省	辽源市	龟山矿泉	矿泉水	偏硅酸锶复合型	破碎片麻岩	小型	138	未开采	1992
68	吉林省	四平市伊通县	爱民矿泉	矿泉水	偏硅酸型	花岗岩	小型	129	未开采	1987
69	吉林省	磐石市	石嘴矿泉	矿泉水	锶偏硅酸复合型	华力西期花岗岩	小型	120	未开采	1989
70	吉林省	延吉市	龙河矿泉	矿泉水	锶偏硅酸复合型	粉、细砂岩	小型	120	未开采	1995
71	吉林省	蛟河市	青背矿泉	矿泉水	偏硅酸型	花岗岩	小型	100	开采	1987

续表

序号	省份	县市	矿产地名称	矿种	矿泉水类型	含矿地层/岩体	规模	允许开采量($m^3 \cdot d^{-1}$)	开采程度	审批时间/年
72	吉林省	四平市梨树县	孟家岭矿泉	矿泉水	锶偏硅酸复合型	花岗岩	小型	100	未开采	1993
73	吉林省	和龙市	药水洞矿泉	矿泉水	锶偏硅酸复合型	花岗岩	小型	100	未开采	2002
74	吉林省	和龙市	石国乡矿泉	矿泉水	偏硅酸型	花岗岩	小型	100	停采	1995
75	吉林省	四平市梨树县	哈福村矿泉	矿泉水	锶偏硅酸复合型	细砂岩	小型	100	停采	1995
76	吉林省	四平市铁东区	叶赫矿泉	矿泉水	锶偏硅酸复合型	中粗砂岩	小型	100	未开采	1995
77	吉林省	梅河口市	兴华乡矿泉	矿泉水	锶偏硅酸复合型	花岗岩	小型	100	未开采	2002
78	吉林省	辽源市东辽县	九泉山矿泉	矿泉水	锶偏硅酸复合型	砂岩	小型	90	停采	2001
79	吉林省	延边朝鲜族自治州汪清县	平峰山矿泉	矿泉水	锶偏硅酸复合型	玄武岩	小型	86	停采	1992
80	吉林省	延吉市	平安泉矿泉	矿泉水	锶型	砂岩	小型	86	停采	1994
81	吉林省	龙井市	帽儿山矿泉	矿泉水	偏硅酸锶复合型	砂岩	小型	70	停采	1993
82	吉林省	延吉市	三道矿泉	矿泉水	偏硅酸型	花岗岩	小型	70	未开采	2001
83	吉林省	龙井市	碧水矿泉	矿泉水	偏硅酸型	花岗岩	小型	60	未开采	1994
84	吉林省	龙井市	药水洞矿泉	矿泉水	偏硅酸型	闪长大理岩	小型	60	未开采	1995
85	吉林省	延吉市	南溪矿泉	矿泉水	偏硅酸型	花岗岩	小型	50	未开采	1994
86	吉林省	长春市双阳区	双阳湖矿泉	矿泉水	偏硅酸型	砂砾岩、角砾岩	小型	50	未开采	1997
87	吉林省	四平市梨树县	金马矿泉	矿泉水	偏硅酸型	岩浆岩、变质岩	小型	50	停采	1999
88	吉林省	延吉市	参岭矿泉	矿泉水	偏硅酸型	砂、粉砂岩	小型	50	未开采	1994
89	吉林省	敦化市	康源泉矿泉	矿泉水	偏硅酸型	花岗岩	小型	50	停采	2001
90	吉林省	敦化市	石林矿泉	矿泉水	偏硅酸型	花岗岩	小型	30	未开采	1993
91	吉林省	龙井市	太兴村矿泉	矿泉水	偏硅酸锶复合型	砂岩	小型	22	停采	1994
92	吉林省	四平市伊通县	东尖山矿泉	矿泉水	锶偏硅酸复合型	玄武岩	小型	20	未开采	1987
93	吉林省	四平市伊通县	西尖山矿泉	矿泉水	锶偏硅酸复合型	玄武岩	小型	20	未开采	1987
94	吉林省	图们市	集中矿泉	矿泉水	锶偏硅酸复合型	砂岩	小型	20	未开采	1988
95	吉林省	图们市	嘉加力矿泉	矿泉水	锶偏硅酸复合型	砂岩、砂砾岩	小型	20	未开采	1988
96	吉林省	延吉市	白石沟矿泉	矿泉水	偏硅酸锶复合型	砂岩	小型	16	未开采	1992
97	吉林省	延吉市	清香泉矿泉	矿泉水	锶偏硅酸复合型	细砂岩	小型	10	未开采	1994
98	吉林省	延吉市	帽儿山矿泉	矿泉水	锶偏硅酸复合型	花岗岩	小型	84	停采	1993

（据吉林省地质调查院，2023）

附表 10　吉中-延边成矿带主要地下水水源地特征一览表

序号	省份	县市	水源地名称	矿种	水源地类型	含水介质时代	规模	允许开采量 ($10^4\ m^3/d$)	勘查程度	利用情况	备注
1	吉林省	四平市	供水水源地	地下水	碎屑岩类孔隙裂隙水	白垩纪	大型	20.56	详查	开采	集中供水
2	吉林省	延吉市	供水水源地	地下水	松散岩类孔隙水碎屑岩类孔隙裂隙水	第四纪 白垩纪	大型	13	详查	开采	集中供水
3	吉林省	长春市	伊通河河谷供水水源地	地下水	松散岩类孔隙水	第四纪	大型	12.39	勘探	开采	集中供水
4	吉林省	四平市	公主岭西部水源地	地下水	松散岩类孔隙水碎屑岩类孔隙裂隙水	第四纪 白垩纪	中型	9.98	详查	开采	集中供水
5	吉林省	敦化市	渤海石油化工厂供水水源地	地下水	玄武岩孔洞裂隙水碎屑岩类裂隙孔隙水	第四纪 新近纪	中型	4.4	详查	开采	集中供水
6	吉林省	珲春市	发电厂供水水源地	地下水	松散岩类孔隙水	第四纪	中型	3.7	详查	开采	集中供水
7	吉林省	辽源市	供水水源地	地下水	松散岩类孔隙水	第四纪	中型	3.01	详查	开采	集中供水
8	吉林省	长春市	九台区第二供水水源地	地下水	碎屑岩类孔隙裂隙水	白垩纪	中型	1.5	详查	开采	集中供水
9	吉林省	延边州龙井市	氯碱厂水源地	地下水	碎屑岩类孔隙裂隙水	白垩纪	中型	1.05	详查	开采	集中供水
10	吉林省	永吉县	双河镇公社芹菜沟工区水源地	地下水	松散岩类孔隙水碳酸盐岩溶裂隙水	第四纪 二叠纪	小型	0.7	详查	开采	集中供水
11	吉林省	龙井市	开山屯化学纤维浆厂供水水源地	地下水	松散岩类孔隙水碎屑岩类孔隙裂隙水	第四纪 白垩纪	小型	0.53	详查	开采	集中开采
12	吉林省	磐石市	国营三二四厂供水水源地	地下水	岩溶裂隙水	二叠纪	小型	0.35	详查	开采	集中开采
13	吉林省	永吉县	双河镇供水水源地	地下水	松散岩类孔隙水	第四纪	小型	0.24	详查	开采	集中开采
14	吉林省	蛟河市	利民油泵厂供水水源地	地下水	基岩裂隙水	二叠纪	小型	0.12	详查	开采	集中开采
15	吉林省	蛟河市	金星厂供水水源地	地下水	基岩裂隙水	二叠纪	小型	0.09	详查	开采	集中开采
16	吉林省	蛟河市	胜利零部件厂供水水源地	地下水	基岩裂隙水	二叠纪	小型	0.067	详查	开采	集中开采
17	吉林省	蛟河市	大华铁工厂供水水源地	地下水	基岩裂隙水	二叠纪	小型	0.023	详查	开采	集中开采

中国矿产地质志

“十三五”国家重点图书规划　国家出版基金项目

总　志

中国矿产地质志·矿产总志
中国矿产地质志·规律总志

矿种志

1　**中国矿产地质志·矿产地名录卷(总1)**
6　**中国矿产地质志·典型矿床总述卷(总2)**
中国矿产地质志·油气卷
65　**中国矿产地质志·煤炭卷(矿14)**
63　**中国矿产地质志·煤层气卷(矿13)**
中国矿产地质志·铀矿卷
中国矿产地质志·铁矿卷
中国矿产地质志·锰矿卷
中国矿产地质志·钒钛铬矿卷
中国矿产地质志·铜矿卷
中国矿产地质志·铝矿卷
中国矿产地质志·铅锌矿卷
21　**中国矿产地质志·镍矿卷(矿5)**
8　**中国矿产地质志·钨矿卷(矿1)**
中国矿产地质志·锡矿卷
中国矿产地质志·钼矿卷
54　**中国矿产地质志·锑矿卷(矿9)**
中国矿产地质志·菱镁矿卷
中国矿产地质志·金矿卷
44　**中国矿产地质志·银矿卷(矿8)**
中国矿产地质志·锂铍铌钽矿卷
中国矿产地质志·铷锶锆铪矿卷
中国矿产地质志·稀土金属矿卷
中国矿产地质志·稀散金属矿卷
中国矿产地质志·建材非金属矿卷
中国矿产地质志·蓝晶石族矿卷
9　**中国矿产地质志·石灰岩矿卷(矿2)**
中国矿产地质志·石英砂岩矿卷
中国矿产地质志·花岗岩矿卷
中国矿产地质志·大理岩矿卷
中国矿产地质志·石棉矿卷
中国矿产地质志·高岭土矿卷
中国矿产地质志·膨润土矿卷
69　**中国矿产地质志·硅藻土矿卷(矿15)**
中国矿产地质志·滑石矿卷
中国矿产地质志·硅灰石矿卷
中国矿产地质志·石墨矿卷
中国矿产地质志·化工矿产卷
22　**中国矿产地质志·钾盐矿卷(矿6)**
57　**中国矿产地质志·盐矿卷(矿10)**
18　**中国矿产地质志·磷矿卷(矿3)**
61　**中国矿产地质志·硫矿卷(矿11)**
19　**中国矿产地质志·硼矿卷(矿4)**
70　**中国矿产地质志·萤石矿卷(矿16)**
62　**中国矿产地质志·芒硝矿卷(矿12)**
中国矿产地质志·石膏矿卷
23　**中国矿产地质志·重晶石矿卷(矿7)**
中国矿产地质志·化工灰岩-明矾石-天青石-雄黄-硝石-天然碱矿卷
中国矿产地质志·宝玉石矿卷
中国矿产地质志·和田玉矿卷
中国矿产地质志·叶蜡石矿卷
……

省　志

中国矿产地质志·北京卷
56　**中国矿产地质志·天津卷(省3)**
中国矿产地质志·河北卷
中国矿产地质志·山西卷
72　**中国矿产地质志·内蒙古卷(省6)**
中国矿产地质志·辽宁卷
71　**中国矿产地质志·吉林卷(省5)**
中国矿产地质志·黑龙江卷
中国矿产地质志·江苏上海卷
中国矿产地质志·浙江卷
中国矿产地质志·安徽卷

中国矿产地质志・福建卷
3 **中国矿产地质志・江西卷(省1)**
中国矿产地质志・山东卷
中国矿产地质志・河南卷
中国矿产地质志・湖北卷
中国矿产地质志・湖南卷
中国矿产地质志・广东卷
中国矿产地质志・广西卷
64 **中国矿产地质志・海南卷(省4)**
中国矿产地质志・重庆卷
中国矿产地质志・四川卷
中国矿产地质志・贵州卷
中国矿产地质志・云南卷
中国矿产地质志・西藏卷
中国矿产地质志・陕西卷
中国矿产地质志・甘肃卷
中国矿产地质志・青海卷
中国矿产地质志・宁夏卷
中国矿产地质志・新疆卷
38 **中国矿产地质志・台湾卷(省2)**

省级重要矿种(组)志

28 **中国矿产地质志・山东卷・铁钛矿产(鲁1)**
29 **中国矿产地质志・山东卷・煤油页岩矿产(鲁2)**
7 **中国矿产地质志・河南卷・黑色金属矿产(豫1)**
53 **中国矿产地质志・河南卷・有色金属矿产(豫2)**
68 **中国矿产地质志・河南卷・贵金属三稀矿产(豫3)**
17 **中国矿产地质志・四川卷・黑色金属矿产(川1)**
25 **中国矿产地质志・贵州卷・铝土矿(黔1)**
26 **中国矿产地质志・贵州卷・金矿(黔2)**
76 **中国矿产地质志・贵州卷・锰矿(黔3)**
12 **中国矿产地质志・云南卷・贵金属矿产(滇1)**
13 **中国矿产地质志・云南卷・铅锌矿产(滇2)**
36 **中国矿产地质志・云南卷・化工矿产(滇3)**
43 **中国矿产地质志・云南卷・黑色金属矿产(滇5)**
51 **中国矿产地质志・云南卷・能源矿产(滇7)**
46 **中国矿产地质志・云南卷・铜钼镍钴矿产(滇6)**
40 **中国矿产地质志・云南卷・锡钨矿产(滇4)**
中国矿产地质志・陕西卷・煤矿
67 **中国矿产地质志・陕西卷・油气矿产(陕2)**
47 **中国矿产地质志・陕西卷・非金属矿产(陕1)**
中国矿产地质志・陕西卷・金属矿产
39 **中国矿产地质志・甘肃卷・金矿(甘1)**
……

区带志

58 **中国矿产地质志・渤海卷(带4)**
中国矿产地质志・黄海卷
52 **中国矿产地质志・东海卷(带2)**
中国矿产地质志・南海卷
中国矿产地质志・大兴安岭卷
24 **中国矿产地质志・长江中下游卷(带1)**
55 **中国矿产地质志・南岭卷(带3)**
中国矿产地质志・三江卷
中国矿产地质志・冈底斯卷
中国矿产地质志・阿拉善(隆起)卷
中国矿产地质志・华北陆块北缘东段卷
中国矿产地质志・山西(断隆)卷
中国矿产地质志・华北陆块南缘卷
中国矿产地质志・华北盆地卷
中国矿产地质志・辽东(隆起)-吉南卷
77 **中国矿产地质志・吉中-延边卷(带6)**
中国矿产地质志・小兴安岭-张广才岭卷
中国矿产地质志・松辽盆地卷
75 **中国矿产地质志・湘中-桂中北卷(带5)**
中国矿产地质志・江南隆起西段卷
中国矿产地质志・江汉-洞庭(断陷)卷
中国矿产地质志・东秦岭卷
中国矿产地质志・浙闽赣粤沿海、浙中-武夷山(隆起)和永安-梅州-惠阳(坳陷)联编卷
中国矿产地质志・江南隆起东段、武功山-杭州湾合编卷
中国矿产地质志・桐柏-大别-苏鲁卷
中国矿产地质志・喀喇昆仑-羌北卷
中国矿产地质志・班戈-腾冲卷

中国矿产地质志·龙门山-大巴山卷
中国矿产地质志·四川盆地卷
中国矿产地质志·康滇隆起卷
中国矿产地质志·上扬子东部卷
中国矿产地质志·桂西-黔西南-滇东南北部卷
中国矿产地质志·滇东南南部卷
中国矿产地质志·祁连卷
中国矿产地质志·东天山-北山卷
中国矿产地质志·鄂尔多斯卷
中国矿产地质志·东昆仑-巴颜喀拉卷
中国矿产地质志·西秦岭卷
……

专题志

中国矿产地质志·中国成矿单元划分及其主要成矿单元特征
中国矿产地质志·大型变形构造与重要矿集区(成矿区带)关系
32 **中国矿产地质志·中国矿产地分省图集(2020)(专4)**
30 **中国矿产地质志·中国前寒武纪成矿体系(专3)**
73 **中国矿产地质志·中国古生代成矿体系(专9)**
中国矿产地质志·中国中生代成矿体系
中国矿产地质志·中国新生代成矿体系
中国矿产地质志·中国地球物理场与成矿
50 **中国矿产地质志·中国地球化学场与成矿关系研究(专7)**
60 **中国矿产地质志·区域成矿规律研究历史和发展趋势(专8)**
33 **中国矿产地质志·华南洋-滨太平洋构造演化与成矿(专5)**
42 **中国矿产地质志·小岩体成大矿(专6)**
27 **中国矿产地质志·山东卷·成岩成矿年代谱系(专2)**
4 **中国矿产地质志·新疆维吾尔自治区矿床成矿系列图(专1)**
……

科学普及本

2 **中国矿产地质志·建材非金属卷·普及本(普1)**
10 **中国矿产地质志·化工矿产卷·普及本(普3)**
11 **中国矿产地质志·铀矿卷·普及本(普4)**
中国矿产地质志·渤海卷·普及本
中国矿产地质志·黑色金属矿产·普及本
41 **中国矿产地质志·宝玉石卷·普及本(普13)**
48 **中国矿产地质志·北京矿产地质(普15)**
31 **中国矿产地质志·天津矿产地质(普9)**
中国矿产地质志·河北矿产地质
中国矿产地质志·山西矿产地质
66 **中国矿产地质志·内蒙古矿产地质(普18)**
59 **中国矿产地质志·吉林矿产地质(普17)**
中国矿产地质志·辽宁矿产地质
中国矿产地质志·黑龙江矿产地质
中国矿产地质志·江苏上海矿产地质
34 **中国矿产地质志·浙江矿产地质(普10)**
中国矿产地质志·安徽矿产地质
中国矿产地质志·福建矿产地质
35 **中国矿产地质志·江西矿产地质(普11)**
中国矿产地质志·山东矿产地质
中国矿产地质志·河南矿产地质
74 **中国矿产地质志·湖北矿产地质(普19)**
49 **中国矿产地质志·湖南矿产地质(普16)**
中国矿产地质志·广东矿产地质
中国矿产地质志·广西矿产地质
中国矿产地质志·海南矿产地质
16 **中国矿产地质志·重庆矿产地质(普7)**
中国矿产地质志·四川矿产地质
中国矿产地质志·贵州矿产地质
14 **中国矿产地质志·云南矿产地质(普5)**
中国矿产地质志·西藏矿产地质
5 **中国矿产地质志·陕西矿产地质(普2)**
20 **中国矿产地质志·甘肃矿产地质(普8)**
45 **中国矿产地质志·青海矿产地质(普14)**
15 **中国矿产地质志·宁夏矿产地质(普6)**
37 **中国矿产地质志·新疆矿产地质(普12)**
中国矿产地质志·台湾矿产地质
……

注:括号内容代表志书类别及序号,1 2 3……为出版顺序,黑体为已出版。

中国矿产地质志

GEOLOGY OF MINERAL RESOURCES IN CHINA

国家出版基金项目
NATIONAL PUBLICATION FOUNDATION

中国矿产地质志

吉中–延边成矿带成矿规律图说明书

（1∶500 000）

陈　聪　主编

地质出版社
·北　京·

前　言

吉中-延边成矿带成矿规律图（1∶500000）及说明书由中国地质调查局管理、中国地质科学院矿产资源研究所组织实施的“中国矿产地质志”项目下设委托业务“东北地区区域成矿规律研究与总结”的任务之一，编图工作于2016年启动，主编单位为中国地质调查局沈阳地质调查中心，由中心多位具有地区工作经验的技术专家共同研究编制完成。

吉中-延边成矿带成矿规律图（1∶500000）及说明书的编制是在《中国矿产地质志·吉中-延边卷》研编的基础上，按照《中国矿产地质志·省级矿产地质志研编技术要求》及相关技术标准和规范进行，全面反映和表达吉中-延边成矿带矿产地质现状。图件编制以第二代吉林省、辽宁省及黑龙江省区域地质志的1∶50万地质构造图为基础，充分利用已有地质矿产调查、矿产勘查、综合研究等成果资料，基本按照矿种、矿产地“全覆盖”的原则，系统展示了成矿带大地构造环境、成矿地质背景、成矿单元划分、矿床成矿系列等，突出表达了矿产资源的种类、矿产地规模、矿床类型、成矿时代和所属矿床成矿系列“五位一体”的地质矿产特征，具有创新性与实用性，总体上提升了吉中-延边成矿带地质矿产及区域成矿规律的研究水平，是目前吉中-延边成矿带矿产地质资料最齐全、反映成果最新、内容最系统的成矿规律图件。

本次编图是在资料收集、制定编图方案与计划和充分学习编图技术细则等工作基础上，在陈毓川院士、王登红和朱裕生等研究员的精心指导下，由陈聪主持编写。工作包括图件编制和说明书编写两个部分，采用集体研究、分工负责相结合的原则进行。其中，编图工作的具体分工是：成矿规律图底图的淡化与归并由陈聪、吴涛涛和于城完成；矿产地信息的梳理与投点由陈聪和于城完成；矿床成矿系列的厘定由陈聪、陈江和于城完成；成矿单元的划分是在邵军研究员的指导下，由陈聪、于城和鞠楠完成。配图主要包括：吉中-延边成矿带位置图（陈聪、于城）、吉中-延边成矿带大地构造单元划分图（陈聪、于城、赵春强等）、吉中-延边成矿带矿床成矿系列划分图（陈聪、吴涛涛、于城等）和吉中-延边成矿带时空结构图（于城、陈聪、鞠楠等）。说明书由陈聪执笔，于城、赵春强修改成文。

本次编图成果凝聚了东北地区矿产工作者数十年的辛勤劳动和心血，是几代人的劳动成果，也是吉林省、辽宁省和黑龙江省所有地质矿产勘探单位和在三省从事地学科研的专家学者大力支持的结果。在此致以衷心的感谢！特别感谢陈毓川院士的技术指导。感谢中国地质科学院矿产资源研究所朱裕生研究员和项目总负责人王登红研究员的指导和帮助。感谢沈阳地质调查中心沙德铭副总工程师与邵军、鲍庆中、付俊彧、邢德和等专家的精心指导和认真把关。

由于吉中-延边成矿带成矿地质条件复杂，矿种和矿床类型多样，不同矿种研究程度极不均匀，且本次研究时间短，加上研编者水平有限，编绘中难免存在不妥之处，敬请读者不吝指正。

目　录

一、编图的指导思想、基本原则与内容

（一）指导思想与基本原则

吉中-延边（活动陆缘）Mo-Au-As-Cu-Ni-Zn-Fe 成矿带（后文简称吉中-延边成矿带）主要分布于吉林省境内，东北及西南缘涉及黑龙江省、辽宁省少部分地区。因此，本次吉中-延边成矿带成矿规律图编制主要反映吉林省地质矿产特征，将辽宁省和黑龙江省在本成带内的地质矿产内容一并考虑、统一研究。在系统、全面地收集、整理和研究现有资料基础上编制了吉中-延边成矿带成矿规律图（1∶500 000），是本成矿带成矿规律研究现状的图面表达。本次编图以现代地质成矿理论为指导，特别是以矿床成矿系列理论和编图新方法为指导，充分利用成矿带最新的地质资料，能源、金属、非金属以及水气等各类矿产的最新勘查资料和研究成果，深入研究成矿带地质和成矿特征，力求以清晰简洁的图面形式客观反映本成矿带的基本成矿规律。编图内容涵盖已发现的全部矿种和矿产地。图件内容、编图方法以及相关的图式图例依照有关的地质规范和《中国矿产地质志·省级矿产地质志研编技术要求》（以下简称《技术要求》）要求执行。

（二）资料来源

1）成矿区带的范围：《中国成矿区带划分方案》附图（徐志刚等，2008）。

2）地理底图：按照中国地图出版社 1989 年出版的 1∶400 万《中华人民共和国地形图》编制，内容更新至 2016 年。

3）地质底图：以新编的吉林省、辽宁省和黑龙江省区域地质志的地质构造图（1∶50 万）为基础，广泛吸纳其他比例尺的区域地质调查和研究成果，将地层进行归并和淡化，岩浆岩按构造旋回进行归并和淡化。

4）矿产地质：《中国矿产地质志·吉中-延边卷》参考了相关省（市）2006~2013 年间完成的重要矿产资源潜力预测评价报告、有色、冶金系统以及科研院校的地质勘探、普查资料和研究成果，参考两轮区域地质志及本次《中国矿产地质志》涵盖的吉林、黑龙江、辽宁等卷册的研编成果。

（三）编图内容与编图方法

1. 编图比例尺

依据本成矿带的实际面积较大，矿产地分布在局部地区相对集中，基本为近东西向的狭长条状带分布的特征，兼顾图件精度和图幅大小确定编图比例尺为 1∶50 万。

2. 地质底图

成矿规律图以新编的吉林省、辽宁省和黑龙江省区域地质志的地质构造图为底图。编图过程中为突出不同构造-岩浆旋回、不同类型的地质体及构造与各类矿产的关系，进行了必要的淡化与合并。

3. 成矿区带划分

成矿区带划分是在徐志刚等（2008）《中国成矿区带划分方案》、全国矿产资源潜力评价项目成果的基础上，结合本次工作，划分出Ⅲ级（成矿带）、Ⅳ级（成矿亚带）和Ⅴ级（矿田），并以配图的形式表达。

4. 主要矿床及矿点

采用截至2019年年底的最新成果资料，考虑到本成矿带矿产地在局部地区密集产出的特征，在已知的571处矿产地（矿点及以上）中，优选标示269处，主要标出矿产地编号、矿种、类型、规模、成矿时代以及所属的矿床成矿系列。

矿种：成矿带已发现矿种达47种，本图中反映了包含能源矿产（3种）、金属矿产（13种）、非金属矿产（19种，含宝石和玉石）以及水气矿产（2种）共37种矿产。

矿床类型：按《技术要求》划分出的18种矿床类型（Ⅲ级）表达。

矿产地规模：按我国有关规定划分超大型、大型、中型、小型及矿点。

成矿时代：各构造-岩浆旋回的矿床的成矿时代一般厘定至世，少部分厘定至纪。各矿产地的成矿时代在其旁用符号“⊥”右上方标出（下详述）。

矿产地表示图例：主要依据《技术要求》，采用“五位一体”的方式表达矿产地，即矿产地旁用符号“⊥”及其左上方标注矿产地编号，右上方标注成矿时代，下方标注矿床成矿系列号的形式标出。其中矿床类型、矿产地规模、成矿时代如上文所述，矿床成矿系列见下文。

5. 矿床成矿系列

本图在深入理解陈毓川等（2006，2015，2016，2020）对矿床成矿系列的定义、要素、分类及命名等原则的基础上，综合考虑吉中-延边成矿带内各矿床形成的成矿构造背景、控矿地质条件以及矿床地质特征等方面，重新厘定了吉中-延边成矿带新元古代—新生代的矿床成矿系列，共厘定出8个矿床成矿系列，13个矿床成矿亚系列以及23个矿床式。矿床成矿系列编号中成矿时代用全国地质时代的统一代号，即元古宙用Pt，早古生代用Pz-1，晚古生代用Pz-2，中生代（印支期）用Mz-2，中生代（燕山期）用Mz-1，新生代用Cz，第四纪用Q标注。矿床成矿亚系列顺序编号，用加半字线注明阿拉伯数字序号，即1、2、3、4……依次排序。成矿系列组合（分4类）地质成矿作用，以不同的代号和颜色区分：即岩浆作用有关的矿床成矿系列组合为I，用红色标注；沉积作用的矿床成矿系列组合为S，用黄色标注；变质作用的矿床成矿系列组合为M，用咖啡色标注；与表生作用有关的矿床成矿系列组合为F，用橘黄色标注。如吉中-延边地区与燕山期中酸性侵入岩浆作用有关的金、银、钼、铁、铜、铅锌、锑、钨、锰、硫铁矿、萤石、冰洲石、方解石矿床成矿亚系列则标注为Mz-1-1I。

6. 配图

为充分反映吉中-延边成矿带地质背景、成矿特征及成矿规律，除主图外，还编制了6个配图，以丰富图件的内容。具体包括吉中-延边成矿带位置图、吉中-延边成矿带新元古代—中三叠世构造单元划分图、吉中-延边成矿带中新生代构造单元划分图、吉中-延边成矿带矿床成矿系列划分图以及吉中-延边成矿带时空结构图等主要配图。

7. 图面布局

本着内容充实、层次分明、简繁适度、科学合理的原则，涉及和采用不同图形、代号、编码、线画、标注等表示方法，充分运用不同色彩、色调的设置与搭配的编图技巧，展示各种地质要素和矿产内容。图面布局力求科学合理美观，如图内空余处放主要配图；图外列放有关配图和图例等。

二、区域成矿条件

（一）主要赋矿地层与含矿沉积建造

1. 新太古界

吉中-延边成矿带出露的新太古界为夹皮沟岩群老牛沟岩组表壳岩，主要分布在成矿带南缘的富尔河断裂北侧，由斜长角闪岩、黑云变粒岩、黑云角闪斜长片麻岩、绿泥石英片岩、绢云石英片岩、角闪磁铁石英岩等岩性组成，其原岩为一套火山碎屑-沉积岩建造。成矿带目前并未在该套地层内发现与之相关的成矿作用。

2. 元古宇

吉中-延边成矿带出露的元古宇主要包括中、新元古界塔东岩群，新元古界西保安岩组和青龙村岩群，以及新元古界南芬组和钓鱼台组，它们主要分布在成矿带北缘塔东地区，以及成矿带南缘辽源地区和延吉-和龙一带。该套地层主要包括变质的中基性火山-碎屑岩建造、碳酸盐岩建造，以及正常沉积的砂岩、粉砂岩、板岩等碎屑岩建造。其中碳酸盐岩建造（青龙村岩群长仁大理岩）是成矿带内硅灰石矿、铁矿的重要赋矿层位之一，又可作为重要的矿源层，如超大型的细鳞河硅灰石矿床就产出在碳酸盐岩建造内；中基性火山-沉积建造控制着区内受变质型铁矿的形成，代表性矿床为吉林省东丰县西保安铁矿床。

3. 下古生界

吉中-延边成矿带出露的下古生界主要为漂河川组、江域岩组，奥陶系呼兰岩群（小三个顶子岩组和黄莺屯岩组）、下二台岩群（盘岭岩组、黄顶子岩组和烧锅屯岩组）和放牛沟火山岩，志留系头道沟岩组、桃山组和辽源群（石缝组、椅山组和弯月组）。除了漂河川组、江域岩组外，其余的下古生界主要分布在四平-长春断裂和敦化-密山断裂之间的吉中-昌图一带。

漂河川组和江域岩组主要为一套酸性火山岩-泥质沉积岩建造，是成矿带内金矿和铁矿的赋矿层位和矿源层，代表性矿床为大型的二道甸子金矿床。奥陶系主要由岛弧火山岩建造（黄莺屯岩组、盘岭岩组、放牛沟火山岩）和弧后碳酸盐盆地沉积建造组成，它们对带内不同类型的金、铜、铅锌、大理岩、硅灰石等成矿的控制作用显著。比如，黄莺屯岩组片麻岩内的金、银、铅锌等成矿元素较为富集，是带内金、银、铅锌等矿产的重要产出层位，代表性矿床为吉林省四平市山门银金矿床。志留系主要包括碎屑岩-碳酸盐岩建造（桃山组、石缝组和椅山组）和中酸性火山-碎屑岩建造（弯月组）。不同的建造类型对带内成矿作用的控制作用有所区别，比如碎屑岩-碳酸盐岩建造对大理岩/灰岩矿的控制作用显著，产出有吉林省伊通县土门岭大理岩矿床和吉林省东辽县牛心大理岩矿床；而中酸性火山-碎屑岩建造往往与带内的金矿、铅锌矿等具有密切的成因联系，如吉林省伊通县放牛沟多金属矿床以及吉林省东辽县盈隆金矿床、吉林省东辽县弯月东山金矿床。

4. 上古生界

吉中-延边成矿带出露的上古生界分布广泛，主要包括：泥盆系王家街组，石炭系天宝山组（群?）、四道砾岩、石头口门组，下石炭统通气沟组、余富屯组、鹿圈屯组和本溪组，石炭系—二叠系磨盘山组、石嘴子组、窝瓜地组和山秀岭组，下二叠统双胜组、照北山岩组、佟家屯组和大蒜沟组，中二叠统寿山沟组、大河深组、范家屯组、寺洞沟组、北安屯组、关门咀子组、暖木条子组、土门岭组、庙岭组和解放村组，以及上二叠统红山组和开山屯组。

泥盆系王家街组为一套泥质碎屑岩-碳酸盐岩建造，分布有限，成矿带内暂未发现与之相关的矿产。带内的石炭系和石炭系—二叠系分布较为广泛，主要在公主岭、磐石、桦甸、汪清等地，可分为细碧角斑岩建造（余富屯组）、硅质条带灰岩-硅质岩建造、含砾砂岩-杂砂岩建造、生物骨架灰岩-生物屑灰岩建造、生物屑灰岩-燧石结核灰岩建造等碎屑岩-碳酸盐岩建造（磨盘山组、四道砾岩、鹿圈屯组、石嘴子组）、钙碱性火山岩建造（窝瓜地组）三类，它们与成矿带内的金属、非金属矿产的产出密切相关。其中，细碧角斑岩建造（余富屯组）富集 Au、Ag、Cu、Pb 等成矿元素，既是成矿带内海相火山岩型金、银、铜、铅锌等矿床的赋矿围岩，也是重要的矿源层，代表性矿床为头道川金矿床和民主屯银矿床；厚层的碎屑岩-碳酸盐岩建造是成矿带内铜、铅锌、金、硅灰石、石灰岩、大理岩等矿产的产出层位，代表性矿床为吉林省长春市双阳区山河金矿床和吉林省磐石市明城石灰岩矿床。

成矿带内二叠系主要为活动陆缘背景下的碎屑岩、灰岩等沉积建造（寿山沟组、庙岭组、范家屯组）、岛弧火山岩、火山碎屑岩建造（大河深组、庙岭组）以及磨拉石建造（开山屯组）。碎屑岩-灰岩沉积建造与成矿带内的铅锌、铜、钼、硅灰石、高岭土、大理岩等矿产密切相关，如桦甸市常山镇下玉兴锌铜矿床以及桦甸市火龙岭钼矿床。岛弧火山岩、火山碎屑岩建造，如大河深组的 Ag、Pb、Zn 等成矿元素相对富集，既是成矿带内铅、锌、银等有色金属矿的赋存层位，又是成矿带铅锌矿重要的矿源层之一，如吉林省磐石市小红石砬子多金属（玉石）矿。

5. 中生界

吉中-延边成矿带出露的中生界分布较为广泛，主要包括：三叠系柯岛群、小河口组、大兴沟群、大酱缸组和四合屯组，侏罗系玉兴屯组、南楼山组、太阳岭组、屯田营组和德仁组，下白垩统沙河子组、义县组、久大组、泉水村组、安民组、营城子组、大砬子组、长安组、金家屯组、登楼库组和金沟岭组，上白垩统龙井组、泉头组和小南沟组。其中，三叠系主要包括中酸性火山岩-含煤碎屑岩建造（大兴沟群）、中酸性火山岩建造（四合屯组）、（含煤）碎屑岩建造（小河口组、大酱缸组）等建造类型，它们主要控制了带内变成型石墨矿、生物化学沉积型煤矿的形成，代表性矿床为吉林省汪清县天桥岭鹿圈子石墨矿床。另外，在开山屯地区柯岛群火山-碎屑岩建造内赋存与之相关的金矿，如吉林省延吉市开山屯寺洞金矿和吉林省延吉市金谷山-后底洞金矿。

成矿带内侏罗系分布广泛，主要分布在西丰、取柴河、汪清等地，主要由火山碎屑岩夹中酸性火山岩建造（玉兴屯组）、中酸性火山岩建造（南楼山组、屯田营组）、含煤碎屑岩建造（太阳岭组）及它们的过渡类型组成。它们对成矿带内的陆相火山岩型金矿、生物化学沉积型煤矿具有明显的控制作用。其中，中酸性火山岩建造（南楼山组、屯田营组）是陆相火山岩型金矿的赋矿围岩，含金石英脉多穿插在安山岩中，说明这套中酸性火山岩与金矿的形成具有一定的成因联系；含煤碎屑岩建造（太阳岭组）内有少数小型煤矿产出。此外，中酸性火山岩-含煤碎屑岩建造（德仁组）内赋存陆相火山岩型珍珠岩矿。

白垩系主要分布在公主岭-昌图一带，辽源、汪清、龙井等地，主要包括含煤碎屑岩夹中酸性火山碎屑岩建造（长财组、沙河子组、久大组）、中酸性火山岩-火山碎屑岩夹煤层建造（营城子组、安民组）、碎屑岩建造（长安组、大砬子组、小南沟组、泉头组等）、中性火山岩建造（金沟岭组、泉水村组）等类型组成。其中，含煤碎屑岩夹中酸性火山碎屑岩建造、中酸性火山岩-火山碎屑岩夹煤层建造以及碎屑岩建造是成矿带内生物化学沉积型煤矿的重要产出层位，如吉林省辽源市东辽县辽河源煤矿区。此外，部分碎屑岩建造还蕴含油页岩；金沟岭组中性火山岩建造还控制着陆相火山岩型金矿的产出，代表性矿床为吉林省汪清县闹枝金矿床。

6. 新生界

吉中-延边成矿带新生界主要包括古近系始新统吉舒组、珲春组和桦甸组，新近系中新统土门子组和水曲柳组，以及第四系更新统荒山组、顾乡屯组，以及全新统松散堆积物。它们主要沿断裂带分布。其中，古近系主要由含煤碎屑岩建造（珲春组）以及含油页岩碎屑岩建造（桦甸组）组成，控制了带内生物化学沉积型的煤矿和油页岩矿的形成，代表性矿床为吉林省珲春市珲春煤田和吉林省桦甸市北台子油页岩矿床。新近系土门子组玄武岩上部层位玄武岩喷发形成的小盆地中发育硅藻土矿，代表性矿床为敦化地区的高松树硅藻土矿。第四系冲洪积砂砾岩是砂岩型金矿、独居石矿的重要产出层位，如吉林省汪清县东清独居石矿床。

（二）侵入岩与成矿

吉中-延边成矿带加里东期—燕山期侵入岩均有所发育。受区域构造活动影响，成矿带内岩浆侵入活动的强度波动较大，加里东期岩浆侵位活动相对薄弱，分布较为局限，华力西期岩浆侵位活动逐渐增强，至燕山期达到最高峰。

1. 加里东期侵入岩与成矿

吉中-延边成矿带内加里东期侵入岩出露较少，主要集中在志留纪，呈岩株状零星分布在敦化-汪清一带和四平-公主岭一带，岩石类型主要包括二长花岗岩、花岗闪长岩和石英闪长岩。该时期侵入岩地质年代学、地球化学等方面研究程度较低，有待进一步工作。成矿带暂未发现与该期侵入岩有关的成矿作用。

2. 华力西期侵入岩与成矿

华力西期岩浆侵入活动大体包括泥盆纪—石炭纪和二叠纪（278~255 Ma）两个阶段，以二叠纪侵入岩浆活动最为强烈。其中，泥盆纪—石炭纪仅出露极少量的辉长岩、石英闪长岩和花岗闪长岩，常发育片麻状构造；寇家沟片麻状花岗闪长岩锆石 U-Pb 年龄为 354. 4±4 Ma，具有钙碱性 I 型花岗岩的特征，形成于火山弧构造背景。成矿带暂未发现与泥盆纪—石炭纪侵入岩有关的成矿作用。

二叠纪侵入岩主要分布在敦化市大蒲柴河-亮兵一带，图们市长安镇，龙井市老头沟镇一带，以及辽源市康大营-寿山一带。岩石类型较为丰富，基性-超基性、中性、酸性侵入岩都较为发育，主要的岩石组合为：辉长岩-（石英）闪长岩-石英正长岩-花岗闪长岩-二长花岗岩，此外还发育有蛇绿混杂岩、碱性花岗岩等。红旗岭矿区 2 号矿带发育二叠纪的镁铁-超镁铁质岩石，岩石类型以辉长岩和角闪辉石岩为主，其锆石 U-Pb 年龄介于 272~255 Ma 之间。这些镁铁-超镁铁质岩石可能形成于造山后的拉伸构造环境下软流圈地幔的上涌引起的受俯冲流体交代的岩石圈地幔的部分熔融（魏俏巧，2015）。此外，该期中酸性侵入岩与天宝山地区接触交代型铅锌多金属矿化密切相关，比如与矿化相关的立山（石英）闪长岩的形成时代为 268 Ma，具有中等的硅含量（59. 08%~63. 19%），富钠（3. 82%~4. 68%）以及低镁（1. 21%~1. 77%）的主量元素特征，属于钙碱性的 I 型花岗岩（鞠楠，2013）。立山闪长岩呈现出富集轻稀土元素和大离子亲石元素（Rb、Sr、Ba 等），亏损重稀土元素和高场强元素（Nb、Ta、Hf）的特征；其 Nb/Ta 和 Zr/Hf 比值分别与对应的地幔和地壳平均值接近，表明其物源为壳幔混源（鞠楠，2013）。

龙井市老头沟镇一带出露有一系列华力西晚期中酸性侵入岩，岩石类型以闪长岩、花岗闪长岩为主，其 LA-ICP-MS 锆石 U-Pb 年龄为 264~255 Ma，与天宝山多金属矿集区内矽卡岩型铅锌矿化（立山矿床）以及爆破角砾型铅锌银矿床（新兴矿床）和铜铅锌矿化（东风南山矿床）密切相关（鞠楠，2013；杨群等，2014），其中新兴矿床角砾岩型矿石金属硫化物的 Rb-Sr 等时线年龄为 259±3 Ma（MSWD=1. 05）（杨群等，2018），作为吉中-延边成矿带华力西期多金属成矿作用的典型代表。

3. 印支期侵入岩与成矿

印支期侵入岩浆活动主要包括早、中三叠世和晚三叠世两阶段岩浆侵入。早、中三叠世侵入岩主要分布在四平市建平、石岭子、小孤山，辽源市、伊通市大孤山等地，多呈岩基或岩株状产出，以四平建平镇二长花岗岩（249 Ma）、辽源地区椅山二长花岗岩（247 Ma）、安义二长花岗岩（252 Ma）、桦甸地区二道甸子片麻状花岗岩（242 Ma）、大玉山花岗岩（248 Ma）等岩体为代表（孙德有等，2004；Wu et al.，2011；汪志刚，2012；曹花花，2013）。岩石类型较为单一，以二长花岗岩和花岗闪长岩为主。这些早、中三叠世花岗岩常表现出准铝质-弱过铝质、高钾钙碱性的I型花岗岩，具有类似加厚镁铁质下地壳部分熔融的埃达克质岩石的地球化学特征，形成于华北板块北缘碰撞造山的构造背景（曹花花，2013）。该期侵入岩与成矿带内斑岩型铜矿的形成密切相关，如吉林省永吉县向阳铜矿。

晚三叠世侵入岩岩石类型复杂，基性-超基性、中性、酸性及碱性岩类均有出露，其中以花岗岩类出露最为广泛，具体的岩石类型包括：碱长花岗岩、二长花岗岩、花岗闪长岩等，形成时代大体介于216~203 Ma之间（张艳斌等，2002；孙德有等，2005）；碱性-偏碱性侵入岩在敦化地区有所出露，主要为碱性辉长岩、角闪碱长正长岩、石英正长岩和角闪碱长花岗岩等，呈岩株状产出，形成时代为223~224 Ma，由上地幔物质部分熔融而成（齐成栋等，2009）；而基性-超基性侵入岩主要分布在红旗岭、漂河川、长仁等地，主要的岩石类型为方辉橄榄岩、橄榄辉石岩、含长辉石橄榄岩、含长辉石岩等，是成矿带内铜镍矿化物矿床的含矿岩体；形成时代为238~212 Ma（Wu et al.，2004；魏俏巧，2015）。这些与铜镍矿密切相关的镁铁-超镁铁质岩石常表现出极其低硅、贫钠和钾、富镁和铁的主量元素特征，且大多数岩体属于中钾钙碱性系列岩石，个别岩石样品落入高钾钙碱性和低钾拉斑区域。此外，这些岩石常表现出轻稀土元素和大离子亲石元素相对富集，重稀土元素和高场强元素Nb、Ta、Zr等亏损的稀土和微量元素特征（冯光英等，2011）。此外，红旗岭超基性岩具有较低的$(^{87}Sr/^{86}Sr)_i$值（0.70394~0.70408），正的$\varepsilon_{Nd}(t)$值（3.5~4.0）和$\varepsilon_{Hf}(t)$值（9.6~14.4）（冯光英等，2011）。上述地球化学特征表明，这些含铜镍的基性-超基性岩来自亏损的岩石圈地幔，并受到俯冲大洋沉积物流体的交代作用（冯光英等，2011），同时岩浆上升过程中可能受到少量地壳物质的混染以及软流圈物质的加入（魏俏巧，2015）。

吉中-延边成矿带内与印支期侵入岩有关的成矿作用主要体现为：

（1）与印支期超基性-基性岩墙有关的铜镍矿

华北板块和兴蒙造山带碰撞拼合后的伸展作用导致地壳拉张减薄，地幔物质上涌和幔源岩浆的底侵作用，在红旗岭-漂河川-獐项一带形成了大量的镁铁-超镁铁质岩体（周晓东，2009），其形成年龄为237~212 Ma（Wu et al.，2004）。岩浆结晶分异较好的镁铁-超镁铁质岩体发生岩浆熔离作用，形成铜镍矿床。其中，磐石市红旗岭地区是我国重要的铜镍资源基地，漂河川岩体群和长仁-獐项岩体群也都有铜镍矿床产出。

（2）与印支期双峰式侵入岩组合有关的钒、铁、磷矿

岩石圈地幔伸展减薄作用促使敦化青林子-汪清南土城子镁铁质岩带的形成。带内发育有镁铁质岩体近10个，岩石类型以碱性辉长岩为主，个别分异较强的岩体还见有石英二长闪长岩、碱长花岗岩。这些岩石以富含V、Ti、P等元素为特点，同位素年龄224 Ma，其中个别岩体发育岩浆熔离钒钛磁铁矿矿体，磷灰石含量较高，可以作为伴生矿产，代表性矿产地如青林子、南土城子铁钒矿点（鲁媛等，2016）。

（3）与印支期中酸性浅成侵入岩有关的斑岩型铜矿

在永吉一带产出有斑状花岗闪长岩体，其LA-ICP-MS锆石U-Pb年龄为264~255 Ma，内部发育细脉浸染状铜矿化，即小型的斑岩型铜矿-向阳铜矿床（杨群，2020）。此外，磐石地区出露花岗闪长岩和闪长玢岩等中酸性侵入岩，其LA-ICP-MS锆石U-Pb年龄为225~203 Ma，与小红石砬子脉状铅锌矿化密切相关，脉状矿石金属硫化物的Rb-Sr等时线年龄为195±17 Ma（Yang et al.，2019）。

4. 燕山期侵入岩与成矿

燕山期岩浆侵位活动频繁，早、中侏罗世岩浆活动极强，晚侏罗世岩浆活动减弱，到早白垩世再度强烈。

早侏罗世侵入岩分布面积广泛，岩石类型复杂，主要包括辉长岩、（石英）闪长岩、石英二长岩、花岗闪长岩、二长花岗岩、正长花岗岩、碱长花岗岩、花岗斑岩等，呈岩基或岩株状产出，形成时代为196~182 Ma，常为高钾钙碱性的I型花岗岩，形成于古太平洋板块俯冲的构造背景（孙德有等，2005）。部分早侏罗世花岗岩类与岩浆热液型金、钼、铅锌等矿化密切相关，比如吉林省桦甸市四方甸子热液脉型钼矿与二长花岗岩具有密切的成因联系（张勇等，2014）。与四方甸子钼矿相关的二长花岗岩侵位年龄为179±1 Ma，与四方甸子辉钼矿 Re-Os 等时线年龄（176±4.2 Ma）一致；该二长花岗岩体为高硅、富碱，弱过铝质的高钾钙碱性系列岩石，同时具有轻稀土元素和 Rb、Ba、Th、U 等大离子亲石元素（LILE）相对富集，重稀土元素和 Nb、Ta、P、Ti 相对亏损的稀土、微量元素特征，属弱过铝质I型花岗岩，形成于岛弧或活动大陆边缘环境，与古太平洋板块的俯冲作用有关（张勇等，2014）。

中侏罗世侵入岩分布广泛，岩石类型丰富，具体的岩石类型包括：二长花岗岩、正长花岗岩、花岗闪长岩、花岗闪长斑岩（石英）闪长岩、石英二长岩、碱长花岗岩等，呈岩株或岩基状产出，侵位时代主要集中170~165 Ma（孙德有等，2005；Wu et al.，2011；张勇，2013）。中侏罗世中酸性侵入岩的侵位常伴随着不同类型、不同规模的铜、铅锌、铁、钼、锰等矿化作用，如成矿带内主要的斑岩型钼矿的形成主要与该期岩浆活动有关。以吉林省永吉县大黑山钼矿为代表的斑岩型钼矿化相关的花岗岩主要为高硅（69.6%~71%）、富钾（3.66%~5.74 %）、准铝质/弱过铝质的高钾（-钾玄质）钙碱性的I型花岗岩，并且具有富集轻稀土元素和 Rb、Ba、Th、K 等大离子亲石元素，亏损重稀土元素和 Nb、Ta、P 等高场强元素的特征；花岗闪长斑岩具有较低的 $\varepsilon_{\mathrm{Hf}}(t)$ 值（7.87±0.24），对应的 Hf 二阶段模式年龄介于551~834 Ma之间（陈井胜等，2015），表明该岩体起源于新元古代增生镁铁质下地壳的部分熔融，对应于古太平洋板块俯冲的构造背景（汪志刚，2012；张勇，2013）。

晚侏罗世侵入岩不甚发育，且岩石类型单一，包括闪长岩、碱长花岗岩和二长花岗岩，主要在四平孟家岭一带。

白垩纪侵入岩以花岗岩类为主，岩石类型包括花岗斑岩、碱长花岗岩、正长花岗岩、二长花岗岩和石英闪长岩等，分布在靠山、双阳、双河、百草沟、百里坪等地，烟筒山地区还出露辉长闪长岩（122±1 Ma；王枫等，2009）。这些花岗岩侵位时代集中于135~110 Ma（汪志刚，2012），这些中酸性侵入岩的侵位常伴随着不同类型、不同规模的金、银、铜、铅锌等矿化作用，如大型的海沟金矿。成因上分为“I型”和“A型”两类，“A型”花岗岩以辽源地区的娄山碱长花岗岩、忠信花岗斑岩较为典型，呈岩株状产出，侵位年龄为127~123 Ma。其岩石学及地球化学研究结果表明，这些早白垩世的“A型”花岗岩具有高硅、富钾、钙碱性的主量元素特征，同时呈现为强烈负 Eu 异常的“海鸥型”的稀土元素配分曲线，形成于非造山或造山后的伸展环境。烟筒山地区辉长闪长岩具有低硅、富钠、高铝的特征，其稀土元素球粒陨石标准化曲线显示其具有富含轻稀土元素（LREE）、贫重稀土元素（HREE）以及微弱的 Eu 的正或负异常的特点。岩体具富含大离子亲石元素（Rb、Ba、Th等），明显亏损高场强元素（Nb、Ta、Zr、Hf 和 Ti）等特点。烟筒山辉长闪长岩的原始岩浆起源于受俯冲流体交代的地幔楔的部分熔融，其形成应与古太平洋板块俯冲作用形成的类似弧后盆地性质的伸展环境有关（王枫等，2009）。

成矿带内广泛发育的早侏罗世—早白垩世中酸性侵入岩与区内斑岩型、接触交代型、岩浆热液型、变成型等类型的贵金属（金、银）、黑色金属（铁、锰）、有色金属（铜、铅锌、钼、钨等）和非金属（石墨、硅灰石）等矿床的形成具有密切的时空及成因联系。其中，斑岩型钼矿的形成年龄集中在192~168 Ma之间，其中大黑山钼矿的辉钼矿 Re-Os 等时线年龄为168.3±3.2 Ma（王成辉等，2009），天宝山矿集区东风北山钼多金属矿辉钼矿 Re-Os 等时线年龄为192.0±3.1 Ma（孙振明等，

2014)，这些斑岩型钼矿主要与区内早、中侏罗世的花岗闪长（斑）岩和二长花岗（斑）岩有关，多为高钾钙碱性I型花岗岩。岩浆热液型金矿以大型的二道甸子、海沟和松江河金矿为代表，其中二道甸子金矿成矿岩体黑云母花岗岩的锆石U-Pb年龄为199~184 Ma（汪志刚，2012）；海沟金矿成矿时代目前存有争议，主成矿阶段石英的流体包裹体的$^{40}Ar/^{39}Ar$正、反等时线年龄介于172~170 Ma之间（于介江等，2010），成矿期脉岩的锆石U-Pb年龄为132~128 Ma（李绪俊等，2012）。接触交代型钨矿主要形成于中侏罗世，代表性的吉林省四平市三家子钨矿的成矿花岗斑岩侵位于172.4±1.8 Ma（任云生等，2009）。

5. 喜马拉雅期侵入岩与成矿

吉中-延边成矿带喜马拉雅期侵入岩不发育，仅在敦化-密山断裂带内及其两侧发育古近纪霓辉石碱长正长岩、新近纪辉长岩和辉绿岩岩脉或岩株侵入到不同地质体中，暂未发现与之相关的矿产。

（三）火山岩与成矿

吉中-延边成矿带内火山岩分布广泛，主要包括太古宙（阜平期）、中-新元古代（晋宁、兴凯期）、早古生代（加里东期）、晚古生代（华力西期）、中生代（印支期—燕山期）、新生代（喜马拉雅期）6个Ⅰ级火山构造岩浆旋回，其中与贵金属、黑色金属、有色金属及非金属等矿产资源密切相关的火山岩浆活动主要为兴凯期（西保安岩组）、加里东期（黄莺屯岩组、放牛沟组、头道沟岩组和弯月组）、华力西期（余富屯组、大河深组和红太平组）、燕山期（屯田营组、南楼山组和金沟岭组）和喜马拉雅期5期火山活动。与这些火山岩密切相关的矿床类型主要为沉积变质型、陆相火山岩型、海相火山岩型、岩浆热液型等。

1. 阜平期火山岩与成矿

由于洋壳的扩张，形成规模巨大的洋底裂隙式火山喷发，火山喷发产物为超基性、基性火山熔岩，经过区域变质作用后形成一套角闪岩相的中级变质岩石，在吉中-延边成矿带形成了夹皮沟岩群（老牛沟岩组）变质火山岩。该期火山岩在成矿带范围内虽暂未发现与之相关的矿化作用，但它是吉林省重要铁矿的开采层位，而且富含Au元素，是吉林省金矿的重要赋存层位之一。

2. 兴凯期火山岩与成矿

西保安岩组火山岩分布较为局限，主要呈孤岛状分布在辽源地区，主要为一套中基性火山岩，并伴随碎屑岩和碳酸盐岩沉积。该期火山岩经历了低绿片岩相-高绿片岩相，局部可出现低角闪岩相的中、低级区域变质作用，变质成为绢云石英片岩、斜长角闪岩、斜长角闪片岩、斜长云母片岩、变粒岩、大理岩等。锆石单点U-Pb同位素年龄值为634.7Ma（赵春荆等，1996），限定该时期火山岩形成于新元古代，其形成环境为新元古代裂陷槽。与这套变质火山岩-碎屑岩-碳酸盐岩建造相关的矿产主要为沉积变质型的铁、锰、磷矿，代表性矿床为吉林省东丰县西保安铁矿床。

3. 加里东期火山岩与成矿

成矿带与成矿有关的加里东期火山岩主要为奥陶系黄莺屯岩组、奥陶系放牛沟组、志留系弯月组和头道沟岩组火山岩。

黄莺屯岩组火山岩主要分布在吉中的桦甸、磐石一带，呈带状或残块状分布在大面积的花岗岩内。主要体现为岛弧海底火山喷发，形成一套中基性-中酸性火山岩，并伴随少量碎屑岩和碳酸盐岩沉积。这些岩石经历了角闪岩相-绿片岩相低压区域变质作用后变质成为斜长角闪片岩、电气石二云母片岩、片麻岩及大理岩。与这套变质火山岩-碎屑岩-碳酸盐岩建造相关的矿产主要为金、铜、银、铅锌、钼、硫铁矿及锑等，是区内海相火山岩型、岩浆热液型等内生矿床的重要控矿层或矿源层，如吉林省四平市山门银矿床。

放牛沟组火山岩隶属于西拉木伦构造岩浆岩带大黑山条垒火山岩亚带，主要分布在四平地区，连同本区古生代地层呈孤岛状、残块状、带状分布在大面积的花岗岩中。主要为英安质角砾凝灰熔岩、英安质凝灰岩、流纹质凝灰岩等中酸性火山岩、火山碎屑岩，放牛沟火山岩全岩 Rb-Sr 等时线年龄为 455±10 Ma（周晓东，2009），为岛弧盆地火山岩。矿产主要为与岛弧型火山岩有关的多金属成矿，已发现放牛沟、新立屯等数处硫、多金属矿床，具有块状硫化物矿床的成矿特征。

弯月组火山岩主要分布在吉中桦甸、磐石一带，呈孤岛状、残块状、带状分布在大面积的花岗岩中。体现为弧背盆地区海相火山活动的产物，主要为一套经历了绿片岩相低压区域变质作用的中性、中酸性火山岩、火山碎屑岩。根据微量元素分析结果，在弯月期火山岩局部地段的金、铜含量较高，其中铜元素在中性熔岩中的含量超出其他地段不同岩性含量的 10 倍，而金的含量在 0.05~0.15 g/t 之间，特别是在西大城号-下大门一带，有含金在 0.8~7.3 g/t 之间的金矿点和铜矿点出现，说明弯月期火山岩与成矿带金、铜矿产的形成有直接的关系。椅山金矿方铅矿铅同位素数据“R-F-C”法计算出的年龄 410.23 Ma 与辽源群的地质时代相吻合。

头道沟岩组火山岩主要呈孤岛状分布在吉中地区的北大湖、烟筒山一带，主要为一套浅变质的中酸性火山岩，为岛弧海底火山喷发作用的产物。该期火山岩分布局限，与区内硫铁矿、钼矿等矿产的形成密切相关，代表性矿床为吉林省永吉县头道沟硫铁矿床。

4. 华力西期火山岩与成矿

成矿带与成矿有关的华力西期火山岩主要包括石炭系余富屯组、二叠系红太平组和大河深组火山岩。

余富屯组火山岩主要分布在吉中地区的双河、烟筒山、磐石一带，隶属于小梨河-石嘴火山岩亚带，形成了余富屯组陆缘活动带海底火山岩建造，主要由细碧岩、细碧玢岩、角斑岩、石英角斑岩和细碧质凝灰岩、凝灰熔岩及中酸性火山岩组成，夹有硅质岩（碧玉条带）、泥质硅质岩、千枚岩、碳质板岩和大理岩透镜体（周晓东，2009）。该组火山岩为海相火山矿床的控矿层位，分异良好，普遍含有铜、金、铁等，各种岩石的 Au、Ag 元素加权平均含量分别为 72×10^{-9} 和 132×10^{-9}，其中细碧岩 Au、Ag 元素平均含量分别高达 287×10^{-9} 和 230×10^{-9}（李之彤等，1994），为海相火山岩型矿床的重要控矿层或矿源层。带内的永吉头道川金矿床、民主屯银矿床即产于该层中，还与矽卡岩型铁矿床关系密切。

红太平组火山岩主要分布在汪清县红太平一带，主要为一套浅变质的中酸性火山岩、火山碎屑岩系，为活动陆缘浅海相火山活动的产物。该期火山岩普遍含有较高的银、金、铅锌、铜等成矿元素，为成矿带重要的矿源层，汪清县红太平多金属矿床就赋存在该期火山岩内。

大河深组火山岩主要分布在吉中磐石一带，主要为一套浅变质的中性、中酸性火山岩、火山碎屑岩，为活动陆缘浅海相火山活动的产物。曹花花（2013）系统地对桦甸地区出露的大河深组中酸性火山岩进行了细致的岩石学、地质年代学及岩石地球化学等研究。其岩石地球化学研究结果表明，大河深组火山岩具有中等-高的 SiO_2 含量（64.93%~75.38%），低镁和钛，富碱（5.89%~9.13%）的主量元素特征，为一套中钾-高钾钙碱性的中酸性火山岩；大河深组火山岩样品稀土元素总量介于 $109\times10^{-6}\sim178\times10^{-6}$ 之间，轻、重稀土元素分馏作用显著，明显富集轻稀土元素、亏损重稀土元素，总体表现为右倾的稀土元素配分型式，并存在弱的负 δEu 异常；在微量元素蛛网图中，这套火山岩总体呈现出相对富集 Ba、Rb、Th、U、K 等大离子亲石元素，亏损 Nb、Ta、P、Ti 等高场强元素，同时还存在 Sr 元素的亏损。上述特征与活动大陆边缘火山岩的地球化学特征一致（Gill，1987）。大河深组火山岩的锆石原位 Hf 同位素分析结果表明，流纹岩的锆石 $\varepsilon_{Hf}(t)$ 介于+5.34~+10.37 之间，对应的二阶段模式年龄介于 1240~785 Ma 之间（曹花花，2013）。上述研究表明，大河深组火山岩起源于中新元古代增生的亏损玄武质下地壳的部分熔融，形成于活动大陆边缘环境。该期火山岩普遍含有较高的铅锌、铜等成矿元素，有利于海相火山岩型多金属矿的形成，晚期叠加有岩浆热液脉型矿化，如吉林省磐石市小红石砬子铅锌（玉石）矿床。

5. 印支期火山岩与成矿

成矿带内印支期火山岩不甚发育，仅在汪清地区的天桥岭盆地发育三叠系托盘沟组中性火山岩、天桥岭组酸性火山岩，在磐石明城地区发育三叠系四合屯组中型火山岩，在开山屯地区的庙岭盆地发育柯岛群火山碎屑岩。其中，柯岛群火山碎屑岩富含金、银等成矿元素，成矿带是金、银矿重要的矿源之一，赋存有吉林省龙井市寺洞金矿和金谷山-后底洞金矿。暂未发现与该期火山岩有关的矿产。

6. 燕山期火山岩与成矿

燕山期成矿带主要体现为强烈的陆相火山活动，与金及有色金属矿产关系密切。火山岩浆期后热液及次火山-侵入活动为矿液的运移提供先决条件，火山构造则为矿液的储存提供良好的空间。成矿带内与成矿有关的燕山期火山岩主要包括：侏罗系南楼山组、屯田营组，白垩系营城组和金沟岭组。

侏罗系南楼山组火山岩大面积出露在烟筒山盆地南茗条顶子和东大荒顶子、四合屯-南楼山盆地的悬羊砬子、一面城、果园水库、新房东山、倒木沟、南楼山等地，以及吉林大绥河镇、一拉溪镇、双河镇、取柴河镇以东一带。南楼山期火山岩在区域上为一套中酸性火山岩，主要岩石类型：其下部以安山岩、英安质凝灰角砾岩为主；上部由中酸性熔岩、英安岩及少量流纹岩组成。其地球化学分析结果显示，该期火山岩为钙碱性火山岩，形成于活动陆缘环境。该期火山岩与区内铁、铜、金、银、砷、多金属矿关系密切，吉林省磐石市官马金矿赋存于南楼山组火山岩内。

侏罗系屯田营组火山岩主要分布在吉林省东部安图盆地的明月镇、五峰，地荫沟盆地的城墙砬子、亲和屯、沙金沟、刺猬沟，以及海沟、泉阳、大马鹿沟、马鞍山林场、吉林松江镇、敦化南东、延吉东、图们东一带，总体呈北东向展布，局部呈北西向展布。该期火山岩主要岩石类型有少斑安山岩、蚀变安山岩、火山角砾岩、安山岩、含辉石安山岩、含辉石橄榄石玄武安山岩、安山质含角砾晶屑岩屑凝灰岩、安山质凝灰角砾岩等。该期火山岩在岩石地球化学方面常表现为中等的 SiO_2 含量（58.48%~65.09%），高铝（16.08%~18.33%），低钾的特征，属于高钾-中钾钙碱性系列岩石；具有较高的稀土元素总量（平均值为 146.23×10^{-6}），轻重稀土分馏作用显著，呈现显著右倾型的配分模式，Eu 异常特征不明显；此外，屯田营组火山岩呈现出相对富集 Rb、Ba、Sr 等大离子亲石元素，相对亏损 Nb、Ta 等高场强元素等的微量元素特征（逯伟，2009）。以上特征反映出屯田营组火山岩与活动大陆边缘火山岩的地球化学特征相似（Gill，1987）。该期火山岩与区内金、银等贵金属矿化密切相关，小型的石井金银矿床和五凤-五星山金矿床便赋存在该层位中。此外，珍珠岩产于中生代屯田营期火山岩的上部层位，仅见于大马鹿沟上游二林场附近，珍珠岩粒度为 0.5 mm，可用做建筑材料及防寒材料。

白垩系营城组火山岩主要分布在松辽盆地东南侧的怀德刘房子，长春的新立城东、三道镇、放牛沟孟家岭镇、营城子、石碑岭、刘家油房，以及四平山门镇等地，总体呈北东向狭长带状断续展布。该期火山岩岩石类型多样，基本上为酸性熔岩和火山碎屑岩，局部有安山岩、流纹岩、球状流纹岩、珍珠岩等火山熔岩以及火山碎屑岩，但总体上还是以酸性岩类为主。该期火山岩是珍珠岩、沸石等矿产的主要赋存层位，为早白垩世火山喷发的酸性熔岩迅速冷却下形成。

白垩系金沟岭组火山岩主要分布在汪清县刺猬沟、百草沟一带，主要为一套中性火山岩、火山碎屑岩，属于火山弧火山岩。金沟岭组火山岩具有中等的 SiO_2 含量（52.49%~57.87%），高铝（16.14%~17.90%）、钛（1.09%~1.28%）、铁（7.44%~8.40%）和钙（7.88%~10.50%），低钾（0.38%~0.90%）和磷（0.25%~0.29%）的特征，属于中钾钙碱性-低钾拉斑系列岩石；具有较低的稀土元素总量（平均值为 114.49×10^{-6}），轻重稀土分馏强烈，具有显著右倾型的配分模式，Eu 和 Ce 异常特征不明显。此外，金沟岭组火山岩呈现出相对富集 Ba、Sr、La 等大离子亲石元素，相对亏损 Nb、Ta 等高场强元素的微量元素特征（逯伟，2009）。

燕山期大规模的火山喷发作用中常伴生成群成组的次火山岩（超浅成侵入岩）脉，在刺猬沟金矿、五凤-五星山金矿、闹枝金矿等矿区较为普遍，岩石类型主要为闪长玢岩、次安山岩（黄圭成，

1997）。脉体数量多，规模大小不一，走向以北东向、北西向和近东西向为主，与区域断裂构造格架基本一致。这些超浅成侵入岩产状变化大，部分脉岩与矿体产状一致，还有部分脉岩被矿体所穿切，如闹枝金矿的1号矿体穿插至近东西向的次安山岩脉中（林博磊，2013）。普遍认为这些火山岩和次火山岩脉与延边地区陆相火山岩型金（银）矿具有密切的成因及时空联系。

7. 喜马拉雅期火山岩

喜马拉雅期成矿带内的火山活动主要沿着依兰-伊通、敦化-密山为主的大断裂活动，具有从西到东，时代越新，火山岩石类型逐渐变为复杂，火山活动持续时间逐渐加长，火山喷发物逐渐增多的递变规律，显示大陆边缘断裂活动加剧的特征。与新生代火山活动有关的矿产主要为建筑材料等非金属矿产类。

（四）变质作用与成矿

成矿带内区域变质作用主要发生于新太古代、新元古代和早古生代，不同期次的区域变质作用以低压区域变质作用为主，新太古代至早古生代变质相由高角闪岩相向低角闪岩相或低角闪岩相-绿片岩相变化。这些区域变质作用形成的变质岩局部还叠加接触变质作用和动力变质作用。

1. 区域变质作用与成矿

（1）新太古代区域变质作用与成矿

新太古代变质作用范围小，主要体现为成矿带南缘的富尔河断裂北侧发育一套新太古界老牛沟岩组表壳岩和TTG片麻岩，受中生代韧性变形作用改造，糜棱岩化强烈。表壳岩变质相为高角闪岩相，TTG片麻岩为低角闪岩相，总体为低压高角闪岩相-低角闪岩相区域变质作用，并有绿片岩相退变质作用发生。老牛沟岩组表壳岩原岩为一套含铁的火山碎屑-沉积岩建造，经变质后形成受变质型铁矿床，是吉林省重要铁矿的开采层位。同时，该套变质岩富含Au元素，是吉林省金矿的重要赋存层位之一。新太古代区域变质作用使金在该套变质岩中初始富集，而后经燕山期岩浆热液叠加进一步富集成矿。虽然成矿带内出露的老牛沟岩组中暂未发现赋存有金和铁等矿床，但该期区域变质作用及其形成的变质岩对成矿的控制不容忽视。

（2）新元古代区域变质作用与成矿

新元古代变质作用主要体现为在华北板块北缘形成了西保安岩组和青龙村岩群，敦化地区发育塔东岩群。该期变质作用以低压区域变质作用为主，变质岩相以低角闪岩相变质为主，塔东岩群经历了高角闪岩相变质作用。该期区域变质作用对成矿带内受变质型铁矿的控制作用显著，新元古代含铁、锰、磷的火山-沉积建造（西保安岩组）经区域变质作用后铁等成矿元素进一步富集成矿，如吉林省东丰县西保安铁矿床。

此外，局部地区还发育低温绿片岩相动力变质作用，主要发生在青龙村岩群，表现为构造片岩和糜棱岩，推测变质作用发生时代在新元古代末期（吉林省区域地质调查所，2016）。该期变质作用常被燕山期接触热变质或接触交代变质以及低温动力变质作用叠加和改造，形成各类角岩、矽卡岩，以及糜棱岩。

（3）早古生代区域变质作用与成矿

早古生代变质作用主要发生于成矿带西部的吉中地区，形成的主要地质单元为呼兰岩群、下二台岩群、辽源群、头道沟岩组以及漂河川组，成矿带东部的延边地区形成了江域岩组。该期变质作用主要为绿片岩相的低压区域变质作用，局部表现为角闪岩相的低-中压区域变质作用，整体变质程度低。该期区域变质作用主要控制了成矿带内变成型大理岩矿的形成，早期浅海相化学沉积形成的碳酸盐岩经该期区域变质作用后，碳酸盐矿物进一步结晶，形成纯白色大理岩（矿体）。此外，形成的这些变质岩常被中生代接触热变质作用或接触交代变质作用所叠加改造，形成接触交代型、变成型的矿床，代表性矿床为吉林省永吉县头道沟硫铁矿床。

2. 低温动力变质作用与成矿

吉中-延边成矿带低温动力变质岩主要分为两大类，一类是糜棱岩，包括超糜棱岩、糜棱岩、初糜棱岩和糜棱岩化岩石；另一脆性构造带上的碎裂岩类包括碎裂岩、碎斑岩和压碎岩。低温动力变质作用及形成的变质岩主要发生于韧性剪切作用或断裂作用的活动中，其中韧性剪切活动及其产物中常常富含 Au、Ag 等成矿元素，也常发育金银矿化。如头道川金矿床、民主屯银矿床便产出在头道川-烟筒山北东向的韧性剪切构造带中，含金石英脉呈北东向沿韧性剪切带主界面两侧的小褶皱轴成群成带分布；而在伊通新家一带的大黑顶子地区，胡米含银石英脉产在华力西期黑云母花岗岩的北西向糜棱岩化带中。因此，韧性剪切带或韧性断裂是一种关键的控矿因素或直接的找矿标志。

（1）糜棱岩

糜棱岩以新元古代糜棱岩和中生代糜棱岩为主，为低温绿片岩相动力变质作用的产物。

新元古代糜棱岩：主要分布于延吉至八家子一带的新元古代青龙村岩群中，主要岩石类型为构造片岩和糜棱岩，岩石可见沿片理而产生出云母类的片状新生矿物，矿物单晶较大，与围岩细小的鳞片差异较明显，并见岩石中有多世代的变质矿物组合，由于受动力进变质作用，岩石具鳞片变晶结构，片状构造，角闪石则分解为绿泥石、石英和方解石，岩石明显发生退变质作用，推测岩石变质作用为低温绿片岩相动力变质作用。糜棱岩糜棱页理被晚二叠世闪长岩截断，推测变质作用发生时代在新元古代末期。

中生代糜棱岩：分布于华北板块北缘，变质作用发生在太古宙变质岩及中生代花岗岩中，主要岩石类型为糜棱岩类，在太古宙变质岩原岩中，存在绿片岩相退变质作用，在中生代花岗岩中见有不同强度的糜棱岩岩石，变质作用为低温绿片岩相动力变质作用。张艳斌等（2002）对中生代花岗岩为原岩的糜棱岩进行定年，获得其同位素年龄为 160 Ma。太古宙变质岩（花岗岩）强糜棱岩带中锆石 U-Pb 年龄为 25 亿年，而其变质成因的云母 Ar-Ar 年龄为 150 Ma（据孙景贵教授，未发表），可以认定该糜棱岩形成时代为中生代，150 Ma 左右。

（2）碎裂岩

成矿带内的碎裂岩主要分布于中新生代脆性断层、挤压破碎带中，多呈条带状产出，在伊通、双阳等地均有分布。受低温动力变质作用，形成构造角砾岩、碎斑岩、压碎岩类等。总体表现为由于动力作用，矿物被压碎，局部碾压成粉末状，部分矿物成碎斑，被压碎部分包围。岩石压碎、粒化、裂纹发育，部分有双晶弯曲错位现象及矿物边缘不整齐，矿物颗粒多见有次生长大或重结晶现象，大部分有绢云母化、绿泥石化、绿帘石化、高岭土化等蚀变现象，局部发育铜、铅锌或黄铁矿等矿化。

3. 接触变质作用与成矿

成矿带内接触变质作用形成的接触变质岩十分发育，类型丰富，主要分布在晚古生代、中生代中酸性侵入岩与地层的接触带附近，包括热接触变质岩和接触交代变质岩两类。晚古生代和中生代的接触变质作用及形成的热接触变质岩和接触交代变质岩与成矿带内变成型的硅灰石、石墨等非金属矿以及接触交代型的铁、锰、铅锌、硫铁矿等金属矿的形成密切相关。

（1）热接触变质岩

成矿带内的热接触变质岩主要为一套角岩类岩石，分布广泛，普遍发生在中生代花岗岩与古生代地层接触带上。主要的岩石类型包括硅灰石角岩、透闪石角岩、长英质角岩、角闪石角岩等。这些热接触变质岩的变质程度与围岩距离有着密切的关系，外接触带内侧变质程度达到角闪石角岩相，局部可达到辉石角岩相，而外接触带外侧变质程度低，为绿泥角岩相。变质作用时代主要为中生代。

热接触变质作用控制着成矿带的重要矿产硅灰石矿和石墨的形成。燕山期中酸性侵入岩的就位，使不同类型的围岩受到热力影响而发生有用矿物的重结晶作用，进而富集成矿。如吉林省磐石市长崴子硅灰石矿床和吉林省梨树县铁汞山硅灰石矿床，主要分布在燕山期花岗岩与富含硅质的碳酸盐岩的接触带上。原煤系地层（大酱缸组）在燕山期侵入岩的热力作用下，煤层经热接触变质形成石墨，原岩层则出现了石榴子石、红柱石等热接触变质矿物，如吉林省磐石市仙人洞中型石墨矿床。

（2）接触交代变质岩

成矿带内的接触交代变质作用主要发生于晚古生代和中生代中酸性侵入岩与新元古代、古生代碳酸盐岩地层的接触带部位，主要形成了石榴石绿帘矽卡岩、石榴石透辉石矽卡岩、阳起石矽卡岩等各类矽卡岩，局部地区还出现混染岩，矽卡岩化花岗岩等。岩石矿物组合分析显示成矿带内的接触交代变质作用主要为低压中温接触变质作用，变质相为绿帘角闪岩相。变质作用时代以中生代为主，还有晚古生代。

接触交代变质作用控制着成矿带内接触交代型铁、铅锌、锰、硫铁矿等矿床的形成。在晚古生代或中生代中酸性侵入岩结晶分异的晚期，形成富含铅、锌等成矿元素的含矿热液，在侵入岩与碳酸盐岩围岩的接触带附近通过交代方式，形成各类矽卡岩，随着交代作用的发生，在有利部位发生铅锌等成矿元素的富集和沉淀，进而成矿，如吉林省龙井市天宝山立山铅锌矿床产出在中二叠世（石英）闪长岩与庙岭组大理岩的接触带附近。

（五）区域构造与成矿

吉中-延边成矿带在新元古代—古生代以古亚洲洋的演化与多期俯冲-碰撞造山作用为主要特点，中生代以强烈的陆内挤压造山作用居主导地位，新生代以大规模陆内伸展作用与现今盆-岭构造的形成、演化为特征（孙大中等，1985）。受不同构造期地壳演化影响，成矿带内不同期次、不同规模、不同方向的构造作用极为发育，而且叠加与改造作用明显。

吉中-延边成矿带各类构造均较为发育，尤其是在几个巨型和大型构造（断裂）带的控制下，各方向的次一级断裂和褶皱、韧性剪切带构造较为发育。部分断裂、褶皱和韧性剪切带的附近或交汇部位常发育不同规模矿床的空间产出和矿体的产状。现按构造带规模、类型介绍成矿带的主要构造特征及其对成矿的控制作用。

1. 巨型构造带与成矿

华北板块北缘巨型断裂带：又称“中朝准地台北缘超岩石圈断裂”，该断裂带横贯吉林省南部，由辽宁省西丰县进入，经海龙、桦甸、安图、和龙，向东延伸至朝鲜境内。由于受后期断裂干扰、错动，使其走向在不同地段发生北东向、北西向偏转和位移，敦化-密山岩石圈断裂带使其南东盘向北东位移约120 km，并使该断裂带变为北西西向；集安-松江岩石圈断裂使其南东盘向北东位移约20 km，并使该断裂带变为北西向。因此，该断裂带在吉林省内大体分为3段，分别为小四平-海龙段（西段，F_1）、柳树河子-大蒲柴河段（中段，F_2）、古洞河-白金段（东段，F_3）。

小四平-海龙段（F_1）：向西由东丰县小四平伸向辽宁省，向东被敦-密断裂带切割，呈近东西向南突起的较大弧型。断裂南侧为太古宙集安群、古元古界集安群及中元古界老岭群，北侧（本区）主要出露早古生代变质沉积岩系。

柳树河子-大蒲柴河段（F_2）：位于敦化市柳树河子至敦化市大蒲柴河一带，北西至敦化-密山断裂，南东止集安-松江断裂，由4段组成北西西向宽缓的反“S”形断裂带。断裂带的主要特征是以强烈挤压逆冲为主，伴有古生代的中酸性、基性岩浆侵入，中生代的中酸性岩浆侵入和喜马拉雅期玄武岩浆喷发。该断裂的活动和以燕山期为主的中酸性岩浆侵入活动共同控制了区内以海沟和松江河金矿为代表的岩浆热液型金矿的形成。

古洞河-白金段（F_3）：位于和龙县卧龙至龙井市白金，向东南进入朝鲜境内，与朝鲜清津断裂连为一体，向北西至集安-松江断裂带。该段为一挤压强烈的逆俯冲断层带，太古宙地层仰冲在下古生界和华力西晚期花岗岩之上。沿断裂带华力西晚期、燕山期岩浆活动强烈，有大规模的花岗岩体展布，局部地段有基性、超基性岩体分布，并伴随着不同期次、不同类型的多金属矿化作用的发生，比如吉林省龙井市天宝山矿田。

长春-吉林-蛟河隐匿对接带（断裂带）（F_8）：应为索伦-西拉木伦河缝合带的东延部分。该断裂带横贯吉林省中部，呈近东西向由长春经吉林、蛟河，东延至汪清、珲春地区。它被认为是古亚洲洋最终闭合的位置，为索伦-西拉木伦河缝合带的东延位置。沿断裂带华力西晚期、燕山期岩浆活动强烈，有大规模的花岗岩体展布，局部地段有基性、超基性岩体分布，并伴随着不同期次、不同类型的多金属矿化作用的发生，如吉林省永吉县头道沟铬铁矿、头道沟硫铁矿等。

2. 大型断裂

四平-德惠断裂带（F_4）：分布于吉林省中部四平-长春-德惠-榆树西一线，总体走向北东25°~30°，向北进入黑龙江省，向南进入辽宁省，成矿带内延长约95 km。为松辽平原与大黑山条垒分界线，即“松辽盆地东缘断裂”，沿此断裂古新世早期玄武岩浆喷发活动强烈，形成如范家屯平顶山、尖山和大屯富峰山、小南山等火山锥。

依兰-伊通断裂带（F_5）：或称依舒断裂带，位于二龙山水库-伊通-双阳-舒兰呈北东向延伸，向北进入黑龙江省，向南进入辽宁省，成矿带内延长约85 km。该断裂带在吉林省内是由东、西两支近于平行的断裂构成，两断裂之间为一狭长槽地，西侧断裂位于伊通-乌拉街槽地西缘与大黑山条垒交界，东侧断裂为伊通-乌拉街槽地东缘，两条断裂间的狭长槽地中堆积巨厚的新生代陆相碎屑岩。断裂带两侧的老地层和侵入岩向新生代槽地仰冲，槽地下降而接受新生代沉积物。

据吉林省区域地质矿产调查所（2016），依兰-伊通断裂带的活动可分为以下几个阶段：①170~174 Ma，古依兰-伊通断裂带为一条以白云母/二云母花岗岩构造岩浆岩带为代表的陆内俯冲断裂带；②170（160或156）~145（140或135）Ma，古依兰-伊通断裂带转化为一条左行走滑断裂带，形成一系列拉分-张裂型火山沉积盆地；③135~130 Ma，古依兰-伊通断裂带再次表现为一条陆内俯冲带；④130~120 Ma，依兰-伊通断裂带成为松嫩盆地东缘的张裂区，形成了营城子期非造山型的火山喷发作用，伴随非造山型碱性花岗岩的侵位，以及含煤层系的沉积；⑤120~90（85 Ma），依兰-伊通断裂带成为拉分-张裂复合盆地，接受了泉头组、叶赫组的沉积；⑥85~73 Ma，伊舒带出现第一次对冲构造模式；⑦73（67）~34 Ma，伊舒带成为古近纪的裂谷，接受巨厚（7000 m）的陆屑沉积，伴随大陆拉斑玄武岩的喷发；⑧34~32 Ma，伊舒带出现第二期对冲构造模式，此后进入新近纪裂谷发育时期，伴随着多期的碱性橄榄玄武岩和碧玄岩的潜火山活动。

敦化-密山断裂带（F_6）：该断裂带由辽宁省清源进入吉林省，越海龙县山城镇-辉南-桦甸-敦化一线呈北东方向延入黑龙江省（李波，2014），成矿带内长约235 km。由两条近于平行的高角度逆断层构成，并相向对冲。该断裂控制着区内中、新生代断裂盆地的形成。在磐石-桦甸地区，习称辉发河断裂或浑河-辉发河断裂，该断裂活动控制了该区中新生代火山、沉积作用的发生，以及含煤和油页岩盆地的形成，其中早白垩世形成火山岩夹含煤碎屑岩，古近纪发育桦甸盆地，控制了公郎头油页等油页岩和煤矿的形成。在敦化地区，出露大面积的古近纪和新近纪的玄武岩，附近有基性、超基性岩体、岩脉分布，反映了断裂深达上地幔，属深源性质。该断裂带除具逆冲特点外，还有左旋特点，东盘向北东移动约120 km。敦化-密山断裂中生代大规模左旋平移对包括成矿带在内的中国北东部中生代构造-岩浆活动及金矿床的形成起控制作用（李碧乐等，2002）。

集安-松江断裂带（F_7）：该断裂带由辽宁省沿鸭绿江进入吉林省通化地区的集安，向北东经延边地区的松江-明月镇，越天桥岭伸向省外进入黑龙江省，成矿带内延长约165 km，总体走向45°~50°（李吉焱等，2013）。该断裂带以松江一带为界分西南和东北两段，成矿带处于该断裂带东北段，由松江向北东经明月镇、庙岭、达天桥岭，以压剪性断裂为主，局部控制侏罗纪—白垩纪地层的堆积和火山活动及脉岩的侵入，它切割了槽台界线的深断裂，发生逆时针扭错，使华北地台北缘断裂带南东盘向北东位移约30 km。该断裂带附近的次级断裂是重要的金-多金属矿产的容矿构造（李吉焱等，2013）。

3. 主要中、小型断裂、韧性剪切带与成矿

吉中-延边成矿带构造活动强烈且复杂，区域构造格架较为清晰，除上述深大断裂外，中、小型

断裂也较为发育。

在四平-长春断裂、伊通-依兰断裂和辉发河断裂三大骨干断裂控制之下，成矿带西部还发育一系列中、小型断裂，主要包括北西向的辽源-东丰断裂带、伊通-辉南断裂带、烟筒山-黑石镇断裂带、桦甸-双河镇断裂带、丰满-桦树林子断裂带和吉昌-土顶子断裂带，北北东向的柳河-吉林断裂带和红土崖-蛟河断裂带，以及近东西向的辽源-磐石断裂。它们的宽度可由几千米到数十千米。上述断裂带及其次一级的断裂与成矿带内生金属矿产的形成密切相关，控制着岩体的产出，以及余富屯组和石嘴子组等矿源层的分布。比如沿北西向烟筒山-黑石镇断裂带分布有石嘴子铜矿床、粗榆金矿床、官马金矿床等矿床。而北东—北北东向断裂与北西向断裂的交汇部位是成矿的有利部位（李之彤等，1994）。除此之外，还发育一些韧性构造带，如北东向的头道川-烟筒山韧性剪切带，头道川金矿床含金石英脉便受该韧性剪切带控制。

受北东向敦化-密山断裂、近东西向富尔河-古洞河断裂以及北西向汪清-珲春隐匿对接带控制，成矿带东部也发育一系列的中、小型断裂，比如东西向的敦化-汪清断裂带和东清-新合-图们断裂带，北东向和北北东向的两江-天桥岭断裂带和图们江-罗子沟断裂带，南北向的延吉-柳菜-百草沟断裂带和图们-汪清-响水河子断裂带，以及北西向的永昌-闹枝-安田断裂带和密江-汪清断裂带。这些不同方向的断裂构造及其次级构造的交汇部位，控制着区内金、铜、铅锌等矿床的产出，比如闹枝金矿床处于东西向大北城-大石头断裂与北西向嘎呀河断裂带的交汇部位。刺猬沟金矿床处于敦化-杜荒岭东西向断裂带、春阳-密江北西向断裂带与图们-罗子沟北东向断裂的交汇部位。两江断裂构造带还控制着含钒钛的基性-超基性岩体的分布，如青林子岩体群、宣羊砬子岩体群等。此外，成矿带东部韧性剪切带构造也较为发育，对成矿的控制作用也较为显著，比如在青龙村岩群内发育北西向为主的大规模的韧性剪切带，松江河金矿体严格受此韧性剪切带控制。天桥岭地区的庙岭组和柯岛群内发育大规模的韧性剪切带，红太平多金属矿床的重要矿体赋存于该韧性剪切带下盘的庙岭组内，产状与构造面理基本一致，局部可见与构造变形带相似的构造变形特点，因此，红太平多金属矿床受该韧性剪切带的次级构造控制（姚常东等，2010）。

4. 褶皱构造与成矿

受强烈的构造运动影响，成矿带内的地层部分受挤压而产生了褶皱变形，尤其在古生代地层内。受后期构造岩浆活动改造和破坏作用，成矿带内的褶皱构造大多残缺不全。

成矿带西部的早古生代地层中发育的褶皱构造主要为紧闭线型，如四平南瓦房沟复背斜、伊通县景家台一带五台子街-孙家粉房复式背斜、磐石市呼兰镇复式背斜、样子沟向斜和桦甸市二道甸子背斜等，其轴向主要为北东向和北西向。晚古生代地层中仍以发育复式褶皱为特征，主要有常家沟-河北屯复式倒转背斜、明城-石嘴子向斜、吉林-大河深复式褶皱以及永吉县夹板岭复式褶皱。部分褶皱构造控制了成矿带的金、银、多金属矿床的形成，比如二道甸子金矿床处于漂河川-二道甸子复背斜的南西倾没端。

成矿带东部的褶皱变形构造主要形成于加里东晚期—早华力西期、晚华力西期—早印支期以及中生代3个阶段。其中，加里东晚期—早华力西期褶皱构造主要发育在青龙村岩群内，分布在长仁-青龙村一带，多呈背斜和复式向斜产出，褶皱轴向北西向和北西西向。晚华力西期—早印支期褶皱构造主要发育在晚古生代—二叠纪地层中，主要包括明月镇-庙岭-大兴沟-天桥岭一带的北东向褶皱，主要包括庙岭背斜、大兴沟向斜、天桥岭倒转向斜等褶皱，以及延边东部的南北向褶皱。成矿带东部的褶皱构造对成矿的控制作用不明显。

三、各成矿单元地质与成矿特征

（一）成矿单元划分

1. Ⅳ级、Ⅴ级成矿单元划分原则

Ⅳ级成矿亚带是受同一期次构造-岩浆旋回控制的、矿床成因上有联系的一类或几类矿床组合一体的矿床集中区，通常称为矿田分布区（武广等，2016）。吉中-延边成矿带（Ⅲ-55）内划分Ⅳ级成矿亚带主要依据与成矿作用有关的沉积岩、变质岩、岩浆岩及构造等地质要素，同时综合考虑物化探异常特征及重砂、遥感等区域成矿信息，并做到Ⅲ级成矿区带内的Ⅳ级区带全区全覆盖。此外，同一成矿亚带内以1~2个矿种为主，同时伴有其他矿种；在成矿时代上以1~2个成矿时代为主；在空间分布上具有一定的方向性，在矿床或矿床组合及控矿因素方面相近或相同，多以一两个成矿系列为主，伴有与之相关的系列。

Ⅴ级成矿单元是在Ⅳ级成矿亚带内对矿田分布区的进一步划分，是同一成矿地质环境、同类控矿因素、同一构造-岩浆活动阶段形成某几个矿种、成因相互联系和空间分布有规律的矿床组合分布区，一般称矿田（武广等，2016）。

2. 成矿单元划分方案

根据上述Ⅳ级、Ⅴ级成矿单元定义及划分原则，并结合《中国成矿区带划分方案》（徐志刚等，2008）和《东北地区重要矿产资源潜力预测评价及综合报告》（沈阳地质调查中心，2013a）成矿单元划分的重要认识，吉中-延边成矿带进一步划分出7个Ⅳ级成矿亚带（表3-1），即山门-乐山Ag-Au-Cu-Fe-Pb-Zn-Ni成矿亚带（Ⅲ-55-①）、那丹伯-一座营Au-Mo-Ag-Pb-Zn-Cu-Ni成矿亚带（Ⅲ-55-②）、山河-榆木桥子Au-Ag-Mo-Ni-Cu-Fe-Pb-Zn成矿亚带（Ⅲ-55-③）、红旗岭-漂河川Ni-Au-Cu成矿亚带（Ⅲ-55-④）、海沟-红太平Au-Fe-Cu-Pb-Zn-Ag-Mo-Ni成矿亚带（Ⅲ-55-⑤）、五凤-百草沟Au-Cu-Ag-Pb-Zn-Fe成矿亚带（Ⅲ-55-⑥）、天宝山-开山屯Pb-Zn-Au-Ag-Ni-Mo-Cu-Fe成矿亚带（Ⅲ-55-⑦）。

在Ⅳ级成矿亚带内进一步圈定10个Ⅴ级矿田（表3-1），分别为：铁汞山硅灰石矿田（Ⅴ-1）、盈隆金、铅锌矿田（Ⅴ-2）、大黑山钼矿田（Ⅴ-3）、长崴子-后倒木硅灰石、钼矿田（Ⅴ-4）、二道甸子金矿田（Ⅴ-5）、红旗岭镍矿田（Ⅴ-6）、海沟金矿田（Ⅴ-7）、珲春煤田（Ⅴ-8）、天宝山多金属矿田（Ⅴ-9）和长仁镍矿田（Ⅴ-10）。

（二）Ⅳ级成矿亚带特征

1. 山门-乐山Ag-Au-Cu-Fe-Pb-Zn-Ni成矿亚带（Ⅲ-55-①）

（1）成矿背景与矿产

地质特征：位于西拉木伦河断裂以南，四平-长春-德惠岩石圈断裂与伊通-舒兰岩石圈断裂之间的大黑山条垒南段。西南起辽宁省开原市，中部经吉林省四平市山门，北东至吉林省伊通县放牛沟，呈北东向带状展布。出露地层主要为新元古界西保安岩组、古生界奥陶系下二台岩群盘岭岩组、黄顶子岩组和烧锅屯岩组以及放牛沟组，志留系桃山组，石炭系—二叠系窝瓜地组、磨盘山组及石嘴子组

表 3-1 吉中-延边成矿带（Ⅲ-55）Ⅳ、Ⅴ级成矿单元划分表

Ⅲ级	Ⅳ级编号	Ⅳ级名称	Ⅴ级编号	Ⅴ级名称	代表性矿床
Ⅲ-55 吉中-延边（活动陆缘）Mo-Au-As-Cu-Zn-Fe-Ni 成矿带	Ⅲ-55-①	山门-乐山 Ag-Au-Cu-Fe-Pb-Zn-Ni 成矿亚带	Ⅴ-1	铁汞山硅灰石矿田	吉林省梨树县铁汞山超大型硅灰石矿床
	Ⅲ-55-②	那丹伯-一座营 Au-Mo-Ag-Pb-Zn-Cu-Ni 成矿亚带	Ⅴ-2	盈隆金、铅锌矿田	吉林省东辽县盈隆中型金矿床
	Ⅲ-55-③	山河-榆木桥子 Au-Ag-Mo-Ni-Cu-Fe-Pb-Zn 成矿亚带	Ⅴ-3	大黑山钼矿田	吉林省永吉县大黑山超大型钼矿床、吉林省桦甸市双杨树大型钼矿床
			Ⅴ-4	长崴子-后倒木硅灰石、钼矿田	吉林省磐石市长崴子大型硅灰石矿床、后倒木中型钼矿床
	Ⅲ-55-④	红旗岭-漂河川 Ni-Au-Cu 成矿亚带	Ⅴ-5	二道甸子金矿田	吉林省桦甸市二道甸子大型金矿床
			Ⅴ-6	红旗岭镍矿田	吉林省磐石市红旗岭大型镍矿床
	Ⅲ-55-⑤	海沟-红太平 Au-Fe-Cu-Pb-Zn-Ag-Mo-Ni 成矿亚带	Ⅴ-7	海沟金矿田	吉林省安图县海沟大型金矿床
	Ⅲ-55-⑥	五凤-百草沟 Au-Cu-Ag-Pb-Zn-Fe 成矿亚带	Ⅴ-8	珲春煤田	吉林省汪清县刺猬沟小型金矿床、吉林省汪清县闹枝小型金矿床、吉林省珲春市珲春煤田
	Ⅲ-55-⑦	天宝山-开山屯 Pb-Zn-Au-Ag-Ni-Mo-Cu-Fe 成矿亚带	Ⅴ-9	天宝山多金属矿田	吉林省龙井市天宝山矿田立山小型铅锌矿、吉林省龙井市天宝山矿田新兴小型多金属矿床、吉林省龙井市天宝山矿田东风小型多金属矿床
			Ⅴ-10	长仁镍矿田	吉林省和龙市长仁中型镍矿床

以及中生界白垩系泉头组、登楼库组、营城组等。其中西保安岩组为一套基性火山岩-硅铁建造，本区出露的岩石类型为角闪片岩、角闪变粒岩和云母片岩；下二台岩群主要由浅色细粒的片岩、粒岩（变粒岩）和大理岩组成；放牛沟组以火山岩为主；桃山组为中酸性火山-类复理式建造的变英安岩、变流纹岩夹变质粉砂岩、大理岩；窝瓜地组、磨盘山组及石嘴子组主要发育硅质条带大理岩，结晶灰岩，厚层大理岩夹硅质岩、板岩、酸性熔岩等；登楼库组以砂岩、砾岩为主。营城组包括安山质凝灰岩、安山岩、凝灰质粒岩等岩石类型，泉头组以紫色页岩、粉砂岩为主；沙河子组主要由含砾粗砂岩夹薄层细砂岩、薄层细砂岩夹粉砂质页岩、粗砂岩及黑色页岩、灰黑色含砾凝灰岩质板岩、含砾粗砂岩等组成；义县组为灰紫色、灰绿色、灰褐色、灰黑色安山岩、玄武岩、粗安岩以及集块岩、角砾岩、凝灰岩等火山岩，间夹多层富含淡水动物及少量植物化石的灰白色凝灰质砂页岩。本区内侵入岩较为发育，从加里东晚期到燕山期均有出露，主要呈岩基或岩基或岩株状产出。其中加里东晚期侵入岩主要为含黑云母二长花岗岩和闪长岩等；华力西期有斜长花岗岩，花岗闪长岩和石英闪长岩等；印支期和燕山期有二长花岗岩、流纹斑岩等。这些侵入岩构成区内明显的以北东向为主的构造—岩浆岩带，不同期次的侵入岩分别与不同类型的矿化有关，成为本区主要控矿因素之一。区内构造以断裂发育，主要是以平行南北两侧大型断裂构造的次一级北东—北北东向压性-压扭性逆冲断层和糜棱岩化带为主，北西向和其他方向断裂次之。褶皱构造多不完整，主要发育在下古生界中，形成复式褶皱，在放牛沟地区以东西向为主，在大顶山地区以北西向为主，在山门地区则以北东向为主。

地球物理特征：成矿亚带的区域重力异常沿北东向展布，与郯卢断裂构造线一致，西北高、东南低。其中，西北部为区内强度最高异常，呈北东走向长轴状布格重力高异常，与东侧依-舒盆地南段狭长重力低异常带以笔直的线性梯度带相隔；西南部经过蔡家-石岭低缓重力高异常区，到西南端进入山门-叶赫升高重力异常区；成矿带东南为开原-威远堡镇重力低异常，推测为中生代盆地引起；

昌图-泉头镇一带重力高异常与地表奥陶纪、二叠纪大理岩、变粒岩、花岗闪长岩等分布一致（沈阳地质调查中心，2013a）。

成矿亚带的区域航磁异常表现为正负磁异常变化区，为四平-榆树深大断裂与伊通-舒兰深大断裂所挟持区域，中部叶赫-乐山线性正磁异常带沿北东向贯穿本区，两侧有负磁异常区相伴，在正磁异常带北端响水附近有另一条带状正异常平行分布。东侧北东向展布的负磁异常带为中新生代伊通-舒兰断陷盆地的反映；西侧负磁异常区为中新生代松辽断坳盆地的反映。响水附近的条带状正磁异常与古近系富峰山组玄武岩有关。成矿亚带南部出现多个封闭的高磁异常，异常呈长椭圆状，异常沿北东向展布，昌图县北侧区域航磁异常呈封闭的带状，异常长轴 25 km，短轴 8 km，异常中心极值 450 nT，形态规则，异常中心两侧近对称变化，异常长轴走向近北东东向，无负磁异常伴生；昌图县南侧出现 3 个近长椭圆状封闭的异常中心，异常长轴长 14 km 左右，短轴长 5 km 左右，异常中心两侧均近对称分布，形态规则，赵家台镇附近出现异常极值 275 nT，异常长轴走向近北北东向，并伴生微弱负磁异常（沈阳地质调查中心，2013a）。

地球化学特征：成矿亚带主要表现为 Ag、Au、Cu、Pb、Zn、As、Sb、Hg 等元素组合异常，呈紧密同心套合状，是中-低温复杂元素组分富集的异常地球化学场。Au、Ag 元素强度高，面积大，组合异常化学场与大型四平山门银矿的空间位置相吻合。这些异常组分的分带十分清晰，浓集中心非常明显，显示高强度的元素带出带入活动。该异常场内现已发现的矿产有铜铅锌多金属矿和中等规模的钼矿（沈阳地质调查中心，2015）。

矿产特征：该成矿亚带内镍、钼、银、金、铜、铅、锌等矿产丰富，形成了一批大、中、小型矿床。目前已发现矿床、矿点共计 40 多处，其中大型银矿床 1 处（山门银矿），中型铅锌矿 1 处（放牛沟多金属硫铁矿），小型铜矿 1 处，铅锌矿 1 处，镍矿 1 处（山门镍矿）；非金属矿产中包括硅灰石矿 4 处，超大型、大型、中型和小型各 1 处；此外，还有众多水泥用大理岩、多用途灰岩等。该成矿亚带内产出的矿产种类、时代及数量等方面特征见图 3-1。

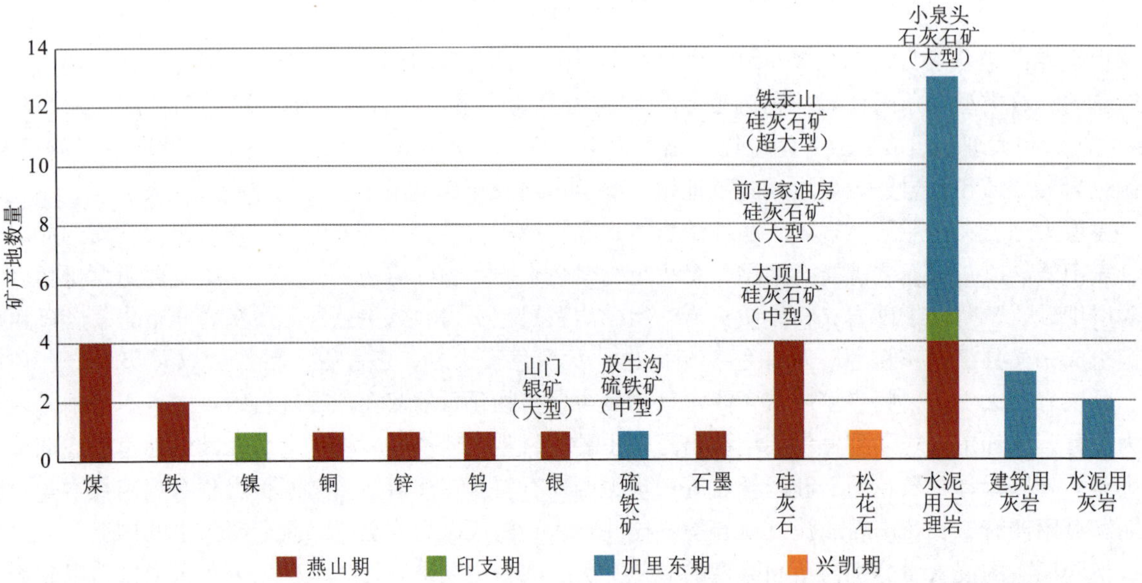

图 3-1　山门-乐山 Ag-Au-Cu-Fe-Pb-Zn-Ni 成矿亚带主要矿产（小型及以上，还有重要矿点）种类、数量及成矿时代分布特征

（2）成矿作用类型及时代

该成矿亚带内发育的内生金属矿床主要包括岩浆型、海相火山岩型、岩浆热液型、接触交代型、变成型等成因类型。不同类型的矿化作用形成时代跨度大，加里东期、印支期至燕山期均有产出，但以燕山期成矿最为强烈。其中，加里东期成矿作用以海相火山岩型的放牛沟多金属硫铁矿矿床为代

表，与下古生界浅变质海相火山-沉积建造密切相关；印支期成矿作用主要发育以山门 Cu-Ni 矿为代表的岩浆型铜镍硫化物矿化，与印支期基性-超基性岩有关；燕山期内生金属矿床成因类型较为丰富，主要包括岩浆热液型铜矿（西大城号铜矿，早侏罗世），接触交代型铁和钨矿（太阳沟铁矿和三家子钨矿，中侏罗世）、岩浆热液型银矿（山门银矿，早白垩世）、变成型的硅灰石和水泥用大理岩矿（大顶子硅灰石矿，中侏罗世），这些矿床与燕山期不同时期的构造岩浆热液活动密切相关。

2. 那丹伯——座营 Au-Mo-Ag-Pb-Zn-Cu-Ni 成矿亚带（Ⅲ-55-②）

（1）成矿背景与矿产

地质特征：位于伊通-舒兰岩石圈断裂与辉发河-古洞河超岩石圈断裂之间，伊泉岩浆弧和中生代南楼山-辽源火山盆地群的叠合部位，北起伊通伊丹镇，南至辉南一座营，呈南北向带状展布。区内出露地层主要为新元古界西保安岩组，以含沉积变质型铁矿为特征，岩性以角闪质岩石为主，偶见大理岩薄层，夹数层磁铁矿；下古生界中志留统石缝组，以变质砂岩、粉砂岩与结晶灰岩为旋回层的一套地层，赋存的矿产主要有金、铅锌、萤石；上志留统椅山组以碎屑岩和碳酸盐岩为主的一套地层。区内侵入岩分布较广，有加里东期花岗闪长岩，印支期花岗闪长岩，燕山期花岗闪长岩（二长花岗岩）、闪长玢岩和花岗斑岩，其中燕山期花岗闪长岩和二长花岗岩分布广泛，空间上与钼矿化关系密切，侵入岩呈近东西—北东向分布，岩基状产出，构成吉林东部火山-岩浆岩带的组成部分。区内断裂构造展布方向主要为北东向，北西向次之，区内主要矿产均赋存于北东向构造带内。

地球物理特征：成矿亚带区域重力异常总体呈北西向展布，中间低、两侧高的特征，其中中间低异常区由二叠纪中细粒二长花岗岩引起，高异常区多分布老地层。成矿亚带西北部有北东向条带状重力高异常带，西南部为规模较大的片状低缓重力高异常区，东北部为北西西向展布的宽大重力低异常带。3 处不同异常区以等值线线性梯度带、不同场态分界线，反映了 3 条主要断裂的分布位置。

西北部北东向重力高异常带，由伊通、大孤山两处条带状局部重力高异常组成，最大值分别为 $-2.6\times10^{-5}m/s^2$、$-8.6\times10^{-5}m/s^2$，推断分别为下古生界基底隆起和元古宇基底隆起的反映。西南部规模较大的片状低缓重力高异常区，最大强度值为 $-2.6\times10^{-5}m/s^2$，为下古生界及元古宇基底隆起所致。东北部为北西西向展布的宽大重力低异常带，异常最低值为 $-26.1\times10^{-5}m/s^2$，无明显异常中心（沈阳地质调查中心，2013a）。

区域航磁异常呈现平静的磁场特征，磁场值在-200～100 nT 之间变化，异常值梯度变化较小，异常总体上呈北东向展布，以振兴镇-凉泉镇一线东侧至成矿亚带边界区域航磁异常呈平静的低磁特征，异常值在-75～-200 nT 之间，梯度变化较小；振兴镇-凉泉镇一线西侧至成矿带边界区域航磁异常呈北东走向的高磁异常特征，异常呈状状沿东北向展布，异常中心处异常值在 100 nT 左右，异常值梯度变化较小（沈阳地质调查中心，2013a）。

地球化学特征：成矿亚带主要表现为 Au、As、Sb 等元素高背景值，Au 元素强度高，面积大，组合异常化学场与中型盈隆金矿的空间位置相吻合（沈阳地质调查中心，2015）。

矿产特征：该成矿亚带内金、银、铜、铅、锌、钼、铁、沸石、珍珠岩等矿产丰富，形成了众多的矿床、矿点，其中，中型金矿 1 处，小型金矿 3 处，金矿点 7 处；小型铅锌矿 2 处，小型铁锰矿 1 处，小型钼矿床 2 处，水泥用大理岩矿 8 处，沸石矿和珍珠岩矿各 1 处（图 3-2）。

（2）成矿作用类型及时代

该成矿亚带成矿作用集中于燕山期，其次为加里东期，喜马拉雅期和兴凯期最为薄弱。其中，燕山期成矿作用主要体现为斑岩型钼和岩浆热液型金成矿作用，其中斑岩型钼矿主要形成于中侏罗世，以小型的一座营钼矿为代表；而岩浆热液型金矿成矿时代跨度大，主要包括：中侏罗世、晚侏罗世及早白垩世 3 期成矿，各时期的代表性矿床分别为：小型小米窖金矿床、小型龙王庙金矿床及中型的盈隆金矿床。此外，中侏罗世还存在小规模的接触交代型铁矿化作用，形成了多处铁矿化点。这些中生代内生金属矿床的形成与燕山期不同期次的构造岩浆活动密切相关。加里东期伴随着区域变质作用的发生，形成了多个水泥用大理岩矿床。兴凯期主要形成了小型的西保安沉积变质型铁矿，产出于新元

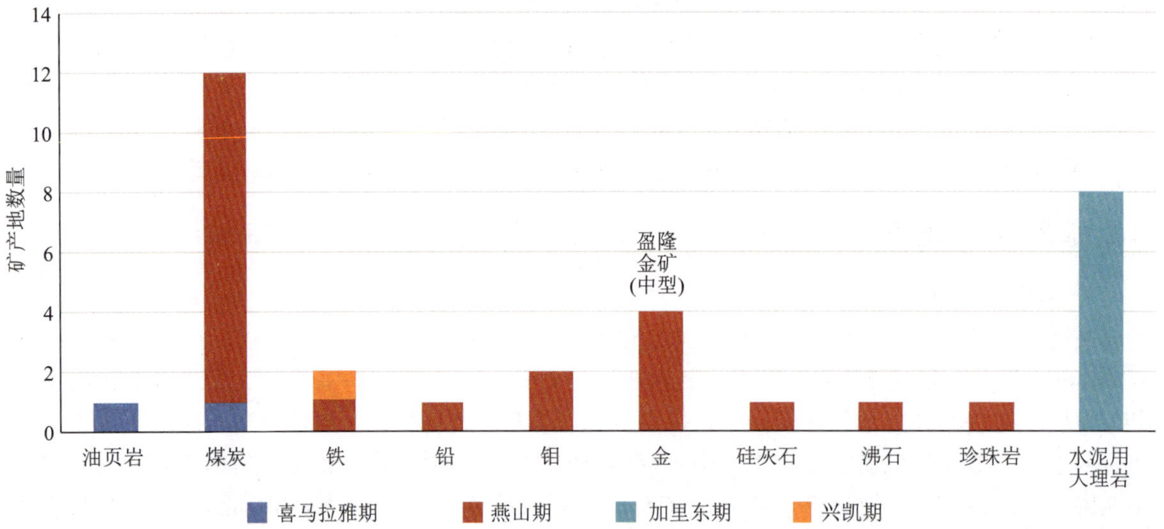

图 3-2 那丹伯-一座营 Au-Mo-Ag-Pb-Zn-Cu-Ni 成矿亚带主要矿产（小型及以上，还有重要矿点）种类、数量及成矿时代分布特征

古界海相火山-沉积建造内；同时，原始沉积的古生界海相中酸性火山岩-碳酸盐岩-碎屑岩建造，富含大量的 Au、Ag、Cu、Pb、Zn 等成矿物质，是重要的矿源层。此外，该成矿亚带内还产出少量的油页岩矿和煤矿，主要形成于喜马拉雅期。

3. 山河-榆木桥子 Au-Ag-Mo-Ni-Cu-Fe-Pb-Zn 成矿亚带（Ⅲ-55-③）

（1）成矿背景与矿产

地质特征：位于伊通-舒兰岩石圈断裂与敦化-密山岩石圈断裂之间，吉中中生代火山盆地东段。区内晚古生代处于被动大陆边缘构造环境，出露有上石炭统碳酸盐-碎屑岩建造；下二叠统海相中酸性火山岩-沉积岩建造及浅海陆棚相类复理石建造。区域上晚古生代处于次稳定大陆边缘造山阶段特有的构造环境，对成矿较为有利。区内的已知矿床（点）均赋存在早二叠世地层内。区域华力西期和印支期及燕山期中酸性侵入岩较发育。中生代区内陆相火山-岩浆活动强烈，形成了以中性火山岩为主的中酸性火山岩建造。火山热液活动与金、砷矿化关系密切。本区构造较发育，褶皱构造以晚古生代地层组成的一系列紧闭褶皱为主。以烟筒山-二道林子东西向基底断裂为界，南部以北西向为主，发育有磐石-明城背斜、黑石-官马向斜；北部以北东向为主，形成一些与韧性剪切带有关的规模不大的鞘褶皱。断裂构造以北西向黑石-烟筒山深断裂为主，南北向断裂和北东向头道川-烟筒山韧性剪切带等对本区成岩及成矿作用有着重要的控制作用。

地球物理特征：成矿亚带的区域重力场表现为西部重力高，东部重力低。吉昌-驿马近东西向梯度带，榆木桥子-旺起近南北向梯度带，反映了区内两条规模较大的断裂构造。双河-取柴河-南楼山-旺起环形重力梯级带反映了南楼山火山盆地周边环形断裂构造。双阳中新生代沉积盆地反映出南北向短轴状重力低异常，异常最低值为 $-18.8\times10^{-5}m/s^2$（沈阳地质调查中心，2013a）。

成矿亚带西部为起伏变化负磁异常区，中部为大面积波动升高正磁异常区，东部为低缓正负磁异常区。各异常区内局部正、负磁异常走向绝大部分为北北东向、北东向（沈阳地质调查中心，2013a）。

地球化学特征：成矿亚带下二叠统 Pb、Zn、Ag 等成矿元素背景普遍偏高，特别是 Pb、Zn 的背景明显偏高，各层位中矿化剂元素 Cl 含量较高，有利于成矿物质的迁移富集。此外，成矿亚带表现出强烈的 Mo 元素异常，常构成 Mo、W、Cu、Ag、Pb、Zn、As、Sb 组合异常，其中 W、Cu、Ag、Pb、As、Sb 以较大的异常规模与 Mo 形成同心套合结构，显示较复杂组分的天然富集体。部分异常具有清晰的三级分带和明显的浓集中心，与矿致源积极响应，矿致性质明显，与已知大黑山钼矿及锅盔顶子铜矿空间位置相吻合（沈阳地质调查中心，2015）。

矿产特征：区域内能源、金属、非金属矿产资源丰富，不同资源种类矿产地达 80 余处。其中大中型金属矿产包括：超大型钼矿 1 处（大黑山），大型钼矿 1 处（双杨树），中型钼矿 2 处（后倒木和芹菜沟），中型金矿 1 处（烟筒山镇粗榆）；大中型非金属矿产包括：磐龙玉矿 1 处（小红石砬子），大型硅灰石矿 2 处（长崴子和南错草），大型方解石矿 1 处（样子沟），中型硫铁矿 1 处（头道沟），中型方解石矿 3 处（常山镇、石嘴和明城镇双发）以及中型石墨矿 1 处（磐石市石墨矿），此外还有众多小型矿床及矿点（图 3-3，图 3-4）。

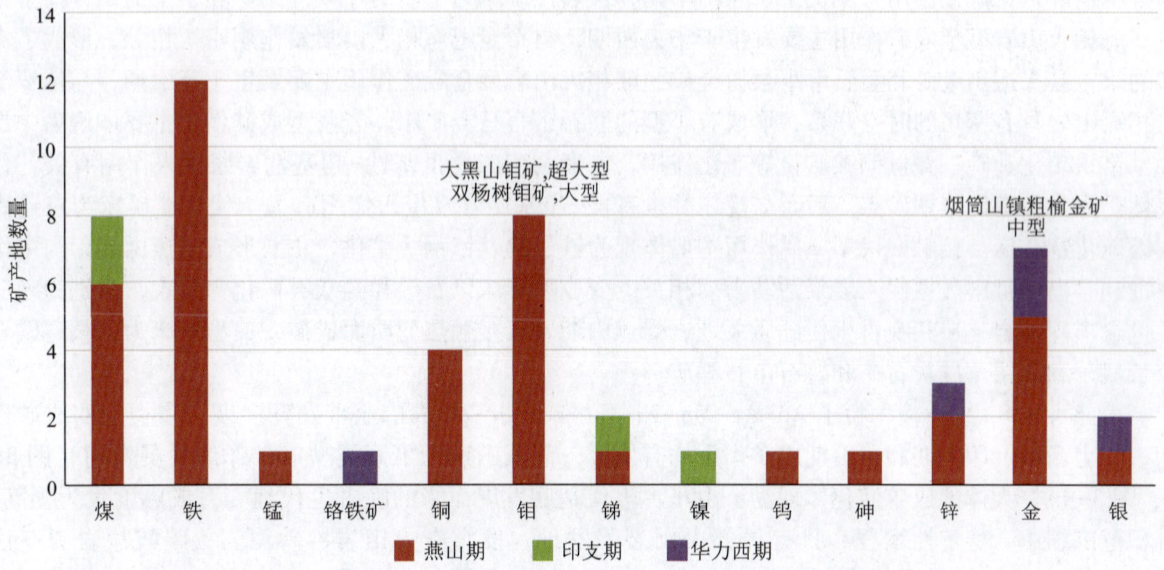

图 3-3　山河-榆木桥子 Au-Ag-Mo-Ni-Cu-Fe-Pb-Zn 成矿亚带主要能源和金属矿产（小型及以上，还有重要矿点）种类、数量及成矿时代分布特征

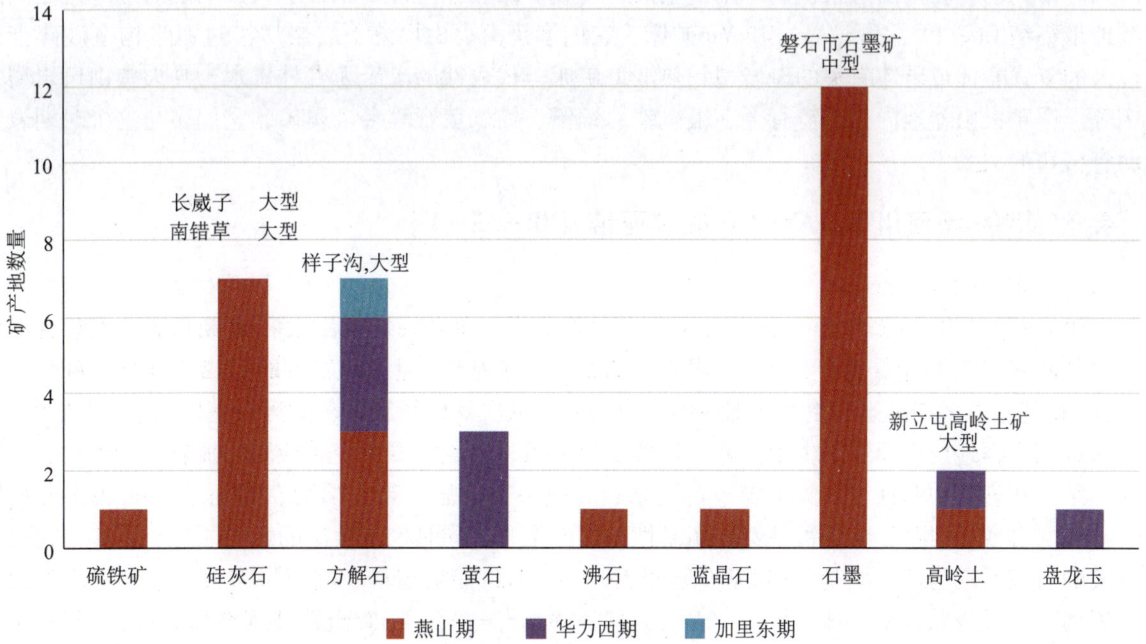

图 3-4　山河-榆木桥子 Au-Ag-Mo-Ni-Cu-Fe-Pb-Zn 成矿亚带主要非金属矿产（小型及以上，还有重要矿点）种类、数量及成矿时代分布特征

（2）成矿作用类型及时代

该成矿亚带成矿作用类型较为丰富，主要包括：斑岩型、岩浆热液型、接触交代型、岩浆型、陆相火山岩型、海相火山岩型、变成型等，这些不同类型的矿床主要形成于燕山期，其次为华力西期和印支期，还有少量方解石矿床形成于加里东期。其中，斑岩型成矿作用主要体现为不同规模的钼矿化，形成了以超大型大黑山钼矿为代表的众多钼矿床，这些钼矿床主要形成于燕山期，与燕山早期中酸性侵入岩具有密切的时空及成因联系，发育典型斑岩型矿床所具有的细脉浸染状钼矿石。岩浆热液型成矿作用主要体现为燕山期不同规模的金、钼、铜、锰和锑矿化作用，其中岩浆热液型金矿化作用以早侏罗世的中型烟筒山镇粗榆金银矿为代表。铜矿化作用中形成了以桦甸市二道林子铜矿床为代表的小型铜矿；钼矿化作用主要发生于燕山早期，代表性矿床为中型的芹菜沟钼矿和小型的四方甸子钼矿。海相火山岩型金成矿作用主要发生于华力西期，与石炭纪海相火山喷发作用密切相关，形成了小型的永吉县头道川金矿和磐石市小梨树金矿。陆相火山岩型金成矿作用主要发生于燕山期，与侏罗纪陆相火山岩具有密切的时空联系，形成有小型的磐石市官马金矿床。岩浆型成矿作用主要体现为中二叠世铬铁矿化和晚三叠世铜镍矿化等矿化作用，前者与中二叠世基性-超基性岩浆侵入作用有关，代表性矿床为头道沟铬铁矿点。后者与晚三叠世基性-超基性岩浆侵入作用有关，代表性矿床为三道岗铜镍硫化物矿床。接触交代型成矿作用主要体现为铁、钨、锌铜等矿化，主要形成于燕山期，与中侏罗世和早白垩世中酸性侵入岩浆活动密切相关。变成型矿床以石墨和硅灰石矿化为代表，分别为晚三叠世含煤碎屑岩建造和晚古生代硅质大理岩受燕山期岩浆接触热变质而成矿，典型矿床为吉林省磐石市长崴子和南错草硅灰石矿和磐石市石墨矿。

由此可见，山河-榆木桥子 Au-Ag-Mo-Ni-Cu-Fe-Pb-Zn 成矿亚带发育多期、多类型的成矿作用，华力西期、印支期和燕山期成矿作用均有发育，而燕山期为不同类型成矿作用的爆发期（图 3-3，图 3-4）。大体的成矿演化体现为：由早古生代基底发展而来的晚古生代地壳，成熟度大为提高，沉积范围缩小，稳定性增强，只有局部火山裂陷盆地，发育有火山岩、砂泥岩、碳酸盐岩“互层带”，赋存了众多海相火山岩型矿床（头道川金矿、石嘴子铜矿）；晚期沿断裂侵入的超基性侵入岩具有铬铁矿化。中生代以来作为滨太平洋活动陆缘的一部分，区域内火山作用很普遍，中-酸性岩浆侵入活动强烈，成熟地壳热作用达到顶峰，是成矿最佳时期，形成一些中酸性火山盆地和中-酸性深成侵入岩带，前者在火山热泉机制作用下生成官马金矿床和驿马锑矿床；于火山坳陷与隆起区之间的过渡地带集结 Cu、Pb、Zn（Ag）和 Mo 矿床，它们多是由火山坳陷下岩浆房沿过渡带构造破碎带多次侵入的复式岩体或脉体有关的斑岩型、热液型矿床，代表性的矿床为吉林省永吉县大黑山斑岩型钼矿床等。产于火山盆地内的矿产有金、银、铜、锌铅、铁、萤石等多金属矿，它们多与这个时期岩浆活动有密切的关系。

4. 红旗岭-漂河川 Ni-Au-Cu 成矿亚带（Ⅲ-55-④）

（1）成矿背景与矿产

红旗岭-漂河川 Ni-Au-Cu 成矿亚带呈北东向条带状分布在辉发河深大断裂带北部，该断裂不仅限制了其两侧沉积建造类型，更控制了岩浆活动，尤其是基性-超基性岩带的形成与分布。目前已发现基性-超基性岩多产出于断裂带北部一侧，自西向东依次发育红旗岭、漂河川基性-超基性岩群。

区域内出露地层主要有下古生界呼兰岩群变质岩系，岩性主要有变质砂岩、板岩、粉砂岩、碳质页岩、结晶灰岩及中基性变质火山岩；石炭系、二叠系英安岩、英安质凝灰角砾岩、凝灰岩夹灰岩等。呼兰岩群变质岩系是含铜镍基性、超基性岩体的围岩，同时也是金矿的赋矿层位。区域与铜镍成矿有关的岩浆活动为印支期基性-超基性岩侵入，主要有红旗岭岩群、漂河川岩群。单个岩体多为脉状、岩墙状、透镜状，呈串珠状排列，岩石类型为辉长岩-辉石岩-橄榄岩型及斜长辉石岩-苏长岩型等。区内还分布有大面积的燕山期黑云母花岗岩及闪长岩、花岗闪长岩，与金矿成矿关系密切。控制基性超基性岩的构造为辉发河深大断裂的次一级断裂，大部分控岩构造呈北西集群、东西成带展布，北西向构造为容岩、容矿构造。红旗岭岩群已发现基性、超基性岩体 47 个，赋存大型铜镍矿床 2 处，尚有近20个基性、超基性岩体未进行系统评价。岩体分布在辉发河深大断裂的次一级构造黑石-烟筒山断裂带内，岩体顺层侵位于下古生界呼兰岩群变质岩中。茶尖岭铜镍矿化区目前已发现基性-超基性岩体15个，在1号、6号、新6号、9号和10号岩体控获镍金属量，对其余岩体，特别是已知盲矿体投入的工作量都很少，勘查评价程度很低。漂河川基性-超基性岩体群其成矿背景、岩体特征及成矿作用与红旗岭岩体群具有可比性，除已经评价的4号、5号、115号岩体外，其余的岩体工作程度都很低。

地球物理特征：成矿亚带布格重力异常以桦甸为界，西南部为重力高异常区，中部、东北部重力低异常区，异常多呈北东及北西走向。东侧北东向线性梯度带及负磁异常带为敦化-密山断陷盆地的反映。西南部重力高异常分布区，红旗岭重力高异常呈等轴状，最高值为$-23.6\times10^{-5}m/s^2$，与奥陶系黄莺屯岩组、早泥盆世橄榄岩关系密切，红旗岭大型铜镍矿床分布在异常南部；中部、东北部重力低异常区，几处局部重力低异常呈条带状及不规则状，面积较大，最低值为$-45.3\times10^{-5}m/s^2$，为华力西期、燕山期酸性岩体的反映，分布有火龙岭小型钼矿床；2处局部重力高异常，呈北东东向蝌蚪状、北东向条带状，规模不大，最高值分别为$-24.2\times10^{-5}m/s^2$，$-26.2\times10^{-5}m/s^2$，为奥陶系黄莺屯岩组、志留系石缝组、中泥盆世辉长岩及隐伏基底的反映，重力高异常边部分布有吉林省桦甸市二道甸子大型金矿床、漂河川小型铜镍矿床和幸福小型锑矿床（沈阳地质调查中心，2013b）。

成矿亚带位于毗邻敦化-密山断裂西侧的狭长区域，正、负异常区沿北东向相间分布。北东端分布有3处局部正异常，其规模及强度接近，强度为219~265 nT，梯度不陡，为印支期含铜镍基性岩体引起。桦甸附近较大区域，在桦甸以西为大面积平稳正磁异常区，强度一般为50 nT，最大为159 nT；桦甸东南为北东走向的负磁异常区，梯度变化略陡，并出现负磁异常中心，最低强度为-271 nT。红旗岭北西侧有一处近北西西走向局部正磁异常，最大值为266 nT，南侧梯度陡，红旗岭硫化铜镍矿床位于该梯度带上（沈阳地质调查中心，2013b）。

地球化学特征：成矿亚带表现为具有局部Au高背景值，与大型二道甸子金矿空间位置吻合；沿北东向敦化-密山断裂带展布铜和镍元素高背景区，高背景值区主要为中新统船底山组、始新统军舰山组和更新统南坪组玄武岩的反映，且与成矿带内的岩浆型铜镍矿的空间产出吻合较好。成矿带Ni、Cu、Cr、Co、Mn、Pb元素组合异常明显，分带清晰，浓集中心明显，面状分布，异常强度高，面积大，浓集中心是铜镍矿分布区（沈阳地质调查中心，2015）。

矿产特征：红旗岭岩区内有大型镍矿1处，中型1处；小型铜矿5处，矿点1处；小型金矿1处，矿点5处；小型铁矿1处，矿点5处。漂河川岩区内有中型镍矿1处，小型镍矿3处，镍矿（化）点5处；大型金矿1处，小型金矿1处，金矿点3处；铌矿点1处，钨矿点1处（图3-5）。

（2）成矿作用类型及时代

红旗岭-漂河川Ni-Au-Cu成矿亚带内成矿作用类型相对单一，以岩浆型铜镍矿化作用为主，形成多处规模较大的与印支期基性-超基性侵入岩体密切相关的铜镍硫化物矿床。比如红旗岭和漂河川铜镍硫化物矿床。此外，该区还发育不同规模的岩浆热液型金矿和锑矿、规模较小的接触交代型钼、铅矿以及沉积变质型铁矿。岩浆热液型金矿床主要形成燕山期，但是燕山早期岩浆热液型金矿化作用较弱，仅形成几处小型的金矿，而燕山晚期形成了二道甸子大型金矿床。接触交代型钼矿和钼铅矿化作用相对较弱，发生于燕山早期，仅形成几处小型的钼矿和钼铅矿。沉积变质型铁矿化作用发生于兴凯期，代表性矿床为小型的吉林省磐石市西半截河铁矿床。喜马拉雅期是该成矿亚带油页岩和煤矿的重要产出时期，代表性矿床为中型的大城子-公郎头油页岩矿。

古生代该区为拉张过渡型地壳，沿古陆边缘附近形成海沟-岛弧带，发育了寒武系—奥陶系碳质云英角页岩与长石角闪石角页岩互层，为金（锑）等成矿元素的初始富集层位。印支期，该区受控于板块碰撞后的岩石圈拆沉作用，强烈的伸展作用导致软流圈地幔和岩石圈地幔物质上涌，大量基性-超基性岩浆沿深大断裂上升到地壳内，经分异后，先后侵入到地壳表层，在红旗岭、漂河川等地形成红旗岭式铜镍硫化物矿床。燕山期不同期次的中酸性侵入岩呈岩基或岩株状侵位，部分岩体携带

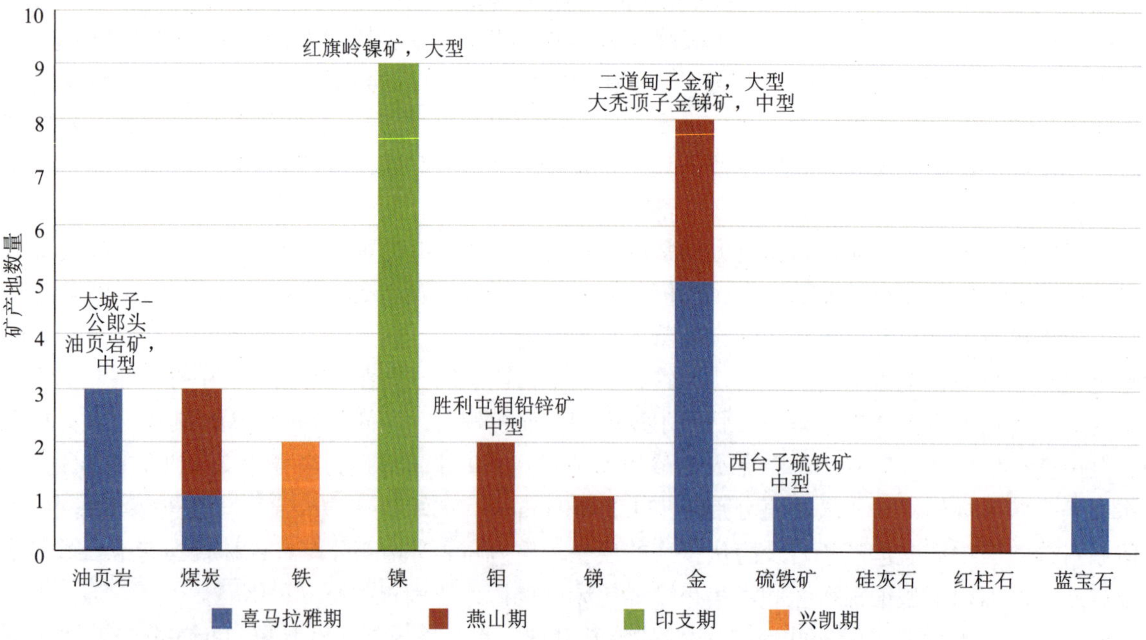

图 3-5　红旗岭-漂河川 Ni-Au-Cu 成矿亚带主要矿产（小型及以上，还有重要矿点）种类、数量及成矿时代分布特征

含矿热液沿之前形成的构造裂隙运移，并萃取围岩地层中的有用元素，在温压及物理化学条件适合的环境形成岩浆热液型金和锑矿床（张文启等，1996）。

5. 海沟-红太平 Au-Fe-Cu-Pb-Zn-Ag-Mo-Ni 成矿亚带（Ⅲ-55-⑤）

（1）成矿背景与矿产

海沟-红太平 Au-Fe-Cu-Pb-Zn-Ag-Mo-Ni 成矿亚带呈北东向带状位于辉发河深大断裂带南侧，同时分布在兴凯地块南缘的延边中生代火山岩带上，以金为主的金铜矿产主要受东西向火山-次火山岩带控制。

区内出露有太古宇老牛沟岩组和新元古界青龙村岩群，后者总体呈北西向带状分布，为绿片岩相-角闪岩相的变质岩系，岩性为变质火山碎屑岩、大理岩及斜长角闪岩，是区内金的主要赋矿层位，近几年在该层位内发现了松江河金矿。中生界—新生界火山岩较发育，上二叠统庙岭组中所夹火山碎屑岩、凝灰岩；上三叠统托盘沟组安山岩、英安岩及中酸性火山碎屑岩；天桥岭组流纹质和英安质火山岩、火山碎屑岩；上侏罗统屯田营组为一套安山岩建造；下白垩统刺猬沟组安山岩、英安岩及火山碎屑岩；金沟岭组玄武岩、玄武安山岩及火山碎屑岩和古近纪—新近纪老爷岭组橄榄玄武岩、气孔状玄武岩等。区内构造主要以断裂构造为主，有北东向、北西向、东西向，每条断裂带又是许多平行似等间距分布的北北东向、北东向断裂组成，在平面、剖面上具有舒缓波状延展特点；与成矿有关的构造为北东向、北西向构造，是主要的控矿和储矿构造；区内不同大地构造单元接合带中发育多条相互平行的韧性剪切带，与金及多金属矿关系比较密切，松江河金矿位于金银别-四岔子复杂构造带中的韧性剪切带内。区内侵入岩发育，具有多期多阶段性，有二叠纪花岗石英闪长岩、二长花岗岩；三叠纪花岗闪长岩、二长花岗岩、碱长花岗岩；早侏罗世石英闪长岩、花岗闪长岩、二长岩、二长花岗岩，中侏罗世二长花岗岩，在区域上构成大致呈近北东向带状展布的花岗岩浆岩带，对内生金属矿产形成十分有利。

地球物理特征：成矿亚带布格重力异常宏观上呈现西部低，南部低，中部高，东北部高的分布特征。西部重力低异常带沿北东向展布，异常低缓，最低强度为$-60.2\times10^{-5}m/s^2$，为敦化-密山断陷盆地的反映。南部重力低异常带位于华北陆块北缘断裂带上，整体上呈北西走向起伏状，宽度较大，梯度缓；异常带内局部重力低异常呈北西、东西走向，多为椭圆状、条带状，最低强度为$-67\times10^{-5}m/s^2$，主要与沿断裂带侵入的加里东早期、华力西晚期及燕山期酸性花岗岩带有关。中部江源-亮兵重力高异常带，北东东向展布，南侧梯度带较陡，北侧较缓。亮兵-春阳重力高异常带，主要由数量较多、规模不大、梯度较陡的北东向、北北东向分布的条带状、椭圆状局部重力高、低异常组成，最高强度为$-24.9\times10^{-5}m/s^2$。在天桥岭西南“人”形局部重力高异常上分布有吉林省汪清县红太平小型多金属矿床（沈阳地质调查中心，2013b）。

成矿亚带位于敦化-密山断裂东侧，从南西到北东，主要表现为“两正夹一负”的磁场特征。大蒲柴河-江源-大石头-亮兵弧形异常带向北凸出，规模较大，外侧梯度陡，内侧梯度缓，由走向近东西的4处较强局部正磁异常组成，异常最大值为413 nT。官地以东宽大负异常区呈北西走向，向两端延出区外，其上分布众多沿北东走向的条带状、线状负磁异常，规模大小及强度不等，形态波动变化，最低强度为-342 nT。成矿亚带东北部为一处规模不大的单斜变化正磁异常区，从春阳-天桥岭一线向西南方向，正磁异常宽度快速变窄，强度明显变低，从288 nT降为60 nT，局部异常以北东走向为主（沈阳地质调查中心，2013b）。

地球化学特征：成矿亚带中南部敦化市-安图县西南地区分布有Mo高背景值区，对应的地质单元主要为侏罗纪—白垩纪二长花岗岩、花岗闪长岩、石英闪长岩等，这些岩体大多与钼成矿密切相关，高背景区与中型的双山钼矿床和刘生店钼矿床的空间关系吻合较好。Au高背景区主要集中分布于海沟-夹皮沟一带和百草沟-汪清一带，在敦化地区零星分布，这些高背景区与成矿带内重要的金矿空间位置吻合。Au空间上与Ag、Cu、Pb、Zn、As、Sb、Hg、W、Bi、Mo等元素套合紧密，构成离心-向心异常组合模式的复杂组分富集区（沈阳地质调查中心，2015）。

矿产特征：成矿亚带内金、钼、铁、汞、锑等金属矿产以及伊利石粘土矿、火山灰、水泥用大理岩等非金属矿产资源丰富，主要包括大型金矿1处，中型金矿1处，小型金矿2处，小型铁矿3处，中型钼矿2处，小型铜钼矿1处，小型铜矿2处以及超大型、大型伊利石粘土矿各1处（图3-6）。

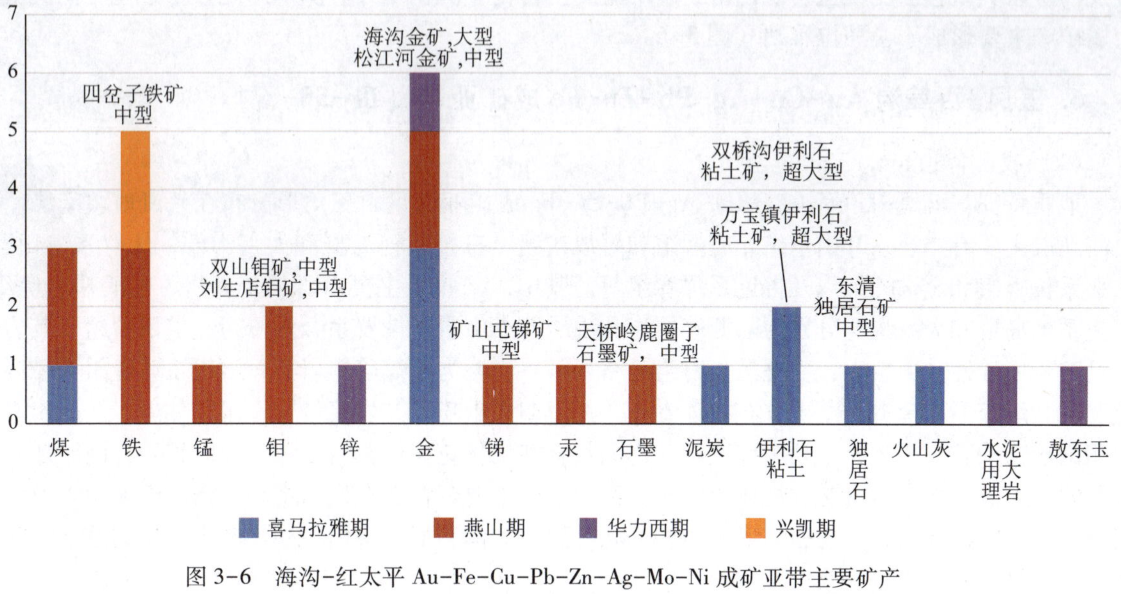

图3-6　海沟-红太平Au-Fe-Cu-Pb-Zn-Ag-Mo-Ni成矿亚带主要矿产（小型及以上，还有重要矿点）种类、数量及成矿时代分布特征

（2）成矿作用类型及时代

海沟-红太平Au-Fe-Cu-Pb-Zn-Ag-Mo-Ni成矿亚带内已知的内生金属成矿作用类型有岩浆热液型、斑岩型、接触交代型、海相火山岩型及沉积变质型。其中，沉积变质型成矿作用主要体现为兴凯期的铁矿化，形成有2处铁矿床，分别为中型的安图县四岔子铁矿床和小型的安图县富尔河铁矿床；

海相火山岩型成矿作用以天桥岭地区的红太平多金属矿床为代表，其层状、似层状的铅锌矿体与华力西晚期的海相火山岩密切相关，而其脉状矿体则为印支期—燕山早期岩浆热液叠加作用的产物；斑岩型成矿作用主要体现为规模较大的钼矿化，主要发生于燕山早期，形成有中型的吉林省安图县双山和刘生店钼矿，与中侏罗世中酸性侵入岩密切相关；岩浆热液型成矿作用主要体现为燕山期的金、汞及锑矿化，其中金矿化作用主要发生在早白垩世，以吉林省安图县海沟金矿为代表；接触交代型成矿作用以燕山早期的铁矿化为主，主要形成于早、中侏罗世，与燕山早期的中酸性侵入体密切相关。

新太古代时期，强烈的火山爆发和变质作用，使带内形成富含 U、Th、Pb、Au、Bi、Ag、As、Sb、C 等成矿物质的海相火山-沉积建造，在中深程度的区域变质作用下，普遍发生绿片岩相-角闪岩相的变质作用，成矿物质在变质热液的参与下活化迁移并重新分配富集，构成了松江河金矿床、海沟金矿床的矿源层。华力西晚期受古亚洲洋俯冲作用影响，地壳活动较为剧烈，伴随地壳下陷，海水入侵，沉积了一套海相碎屑岩，并有海底火山爆发，喷发出大量中性熔岩，形成了海底火山热液喷流，形成了富含铜及多金属（如吉林省汪清县红太平的金属矿床）的矿层或矿源层。印支期后，成矿带转换为滨太平洋活动陆缘的一部分，在大陆内部形成一些具有继承性的断裂带，一些同熔型花岗岩浆并沿具拉张性深大断裂上侵，并携带了大量的矿质和矿化剂（Au、Ag、Sb、Se、S、K^+、Na^+、Cl^-、F^-等）。在上侵过程中的热力、动力和矿化剂的作用下，同时也加热了岩体周围的地下水，变热而环流的地下水浸滤出围岩中大量的金、银等成矿物质而形成富含矿质的热流体。由于在岩浆分异过程中的强烈钾、钠质交代作用和矿化作用，使大量矿质进入含矿热水溶液，并富集到岩浆期后，形成了高盐度的成矿溶液，进入整个成矿构造系统的物质循环当中，并富集于张扭构造裂隙带中，形成含金石英脉群，构成吉林省安图县大型海沟金矿床。在成矿系统中韧脆性构造带是相对开放的环境，随着体系的物理化学条件的改变，矿质沉淀富集成矿，形成吉林省敦化市松江河金矿床。岩浆侵入古生代—中生代一套火山-沉积岩系（矿源层），为成矿提供了矿源及热源和热液，其活化矿源层中的成矿物质，使其迁移于有利构造空间，富集形成工业矿体，形成火山岩型金及多金属矿床。

此外，该成矿亚带还是产出有众多石墨、伊利石粘土矿、火山灰、水泥用大理岩等非金属矿产，涉及的矿床类型包括变成型、风化型、砂矿型、生物化学沉积型等。从矿产地数量这些不同类型的非金属矿产主要形成于喜马拉雅期（图 3-6）。

6. 五凤-百草沟 Au-Cu-Ag-Pb-Zn-Fe 成矿亚带（Ⅲ-55-⑥）

（1）成矿背景与矿产

地质特征：五凤-百草沟 Au-Cu-Ag-Pb-Zn-Fe 成矿亚带呈斜三角形分布在兴凯地块南缘。区域出露地层主要有二叠系开山屯组、庙岭组和解放村组，三叠系柯岛群和大兴沟群，侏罗系屯田营组，白垩系长财组和金沟岭组以及古近系珲春组等。其中，二叠系主要由砾岩、砂岩、碳酸盐岩等组成，三叠系柯岛群和大兴沟群分别为陆源碎屑岩和中酸性火山岩；侏罗系金沟岭组、屯田营组，其岩性主要是陆相中酸性火山岩类；白垩系长财组分布局限，岩性为含煤碎屑岩类；古近系珲春组为带内最为重要的含煤碎屑岩建造，主要分布在珲春市。燕山期火山喷发与岩浆侵入作用相伴生，区内出露有大面积的燕山期花岗岩类，主要为侏罗纪花岗闪长岩和二长花岗以及白垩纪石英闪长岩，同时还发育众多脉岩，尤其是次火山岩脉成群成组分布。区内金矿主要赋存在屯田营组和金沟岭组火山岩及次火山岩脉内，部分矿体与安山玢岩等次火山岩产状一致，矿体明显受火山机构及经火山作用改造的某些次级断裂控制。

地球物理特征：成矿亚带的布格重力异常宏观上呈现东南部高，西北部低的分布特征。东南部石岘-敬信一带，以重力高异常为背景，叠加的局部重力高异常多为短轴状、不规则形状，走向以北东向为主，北西向、东西向数量少，强度高，梯度陡，最高值为$-8.2\times10^{-5}m/s^2$。重力高异常及边部分布有陆相火山岩型刺猬沟中型金矿、闹枝小型金矿及棉田小型接触交代型铅锌矿等矿床。西北部石门-百草沟一带，局部重力高、低异常交错分布，异常多为条带状，走向有北东向、北北东向、北北西向、近东西向，低缓，强度不大，最高值为$-25.2\times10^{-5}m/s^2$，最低值为$-42.7\times10^{-5}m/s^2$。重力高异常为下二叠统庙岭组、满河组引起，重力低异常为加里东期、华力西期及燕山期酸性花岗岩及中生代火山-沉积地层引起。亚带内分布的矿产有吉林省龙井市五星山小型热液型金矿床，五凤山小型热液型金矿床，吉青岭热液型金矿化点（沈阳地质调查中心，2013b）。

成矿亚带在东光镇东侧有一较强磁异常带，总体呈北西走向，梯度较陡，最大强度为516 nT。三道湾-石岘一带，正、负线性磁异常带，呈北东走向，沿北西向相间排列，由北西到南东，异常变化幅度逐渐减弱。石岘-珲春一带，为低缓正磁异常区，异常值一般为0~100 nT。珲春西侧椭圆状负磁异常，最低强度为-133 nT，对应珲春新生代沉积盆地。珲春东侧块状局部正磁异常，最大强度为226 nT。异常与下二叠统满河组火山岩、下侏罗统屯田营组火山岩及晚二叠世花岗闪长岩引起（沈阳地质调查中心，2013b）。

地球化学特征：成矿亚带表现为Au、Cu等元素高背景值区，且Au异常明显，常与Cu、Pb、Zn、Ag、As、Sb、Hg、W、Sn、Bi、Mo等元素紧密套合，异常分带清晰，浓集中心明显，异常强度高，异常面积大（沈阳地质调查中心，2015）。

矿产特征：亚带内赋存有Au、Ag、Zn、Mo、Cu、煤、硅灰石等矿产，已知内生金属矿床有五凤-五星山、刺猬沟、闹枝等多处小型金矿床及众多的金、铜、铅锌等矿点及矿化点，还有一系列中小型煤矿，如英安煤矿床、板石煤矿床等（图3-7）。

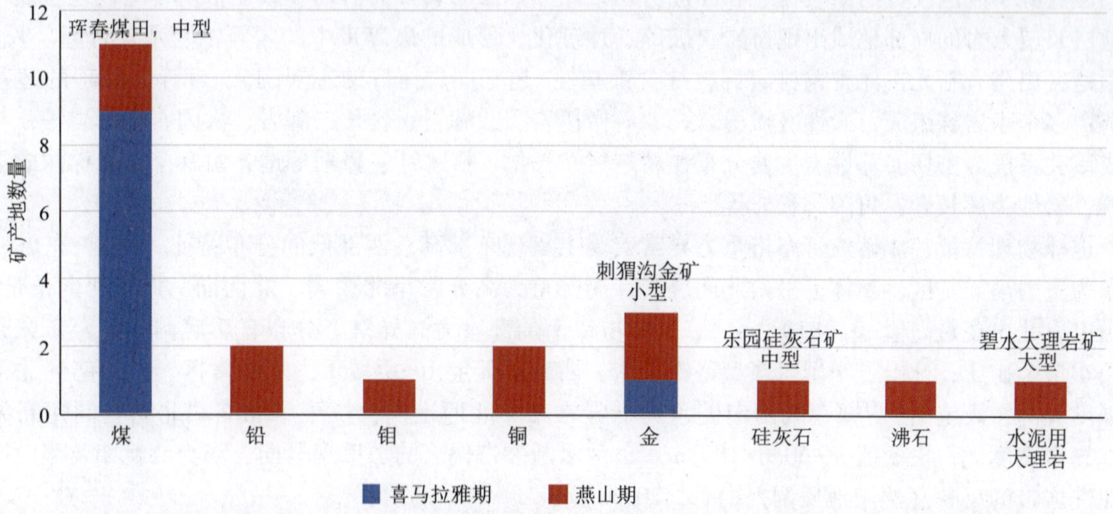

图3-7　五凤-百草沟Au-Cu-Ag-Pb-Zn-Fe成矿亚带主要矿产（小型及以上，还有重要矿点）种类、数量及成矿时代分布特征

（2）成矿作用类型及时代

该成矿亚带内生金属成矿作用以陆相火山岩型为主，岩浆热液型次之，此外还有小规模的接触交代型、岩浆型和斑岩型成矿作用。其中，陆相火山岩型成矿作用主要体现为金银矿化，集中分布在汪清中生代陆相火山岩盆地内，与次火山岩的侵位密切相关，形成于燕山中晚期，代表性矿床为小型的刺猬沟金矿和闹枝金矿；岩浆热液型成矿作用主要为燕山期小规模的金、银、铜、汞等矿化，与燕山期强烈的中酸性侵入岩浆活动密切相关，其中岩浆热液型金银矿化作用主要存在早侏罗世和早白垩世两期成矿，而岩浆热液型铜矿化作用主要发生于早侏罗世；接触交代型成矿作用主要表现为小规模的铅锌、铜等的矿化，主要形成于燕山期早侏罗世与早白垩世；岩浆型成矿作用以吉林省安图县宣羊砬子钛磁铁矿点为代表，与晚三叠世基性-超基性侵入岩密切相关；此外，还发育斑岩型钼矿化，仅发现1处钼矿化点（汪清县新田钼矿点），推测为早白垩世构造岩浆活动的产物。生物化学沉积型也是五凤-百草沟Au-Cu-Ag-Pb-Zn-Fe成矿亚带的重要矿床类型，集中分布在珲春煤田，代表性矿床为英安煤矿床。

7. 天宝山-开山屯 Pb-Zn-Au-Ag-Ni-Mo-Cu-Fe 成矿亚带（Ⅲ-55-⑦）

（1）成矿背景与矿产

天宝山-开山屯 Pb-Zn-Au-Ag-Ni-Mo-Cu-Fe 成矿亚带处于晚古生代庙岭-开山屯裂陷盆地的南段。亚带内出露的火山岩建造有晚三叠世托盘沟期火山岩、晚侏罗世屯田营期火山岩、早白垩世金沟岭期火山岩。沉积-变质岩建造有新元古界长仁大理岩，新元古界万宝岩组变质细砂岩与变质粉砂岩互层夹大理岩透镜体、青灰色红柱石二长片岩，上石炭统天宝山组结晶灰岩、砂屑灰岩，下白垩统大砬子组砾岩、砂岩。侵入岩比较发育，主要包括二叠纪花岗闪长岩、二长花岗岩，晚三叠世闪长花岗岩、石英闪长岩、石英二长花岗岩、二长花岗岩，早侏罗世花岗闪长岩、二长花岗岩、花岗斑岩、碱长花岗岩，早白垩世石英闪长玢岩。不同期次的侵入岩与亚带内不同类型的内生金属成矿作用具有密切的时空及成因联系。区域重要的控矿断裂为 2 条北西向断裂和 2 条东西向断裂，北西向断裂与东西向断裂的交汇部位是成矿的有利部位，比如天宝山铅锌矿立山坑就位于北西向与东西向的交汇处。后底洞地区处于和龙地块与兴凯地块之间的复合部位，金矿体产于中二叠统庙岭组砂岩、粉砂岩中，另一部分金矿体产于上三叠统柯岛群滩前组砂岩、粉砂岩中，还有一部分金矿体产于下白垩统金沟岭组中性火山岩和火山碎屑岩中。上述赋含金的岩石具有一个共同的特性，就是均具有一定程度的蚀变作用，蚀变源于区内发育的断裂构造和韧性剪切带。图们江断裂带的活动导致亚带内古生代地层及中生代地层及侵入岩的局部地段出现挤压、破碎、片理化，形成的破碎带中的岩石蚀变现象普遍。长仁-獐项地区出露有新元古界青龙村岩群，是含镍基性-超基性岩体群的主要围岩。长仁-獐项的超基性岩群由多个小岩株组成，岩性有橄榄岩、二辉橄榄岩、二辉岩、含长二辉岩、次闪石化辉岩等，与铜镍成矿关系极为密切。基性岩主要分布在新东村、长仁、柳水坪、獐项等地，由 9 个小岩株构成基性岩群，岩性为辉长岩、角闪辉长岩等。

地球物理特征：成矿亚带布格重力异常宏观上呈现东部高，西部低的分布特征。延吉-东城一线以东为重力高异常区，整体上呈南北向展布，局部重力高异常呈北东向、北西向、近东西向条带状，开山屯以北出现最高值$-9.7\times10^{-5}m/s^2$，开山屯以南局部重力高异常上分布有后底洞小型金矿床，金谷山小型金矿床，开山屯小型岩浆型铬铁矿床。西南部天宝山-西城重力低异常区，由西南到北东方向强度升高，天宝山-西城一线西南侧重力低异常带，北西走向，位于华北陆块北缘古洞河断裂带上，异常宽度大，最低值为$-60.6\times10^{-5}m/s^2$，为沿断裂带侵入的加里东早期、华力西晚期及燕山期酸性花岗岩带的反映（沈阳地质调查中心，2013b）。

成矿亚带为大面积低缓正磁场区，仅在三合镇以西出现稍具规模的负磁异常区，异常以北东走向为主，北西和东西走向较少，异常强度一般为 250～400 nT。在天宝山、铜佛镇-太阳镇、龙水镇-延吉分别有北东东向、北东向线性低磁异常带通过，为北东东向、北东向线性构造的反映（沈阳地质调查中心，2013b）。

地球化学特征：成矿亚带内 Mo、Au、Ni 等元素高背景区在珲春、和龙地区零星分布，与东风北山钼矿、长仁镍矿等已知矿床的空间位置较为吻合。

矿产特征：成矿亚带内金、铅锌、铜镍、钼、银等金属矿产以及硅灰石、冰洲石等非金属矿产资源丰富，主要包括中型铅锌矿 2 处，中型镍矿 1 处，超大型硅灰石矿 1 处，冰洲石矿 1 处，此外还有众多小型矿床、矿点及矿化点（图 3-8）。

（2）成矿作用类型及时代

该成矿亚带内生金属成矿作用类型丰富，主要包括：陆相火山岩型、海相火山岩型、接触交代型、隐爆角砾岩型、岩浆热液型、岩浆型、斑岩型、受变质型、变成型等。其中，陆相火山岩型成矿作用主要体现为金、银的矿化，成矿作用时代上跨度较大，分为两期成矿——印支期和燕山晚期，印支期陆相火山岩型金矿主要分布在开山屯地区，代表性矿床为小型的寺洞沟和金谷山-后底洞金矿；燕山期陆相火山岩型金矿以石井金银矿为代表，与早白垩世陆相火山喷发作用密切相关。海相火山岩型成矿作用主要体现为铅锌、铜等的矿化，以天宝山矿集区内的东风南山锌多金属矿为代表，形成于

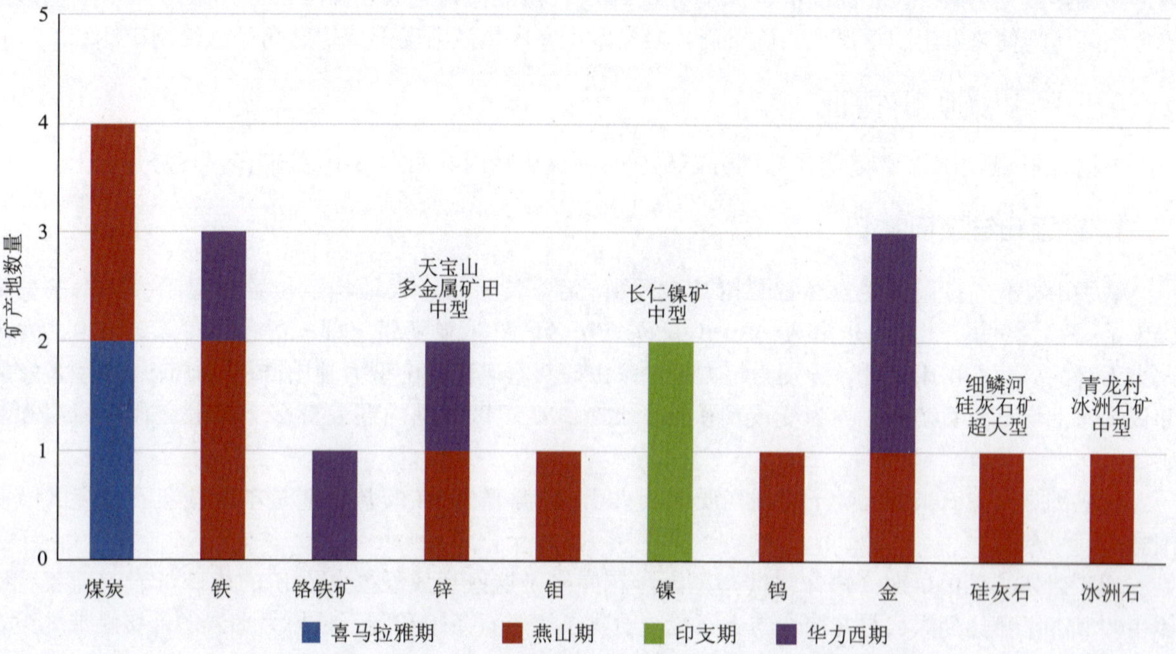

图 3-8 天宝山-开山屯 Pb-Zn-Au-Ag-Ni-Mo-Cu-Fe 成矿亚带主要矿产（小型及以上，还有重要矿点）种类、数量及成矿时代分布特征

华力西期。隐爆角砾岩型成矿作用亦主要产出在天宝山矿集区内，以新兴铅锌多金属矿为代表，与华力西晚期强烈的构造岩浆活动有关，形成时代为晚二叠世。接触交代型成矿作用主要体现为铅锌、铁、铜、白钨矿等的矿化，大体可分为华力西期和燕山早期两期成矿，其中华力西期以天宝山矿集区内立山铅锌矿床为代表，与晚古生代闪长质岩浆侵位有关；而燕山早期的接触交代型矿化作用规模较小，多形成小型的铁、铜矿床或矿化点，与燕山早期中酸性侵入岩密切相关。斑岩型成矿作用以钼矿为主，代表性矿床为天宝山矿集区内东风北山钼矿，形成于燕山早期早侏罗世。岩浆型成矿作用主要体现为华力西末期的铬铁矿化和印支期的铜镍矿化，前者以小型的开山屯铬铁矿床为代表，后者以中型的长仁镍矿床和小型的柳水坪镍矿床为代表，均属于岩浆晚期熔离-贯入型铜镍矿床，与印支期超基性岩密切相关。变成型矿床以超大型的细鳞河硅灰石矿为代表，受燕山早期侵入岩与青龙村岩群硅质条带大理岩控制。此外，还发育加里东期受变质型铁矿（寒武纪江域铁矿）和少量小规模的岩浆热液型金矿（石建坪金矿化点）。由此可见，该成矿亚带内生金属矿产主要集中于吉林省龙井市天宝山矿集区、开山屯地区以及和龙市龙门乡，成矿作用则以华力西晚期、印支期和燕山期为主。

加里东晚期—印支期，褶皱区回返隆起，古断裂及次级断裂构造活动加剧，上地幔初始岩浆沿古洞河深大断裂上侵，并集聚形成地下岩浆房。在地壳相对稳定时期，岩浆房内超镁铁质熔浆开始分异或熔离，铜镍元素局部集中，在多期次级继承性构造活动作用下，发生了物质成分不同的多期侵入体或复合侵入体。经过一定分异的贫硫化物熔浆一次侵位后，由于外界条件的改变，使熔浆自身发生分层熔离，即就地重结晶作用，并在重力作用下，形成底部、中部矿体；当贫硫化物熔浆一次侵位结束后，由于深部岩浆房的分异作用的继续进行，在岩浆房至岩体底部生成了晚期富硫残余熔浆沿构造裂隙贯入，形成晚期熔离贯入式矿床。

华力西晚期，该区沉积了一套火山碎屑岩-碳酸盐岩建造，形成了富含金及多金属元素的矿层或矿源层，并且部分含矿层及其围岩碳酸盐组分较高，有利于热液的交代作用；华力西期、印支期、燕山期中酸性花岗岩浆上侵到石炭纪—二叠纪地层，在接触带形成矽卡岩型多金属矿体。燕山期中酸性岩浆上侵，携带来大量的成矿物质，随着岩浆演化成矿组分逐渐在热液中富集，在区域应力场作用下，迁就、追踪原张裂隙，形成以张扭为主，伴压扭、扭性的缓倾斜裂隙群，在各方向的构造空间内，形成热液充填型矿体。深部富含挥发分及 H_2O 气热液流体上升富集于靠近地表处，由于上覆盖层急剧降压，使之发生隐爆形成角砾岩筒，后又发生多次热液活动形成爆破角砾岩筒型矿体。

（三）Ⅴ级矿田特征

根据吉中-延边成矿带各类矿床的分布特征，在成矿带内共圈定出10处矿田。现分述如下：

1. 铁汞山硅灰石矿田（Ⅴ-1）

铁汞山硅灰石矿田位于吉林省梨树县大顶山-孟家岭一带，大地构造位置分属于大黑山条垒带（MCⅠ-3_1），隶属于山门-乐山 Ag-Au-Cu-Fe-Pb-Zn-Ni 成矿亚带（Ⅲ-55-①）。该矿田内共发现大小不等的硅灰石矿床4处，分别为超大型铁汞山硅灰石矿床，中型大顶山硅灰石矿床，小型孟家岭和钱马家油坊硅灰石矿床，均为变成型矿床。此外，矿田区范围内还发育多个接触交代型的铁和钨矿床。

赋矿围岩：上石炭统石嘴子组浅变质海相火山-陆源碎屑-碳酸盐建造是本区硅灰石矿床的赋矿围岩。

成矿岩体：燕山早期（中侏罗世）黑云母花岗岩是这些变成型硅灰石矿的成矿母岩，硅灰石矿体主要赋存于燕山期黑云母花岗岩与上石炭统石嘴子组燧石条带和燧石结核大理岩的外接触带之距岩体0~350 m的范围内，尤其是距岩体200 m左右的外接触带是成矿的主要部位。

控矿构造：北西向为主的区域性构造通过控制燕山期孟家岭黑云母花岗岩体的侵位空间，进而控制着硅灰石矿带的总体分布。同时经长期多次构造变动，多组断裂和裂隙同时发育，利于岩浆侵入分割穿插和烘烤地层。派生构造和次生裂隙又有利于热液活动及硅灰石成矿时所产生的 CO_2 的逸出，从而造成高温低压半开放的有利构造环境控制成矿。

矿床特征：硅灰石矿体赋存于上石炭统石嘴子组上段含矿层中，受北西向区域性断裂构造以及次级的断裂和裂隙控制，矿体主要呈规模不等的似层状或透镜状产出。按其矿物组合特征划分为硅灰石型、透辉石-硅灰石型、方解石-硅灰石型以及石英-硅灰石型4种矿石类型，具有纤柱状变晶结构、纤维粒状变晶结构、纤维状变晶结构、包含变晶结构、交代残留结构、风化残留结构等矿石结构，以块状或团块状构造为主。围岩蚀变类型较简单，主要表现为各种类型的矽卡岩化，与硅灰石矿化密切相关。

2. 盈隆金、铅锌矿田（Ⅴ-2）

盈隆金、铅锌矿田位于吉林省辽源市东辽县大顶山-孟家岭一带，大地构造位置属于放牛沟-下二台-呼兰镇早古生代弧盆系（Ⅲ-A_1^1）、张广才-哈达岭火山-沉积隆盆带（MCⅠ-3_3），隶属于那丹伯-—座营 Au-Mo-Ag-Pb-Zn-Cu-Ni 成矿亚带（Ⅲ-55-②）。矿田范围内发现中型金矿1处（盈隆金矿床），小型金矿1处（弯月东山金矿），小型铅锌矿1处（弯月铅锌矿床），锰矿点1处（椅山弯月五队锰矿点），以岩浆热液型矿床为主，还有海相火山岩型。

赋矿围岩：这些金、铅锌矿床主要赋存于志留系椅山组和石缝组，其中盈隆金矿赋存于志留系椅山组，弯月东山金矿赋存于志留系石缝组。这两组地层主要为中酸性火山-火山碎屑岩建造和碎屑岩-碳酸盐岩建造，具有富集 Au、Ag、Pb/Zn、Cu 等成矿元素的特征。

成矿岩体：主要与燕山晚期（早白垩世）中酸性侵入岩有关。

控矿构造：受北西向压扭性断裂及派生裂隙等构造控制，其中弯月东山金矿主要矿脉绝大部分赋存在弯月东山压扭性断裂上盘60~70 m地段内的平行断裂中。

矿床特征：金矿体主要呈含金石英脉状产出于志留系变质火山岩和沉积岩系内，矿体产状严格受地层控制，与围岩地层产状基本一致（弯月东山金矿）。矿石矿物主要为磁铁矿、赤铁矿、褐铁矿、黄铁矿、磁黄铁矿、黄铜矿、方铅矿、自然金等；脉石矿物主要为石英、绢云母、绿泥石等。矿石结构主要包括自形-半自形结晶结构、交代溶蚀结构、交代残余结构、固溶体分离结构等；矿石构造以细网脉状、脉状构造为主，还有团块状、浸染状、角砾状构造等。围岩蚀变较为发育，硅化、绢云母化、碳酸盐化、绿泥石化等，其中硅化、绢云母化、黄铁矿化3种蚀变与金矿化关系最为密切。铅锌矿呈似层状、扁豆状、脉状产出于志留系石缝组和椅山组变质岩系内。

3. 大黑山钼矿田（Ⅴ-3）

大黑山钼矿田位于吉林省永吉县大黑山镇-桦甸市，大地构造位置属于吉林市-汪清古生代弧盆系（I-8_2^4）和张广才-哈达岭火山-沉积隆盆带（MCⅠ-3_3），隶属于山河-榆木桥子Au-Ag-Mo-Ni-Cu-Fe-Pb-Zn成矿亚带（Ⅲ-55-③）。矿田范围内发现有超大型大黑山钼矿、大型双杨树钼矿、中型芹菜沟钼矿、小型乱木桥沟钼矿、四方甸子钼矿和东沟钼矿6处钼矿床，矿床类型包括岩浆热液型和斑岩型。

赋矿围岩：斑岩型钼矿床的含矿岩体主要产出于志留系头道沟岩组变质火山岩和变质碎屑岩内；岩浆热液型钼矿床的赋矿围岩主要为二叠系范家屯组。

成矿岩体：两种类型的钼矿化的成矿岩体为燕山早期中酸性侵入岩，具体岩石类型包括早、中侏罗世的花岗闪长岩、花岗闪长质斑岩、花岗斑岩体。

控矿构造：不同类型钼矿床及相关的成矿岩体主要产出在不同方向断裂构造的交汇部位，如大黑山钼矿位于东西向断裂与北东向断裂相交部位。

矿床特征：以大黑山为代表的斑岩型钼矿的矿体主要呈石英网脉状、脉状赋存于中侏罗世花岗闪长岩、花岗闪长斑岩、二长花岗岩体内。矿石结构主要有叶片状结构、鳞片状结构、他形粒状结构等。矿石构造主要为稀疏浸染状构造、细脉浸染状构造、局部见细脉状构造。金属矿物主要为辉钼矿、黄铁矿，其次为闪锌矿、黄铜矿等；非金属矿物主要有石英、长石、黑云母，少量的锆石和磷灰石。围岩蚀变有钾化、硅化、绢云母化、高岭土化、绿泥石化、绿帘石化、碳酸盐化等。蚀变分带较明显，主要可划分为石英-钾长石化带、石英网脉带、石英-绢云母化带、黄铁绢英岩化带和青磐岩化带。

以四方甸子为代表的岩浆热液型钼矿的矿体主要呈脉状产出在中侏罗世花岗闪长岩、二长花岗岩体内，受门头砬子-东沟断裂控制作用明显。矿体走向北北东，倾向西。矿石矿物以辉钼矿和黄铁矿为主，还有少量白铁矿和褐铁矿，多具粒状结晶结构，呈浸染状、团块状和脉状构造。围岩蚀变主要有硅化、钾化、绢云母化、高岭土化等，钼矿化主要与硅化关系紧密。

4. 长崴子-后倒木硅灰石、钼矿田（Ⅴ-4）

长崴子-后倒木硅灰石、钼矿田位于吉林省磐石市长崴子镇，大地构造位置位于石嘴子-山秀岭-开原晚古生代弧盆系（Ⅲ-A_1^2）以及张广才-哈达岭火山-沉积隆盆带（MCⅠ-3_3），隶属于山河-榆木桥子Au-Ag-Mo-Ni-Cu-Fe-Pb-Zn成矿亚带（Ⅲ-55-③）。矿田范围内共发现大型长崴子，小型长崴子乡吗哈啦、长崴子片石流和长崴子三泉西等4处硅灰石矿床，以及1处中型的后倒木钼矿床。硅灰石矿床均为变成型，钼矿床为岩浆热液型。

赋矿围岩：硅灰石矿床主要赋存于石炭系—二叠系磨盘山组和石嘴子组内。这两套地层主要为一套富硅质灰岩。

成矿岩体：这些硅灰石矿床和钼矿床均与燕山早期的中酸性侵入岩体有关，其中硅灰石矿床的成矿岩体为中侏罗世钾长花岗岩，后倒木钼矿床的成矿岩体为中侏罗世红石砬子黑云母花岗岩、花岗闪长岩和闪长岩。

控矿构造：硅灰石矿体主要受长期活动的北西向压扭性断裂控制；而岩浆热液型钼矿体展布受次级北东向和北西向断裂构造控制。

矿床特征：硅灰石矿体均赋存于磨盘山组或石嘴子组内，属于距中侏罗世钾长花岗岩体不超过200 m的外接触带内，且多在浅部产出，埋藏深度一般不超过200 m。矿体多呈层状，似层状或透镜状，分支复合现象多见。按矿石的结构构造分为致密块状硅灰石矿、条带状硅灰石矿、团块状硅灰石矿、纤维柱状硅灰石矿。矿石矿物以硅灰石、石英、方解石、透辉石为主，有少量至微量的葡萄石、磁铁矿、黄铁矿、磁黄铁矿、黄铜矿。矿石结构主要包括柱状变晶结构、纤维状变晶结构、柱粒状变晶结构、放射状变晶结构、不等粒变晶结构以及包含变晶结构。矿石构造包括致密块状构造、条带状构造、团块状构造。主要发育矽卡岩化、钾化、绿帘石化、碳酸盐化等围岩蚀变。

钼矿体主要呈石英细脉或石英网脉状赋存在燕山期红石砬子岩体内。吉昌-土顶子断裂带和后柳河子-老地局断裂的次级北东向和北西向断裂构造控制着钼矿体的空间产出。矿石主要包括蚀变岩型、石英脉型、构造角砾岩型等类型。矿石矿物主要包括黄铁矿、黄铜矿、赤铁矿、褐铁矿（化）、辉钼矿等，其次为钛铁矿、菱铁矿、磁黄铁矿等。矿石结构以自形-半自形粒状结晶结构和交代结构为主，矿石构造以细脉状和稀疏浸染状为主，局部呈现为稠密浸染状、网脉状、斑点状、团块状及块状构造。围岩蚀变主要有硅化、钾长石化、绿帘石化、高岭土化、绢云母化、云英岩化，其中硅化和钾长石化与钼矿化密切相关。

5. 二道甸子金矿田（V-5）

二道甸子金矿田位于吉林省桦甸市二道甸子镇，大地构造位置位于吉林市-汪清古生代弧盆系（I-8_2^4）以及张广才-哈达岭火山-沉积隆盆带（MCⅠ-3_3），隶属于红旗岭-漂河川 Ni-Au-Cu 成矿亚带（Ⅲ-55-④）。矿田范围内发现有二道甸子大型金矿床、大秃顶子中型金锑矿床，此外还有小型的漂河川镍矿床。2 处金矿均为岩浆热液型，镍矿为岩浆熔离型。

赋矿围岩：二道甸子金矿床主要赋存于下古生界漂河川组变质火山-碎屑岩建造；大秃顶子金锑矿床赋存于中二叠统暖木条子组变质碎屑岩-碳酸盐岩建造。

成矿岩体：两处金矿床的形成均与燕山期中酸性侵入岩有关，其中，二道甸子金矿床的成矿岩体为早白垩世闪长岩，大秃顶子金锑矿床的成矿岩体为早侏罗世花岗闪长岩。

控矿构造：北西斜冲断层是矿田的主要导矿构造，控制了主矿带中的石英脉带展布。此外，漂河-二道甸子主背斜也是矿田区成矿的重要构造条件。

矿床特征：金矿体主要呈含金硫化物石英脉产出于古生界变质岩和燕山期中酸性侵入岩体内，受北西向、北北东、北东向等不同方向的断裂构造及漂河-二道甸子主背斜的滑脱构造控制。矿石类型以石英脉型为主，还有蚀变岩型。矿石矿物包括自然金、银金矿、铜金银矿、辉锑矿、黄铁矿、方铅矿、黄铜矿、闪锌矿、自然锑、自然铋等。矿石结构主要包括粒状结晶、包含、固溶体分离、交代溶蚀结构；矿石构造为浸染状、脉状-细脉状构造。围岩蚀变有硅化、绢云母化、黄铁矿化和绿泥石化。

6. 红旗岭镍矿田（V-6）

红旗岭镍矿田位于吉林省桦甸市红旗岭镇，大地构造位置位于放牛沟-下二台-呼兰镇早古生代弧盆系（Ⅲ-A_1^1）以及张广才-哈达岭火山-沉积隆盆带（MCⅠ-3_3），隶属于红旗岭-漂河川 Ni-Au-Cu 成矿亚带（Ⅲ-55-④）。矿田范围内有大型红旗岭镍矿床，小型茶尖岭 1、6、9、10 号岩体镍矿床，均为岩浆熔离-贯入型镍矿。

赋矿围岩：矿田内含镍基性-超基性岩体的直接赋矿围岩为下古生界呼兰岩群（红旗岭镍矿）和下二叠统寿山沟组（茶尖岭镍矿）。

成矿岩体：红旗岭镍矿床的成矿岩体为辉长岩、含长辉橄岩、橄榄岩、橄榄辉石岩；茶尖岭镍矿的成矿岩体为辉石橄榄岩、橄榄辉岩和角闪辉岩，为华力西末期—印支期幔源岩浆活动的产物。

控矿构造：傅家-偏脸子断裂、小岭屯-赵家屯断裂等构成的北西向断裂带控制了矿田区含镍基性-超基性岩体和矿体的空间产出。

矿床特征：镍矿体主要呈似层状、上悬透镜状、脉状以及纯硫化物矿脉 4 种类型产出于印支期基性-超基性岩体内。不同类型矿体的特征略有不同，其中似层状矿体赋存在岩体底部橄榄辉岩相，由海绵晶铁状、斑点状和少量浸染状矿石组成；上悬透镜状矿体主要赋存于橄榄岩相的中、上部，呈透镜状或薄层状，主要由细粒浸染状矿石组成。脉状矿体空间上并不稳定，具有稀疏斑点状和浸染状矿石构造。纯硫化物矿脉多见于似层状矿体的原生节理中，呈脉状或扁豆状。矿石矿物主要包括磁黄铁矿、镍黄铁矿、黄铜矿、紫硫镍矿和黄铁矿，其次是砷镍矿、红砷镍矿、磁铁矿、方铅矿、墨铜矿、砷镍矿、辉钼矿和钛铁矿等。矿石结构主要为半自形-他形晶粒状结构、焰状结构、环边状结构等，此外也发育有填隙结构、蠕虫状结构。矿石构造主要有浸染状构造、斑点状构造、海绵陨铁状构造和块状构造等，其次是团块状构造、细脉浸染状构造、角砾状构造等。围岩蚀变主要有滑石化、黑云母化、皂石化、蛇纹石化、绢云母化等，与矿化关系密切（董耀松等，2004）。

7. 海沟金矿田（Ⅴ-7）

海沟金矿田位于吉林省安图县两江乡，大地构造位置位于西保安-青龙村新元古代残留构造岩片（Ⅲ-A_1^3）以及太平岭-老岭火山-沉积隆盆带（MCⅠ-3_5），隶属于海沟-红太平 Au-Fe-Cu-Pb-Zn-Ag-Mo-Ni 成矿亚带。矿田范围内发现有大型海沟金矿床和中型松江河金矿床，均属于岩浆热液型金矿。

赋矿围岩：矿田内金矿的赋矿围岩为新元古界新东村岩组变质火山-沉积岩系，可作为本区金矿的矿源层。

成矿岩体：2 处金矿床均与燕山晚期中酸性侵入岩密切相关，其中海沟金矿的成矿岩体为早白垩世二长花岗岩和花岗闪长岩，松江河金矿的成矿岩体为中侏罗世黑云母斜长花岗岩、钾长花岗岩。

控矿构造：古洞河超岩石圈断裂与北东向深断裂交汇处控制着成矿岩体的侵入，压扭性北东向断裂、裂隙带、羽状断裂以及与岩体周边内外接触带是控制着矿体的空间产出。

矿床特征：金矿体主要呈脉状、扁豆状、不规则透镜状产出于新元古界新东村岩组变质火山-沉积岩系和侏罗纪二长花岗岩体内。矿石类型包括石英脉型和蚀变岩型两种。矿石矿物组合主要为自然金、方铅矿、黄铜矿，次为闪锌矿、磁黄铁矿、磁铁矿、白铁矿、铜蓝、蓝辉铜矿、黝铜矿、沥青铀矿、晶质铀矿、碲金矿、斜方碲金矿、碲铅矿等。脉石矿物主要为石英、方解石，还有少量绢云母、绿泥石等。矿石结构为结晶结构（自形晶粒状结构、他形晶粒状结构、滴状结构、填隙结构）、出溶结构（乳浊状结构、骨晶结构）、交代结构（侵蚀结构、交代残余结构）、动力结构（揉皱结构、压碎结构）等。矿石构造为细脉状、网脉状及稀疏浸染状构造等。不同成矿阶段的围岩蚀变类型变化较大，成矿前发育面型的硅化、钾长石化，还有电气石化、绿帘石化、绢云母化、绿泥石化等蚀变；成矿期以线型的硅化、绢云母化、绿泥石化、黄铁矿化为主，成矿后则为无矿的绿泥石化和碳酸盐化。

8. 珲春煤田（Ⅴ-8）

珲春煤田位于吉林省珲春市，大地构造位置位于珲春盆地（MCⅠ-3_5^6），隶属于五凤-百草沟 Au-Cu-Ag-Pb-Zn-Fe 成矿亚带（Ⅲ-55-⑥）。矿田内发现有大型英安煤矿、城西煤矿、八连城煤矿、板石一矿、五家子井田和骆驼河子井田，中型板石东部井田和小型三道岭煤矿，属于中型煤田，矿床类型为生物化学沉积型。

赋矿围岩：含煤地层为新生界古近系珲春组，为河湖相碎屑岩建造。

控矿构造：宽缓稍有起伏的向斜构造。

煤层特征：含煤层系为古近系珲春组，岩性变化规律为垂向上由下向上粒度逐渐变细，颜色逐渐变浅；横向上由西向东粒度逐渐变粗，煤层厚度逐渐变薄，煤层灰分逐渐增高（一般为 40%~50%），甚至相变为碳质泥岩。珲春组含煤 33~70 余层，总厚度约 25 m；可采煤层 10~15 层，总厚度约 12 m。煤层产状与地层相同，煤层倾角一般为 5°~8°，最大倾角 12°。煤层属特低硫、中磷、中高灰、中发热量、高挥发分长焰煤。

9. 天宝山多金属矿田（Ⅴ-9）

天宝山多金属矿田位于吉林省延吉市老头沟镇，大地构造位置位于石嘴子-山秀岭-开原晚古生代弧盆系（Ⅲ-A_1^2），隶属于天宝山-开山屯 Pb-Zn-Au-Ag-Ni-Mo-Cu-Fe 成矿亚带（Ⅲ-55-⑦）。矿田内发现小型东风铅锌矿（北山和南山）、立山铅锌矿、新兴铅锌矿，以及小型东风北山钼矿，岩石类型则包括海相火山岩型、斑岩型、接触交代型等。

赋矿围岩：矿田的赋矿围岩主要为华力西晚期碳酸盐岩-火山岩建造，具体包括：天宝山群（山秀岭组?）和庙岭组。其中天宝山群（山秀岭组?）为一套燧石条带结晶灰岩、砂板岩夹变质凝灰熔岩等；庙岭组为类复理石建造和碳酸盐建造，夹海相火山（碎屑岩）建造，是立山多金属矿床的赋矿围岩。

成矿岩体：矿田的侵入岩时代复杂、类型繁多，其中与成矿密切相关的主要为华力西期和燕山早期中酸性侵入岩。其中，立山多金属矿床的成矿岩体为立山石英闪长岩体，东风北山钼矿床的成矿岩体为花岗闪长岩与斑状二长花岗岩，新兴多金属矿床的成矿岩体为头道沟花岗闪长岩体。

控矿构造：矿田内不同类型矿床的控矿构造略有不同，比如接触交代型的立山矿床主要受接触带构造控制，其次为附近的北东向、北西向压扭性断裂以及近南北向的张扭性断裂控制；角砾岩筒型的新兴矿床受头道沟东西向断裂、新兴-陈财沟北西向断裂和卫星南北向断裂交汇处的角砾岩筒所控制；其他矿床受不同方向的断裂构造以及层间破碎带控制显著。

矿床特征：接触交代型的立山矿床的矿体主要产出于华力西晚期石英闪长岩与庙岭组碳酸盐岩的接触带附近，受接触带构造及不同方向的断裂构造控制，矿体形态复杂，以扁豆状和脉状为主，也发育有脉状、透镜状、板状和似层状。海相火山岩型的东风南山矿床主要赋存于二叠系海相火山-碎屑岩内，为细脉浸染型铅锌矿体群。斑岩型的东风北山矿体主要赋存于花岗闪长岩与斑状二长花岗岩中，矿体形态多为脉状，次为扁豆状。角砾岩筒型的新兴矿床产于头道沟花岗闪长岩体内，并受头道沟东西向断裂、新兴-陈财沟北西向断裂和卫星南北向断裂交汇处的角砾岩筒所控制；矿体的规模、形态、产状与岩筒一致，由地表至 500 m 标高筒内皆为矿体，从不同标高水平投影看，呈现为倾斜的“宝葫芦状”。

10. 长仁镍矿田（Ⅴ-10）

长仁镍矿田位于吉林省和龙市，大地构造位置位于石嘴子-山秀岭-开原晚古生代弧盆系（Ⅲ-A_1^2）和太平岭-老岭火山-沉积隆盆带（MCⅠ-3_5），隶属于天宝山-开山屯 Pb-Zn-Au-Ag-Ni-Mo-Cu-Fe 成矿亚带（Ⅲ-55-⑦）。矿田内发现中型长仁镍矿床和小型柳水坪镍矿床，均为岩浆熔离型镍矿。

赋矿围岩：含镍的镁铁-超镁铁质岩体主要赋存于新元古界青龙村岩群变质的浅海相海底-火山喷发沉积建造内。

成矿岩体：岩浆型铜镍硫化物矿床往往与印支期镁铁-超镁铁质岩体密切相关，受岩体控制成群成带分布，岩石类型包括：辉石橄榄岩、含长辉石橄榄岩、橄榄辉石岩、辉石岩、含长辉石岩等。

控矿构造：北西向的古洞河深大断裂由一系列平行逆断层组成，是区内镁铁-超镁铁质岩浆运移的主要通道，构成了矿田区主要的构造格架和第一级导岩构造。北西向的长仁-青龙断裂和獐项断裂分布于长仁背斜的核部，平行于褶皱轴向，为向西南突出的弧形断褶带的一部分，与古洞河深断裂在卧龙至河西洞一带斜接，为主要的储岩构造。

矿床特征：镍矿床主要赋存于印支期的镁铁-超镁铁质岩体内，岩体受断裂构造控制多成群成组分布于青龙村岩群变质岩系内。矿体类型主要为有 3 种：地表氧化带型矿体、浸染状熔离矿体以及贯入矿体。矿石构造以浸染状构造为主，其次还有斑点状、细脉状和致密块状。矿石结构主要为他形粒状结构、半自形晶粒结构，其次还有固溶体分离结构、环状交代结构及海绵陨铁结构等。矿石矿物主要为镍黄铁矿、红砷镍矿、磁黄铁矿、黄铜矿等。

四、成矿系列概述

（一）矿床成矿系列划分

成矿系列是矿床地质学科中研究矿床及区域成矿规律的一种学术思想，最初由程裕淇等（1979，1983）提出，经过40余年的研究与应用，目前成矿系列概念和学术思想已经得到了完善与提升，可以更好地为发展地质科学和促进有效找矿和矿业发展服务（陈毓川等，2020）。目前，已经建立了成矿系列5个序次，划分了5大类成矿作用，提出了矿床自然分类，以及矿床成矿系列“全位成矿、缺位找矿”的预测思维等。其中，矿床成矿系列是在地球存在的历史中，特定时空域内形成的有成因联系的矿床组合自然体（陈毓川等，2006）。

矿床成矿系列由四个要素组成：特定的时间段、特定的地质构造环境、特定的成矿作用和由此形成的矿床组合自然体（陈毓川等，2016），具体涵盖有矿床的成矿时代、构造环境、地质成矿作用和元素及矿种等方面（王登红等，2020）。矿床成矿系列形成的时间段应是成矿地质环境形成、演化过程中出现与成矿作用有关的地质作用活动时段；矿床成矿系列所在成矿地质环境通常是大地构造旋回活动过程中所形成相对独立的Ⅲ级成矿地质构造单元，矿床成矿系列的空间范围及其边界是相对的，与成矿作用涉及的范围一致；矿床成矿系列因成矿作用的不同亦可分为五类，岩浆成矿作用、沉积成矿作用、变质成矿作用、表生成矿作用以及与岩浆、变质作用无关的流体成矿作用，并相应组成五类矿床成矿系列组合（陈毓川等，2016）。

本志书在深入理解陈毓川等（2006，2015a，2016，2020）对矿床成矿系列的定义、要素、分类及命名等原则的基础上，综合考虑吉中-延边成矿带内各矿床形成的成矿构造背景、控矿地质条件以及矿床地质特征等方面，重新厘定了吉中-延边成矿带新元古代—新生代的矿床成矿系列，共厘定出8个矿床成矿系列，13个矿床成矿亚系列以及23个矿床式（表4-1）。

表4-1　吉中-延边（活动陆缘）Mo-Au-As-Cu-Zn-Fe-Ni成矿带（Ⅲ-55）矿床成矿系列厘定表

<table>
<tr><th>编号</th><th>矿床成矿系列</th><th>矿床成矿亚系列</th><th>矿床式</th><th>典型矿床（点）</th><th>构造旋回</th></tr>
<tr><td>Q-1F</td><td colspan="2">安图地区与第四纪表生作用有关的伊利石、高岭土矿床成矿系列</td><td>双桥沟式</td><td>吉林省安图县双桥沟伊利石粘土矿床</td><td rowspan="5">喜马拉雅旋回</td></tr>
<tr><td rowspan="4">Cz-1S</td><td rowspan="4">吉中-延边地区与新生代沉积作用有关的煤、油页岩、独居石、金、硫铁矿、硅藻土、泥炭、蓝宝石矿床成矿系列</td><td>Cz-1-1S桦甸-延边地区与第四纪机械沉积作用有关的金、独居石、蓝宝石矿床成矿亚系列</td><td>东清式</td><td>吉林省汪清县东清独居石矿床</td></tr>
<tr><td rowspan="3">Cz-1-2S桦甸-延边地区与新生代生物化学沉积作用有关的煤、硫铁矿、油页岩、硅藻土、泥炭矿床成矿亚系列</td><td>西台子式</td><td>吉林省桦甸市西台子硫铁矿床</td></tr>
<tr><td>公郎头式</td><td>吉林省桦甸市公郎头油页岩矿床</td></tr>
<tr><td>八连城式</td><td>吉林省珲春市八连城煤矿床</td></tr>
<tr><td>Mz-1S</td><td colspan="2">吉中-延边地区与中生代生物化学沉积作用有关的煤矿床成矿系列</td><td>烟筒山式</td><td>吉林省磐石市烟筒山煤矿床</td><td>印支—燕山旋回</td></tr>
</table>

续表

编号	矿床成矿系列	矿床成矿亚系列	矿床式	典型矿床（点）	构造旋回
Mz-1I	吉中-延边地区与燕山期岩浆作用有关的金、银、钼、铁、铜、铅锌、锑、钨、锰、硅灰石、石墨、硫铁矿、萤石、沸石、高岭土、珍珠岩、冰洲石、方解石、红柱石、大理岩矿床成矿系列	Mz-1-1I 吉中-延边地区与燕山期中酸性侵入岩浆作用有关的金、银、钼、铁、铜、铅锌、锑、钨、锰、硫铁矿、萤石、冰洲石、方解石矿床成矿亚系列	大黑山式	吉林省永吉县大黑山钼矿床	燕山旋回
			海沟式	吉林省安图县海沟金矿床	
			吉昌式	吉林省磐石市吉昌铁矿床	
		Mz-1-2I 吉中-延边地区与燕山期陆相火山作用有关的金、银、沸石、高岭土、珍珠岩矿床成矿亚系列	刺猬沟式	吉林省汪清县刺猬沟金矿床	
		Mz-1-3I 吉中-延边地区与燕山期侵入岩浆接触热变质作用有关的石墨、硅灰石、方解石、红柱石、大理岩矿床成矿亚系列	仙人洞式	吉林省磐石市仙人洞石墨矿床	
			铁汞山式	吉林省梨树县铁汞山硅灰石矿床	
Mz-2I	吉中-延边地区与印支期岩浆作用有关的镍、铜、金矿床成矿系列	Mz-2-1I 磐石-延边地区与印支早期基性-超基性岩有关的镍矿床成矿亚系列	红旗岭式	吉林省磐石市红旗岭镍矿床	印支旋回
		Mz-2-2I 吉中-延边地区与印支期中酸性浅成侵入岩有关的铜矿床成矿亚系列	向阳式	吉林省永吉县向阳铜矿床	
		Mz-2-3I 开山屯地区与印支期陆相火山作用有关的金矿床成矿亚系列	开山屯寺洞式	吉林省龙井市开山屯寺洞金矿床	
Pz-1I	吉中-延边地区与华力西期岩浆作用有关的铅锌、金、银、铜、铬铁矿、方解石、高岭土、蓝晶石矿床成矿系列	Pz-1-1I 永吉-开山屯地区与华力西期基性-超基性岩有关的铬铁矿床成矿亚系列	开山屯式	吉林省龙井市开山屯铬铁矿床	华力西旋回
		Pz-1-2I 磐石和天宝山地区与华力西期侵入岩浆作用有关的铅锌矿床成矿亚系列	天宝山式	吉林省龙井市天宝山立山和新兴铅锌矿床	
		Pz-1-3I 磐石-开山屯地区与华力西期陆相火山作用有关的高岭土矿床成矿亚系列	富太式	吉林省磐石市富太高岭土矿床	
		Pz-1-4I 吉中-延边地区与华力西期海相火山作用有关的铅锌、金、银矿床成矿亚系列	小红石砬子式	吉林省磐石市小红石砬子铅锌矿床	
			头道川式	吉林省永吉县头道川金矿床	
		Pz-1-5I 磐石地区与华力西期侵入岩浆接触热变质作用有关的蓝晶石、方解石、大理岩矿床成矿亚系列	乱泥屯式	吉林省磐石市乱泥屯蓝晶石矿床	
Pz-2I	吉中地区与加里东期海相火山作用有关的铅锌、硫铁矿、金、大理岩矿床成矿系列		放牛沟式	吉林省伊通县放牛沟硫铁矿多金属矿床	加里东旋回
Pt-1M	东辽-安图地区与兴凯期变质作用有关的铁矿床成矿系列		西保安式	吉林省东丰县西保安铁矿床	兴凯旋回

（二）矿床成矿系列特征

1. 与表生作用有关的矿床成矿系列组合

吉中-延边成矿带共厘定出 1 个与表生作用有关的矿床成矿系列，即安图地区与第四纪表生作用有关的伊利石、高岭土矿床成矿系列。该矿床成矿系列主要分布在吉林省安图地区，主要表现为形成了 2 处伊利石粘土矿床，分别为安图县万宝镇伊利石粘土矿和双桥沟伊利石粘土矿床，成矿时代为第四纪，还有一些规模较小的高岭土矿床。

2. 与沉积作用有关的矿床成矿系列组合

吉中-延边成矿带共厘定出 2 个与沉积作用有关的矿床成矿系列，分别为：吉中-延边地区与新生代沉积作用有关的煤、油页岩、独居石、金、硫铁矿、硅藻土、泥炭、蓝宝石矿床成矿系列（Cz-1S）和吉中-延边地区与中生代生物化学沉积作用有关的煤矿床成矿系列（Mz-1S）。它们分别形成于新生代和中生代，所对应的构造环境分别为大陆地壳伸展环境和活动陆缘挤压造山环境，形成的矿种和矿床数量逐渐增多，矿种由单一的煤向金、独居石、煤、油页岩、硫铁矿等多矿种演化。

（1）吉中-延边地区与新生代沉积作用有关的煤、油页岩、独居石、金、硫铁矿、硅藻土、泥炭、蓝宝石矿床成矿系列（Cz-1S）

该矿床成矿系列进一步划分为桦甸-延边地区与第四纪机械沉积作用有关的金、独居石、蓝宝石矿床成矿亚系列（Cz-1-1S）和桦甸-延边地区与新生代生物化学沉积作用有关的煤、硫铁矿、油页岩、硅藻土、泥炭矿床成矿亚系列（Cz-1-2S）。该矿床成矿系列主要分布在那丹伯-一座营 Au-Mo-Ag-Pb-Zn-Cu-Ni 成矿亚带（Ⅲ-55-②）、红旗岭-漂河川 Ni-Au-Cu 成矿亚带（Ⅲ-55-④）、海沟-红太平 Au-Fe-Cu-Pb-Zn-Ag-Mo-Ni 成矿亚带（Ⅲ-55-⑤）、五凤-百草沟 Au-Cu-Ag-Pb-Zn-Fe 成矿亚带（Ⅲ-55-⑥）和天宝山-开山屯 Pb-Zn-Au-Ag-Ni-Mo-Cu-Fe 成矿亚带（Ⅲ-55-⑦）。

a. 桦甸-延边地区与第四纪机械沉积作用有关的金、独居石、蓝宝石矿床成矿亚系列（Cz-1-1S）

该矿床成矿亚系列主要表现为在第四纪大陆地壳伸展环境下形成了一系列与机械沉积作用有关的砂岩型金矿、独居石和蓝宝石矿床，矿床规模一般较小，数量不多，空间上主要分布在磐石、桦甸、汪清和安图等地。砂岩型金矿主要受第四纪时期成矿带的气候、构造等因素控制。第四纪时期，延边地区气候冷暖交替频繁，寒冷期以物理风化为主，因此岩金矿的机械破碎起着积极作用。气候转暖期，气温升高，雨量充足，有利于含金地质体的分解和金粒的解离，在雨水的冲刷下进入河流，沉积富集成矿。延边地区成型的砂金矿体均分布在隆起带之间的凹陷带或相对隆起部位，凹陷带中相对凹陷部分。延边地区新构造运动的强度和相对稳定的强度因地而异，但总的趋势是不均衡上升和相对稳定想交替，有利于砂金的富集（柴雨等，2016）。砂矿型独居石矿以延边地区的东清独居石砂矿床最为典型。华力西晚期黑云母花岗岩、黑云母斜长花岗岩呈岩基产出，面积最大者为东清花岗岩体，其次见有真石人沟、石人沟岩体。华力西晚期侵入岩浆活动形成了东清富含稀土元素的东清黑云母斜长花岗岩体，构成了区域稀土矿床的成矿母岩。在表生条件作用下逐步风化，富含稀土元素的重矿物独居石、磷钇矿等被剥蚀带入河流富集形成沉积砂矿，部分原地形成残坡积砂矿。

b. 桦甸-延边地区与新生代生物化学沉积作用有关的煤、硫铁矿、油页岩、硅藻土、泥炭矿床成矿亚系列（Cz-1-2S）

该矿床成矿亚系列主要表现为在新生代断陷盆地内形成了一系列生物化学沉积作用有关的煤、硫铁矿、油页岩、硅藻土、泥炭矿床，主要分布在红旗岭-漂河川 Ni-Au-Cu 成矿亚带（Ⅲ-55-④）、海沟-红太平 Au-Fe-Cu-Pb-Zn-Ag-Mo-Ni 成矿亚带（Ⅲ-55-⑤）、五凤-百草沟 Au-Cu-Ag-Pb-Zn-Fe 成矿亚带（Ⅲ-55-⑥）和天宝山-开山屯 Pb-Zn-Au-Ag-Ni-Mo-Cu-Fe 成矿亚带（Ⅲ-55-⑦）。在古近纪断陷盆地内的三角洲、河湖相碎屑岩建造为成矿带重要的成煤层位，其中吉舒组和桦甸组内发育一些小规模的煤矿，煤层较稳定，代表性矿床为桦甸市富源煤矿，目前正在开采中；中型的珲春煤田赋存在湖沼相含煤碎屑岩建造珲春组，煤类以长焰煤为主，还有少量褐煤；煤层大多较为稳定。盆地煤层内中含有很多的有机质，易促成硫酸盐的还原作用，是形成化学沉积型硫铁矿的有利部位，代表性矿床为桦甸市西台子硫铁矿床。由于动植物腐败聚积了大量的硫化铁凝胶，然后逐渐堆积成结核状的黄铁矿与白铁矿，它们往往在原生成岩作用的同时阶段中生成，所见到结核在构造上特点不切穿层理，层理在近结核处随结核的形状而成弯曲。矿石的组成成分、结构构造、围岩特征以及围岩内化石种类，表明矿床是在沉积分异作用变化较大，而且是强烈还原环境下封闭或半封闭的水盆地内堆积形成的，为产于煤系页岩或粘土中的沉积硫铁矿床（张朋，2014）。矿体赋存在古近纪桦甸组下部含硫铁矿岩段，矿体连续分布，严格受地层层位控制，反映其成矿与成岩是在一个沉积环境中形成的，在时间上一致。除煤外，桦甸组还是成矿带油页岩矿产的产出层位，如中型大城子-公郎头油页岩矿床和小型的北台子油页岩矿床。

此外，叠覆在基性玄武岩上的湖泊相碎屑岩建造（土门子组）内还产出有生物化学沉积型的硅藻土矿，代表性矿床为敦化市高松树硅藻土矿床。

（2）吉中-延边地区与中生代生物化学沉积作用有关的煤矿床成矿系列（Mz-1S）

该矿床成矿系列主要体现为在中生代火山断陷盆地内形成众多生物化学沉积型的煤矿，成煤时代包括晚三叠世—早侏罗世，中侏罗世至白垩纪，其中以早白垩世煤矿数量最多。在空间上，这些煤矿整体分布较为分散，在7个成矿亚带内均有所出露，产出的煤矿规模以小型为主，其中晚三叠世—早侏罗世的煤矿分布相对集中，主要分布在山河-榆木桥子 Au-Ag-Mo-Ni-Cu-Fe-Pb-Zn 成矿亚带（Ⅲ-55-③）和红旗岭-漂河川 Ni-Au-Cu 成矿亚带（Ⅲ-55-④），代表性矿床为长春市双阳区姜家沟煤矿区。而主要成煤期——白垩纪形成的煤矿主要与白垩纪的河湖相含煤碎屑岩建造（长财组、石人组、沙河子组、长安组等）有关，如龙井市勇新煤矿产出在白垩系大砬子组。这些煤矿种类以长焰煤为主，少量为褐煤；矿体多呈层状、似层状，延伸较为稳定。

3. 与变质作用有关的矿床成矿系列组合

吉中-延边成矿带仅厘定出1个与变质作用有关的矿床成矿系列，即东辽-安图地区与兴凯期变质作用有关的铁矿床成矿系列（Pt-1M），主要表现为于新元古代形成一些沉积变质型（受变质型）铁矿。该矿床成矿系列主要分布在那丹伯-一座营 Au-Mo-Ag-Pb-Zn-Cu-Ni 成矿亚带（Ⅲ-55-②），红旗岭-漂河川 Ni-Au-Cu 成矿亚带（Ⅲ-55-④）和海沟-红太平 Au-Fe-Cu-Pb-Zn-Ag-Mo-Ni 成矿亚带（Ⅲ-55-⑤）。这些受变质型铁矿，常伴生锰、磷矿，如东丰县西保安含锰磷铁矿，主要产于新元古界含锰磷铁的海相火山-沉积变质建造（西保安岩组和青龙村岩群新东村岩组）内，可能形成于中、新元古代雪球事件导致的大气缺氧环境下。

4. 与岩浆作用有关的矿床成矿系列组合

吉中-延边成矿带共厘定出4个与岩浆作用有关的矿床成矿系列，分别为：吉中-延边地区与燕山期岩浆作用有关的金、银、钼、铁、铜、铅锌、锑、钨、锰、硅灰石、石墨、硫铁矿、萤石、沸石、高岭土、珍珠岩、冰洲石、方解石、红柱石、大理岩矿床成矿系列（Mz-1I），吉中-延边地区与印支期岩浆作用有关的镍、铜、金矿床成矿系列（Mz-2I），吉中-延边地区与华力西期岩浆作用有关的铅锌、金、银、铜、铬铁矿、方解石、高岭土、蓝晶石矿床成矿系列（Pz-1I）以及吉中地区与加里东期海相火山作用有关的铅锌、硫铁矿、金、大理岩矿床成矿系列（Pz-2I）。成矿带内的与岩浆作用有关的矿床成矿系列时空分布均较为广泛，在时间上主要存在加里东期、华力西期、印支期和燕山期4个时期，在空间上在全带都有发育，但与燕山期岩浆作用有关的矿床成矿系列区分布范围最为广泛，常常叠加在与加里东期、华力西期和印支期岩浆作用有关的矿床成矿系列之上。在矿种上，加里东期至燕山期表现出逐渐增加的趋势，由铅锌、金、硫铁矿逐渐变化为铅锌、金、银、铜、钼、镍、钨、汞、锑等金属和粘土、沸石、萤石等非金属矿。

（1）吉中-延边地区与燕山期岩浆作用有关的金、银、钼、铁、铜、铅锌、锑、钨、锰、硅灰石、石墨、硫铁矿、萤石、高岭土、沸石、珍珠岩、冰洲石、方解石、红柱石、大理岩矿床成矿系列（Mz-1I）

该矿床成矿系列主要位于那丹伯-一座营 Au-Mo-Ag-Pb-Zn-Cu-Ni 成矿亚带（Ⅲ-55-②）、山河-榆木桥子 Au-Ag-Mo-Ni-Cu-Fe-Pb-Zn 成矿亚带（Ⅲ-55-③）、海沟-红太平 Au-Fe-Cu-Pb-Zn-Ag-Mo-Ni 成矿亚带（Ⅲ-55-⑤）和五凤-百草沟 Au-Cu-Ag-Pb-Zn-Fe 成矿亚带（Ⅲ-55-⑥），小面积分布在山门-乐山 Ag-Au-Cu-Fe-Pb-Zn-Ni 成矿亚带（Ⅲ-55-①）和天宝山-开山屯 Pb-Zn-Au-Ag-Ni-Mo-Cu-Fe 成矿亚带（Ⅲ-55-⑦）。该矿床成矿系列主要体现为形成了数量众多、规模不等的中侏罗世—晚白垩世的接触交代型、岩浆热液型、斑岩型、陆相火山岩型的贵金属（Au、Ag）、黑色金属（Fe、Mn）、有色金属矿产（Pb、Zn、Mo、Cu、W 等）以及萤石和沸石等非金属矿产。由于岩浆作用类型以及成矿作用方式的不同，可进一步划分为 3 个矿床成矿亚系列：吉中-延边地区与燕山期中酸性侵入岩浆作用有关的金、银、钼、铁、铜、铅锌、锑、钨、锰、硫铁矿、萤石、冰洲石、方解石矿床成矿亚系列（Mz-1-1I），吉中-延边地区与燕山期陆相火山作用有关的金、银、沸石、高岭土、珍珠岩矿床成矿亚系列（Mz-1-2I）以及吉中-延边地区与燕山期侵入岩浆接触热变质作用有关的石墨、硅灰石、方解石、红柱石、大理岩矿床成矿亚系列（Mz-1-3I）。

燕山期侵入岩，在区域上呈岩株状或岩基状产出，分布在滨太平洋构造活动带火山活动中心部位及火山构造盆地的周围。按时空特征可划分为早、晚两期大的旋回。每个旋回开始为超基性到中性岩侵入，逐渐过渡到酸性侵入岩，与同期火山喷发相岩石构成一个完整的火山-侵入岩浆系列。每一岩浆旋回的晚期酸性侵入岩对成矿具有重要的意义。诸如以大黑山钼矿为代表的斑岩型钼矿与中侏罗世花岗闪长斑岩体有关，且显示出高硅、高铝、富碱、准铝质/弱过铝质的高钾钙碱性系列特征，而以四道甸子钼矿为代表的岩浆热液型钼矿床则与二长花岗岩岩浆活动更为密切（张勇，2013）。此外，还有一些燕山期侵入岩与碳酸盐岩的接触带附近还形成了接触交代型的黑色金属和有色金属矿床。这些与燕山期中酸性侵入岩有关的矿床构成了吉中-延边地区与燕山期中酸性侵入岩浆作用有关的金、银、钼、铁、铜、铅锌、锑、钨、锰、硫铁矿、萤石、冰洲石、方解石矿床成矿亚系列（Mz-1-1I）。

侏罗纪—白垩纪时期，成矿带内发育多个火山断陷盆地，如汪清火山盆地、罗子沟火山盆地等；盆地内发育一套与贵金属密切相关的陆相火山岩及火山碎屑岩。吉林省汪清县刺猬沟金矿床、闹枝金矿床和龙井市五凤-五星山金矿床等几处小型的陆相火山岩型金矿床就产出在汪清火山盆地和屯田营火山盆地内的屯田营组和金沟岭组火山岩及成群成组的次火山岩内。在燕山期酸性火山岩，如早白垩世营城期、屯田营期中酸性火山、次火山岩内还常常发育沸石和珍珠岩等矿床，为酸性熔岩迅速冷却下形成。其中，珍珠岩产于中生代屯田营期火山岩的上部层位。珍珠岩粒度为 0.5 mm，可用做建筑材料及防寒材料。此外，珍珠岩内常发育沸石化，部分具有工业意义。沸石矿主要分布在长春市九台区三台、上河湾、德惠市杨树等地，沸石化岩石主要有沸石化凝灰质岩石、沸石化流纹岩、沸石化珍珠岩。沸石在各类岩石中的矿化程度，以玻璃质成分多少、孔隙度大小不同而不尽相同，一般以角砾状凝灰岩或凝灰质角砾岩为最好，含砾晶屑岩屑凝灰岩次之，再其次为球粒流纹岩、珍珠岩。此外，在南楼山期中酸性火山岩、火山碎屑岩内产出高岭土矿，代表性矿床为大型的新立屯高岭土矿床，巨厚矿体呈层状赋存在南楼山组中。这些与燕山期陆相火山岩、次火山岩密切相关的矿床共同构成了吉中-延边地区与燕山期陆相火山作用有关的金、银、沸石、高岭土、珍珠岩矿床成矿亚系列（Mz-1-2I）。

此外，吉中-延边成矿带燕山期还发育与侵入岩浆接触热变质作用有关的石墨、硅灰石、方解石、红柱石、大理岩矿床成矿亚系列（Mz-1-3I）。该矿床成矿亚系列主要体现为形成燕山期的变成型石墨、硅灰石等非金属矿产，空间上主要分布在山门-乐山 Ag-Au-Cu-Fe-Pb-Zn-Ni 成矿亚带（Ⅲ-55-①）和山河-榆木桥子 Au-Ag-Mo-Ni-Cu-Fe-Pb-Zn 成矿亚带（Ⅲ-55-③），部分矿床零星分布在那丹伯-一座营 Au-Mo-Ag-Pb-Zn-Cu-Ni 成矿亚带（Ⅲ-55-②）、红旗岭-漂河川 Ni-Au-Cu 成矿亚带（Ⅲ-55-④）和天宝山-开山屯 Pb-Zn-Au-Ag-Ni-Mo-Cu-Fe 成矿亚带（Ⅲ-55-⑦），时间上集中于中侏罗世。该矿床成矿亚系列的空间分布受地层控制明显，如变成型石墨矿床主要产出在上三叠统大酱缸组或大兴沟群马鹿沟组含煤碎屑岩与燕山期中酸性侵入岩的接触部位，接触热变质作用使含煤层系发生石墨矿化，代表性矿床为吉林省磐石市仙人洞石墨矿床；而变成型硅灰石矿受海相碎屑岩-硅质碳酸盐岩建造（石嘴子组、磨盘山组、青龙村岩群长仁大理岩等）控制，矿体主要位于燕山期中酸性侵入岩与硅质碳酸盐岩建造的接触带附近，矿产地规模不均匀，以小型为主，部分矿床可达到大型、超大型，代表性矿床为吉林省梨树县铁汞山矿床和龙井市细鳞河矿床。此外，燕山期侵入岩浆接触热变质作用还在区内形成了许多变成型的蓝晶石、红柱石、方解石和大理岩等矿床，其中蓝晶石和红柱石矿产地数量少且规模小，空间分布较为分散；而方解石或大理岩矿床主要分布在梨树、昌图、磐石、图们等地，主要为燕山期中酸性侵入岩侵位到新元古代—古生代碳酸盐岩建造（长仁大理岩、呼兰岩群小三个顶子岩组、庙岭组等）经接触热变质改造而成。

由此可见，成矿带内燕山期发育的不同矿床类型的矿床在时间和空间上表现出一致性，而且它们成因上都与燕山期岩浆作用有关，或火山作用，或侵入岩浆作用，因此这些矿床可以构成一个矿床成矿系列。

（2）吉中-延边地区与印支期岩浆作用有关的镍、铜、金矿床成矿系列（Mz-2I）

该矿床成矿系列区主要位于山河-榆木桥子 Au-Ag-Mo-Ni-Cu-Fe-Pb-Zn 成矿亚带（Ⅲ-55-③）、红旗岭-漂河川 Ni-Au-Cu 成矿亚带（Ⅲ-55-④）和天宝山-开山屯 Pb-Zn-Au-Ag-Ni-Mo-Cu-Fe 成矿亚带（Ⅲ-55-⑦）。可进一步划分为磐石-延边地区与印支早期基性-超基性岩有关的镍矿床成矿亚系列（Mz-2-1I）、吉中-延边地区与印支期中酸性浅成侵入岩有关的铜矿床成矿亚系列（Mz-2-2I）和开山屯地区与印支期陆相火山作用有关的金矿床成矿亚系列（Mz-2-3I）。

磐石-延边地区与印支早期基性-超基性岩有关的镍矿床成矿亚系列（Mz-2-1I）主要以形成岩浆熔离型的铜镍硫化物矿床为主。这些矿床主要沿华北板块北缘巨型断裂带分布，形成于古亚洲洋闭合后的造山后伸展背景；成矿时代集中在印支期，具有规模大、品位富的成矿特点。区域上矿化程度较好的铜镍硫化物矿床，主要有红旗岭、山门、漂河川及长仁等矿床。这几个矿床均位于华北陆块北缘深大断裂的北侧，侵位后分异的含矿最好的岩相为橄榄辉石岩相（红旗岭1号岩体）、斜长二辉橄榄岩相（漂河川4号岩体）。其中红旗岭矿田含镍岩体皆呈脉状、岩墙状、透镜状产出，与围岩呈角度不整合接触，反映裂控的特点，含镍岩体基度变化有向源增高和向源测伏的规律。上述三个特点说明，华北陆块北缘深大断裂是良好的导浆构造，旁侧的呼兰岩群（西段）中的断裂构造是良好的容岩容矿构造。含镍岩体具有多期侵位的规律，矿田内岩体有少部分具有多次侵位，而形成“复合”或“复式”岩体。同时期还发育以宣羊砬子和青林含钒钛磁铁矿为代表的岩浆型钒钛磁铁矿矿床，并伴生岩浆型的磷矿，规模较小，多为小型或矿点；主要产出在安图县亮兵一带，成矿时代为晚三叠世。

吉中-延边地区与印支期中酸性浅成侵入岩有关的铜矿床成矿亚系列（Mz-2-2I）主要体现为形成与印支期（晚三叠世）浅成侵入体有关的斑岩型铜矿床，代表性矿床为小型向阳铜矿。Zeng et al.（2011）和 Sun et al.（2017）提出沿着近东西向的西拉木伦河-长春缝合带发育一条早中三叠世铜钼矿带，即西拉木伦河铜钼矿带。向阳铜矿的矿床地质特征、成矿流体性质及流体演化特征，成矿物质来源及岩浆岩成矿专属性等方面，均与西拉木伦河铜钼矿带上的斑岩型铜钼矿相似（杨群，2020）。因此，作为西拉木伦河-长春缝合带的东延部位，吉中-延边成矿带可能是形成斑岩型铜矿的有利地区。

开山屯地区与印支期陆相火山作用有关的金矿床成矿亚系列（Mz-2-3I）主要由赋存在下三叠统柯岛群火山沉积系内的金矿构成，代表性矿床为龙井市开山屯寺洞金矿床和金谷山-后底洞金矿床。其中金谷山-后底洞金矿床产于火山喷发-沉积建造和盆地边缘陆相洪积建造内，矿体呈透镜状、脉状，矿石具有脉状、角砾状、块状构造。

（3）吉中-延边地区与华力西期岩浆作用有关的铅锌、金、银、铜、铬铁矿、方解石、高岭土、蓝晶石矿床成矿系列（Pz-1I）

该矿床成矿系列主要分布在山河-榆木桥子 Au-Ag-Mo-Ni-Cu-Fe-Pb-Zn 成矿亚带（Ⅲ-55-

③)、海沟-红太平 Au-Fe-Cu-Pb-Zn-Ag-Mo-Ni 成矿亚带（Ⅲ-55-⑤）和天宝山-开山屯 Pb-Zn-Au-Ag-Ni-Mo-Cu-Fe 成矿亚带（Ⅲ-55-⑦），可进一步划分为：永吉-开山屯地区与华力西期基性-超基性岩有关的铬铁矿床成矿亚系列（Pz-1-1I）、磐石和天宝山地区与华力西期侵入岩浆作用有关的铅锌矿床成矿亚系列（Pz-1-2I）、磐石-开山屯地区与华力西期陆相火山作用有关的高岭土矿床成矿亚系列（Pz-1-3I）、吉中-延边地区与华力西期海相火山作用有关的铅锌、金、银矿床成矿亚系列（Pz-1-4I）和磐石地区与华力西期侵入岩浆接触热变质作用有关的蓝晶石、方解石、大理岩矿床成矿亚系列（Pz-1-5I）。

永吉-开山屯地区与华力西期基性-超基性岩有关的铬铁矿床成矿亚系列（Pz-1-1I）主要分布在山河-榆木桥子 Au-Ag-Mo-Ni-Cu-Fe-Pb-Zn 成矿亚带（Ⅲ-55-③）和天宝山-开山屯 Pb-Zn-Au-Ag-Ni-Mo-Cu-Fe 成矿亚带（Ⅲ-55-⑦），主要表现为形成与中晚二叠世基性-超基性岩有关的铬铁矿矿床，矿床类型为岩浆型，一般规模较小，多为小型矿床或矿点，代表性矿床为开山屯铬铁矿床，位于华力西晚期的超基性岩体内（橄榄岩相），该控矿岩体受南延深断裂及子洞逆断层的次级断裂控制（李任时等，2015）。

磐石和天宝山地区与华力西期侵入岩浆作用有关的铅锌矿床成矿亚系列（Pz-1-2I）主要分布在山河-榆木桥子 Au-Ag-Mo-Ni-Cu-Fe-Pb-Zn 成矿亚带（Ⅲ-55-③）和天宝山-开山屯 Pb-Zn-Au-Ag-Ni-Mo-Cu-Fe 成矿亚带（Ⅲ-55-⑦），表现为形成接触交代型多金属矿、隐爆角砾岩型多金属矿以及岩浆热液型萤石矿等矿床。这些矿床均形成于古亚洲洋俯冲消减的构造背景下。接触交代型多金属矿床以立山矿床为代表，主要产出在中二叠世头道沟（花岗）闪长岩和石炭系山秀岭组碳酸盐岩接触带内，矿体呈透镜状、囊状和脉状，成矿时代应为中二叠世。隐爆角砾岩型多金属矿床以新兴矿床为代表，发育在花岗闪长岩体内的角砾岩筒内，矿体呈脉状或角砾岩筒状，形成时代为晚二叠世。

磐石-开山屯地区与华力西期陆相火山作用有关的高岭土矿床成矿亚系列（Pz-1-3I）主要分布在山河-榆木桥子 Au-Ag-Mo-Ni-Cu-Fe-Pb-Zn 成矿亚带（Ⅲ-55-③）和天宝山-开山屯 Pb-Zn-Au-Ag-Ni-Mo-Cu-Fe 成矿亚带（Ⅲ-55-⑦），表现为形成了一些小型的高岭土矿床或矿点，与二叠纪陆相火山-沉积作用有关，代表性矿床为磐石市富太高岭土矿床。

吉中-延边地区与华力西期海相火山作用有关的铅锌、金、银矿床成矿亚系列（Pz-1-4I）分布在山河-榆木桥子 Au-Ag-Mo-Ni-Cu-Fe-Pb-Zn 成矿亚带（Ⅲ-55-③）、海沟-红太平 Au-Fe-Cu-Pb-Zn-Ag-Mo-Ni 成矿亚带（Ⅲ-55-⑤）和天宝山-开山屯 Pb-Zn-Au-Ag-Ni-Mo-Cu-Fe 成矿亚带（Ⅲ-55-⑦），主要形成与晚古生代海相火山-火山碎屑岩密切相关的海相火山岩型金、银、多金属等矿床，矿床类型为海相火山岩型，代表性矿床为头道川金矿、民主屯银矿和小红石砬子铅锌（宝玉石）矿，成矿时代为石炭纪、二叠纪。其中头道川金矿和民主屯银矿均产于下石炭统余富屯组内，该组是区内典型的海相火山岩，且富含金、银、铅锌等成矿元素，是区内重要的矿源层；而小红石砬子铅锌矿早期层状、条纹状矿体产于上石炭统—下二叠统大河深组海相火山碎屑岩内，后被燕山期岩浆热液脉状矿体所叠加。

此外，吉中-延边成矿带的磐石地区还发育一些与华力西期侵入岩浆接触热变质作用有关的蓝晶石、方解石、大理岩等矿床，可构成 1 个矿床成矿亚系列（Pz-1-5I）。

（4）吉中地区与加里东期海相火山作用有关的铅锌、硫铁矿、金、大理岩矿床成矿系列（Pz-2I）

该矿床成矿系列主要位于山门-乐山 Ag-Au-Cu-Fe-Pb-Zn-Ni 成矿亚带（Ⅲ-55-①）和山河-榆木桥子 Au-Ag-Mo-Ni-Cu-Fe-Pb-Zn 成矿亚带（Ⅲ-55-③）。该矿床成矿系列以形成海相火山岩型的铅锌、硫、金矿床为特征，成矿时代为早古生代。海相火山岩型硫铁矿床以放牛沟硫铁矿为代表，产出于志留系石缝组内，属海相中酸性火山沉积-碳酸盐岩建造，受构造破碎带控制。弯月金矿矿体主要为含金石英脉破碎带和含金硫化物石英脉，产出于桃山组变质中基性火山岩、细碎屑岩及碳酸盐岩内，严格受地层控制（迟斌等，2010）。带内早古生代变质海相火山沉积岩系为海相火山岩型的 Pb、Zn、S、Au 矿床的形成提供了重要的物质基础。

五、区域成矿规律

（一）矿床时间分布规律

吉中-延边成矿带（Ⅲ-55）内各类矿产资源丰富，自兴凯期至喜马拉雅期均有成矿，而以燕山期成矿作用最为强烈，印支期、华力西期和喜马拉雅期次之，加里东期和兴凯期成矿较为薄弱（图5-1）。此外，内生矿床和外生矿床的成矿时代具有明显差异，内生矿床数量以印支期—燕山期最多，华力西期次之，兴凯期和加里东期最少，而外生矿床主要形成于喜马拉雅期和燕山期，其他各构造期产出数量极少。

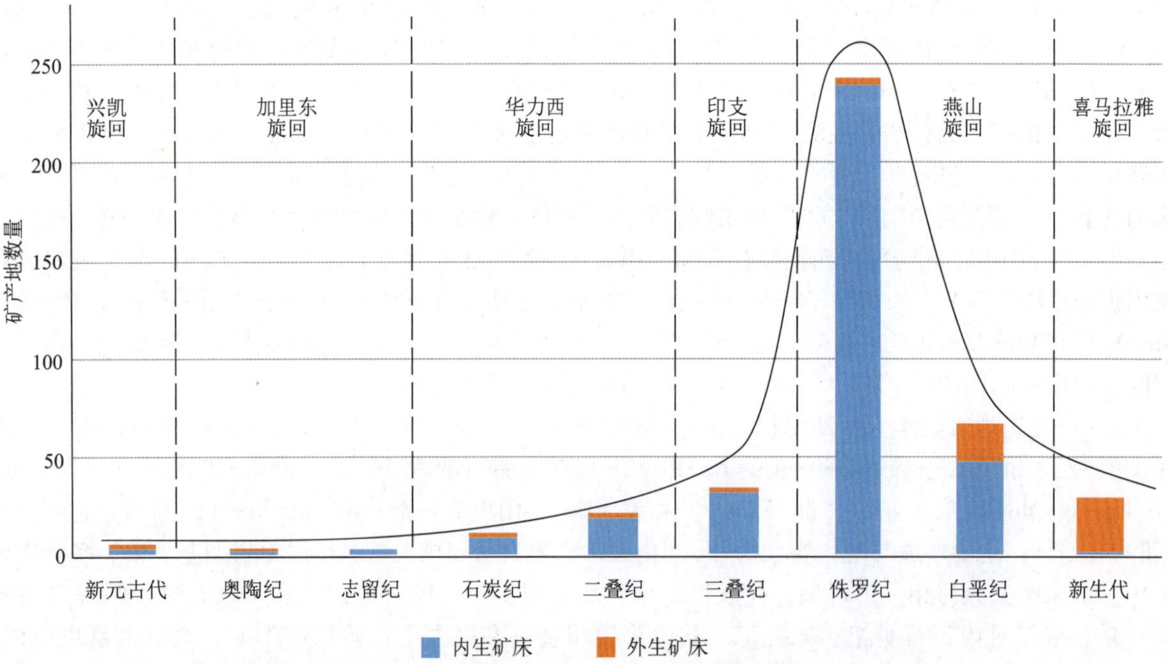

图5-1　吉中-延边成矿带（Ⅲ-55）重要矿床成矿时代结构分布图

1. 兴凯旋回

兴凯期吉中-延边成矿带处于华北板块稳定大陆边缘的中亚-蒙古洋扩张中脊的形成阶段，主要形成了一套中基性火山岩夹沉积碎屑岩和碳酸盐，夹层中含锰、磷、铁硅质沉积（类硅铁质或海相火山多金属建造），是沉积变质型铁、锰矿形成的主要时期。在大气缺氧的环境下，二价铁才可能于海水中溶解富集，为铁成矿创造条件。而中、新元古代时期的地球雪球事件（~800 Ma）导致大气短暂缺氧，为沉积变质型铁矿的形成提供有利条件（陈毓川等，2015）。成矿带内沉积变质型铁矿代表性矿床有：吉林省安图县四岔子铁矿床、磐石市西半截河铁矿床、东丰县西保安铁矿床等。

2. 加里东旋回

加里东期吉中-延边成矿带先后经历了古亚洲洋的扩张和聚合演化阶段，发育一套岛弧-弧后盆地海相火山-沉积建造，这些建造控制着成矿带内铅锌、硫铁矿等矿床的形成，如海相火山岩型的放牛沟多金属硫铁矿床；而该期形成的碳酸盐岩建造，如下二台岩群黄顶子岩组，经后期构造岩浆热事件改造，方解石等碳酸盐矿物再结晶，进而形成不同规模的水泥用大理岩矿床。此外，这些碳酸盐建造内的燧石条带、燧石结核大理岩又为成矿带变成型硅灰石矿床的形成提供了物质基础。

此外，这些火山-沉积建造富含大量的 Au、Ag、Cu、Pb、Zn 等成矿物质，是华力西期和燕山期大规模成矿所需的初始矿源层。

3. 华力西旋回

华力西期，吉中-延边成矿带处于古亚洲洋俯冲背景下的岛弧或活动大陆边缘环境。吉磐地区永吉至磐石一带为海底火山活动带，形成了细碧角斑岩建造（余富屯组）；至石炭纪末期（石嘴子组）火山活动再度加强，形成安山岩、流纹岩等火山岩；到早二叠世中酸性火山活动频繁发生，这一时期海相火山活动带来了大量金、银、铁、铜、砷等成矿物质，永吉头道川金矿床（小型）、磐石市小梨河金矿床（小型）、磐石市民主屯银矿等矿床均形成于这个时期。同期，延边盆地发育了类复理石建造及海相酸性火山碎屑岩-碳酸盐岩建造，并伴随着强烈中酸性岩浆侵位，形成了汪清县红太平小型铜矿（海相火山岩型）、天宝山矿集区立山铅锌矿（接触交代型）、天宝山矿集区新兴铅锌多金属矿（隐爆角砾岩型）、天宝山东风南山铅锌矿（海相火山岩型）等矿床。其中，红太平海相火山岩型铜多金属矿床中层状矿体内多金属硫化物 Rb-Sr 等时线年龄为 268.3±2.6 Ma，含矿火山碎屑岩的 LA-ICP-MS 锆石 U-Pb 年龄为 257~285 Ma，由此限定红太平早期的层状铜矿化发生于中二叠世（任云生等，2019）；立山矽卡岩型铅锌矿床的成矿闪长岩的 LA-ICP-MS 锆石 U-Pb 年龄为 261.0 ± 7.0 Ma（鞠楠，2013）；而新兴铅锌银矿床爆破角砾型矿石金属硫化物 Rb-Sr 等时线年龄为 259±3 Ma（MSWD=1.05）（杨群等，2018）。由此可知，天宝山矿集区内存在不同类型的晚古生代内生金属矿化作用。

此外，晚古生代头道沟-机房沟蛇绿构造混杂岩带南段残留有镁铁-超镁铁构造残留体，多个岩体发育岩浆熔离的铬铁矿化，但品位较低，规模较小，工业意义不大。付俊彧等（2018）对头道沟变质辉长岩进行 LA-ICP-MS 测年，获得加权平均年龄为 270±9 Ma，由此推断头道沟铬铁矿床形成于中二叠世。同时，延边开山屯地区亦出露有晚二叠世的岩浆型铬铁矿床。

4. 印支旋回

印支期为中国东部古亚洲洋构造域向滨太平洋构造域叠加域转换的关键时期，晚三叠世—早侏罗世早期吉中-延边成矿带处于造山后的伸展垮塌阶段，至早侏罗世晚期正式进入古太平洋板块的俯冲阶段（曹花花，2013；张超，2014；陈聪，2017）。

该时期是吉中-延边成矿带重要的成矿期，在岩石圈伸展背景下形成了一系列与晚三叠世基性、超基性岩有关的岩浆型铜镍硫化物和钒钛磁铁矿矿床，比如：吉中地区的红旗岭镍矿床、三道岗铜镍矿床、漂河川铜镍矿床等，以及延边地区的和龙市龙门山长仁镍矿床和安图县宣羊砬子钒钛磁铁矿矿点。

5. 燕山旋回

燕山期是吉中-延边成矿带成矿作用的高峰期。在古太平洋板块初始俯冲的背景下，早侏罗世时期成矿带内形成了一系列与钙碱性中酸性侵入岩相关的岩浆热液型、接触交代型和斑岩型的钼、铅锌等有色金属矿床，以天宝山-汪清地区的天宝山东风北山钼矿和夹皮沟钼矿为代表。在中侏罗世—早白垩世，形成了一系列与早、中侏罗世中酸性侵入岩浆活动有关的金、铜、钼、铅锌、铁、汞、锑、锰、白钨矿矿床，成因类型较为丰富，以斑岩型、接触交代型和岩浆热液型为主，还发育一处以官马金矿为代表的陆相火山岩型金矿。其中，金矿以岩浆热液型为主，代表性矿床为中型的松江河金矿；铜矿化规模较小，多为岩浆热液型，代表性矿床为小型的伊通县西大城号铜矿床，接触交代型次之，常伴生钨矿化，以小型的延吉市东沟铜钨矿床为代表；钼矿是本成矿带的优势矿种，以斑岩型最为重要，产出有超大型的大黑山钼矿、中型的安图县双山和刘生店钼矿等，岩浆热液型次之，以小型的桦甸市四方甸子钼矿为代表，还有少量的接触交代型钼矿，常与铅锌等矿化伴生，代表性矿床为中型的磐石市胜利屯钼铅锌矿；铁、铅锌、汞、锑、锰、钨等矿化以岩浆热液型和接触交代型为主，规模均较小。

白垩纪时期，成矿带以陆相火山活动为特点，发育一套陆相火山-次火山沉积建造，并形成了与其有关的陆相火山岩型金（银）矿，比如：汪清县刺猬沟金矿、汪清县闹枝金矿、五凤-五星山金矿、汪清东林小型金矿、龙井市石井金银矿等。此外，还发育有众多岩浆热液型金矿、铅锌矿和接触交代型铁矿、铜矿等，如中型的东辽县盈隆金矿。陆相火山喷发后快速冷却过程易于珍珠岩和沸石等矿化作用的发生，尤其营城组、久大组是区内珍珠岩和沸石矿的主要产出层位。此外，在这些陆相火山间歇期该区还接受河流、湖泊沼泽相沉积，通常伴有煤矿的形成，如辽源煤矿等。

6. 喜马拉雅旋回

喜马拉雅期是吉中-延边成矿带重要的成煤、成油期，形成众多规模不等的化学沉积型煤矿和油页岩矿床，其中油页岩矿床集中分布在桦甸地区，以中型的大城子-公郎头油页岩矿床为代表；煤炭主要产出在长春市双阳区和珲春地区。还产出有众多砂矿型金矿和独居石矿，以及生物化学沉积型硫铁矿床，如西台子硫铁矿床。此外，该时期更是建筑类材料，如硅藻土等矿产的主要形成时期，代表性矿床为高松树硅藻土矿床。

（二）矿床空间分布规律

吉中-延边成矿带内生和外生矿床在不同的Ⅳ级成矿亚带产出的数量差异较大。通过对各Ⅳ级成矿亚带内小型及以上以及重要矿点的矿床数量和成矿时代进行统计（表5-1，表5-2），确定了吉中-延边成矿带内生和外生矿床空间分布特征。

表5-1　吉中-延边成矿带主要内生矿床成矿时空域分布

构造阶段	构造-成矿旋回	成矿亚带						
		Ⅲ-55-①山门-乐山 Ag-Au-Cu-Fe-Pb-Zn-Ni 成矿亚带	Ⅲ-55-②那丹伯-一座营 Au-Mo-Ag-Pb-Zn-Cu-Ni 成矿亚带	Ⅲ-55-③山河-榆木桥子 Au-Ag-Mo-Ni-Cu-Fe-Pb-Zn 成矿亚带	Ⅲ-55-④红旗岭-漂河川 Ni-Au-Cu 成矿亚带	Ⅲ-55-⑤海沟-红太平 Au-Fe-Cu-Pb-Zn-Ag-Mo-Ni 成矿亚带	Ⅲ-55-⑥五凤-百草沟 Au-Cu-Ag-Pb-Zn-Fe 成矿亚带	Ⅲ-55-⑦天宝山-开山屯 Pb-Zn-Au-Ag-Ni-Mo-Cu-Fe 成矿亚带
太平洋演化	喜马拉雅旋回							
古太平洋演化阶段	燕山旋回	12	54	8	11	11	8	
	印支旋回	1	6	9	2			
古亚洲洋演化阶段	华力西旋回			14		3		6
	加里东旋回	1	1	1				
陆内裂谷	兴凯旋回		1		2	2		

注：表内数字表示对应成矿带内的主要矿床数量（一般指小型及以上规模矿产地）。

由表5-1可知，吉中-延边成矿带自兴凯期已有内生矿床的产出，兴凯期至加里东期内生矿床数量少，受新元古界和早古生界海相中基性火山岩-碎屑岩-碳酸盐岩残留体的分布控制，分布较为局限，零星产出在山门-乐山 Ag-Au-Cu-Fe-Pb-Zn-Ni 成矿亚带（Ⅲ-55-①）、那丹伯-一座营 Au-Mo-Ag-Pb-Zn-Cu-Ni 成矿亚带（Ⅲ-55-②）、红旗岭-漂河川 Ni-Au-Cu 成矿亚带（Ⅲ-55-④）及海沟-红太平 Au-Fe-Cu-Pb-Zn-Ag-Mo-Ni 成矿亚带（Ⅲ-55-⑤）。至华力西期，成矿带内的内生矿床数量增多，空间上也相对集中在山河-榆木桥子 Au-Ag-Mo-Ni-Cu-Fe-Pb-Zn 成矿亚带（Ⅲ-55-③）大规模产出，其次是天宝山-开山屯 Pb-Zn-Au-Ag-Ni-Mo-Cu-Fe 成矿亚带（Ⅲ-55-⑦），海沟-红太平 Au-Fe-Cu-Pb-Zn-Ag-Mo-Ni 成矿亚带（Ⅲ-55-⑤）也零星产出有华力西期内生矿床；印支期—燕山期内生矿床资源种类、数量和规模达到高峰、分布最为广泛，几乎分布在整个成矿带范围，而喜马拉雅期为内生成矿作用的空白期。总体上，从时间上，以印支期—燕山期为中心，向下或上内生矿床数量减少或消失；在空间位置上，以山河-榆木桥子 Au-Ag-Mo-Ni-Cu-Fe-Pb-Zn 成矿亚带为中心，向西和向东内生矿床数量逐渐减少。

表 5-2　吉中-延边成矿带主要外生矿床成矿时空分布

构造阶段	构造-成矿旋回	成矿亚带						
		Ⅲ-55-①山门-乐山 Ag-Au-Cu-Fe-Pb-Zn-Ni 成矿亚带	Ⅲ-55-②那丹伯-一座营 Au-Mo-Ag-Pb-Zn-Cu-Ni 成矿亚带	Ⅲ-55-③山河-榆木桥子 Au-Ag-Mo-Ni-Cu-Fe-Pb-Zn 成矿亚带	Ⅲ-55-④红旗岭-漂河川 Ni-Au-Cu 成矿亚带	Ⅲ-55-⑤海沟-红太平 Au-Fe-Cu-Pb-Zn-Ag-Mo-Ni 成矿亚带	Ⅲ-55-⑥五凤-百草沟 Au-Cu-Ag-Pb-Zn-Fe 成矿亚带	Ⅲ-55-⑦天宝山-开山屯 Pb-Zn-Au-Ag-Ni-Mo-Cu-Fe 成矿亚带
太平洋演化	喜马拉雅旋回		2		11	4	10	2
古太平洋演化阶段	燕山旋回	4	6	5	2	2	2	2
	印支旋回			2				
古亚洲洋演化阶段	华力西旋回			1				
	加里东旋回							
陆内裂谷	兴凯旋回	1			1			

注：表内数字表示对应成矿带内的主要矿床数量（一般指小型及以上规模矿产地）。

由表 5-2 可知，吉中-延边成矿带自兴凯期已有外生矿床的产出，兴凯期至华力西期外生矿床数量少，分布较为局限，零星产出在山门-乐山 Ag-Au-Cu-Fe-Pb-Zn-Ni 成矿亚带（Ⅲ-55-①）、山河-榆木桥子 Au-Ag-Mo-Ni-Cu-Fe-Pb-Zn 成矿亚带（Ⅲ-55-③）以及红旗岭-漂河川 Ni-Au-Cu 成矿亚带（Ⅲ-55-④）；印支期内生矿床数量增多，主要分布在山河-榆木桥子 Au-Ag-Mo-Ni-Cu-Fe-Pb-Zn 成矿亚带（Ⅲ-55-③）和红旗岭-漂河川 Ni-Au-Cu 成矿亚带（Ⅲ-55-④）；燕山期—喜马拉雅期是吉中-延边成矿带的外生矿床的爆发期，矿床数量急剧增加，几乎分布在整个成矿带范围。

（三）成矿演化与成矿谱系

1. 各构造旋回成矿作用类型及特点

吉中-延边成矿带先后经历了古亚洲洋、滨太平洋两大构造域，兴凯期、加里东期等 6 个构造期的构造演化，而成矿带的主要成矿作用集中于兴凯期、加里东期、华力西期、印支期、燕山期及喜马拉雅期 6 个构造期，不同构造期的成矿作用各具特色，而且叠加改造作用显著。

（1）兴凯旋回受变质型铁成矿作用

兴凯期，吉中-延边成矿带处于华北板块的被动陆缘环境，是受变质型铁矿形成的重要时期。在华北北缘被动陆缘区发育了多套含铁的海相火山-沉积建造（西保安岩组、青龙村岩群新东村岩组）、碳酸盐岩沉积建造（长仁大理岩）及酸性火山岩-钙泥质泥质沉积岩建造（江域岩组）等建造。铁元素在中基性海相火山-沉积建造中富集，形成层状、似层状、透镜状或扁豆状铁矿体。主要的矿石矿物为磁铁矿、黄铁矿、磁黄铁矿、赤铁矿、黄铜矿、方铅矿等，构成粒状变晶结构、胶状结构等矿石结构，以及稠密浸染状、条带状、网脉状等构造，代表性矿床为安图县四岔子铁矿床、安图县富尔河铁矿床、东丰县西保安含锰磷铁矿床等。

（2）加里东旋回海相火山岩型多金属成矿作用

加里东期在吉中-延边成矿带形成一系列岛弧火山-沉积建造，以及弧间（前、后）盆地沉积建造。该期岛弧火山活动带来了丰富的铁、铅锌、银、铜等成矿元素，在伊通放牛沟地区形成了海相火山岩型的放牛沟硫铁矿多金属矿床，其矿体呈似层状、脉状-透镜状。钙碱性系列火山岩和拉斑系列火山岩（盘岭岩组）和中酸性火山岩夹碳酸盐岩建造（弯月组）等岛弧火山-沉积建造，可作为后期岩浆热液型矿床的矿源层，在燕山期构造岩浆热液活动下，形成岩浆热液型或浅成中-低温热液型金、银矿床，如二道甸子金矿和四平山门银矿。而在弧间（前、后）盆地区，发育了一些碳酸盐建造夹少量陆缘碎屑岩建造，比如奥陶系黄顶子岩组、小三个顶子岩组，志留系的桃山组、椅山组和石缝组等。它们亦是成矿带各类矿产重要的矿源层，尤其是富硅的碳酸盐岩建造，经历后期岩浆热接触作用后，形成大规模的硅灰石矿床，如铁汞山硅灰石矿床，此外，还控制了大理岩、蓝晶石等非金属矿产。

（3）华力西旋回成矿作用

华力西期吉中-延边成矿带先后经历了晚志留世至石炭纪的古亚洲洋拉张以及二叠纪至中三叠世古亚洲洋消减闭合等构造演化，在晚志留世至石炭纪边缘海盆地沉积阶段形成了大量海相火山岩型金、银、铜成矿作用，至二叠纪成矿带成矿逐渐强烈，成矿作用类型以及矿种数量增加，除海相火山岩型的多金属成矿作用外，还发育了岩浆型铬铁矿化、陆相火山岩型高岭土矿化、岩浆热液型和接触交代型的多金属矿化等。

a. 华力西早期（晚志留世至石炭纪）海相火山岩型金、银、铜成矿作用

该时期吉中-延边成矿带进入边缘海盆地沉积阶段，形成一系列碳酸盐岩建造和少量的碎屑岩建造，其中碳酸盐岩建造为后期的水泥用大理岩、硅灰石矿的形成提供了物质基础。永吉和磐石地区发育的典型的海相火山岩-火山碎屑岩建造（余富屯组、石嘴子组），控制了永吉县头道川金矿、磐石市民主屯银矿、磐石市石嘴子铜矿等矿床的形成。

b. 华力西晚期（二叠纪至中三叠世）成矿作用

华力西晚期吉中-延边成矿带转入活动陆缘阶段，并大体分为两个演化阶段：二叠纪的岛弧火山喷发、弧前、弧后盆地沉积阶段以及晚二叠世至早、中三叠世的海盆萎缩、形成前陆盆地磨拉石建造阶段。

吉中-延边地区岛弧海相火山岩喷发作用带来了丰富的铅锌等成矿元素，形成了与之相关的海相火山岩型铅锌多金属矿，比如吉中地区的磐石市小红石砬子铅锌矿（层状矿体）、桦甸市新立屯铅锌矿等，以及延边地区的汪清县红太平铅锌铜矿床（层状矿体）等。弧前（后）盆地沉积建造形成了以砂岩、粉砂岩、板岩为主，夹灰岩的半深海碎屑岩夹灰岩建造，相关矿产为灰岩、高岭土及伊利石粘土矿等。

伴随着强烈的火山活动，大面积的侵入岩就位。开山屯及永吉地区发育众多中、晚二叠世镁铁、超镁铁质岩块，代表了残余洋壳，发育小规模的铬铁矿化，以永吉县芹菜沟铬铁矿点和开山屯铬铁矿床为代表。在天宝山地区，形成一系列火山弧花岗岩。与这些钙碱性的中酸性侵入岩浆活动密切相关的矿产主要体现为岩浆热液型和接触交代型的铅锌矿、铁矿等，以天宝山立山和新兴铅锌矿为代表。

（4）印支旋回成矿作用

印支期为中国东北地区的构造转换期，印支早期受强烈的岩石圈伸展作用控制，吉中-延边成矿带沿辉发河断裂等深大断裂幔源基性、超基性岩浆侵位，伴随着大规模的岩浆熔离型铜镍成矿作用，形成了众多与镁铁、超镁铁质岩石有关的铜镍硫化物矿床，如吉林省磐石市红旗岭和桦甸市漂河川镍矿床。在成矿带东部的延边地区还发育钒钛磁铁矿、磷矿点，如吉林省安图县青林子含钒钛磁铁矿点。

至印支晚期，中国东北地区已逐渐转换为古太平洋构造域演化，受其初始俯冲作用影响，一系列钙碱性中酸性侵入岩就位，并伴随着小规模的斑岩型钼矿，岩浆热液型铁、钨等多金属，接触交代型

铁、铜等多金属等成矿作用的发生，代表性矿床为吉林省汪清县夹皮沟钼矿床。

（5）燕山旋回各类成矿作用大爆发

燕山期是吉中-延边成矿带的成岩成矿爆发期，受古太平洋板块的俯冲作用影响，形成了一系列陆相火山-次火山沉积建造，并伴生多期次的侵入岩浆活动（早、中侏罗世和早白垩世）。该时期主要形成了3类矿产，其一主要是与陆相火山岩相关的金、银矿，还有沸石矿；其二主要是与强烈的岩浆侵位活动相关的斑岩型、接触交代型、岩浆热液型、浅成中-低温热液型等金、银、铅锌、铁、铜、钼等矿床，以及变成型的硅灰石等；其三，该时期还形成了陆相含煤建造，形成了众多规模不等的煤矿。

（6）喜马拉雅旋回成矿作用

晚白垩世至新近纪（100~3.3 Ma±），吉中-延边成矿带处于大陆裂谷发育阶段，以形成裂陷盆地为特征，比如：伊舒裂陷，海敦裂陷等，形成了一系列主要有含煤、油页岩等含矿建造，为区域能源矿产成矿阶段。此外，还形成有重要的化学沉积型硫铁矿矿床，以吉林省桦甸市西台子硫铁矿矿床为代表。

第四纪以来，该地区处于大陆深部变异阶段，主要形成与表生作用有关的伊利石粘土矿及与机械沉积作用有关的砂矿型金和独居石矿等。

2. 成矿作用演化特征

由上述地质构造演化和形成的成矿作用的变化规律可以看出，吉中-延边成矿带总体成矿作用演化表现出以下3个特征：

1）成矿物质由少到多：从兴凯期至喜马拉雅期，吉中-延边成矿带成矿作用的成矿物质（元素及其化合物、矿种）数量在逐步增加。由兴凯期的Fe、Mn、P、大理岩，加里东期的铅锌、硫铁矿等少数几种元素成矿，华力西期的Au、Ag、PbZn、Cu、铬铁矿、萤石、蓝晶石等几种元素和化合物成矿，发展到印支期—燕山期时的Au、Ag、PbZn、Cu、Ni、W、Mo、Fe、硅灰石、萤石、方解石、沸石、珍珠岩、粘土等几十种成矿物质。

2）成矿类型由简到繁：矿床成因类型由元古宙至新生代，由单一到复杂多样，数量在增加，不同矿床类型的叠加现象也较为普遍。元古宙时期只有沉积变质型铁锰磷矿，反映了当时成矿环境的单调和含矿建造类型的单一。随着时间的推移，成矿环境类型增多，火山热液、岩浆热液、地表水等含矿介质种类也逐渐增加，因此，在中-新生代时期，吉中-延边成矿带矿床类型已增加至近十种。例如：生物化学成因的煤、油页岩只有在显生宙以来生物大量繁衍时期，才显著增多。多成因叠加型的矿床是经过两个或以上成矿作用叠加形成的，也只有在古生代以来才大量出现。

3）含矿建造的类型影响成矿作用类型：由硅铁质绿岩建造（Fe、Au）→类硅铁质建造、海相火山沉积多金属建造（Fe、Cu、Pb、Zn）→陆源碎屑碳酸盐岩建造、（含碳质）碎屑岩-碳酸盐岩多金属建造（Pb、Zn等）→陆相火山-次火山岩建造（Au、Cu、PbZn、Mo、As多金属），这种演化愈近晚期以多金属矿为主，并且矿种多、成因复杂，成矿性愈有前景。

4）聚矿能力由弱到强：形成矿床的规模和品位是聚矿能力或成矿强度的重要识别标志，一个地质时代的成矿强度在一定程度上可以用所形成的超大型矿床的数量来衡量（姚凤良和孙丰月，2006）。吉中-延边成矿带内超大型数量较少，因此结合成矿带内中、大型矿床产出的地质时代来进行统计分析。以金矿为例，成矿带内最早的金成矿出现于华力西期，但只有少数小型金矿或矿点，至燕山期则出现大量的中型、大型金矿，体现了金成矿强度随着地质年代变新而增强。此外，一些大型、超大型金属矿床也只在燕山期产出。这样成矿强度增强的趋势与地球化学元素在地壳中经历多次循环，其浓集度提高是重要的背景因素。

3. 成矿谱系

吉中-延边成矿带的区域成矿作用经历了兴凯旋回、加里东旋回、华力西旋回、印支旋回、燕山旋回及喜马拉雅旋回 6 个构造-岩浆-成矿旋回，各旋回形成的矿床成矿系列具有跨时代传导、不连续性的演化格局。吉中-延边成矿带的区域成矿谱系图如图 5-2。

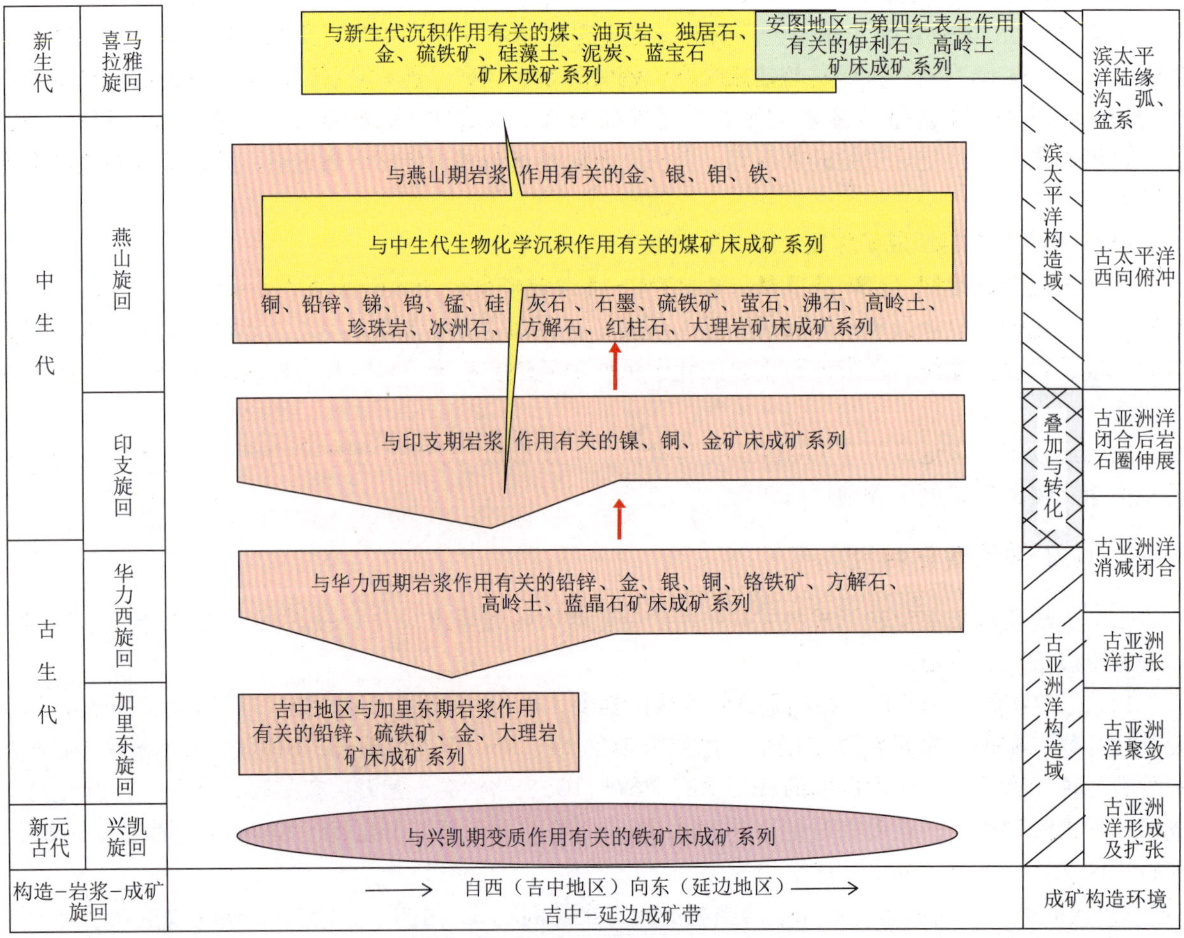

图 5-2　吉中-延边成矿带（Ⅲ-55）区域成矿谱系图

在兴凯期被动陆缘构造环境下，吉中-延边成矿带发育了一系列与变质作用有关的铁矿，如西保安铁矿床、富尔河铁矿床等。成矿均受海相火山-沉积建造控制，构成了东辽-安图地区与兴凯期变质作用有关的铁矿床成矿系列。

在加里东期活动陆缘构造环境下，吉中-延边成矿带发育了一套海相火山-碎屑岩建造。受此建造控制，成矿带西部形成了一些海相火山岩型的金、铅锌及硫铁矿矿床，构成了与加里东期岩浆作用有关的铅锌、硫铁矿、金、大理岩矿床成矿系列，代表性矿床为伊通县放牛沟铅锌硫铁矿床和弯月金矿床。

由华力西期开始，成矿带成矿元素种类逐渐增多，尤其是一些非金属矿产，而且成矿作用强度增大，至印支期—燕山期达到顶峰。根据矿产地空间分布，成矿作用范围由加里东期的成矿带西部扩展到整个成矿带。华力西期，成矿带内发育吉中-延边地区与华力西期岩浆作用有关的铅锌、金、银、铜、铬铁矿、方解石、高岭土、蓝晶石矿床成矿系列，矿床类型包括海相火山岩型、岩浆热液型、接触交代型、隐爆角砾岩型和岩浆型，代表性矿床为小红石砬子铅锌（玉石）矿床、头道沟铬铁矿床、天宝山多金属矿田、红太平铜多金属矿床等。

印支期，成矿带内形成了一系列与不同类型的岩浆作用有关的矿床，比如印支早期与基性-超基性岩有关的 Cu、Ni、含钒钛磁铁矿、磷等矿床，以红旗岭镍矿和长仁镍矿为代表；印支期与中酸性岩浆作用有关的 Au、Cu 等矿床，以汪清地区的夹皮沟钼矿床为代表；与印支期陆相火山岩密切相关的金矿床，代表性矿床为开山屯地区的寺洞金矿，与柯岛群火山碎屑岩密切相关。这些不同类型、不同成因的矿床共同构成了吉中-延边地区与印支期岩浆作用有关的镍、铜、金矿床成矿系列。此外，成矿带西部发育有晚三叠世—早侏罗世含煤河湖相碎屑岩建造，形成了一些生物化学沉积成因的煤矿，代表性矿床为磐石市烟筒山煤矿三井。

燕山期是吉中-延边成矿带大规模的成岩成矿时期，形成了一系列与不同类型岩浆作用有关的金属和非金属矿床，这些矿床共同构成了吉中-延边地区与燕山期岩浆作用有关的金、银、钼、铁、铜、铅锌、锑、钨、锰、硅灰石、石墨、硫铁矿、萤石、沸石、高岭土、珍珠岩、冰洲石、方解石、大理岩矿床成矿系列。此外，燕山期亦是成矿带重要的成煤期，在火山断陷盆地里面发育了许多含煤碎屑岩建造，尤其是河湖相碎屑岩建造内形成了工业煤层。

在喜马拉雅期盆-岭伸展拉张环境下，吉中-延边成矿带在坳陷式沉积盆地内发育沉积成矿作用，是煤、油页岩等能源矿产的主要时期。此外，还发育了众多金、硫铁矿、稀土、硅藻土、泥炭及蓝宝石等矿床。它们处于统一的成矿背景，均与不同类型的沉积作用有关，因此构成了吉中-延边地区与新生代沉积作用有关的煤、油页岩、独居石、金、硫铁矿、硅藻土、泥炭、蓝宝石矿床成矿系列。安图地区还发育了与风化作用有关的伊利石粘土矿和高岭土矿，构成了安图地区与表生作用有关的伊利石粘土和高岭土矿床成矿系列。

结　语

吉中-延边成矿带成矿规律图的编制，是在吉林省、辽宁省、黑龙江省矿产资源潜力评价项目所取得成果的基础上，再充分收集利用最新地质志、地质矿产调查评价、矿产勘查以及科研等成果，基本实现了跨黑、吉、辽三省Ⅲ级成矿带主要矿种和矿产地的全覆盖，并进行了区域成矿规律新的概况和探索，较以往研究成果更具代表性、科学性和实用性。本次工作以矿床成矿系列理论为指导，坚持创新，取得如下重要成果。

1）全面收集和核实了矿产地新资料，为科研奠定了扎实基础。矿床（点）是最基本的成矿单元，按照编图的要求，采用截至2018年年底的最新成果资料，认真核实了571处矿产地，从中优选出37个矿种和269处有代表性的矿产地（小型及以上规模和重要矿点）标注在成矿规律图上。对每个矿产地核实了矿种、地理坐标、成矿时代、规模、成矿单元和成矿系列等。

2）全面划分了矿床类型。矿床类型按照《中国矿产地质志·省级矿产地质志研编技术要求》，划分为岩浆、沉积、变质、表生四大成矿作用，共划分出13个类型，为成矿系列的厘定提供了依据。

3）按照《中国矿产地质志·省级矿产地质志研编技术要求》，首次以矿田作为Ⅴ级进行了成矿单元的划分。本次共划分出7个Ⅳ级成矿亚带和10个Ⅴ级矿田，为矿床时空分布规律研究与总结以及下一步找矿勘查部署奠定了基础。

4）全面完善与重新厘定了矿床成矿系列。根据吉中-延边成矿带的地质与成矿特征，按6大构造-岩浆-成矿旋回，重新厘定了矿床成矿系列和矿床成矿亚系列，以及相应的矿床式。本次共厘定出矿床成矿系列组合4个（岩浆、变质、沉积与表生）、矿床成矿系列8个，矿床成矿亚系列13个。这是吉中-延边成矿带最为全面的划分，并在成矿规律图上得到充分展示，深化了成矿规律认识。

希望本图的编制能对吉林省、黑龙江省和辽宁省矿产地质研究和矿产勘查工作起到一定的促进和引导作用。但由于经验和水平的不足，图件可能存在疏漏和欠妥之处，恳请批评指正，以求改进提高。

主要参考文献及资料

《中国矿床发现史·吉林卷》编委会. 1996. 中国矿床发现史·吉林卷. 北京：地质出版社，1~137.

黑龙江省区域地质调查所. 2018. 中国区域地质志·黑龙江志. 北京：地质出版社，1~2173.

吉林省地质调查院. 2013. 吉林省重要矿种区域成矿规律、矿产预测成果报告(内部资料).

吉林省地质调查院. 2023. 中国矿产地质志·吉林卷. 北京：地质出版社.

吉林省地质矿产局. 1988. 吉林省区域地质志. 北京：地质出版社，1~698.

吉林省区域地质矿产调查所. 2016. 中国区域地质志·吉林志. 北京：地质出版社.

辽宁省地质勘查院. 2017. 中国区域地质志·辽宁志. 北京：地质出版社，1~1388.

沈阳地质调查中心. 2013a. 东北地区重要矿产资源潜力预测评价及综合报告(内部资料).

沈阳地质调查中心. 2013b. 东北地区矿产资源潜力评价重磁资料应用研究成果报告(内部资料).

沈阳地质调查中心. 2015. 东北地区矿产资源潜力评价化探资料应用研究成果报告(内部资料).

中国矿产地质志项目办公室. 2016. 中国矿产地质志·省级矿产地质志研编技术要求.

中国矿产地质志项目办公室. 2016. 中国矿产地质志·省级矿产地质志研编技术要求.

曹花花. 2013. 华北板块北缘东段晚古生代—早中生代火成岩的年代学与地球化学研究. 长春：吉林大学，1~158.

柴雨，那丹妮，苏循新. 2016. 吉林省延边地区砂金地质特征. 吉林地质，35(3)：54~57.

陈聪. 2017. 延边东部晚古生代—中生代构造演化与区域成矿规律. 长春：吉林大学，1~201.

陈井胜，葛文春，陈会军，等. 2015a. 吉林永吉大黑山钼矿寄主岩体地球化学特征及其成因. 地质与资源，24(2)：93~101.

陈毓川，裴荣富，王登红，等. 2015b. 论矿床的自然分类——四论矿床的成矿系列问题. 矿床地质，34(6)：1092~1106.

陈毓川，裴荣富，王登红，等. 2016. 矿床成矿系列——五论矿床的成矿系列问题. 地球学报，37(5)：519~527.

陈毓川，裴荣富，王登红，等. 2020. 论地球系统四维成矿及矿床学研究趋向——七论矿床的成矿系列. 矿床地质，39(5)：745~753.

陈毓川，裴荣富，王登红. 2006. 三论矿床的成矿系列问题. 地质学报，(10)：17~24.

程裕淇，陈毓川，赵一鸣，等. 1979. 初论矿床的成矿系列问题. 中国地质科学院院报，1(1)：32~57.

程裕淇，陈毓川，赵一鸣. 1983. 再论矿床的成矿系列问题. 中国地质科学院院报，(6)：1~63.

迟斌，衣欣，孙洪涛. 2010. 吉林省辽源市弯月金矿成矿地质特征及矿床成因. 吉林地质，29(4)：18~22.

董耀松，范继璋，杨言辰，等. 2004. 吉林红旗岭铜镍矿床的地质特征及成因. 现代地质，18(2)：197~202.

冯光英，刘燊，冯采霞，等. 2011. 吉林红旗岭超基性岩体的锆石 U-Pb 年龄、Sr-Nd-Hf 同位素特征及岩石成因. 岩石学报，27(6)：1594~1606.

付俊彧，孙巍，汪岩，等. 2018. 吉林永吉县头道沟地区镁铁-超镁铁质岩 U-Pb 年代学研究及地质意义. 地质学报，(9)：1859~1872.

黄圭成. 1997. 闹枝金矿床与中生代火山岩系的成因关系探讨. 矿产与地质，(1)：33~39.

鞠楠. 2013. 延边天宝山矿集区立山多金属矿床的矿床成因与构造背景. 长春：吉林大学，1~50.

李碧乐，孙丰月，姚凤良. 2002. 中生代敦化-密山断裂大规模左旋平移及其对金矿床形成的控制作用. 大地构造与成矿学，26(4)：390~395.

李波. 2014. 大庆及周围地区地震地质特征及危险区划分研究. 长春：吉林大学，1~72.

李吉焱，单玄龙，马月，等. 2013. 鸭绿江断裂带吉林段含油气盆地分布及演化. 世界地质，32(1)：98~104.

李任时，杨复顶，徐曼. 2015. 吉林开山屯铬铁矿自然重砂异常及找矿指示意义. 资源与产业，(2)：90~95.

李绪俊，范文亮，汪建宇，等. 2012. 吉林省海沟金矿脉岩锆石 U-Pb 年龄及其成矿意义. 吉林大学学报(地球科学版)，42(5)：1366~1377.

李之彤，李长庚主编. 1994. 吉林磐石-双阳地区金银多金属矿床地质特征成矿条件和找矿方向. 长春：吉林科学技术出版社，1~123.

林博磊. 2013. 吉林东部闹枝金矿成矿构造背景及矿床成因研究. 长春：吉林大学，1~77.

鲁媛. 2016. 吉林省中部早侏罗世侵入岩的岩石学与地球化学. 长春：吉林大学，1~75.

逄伟. 2009. 延边地区浅成低温低硫化型金矿床的成矿模式研究. 长春：吉林大学，1~59.

齐成栋，彭玉鲸，殷长建，等. 2009. 吉林晚三叠世—早白垩世花岗岩类型与盆地演化的关系及其成矿专属性. 世界地质，28(2)：166~170.

任云生，陆思宇，侯鹤楠，等. 2019. 延边红太平铜多金属矿床的年代学研究进展. 第九届全国成矿理论与找矿方法学术讨论会论文摘要集.

任云生，牛军平，王辉，等. 2009. 吉林四平孟家岭含钨花岗岩体锆石 LA-ICP-MS 年龄及其地质意义. 矿物岩石，29(3)：100~105.

孙大中，陆松年. 1985. 中国前寒武系的划分. 中国地质科学院院报，11：17~36.

孙德有，吴福元，高山，等. 2005. 吉林中部晚三叠世和早侏罗世两期铝质 A 型花岗岩的厘定及对吉黑东部构造格局的制约. 地学前缘，12(2)：263~275.

孙德有，吴福元，张艳斌，等. 2004. 西拉木伦河-长春-延吉板块缝合带的最后闭合时间-来自吉林大玉山花岗岩体的证据. 吉林大学学报(地球科学版)，34(2)：174~182.
孙振明，任云生，鞠楠，等. 2014. 吉林延边天宝山矿集区的叠加成矿-来自同位素年代学证据. 岩石学报，30(7)：2081~2091.
汪志刚. 2012. 吉林东部中生代内生金属矿床成矿作用研究. 长春：吉林大学，1~193.
王成辉，松权衡，王登红，等. 2009. 吉林大黑山超大型钼矿辉钼矿铼-锇同位素定年及其地质意义. 岩矿测试，28(3)：269~273.
王登红，陈毓川，江彪，等. 2020. 中国三叠纪大陆成矿体系. 地学前缘，27(2)：45~59.
王枫，许文良，刘军，等. 2009. 吉林中部烟筒山早白垩世辉长闪长岩的年代学和地球化学. 世界地质，28(4)：403~414.
魏俏巧. 2015. 吉林省中东部地区晚华力西期—印支期镁铁-超镁铁质岩与铜镍成矿作用. 长春：吉林大学，1~136.
武广，朱裕生. 2016. 成矿单元内涵及级别划分的探讨. 地质论评，62(增刊)：233~234.
徐志刚，陈毓川，王登红，等. 2008. 中国成矿区带划分方案. 北京：地质出版社，71~74.
杨群，任云生，鞠楠，等. 2014. 吉林延边天宝山矿集区东风北山钼矿床流体包裹体特征与矿床成因. 地质通报，34(2-3)：523~534.
杨群，任云生，孙振明，等. 2018. 延边天宝山矿集区晚古生代岩浆-热液成矿的年代学证据-以新兴铅锌(银)矿床为例. 岩石学报，34(10)：3153~3166.
杨群. 2020. 吉中地区晚古生代—早中生代金铜多金属成矿作用与成矿规律. 长春：吉林大学，1~208.
姚常东，王嵩莉，陈慧鹏. 2010. 延边红太平多金属矿区韧性剪切带特征及其控矿作用. 吉林地质，29(2)：1~6.
姚凤良，孙丰月主编. 矿床学教程. 北京：地质出版社，1~254.
于介江，郭佳，崔培龙. 2010. 延边海沟金矿床石英流体包裹体激光探针$^{40}Ar/^{39}Ar$测年与成矿背景. 吉林大学学报(地球科学版)，40(4)：835~844.
张超. 2014. 华北板块北缘东段延边地区中生代构造演化. 长春：吉林大学，1~150.
张朋. 2014. 东北地区硫铁矿成矿特征与成矿规律分析. 现代矿业，(5)：73-75，154.
张文启，吴尚全. 1996. 吉林省二道甸子金矿床同位素地质学及矿床成因探讨. 吉林地质，(2)：31~35.
张艳斌，吴福元，李惠民，等. 2002. 吉林黄泥岭花岗岩体的单颗粒锆石 U-Pb 年龄. 岩石学报，18(4)：475~481.
张勇，孙景贵，邢树文，等. 2014. 吉林大黑山斑岩型钼矿床流体包裹体研究. 矿物岩石，34(1)：22~29.
张勇. 2013. 吉林省中东部地区侏罗纪钼矿床的地质、地球化学特征与成矿机理研究. 长春：吉林大学，1~157.
赵春荆，彭玉鲸，党增欣，等. 1996. 吉黑东部构造格架及地壳演化. 沈阳：辽宁大学出版社，1~186.
周晓东. 2009. 吉林省中东部地区下石炭统—下三叠统地层序列及构造演化. 长春：吉林大学，1~103.
Gill J B. 1987. Early Geochemical Evolution of an Oceanic Island Arc and Backarc：Fiji and the South Fiji Basin. Journal of Geology，95：589~615.
Wu F Y，Sun D Y，Ge W C，et al. 2011. Geochronology of the Phanerozoic granitoids in northeastern China. Journal of Asian Earth Sciences，41：1~30.
Wu F Y，Wilde S A，Sun D Y，et al. 2004. Geochronology and petrogenesis of post-orogenic Cu，Ni-bearing mafic-ultramafic intrusions in Jilin，NE China. Journal of Asian Earth Sciences，23：791~797.
Yang Q，Ren Y S，Li Y，et al. 2019. Age and Tectonic setting of mesothermal magmatic hydrothermal vein-Type Pb-Zn-(Ag) mineralization in the Xiaohongshilazi Deposit，Central Jilin Province，Northeast China. Resource Geology，1：70~88.

附录

主要矿产地一览表

编号	矿产地名称	主矿种	规模	矿床类型	成矿时代	成矿系列	所属成矿区带
1	吉林省汪清县春坪砂金矿床	金	小型	砂矿型	Q	Q-2-1S	Ⅲ-55-⑤
2	吉林省伊通县西大城号铜矿床	铜	小型	岩浆热液型	J_1	Mz-5-2I	Ⅲ-55-①
3	吉林省汪清县春阳双隆煤井田	煤炭	小型	生物化学沉积型	K_1	Mz-1S	Ⅲ-55-⑤
4	吉林省长春市双阳区长岭煤矿区	煤炭	小型	生物化学沉积型	K_1	Mz-1S	Ⅲ-55-③
5	吉林省长春市南关区大南乡天然矿泉水	矿泉水	中型	地下流体	Q		Ⅲ-55-①
6	吉林省长春市环碧山庄天然矿泉水	矿泉水	中型	地下流体	Q		Ⅲ-55-①
7	吉林省公主岭市刘房子煤井田	煤炭	小型	生物化学沉积型	K_2	Mz-1S	Ⅲ-55-①
8	吉林省汪清县红太平锌多金属矿床	锌	小型	海相火山岩型	P_2	Pz-2-1I	Ⅲ-55-⑤
9	吉林省汪清县天桥岭鹿圈子石墨矿床	石墨	中型	变成型	T_3	Mz-1-3I	Ⅲ-55-⑤
10	吉林省长春市双阳区食品厂天然矿泉水	矿泉水	中型	地下流体	Q		Ⅲ-55-③
11	吉林省敦化市葫芦崴子敖东玉矿点	敖东玉	矿点	接触交代型	P	Pz-1-2I	Ⅲ-55-⑤
12	吉林省长春市双阳区仙泉天然矿泉水	矿泉水	中型	地下流体	Q		Ⅲ-55-③
13	吉林省公主岭市响岭泉天然矿泉水	矿泉水	中型	地下流体	Q		Ⅲ-55-①
14	吉林省伊通县放牛沟多金属硫铁矿床	硫铁矿	中型	海相火山岩型	S	Pz-2-1I	Ⅲ-55-①
15	吉林省公主岭市四中天然矿泉水	矿泉水	中型	地下流体	Q		Ⅲ-55-①
16	吉林省伊通满族自治县莫里氧化铁矿床	松花石	小型	化学沉积型	Pt_3	Pt-1M	Ⅲ-55-①
17	吉林省永吉县头道沟硫铁矿床	硫铁矿	中型	接触交代型	J_1	Mz-1-1I	Ⅲ-55-③
18	吉林省吉林市丰满区胜利铁矿床	铁	小型	接触交代型	J_2	Mz-1-1I	Ⅲ-55-③
19	吉林省永吉县大黑山钼矿床	钼	超大型	斑岩型	J_2	Mz-1-1I	Ⅲ-55-③
20	吉林省永吉县三道沟铬铁矿点	铬铁矿	矿点	岩浆岩型	P_3	Pz-1-1I	Ⅲ-55-③
21	吉林省永吉县乱木桥沟钼矿床	钼	小型	斑岩型	J_2	Mz-1-1I	Ⅲ-55-③
22	吉林省长春市毛家村天然矿泉水	矿泉水	中型	地下流体	Q		Ⅲ-55-①
23	吉林省永吉县芹菜沟钼矿床	钼	中型	岩浆热液型	J_2	Mz-1-1I	Ⅲ-55-③
24	吉林省长春市朝阳区乐山天然矿泉水	矿泉水	中型	地下流体	Q		Ⅲ-55-①
25	吉林省永吉县头道沟铬铁矿点	铬铁矿	矿点	岩浆岩型	P_2	Pz-1-1I	Ⅲ-55-③
26	吉林省永吉县头道川金矿床	金	小型	海相火山岩型	C_2	Pz-1-4I	Ⅲ-55-③
27	吉林省敦化市龙泉天然矿泉水	矿泉水	中型	地下流体	Q		Ⅲ-55-⑤
28	吉林省桦甸市常山镇方解石矿床	方解石	中型	变成型	J_2	Mz-1-3I	Ⅲ-55-③
29	吉林省敦化市明川泉天然矿泉水	矿泉水	中型	地下流体	Q		Ⅲ-55-⑤
30	吉林省桦甸市常山铁矿床	铁	小型	接触交代型	K_1	Mz1-1I	Ⅲ-55-③
31	吉林省蛟河市中大天然矿泉水	矿泉水	中型	地下流体	Q		Ⅲ-55-③
32	吉林省长春市双阳区二道煤矿区	煤炭	小型	生物化学沉积型	J_2	Mz-1S	Ⅲ-55-③
34	吉林省长春市双阳区姜家沟煤矿区	煤炭	小型	生物化学沉积型	T_3	Mz-1S	Ⅲ-55-③
35	吉林省敦化市玉泉天然矿泉水	矿泉水	中型	地下流体	Q		Ⅲ-55-⑤
36	吉林省桦甸市常山镇下玉兴锌铜矿床	锌	小型	接触交代型	J_2	Mz-1-1I	Ⅲ-55-③
37	吉林省公主岭市二十家子煤井田	煤炭	小型	生物化学沉积型	K_1	Mz-1S	Ⅲ-55-①
38	吉林省永吉县朝阳堡铜矿床	铜	小型	岩浆热液型	K_1	Mz-1-1I	Ⅲ-55-③
39	吉林省磐石市碱场沸石矿床	沸石	小型	陆相火山岩型	J_3	Mz-1-2I	Ⅲ-55-③
40	吉林省长春市双阳区大青山铁矿床	铁	小型	接触交代型	K_1	Mz-1-1I	Ⅲ-55-③

续表

编号	矿产地名称	主矿种	规模	矿床类型	成矿时代	成矿系列	所属成矿区带
41	吉林省长春市双阳区山河金矿床	金	小型	岩浆热液型	K_1	Mz-1-1I	Ⅲ-55-③
42	吉林省磐石市小梨河金矿床	金	小型	海相火山岩型	C_2	Pz-1-4I	Ⅲ-55-③
43	吉林省长春市双阳区八面石煤井田	煤炭	小型	生物化学沉积型	T_3	Mz-1S	Ⅲ-55-③
44	吉林省长春市双阳区太阳岭煤矿区	煤炭	小型	生物化学沉积型	K_1	Mz-1S	Ⅲ-55-③
45	吉林省长春市双阳区太平将军岭天然矿泉水	矿泉水	中型	地下流体	Q		Ⅲ-55-③
46	吉林省桦甸市双杨树钼矿床	钼	大型	斑岩型	J_2	Mz-1-1I	Ⅲ-55-③
47	吉林省桦甸市新立屯铅锌矿床	锌	小型	海相火山岩型	P_2	Pz-1-4I	Ⅲ-55-③
48	吉林省永吉县向阳铜矿床	铜	小型	岩浆热液型	T_3	Mz-2-2I	Ⅲ-55-③
49	吉林省桦甸市地局子铅锌矿床	锌	小型	岩浆热液型	P_2	Pz-1-4I	Ⅲ-55-③
50	吉林省汪清县夹皮沟钼矿床	钼	小型	斑岩型	J_1	Mz-1-1I	Ⅲ-55-⑥
51	吉林省磐石市烟筒山镇萤石矿床	萤石	小型	岩浆热液型	J_1	Mz-1-1I	Ⅲ-55-③
52	吉林省磐石市石棚腰砷多金属矿点	砷	矿点	岩浆热液型	K_1	Mz-1-1I	Ⅲ-55-③
53	吉林省磐石市民主屯银矿床	银	小型	海相火山岩型	C_2	Pz-1-4I	Ⅲ-55-③
54	吉林省桦甸市二道林子铜矿床	铜	小型	岩浆热液型	J_2	Mz-1-1I	Ⅲ-55-③
55	吉林省汪清县尖山天然矿泉水	矿泉水	中型	地下流体	Q		Ⅲ-55-⑥
56	吉林省磐石市烟筒山煤井田	煤炭	小型	生物化学沉积型	J_1	Mz-1S	Ⅲ-55-③
57	吉林省桦甸市四方甸子钼矿床	钼	小型	岩浆热液型	J_1	Mz-1-1I	Ⅲ-55-③
58	吉林省长春市双阳区土顶子天然矿泉水	矿泉水	中型	地下流体	Q		Ⅲ-55-③
59	吉林省桦甸市东沟钼矿床	钼	小型	岩浆热液型	J_1	Mz-1-1I	Ⅲ-55-③
60	吉林省磐石市烟筒山镇仙人洞村石墨矿床	石墨	小型	变成型	J_2	Mz-1-3I	Ⅲ-55-③
61	吉林省磐石市烟筒山镇石墨矿床	石墨	小型	变成型	J_2	Mz-1-3I	Ⅲ-55-③
62	吉林省汪清县南沙金沟砂金矿床	金	小型	砂矿型	Q	Cz-1-1S	Ⅲ-55-⑥
63	吉林省敦化市六顶山天然矿泉水	矿泉水	中型	地下流体	Q		Ⅲ-55-⑤
64	吉林省磐石市烟筒山镇金忠石墨矿床	石墨	小型	变成型	J_2	Mz-1-3I	Ⅲ-55-③
65	吉林省磐石市烟筒山镇兴华石墨矿床	石墨	小型	变成型	J_2	Mz-1-3I	Ⅲ-55-③
66	吉林省磐石市烟筒山镇紫坤石墨矿床	石墨	小型	变成型	J_2	Mz-1-3I	Ⅲ-55-③
67	吉林省梨树县大顶子山铅锌铜矿床	锌	小型	接触交代型	J_2	Mz-1-1I	Ⅲ-55-①
68	吉林省伊通大孤山油页岩矿床	油页岩	矿点	生物化学沉积型	E	Cz-1-2S	Ⅲ-55-②
69	吉林省伊通县二道岭金矿床	金	小型	岩浆热液型	J_3	Mz-1-1I	Ⅲ-55-②
70	吉林省梨树县前马家油房硅灰石矿床	硅灰石	大型	变成型	J_2	Mz-1-3I	Ⅲ-55-①
71	吉林省桦甸市桦树乡锑矿床	锑	小型	岩浆热液型	J_1	Mz-1-1I	Ⅲ-55-③
72	吉林省磐石市石墨矿床	石墨	中型	变成型	J_2	Mz-1-3I	Ⅲ-55-③
73	吉林省磐石市长崴子硅灰石矿床	硅灰石	大型	变成型	J_2	Mz-1-3I	Ⅲ-55-③
74	吉林省梨树县太阳沟铁矿床	铁	小型	接触交代型	J_2	Mz-1-1I	Ⅲ-55-①
75	吉林省伊通县龙王庙金矿床	金	小型	岩浆热液型	J_3	Mz-1-1I	Ⅲ-55-②
76	吉林省汪清县刺猬沟金矿床（典型矿床）	金	小型	陆相火山岩型	J_3	Mz-1-2I	Ⅲ-55-⑥
77	吉林省梨树县大顶山硅灰石矿床	硅灰石	中型	变成型	J_2	Mz-1-3I	Ⅲ-55-①
78	吉林省桦甸市横道河子兴隆屯金砷矿床	金	小型	岩浆热液型	J_2	Mz-1-1I	Ⅲ-55-③
79	吉林省延吉市三道煤矿区	煤炭	小型	生物化学沉积型	K_1	Mz-1S	Ⅲ-55-⑥
80	吉林省梨树县孟家岭硅灰石矿床	硅灰石	小型	变成型	J_2	Mz-1-3I	Ⅲ-55-①

续表

编号	矿产地名称	主矿种	规模	矿床类型	成矿时代	成矿系列	所属成矿区带
81	吉林省四平市伊通县大孤山煤井田	煤炭	小型	生物化学沉积型	E	Cz-1-1S	Ⅲ-55-②
82	吉林省桦甸市兴隆钼矿床	钼	小型	岩浆热液型	J_2	Mz-1-1I	Ⅲ-55-③
83	吉林省蛟河市漂河川镍矿床	镍	小型	岩浆岩型	T_3	Mz-2-1I	Ⅲ-55-④
84	吉林省梨树县铁汞山硅灰石矿床	硅灰石	超大型	变成型	J_2	Mz-1-3I	Ⅲ-55-①
85	吉林省四平市梨树县孟家岭煤矿	煤炭	小型	生物化学沉积型	K_1	Mz-1S	Ⅲ-55-①
86	吉林省四平市三家子白钨矿床	钨	小型	接触交代型	J_2	Mz-1-1I	Ⅲ-55-①
87	吉林省磐石市长崴子乡吗哈啦硅灰石矿床	硅灰石	小型	变成型	J_2	Mz-1-3I	Ⅲ-55-③
88	吉林省磐石市长崴子乡三泉西硅灰石矿床	硅灰石	小型	变成型	J_2	Mz-1-3I	Ⅲ-55-③
89	吉林省桦甸市漂河川115号岩体镍矿床	镍	小型	岩浆岩型	T_3	Mz-2-1I	Ⅲ-55-④
90	吉林省磐石市孟家硅灰石矿床	硅灰石	小型	变成型	J_2	Mz-1-3I	Ⅲ-55-③
91	吉林省磐石市长崴子片石流硅灰石矿床	硅灰石	小型	变成型	J_2	Mz-1-3I	Ⅲ-55-③
92	吉林省磐石市后倒木钼矿床	钼	中型	岩浆热液型	J_2	Mz-1-1I	Ⅲ-55-③
93	吉林省延吉市三道沟铜矿床	铜	小型	接触交代型	J_1	Mz-1-1I	Ⅲ-55-⑥
94	吉林省四平市仙马泉天然矿泉水	矿泉水	中型	地下流体	Q		Ⅲ-55-①
95	吉林省桦甸市大秃顶子金锑矿床	金	中型	岩浆热液型	J_1	Mz-1-1I	Ⅲ-55-④
96	吉林省桦甸市漂河川120号岩体镍铜矿床	镍	矿点	岩浆岩型	T_3	Mz-2-1I	Ⅲ-55-④
97	吉林省延吉市东沟铜钨矿床	铜	小型	接触交代型	J_1	Mz-1-1I	Ⅲ-55-⑥
98	吉林省桦甸市蜂蜜顶子铁矿床	铁	小型	岩浆热液型	J_1	Mz-1-1I	Ⅲ-55-③
99	吉林省磐石市董家铁矿床	铁	小型	接触交代型	J_2	Mz-1-1I	Ⅲ-55-③
100	吉林省桦甸市晓辉锑矿床	锑	小型	岩浆热液型	J_1	Mz-1-1I	Ⅲ-55-④
101	吉林省伊通县新立屯钼矿床	钼	小型	岩浆热液型	J_2	Mz-1-1I	Ⅲ-55-②
102	吉林省东丰县鹿圈山硅灰石矿床	硅灰石	小型	变成型	J_2	Mz-1-3I	Ⅲ-55-②
103	吉林省磐石市明城镇萤石矿床	萤石	小型	岩浆热液型	J_1	Mz-1-1I	Ⅲ-55-③
104	吉林省磐石市官马金矿床	金	小型	陆相火山岩型	J_1	Mz-1-2I	Ⅲ-55-③
105	吉林省汪清县闹枝金矿床	金	小型	陆相火山岩型	K_1	Mz-1-2I	Ⅲ-55-⑥
106	吉林省四平市植油厂天然矿泉水	矿泉水	中型	地下流体	Q		Ⅲ-55-①
107	吉林省汪清县闹枝沸石矿床	沸石	小型	陆相火山岩型	J_2	Mz-1-2I	Ⅲ-55-⑥
108	吉林省敦化市榆树川铁矿床	铁	小型	接触交代型	K_1	Mz-1-1I	Ⅲ-55-⑤
109	吉林省桦甸市二道甸子金矿床	金	大型	岩浆热液型	K_1	Mz-1-1I	Ⅲ-55-④
110	吉林省磐石市三合屯锑矿床	锑	小型	岩浆热液型	T_3	Mz-2-2I	Ⅲ-55-③
111	吉林省桦甸市二道甸子红柱石矿床	红柱石	小型	变成型	J_2	Mz-1-3I	Ⅲ-55-④
112	吉林省桦甸市暖木条子锰矿床	锰	小型	岩浆热液型	J	Mz-1-1I	Ⅲ-55-③
113	吉林省桦甸市榆木桥子煤井田	煤炭	小型	生物化学沉积型	K_1	Mz-1S	Ⅲ-55-③
114	吉林省磐石市明城镇南梨树萤石矿床	萤石	小型	岩浆热液型	C_1	Pz-1-2I	Ⅲ-55-③
115	吉林省敦化市榆树川煤井田	煤炭	小型	生物化学沉积型	K_1	Mz-1S	Ⅲ-55-⑤
116	吉林省磐石市新立铁矿床	铁	小型	接触交代型	J_2	Mz-1-1I	Ⅲ-55-③
117	吉林省磐石市砖庙村天生铁矿床	铁	小型	接触交代型	J_2	Mz-1-1I	Ⅲ-55-③
118	吉林省磐石市样子沟方解石矿床	方解石	大型	变成型	J_2	Mz-1-3I	Ⅲ-55-③
119	吉林省四平市南山天然矿泉水	矿泉水	中型	地下流体	Q		Ⅲ-55-①
120	吉林省磐石市七间房铁矿床	铁	小型	接触交代型	J_2	Mz-1-1I	Ⅲ-55-③

续表

编号	矿产地名称	主矿种	规模	矿床类型	成矿时代	成矿系列	所属成矿区带
121	吉林省磐石市吉昌铁矿床	铁	小型	接触交代型	J_2	Mz-1-1I	Ⅲ-55-③
122	吉林省磐石市烟筒山镇粗榆金矿床	金	中型	岩浆热液型	J_1	Mz-1-1I	Ⅲ-55-③
123	吉林省磐石市金坑铁矿床	铁	小型	接触交代型	J_2	Mz-1-1I	Ⅲ-55-③
124	吉林省四平市铁东区铁路天然矿泉水	矿泉水	中型	地下流体	Q		Ⅲ-55-①
125	吉林省汪清县棉田铅锌矿床	铅	小型	接触交代型	K_1	Mz-1-1I	Ⅲ-55-⑥
126	吉林省安图县双山钼矿床	钼	中型	斑岩型	J_2	Mz-1-1I	Ⅲ-55-⑤
127	吉林省磐石市吉昌汞洞铁矿床	铁	小型	接触交代型	J_2	Mz-1-1I	Ⅲ-55-③
128	吉林省磐石市西错草硅灰石矿床	硅灰石	小型	变成型	J_2	Mz-1-3I	Ⅲ-55-③
129	吉林省磐石市民主铁矿床	铁	小型	接触交代型	J_2	Mz-1-1I	Ⅲ-55-③
130	吉林省安图县三岔子铁矿床	铁	小型	接触交代型	J_1	Mz-1-1I	Ⅲ-55-⑤
131	吉林省磐石市老爷岭银矿床	银	小型	岩浆热液型	J_3	Mz-1-1I	Ⅲ-55-③
132	吉林省安图县乐园硅灰石矿床	硅灰石	中型	变成型	J_2	Mz-1-3I	Ⅲ-55-⑥
133	吉林省四平市山门实验林场天然矿泉水	矿泉水	中型	地下流体	Q		Ⅲ-55-①
134	吉林省磐石市明城镇双发方解石矿床	方解石	中型	变成型	J_2	Mz-1-1I	Ⅲ-55-③
135	吉林省磐石市石咀镇鑫盛方解石矿床	方解石	小型	变成型	J_2	Mz-1-1I	Ⅲ-55-③
136	吉林省桦甸市二道甸子木箕河砂金矿床	金	小型	砂矿型	Q	Cz-1-1S	Ⅲ-55-④
137	吉林省桦甸市辉发河蓝宝石矿床	蓝宝石	小型	砂矿型	Q	Cz-1-1S	Ⅲ-55-④
138	吉林省磐石市新立屯高岭土矿床	高岭土	超大型	陆相火山岩型	J_{1-2}	Mz-1-2I	Ⅲ-55-③
139	吉林省磐石市南错草硅灰石矿床	硅灰石	大型	变成型	J_2	Mz-1-3I	Ⅲ-55-③
140	吉林省磐石市驿马镇硅灰石矿床	硅灰石	小型	变成型	J_2	Mz-1-3I	Ⅲ-55-③
141	吉林省四平市山门天然矿泉水	矿泉水	中型	地下流体	Q		Ⅲ-55-①
142	吉林省磐石市石嘴子铜矿床	铜	小型	海相火山岩型	C—P	Pz-1-4I	Ⅲ-55-③
143	吉林省桦甸市李大屯（稗子沟）硅灰石矿床	硅灰石	小型	变成型	J_2	Mz-1-3I	Ⅲ-55-④
144	吉林省四平市山门镍矿床	镍	小型	岩浆岩型	T_3	Mz-2-1I	Ⅲ-55-①
145	吉林省龙井市海沟八道五凤-五星山金矿床	金	小型	陆相火山岩型	K_1	Mz-1-2I	Ⅲ-55-⑥
146	吉林省磐石市宏峰方解石矿床	方解石	小型	岩浆热液型	J_2	Mz-1-1I	Ⅲ-55-③
147	吉林省磐石市小红石砬子（玉石）铅锌矿床	玉石	—	海相火山岩型	P_1	Pz-1-4I	Ⅲ-55-③
148	吉林省磐石市孤山村方解石矿床	方解石	小型	变成型	J_2	Mz-1-1I	Ⅲ-55-③
149	吉林省安图县双桥沟伊利石粘土矿床	粘土	大型	风化型	Q	Q-1F	Ⅲ-55-⑤
150	吉林省桦甸市火龙岭钼矿床	钼	小型	接触交代型	J_1	Mz-1-1I	Ⅲ-55-④
151	吉林省图们市凉水煤矿区	煤炭	小型	生物化学沉积型	E	Cz-1-2S	Ⅲ-55-⑥
152	吉林省桦甸市沙金屯砂金矿床	金	小型	砂矿型	Q	Cz-1-1S	Ⅲ-55-④
153	吉林省东辽县盈隆金矿床	金	中型	岩浆热液型	K_1	Mz-1-1I	Ⅲ-55-②
154	吉林省东辽县弯月铅锌矿床	铅	小型	岩浆热液型	K_1	Mz-1-1I	Ⅲ-55-②
155	吉林省东辽县弯月东山金矿床	金	小型	海相火山岩型	S	Pz-2-1I	Ⅲ-55-②
156	吉林省桦甸市于家屯金矿床	金	小型	岩浆热液型	J_1	Mz-1-1I	Ⅲ-55-④
157	吉林省辽源市大水缸煤井田	煤炭	小型	生物化学沉积型	K_2	Mz-1S	Ⅲ-55-②
158	吉林省安图县刘生店钼矿床	钼	中型	斑岩型	J_2	Mz-1-1I	Ⅲ-55-⑤
159	吉林省敦化市小蒲柴河铁矿床	铁	小型	接触交代型	J_2	Mz-1-1I	Ⅲ-55-⑤
160	吉林省磐石市三道岗镍矿床	镍	小型	岩浆岩型	T_3	Mz-2-1I	Ⅲ-55-③

续表

编号	矿产地名称	主矿种	规模	矿床类型	成矿时代	成矿系列	所属成矿区带
161	吉林省磐石市石咀方解石矿床	方解石	中型	岩浆热液型	J_2	Mz-1-1I	Ⅲ-55-③
162	吉林省磐石市乱泥屯蓝晶石矿床	蓝晶石	小型	变成型	J_2	Mz-1-3I	Ⅲ-55-③
163	吉林省四平市山门银金矿床	银	大型	岩浆热液型	K_1	Mz-1-1I	Ⅲ-55-①
164	吉林省辽源市东辽县野猪沟煤井田	煤炭	小型	生物化学沉积型	K_1	Mz-1S	Ⅲ-55-②
165	吉林省图们市碧水铅锌矿床	铅	小型	接触交代型	J_1	Mz-1-1I	Ⅲ-55-⑥
166	吉林省桦甸市大城子-公郎头油页岩矿床	油页岩	中型	生物化学沉积型	E	Cz-1-2S	Ⅲ-55-④
167	吉林省磐石市方解石矿床	方解石	小型	岩浆热液型	J_2	Mz-1-1I	Ⅲ-55-③
168	吉林省桦甸市西台子硫铁矿床	硫铁矿	中型	生物化学沉积型	E	Cz-1-2S	Ⅲ-55-④
169	吉林省图们市碧水水泥用大理岩矿床	大理岩	大型	变成型	J_2	Mz-1-3I	Ⅲ-55-⑥
170	吉林省安图县神仙洞铁锌矿床	铁	小型	接触交代型	J_1	Mz-1-1I	Ⅲ-55-⑦
171	吉林省桦甸市富源煤井田	煤炭	小型	生物化学沉积型	E	Cz-1-2S	Ⅲ-55-④
172	吉林省桦甸市柳树河太平屯砂金矿床	金	小型	砂矿型	Q	Cz-1-1S	Ⅲ-55-④
173	吉林省桦甸市庙岭油页岩矿床	油页岩	小型	生物化学沉积型	E	Cz-1-2S	Ⅲ-55-④
174	吉林省磐石市西半截河铁矿床	铁	小型	受变质型	Pt_3	Pt-1M	Ⅲ-55-④
175	吉林省磐石市胜利屯钼铅锌矿床	钼	中型	接触交代型	J_2	Mz-1-1I	Ⅲ-55-④
176	吉林省磐石市富太高岭土矿床	高岭土	小型	陆相火山岩型	P	Pz-1-3I	Ⅲ-55-③
177	吉林省敦化市迎风沟汞矿床	汞	小型	岩浆热液型	J_2	Mz-1-1I	Ⅲ-55-⑤
178	吉林省龙井市天宝山东风坑北山钼矿床	钼	小型	斑岩型	J_1	Mz-1-1I	Ⅲ-55-⑦
179	吉林省珲春市珲春煤田三道岭煤井田	煤炭	小型	生物化学沉积型	E	Cz-2-2S	Ⅲ-55-⑥
180	吉林省桦甸市北台子油页岩矿床	油页岩	小型	生物化学沉积型	E	Cz-1-2S	Ⅲ-55-④
181	吉林省龙井市天宝山矿田东风坑铅锌矿床	锌	中型	海相火山岩型	P_2	Pz-1-2I	Ⅲ-55-⑦
182	吉林省龙井市天宝山矿田立山-新兴矿区铅锌矿床	锌	中型	接触交代型	P_{2-3}	Pz-1-2I	Ⅲ-55-⑦
183	吉林省辽源市西安煤矿区	煤炭	小型	生物化学沉积型	K_1	Mz-1S	Ⅲ-55-②
184	吉林省辽源市东辽县金岗煤矿区	煤炭	小型	生物化学沉积型	K_1	Mz-1S	Ⅲ-55-②
185	吉林省龙井市老头沟煤矿区	煤炭	小型	生物化学沉积型	K_1	Mz-1S	Ⅲ-55-⑦
186	吉林省敦化市马圈子（浪柴河）锰矿床	锰	小型	接触交代型	J	Mz-1-1I	Ⅲ-55-②
187	吉林省磐石市铁汞山钨多金属矿床	钨	小型	接触交代型	J_2	Mz-1-1I	Ⅲ-55-③
188	吉林省珲春市珲春煤田骆驼河子煤井田	煤炭	大型	生物化学沉积型	E	Cz-1-2S	Ⅲ-55-⑥
189	吉林省磐石市兴隆沟金银矿床	金	小型	岩浆热液型	J_2	Mz-1-1I	Ⅲ-55-③
190	吉林省磐石市红旗岭镍矿床	镍	中型	岩浆岩型	T_3	Mz-2-1I	Ⅲ-55-④
191	吉林省磐石市红旗岭矿区大岭镍矿床（1 号岩体）	镍	中型	岩浆岩型	T_3	Mz-2-1I	Ⅲ-55-④
192	吉林省磐石市黄瓜营砂金矿床	金	小型	砂矿型	Q	Cz-1-1S	Ⅲ-55-④
193	吉林省桦甸市五道沟煤矿区	煤炭	小型	生物化学沉积型	K_1	Mz-1S	Ⅲ-55-④
194	吉林省安图县万宝镇矿山屯锑矿床	锑	中型	岩浆热液型	J_2	Mz-1-1I	Ⅲ-55-②
195	吉林省珲春市珲春煤田英安煤矿区	煤炭	中型	生物化学沉积型	E	Cz-2-2S	Ⅲ-55-⑥
196	吉林省磐石市茶尖岭新 6 号岩体镍矿床	镍	小型	岩浆岩型	T_3	Mz-2-1I	Ⅲ-55-④
197	吉林省磐石市红旗岭矿区富家镍矿床（7 号岩体）	镍	大型	岩浆岩型	T_3	Mz-2-1I	Ⅲ-55-④
198	吉林省辽源市东辽县平岗煤矿区	煤炭	小型	生物化学沉积型	K_1	Mz-1S	Ⅲ-55-②
199	吉林省安图县古洞河十骑街砂金矿床	金	小型	砂矿型	Q	Cz-1-1S	Ⅲ-55-⑦
200	吉林省珲春市珲春煤田五家子煤井田	煤炭	小型	生物化学沉积型	E	Cz-1-2S	Ⅲ-55-⑥

续表

编号	矿产地名称	主矿种	规模	矿床类型	成矿时代	成矿系列	所属成矿区带
201	吉林省东丰县西保安铁矿床	铁	小型	受变质型	Pt_3	Pt-1M	Ⅲ-55-②
202	吉林省梅河口市一座营钼矿床	钼	小型	斑岩型	J_2	Mz-1-1I	Ⅲ-55-②
203	吉林省磐石市茶尖岭1、10、6号岩体镍矿床	镍	小型	岩浆岩型	T_3	Mz-2-1I	Ⅲ-55-④
204	吉林省龙井市石井金银矿床	金	小型	陆相火山岩型	K_1	Mz-1-2I	Ⅲ-55-⑦
205	吉林省辽源市东辽县辽河源煤矿区	煤炭	小型	生物化学沉积型	K_1	Mz-1S	Ⅲ-55-②
206	吉林省珲春市珲春煤田城西煤矿	煤炭	大型	生物化学沉积型	E	Cz-1-2S	Ⅲ-55-⑥
207	吉林省磐石市茶尖岭9号岩体镍矿床	镍	小型	岩浆岩型	T_3	Mz-2-1I	Ⅲ-55-④
208	吉林省龙井市酒厂天然矿泉水	矿泉水	中型	地下流体	Q		Ⅲ-55-⑦
209	吉林省珲春市珲春煤田八连城煤矿	煤炭	大型	生物化学沉积型	E	Cz-1-2S	Ⅲ-55-⑥
210	吉林省安图县东清独居石砂矿床	独居石	中型	砂矿型	Q	Cz-1-1S	Ⅲ-55-⑤
211	吉林省龙井市细鳞河硅灰石矿床	硅灰石	超大型	变成型	J_2	Mz-1-3I	Ⅲ-55-⑦
212	吉林省磐石市陈家屯砂金矿床	金	小型	砂矿型	Q	Cz-1-1S	Ⅲ-55-④
213	吉林省和龙市仲里白钨矿床	钨	小型	接触交代型	J_1	Mz-1-1I	Ⅲ-55-⑦
214	吉林省和龙市白石洞铁矿床	铁	小型	接触交代型	J_2	Mz-1-1I	Ⅲ-55-⑦
215	吉林省东辽县安恕沸石矿床	沸石	小型	陆相火山岩型	J_2	Mz-1-2I	Ⅲ-55-②
216	吉林省磐石市茶条铁矿床	铁	小型	受变质型	Pt_3	Pt-1M	Ⅲ-55-④
217	吉林省敦化市松江河金矿床	金	中型	岩浆热液型	J_2	Mz-1-1I	Ⅲ-55-⑤
218	吉林省和龙市龙门乡长仁镍矿床	镍	中型	岩浆热液型	T_3	Mz-2-1I	Ⅲ-55-⑦
219	吉林省磐石市黑石镇富有煤井田	煤炭	小型	生物化学沉积型	J_1	Mz-1S	Ⅲ-55-④
220	吉林省珲春市珲春煤田板石深部区	煤炭	中型	生物化学沉积型	E	Cz-1-2S	Ⅲ-55-⑥
221	吉林省珲春市珲春煤田板石一矿	煤炭	大型	生物化学沉积型	E	Cz-1-2S	Ⅲ-55-⑥
222	吉林省龙井市小窑煤井田	煤炭	小型	生物化学沉积型	E	Cz-1-2S	Ⅲ-55-⑦
223	吉林省和龙市青龙村冰洲石矿床	冰洲石	中型	岩浆热液型	J_1	Mz-1-1I	Ⅲ-55-⑦
224	吉林省安图县四岔子铁矿床	铁	中型	受变质型	Pt_3	Pt-1M	Ⅲ-55-⑤
225	吉林省安图县富尔河铁矿床	铁	小型	受变质型	Pt_3	Pt-1M	Ⅲ-55-⑤
226	吉林省安图县海沟金矿床	金	大型	岩浆热液型	K_1	Mz-1-1I	Ⅲ-55-⑤
227	吉林省和龙市柳水坪镍矿床	镍	小型	岩浆岩型	T_3	Mz-2-1I	Ⅲ-55-⑦
228	吉林省和龙市东城石泉洞天然矿泉水	矿泉水	中型	地下流体	Q		Ⅲ-55-⑦
229	吉林省安图县石人沟砂金矿床	金	小型	砂矿型	Q	Cz-1-2S	Ⅲ-55-⑤
230	吉林省龙井市龙井天然矿泉水	矿泉水	中型	地下流体	Q		Ⅲ-55-⑦
231	吉林省安图县煤矿区	煤炭	小型	生物化学沉积型	K_1	Mz-1S	Ⅲ-55-⑤
232	吉林省龙井市伊泉天然矿泉水	矿泉水	中型	地下流体	Q		Ⅲ-55-⑦
233	吉林省龙井市伊泉铁矿床	铁	小型	接触交代型	P_3	Pz-1-2I	Ⅲ-55-⑦
234	吉林省龙井市开山屯寺洞金矿床	金	小型	陆相火山岩型	T_1	Mz-2-3I	Ⅲ-55-⑦
235	吉林省龙井市开山屯金谷山-后底洞金矿床	金	小型	陆相火山岩型	T_1	Mz-2-3I	Ⅲ-55-⑦
236	吉林省龙井市开山屯铬铁矿床	铬铁矿	小型	岩浆岩型	P_3	Pz-1-1I	Ⅲ-55-⑦
237	吉林省龙井市勇新煤井田	煤炭	小型	生物化学沉积型	K_1	Mz-1S	Ⅲ-55-⑦
238	吉林省龙井市三合煤矿区	煤炭	小型	生物化学沉积型	E	Cz-1-2S	Ⅲ-55-⑦
239	吉林省敦化市高松树硅藻土矿床	硅藻土	中型	生物化学沉积型	N_1	Cz-1-2S	Ⅲ-55-⑤
240	黑龙江省宁安市镜泊湖乡地热田	地热	大型		K		Ⅲ-55-⑤

续表

编号	矿产地名称	主矿种	规模	矿床类型	成矿时代	成矿系列	所属成矿区带
241	黑龙江省牡丹江市江山娇林场地热田	地热	小型		K		Ⅲ-55-⑤
242	黑龙江省宁安市金家屯泥炭矿床	泥炭	小型	生物化学沉积型	Q	Cz-1-2S	Ⅲ-55-⑤
243	黑龙江省宁安市四道河子金矿床	金	小型	接触交代型	P_2	Pz-1-2I	Ⅲ-55-⑤
244	辽宁省西丰县平岗乡凌云钼矿床	钼	小型	热液型	J_2	Mz-1-1I	Ⅲ-55-②
245	辽宁省昌图县下二台乡石墨矿床	石墨	矿点	接触交代型	J_2	Mz-1-1I	Ⅲ-55-①
246	辽宁省铁岭市昌图县小泉头石灰石矿床	大理岩	大型	变成型	J_3	Mz-1-3I	Ⅲ-55-①
247	辽宁省铁岭市西丰县五道沟煤矿	煤炭	小型	生物化学沉积型	K_1	Mz-1S	Ⅲ-55-②
248	辽宁省铁岭市开原市放牛沟井田老君山煤矿	煤炭	小型	生物化学沉积型	K_1	Mz-1S	Ⅲ-55-①
249	辽宁省西丰更刻珍珠岩矿床	珍珠岩	小型	陆相火山岩型	J_3	Mz-1-2I	Ⅲ-55-②
250	吉林省四平市供水水源地	地下水	大型	地下流体	Q		Ⅲ-55-①
251	吉林省延吉市供水水源地	地下水	大型	地下流体	Q		Ⅲ-55-⑦
252	吉林省伊通河谷水源地	地下水	大型	地下流体	Q		Ⅲ-55-②
253	吉林省公主岭市西部水源地	地下水	中型	地下流体	Q		Ⅲ-55-①
254	吉林省敦化市渤海事由化工厂供水水源地	地下水	中型	地下流体	Q		Ⅲ-55-⑤
255	吉林省珲春市发电厂供水水源地	地下水	中型	地下流体	Q		Ⅲ-55-⑥
256	吉林省辽源市供水水源地	地下水	中型	地下流体	Q		Ⅲ-55-②
257	吉林省长春市九台区第二供水水源地	地下水	中型	地下流体	Q		Ⅲ-55-③
258	吉林省延边州龙井市氯碱厂水源地	地下水	中型	地下流体	Q		Ⅲ-55-⑦
259	吉林省永吉县双河镇芹菜沟水源地	地下水	小型	地下流体	Q		Ⅲ-55-③
260	吉林省龙井市开山屯化学纤维浆厂供水水源地	地下水	小型	地下流体	Q		Ⅲ-55-⑦
261	吉林省磐石市国营三二四厂供水水源地	地下水	小型	地下流体	Q		Ⅲ-55-③
262	吉林省永吉县双河镇供水水源地	地下水	小型	地下流体	Q		Ⅲ-55-③
263	吉林省蛟河市利民油泵厂供水水源地	地下水	小型	地下流体	Q		Ⅲ-55-③
264	吉林省蛟河市金星厂供水水源地	地下水	小型	地下流体	Q		Ⅲ-55-③
265	吉林省蛟河市胜利零部件厂供水水源地	地下水	小型	地下流体	Q		Ⅲ-55-③
266	吉林省蛟河市大华铁工厂供水水源地	地下水	小型	地下流体	Q		Ⅲ-55-③
267	吉林省磐石市通宇石灰石矿床	石灰岩	中型	化学沉积型	C_2	Pz-1I	Ⅲ-55-③
268	吉林省磐石市烟筒砬子石灰岩矿床	石灰岩	大型	化学沉积型	C_2	Pz-1I	Ⅲ-55-③
269	吉林省磐石市双顶山-牛心顶子-利发石灰石矿床	石灰岩	大型	化学沉积型	C_2	Pz-1I	Ⅲ-55-③